非线性控制理论及应用

贺昱曜 闫茂德 许世燕 李慧平 编著

清華大學出版社
北京

内 容 简 介

本书集作者多年来从事非线性控制的教学经验和科研实践，从系统分析和设计角度出发，系统地介绍了非线性控制系统的基本理论、基本方法和应用技术，同时融入了国内外学者近年来取得的新成果。

全书分为三大部分。第一部分（第 1～4 章）介绍用于非线性系统分析的主要方法与工具，即非线性控制系统概述、相平面分析、李雅普诺夫稳定性及输入/输出稳定性理论；第二部分（第 5～8 章）讨论非线性控制器的主要设计方法，如精确线性化方法、滑动模态变结构控制、自适应控制、非线性 H_∞ 控制及各种方法的相互融合设计；第三部分（第 9 章）给出了四种非线性控制理论的典型应用实例，以使读者对非线性控制的理论研究和工程应用有一个基本认识。

本书学术思想新颖，理论联系实际，可作为自动化及其相关专业的高年级本科生教材和控制科学与工程等学科的研究生教材，也可供其他相关领域的学者和工程技术人员参考。

图书在版编目（CIP）数据

非线性控制理论及应用/贺昱曜等编著. —北京：清华大学出版社，2021.5（2025.6 重印）
ISBN 978-7-302-57680-8

Ⅰ. ①非…　Ⅱ. ①贺…　Ⅲ. ①非线性控制系统－研究　Ⅳ. ①O231.2

中国版本图书馆 CIP 数据核字（2021）第 045421 号

责任编辑：鲁永芳
封面设计：常雪影
责任校对：赵丽敏
责任印制：丛怀宇

出版发行：清华大学出版社
网　址：https://www.tup.com.cn，https://www.wqxuetang.com
地　址：北京清华大学学研大厦 A 座　　**邮　编**：100084
社 总 机：010-83470000　　**邮　购**：010-62786544
投稿与读者服务：010-62776969，c-service@tup.tsinghua.edu.cn
质量反馈：010-62772015，zhiliang@tup.tsinghua.edu.cn
印 装 者：三河市龙大印装有限公司
经　销：全国新华书店
开　本：185mm×260mm　**印　张**：24.25　**字　数**：588 千字
版　次：2021 年 5 月第 1 版　**印　次**：2025 年 6 月第4 次印刷
定　价：89.00 元

产品编号：090484-01

前言

PREFACE

近年来，随着科学技术的迅速发展，新理论、新技术的需求不断增加，极大地促进了非线性控制理论的发展和应用。一般来说，非线性是普遍存在的，线性系统仅仅是实际系统在忽略了非线性因素后的理想模型。实际控制系统无疑都是非线性系统，如航空航天飞行器、机器人、水下航行器等都是典型的非线性系统。非线性系统的特性千差万别，目前没有统一、普遍适用的处理办法。描述非线性系统的非线性微分方程只有在特殊情况下才有解析解，这给非线性控制系统的研究带来了极大的困难，因此人们希望能够在非线性系统理论研究方面取得重要进展。

近30多年来非线性控制理论得到了诸多发展，特别是微分几何、微分代数等方法被引入非线性动态系统分析后，非线性控制的研究有了突破性的进展。以微分几何为工具发展起来的精确线性化方法受到了人们的普遍重视。同时，分析与设计非线性系统的其他方法也得到了快速发展，如滑模变结构控制、自适应控制、神经网络控制等。对实际动态系统，一般不可能完全地精确建模，在其数学模型中都应考虑不确定性，这些不确定性包括参数不确定性、未建模动态和各种干扰等，因此不确定性非线性系统的鲁棒控制是一个很有实用价值且有很强挑战性的课题。鲁棒控制由于其具有很强的适应能力，近年来已成为非线性控制研究的重点。

目前，非线性控制理论与应用已被国内许多工科大学列为相关专业硕士和博士研究生的学位课或必修课，加之我国研究生规模不断扩大，人才培养需求量大增，使得对非线性控制理论及应用的需求越来越迫切。因此，撰写一本适合我国工科院校研究生、高年级本科生和工程技术研究人员的著作是十分必要的。本书根据作者多年来从事"非线性控制理论与应用"研究生教学与研究工作经验编写而成，2007年出版了《非线性控制理论及应用》第1版，经过10余年的使用、补充和修订形成了本书。与第1版相比，本书保持了原版的体系结构和知识框架，并加强了基本概念、基本方法和思想的阐述，以便于读者理解非线性控制理论的概念、思想和方法。同时，补充了部分最新研究成果和热点内容，这对解决实际控制工程中的非线性问题是非常必要的。

本书分为三大部分。第一部分（第1～4章）介绍用于研究非线性系统的主要分析方法与工具，第二部分（第5～8章）讨论非线性控制器的主要设计方法，第三部分（第9章）则是非线性控制理论的一些应用。本书具体章节安排如下。

第1章介绍非线性系统的发展和主要特性，以及非线性控制系统的分析与设计方法，使读者对非线性系统有一个概略的了解。第2章借助于相平面分析提供的简单图形工具来研究二阶系统，进一步熟悉非线性系统的某些特性及一些重要概念。第3章介绍李雅普诺夫意义下运动稳定性的基本概念、李雅普诺夫稳定性定理及其判据；并介绍拉萨尔不变集定理与巴巴拉特(Barbalat)引理，以便于分析系统的渐近稳定性性质。第4章介绍非线性系统的输入/输出稳定性，在给出范数、空间及其拓展的情况下，介绍小增益定理、无源性及无源性定理、绝对稳定性等。第5章研究在什么条件下非线性系统的动态特性能够通过代数变换转化为线性系统的动态特性，以及能够采用哪些线性控制方法来设计控制器。第6章介绍非线性系统的变结构控制的基本原理和方法，重点讨论伴随型非线性系统和仿射非线性系统的滑模变结构控制设计方法；同时，介绍几种新型的滑模变结构控制方法，如终端滑模变结构控制和反演滑模变结构控制器设计方法等。第7章介绍自适应控制的理论与方法，其中包括伴随型非线性系统的状态反馈自适应控制、严参数反馈型非线性系统的状态反馈自适应反演控制和输出反馈型非线性系统的自适应反演控制，并讨论自适应控制系统的鲁棒性。第8章介绍非线性系统的 H_{∞} 鲁棒控制理论的基本设计思想及其在前沿领域的理论与应用成果。第9章给出非线性控制理论的一些应用实例，包括机械手系统的控制、非完整移动机器人系统的控制、交流电动机系统的非线性控制，以及自主水下航行器系统的输出轨迹跟踪反演控制，以期使读者对非线性控制理论的应用有一个基本认识。

本书是在西安电子科技大学出版社出版的《非线性控制理论及应用》基础上，经过补充、修订和完善而完成的。

参加本书修订工作的人员有贺昱曜教授(第1、5章，新撰写了第4章和9.3节的部分内容)、闫茂德教授(第6～8章)、许世燕副教授(第2、3章，并新编写了解题指南和部分习题答案)、李慧平教授(新撰写了9.4节并修订了第9章)。全书最后由贺昱曜教授统一定稿。

此外，本书部分研究结果得到了国家自然科学基金(N0.61271143、61502395、61803040、61922068)、陕西省杰出青年基金(N0.2019JC-14)等项目的大力支持，在此深表谢意。

清华大学出版社的编辑为本书的出版付出了辛勤的劳动，在此表示衷心的感谢。

由于编者水平和研究兴趣所限，书中的缺点和不足之处在所难免，热诚欢迎读者批评指正。

作　者

2020年9月

目录
CONTENTS

第1章 绪论

许多实际的控制系统都具有非线性特性。例如，在飞机自动驾驶仪纵向稳定回路中，由于作为测量元件的垂直陀螺仪或角速度陀螺仪的输出轴存在摩擦，因此在测量角度或角速度时总是有一个不灵敏区。由于作为放大元件的晶体管放大器或磁放大器的组成元件(如晶体管、铁芯等)都存在线性工作范围，因此往往只在一定范围内放大元件的输出量与输入量之间才存在线性关系，超过这个范围，放大器的特性就呈现饱和状态。执行元件，如电动机，总是存在摩擦力矩和负载力矩，因此只有当输入电压达到一定数值时，电动机才会转动，即存在不灵敏区；同时，当输入电压超过一定数值时，电动机的实际输出也将具有不灵敏区和饱和的非线性特性。上述例子中的非线性是由于系统的不完善而产生的，这种不完善实际上是不可避免的。有些非线性是系统动态特性本身固有的，如高速运动的机械手各关节之间有科里奥利力的耦合，这种耦合是非线性的，因此如果要研究机械手高速运动的控制就必须考虑非线性耦合；电力系统中传输功率与各发电机之间相角差的正弦函数成正比，因此如果要研究电力系统中的大范围运动，就必须考虑非线性特性的影响。还有一类被控对象本身虽然是线性的，但有时为了改善系统的性能或者简化系统的结构，对它进行高质量的控制，还常常在系统中引入非线性部件或者更复杂的非线性控制器。例如，时间最优控制就要采用砰砰(Bang-Bang)控制，它是非线性的。因此，非线性是普遍存在的，实际控制系统无疑都是非线性系统。线性系统仅仅是实际系统在忽略了非线性因素后的理想模型，线性系统实际上是不存在的。非线性系统的特性千差万别，不可能有普遍适用的处理方法；而线性系统则较为简单，可以用线性常微分方程来描述。解线性常微分方程已有成熟的方法，因此线性控制系统理论研究取得了很大的成就。相比之下，非线性微分方程只有在个别情况下才有解析解，这给非线性控制系统的研究带来了极大的困难，因而人们希望在非线性系统理论研究上能够取得新的重要进展。

1.1 非线性系统控制概述

经典控制理论和线性系统理论经过几十年的发展，已形成一系列工程应用的分析与设计方法。但它们都有一个基本要求，就是必须精确建立被控对象或过程的线性数学模型。然而，由于实际被控对象或过程大部分呈现非线性特征，对被控对象或过程精确建模较为困难，甚至是不可能的，而且大部分模型还具有不确定性，因此研究非线性系统的控制方法具有重要的理论意义和迫切的实际需要。近30年来，随着功能强、价格低的微型处理机的大量使用，为了直接控制非线性系统、改善控制性能和处理模型不确定性，人们有意将非线性引入控制系统的控制器部分，且对一些特殊形式的非线性系统，非线性控制律设计可能要比线性控制律设计更简单直观，控制性能更好。因此，非线性系统的控制问题得到了广泛的重视，控制学领域的学者们为此做了大量的工作，提出了各种各样的控制方法，这极大地推动了非线性控制理论及其应用的进展。

1.1.1 非线性控制理论的发展

控制理论自20世纪30年代产生以来，经过几十年的发展历程，到现在为止已经经历了经典和现代控制理论阶段。目前对于线性系统的分析与设计已形成了一套完整的理论体系，并在工程上得到了广泛的应用，在一定的范围内取得了比较令人满意的效果，获得了巨大的成就。

但严格地讲，所有的控制系统都是非线性的，线性是在一定范围内和一定程度上对实际系统的近似描述。而在早期，由于对控制系统的精度和性能要求较低，因此当系统的非线性因素被忽略或者被局部线性化后，在一定范围内仍可以满足对控制系统性能的要求。但非线性系统没有形成像线性系统那样完整、系统的理论体系。

经典控制理论阶段涉及的对象是线性单输入/输出系统，现代控制理论的研究重点是多变量线性系统。近30年来，非线性系统理论的建立和发展引起了国内外控制学领域学者们的极大兴趣。相平面理论、李雅普诺夫(Lyapunov)运动稳定性理论重新受到极大的重视。从1982年前后庞加莱等创立奇异扰动法以来，经过近40年的发展，非线性系统的研究在一些重要方面取得了令人瞩目的成就，发展了一系列系统分析和设计方法。同时，计算机技术的飞速发展和数学工具的突破也为研究一般的非线性控制理论提供了可能性。

控制理论发展至今天，面临着一系列的挑战，其中最明显的挑战是被控对象的本质是非线性的，而且现代的控制对象的运动大多是大范围的，如卫星的定位与姿态控制、机器人控制、精密数控机床的运动控制等，这些都不可能采用线性模型。对于这类非线性系统的控制问题，不能通过泰勒公式展开，用线性化的方法化为一般的线性系统问题，而必须采用非线性控制方法。同时，现代非线性科学揭示的大量有意义的事实，如分岔、混沌、奇异吸引子等，均远远超过人们熟知的非线性现象——自振，无法用线性系统理论来解释。所有这些都要求人们在非线性控制理论和应用方面取得突破性进展。

1.1.2 非线性控制的意义

近年来很多科学与工程领域(如飞机和宇宙飞船控制、机器人学、过程控制和生物医学工程等)的研究和设计人员对非线性控制方法的研究和应用表现出极大的兴趣。其原因是采用非线性控制可获得如下好处。

1. 改善控制性能

线性控制方法有效的前提，是系统在小范围运行时线性模型假设成立。当需要大范围运行时，由于系统中存在的非线性得不到适当的补偿，使得线性控制器很可能性能低下或者不稳定，而非线性控制器则可能直接处理大范围运行时出现的非线性。这一点很容易用机械手的运动控制问题来说明。当采用线性控制器控制机械手运动时，忽略了与机械手连杆运动有关的非线性作用力（如哥氏力和向心力）。由于许多有关的动态作用力随速度的平方变化，因此控制器的精度随运动速度的提高而迅速降低。因此，为了达到机械手执行任务（如抓放、弧焊和激光切割等）的预定精度，可采用一种概念上简单的非线性控制器（一般称为计算力矩控制器），其能够完全补偿机械手运动的非线性作用力，并能够在很宽的机械手速度范围内和大的工作空间内获得高精度控制。

2. 分析强非线性

线性控制的另一假设是系统模型实际上能够被线性化。然而，控制系统中存在许多非线性，其不连续特性不允许进行线性近似。这些强非线性（hard nonlinearities）包括科里奥利摩擦、饱和、死区、啮合间隙和磁滞等，在控制工程中经常会遇到。这些非线性的作用不能由线性方法得到，而必须发展非线性分析技术，以用来预测存在这些固有非线性时系统的特性。强非线性往往会引起系统出现不需要的特性（如不稳定性或伪极限环等），所以它们的作用必须加以预测并适当补偿。

3. 处理模型不确定性

在设计线性控制器时，通常需要假定系统模型的参数是已知的。但是，许多控制问题含有非线性的模型参数，这可能是由于参数随时间而缓慢变化（如飞机飞行过程中周围的空气压力），或者是由于参数的突然变化（如机械手抓起一个新的物体时的惯性参数）而产生的。基于不精确或失效的模型参数值的线性控制器表现出明显的特性恶化，甚至产生不稳定现象。可以有意地把非线性引入控制系统的控制器部分，以便能够承受模型的不确定性。鲁棒控制器和自适应控制器便是这样的非线性控制器。

4. 简化控制系统设计

好的非线性控制设计在有些情况下可能要比线性控制设计更简单且直观。非线性控制器的设计往往深深地扎根于对象的物理特性中。例如，考虑某个垂直平面内一个挂在铰链上的单摆。该单摆从某个任意初始角度开始摆动，并逐渐衰减，最后停在垂线位置。虽然单摆的特性可以在接近平衡点时通过对系统的线性化来进行分析，但是其稳定性实际上与某些线性化系统矩阵的特征值关系甚小。它是基于下述事实：该系统的全部机械能逐渐被各种摩擦力（如铰链摩擦力等）所消耗。因此，单摆在某个最小能量位置趋于停止。

由此可见，控制系统中的非线性，有些对系统的运行是有害的，应设法克服；而有些非线性是有益的，设计时应予以考虑。学习非线性控制分析和设计的基本方法，能够极大地提高控制工程师有效处理实际控制问题的能力，还能够提供对含有固有非线性的现实世界的清晰理解。现代技术（如高速度、高精度机器人或高性能飞行器）也对控制系统提出了更为严格的设计要求，因而从事控制工作的工程师和研究人员对非线性控制系统的研究给予了很大的关注。

1.2 非线性控制系统的数学描述

对于非线性系统，人们常常采用微分方程或非线性算子方程来描述，本节即介绍非线性控制系统的微分方程描述。

1.2.1 非线性控制系统的微分方程描述

相当广泛的一类非线性系统可用 n 阶常微分方程来描述：

$$\frac{\mathrm{d}^n y(t)}{\mathrm{d}t^n}=h\left[y(t),\dot{y}(t),\cdots,\frac{\mathrm{d}^{n-1}y(t)}{\mathrm{d}t^{n-1}},u(t),t\right],\quad t\geqslant 0 \tag{1.1}$$

式中，$u(t)\in\mathbf{R}$，为控制输入；$y(t)\in\mathbf{R}$，为系统输出。

若定义

$$\begin{aligned}x_1(t)&=y(t)\\x_2(t)&=\frac{\mathrm{d}y(t)}{\mathrm{d}t}\\&\vdots\\x_n(t)&=\frac{\mathrm{d}^{n-1}y(t)}{\mathrm{d}t^{n-1}}\end{aligned}$$

则式(1.1)可改写为具有 n 个一阶微分方程的方程组：

$$\begin{cases}\dot{x}_1(t)=x_2(t)\\\dot{x}_2(t)=x_3(t)\\\quad\vdots\\\dot{x}_{n-1}(t)=x_n(t)\\\dot{x}_n(t)=h[x_1(t),x_2(t),\cdots,x_n(t),u(t),t]\end{cases} \tag{1.2}$$

如果定义向量 $\boldsymbol{x}(\cdot):\mathbf{R}^+\to\mathbf{R}^n$，$\boldsymbol{f}:\mathbf{R}^n\times\mathbf{R}\times\mathbf{R}^+\to\mathbf{R}^n$ 为

$$\boldsymbol{x}(t)=[x_1(t),x_2(t),\cdots,x_n(t)]^{\mathrm{T}}$$

$$\boldsymbol{f}(\boldsymbol{x},u,t)=[x_2,x_3,\cdots,x_n,h(x_1,x_2,\cdots,x_n,u,t)]^{\mathrm{T}}$$

则式(1.2)可写成向量微分方程的形式：

$$\dot{\boldsymbol{x}}=\boldsymbol{f}[\boldsymbol{x}(t),u(t),t],\quad t\geqslant 0 \tag{1.3}$$

式中，$\boldsymbol{x}\in\mathbf{R}^n$，为状态向量。

在上面的推导中设 $u(t)$ 为单变量控制输入，若系统为多输入，则式(1.3)的形式仍然可用，此时 $\boldsymbol{u}(t)$ 为控制输入向量。

对于一个由式(1.3)描述的非线性控制系统，我们希望对于每一个输入 $u(t)$，以下情况得以成立：

(1) 至少存在一个解(解的存在性)；

(2) 只存在一个解(解的唯一性)；

(3) 在时间半轴 $[0,\infty)$ 上式(1.3)只存在一个解；

(4) 在时间半轴 $[0,\infty)$ 上式(1.3)只存在一个解，而且该解与初值 $\boldsymbol{x}(0)$ 存在连续变化的关系。

以上是我们的期望，这些要求是相当强的，只有对函数 $\boldsymbol{f}$ 提出相当严格的要求才能实现。可以举出以下一些不符合上述要求的例子。

例 1.1 方程 $\dot{x}(t)=\dfrac{1}{2x(t)}$，$t\geqslant 0$，$x(0)=0$ 有以下两个解：$x_1(t)=t^{1/2}$，$x_2(t)=-t^{1/2}$，这

表示上述条件(1)成立，但条件(2)不成立。

例 1.2 $\dot{x}(t)=1+x^2(t), t\geqslant 0, x(0)=0$，此方程在$[0,1)$区间上有唯一解$x(t)=\tan(t)$，但在$[0,\infty)$区间上不存在连续可微的解$x(t)$。这表明上述条件(1)和条件(2)成立，但条件(3)不成立。

例1.1和例1.2及陈述说明式(1.3)的解的存在性及唯一性是十分重要的。例1.1和例1.2中系统可以有解析形式的解，这只是非常特殊的情况。一般情况下，方程的解即使存在也是表达不出来的，只能对它进行近似的估计或数值计算。

对于多输入非线性系统，如果$u(t)=0$，则

$$\dot{\boldsymbol{x}}(t)=\boldsymbol{f}[\boldsymbol{x}(t),t], \quad t\geqslant 0, \quad \boldsymbol{x}(0)=\boldsymbol{x}_0 \tag{1.4}$$

代表系统的自由运动。

在许多控制系统中输入量$u(t)$可从函数f中分列出来，此时系统方程可写成以下形式：

$$\dot{\boldsymbol{x}}=f(\boldsymbol{x},t)+g(\boldsymbol{x},t)u(t) \tag{1.5}$$

称这样的系统是仿射的。它代表相当广泛的一类非线性系统，这类系统有其自身的特点。

在后续章节中，仿射非线性系统将是我们研究的一类重要的非线性系统。

1.2.2 非线性常微分方程的解的存在性及唯一性

上面提出对于非线性控制要求系统方程是有解的，且解是唯一的，这点很重要。本节将不加证明地介绍这方面的一些基本知识。下面分两种情况来讨论式(1.4)的解的存在及唯一的条件。

1. 局部解情况

定理 1.1 如果式(1.4)中的$\boldsymbol{f}$对t和$\boldsymbol{x}$是连续的，若存在正常数k,r,h,T，使得

$$\|\boldsymbol{f}(\boldsymbol{x},t)-\boldsymbol{f}(\boldsymbol{y},t)\|\leqslant k\|\boldsymbol{x}-\boldsymbol{y}\|, \quad \forall \boldsymbol{x},\boldsymbol{y}\in B, \quad \forall t\in[0,T] \tag{1.6}$$

式中，$B=\{\boldsymbol{x}\in\mathbf{R}^n;\|\boldsymbol{x}-\boldsymbol{x}_0\|\leqslant r\}$，代表$\mathbf{R}^n$中的一个球。

$$\|\boldsymbol{f}(\boldsymbol{x}_0,t)\|\leqslant h, \quad \forall t\in[0,T] \tag{1.7}$$

则在满足以下条件的δ的区间$[0,\delta]$上式(1.4)有唯一解：

$$h\delta\exp(k\delta)\leqslant r \tag{1.8a}$$

$$\delta\leqslant\min\left(T,\frac{\rho}{k},\frac{r}{h+hr}\right), \quad \rho<1 \tag{1.8b}$$

式(1.6)称为利普希茨(Lipschitz)条件，k称为利普希茨常数。式(1.6)表明只在局部区间满足利普希茨条件，因此讨论的解也是局部的。

由定理1.1可得以下推论：

推论 1.1 如果在$(\boldsymbol{x}_0,0)$的邻域内，$\boldsymbol{f}$对$\boldsymbol{x}$的偏导数存在并连续，对t的单边偏导数存在并连续，则式(1.4)在相当小的区间$[0,\delta]$上存在唯一解。

2. 全局解情况

定理 1.2 如果对于T在$[0,\infty)$区间上均存在有界常数k_{T}和h_{T}，使得

$$\|\boldsymbol{f}(\boldsymbol{x},t)-\boldsymbol{f}(\boldsymbol{y},t)\|\leqslant k_{\mathrm{T}}\|\boldsymbol{x}-\boldsymbol{y}\|, \quad \forall \boldsymbol{x},\boldsymbol{y}\in B, \quad \forall t\in[0,T] \tag{1.9}$$

$$\|\boldsymbol{f}(\boldsymbol{x}_0,t)\|\leqslant h_{\mathrm{T}}, \quad \forall t\in[0,T] \tag{1.10}$$

则式(1.4)在$[0,T]$区间上，$\forall T\in[0,\infty)$存在唯一解。

式(1.9)称为全局利普希茨条件。粗略地说，如果系统在全局范围内满足利普希茨条件，则在全局范围内在区间$[0,\infty)$上系统有唯一解。

定理 1.3 如果函数 f 满足定理 1.2 中规定的条件，设 $\boldsymbol{x}(\cdot)$和 $\boldsymbol{y}(\cdot)$均满足式(1.4)，即

$$\dot{\boldsymbol{x}}(t)=\boldsymbol{f}[\boldsymbol{x}(t),t],\quad \boldsymbol{x}(0)=\boldsymbol{x}_0$$

$$\dot{\boldsymbol{y}}(t)=\boldsymbol{f}[\boldsymbol{y}(t),t],\quad \boldsymbol{y}(0)=\boldsymbol{y}_0$$

则对每一 $\varepsilon>0$，存在相应的 $\delta(\varepsilon,T)>0$，只要

$$\|\boldsymbol{x}_0-\boldsymbol{y}_0\|<\delta(\varepsilon,T),\quad \forall T\in[0,\infty)$$

则有 $\|\boldsymbol{x}(\cdot)-\boldsymbol{y}(\cdot)\|<\varepsilon$。

1.3 非线性系统特性

物理系统具有固有非线性。不过，如果一个控制系统的工作范围较小，而且包含的非线性比较光滑，那么该控制系统可由某个线性系统来适当地逼近，而该线性系统则可由某个线性微分方程组来描述。实际上，所有控制系统都具有一定程度的非线性。非线性控制系统可由非线性微分方程来描述。

非线性可分为固有(自然)非线性和外加(人为)非线性。固有非线性自然地源于系统的硬件和运动。固有非线性的例子包括旋转运动的向心力和接触面之间的科里奥利摩擦力等。这种非线性往往具有不良的作用，控制系统必须对非线性加以适当补偿。另外，外加非线性是由设计者人为地引入系统的，如自适应控制律和砰砰最优控制律等非线性控制律就是外加非线性的典型例子。

非线性系统的特性要比线性系统复杂得多。对于非线性系统来说，由于叠加原理不成立，因此非线性系统对外部输入的响应与线性系统有很大的不同。

1.3.1 非线性系统和线性系统的本质区别

对于线性系统，描述其运动状态的数学模型是线性微分方程，一般可以求得解析解，其根本标志就在于能使用叠加原理；而对于非线性系统，其数学模型为非线性微分方程，一般不能求得其解析解，不能使用叠加原理。非线性系统与线性系统的区别主要表现在以下几个方面。

1. 稳定性

在线性系统中，系统的稳定性只取决于系统的结构和参数，即取决于系统特征方程根的分布，而和初始条件、外加作用没有关系。如果系统中的一个运动，即系统方程在一定外加作用和初始条件下的解是稳定的，那么线性系统中可能的全部运动都是稳定的，即大范围稳定。所以，我们可以说某个线性系统是稳定的或者是不稳定的。对于非线性系统，不存在系统是否稳定的笼统概念，必须讨论某一具体运动的稳定性问题。非线性系统运动的稳定性，除和系统的结构形式及参数大小有关外，还和初始条件有密切的关系。由于非线性系统一般有多个平衡点，因此对于同样结构和参数的非线性系统，可以存在着稳定的运动和不稳定的运动，而稳定的运动可以是全局的，也可能是局部的。局部稳定的运动也不一定对于所有的初始扰动都是稳定的，可能出现对于较大的初始扰动就不稳定的情况。因而，对于非线性

系统，一般讨论的是局部稳定性。

2. 初始条件作用

线性系统自由运动的形式与系统的初始偏移无关。如果线性系统在某一初始偏移下的时间响应曲线是振荡收敛的形式，那么它在任何初始偏移下的时间响应曲线都具有振荡收敛的形式，不会出现非周期收敛或者发散的形式。非线性系统则不一样，自由运动的时间响应曲线可以随着初始偏移不同而有多种不同的形式。如图1.1所示为某个非线性系统在不同初始偏移下的时间响应曲线，其中曲线1是振荡衰减的形式，曲线2是非周期衰减的形式。

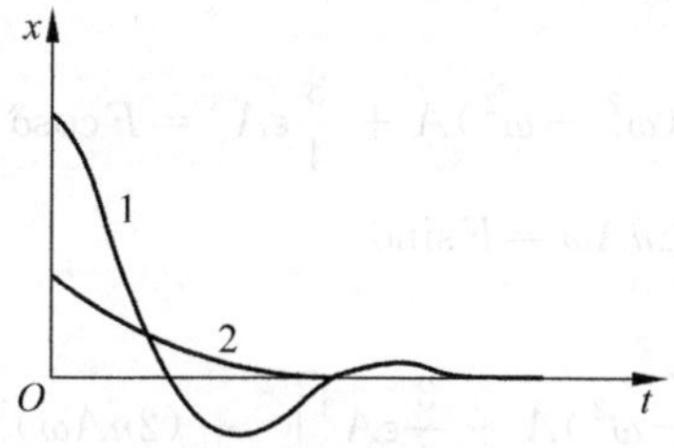

图1.1 非线性系统在不同初始偏移下的时间响应曲线

3. 自振或周期运动

当常系数线性系统在没有外作用时，周期运动只发生在 $\xi=0$ 的临界情况，而这一周期运动是物理上不可能实现的。事实上，一旦系统的参数发生微小的变化，这一临界状态就难以维持，即使维持了临界情况不变，但这时系统中原来运动的周期仍可能发生变化。例如，二阶无阻尼系统自由运动的解是 $x=A\sin(\omega t+\varphi)$，这里 ω 只取决于系统的结构和参数；而振幅 A 和相角 φ 都是依赖于初始状态的量，一旦系统受到扰动，A、φ 的值都会发生变化，原来的周期运动便不能保持，即该周期运动不具有稳定性。对于非线性系统，在没有外作用时，系统中完全有可能发生一定频率和振幅的稳定的周期运动，如图1.2所示，该周期运动在物理上是可以实现的，通常把它称为自激振荡，简称自振。在有的非线性系统中，还可能存在多个振幅和频率都不相同的自激振荡。自振问题的研究是非线性系统的重要内容之一。

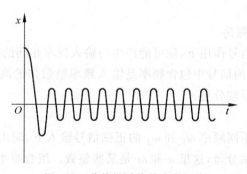

图1.2 非线性系统的自激振荡

4. 正弦激励响应

在线性系统中，当输入量是正弦信号时，输出的稳态分量也是同频率的正弦函数，并且输出的稳态分量和输入信号仅在幅值和相角上有所不同。利用这一特点，可以引入频率特性的概念并用它来表示系统固有的动态特性。

非线性系统在正弦信号作用下的输出比较复杂，下面分几个方面来说明。

1）跳跃谐振和多值响应

研究如下达芬(Duffing)方程的强迫振动情况：

$$\ddot{x}+2n\dot{x}+\omega_0^2x+\varepsilon x^3=F\cos(\omega t+\delta) \tag{1.11}$$

为了简便起见，外加信号有一初始相角 δ。设上述方程的解为 $A\cos(\omega t)$，A 是待定的振幅。把 $A\cos(\omega t)$代入式(1.11)，并略去 $\cos(3\omega t)$项，可得输出振幅 A 与频率 ω 的关系式为

$$(\omega_0^2-\omega^2)A+\frac{3}{4}\varepsilon A^3=F\cos\delta$$

$$2nA\omega=F\sin\delta$$

或

$$\left[(\omega_0^2-\omega^2)A+\frac{3}{4}\varepsilon A^3\right]^2+(2nA\omega)^2=F^2 \tag{1.12}$$

固定输入振幅 F 不变，由式(1.12)可以得到如图1.3所示的频率响应曲线($\varepsilon>0$)。当外作用的频率从图1.3中响应曲线上点1对应的频率开始增大时，振幅值也随着增大，直到点2；若频率继续增高，将引起振幅从点2到点3的突跳现象；当频率再进一步增高时，振幅沿着曲线从点3到点4变化。若反向改变频率，即从高频开始降低频率，振幅将沿着4→3→5变化，在点5处发生突变跳到点6，接着随着频率的降低从点6趋向于点1。这种振幅随着频率的改变出现突变的现象称为跳跃谐振。在图1.3中可以看到，ω' 和 ω''之间的每个频率都对应三个振幅值，不过点2到点5之间对应的振荡是不稳定的，因此一个频率对应了两个稳定的振荡。这种现象称为多值响应。

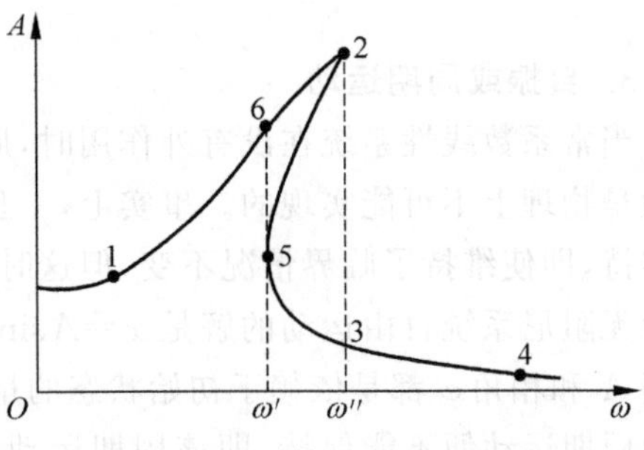

图1.3 达芬方程的频率响应曲线

2）倍频振荡和分频振荡

非线性系统在正弦信号作用下，除可能产生与输入频率相同的振荡外，还可能产生倍频振荡和分频振荡，即输出的信号中包含频率是输入频率整数倍的高次谐波分量和周期是输入信号周期整数倍的次谐波分量。

3）组合振荡

非线性系统在两个不同频率 ω_1 和 ω_2 的正弦信号输入下，输出的强迫振荡中可能发生频率为 $n\omega_1+m\omega_2$ 的振荡分量，这里 n 和 m 是某些整数。组合频率的振荡在电子学中运用也很广泛，最简单的如调制器、解调器及外差式振荡器等。

4）频率捕捉现象

对于一个自振频率为 ω_0 的系统，如果加入一个频率为 ω_1 的振荡信号就会发生差拍现象，即出现频率为$|\omega_1-\omega_0|$的振荡。但是当输入信号的频率 ω_1 接近 ω_0 时，拍频就减小到零，此时输出反映出来的是频率 ω_1 振荡，即自振频率被外加频率所捕捉。

1.3.2　非线性系统的主要特性

现在讨论一些常见的非线性系统的主要特性，以便熟悉非线性系统的复杂性。非线性系统的主要特性如下。

1. 多平衡点

非线性系统往往具有多个平衡点（平衡点是指系统能够永远停在那里而不再运动的点），下面研究如下系统。

例 1.3　考虑一阶系统

$$\dot{x}=-x+x^2 \tag{1.13}$$

其初始条件为 $x(0)=x_0$。它的线性化方程为

$$\dot{x}=-x \tag{1.14}$$

式(1.14)的解为 $x(t)=x_0\mathrm{e}^{-t}$，如图 1.4(a)所示，图中曲线对应于不同的初始条件。该线性系统在 $x=0$ 处显然具有一个唯一的平衡点。

求解非线性动态方程(1.13)（对方程 $\mathrm{d}x/(-x+x^2)=\mathrm{d}t$ 求积分），可得系统的实际响应：

$$x(t)=\frac{x_0\mathrm{e}^{-t}}{1-x_0+x_0\mathrm{e}^{-t}}$$

该非线性系统具有两个平衡点，即 $x=0$ 和 $x=1$。对于各种初始条件，其响应曲线如图 1.4(b)所示。当 $x_0>1$ 时，$x(t)$随着 t 的值增大而增大，在 t 趋近于 $\ln\frac{x_0}{x_0-1}$时，$x(t)$趋向于无穷大；当 $x_0<1$ 时，$x(t)$随着 t 的值增大而趋近于零。显然，$x=0$ 和 $x=1$ 都是系统的平衡状态。$x=0$ 这个平衡状态是稳定的，因为它对于 $x_0<1$ 的扰动都具有恢复原状态的能力；而 $x=1$ 这个平衡状态就是不稳定的，小的扰动就会偏离开平衡状态。平衡点的品质特性强烈地取决于其初始条件。

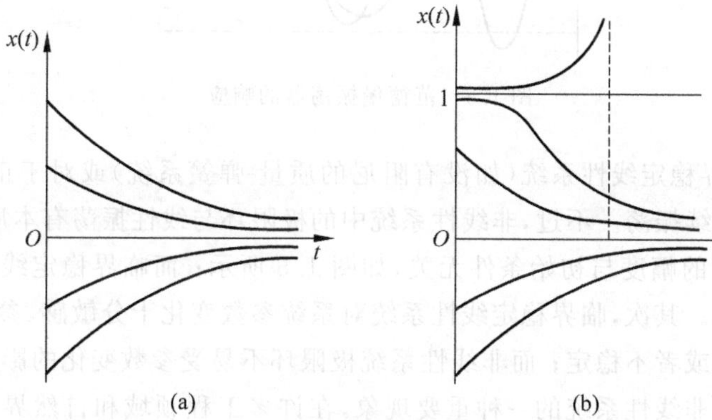

图 1.4　系统响应

(a) 线性系统；(b) 非线性系统

运动稳定性问题也可通过上述例子来讨论。对于线性系统，其稳定性具有下述特点：对于任何初始条件，其运动总是收敛于平衡点 $x=0$。但是，对于实际非线性系统，以 $x_0<1$

开始的运动确实收敛于平衡点 $x=0$，而以 $x_0>1$ 开始的运动却趋向无穷大（在有限时间内趋向无穷大，这种现象称为有限时间逃逸），这意味着非线性系统的稳定性可能取决于初始条件。

2. 极限环或系统的周期解

非线性系统能够在没有外激励时产生固定幅值和固定周期的振荡，这种振荡称为极限环(limit cycles)或自激振荡。这一重要现象可由著名的振荡器动力学来说明，它是由荷兰电气工程师范德堡(van der Pol)于 20 世纪 20 年代首先研究的。

例 1.4 范德堡方程。考虑二阶非线性系统

$$m\ddot{x}+2c(x^2-1)\dot{x}+kx=0 \tag{1.15}$$

式中，m、c 和 k 为正常数。

可以认为，式(1.15)描述的是一个含有可变阻尼系数 $2c(x^2-1)$ 的质量-弹簧-阻尼器系统，或者一个含有非线性电阻的 RLC 电路。当 $x>1$ 时，阻尼系数为正，此阻尼器从系统吸收能量，表明该系统运动趋向收敛；但是，当 $x<1$ 时，阻尼系数为负，阻尼器把能量加至系统，这暗示该系统运动趋向发散。由此可见，由于非线性阻尼随 x 变化而变化，导致系统运动可能既不无限增长，也不衰减到零。实际上，系统运动显示出持续振荡而与初始条件无关，其振荡频率为 $\omega=\sqrt{\dfrac{k}{m}}$，振荡幅度为 $A=1$，如图 1.5 所示。极限环借助于阻尼项周期性地把能量释放至环境和从环境吸收能量，以维持其振荡。

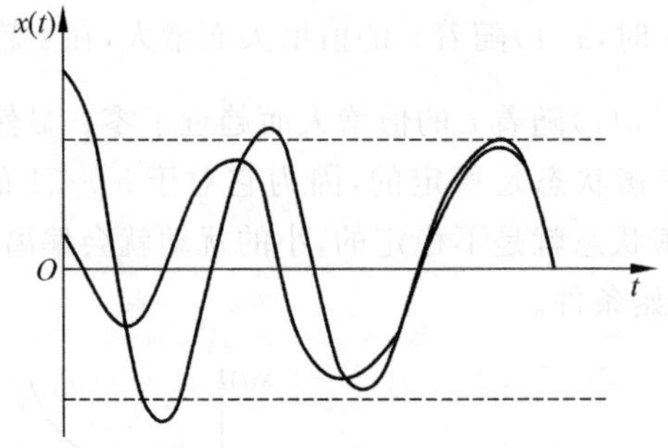

图 1.5 范德堡振荡器的响应

当然，对于临界稳定线性系统（如没有阻尼的质量-弹簧系统）或对于正弦输入响应，线性系统也能产生持续振荡。不过，非线性系统中的极限环与线性振荡有本质的不同。首先，极限环的自持激励的幅度与初始条件无关，如图 1.5 所示；而临界稳定线性系统的振荡幅度由初始条件决定。其次，临界稳定线性系统对系统参数变化十分敏感，参数的稍微变化就可能导致稳定收敛或者不稳定；而非线性系统极限环不易受参数变化的影响。

极限环代表了非线性系统的一种重要现象，在许多工程领域和自然界都可以发现这种现象。例如，一种由航空动态作用力与机翼结构振动交互作用引起的称为机翼颤振的极限环时有发生，而且往往是危险的；机器人的跳动是极限环的另一例子；极限环也在电路（如实验室电子振荡器）中出现。从这些例子可见，在有些情况下极限环可能是不希望有的，而在另一些情况下则是人们需要的。我们应该知道在不需要极限环时如何消除它，而在需要时产生极限环。然而，要做到这一点就需要对极限环的特性有所了解，并熟悉处理它们的工具。

3. 分岔

当非线性系统的参数发生变化时,可能导致两种结果:一种可能是导致许多新的平衡点,另一种可能是其平衡点的稳定性发生变化。这些使系统运动品质特性发生变化的参数值称为临界值或分岔(bifurcation)值。分岔现象即参数的量变导致系统特性的质变,是分岔理论研究的课题。下面考察一个无阻尼达芬方程

$$\ddot{x}+\alpha x+\beta x^2=0$$

描述的系统(有阻尼达芬方程为 $\ddot{x}+c\dot{x}+\alpha x+\beta x^2=0$,表示一个具有硬化弹簧的质量-阻尼器系统)。我们能够以参数 α 为变量画出平衡点,当 α 由正变负时,一个平衡点分裂为三个点($x_e=0,\sqrt{\alpha},-\sqrt{\alpha}$),如图 1.6(a)所示。这表示系统动态特性的质变,而且 $\alpha=0$ 为一个临界分岔值。这类分岔因其平衡点形状而得名为音叉分岔。

另一类分岔涉及参数变化时系统响应出现极限环的情况。在这种情况下,一对复数共轭特征值 $p_1=\gamma+j\omega,p_2=\gamma-j\omega$ 从左半平面越过虚轴而到达右半平面,而且不稳定系统的响应发散为一极限环。图 1.6(b)所示为典型的系统状态轨迹(状态为 x 和 $\dot{x}$)随参数 α 变化而变化的情况。这类分岔称为霍普弗(Hopf)分岔。

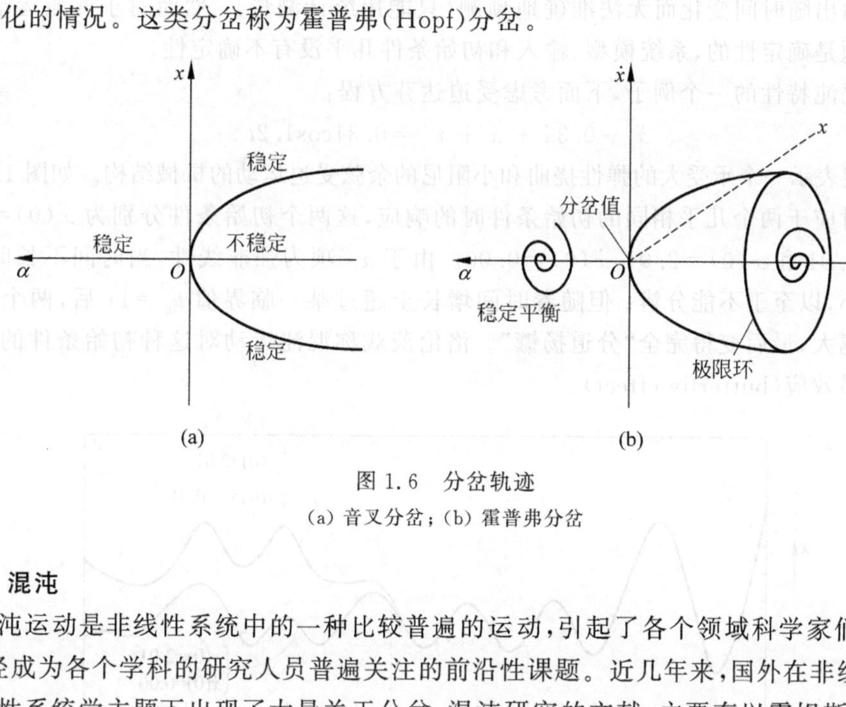

图 1.6 分岔轨迹

(a) 音叉分岔;(b) 霍普弗分岔

4. 混沌

混沌运动是非线性系统中的一种比较普遍的运动,引起了各个领域科学家们的广泛兴趣,已经成为各个学科的研究人员普遍关注的前沿性课题。近几年来,国外在非线性动力学或非线性系统学主题下出现了大量关于分岔、混沌研究的文献,主要有以霍姆斯(Holms)、威金斯(Wiggins)、戈尔比(Golbistsky)及利希腾贝格(Lichtenberg)等为代表的关于分岔、同宿和异宿轨道分析及奇异和群论分析等解析方面的研究,以及以舒(Hsu)、汤格(Tongue)等为代表的胞映射、插值映射等为代表的数值方法研究。国内许多著名学者在非线性振动系统、哈密顿(Hamilton)系统及其摄动系统的复杂运动分析、胞映射方法改进及符号动力学方面也做了大量工作。

就非线性控制系统而言,早期的工作主要是揭示非线性控制系统中分岔、混沌等复杂运动现象。贝利尤尔(Baillieul)曾说明了大量反馈控制系统都可能出现混沌。进一步研究表明,在许多典型自适应控制系统、数字控制系统及神经网络系统中都潜藏着混沌运动。瓦西

里亚迪斯(Vassiliadis)用自适应和自学习的思想讨论了混沌系统参数调节的方法；罗米拉斯(Romeiras)等从混沌的遍历性质出发，尝试了抑制混沌运动的可能性，陈(Chen)先后研究了几个典型混沌模型和控制问题。在国内，黄琳等在如何抑制有害混沌和如何产生有益混沌等方面做了一些开创性的尝试；田玉楚等用随机控制(预测控制)的方法讨论了一类简单混沌系统的控制问题；朱新坚等就离散化对非线性系统动力学行为的影响进行了探讨。

混沌运动主要是由非线性系统的非线性机理形成的。其主要表现在，对于一个确定的非线性系统，由于初始条件的微小差别，可能引起系统的长期输出不可预测，即混沌现象。对于稳定的线性系统，初始条件间的较小差别只能引起输出间的微小差别，线性系统不可能出现混沌；对于非线性系统，如果其初始条件或外部输入信号幅度的不同引起系统运行于高度非线性区域，则其输出可能表现出正弦的、周期的或者混沌的特性。大多数混沌出现在强非线性系统中。强非线性系统的输出对初始条件可能极为敏感，长期运行时系统的响应无法很好地预测。

混沌运动与随机运动的区别是：对于随机运动，其系统模型或系统输入含有不确定性，导致系统输出随时间变化而无法准确地预测(只能用统计测量)；然而对于混沌运动，其所研究的问题是确定性的，系统模型、输入和初始条件几乎没有不确定性。

作为混沌特性的一个例子，下面考虑受迫达芬方程：

$$\ddot{x} + 0.3\dot{x} - x + x^5 = 0.31\cos 1.2t$$

它可能表示一个承受大的弹性挠曲和小阻尼的余弦受迫运动的机械结构。如图 1.7 所示为该系统对应于两个几乎相同的初始条件时的响应，这两个初始条件分别为 $x(0)=2.01$，$\dot{x}(0)=-0.01$ 和 $x(0)=2.01$，$\dot{x}(0)=0.00$。由于 x^5 项为强非线性，当时间不长时，两个解差别极小，以至于不能分辨；但随着时间增长至超过某一临界值 $t_c=11$ 后，两个解的差别就越来越大，最后变得完全“分道扬镳”。洛伦茨戏称混沌运动对这种初始条件的敏感依赖性为蝴蝶效应(butterfly effect)。

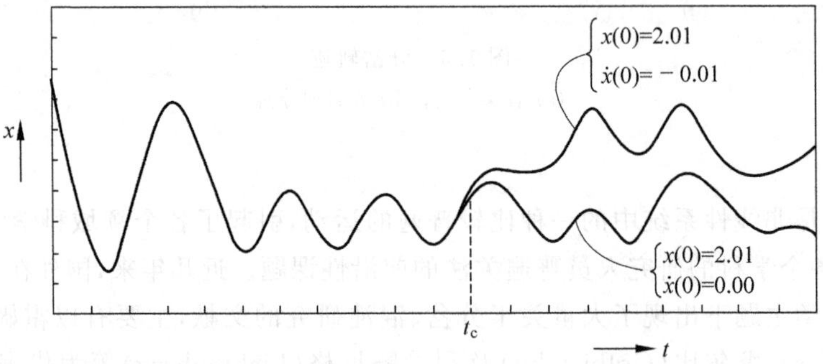

图 1.7　方程$\ddot{x}+0.3\dot{x}-x+x^5=0.31\cos 1.2t$ 的混沌特性

许多实际的物理系统都能观察到混沌现象，其中最常见的是流体力学中的紊流(turbulence)。大气动力学也明显地表现出混沌特性，因而不可能进行长期天气预报。一些具有混沌振动的机械和电气系统包括弹性箍形结构、含有齿隙的机械系统、含有气动弹性动态特性的系统、铁路系统中的轮子-钢轨动态特性装置及反馈控制装置等。

从控制理论的观点来研究混沌系统，知道非线性系统何时将变为混沌模式(以便防止它),以及当转为混沌模式时如何退出混沌,仍是目前的热门研究课题。

5. 复杂的动力学特性

在研究某些非线性系统时也可能出现诸如分形、分数维数、突变等更复杂的非线性动力学特性,它们的研究需要更深入的数学理论。因此,非线性系统可能比线性系统具有丰富得多和更复杂的特性。

1.4 非线性控制系统的分析与设计方法

非线性系统控制分为系统分析和系统设计两个方面。系统分析是指给定一个非线性系统或假定已设计好某个非线性闭环系统,分析并确定该系统的特性及系统的性能。非线性系统分析方法有相平面法、描述函数法、稳定性理论等。系统设计是指给出某个受控非线性系统及对闭环系统特性期望的性能指标,设计一个反馈控制律,使系统闭环后满足要求的性能指标。系统设计方法主要有精确反馈线性化、微分代数法、滑动模态变结构控制理论、自适应控制理论、鲁棒控制理论、神经网络控制理论、逆系统理论、非线性频域控制理论等。非线性系统的设计理论目前仍是热门的研究课题且正处在发展之中。当然,设计问题和分析问题在实际上是不能截然分开的,因为非线性控制系统的设计往往包含分析和设计的交互过程。

1.4.1 非线性控制系统的分析方法

非线性控制系统早期的研究都是针对一些特殊非线性(如继电、饱和、死区等)而言的,经过发展,该分析方法也广泛应用于一般的非线性控制系统。

1. 相平面法

相平面法分析是一种研究二阶非线性系统的图解方法,其实质上是用作图的方法求解常微分方程,而不是寻求它的解析解。其结果是一族在二维平面(称为相平面)上的系统运动轨迹,然后根据相平面图全局的几何特征来分析系统固有的动静态特性。该方法主要用奇点、极限环概念描述相平面的几何特征,并根据奇点和极限环的不同性质将其分成几种类型。但该方法仅适用于二阶及简单的三阶系统。现代控制理论中的状态空间分析可以看成相平面法的推广,从相平面法还产生了现代控制理论中的变结构控制。

2. 描述函数法

描述函数法是英国的丹尼尔(Daniel)教授于1940年首次提出的。描述函数法(又称谐波线性化法)的研究对象可以是任何阶次的系统,其思想是用谐波分析的方法,忽略由于对象线性化因素造成的高次谐波成分,而仅使用一次谐波(基波)分量来近似描述其非线性特性。当系统中的非线性元件用线性化的描述函数代替以后,非线性系统就等效于一个线性系统,然后就可以借用线性系统理论中的频率响应法来对系统进行频域分析。虽然描述函数法有许多其他的应用,如预测次谐波、跳跃现象,以及非线性系统对正弦输入的响应等,但其主要用途还是预测非线性系统的极限环(自持振荡问题)和研究非线性控制系统的稳定性,还可用它来对非线性系统进行综合。

3. 稳定性理论

(1) 李雅普诺夫稳定性理论是分析和研究非线性控制系统稳定性的经典理论,包括两种稳定性分析方法，即间接法(线性化方法)和直接法。间接法从非线性系统的线性近似系统的稳定性质得出非线性系统在一个平衡点附近的局部稳定性的结论。直接法是非线性系统分析的一种强有力的工具，不限于分析局部运动。直接法是从机械系统的相关能量概念中归纳出来的，即如果一个机械系统运动的总机械能一直随时间减少，那么该运动就是稳定的。当用直接法分析非线性系统的稳定性时，其核心是为该系统构造一个标量类能量函数(李雅普诺夫函数)，并检查该标量函数的时变性来确定非线性系统的稳定性质。这种方法的优点在于其普适性：它适用于任何控制系统，时变的或定常的、有限维的或无限维的。这种方法的局限性在于它往往很难为给定系统求得一个李雅普诺夫函数。学者们已经提出了一些构造李雅普诺夫函数的方法，如克拉索夫斯基法、变量梯度法等，但每种方法都有其一定的针对性，还没有一个能适用于各种情况的统一构造方法。

(2) 绝对稳定性是由苏联学者鲁里叶与波斯特尼考夫提出的，其研究对象是由一个线性环节和一个非线性环节组成的闭环控制系统，并且非线性部分满足扇形条件。这两位学者利用二次型加非线性项积分作为李雅普诺夫函数，给出了判定非线性控制系统绝对稳定性的充分条件。在此基础上，许多学者做了大量的工作，提出了不少绝对稳定性判据条件，其中最有影响的是波波夫判据和圆判据，这两种判据方法都属于频率法，其特点是用频率特性曲线与某直线或圆的关系来判定非线性系统的稳定性。

(3) 输入/输出稳定性理论是用泛函分析方法研究系统的输入/输出稳定性。其主要有判定闭环系统稳定性的小增益定理：若系统的开环增益乘积小于 1，则闭环系统是输入/输出稳定的；锥关系定理：当开环算子满足一定的锥关系(或增量锥关系)时，闭环系统是内部状态稳定的；正关系定理：当一个开环算子满足正关系，另一个开环算子满足强正关系且增益是有限的时，闭环系统也是内部稳定的。输入/输出稳定性理论可适用于各类控制系统，包括线性的、非线性的、集中参数的和分布参数的，得到的结论也是一般性的。

1.4.2 非线性控制系统的设计方法

1. 非线性控制系统的设计问题

当控制系统的任务涉及大范围与(或)高速度的运动时，非线性的影响在动态特性中将不可忽略，因而有必要采用非线性控制器来达到期望的性能要求。一般而言，可以将控制系统的任务划分为两类：稳定(或称调节)与跟踪(或称伺服)问题。稳定问题就是要设计一个控制器，称为稳定器(或调节器)，使得闭环系统的状态稳定在一个平衡点的周围。稳定任务的例子有电冰箱温度控制、飞机飞行高度控制及机器人手臂的位置控制等。跟踪问题的设计目标则是要构造一个控制器，称为跟踪器，使得闭环系统的输出跟踪一个给定的时变轨迹。例如，使飞机按指定的路径飞行、使机械手画直线或圆这类问题就是典型的跟踪问题。

1) 稳定问题

渐近稳定问题：给定非线性动态系统

$$\dot{\boldsymbol{x}}=\boldsymbol{f}(\boldsymbol{x},\boldsymbol{u},t) \tag{1.16}$$

式中，$\boldsymbol{x}\in\mathbf{R}^n$，$\boldsymbol{u}\in\mathbf{R}^m$，分别为系统的状态向量和控制向量。

求控制律 $\boldsymbol{u}$，使得从集合 U 中任何区域出发的状态 $\boldsymbol{x}$ 当 $t\to\infty$ 时趋近于 0。

若控制律直接依赖于测量信号，则称之为静态控制律；若控制律通过一个微分方程依赖于测量信号，则称之为动态控制律，即控制律中含有动态特性。同时，若控制任务的目标

是驱使状态 $\boldsymbol{x}$ 到一个非零值设定点 $\boldsymbol{x}_\mathrm{d}$，则只要取 $\boldsymbol{x}-\boldsymbol{x}_\mathrm{d}$ 为状态，就可将问题转化为一个零值设定点的调节问题。

2）跟踪问题

渐近跟踪问题：给定非线性动态系统

$$\begin{cases}\dot{\boldsymbol{x}}=\boldsymbol{f}(\boldsymbol{x},\boldsymbol{u},t)\\ y=h(\boldsymbol{x})\end{cases}$$

式中，$\boldsymbol{x}\in\mathbf{R}^n$，是系统的状态向量；$\boldsymbol{u}\in\mathbf{R}^m$，$y\in\mathbf{R}$，分别是系统的控制输入向量和输出，以及期望的输出轨迹 y_d。

求输入控制律 $\boldsymbol{u}$，使得从区域 U 中的任意初态开始，$y(t)-y_\mathrm{d}(t)$ 趋向 0，而整个状态保持有界。

若有适当的初态能使闭环系统的跟踪误差恒为零，即

$$y(t)\equiv y_\mathrm{d}(t),\quad \forall t\geqslant 0$$

则称该系统能实现理想跟踪。渐近跟踪意味着渐近地达到理想跟踪。类似地，可以定义指数收敛跟踪。

在本书中，均假定期望轨迹 y_d 和它的直到足够高阶（通常等于系统的阶数）导数都是连续、有界的，还假定在线控制计算中可以直接利用 $y_\mathrm{d}(t)$ 及其各阶导数。对于预先规划好期望输出 $y_\mathrm{d}(t)$ 的控制任务，后面这个假定自然满足。例如，对机器人的跟踪任务，期望的位置轨迹通常是预先规划好的，因而可以很容易地获得它的各阶导数。但在有的跟踪任务中，该假定并不成立，这时可用一个参考模型来提供所要求的导数信号。例如，在为雷达天线设计跟踪控制系统使它总是指向目标飞机时，在每个给定瞬间只能获得一个飞机的位置信号 $y_\mathrm{a}(t)$（假定由于噪声太大而不能对它进行数值微分）。然而跟踪控制律通常需要用到被跟踪信号的导数。为了解决这个问题，可以利用下面的二阶动态系统来产生天线跟踪的期望位置、速度和加速度信号：

$$\ddot{y}_\mathrm{d}+k_1\dot{y}_\mathrm{d}+k_2y_\mathrm{d}=k_2y_\mathrm{a}(t)\tag{1.17}$$

式中，k_1 和 k_2 是正设计常数。

于是追踪飞机的问题便转化为跟踪参考模型输出 $y_\mathrm{d}(t)$ 的问题。当然，为了使该方法能够有效地满足控制要求，式(1.17)描述的滤波过程必须有足够快的响应，以使 $y_\mathrm{d}(t)$ 能够充分地逼近 $y_\mathrm{a}(t)$。然而，非最小相位系统则不能实现理想跟踪和渐近跟踪。

3）稳定问题与跟踪问题之间的关系

一般而言，求解跟踪问题比求解稳定问题要困难得多，因为在跟踪问题中控制器不仅要保持整个状态的稳定，而且要驱使系统的输出逼近期望的输出。不过在理论上，跟踪设计与稳定设计常常是互相联系的。例如，要求设计下列被控对象的跟踪控制器：

$$\ddot{y}+f(\dot{y},y,u)=0$$

使 $e(t)=y(t)-y_\mathrm{d}(t)$ 趋于 0，就等效于使下列系统渐近稳定的问题：

$$\ddot{e}+f(\dot{e},e,u,y_\mathrm{d},\dot{y}_\mathrm{d},\ddot{y}_\mathrm{d})=0\tag{1.18}$$

其状态分量为 e 与 $\dot{e}$。显然，如果知道如何设计非自治动态系统式(1.18)的稳定器，则跟踪器设计的问题也就解决了。

另外，稳定问题可以认为是跟踪问题的一个特例，即所要跟踪的期望轨迹是一个常量。

例如,在模型参考自适应控制中,通过引入一个参考模型来对所提供的设定值进行滤波并产生一个时变输出来作为跟踪控制系统的理想响应,从而将一个设定值调节问题转化成跟踪问题。

2. 非线性控制系统的设计方法

自 20 世纪 80 年代以来,非线性科学越来越受到人们的重视,数学中的非线性分析、非线性泛函,物理学中的非线性动力学,发展都很迅速。与此同时,非线性系统理论也得到了蓬勃发展,有更多的控制理论专家进入非线性系统的研究领域,更多的工程师力图用非线性系统理论构造控制器,取得了一定的成就。

正如非线性控制系统的分析一样,非线性控制器的设计也没有一个普遍适用的方法。我们所具有的是一个由各种互不相同又互为补充的方法组成的丰富集合,其中每一种方法都只能适用于特定类型的非线性控制问题。

1) 精确反馈线性化

精确反馈线性化的理论基础是微分几何理论。用微分几何法研究非线性系统是现代数学发展的结果,并在近 20 年取得了重要进展。精确反馈线性化的基本思想就是利用微分几何理论,首先把非线性系统变换成一个(全部或部分)线性系统,然后用熟知和有效的线性系统设计方法完成控制设计。在线性控制器设计完成后,再通过输入的反变换求得非线性控制律。对于非线性系统的精确反馈线性化问题,在微分几何控制理论中取得了较好的成果,这一方法已在实际非线性控制问题中得到很好的应用。非线性控制系统中,涉及局部受控不变分布、能控性分布及其计算、反馈动态解耦控制问题可解条件等。该方法适用于一些重要类型的非线性系统(即可输入-状态线性化的系统或最小相位系统),同时它要求全部状态都能够测量。但是该方法不能保证系统具有参数不确定性或存在干扰时的鲁棒性。

2) 微分代数法

1986 年伊西多里(Isidori)发现了微分几何控制理论中的一些病态问题,促使了微分代数控制理论的产生。微分代数控制理论从微分代数角度研究了非线性系统可逆性和动态反馈设计问题,该理论使用的最重要的概念是非线性系统的秩 p 的概念,并得出秩与非线性可逆的关系;将动态扩展算法推广到非线性情形,解决了仿射非线性系统的动态反馈解耦(摩根(Morgan)问题)。一些文献中还提出了实现动态 I/O 线性化和动态全线性化的算法,有学者还研究了非线性系统的无穷(有穷)零结构和动态模型匹配问题,并取得了有意义的成果。

微分代数法和微分几何法一样存在共同的缺点,即它们使用的数学工具较抽象,同时这两种方法也日益显示出一些理论上的局限性。首先,这两种方法试图将线性系统的理论结果照搬过来的想法遇到了计算上的困难;其次,理论研究表明,可以这样做的非线性系统也只是特定的一类。

3) 滑动模态变结构控制理论

变结构控制严格地应称为具有滑动模态的变结构控制,其基本思想是:系统由若干个参数不同或结构不同的子系统组成,在工作时根据某种函数规则在这些子系统之间切换,以改善全系统的动态性能。其主要优点是响应速度快、对系统参数变化不敏感、对未建模动态和外部干扰有良好的适应能力、设计简单且易于实现,是目前非线性控制系统较普遍、较系统的一种综合方法。这种方法的思路是对于系统

$$\dot{x}=f(x,u,t),\quad x\in\mathbf{R}^n,u\in\mathbf{R}^m$$

设计：①m 个切换 $s_i(\boldsymbol{x})$；②m 个变结构控制 $u_i = u_i(\boldsymbol{x}, t)$，使得：①满足到达条件，即所有相轨迹于有限时间达到切换面；②在切换面上形成渐近稳定的滑动模态。

构造变结构控制器的核心是滑动模态的设计，即切换函数的选择算法。该算法主要包括：①通过状态变换将系统化为简约型；②将滑动模态的研究化为镇定问题；③用趋近律方法求解控制律。其主要方法有极点配置法、二次型最优设计法、矩阵广义逆、投影变换法。对于线性系统来说，滑动模态的设计已有较完善的结果，对于某些类型的非线性被控对象也提出了一些设计方法。滑动模态变结构控制实现起来比较简单，对不确定性及外界干扰具有强鲁棒性。滑动模态变结构控制的主要问题是抖动及切换面的选取。因惯性引起的切换滞后而产生的自振会对某些未建模动态起激励作用，对系统的稳定性和稳态精度产生影响。为减小抖动，常采用多面滑动模态控制、时变滑动模态控制及引入模糊控制来减小颤振。目前虽已提出了一些削弱抖振的方法，但并未完全解决。

4）自适应控制理论

自适应控制是处理不确定性系统或时变系统的一种方法。目前自适应控制设计主要适用于动力学结构已知而其恒定或缓慢变化的参量未知的系统。线性系统的自适应控制已有系统化的理论。现有的非线性自适应控制方法也可用于状态可测量且动态方程可线性参数化的一类重要的非线性系统。对这些非线性系统来说，自适应控制可看成鲁棒非线性控制方法的一种替换和补充，两者可以有效地相互结合。虽然多数自适应控制的结果是针对单输入、单输出系统的，但是对一些具有多输入的重要非线性系统也有一些成功的研究结果。

20世纪90年代初，科托维奇（Kokotovic）领导的研究组首次对一类参数严格反馈型和参数纯反馈型非线性系统提出自适应反演（backstepping）控制方法，该方法已发展成为一种强有力的控制策略，并且能使一大类非线性系统得到全局稳定的结果。该方法的优点在于：①它通过递推自适应设计使系统李雅普诺夫函数和控制器的设计过程系统化、结构化；②可处理非匹配条件下的不确定性，从理论上保证闭环系统的稳定性和参数收敛性；③可以控制相对阶为 n 的非线性系统，消除了经典无源性设计中相对阶为1的限制。自适应反演控制方法的成功大大激发了研究者的兴趣，并促进了非线性控制的发展，出现了很多研究和应用成果。例如，文献[10]利用调节函数技术给出了仅需 p 个参数估计器的非重复估计自适应控制方法；西拉·拉米雷斯（Sira-Ramirez）等提出了一种更为直接的设计方法，该设计方法无须将系统变换为纯参数反馈型或严格参数反馈型，而是通过应用自适应反演控制方法，得到了不对参数进行重复估计的自适应控制律。但是，自适应反演控制方法存在计算膨胀、适用范围狭窄及对非参数不确定和外界扰动鲁棒性差等问题。

5）鲁棒控制理论

非线性系统的鲁棒自适应控制引起国内外控制理论界的广泛关注，它也是目前关于不确定非线性系统控制的研究热点。鲁棒控制就是设计的控制律能使系统的预期设计品质不因不确定性的存在而遭到破坏。鲁棒控制的设计方法很多，可以采用反馈线性化方法，先将不确定非线性系统进行线性化；然后采用不确定线性系统鲁棒控制理论设计控制器，从而达到对原不确定非线性系统的稳定鲁棒控制。也可采用自适应反演控制方法对不确定非线性系统设计鲁棒控制器。

H_∞ 鲁棒控制的思想是扎姆斯（Zames）于1981年提出的，其主要思路是以系统某些信号间的传递函数的 H_∞ 范数为优化指标，对于跟随问题希望干扰频谱对输出产生的频率响应最小。H_∞ 控制理论从目前的研究情况来看主要是在时域内讨论 H_∞ 的求解方法，它所揭示的思想是一种频域综合法，并可用来进行非线性控制系统的综合。H_∞ 鲁棒控制方法在线性系统控制理论中得到了成功的应用。

H_∞ 鲁棒控制研究发展分为三个阶段。1984 年以前，人们把传递函数的 H_∞ 范数最小化问题通过稳定控制器的尤拉(Youla)参数化方法变换成模型匹配问题或一般距离问题，然后变换为内哈里(Nehari)问题来求解。设计主要基于传递函数阵，虽然也采用状态空间描述，但那只是为了计算的方便。到 1988 年为 H_∞ 鲁棒控制研究发展的第二阶段，人们不再采用传递函数阵的描述，而直接在状态空间描述上进行设计。20 世纪 90 年代使用的 LMI 方法为 H_∞ 鲁棒控制研究发展的第三阶段，这种设计方法降低了 H_∞ 控制的限制条件，并扩展了其研究领域。

众所周知，对于非线性系统并不存在传递函数这一概念，所以 H_∞ 范数便不能推广到非线性系统。然而在时域情形下，H_∞ 范数不过是系统在零初始状态下从输入(时间函数)到输出(时间函数)的 L_2-诱导范数，一般称之为非线性系统的 L_2-增益，故更准确地可称之为非线性系统 L_2-增益最优控制，习惯上仍称为非线性 H_∞ 控制。同样，对于非线性系统，不管是状态运动轨线还是输出轨线等，一般来说，都不能用子空间来描述，但它们往往属于一些低维子流形或 $\mathbf{R}^n$ 中的一些低维曲面，故可以借助流形来讨论非线性系统的一些性质，就像用子空间讨论线性系统的性质一样。在多维频域空间内，基于广义频率响应函数描述，研究非线性控制系统 H_∞ 控制的求解问题是一个重要的研究方向。

总之，经过多年努力，非线性 H_∞ 控制理论已有了很大的进展，但它至今仍然是一个比较活跃的研究领域且有着广阔的应用前景。

6) 逆系统理论

逆系统理论作为反馈线性化理论的一种，是近几年提出和发展起来的。其基本思想是：对于给定的系统，首先用对象的模型生成一种可用反馈方法实现的原系统的 α 阶积分逆系统，将对象补偿为具有线性传递关系的且已解耦的一种规范化系统(称为伪线性系统)；然后用线性系统的各种设计理论来完成伪线性系统的综合。这种方法的一个突出优点就是系统的模型可以不受仿射非线性模型的限制，而直接采用方程

$$\begin{cases}\dot{\boldsymbol{x}}=\boldsymbol{f}(\boldsymbol{x},\boldsymbol{u}), & \boldsymbol{x}(t_0)=\boldsymbol{x}_0,\boldsymbol{x}\in\mathbf{R}^n,\boldsymbol{u}\in\mathbf{R}^m\\ \boldsymbol{y}=\boldsymbol{h}(\boldsymbol{x},\boldsymbol{u}), & \boldsymbol{y}\in R^q\end{cases}$$

表示一般非线性系统，为控制系统设计理论的研究提供了一种一般的途径和方法。此外，它还具有在理论上形成统一、在物理概念上清晰直观、在使用方法上简单明了的特点。

近年来，在逆系统理论这一方向上，通过直接用数学分析的方法已得到和发展了关于一般非线性系统反馈控制方法的一系列结果，如关于一般非线性系统的左右可逆理论、解耦理论、系统镇定、线性化综合和状态观测等方面的基本理论和方法。其在应用上的发展也很迅速，在机械手控制、卫星姿态控制、发电机组领域等方面已有成功的报道。

7) 神经网络控制理论

神经网络提出后首先被用于解决模式识别等一类问题。20 世纪 80 年代，神经网络理论取得了突破性的进展。神经网络之所以对控制有吸引力，是因为它具有如下特点：

(1) 能逼近任意属于L_2空间的非线性函数；

(2) 采用并行、分布式处理信息，有较强的容错性；

(3) 便于大规模集成电路实现；

(4) 适用于多信号的融合，可同时综合定量和定性的信号，对多输入、多输出系统特别方便；

(5) 可实现在线和离线学习，使之满足某种控制要求，灵活性大。

神经网络控制在近年来出现了大量的研究结果。在建模方面，静态神经网络可用来作为系统的输入/输出模型；而动态神经网络既可用来作为系统的输入/输出模型，又可用作系统的状态空间模型。在神经网络控制系统中，神经网络的作用可分为三大类：第一类是在基于模型的各种控制结构，如内模控制、模型自适应参考控制、预测控制中充当对象的模型；第二类是充当控制器；第三类是在控制系统中起优化计算的作用。神经网络控制系统的具体方案很多，几种比较成熟的结构是监督控制、逆动态控制系统、内模控制、预测控制、模型参考自适应控制等。

虽然目前有较好仿真效果的各种控制方案很多，但就神经网络本身而言，在逼近非线性函数问题上，现有的理论只解决了存在性的问题，对于不同的被控对象如何选择合适的神经网络结构尚处于经验阶段，有待于进行理论上的研究。在学习算法方面，现有算法的收敛速度都很慢，应着重研究如何使算法的收敛速度加快。当然，此问题要有重大突破，还有待于高维变量的非线性优化方法的提高。就控制系统方面而言，对于非线性对象的神经网络控制系统的稳定性分析、神经网络控制系统的鲁棒性、鲁棒辨识等均是有待研究的课题。

8) 非线性频域控制理论

对线性控制系统最初也是在时域内进行研究的，但由于当时解高阶微分方程非常困难，人们才用拉普拉斯(Laplace)变换和傅里叶(Fourier)变换作为数学工具，将微分方程变成代数方程，然后在频域内进行控制系统的分析与设计。频域法实际物理意义明确，计算简便，而且控制器设计具有鲁棒性，因此在实际中得到了广泛的应用。对于非线性控制系统，人们也一直探求如何用频域法解决它的分析与设计问题。描述函数法是频域法解决非线性控制系统最早的成果，但这种方法忽略了高次谐波成分，实际上是线性化近似方法。当系统中非线性因素较强时，利用这种方法得到的结果误差较大。波波夫判据和圆判据是频域稳定性判据方法，但这两种判据仅适用于绝对稳定性问题。

20世纪40年代，维纳(Wiener)第一次使用了沃尔泰拉(Volterra)级数描述非线性系统，把这种级数用于非线性电路的分析。其后，一些学者继续从事沃尔泰拉级数的研究工作，美国加州大学伯克利分校的蔡少堂教授在非线性自治振荡系统分析与沃尔泰拉核测量等方面做出了突出的贡献；布罗克特(Brockett)和桑伯(Sanberg)的开创性研究，把沃尔泰拉级数应用在控制系统的分析中，布罗克特研究了沃尔泰拉泛函级数与几何控制论的关系，桑伯研究了非线性系统的I/O描述问题。

多变量傅里叶变换的概念早在20世纪60年代初就已经被提出，将沃尔泰拉核通过多变量傅里叶变换或多变量拉氏变换，形成沃尔泰拉频域核以便在频域内对非线性系统进行分析，这一思想是在20世纪60年代末70年代初建立的。沃尔泰拉频域核或称广义频率响应函数(generalized frequency response function，GFRF)是线性系统的频率响应函数在非线性系统中的推广，GFRF能够直观地表示出非线性系统的许多频域特性，而且便于试验。

但和线性系统的频率响应函数相比,GFRF 是一种高维频率响应函数,其物理意义的解释和计算要复杂得多。

进入 20 世纪 80 年代后,以英国谢菲尔德大学的比林斯(Billings)为首的一批学者的主要贡献是提出了非线性系统频率响应分析的一般理论,导出了基本的计算公式,发展了非线性系统高阶频率响应函数的计算方法。他们提出了对模型未知的非线性系统进行频谱分析的一种新方法,该方法由两部分组成:非线性系统模型辨识和从辨识的模型直接计算系统的广义频率响应函数。非线性系统模型辨识是基于 NARMAX 描述用试探法辨识参数。他们还利用典型例子,通过系统的广义频率响应函数讨论了非线性系统的一些频率特性:频率响应的谐波特性、增益压缩/扩张特性、互抑特性和相互调制特性等。

1.5 本书简介

由于非线性系统可能具有比线性系统丰富和复杂得多的特性,因此对非线性系统的分析要困难得多。在数学上,其反映为两个方面的问题。首先,与线性方程不同,非线性方程一般不能通过解析方法求解,因而很难对非线性系统的特性有一个全面的理解;其次,像拉普拉斯变换和傅里叶变换这类强有力的数学工具,不适用于非线性系统。

鉴于这些原因,既没有预测非线性系统特性的系统工具,也没有设计非线性控制系统的系统方法。代之的是,可以列出许多强有力的分析和设计方法与工具,但是其中每一工具仅适用于某些具体类型的非线性控制问题。本书的目的在于介绍这些不同的工具,并且特别强调它们的功能和局限性,以及如何把它们有效地结合起来。

本书着重研究以连续时间形式表示的非线性系统。即使大多数控制系统是由数字装置实现的,但是非线性物理系统在性质上却是连续的,而且难以进行有意义的离散化工作。如果采用高采样速率,那么在对数字控制系统进行分析和设计时,可以作为连续时间系统来处理。

参考文献

[1] SLOTINE J-J E, LI W P. Applied nonlinear control[M]. 北京:机械工业出版社,2004.

[2] ISIDORI A. Nonlinear control systems: an introduction [M]. Berlin: Springer-Verlag, 1989.

[3] 李士勇,田新华. 非线性科学与复杂性科学[M]. 哈尔滨:哈尔滨工业大学出版社,2006.

[4] 冯纯伯,费树岷. 非线性控制系统分析与设计[M]. 北京:电子工业出版社,1998.

[5] HE Y Y. Chaotic simulated annealing with decaying chaotic noise [J]. IEEE Trans. Neural Networks, 2002, 13(6): 1526-1531.

[6] ZHANG H D, XIE R X, HE Y Y. The routing in computer networks using chaotic neural networks [J]. Journal of Computational Information Systems, 2010, 6 (4): 1293-1299.

[7] 高为炳. 变结构控制的理论及设计方法[M]. 北京:科学出版社,1996.

[8] 刘秉正,彭建华. 非线性动力学[M]. 北京:高等教育出版社,2004.

[9] 刘秉正. 生命科学中的混沌[M]. 长春:东北师范大学出版社,1999.

[10] 韩增晋. 自适应控制[M]. 北京:清华大学出版社,1995.

[11] 徐丽娜. 神经网络控制[M]. 3 版. 北京:电子工业出版社,2009.

[12] 曹建福,韩崇昭,方洋旺. 非线性系统理论及应用[M]. 2 版. 西安:西安交通大学出版社,2006.

[13] 夏小华,高为炳. 非线性系统控制及解耦[M]. 北京:科学出版社,1997.

第2章

相平面分析

相平面(phase plane)分析是一种用于研究二阶系统的图示方法。其主要思想是：在一个二阶动态系统的状态空间(或称其为相平面的二维平面)内产生对应于各种初始条件的运动轨迹,然后根据相平面图的几何特征来判断系统固有的动、静态特性。非线性系统的相平面分析法是状态空间分析法在二维空间特殊情况下的应用。绘制相平面图是用相平面分析研究非线性系统输出响应的重要手段,这种方法不仅能给出稳定性和时间特性的信息,而且还能给出系统运动轨迹的清晰图像。

2.1 相平面的基本概念

2.1.1 相轨迹和相平面图

考虑由下述微分方程描述的二阶系统：

$$\ddot{x}+a_1(x,\dot{x})\dot{x}+a_0(x,\dot{x})x=0 \tag{2.1}$$

式中,当 a_1 和 a_0 为常数时是线性定常系统,当 a_1 和 a_0 与 x、$\dot{x}$ 有关时就是非线性系统。

上述二阶微分方程可以用两个状态变量表示成两个一阶微分方程,即状态方程。如令 $x_1=x$,$x_2=\dot{x}$,则式(2.1)可以写成

$$\begin{cases}\dot{x}_1=x_2\\ \dot{x}_2=-a_0(x_1,x_2)x_1-a_1(x_1,x_2)x_2\end{cases} \tag{2.2}$$

写为一般式,即

$$\begin{cases}\dot{x}_1=f_1(x_1,x_2)\\ \dot{x}_2=f_2(x_1,x_2)\end{cases} \tag{2.3}$$

如果用 x_2 对 x_1 的关系曲线来表示式(2.3)的解,画在以 x_1 和 x_2 为坐标的平面上,则平面上的一个点就代表系统在某一时刻的状态,整条曲线则描绘出系统在某一初始条件下随时间变化的运动过程。如图 2.1(a)所示,具有直角坐标 x_1 和 x_2 的平面称为相平面或状态平面,相平面上表示 x_1 对 x_2 关系的曲线称为相轨迹(phase portrait),由相轨迹或相轨迹族构成的图称为系统的相平面图。从相平面图能够比较容易地得到状态 x_1 对时间 t 的

关系曲线(系统的过渡过程),如图 2.1(b)所示。

一般规定 $x_1=x, x_2=\dot{x}$,因此上述相平面实际上是 x-$\dot{x}$ 平面。绘出了系统的相平面图后,系统的过渡过程性质就可以迅速确定。

利用相平面法分析非线性系统时,有如下特点:

(1) 只限于二阶动态系统,包括二阶非线性系统及二阶线性系统;

(2) 当系统中非线性元件的非线性程度非常明显,输出不能只考虑基波分量时,采用相平面法分析非常合适;

(3) 当系统有非周期输入(如阶跃、斜坡及脉冲输入),描述函数法无法应用时,可以采用相平面法。

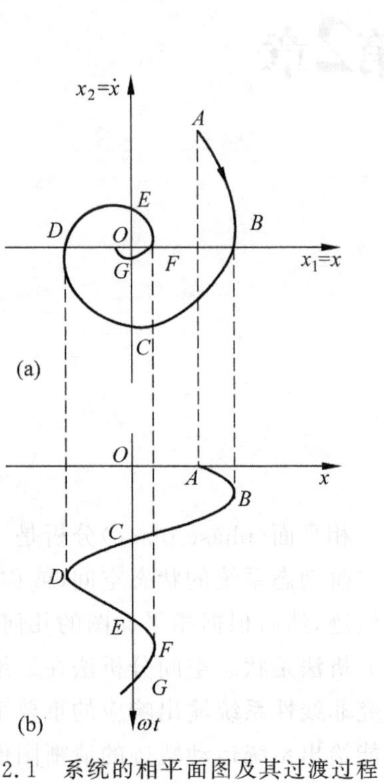

图 2.1 系统的相平面图及其过渡过程

2.1.2 奇点与极限环

1. 奇点

平衡点是系统状态能够永远停留而不移动的点,因此在平衡点处,系统的运动速度和加速度都为零。而奇点是相平面内的一个平衡点,对于二阶系统来说,当 $\dot{x}$ 及 $\ddot{x}$ 都为零时的点称为奇点。由

$$\frac{\mathrm{d}\dot{x}}{\mathrm{d}t}=\ddot{x}=-a_1(x,\dot{x})\dot{x}-a_0(x,\dot{x})x \tag{2.4}$$

$$\frac{\mathrm{d}x}{\mathrm{d}t}=\dot{x} \tag{2.5}$$

可求得相轨迹在奇点的斜率为

$$\frac{\mathrm{d}\dot{x}}{\mathrm{d}x}=\frac{\ddot{x}}{\dot{x}}=-a_1(x,\dot{x})-a_0(x,\dot{x})\frac{x}{\dot{x}}=\frac{0}{0} \tag{2.6}$$

可见,在奇点处相轨迹的斜率为不定值,即可以有无穷多条相轨迹趋近或者离开奇点,如例 2.1 所示。

例 2.1 一个非线性二阶系统

$$\ddot{x}+0.5\dot{x}+2x+x^2=0 \tag{2.7}$$

其相轨迹如图 2.2 所示。该系统含有两个奇点,一个在(0,0)处,另一个在(−2,0)处。在两个奇点附近,系统轨迹的运动模式具有不同的特性。有两条相轨迹穿过(−2,0)点,其中的一条是分隔线。在该系统中,分隔线将相平面划分为两个不同运动的区域。图 2.2 中阴影线包围的区域是稳定区,凡初始点在此区域内的相轨迹均收敛于原点,系统能趋于平衡状态;未被阴影线包围的区域则为发散区,凡初

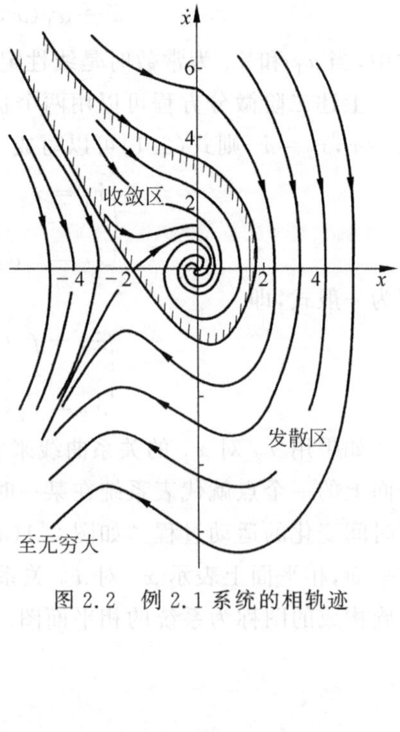

图 2.2 例 2.1 系统的相轨迹

始点在这一区域内的相轨迹都将趋于无穷远，随着时间的增加，x 向负方向无限制地增大。

2. 极限环

极限环是非线性系统的特有性质，它只发生在非守恒系统中。其产生的原因是由于系统中非线性的作用，使得系统周期性地从外部获取能量或向外部释放能量，从而维持周期运动形式。因此，相应地在相平面上就会出现一条孤立的封闭曲线，曲线附近的相轨迹都渐近地趋向这条封闭的曲线，或者从这条封闭的曲线离开，这条特殊的相轨迹就是极限环。极限环把相平面划分为内部平面和外部平面两部分，相轨迹不能从环内穿越极限环到达环外，反之亦然。极限环还是相平面上的分隔线，它把相平面划分为具有不同运动特点的一些区域，这对于确定系统的运动状态非常重要。

在相平面内，极限环被定义为一条孤立的封闭曲线。也就是说，极限环的轨迹必须同时具备封闭性和孤立性，前者表明极限环的周期运动特性，后者表明极限环的极限特性，其附近的轨迹收敛于它或从它发散。因此，当相轨迹图中存在许多闭合曲线时，我们不把它们看作为极限环。例如，无阻尼的线性二阶系统，其周期运动是由于不存在阻尼，没有能量损耗而形成的，因此相平面图是一族封闭的曲线，但这类闭合曲线不是极限环。

根据极限环附近轨迹的运动特点，可把极限环分为三类。

(1) 稳定极限环。当 $t\to\infty$ 时，在极限环邻域的所有轨迹都收敛于此极限环(图 2.3(a))。此时，极限环内部的相轨迹发散至极限环，说明极限环的内部是不稳定区域；极限环外部的相轨迹收敛至极限环，说明极限环外部是稳定区域。因此，任何微小扰动使系统的状态离开极限环后，最终仍会回到该极限环。所以，系统的运动表现为自振荡，而且这种自振荡只与系统的结构参数有关，与初始条件无关。

(2) 不稳定极限环。当 $t\to\infty$ 时，在极限环邻域的所有轨迹都从此极限环发散(图 2.3(b))。此时，极限环内部的相轨迹收敛至环内的奇点，说明极限环的内部是稳定区域；极限环外部的相轨迹发散至无穷远处，说明极限环的外部是不稳定区域。此时极限环表现的周期运动是不稳定的，任何微小扰动，不是使系统的运动收敛于环内的奇点，就是使系统的运动发散至无穷。

(3) 半稳定极限环。当 $t\to\infty$ 时，极限环邻域的一些轨迹收敛于它，另一些轨迹却从它发散(图 2.3(c))。这种情况下，有时极限环内部和外部都是不稳定区域，若轨迹由极限环

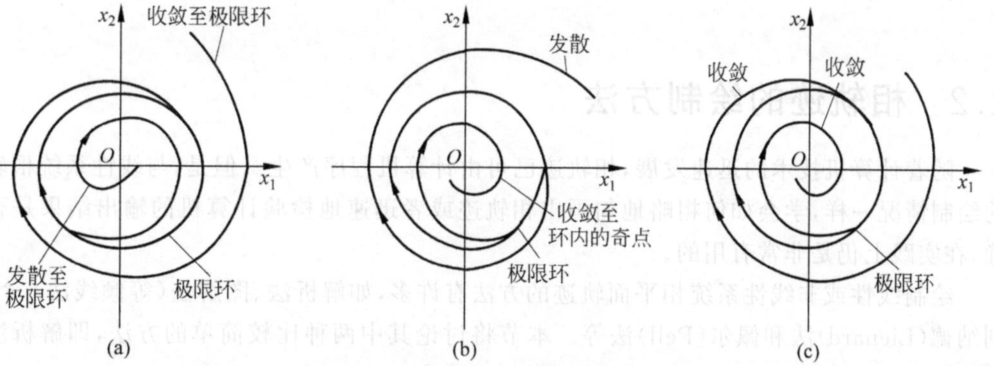

图 2.3　稳定、不稳定和半稳定极限环

(a) 稳定极限环；(b) 不稳定极限环；(c) 半稳定极限环

内部出发,则系统的运动将发散至极限环;若轨迹由极限环外部出发,则系统的运动将发散至无穷远处。有时极限环内部和外部都是稳定区域,若轨迹由极限环内部出发,则系统的运动将收敛于奇点;若轨迹由极限环外部出发,则系统的运动将收敛于极限环。

下面再考虑几个稳定、不稳定和半稳定极限环的例子。

例 2.2 考虑下列非线性系统:

$$(1)\ \dot{x}_1 = x_2 - x_1(x_1^2 + x_2^2 - 1),\quad \dot{x}_2 = -x_1 - x_2(x_1^2 + x_2^2 - 1) \tag{2.8}$$

$$(2)\ \dot{x}_1 = x_2 + x_1(x_1^2 + x_2^2 - 1),\quad \dot{x}_2 = -x_1 + x_2(x_1^2 + x_2^2 - 1) \tag{2.9}$$

$$(3)\ \dot{x}_1 = x_2 - x_1(x_1^2 + x_2^2 - 1)^2,\quad \dot{x}_2 = -x_1 - x_2(x_1^2 + x_2^2 - 1)^2 \tag{2.10}$$

先研究系统(1)。引入极坐标:

$$r = (x_1^2 + x_2^2)^{1/2}$$

$$\theta = \arctan \frac{x_2}{x_1}$$

于是,式(2.8)变为

$$\frac{\mathrm{d}r}{\mathrm{d}t} = -r(r^2 - 1)$$

$$\frac{\mathrm{d}\theta}{\mathrm{d}t} = -1$$

当状态由单位圆出发时,上述方程表明 $\dot{r}(t)=0$。因此,该状态将绕原点以 $\pi/2$ 的周期旋转。当 $r<1$ 时,$\dot{r}>0$,这表明状态从内部趋向此单位圆;当 $r>1$ 时,$\dot{r}<0$,这表明状态从外部趋向此单位圆。可见,该单位圆为一稳定的极限环。通过检验式(2.8)的解析解:

$$r(t) = \frac{1}{(1 + c_0 \mathrm{e}^{-2t})^{1/2}}$$

$$\theta(t) = \theta_0 - t$$

也能得到同样的结论。式中:

$$c_0 = \frac{1}{r_0^2} - 1$$

用类似方法能够得知,系统(2)有一个不稳定的极限环,而系统(3)有一个半稳定的极限环。

2.2 相轨迹的绘制方法

随着计算机技术的迅速发展,相轨迹已可由计算机程序产生。但是,与线性系统根轨迹的绘制情况一样,学会如何粗略地勾画出相轨迹或者迅速地检验计算机的输出结果是否正确,在实践上仍是非常有用的。

绘制线性或非线性系统相平面轨迹的方法有许多,如解析法、图解法(等倾线法)、δ 法、利纳德(Lienard)法和佩尔(Pell)法等。本节将讨论其中两种比较简单的方法,即解析法和图解法。

2.2.1 解析法

解析法涉及描述系统的微分方程的解析解。对于某些具体的非线性系统，尤其是分段线性系统(其相轨迹可由各相关线性系统的相轨迹综合而成)，解析法是很有效的。下面介绍两种用解析法产生相轨迹的方法。

第一种方法通过求解式(2.3)，可以得到 $x_1(t)$ 和 $x_2(t)$，即

$$x_1(t)=g_1(t),\quad x_2(t)=g_2(t)$$

从上述方程中消去时间 t，求得式(2.3)所示的函数关系为

$$g(x_1,x_2,c)=0 \tag{2.11}$$

例 2.3 设描述系统的微分方程为

$$\ddot{x}=-M$$

式中，M 为常量，初始条件为 $\dot{x}(0)=0, x(0)=x_0$。

直接对微分方程进行积分，积分变量为 t：

$$\int\ddot{x}\,\mathrm{d}t=-M\int\mathrm{d}t$$

考虑到初始条件 $\dot{x}(0)=0$，可得

$$\dot{x}(t)=-Mt \tag{2.12}$$

对式(2.12)再进行积分，并考虑初始条件 $x(0)=x_0$，于是有

$$x(t)=-\frac{1}{2}Mt^2+x_0 \tag{2.13}$$

从式(2.12)和式(2.13)中消去变量 t，可得相轨迹方程

$$\dot{x}^2=-2M(x-x_0)$$

这是抛物线方程，当 $M>0$ 时，抛物线开口向左；当 $M<0$ 时，抛物线开口向右。不同初始条件下的相轨迹是抛物线族，如图 2.4 所示。

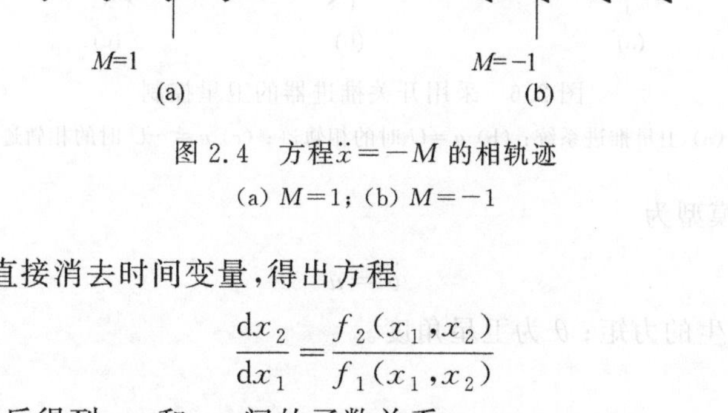

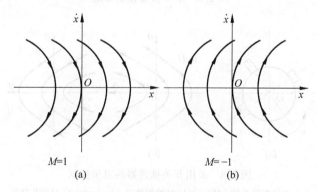

图 2.4 方程$\ddot{x}=-M$ 的相轨迹
(a) $M=1$；(b) $M=-1$

第二种方法是直接消去时间变量，得出方程

$$\frac{\mathrm{d}x_2}{\mathrm{d}x_1}=\frac{f_2(x_1,x_2)}{f_1(x_1,x_2)} \tag{2.14}$$

然后求解此方程，最后得到 x_1 和 x_2 间的函数关系。

例 2.4 例 2.3 中的系统，由给定微分方程写出斜率方程为

$$\frac{\mathrm{d}\dot{x}}{\mathrm{d}x}=-\frac{M}{\dot{x}} \tag{2.15}$$

式(2.15)也可写成

$$\dot{x}\,\mathrm{d}\dot{x}=-M\mathrm{d}x$$

对上式两端进行积分：

$$\int\dot{x}\,\mathrm{d}\dot{x}=-M\int\mathrm{d}x$$

考虑到初始条件，可得相轨迹方程

$$\dot{x}^2=-2M(x-x_0)$$

由此可见，两种方法的结果相同，但第二种方法更为简单。

以上两种方法还可以用于系统方程较为复杂的分段线性系统，可以将运动方程分成若干个线性段来分别求解。

例 2.5 卫星控制系统。

如图 2.5 所示为一个简单卫星模型的控制系统。图 2.6(a)上的卫星由一对推进器控制，这对推进器可产生一个正恒定力矩 U(正向发动)或者负恒定力矩 $-U$(负向发动)。控制系统的目的在于通过适当地调节推进器来维持卫星天线的角度为零。

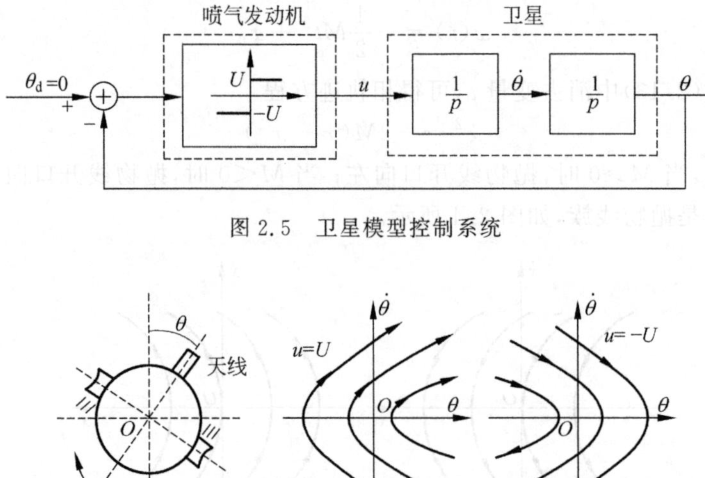

图 2.5 卫星模型控制系统

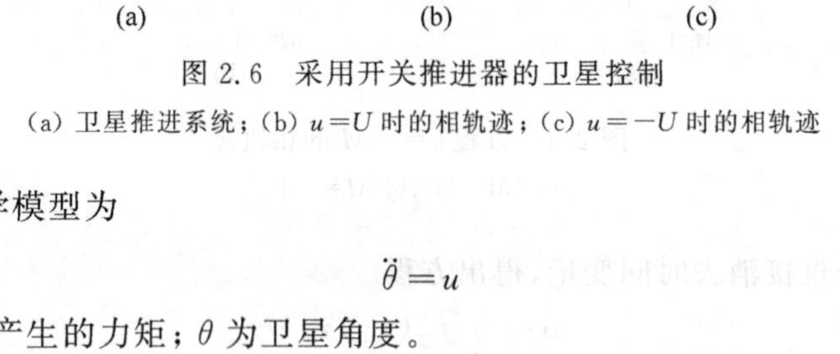

图 2.6 采用开关推进器的卫星控制

(a) 卫星推进系统；(b) $u=U$ 时的相轨迹；(c) $u=-U$ 时的相轨迹

此卫星的数学模型为

$$\ddot{\theta}=u$$

式中，u 为推进器产生的力矩；θ 为卫星角度。

推进器按照下式控制规则点火：

$$u=\begin{cases}-U, & \theta>0\\ U, & \theta<0\end{cases}$$

上式表明，若 θ 为正，则推进器按逆时针方向推动卫星；若 θ 为负，则推进器按顺时针方向推动卫星。

将上述分段系统划分为两个线性段来考虑。先考虑当推进器提供正力矩 U 时的相轨迹，此时系统的动态方程为

$$\ddot{\theta}=U,\quad \theta<0$$

于是有

$$\dot{\theta}\mathrm{d}\dot{\theta}=U\mathrm{d}\theta$$

因此，其相轨迹为抛物线族：

$$\dot{\theta}^2=2U\theta+c_1$$

式中，c_1 为常数，此时的相轨迹如图 2.6(b)所示。

当推进器提供负力矩 $-U$ 时，其相轨迹由下式确定：

$$\dot{\theta}^2=-2U\theta+c_1$$

其所对应的相轨迹如图 2.6(c)所示。

因此，只要把图 2.6(b)左半相平面的轨迹与图 2.6(c)右半相平面的轨迹连接起来，就能够得到该闭环控制系统的完整相轨迹，如图 2.7 所示。图 2.7 中的垂直轴代表推进器的切换线，控制输入及相轨迹是在此线上进行切换的。由此可见，从非零初始角开始，卫星将在喷气发动机作用下产生周期性振荡运动。

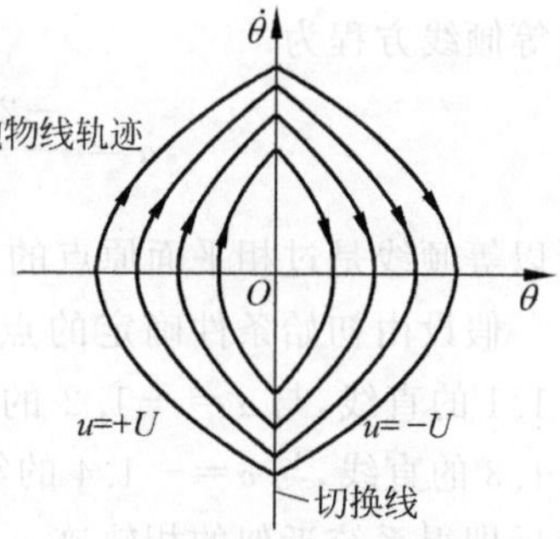

图 2.7 卫星控制系统的完整相轨迹

2.2.2 图解法

图解法是求取相轨迹的一种作图方法。这种方法不需求解微分方程，适用于那些非线性特性能用数学表达式表示的系统。

考虑式(2.3)所示的非线性二阶系统：

$$\begin{cases}\dfrac{\mathrm{d}\dot{x}}{\mathrm{d}t}=\ddot{x}=-a_1(x,\dot{x})\dot{x}-a_0(x,\dot{x})x\\[2mm] \dfrac{\mathrm{d}x}{\mathrm{d}t}=\dot{x}\end{cases}$$

可以求出相轨迹的斜率值为

$$\frac{\mathrm{d}\dot{x}}{\mathrm{d}x}=\frac{\ddot{x}}{\dot{x}}=-a_1(x,\dot{x})-a_0(x,\dot{x})\frac{x}{\dot{x}} \tag{2.16}$$

由此可见，除相平面的平衡点外，相轨迹上任意一点的斜率值都是固定的。这是因为 $a_1(x,\dot{x})$、$a_0(x,\dot{x})$ 及 $\dfrac{x}{\dot{x}}$ 都是定值；但是在平衡点，因为速度和加速度都为零，即 $\dot{x}=0,\ddot{x}=0$，

所以斜率值$\dfrac{\ddot{x}}{\dot{x}}=\dfrac{0}{0}$是不定值，或者说可以有无穷多不同斜率的曲线通过该点。于是，假设

$$\frac{d\dot{x}}{dx}=\alpha=\text{常数}$$

则由式(2.16)可得

$$-a_1(x,\dot{x})-a_0(x,\dot{x})\frac{x}{\dot{x}}=\alpha \tag{2.17}$$

式(2.17)表示相轨迹上斜率为常值α的各点连线，此连线称为等倾线。α取不同值时，即可在相平面上绘制出若干条等倾线，在等倾线上各点处作斜率为α的短直线，并以箭头表示切线方向，则构成相轨迹的切线方向场。

下面以一个二阶线性系统为例来说明图解法。

例 2.6 二阶线性系统的微分方程式为

$$\ddot{x}+2\xi\omega_n\dot{x}+\omega_n^2x=0$$

将上式改写为

$$\ddot{x}=f(x,\dot{x})=-2\xi\omega_n\dot{x}-\omega_n^2x$$

故等倾线方程为

$$\alpha=\frac{-2\xi\omega_n\dot{x}-\omega_n^2x}{\dot{x}} \quad \text{或} \quad \frac{\dot{x}}{x}=-\frac{\omega_n^2}{\alpha+2\xi\omega_n}$$

所以等倾线是过相平面原点的一族直线。当$\xi=0.5$，$\omega_n=1$时的等倾线分布如图2.8所示。

假设由初始条件确定的点为图2.8中的A点，则过A点作斜率为$(-1-1.2)/2=-1.1$的直线，与$\alpha=-1.2$的等倾线交于B点；再过B点作斜率为$(-1.2-1.4)/2=-1.3$的直线，与$\alpha=-1.4$的等倾线交于C点。如此依次作出各等倾线间的相轨迹线段，最后即得系统近似的相轨迹。

下面利用图解法来研究范德堡方程。

例 2.7 对于范德堡方程

$$\ddot{x}+0.2(x^2-1)\dot{x}+x=0$$

斜率为α的等倾线定义为

$$\frac{d\dot{x}}{dx}=-\frac{0.2(x^2-1)\dot{x}+x}{\dot{x}}=\alpha$$

因此，曲线

$$0.2(x^2-1)\dot{x}+x+\alpha\dot{x}=0$$

上的点都具有相等的斜率α。

取不同的α值可得不同的等倾线，如图2.9所示。先在等倾线上画出短线段，生成正切方向场，然后可得相轨迹。有趣的是，在相轨迹内存在一条闭合曲线，无论是从这一曲线外部还是从这一曲线内部开始的轨迹都收敛于此曲线。这条闭合曲线就是极限环，显然范德堡方程的极限环是稳定的。

用图解法绘制相轨迹时，还必须注意以下几点：

(1) 为使导数$d\dot{x}/dx$等于轨迹的几何斜率，必须对相平面上的x轴和$\dot{x}$轴采用相同的坐标比例。

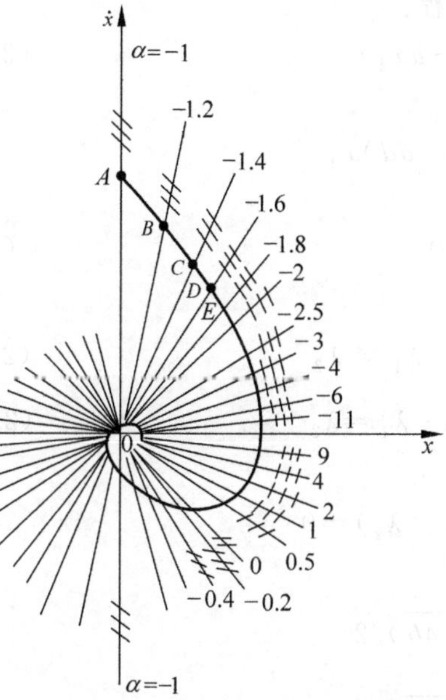

图 2.8　二阶线性系统 $\xi=0.5,\omega_n=1$ 时的等倾线分布

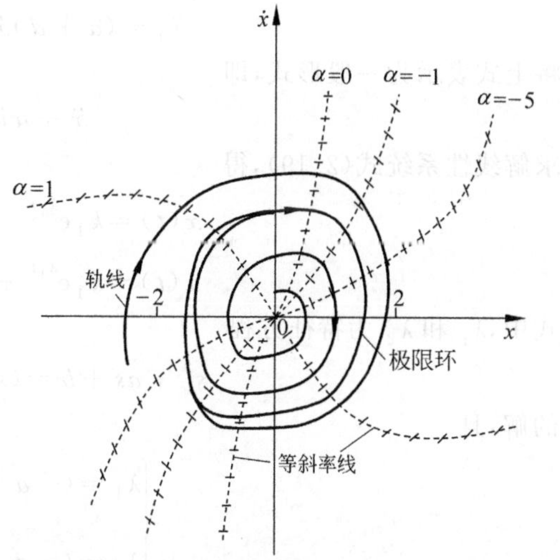

图 2.9　范德堡方程的相轨迹

(2) 在相平面的上半平面，因 $\dot{x}>0$，故相轨迹的走向应沿着 x 增加的方向由左向右；在相平面的下半平面，因 $\dot{x}<0$，故相轨迹的走向应沿着 x 减小的方向自右向左。

(3) 利用相轨迹的对称性可以减少作图工作量。若相轨迹关于 $\dot{x}$ 轴对称，则在对称点 $(x,\dot{x})$ 和 $(-x,\dot{x})$ 上，相轨迹的斜率大小相等、符号相反，故由式 $f(x,\dot{x})/\dot{x}=-f(-x,\dot{x})/\dot{x}$ 可推得 $f(x,\dot{x})=-f(-x,\dot{x})$，即 $f(x,\dot{x})$ 是 x 的奇函数；若相轨迹关于 x 轴对称，则在对称点 $(x,\dot{x})$ 和 $(x,-\dot{x})$ 上，相轨迹的斜率大小相等、符号相反，故由式 $f(x,\dot{x})/\dot{x}=-f(x,-\dot{x})/(-\dot{x})$ 可推得 $f(x,\dot{x})=f(x,-\dot{x})$，即 $f(x,\dot{x})$ 是 $\dot{x}$ 的偶函数；若相轨迹关于原点对称，则在对称点 $(x,\dot{x})$ 和 $(-x,-\dot{x})$ 上，相轨迹的斜率相同，故由式 $f(x,\dot{x})/\dot{x}=f(-x,-\dot{x})/(-\dot{x})$ 可推得 $f(x,\dot{x})=-f(-x,-\dot{x})$。

(4) 由于在绘制相轨迹的第二步时假定相平面轨迹的斜率是局部不变的，因此在斜率变化很快的区域必须画出更多的等倾线，以期改善作图的精确程度。

2.3　线性系统的相轨迹

通过线性系统的相平面分析，能够直观地观察到线性系统的运动模式。另外，由于在每个平衡点附近非线性系统的特性与线性系统特性相似，因此在本节中先叙述线性系统的相平面分析。

线性二阶系统的一般形式为

$$\dot{x}_1=ax_1+bx_2 \tag{2.18a}$$

$$\dot{x}_2=cx_1+dx_2 \tag{2.18b}$$

为简化后面的讨论,将该方程变换为标量二阶微分方程:

$$b\dot{x}_2 = bcx_1 + d(\dot{x}_1 - ax_1) \tag{2.18c}$$

式(2.18a)取微分后,将式(2.18c)代入,得

$$\ddot{x}_1 = (a+d)\dot{x}_1 + (cb - ad)x_1$$

将上式表示为一般形式,即

$$\ddot{x} + a\dot{x} + bx = 0 \tag{2.19}$$

求解线性系统式(2.19),得

$$x(t) = k_1 e^{\lambda_1 t} + k_2 e^{\lambda_2 t}, \quad \lambda_1 \neq \lambda_2 \tag{2.20a}$$

$$x(t) = k_1 e^{\lambda_1 t} + k_2 t e^{\lambda_1 t}, \quad \lambda_1 = \lambda_2 \tag{2.20b}$$

式中,λ_1 和 λ_2 为特征方程

$$s^2 + as + b = (s - \lambda_1)(s - \lambda_2) = 0$$

的解,且

$$\begin{cases} \lambda_1 = (-a + \sqrt{a^2 - 4b})/2 \\ \lambda_2 = (-a - \sqrt{a^2 - 4b})/2 \end{cases}$$

在式(2.19)描述的线性系统中只存在一个奇点(假定 $b \neq 0$),即原点。但是,当 a、b 值变化时,奇点附近的轨迹显示出极为不同的特性。下面逐一讨论可能出现的几种情况。

1. 稳定或不稳定节点

当 λ_1 和 λ_2 均为实数,且符号相同(同为正或同为负)时,对应于一个节点。该节点可以是稳定的或不稳定的。如果两个特征值均为负,位于复平面的负实轴上,则系统的时域响应是收敛于平衡点的非周期性衰减。这种情况下的奇点称为稳定节点(stable node),如图 2.10(a)所示。如果两个特征值都是正实数,位于复平面的正实轴上,则系统的时域响应是非周期的发散,相轨迹的曲线背离奇点向外发散。这种情况下的奇点称为不稳定节点(unstable node),如图 2.10(b)所示。因为特征值为实数,所以轨迹上不存在振荡的情况。

2. 鞍点

当 λ_1 和 λ_2 均为实数,但符号相反时,系统的相轨迹中有直线和双曲线族,如图 2.10(c)所示。由于不稳定极点的存在,几乎系统的所有轨迹都发散至无穷远。这种情况下的奇点称为鞍点(saddle point)。

3. 稳定或不稳定焦点

λ_1 和 λ_2 为实部非零的共轭复数时,对应于焦点。当特征值具有负实部时,位于复平面的左半部,系统的时域响应为收敛于平衡点的周期性衰减振荡,相平面图是一族收敛于原点的对数螺线。这种情况下的奇点称为稳定焦点(stable focus),如图 2.10(d)所示。当特征值具有正实部时,位于复平面的右半部,系统的时域响应是发散的振荡,相轨迹曲线也是向外发散的。这种情况下的奇点称为不稳定焦点(unstable focus),如图 2.10(e)所示。

4. 中心点

当 λ_1 和 λ_2 为一对纯虚根时,位于复平面的虚轴上。系统的时域响应为不衰减的正弦振荡,相平面图是一族围绕原点的椭圆,而且这些椭圆的中心均为奇点。这种情况下的奇点称为中心点(center point),如图 2.10(f)所示。无阻尼质量-弹簧系统的相轨迹属于此类。

应当指出，线性二阶系统只有一个平衡状态，因此相轨迹只有一个奇点。对零输入的线性二阶系统来说，奇点位于相平面的坐标原点，只要知道了奇点的位置和类型，则奇点附近相轨迹的形状就已确定，系统的全部运动规律也就完全清楚了。虽然非线性系统的局部特性与线性系统相似，但对非线性系统的分析却复杂得多。

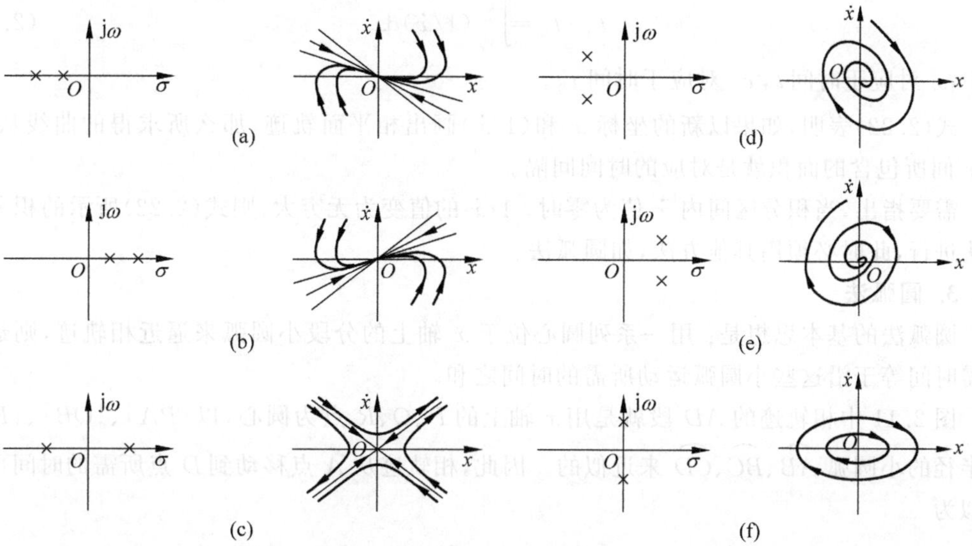

图 2.10　线性系统的相轨迹

(a) 稳定节点；(b) 不稳定节点；(c) 鞍点；(d) 稳定焦点；(e) 不稳定焦点；(f) 中心点

2.4　由相平面图求时间解

相平面图描述了系统的运动状态，但没有给出时间响应信息。而在控制系统中通常要求知道系统输出随时间 t 的变化，即过渡过程 $x=f(t)$ 的波形。本节介绍三种从相轨迹计算时间响应的方法：增量法、积分法和圆弧法。

1. 增量法

由 $\dot{x}=\dfrac{\mathrm{d}x}{\mathrm{d}t}$ 得

$$\mathrm{d}t=\frac{\mathrm{d}x}{\dot{x}} \tag{2.21}$$

即

$$\Delta t=\frac{\Delta x}{\dot{x}_{\text{平均}}}$$

根据上式，可将相轨迹分成许多小段，然后逐步作出 x 关于 t 的函数图形。

应用增量法时，应避免出现 $\dot{x}$ 的平均值为零的情况，因为 $\dot{x}_{\text{平均}}=0$ 时，会出现

$$\Delta t=\frac{\Delta x}{\dot{x}_{\text{平均}}}=\infty$$

另外，为使求得的系统的过渡过程波形有足够的准确度，Δx 应选得足够小，以便使 $\dot{x}$

和 t 的相应增量也足够小。但是,Δx 没有必要选为常数,可根据相轨迹的形状确定其值的大小。

2. 积分法

由式(2.21)得,相轨迹上坐标为 x_0 的点移动到坐标为 x 的位置所需的时间为

$$t-t_0=\int_{x_0}^{x}(1/\dot{x})\mathrm{d}x \tag{2.22}$$

式中,x 对应于时间 t,x_0 对应于时间 t_0。

式(2.22)表明,如果以新的坐标 x 和 $(1/\dot{x})$ 画出相平面轨迹,那么所求得的曲线从 x_0 到 x 间所包含的面积就是对应的时间间隔。

需要指出,当积分区间内 $\dot{x}$ 值为零时,$1/\dot{x}$ 的值变为无穷大,则式(2.22)所示的积分便无法进行,此时必须用其他方法,如圆弧法。

3. 圆弧法

圆弧法的基本思想是:用一系列圆心位于 x 轴上的分段小圆弧来逼近相轨迹,则运动所需时间等于沿这些小圆弧运动所需的时间之和。

图 2.11 中相轨迹的 AD 段就是用 x 轴上的 P、Q、R 点为圆心,以 $|PA|$、$|QB|$、$|RC|$ 为半径的小圆弧 $\overset{\frown}{AB}$、$\overset{\frown}{BC}$、$\overset{\frown}{CD}$ 来近似的。因此,相轨迹从 A 点移动到 D 点所需的时间可以近似为

$$t_{AD}=t_{AB}+t_{BC}+t_{CD}\approx t_{\overset{\frown}{AB}}+t_{\overset{\frown}{BC}}+t_{\overset{\frown}{CD}}$$

每段小圆弧对应的时间可计算如下。

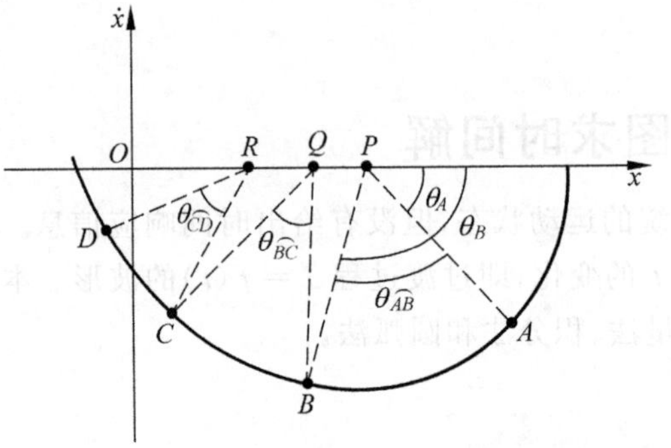

图 2.11 用圆弧法求过渡过程时间

例如,在 A 点,有

$$\dot{x}=|PA|\sin\theta_A$$
$$x=|PA|\cos\theta_A+|OP|$$
$$\mathrm{d}x=-|PA|\sin\theta_A\mathrm{d}\theta$$

则在 $\overset{\frown}{AB}$ 之间由式(2.22)可得

$$t_{\overset{\frown}{AB}}=\int_{\theta_B}^{\theta_A}\frac{-|PA|\sin\theta_A}{|PA|\sin\theta_A}\mathrm{d}\theta=\theta_B-\theta_A=\theta_{\overset{\frown}{AB}}$$

由此可见,$t_{\overset{\frown}{AB}}$ 在数值上等于 $\overset{\frown}{AB}$ 所对应的圆心角 $\theta_{\overset{\frown}{AB}}$ 用弧度来度量时的数值。

2.5　非线性系统的相平面分析

非线性系统的相平面分析是与线性系统的相平面分析有关的，因为非线性系统的局部特性可由线性系统的特性来近似。然而，非线性系统可能表现出复杂得多的相平面模式，诸如多平衡点和极限环等。

2.5.1　非线性系统的局部特性

非线性系统可能存在多个平衡状态，因此可以有多个奇点，确定出各奇点的位置后，可以在每个奇点附近很小的区域内将系统线性化。

如果感兴趣的奇点不在坐标原点，则借助于定义原点与奇点的差为一新的状态变量集合，总能够把奇点移至原点。因此，在不失一般性的情况下，可以简单地把式(2.3)考虑为有一个在原点的奇点。应用泰勒展开式，可把式(2.3)重写如下：

$$\begin{cases}\dot{x}_1 = ax_1 + bx_2 + g_1(x_1, x_2)\\ \dot{x}_2 = cx_1 + dx_2 + g_2(x_1, x_2)\end{cases}$$

式中，g_1 和 g_2 包含高阶项。

在原点附近可以略去高阶项，因此非线性系统轨迹基本上满足线性化方程

$$\dot{x}_1 = ax_1 + bx_2$$

$$\dot{x}_2 = cx_1 + dx_2$$

这种处理结果，使得非线性系统的局部特性可由图 2.10 所示的线性系统的各种相轨迹来近似。

例 2.8　式(2.7)所示非线性二阶系统

$$\ddot{x} + 0.5\dot{x} + 2x + x^2 = 0$$

试求系统的奇点，并绘出该系统的相平面图。

解　根据式(2.7)可得相轨迹微分方程：

$$\frac{d\dot{x}}{dx} = \frac{-0.5\dot{x} - 2x - x^2}{\dot{x}}$$

令 $\frac{d\dot{x}}{dx} = \frac{0}{0}$，求出系统的两个奇点：$x_1 = 0, \dot{x}_1 = 0$；$x_2 = -2, \dot{x}_2 = 0$。

由式(2.7)可知

$$\ddot{x} = f(x, \dot{x}) = -0.5\dot{x} - 2x - x^2$$

计算以下各偏导数

$$\left.\frac{\partial f(x, \dot{x})}{\partial x}\right|_{\substack{x_1=0\\ \dot{x}_1=0}} = -2 - 2x = -2$$

$$\left.\frac{\partial f(x, \dot{x})}{\partial \dot{x}}\right|_{\substack{x_1=0\\ \dot{x}_1=0}} = -0.5$$

$$\left.\frac{\partial f(x,\dot{x})}{\partial x}\right|_{\substack{x_2=-2\\ \dot{x}_2=0}}=-2-2x=2$$

$$\left.\frac{\partial f(x,\dot{x})}{\partial \dot{x}}\right|_{\substack{x_2=-2\\ \dot{x}_2=0}}=-0.5$$

于是在奇点(0,0)的邻域内,可将式(2.7)线性化为

$$\ddot{x}+0.5\dot{x}+2x=0$$

由于线性化方程的特征根 $s_{1,2}=-0.25\pm j1.39$,因此该奇点是稳定焦点,如图 2.2 所示。在奇点(−2,0)的邻域内,将式(2.7)线性化为

$$\ddot{x}+0.5\dot{x}-2x=0$$

由于线性化方程的特征根 $p_1=1.19$,$p_2=-1.69$,因此该奇点是鞍点,如图 2.2 所示。

确定了奇点的位置和类型,就可以绘出奇点附近的相轨迹。图 2.2 中,进入鞍点(−2,0)的两条轨迹将相平面分为两个不同运动类型的区域。

由此可见,只要确定了奇点的位置和类型及相平面上的分隔线,就可以根据相平面确定所有可能的运动性质,并不需要作出所有的相轨迹。由此再次看出,在非线性系统中运动的稳定性与初始条件有关。

但是,并非所有非线性系统的微分方程都是解析的。例如,具有继电特性的控制系统,其微分方程显然不满足解析条件。对于不满足解析条件的一类系统,通常可以根据非线性元件的特点,将整个相平面划分为若干个线性区域。

2.5.2 分段线性化

常见的非线性特性多数可以用分段线性来近似,或本身就是分段线性的,对于这样的系统,可采用分段线性化的研究方法。首先根据非线性特性的分段情况,用分界线将相平面分为几个线性区域,然后根据系统的结构图分别列出各区域的线性微分方程,并应用线性系统相平面分析的方法和结论绘出各区域的相轨迹,最后根据系统状态变化的连续性,在各区域的交界线上将相轨迹彼此衔接成连续曲线,即构成完整的非线性系统相平面图。

在分区绘制相轨迹时,每个区域都具有一个奇点,奇点可能位于该区域之内,也可能位于该区域之外。前者称为实奇点;后者由于相轨迹永远不能达到这个奇点,故称为虚奇点。在二阶非线性系统中只能有一个实奇点,而在该实奇点所在区域之外的其他区域都只能有虚奇点。每个奇点的类别和位置取决于支配该区域的微分方程,奇点的位置还与输入信号的形式及大小有关。

下面用分段线性化的方法分析含饱和特性的非线性控制系统。

设具有饱和特性的非线性控制系统如图 2.12 所示,其数学表达式为

$$\begin{cases}T\ddot{c}+\dot{c}=Kx(t)\\ x(t)=\begin{cases}e(t), & |e|\leqslant e_0\\ M, & e>e_0\\ -M, & e<-e_0\end{cases}\\ e(t)=r(t)-c(t)\end{cases}\tag{2.23}$$

为便于分析,当系统无外力作用时,可选用输出量及其导数组成相平面。当系统有外力

作用时，常取偏差 e 及其导数 $\dot{e}$ 作为相坐标。由式(2.23)得，以偏差 e 为输出变量的系统运动方程为

$$T\ddot{e}+\dot{e}+Kx=T\ddot{r}+\dot{r} \tag{2.24}$$

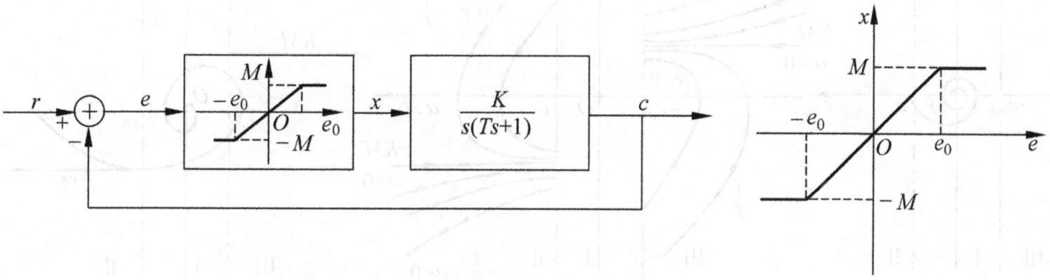

图 2.12　非线性系统框图

1) 取输入信号 $r(t)=R\cdot 1(t)$，$R=$常值

在这种情况下，由于在 $t>0$ 时有 $\ddot{r}=\dot{r}=0$，因此式(2.24)可写为

$$T\ddot{e}+\dot{e}+Kx=0 \tag{2.25}$$

根据饱和非线性特性，相平面可分为三个区域，即Ⅰ区 $|e|<e_0$，Ⅱ区 $e>e_0$，Ⅲ区 $e<-e_0$。

当非线性系统工作在Ⅰ区时，其相轨迹微分方程为

$$\frac{\mathrm{d}\dot{e}}{\mathrm{d}e}=\frac{-\dot{e}-Ke}{T\dot{e}}$$

令 $\dfrac{\mathrm{d}\dot{e}}{\mathrm{d}e}=\dfrac{0}{0}$，求得奇点为 $e=0,\dot{e}=0$。这说明相平面 e-$\dot{e}$ 的原点(0,0)为Ⅰ区相轨迹的奇点，该奇点因位于Ⅰ区内，故为实奇点。由式(2.25)可知，若 $1-4TK<0$，则系统在Ⅰ区工作于欠阻尼状态，这时的奇点(0,0)为稳定焦点，如图 2.13(a)所示；若 $1-4TK>0$，则系统在Ⅰ区工作于过阻尼状态，这时的奇点(0,0)为稳定节点。

当非线性系统工作在Ⅱ、Ⅲ区时，其相轨迹微分方程和等倾线方程为

$$\begin{cases}\dfrac{\mathrm{d}\dot{e}}{\mathrm{d}e}=\dfrac{-\dot{e}-KM}{T\dot{e}}, & e>e_0\\[2ex] \dot{e}=\dfrac{-KM}{1+\alpha T}, & e>e_0\end{cases}$$

$$\begin{cases}\dfrac{\mathrm{d}\dot{e}}{\mathrm{d}e}=\dfrac{-\dot{e}+KM}{T\dot{e}}, & e<-e_0\\[2ex] \dot{e}=\dfrac{KM}{1+\alpha T}, & e<-e_0\end{cases}$$

由以上四式可见，这两个区域没有奇点，等倾线都是一族平行于横轴的直线(图 2.13(b))。在 $e>e_0$ 区域，相轨迹均渐近于 $\alpha=0,\dot{e}=-KM$ 的直线；在 $e<-e_0$ 区域，相轨迹渐近于 $\alpha=0,\dot{e}=KM$ 的直线。图 2.13(c)为基于图 2.13(a)和(b)绘制的在阶跃输入信号作用下含饱和特性的非线性系统的完整的相轨迹图，其中相轨迹的初始点由

$$\begin{cases}e(0)=r(0)-c(0)\\ \dot{e}(0)=\dot{r}(0)-\dot{c}(0)\end{cases}$$

确定。图 2.13(c)为 $e(0)>e_0$ 及 $\dot{e}(0)=0$ 的情况。

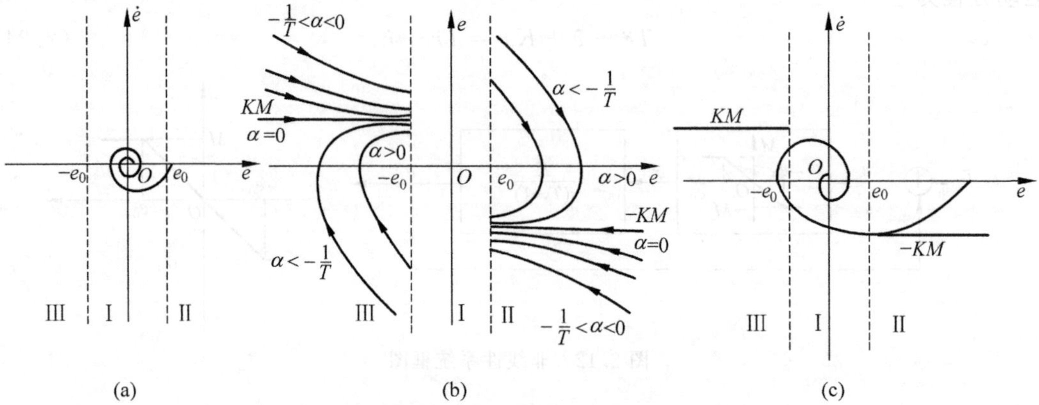

图 2.13 非线性系统相轨迹图

(a) Ⅰ区相轨迹；(b) Ⅱ、Ⅲ区相轨迹；(c) 阶跃输入作用下系统的相轨迹

2) 取输入信号 $r(t)=Vt$

当 $r(t)=Vt$ 时，有 $\dot{r}(t)=V,\ddot{r}(t)=0$，则系统的分段线性微分方程为

$$\begin{cases}T\ddot{e}+\dot{e}+Ke=V, & |e|\leqslant e_0\\ T\ddot{e}+\dot{e}+KM=V, & e>e_0\\ T\ddot{e}+\dot{e}-KM=V, & e<-e_0\end{cases}$$

仍按照上述分区绘制相轨迹。在Ⅰ区，相轨迹微分方程和等倾线方程为

$$\begin{cases}\dfrac{d\dot{e}}{de}=\dfrac{-\dot{e}-Ke+V}{T\dot{e}}\\ \dot{e}=\dfrac{V-Ke}{1+\alpha T}\end{cases}$$

令 $\dfrac{d\dot{e}}{de}=\dfrac{0}{0}$，求得奇点为 $e=V/K,\dot{e}=0$。奇点的位置与输入信号的斜率 V 有关，奇点的类型为稳定焦点或稳定节点，视系统参数 T、K 的取值而定。

当非线性系统工作在饱和区，即Ⅱ、Ⅲ区时，相轨迹微分方程和等倾线方程为

$$\begin{cases}\dfrac{d\dot{e}}{de}=\dfrac{-\dot{e}-KM+V}{T\dot{e}}, & e>e_0\\ \dot{e}=\dfrac{V-KM}{1+\alpha T}, & e>e_0\end{cases}$$

$$\begin{cases}\dfrac{d\dot{e}}{de}=\dfrac{-\dot{e}+KM+V}{T\dot{e}}, & e<-e_0\\ \dot{e}=\dfrac{V+KM}{1+\alpha T}, & e<-e_0\end{cases}$$

下面分三种情况讨论给定非线性系统相轨迹的绘制问题。

(1) $V>KM$ 及 $M=e_0$。在这种情况下，奇点坐标为 $e>e_0,\dot{e}=0$。由于奇点位于Ⅱ区，因此对Ⅰ区来说它是一个虚奇点。又由于 $V>KM$，相轨迹的两条渐近线均位于横轴之上，

如图 2.14 所示。在图 2.14 中绘出包括Ⅰ、Ⅱ、Ⅲ区的相轨迹族，从 A 点出发的相轨迹将沿着 $ABCD$ 运动。因为是虚奇点，所以给定非线性系统的平衡状态不可能是奇点($e>e_0$，$\dot{e}=0$)，而是当 $t\to\infty$ 时相轨迹最终趋向渐近线 $\dot{e}=V-KM$，这意味着系统的稳态误差将趋于无穷大。

(2) $V<KM$ 及 $M=e_0$。在这种情况下，奇点坐标为 $e<e_0$，$\dot{e}=0$，为Ⅰ区内的实奇点。Ⅱ区的渐近线 $\dot{e}=V-KM$ 位于横轴之下，而Ⅲ区的渐近线 $\dot{e}=V+KM$ 位于横轴之上，从 A 点出发的相轨迹将沿着 $ABCP$ 运动，如图 2.15 所示。由于是实奇点，因此相轨迹最终将进入Ⅰ区并趋向奇点 $e<e_0$，$\dot{e}=0$，从而使系统的稳态误差为小于 e_0 的常值。

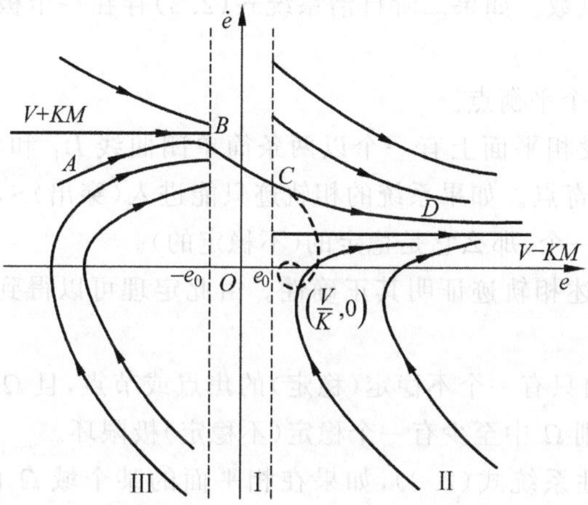

图 2.14　$V>KM$ 时的相平面图

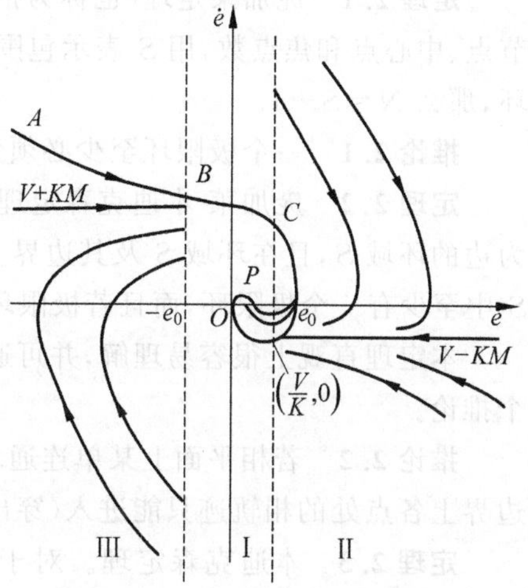

图 2.15　$V<KM$ 时的相平面图

(3) $V=KM$ 及 $M=e_0$。在这种情况下，奇点坐标为 $e=e_0$，$\dot{e}=0$，恰好位于Ⅰ、Ⅱ区的分界线上。在Ⅱ区，其运动方程为

$$T\ddot{e}+\dot{e}=0,\quad e>e_0$$

也可写成

$$\dot{e}\left(T\frac{\mathrm{d}\dot{e}}{\mathrm{d}e}+1\right)=0,\quad e>e_0$$

于是系统的相轨迹或为斜率为 $-1/T$ 的直线，或为 $\dot{e}=0$ 的直线，从 A 点出发的相轨迹将沿着 $ABCD$ 运动(图 2.16)。相轨迹由Ⅰ区进入Ⅱ区后，不可能趋向奇点(e_0，0)，而是沿着斜率等于 $-1/T$ 的直线继续向前运动，最终止于横轴上 $e>e_0$ 区域内。由此可见，在这种情况下，系统的稳态误差介于 $e_0\sim\infty$，其值与相轨迹的初始点位置有关。

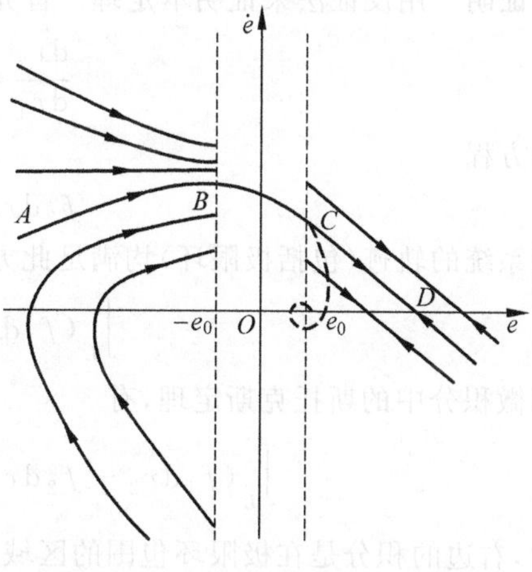

图 2.16　$V=KM$ 时的相平面图

在上述三种情况下，相轨迹的起始点坐标均由下面的初始条件来确定：

$$e(0)=r(0)-c(0)=R-c(0)$$

$$\dot{e}(0)=\dot{r}(0)-\dot{c}(0)=V-\dot{c}(0)$$

综上所述，对于含饱和特性的二阶非线性系统，其阶跃响应的相轨迹收敛于稳定焦点或节点(0,0)，系统无稳态误差；但对于匀速信号的响应，随输入匀速值V的不同，所得的相轨迹有不同的稳态误差。

2.5.3 极限环存在性的判断定理

预测控制系统中极限环的存在是十分重要的。这里分别介绍庞加莱定理、庞加莱-本迪克森(Poincare-Bendixson)定理和本迪克森定理。这三个定理不仅揭示了极限环的存在与此极限环包围的奇点数之间的关系，而且涉及二阶系统轨迹的渐近特性。

定理 2.1 庞加莱定理(也称为指数定理，index theorem)。用N表示被极限环包围的节点、中心点和焦点数，用S表示包围的鞍点数。如果二阶自治系统式(2.3)存在一个极限环，那么$N=S+1$。

推论 2.1 一个极限环至少必须包围一个平衡点。

定理 2.2 庞加莱-本迪克森定理。假设相平面上有一个以两条简单闭曲线L_1和L_2为边的环域S，且在环域S及其边界上没有奇点。如果系统的相轨迹只能进入(穿出)S，则S中至少有一个极限环，而且若极限环只有一个，那么它是稳定的(不稳定的)。

本定理直观上很容易理解，并可通过前述相轨迹证明其正确性。由此定理可以得到一个推论。

推论 2.2 若相平面上某单连通域Ω内只有一个不稳定(稳定)的焦点或节点，且Ω的边界上各点处的相轨迹只能进入(穿出)Ω，则Ω中至少有一个稳定(不稳定)极限环。

定理 2.3 本迪克森定理。对于非线性系统式(2.3)，如果在相平面的某个域Ω内，$\dfrac{\partial f_1}{\partial x_1}+\dfrac{\partial f_2}{\partial x_2}$不改变符号，而且在$\Omega$的任一子域上不恒等于零，那么在该域内不存在极限环。

证明 用反证法来证明本定理。首先注意到，由式

$$\frac{\mathrm{d}x_2}{\mathrm{d}x_1}=\frac{f_2(x_1,x_2)}{f_1(x_1,x_2)}$$

可得方程

$$f_2\mathrm{d}x_1-f_1\mathrm{d}x_2=0 \tag{2.26}$$

任何系统的轨迹(包括极限环)均满足此方程。于是，沿着极限环的闭合曲线L，有

$$\int_L(f_1\mathrm{d}x_2-f_2\mathrm{d}x_1)=0 \tag{2.27}$$

应用微积分中的斯托克斯定理，有

$$\int_L(f_1\mathrm{d}x_2-f_2\mathrm{d}x_1)=\iint\left(\frac{\partial f_1}{\partial x_1}+\frac{\partial f_2}{\partial x_2}\right)\mathrm{d}x_1\mathrm{d}x_2$$

式中，右边的积分是在极限环包围的区域上进行的。

由式(2.27)可知，上述方程的左式必须等于零。但是，这与定理相矛盾，即由于$\partial f_1/\partial x_1+\partial f_2/\partial x_2$不变为零也不改变符号，因此右式不可能等于零。因此，Ω内不存在极限环。

本迪克森定理为不存在极限环提供了一个充分条件。

例 2.9　判断非线性系统

$$\begin{cases}\dot{x}_1 = g(x_2) + 4x_1x_2^2 \\ \dot{x}_2 = h(x_1) + 4x_1^2x_2\end{cases}$$

有无极限环。

解　由于

$$\frac{\partial f_1}{\partial x_1} + \frac{\partial f_2}{\partial x_2} = 4(x_1^2 + x_2^2)$$

总是严格为正的(除原点外),因此在该相平面内都没有极限环。

上述三个定理给出了十分有用的结论,但同时必须指出,由于高阶系统可能出现奇异渐近特性,而不是平衡点和极限环,因此在高阶系统中找不到等效的结论。

本章小结

相平面分析是一种研究二阶动态系统的图示法。在非线性程度严重,或有非周期输入、不能采用描述函数法时,利用相平面法方便可行。该法的主要优点在于能够直观地检验系统的全局特性,而主要缺点在于大多局限于二阶系统。在本章中,采用相平面分析能够清晰地看到多平衡点和极限环现象,并提出了许多预测二阶系统极限环的有效的经典定理。

习题

2.1　求下列方程的奇点,并确定奇点类型。

(1) $\ddot{x} - (1-x^2)\dot{x} + x = 0$;

(2) $\ddot{x} - (0.5-3x^2)\dot{x} + x + x^2 = 0$。

2.2　利用等斜线法画出下列方程的相平面图。

(1) $\ddot{x} + |\dot{x}| + x = 0$;

(2) $\ddot{x} + \dot{x} + |x| = 0$。

2.3　死区非线性控制系统如图 2.17 所示,设系统原始条件是静止状态,其系统输入为 $x_r(t) = A, A > e_0$,试绘制相轨迹。

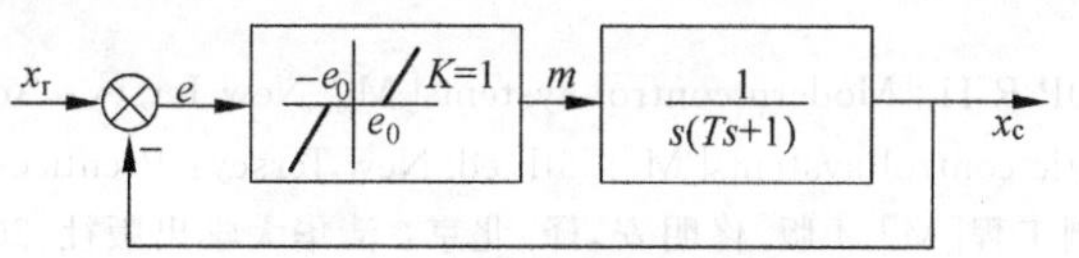

图 2.17　死区非线性控制系统

2.4　图 2.18 为变增益非线性控制系统,其中 $K=1, k=0.2, e_0=1$,并且参数满足如下关系:

$$\frac{1}{2\sqrt{KT}} < 1 < \frac{1}{2\sqrt{kKT}}$$

试绘制输入量为 $x_r(t) = A + Bt, A > e_0$ 时,以 $\dot{e}$-e 为坐标的相轨迹。

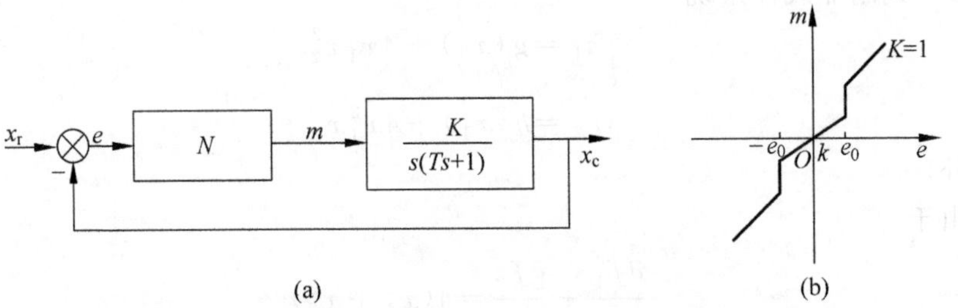

图 2.18 变增益非线性控制系统

(a) 非线性控制系统；(b) 变增益非线性函数

2.5 已知非线性系统的微分方程为

$$\begin{cases} \dot{x}_1 = x_1(x_1^2 + x_2^2 - 1)(x_1^2 + x_2^2 - 9) - x_2(x_1^2 + x_2^2 - 4) \\ \dot{x}_2 = x_2(x_1^2 + x_2^2 - 1)(x_1^2 + x_2^2 - 9) - x_1(x_1^2 + x_2^2 - 4) \end{cases}$$

试分析系统奇点的类型，判断系统是否存在极限环。

2.6 绘出图 2.19 所示非线性系统的相轨迹，指出系统是否稳定，并说明理由。假设初始条件为 $\dot{x}(0)=0, x(0)=-2$。

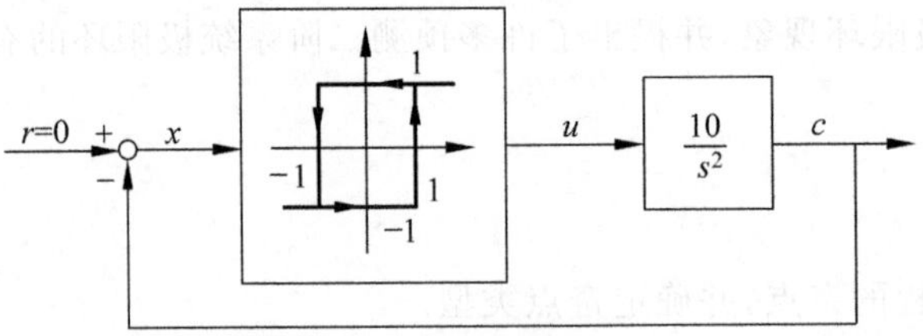

图 2.19 非线性系统

2.7 试计算并绘制下列各微分方程的相平面图。

(1) $T\ddot{x}+\dot{x}=0, T<0$；

(2) $T\ddot{x}+\dot{x}=M, T>0$。

参考文献

[1] DORF R C, BISHOP R H. Modern control systems[M]. New Jersey: Addison-Wesley, 1995.

[2] KUO B C. Automatic control systems[M]. 6th ed. New Jersey: Prentice-Hall, 1991.

[3] 绪芳胜彦. 现代控制工程[M]. 4 版. 佟明安，译. 北京：清华大学出版社，2006.

[4] 卢京潮. 自动控制原理[M]. 北京：清华大学出版社，2013.

[5] 胡寿松. 自动控制原理[M]. 6 版. 北京：科学出版社，2013.

[6] 李友善. 自动控制原理[M]. 3 版. 北京：国防工业出版社，2005.

[7] 刘秉正，彭建华. 非线性动力学[M]. 北京：高等教育出版社，2004.

第3章

李雅普诺夫稳定性理论

控制系统最重要的特性是稳定性，一个不稳定的控制系统不但无法完成预期控制任务，而且还存在一定的潜在危险性。因此，如何判定一个控制系统是否稳定及怎样改善其稳定性是系统分析和设计的一个重要问题。稳定性指的是，如果一个系统在靠近其期望工作点的某处开始运动，且总是能保持在期望工作点附近运行，那么就称该系统是稳定的。通常用单摆的两个平衡点(垂直位置的顶端和底端)附近开始的运动来说明一个动态系统的不稳定性和稳定性。在经典控制理论中，对于传递函数描述的单输入单输出线性定常系统，可以应用劳斯(Routh)判据和赫尔维茨(Hurwitz)判据等代数方法判断系统的稳定性，且非常方便有效；至于频域中的奈奎斯特(Nyquist)判据则是更为通用的方法，它不仅用于判定系统是否稳定，而且还能指明改善系统稳定性的方向。上述方法都是以分析系统的特征根在复平面上的分布为基础。但对于非线性系统和时变系统，这些稳定性判据就不适用了。早在1892年，俄国数学家李雅普诺夫就提出将判定系统稳定性的问题归纳为两种方法(间接法和直接法)，这两种方法已成为研究非线性控制系统稳定性的最有效且较实用的方法。李雅普诺夫关于稳定性的开拓性著作在其发表后的几十年中，在俄国之外并没有引起足够的重视。直到20世纪60年代初，鲁里叶(Lur'e)、拉萨尔(La Salle)与莱夫谢茨(Lefschetz)合著的专著才使李雅普诺夫稳定性理论受到控制工程界的极大关注，并对李雅普诺夫稳定性方法提出了许多改进方法。另外，对于一些特殊的非线性系统，也可以应用小增益定理和绝对稳定性理论判断系统的稳定性。目前的李雅普诺夫稳定性理论已成为非线性系统分析和设计的最重要工具。同时，在现代控制理论的许多方面，如最优系统设计、智能控制、最优估计、自适应控制系统和滑动模态变结构控制系统设计等方面，李雅普诺夫稳定性理论都有广泛的应用。

本章主要阐述稳定性理论和分析方法，具体内容安排如下：3.1节介绍非线性系统和平衡点的基本概念，3.2节描述各种稳定性的概念和关系以表征系统特性的不同方面，3.3节介绍李雅普诺夫间接法(近似线性化法)，3.4节描述直接法的基本原理和几个常用定理，3.5节介绍局部不变集和全局不变集定理，3.6节介绍巴巴拉特引理及应用巴巴拉特引理进行稳定性分析，3.7节为不稳定性定理，3.8节介绍线性系统的李雅普诺夫稳定性，3.9节为基于李雅普诺夫直接法的非线性系统分析与设计，最后对本章内容进行小结。

3.1 非线性系统与平衡点

在深入讨论稳定性的定义和如何确定系统的稳定性之前，首先给出一些相关的概念及其定义。

3.1.1 非线性系统

一个非线性动力学系统通常可以用下面的非线性微分方程描述：

$$\dot{\boldsymbol{x}}=\boldsymbol{f}(\boldsymbol{x},t) \tag{3.1}$$

式中，$\boldsymbol{x}=[x_1,x_2,\cdots,x_n]^{\mathrm{T}}\in\mathbf{R}^n$，为 $n\times1$ 维状态向量；$\boldsymbol{f}$ 为与 $\boldsymbol{x}$ 同维的非线性矢量函数，其变量为 $\boldsymbol{x}$ 和时间 $t\in\mathbf{R}$。

状态向量的一个特定值称为一个点，因为它对应于状态空间的一个点。状态数 n 称为系统的阶。

根据微分方程理论可知，如果向量函数 $\boldsymbol{f}(\boldsymbol{x},t)$ 在 $\mathbf{R}^{n+1}$ 上的某个开邻域 D 内关于 t 连续，且在 D 中的任意有界闭集 B_D 内对 $\boldsymbol{x}$ 满足局部利普希茨条件，即存在常数 $k_{B_D}>0$，对于任意 $\boldsymbol{x}(t_1),\boldsymbol{x}(t_2)\in B_D\subset D$，使得

$$\|\boldsymbol{f}(\boldsymbol{x}(t_1),t)-\boldsymbol{f}(\boldsymbol{x}(t_2),t)\|\leqslant k_{B_D}\|\boldsymbol{x}(t_1)-\boldsymbol{x}(t_2)\|$$

那么，对于任意初始条件 $\boldsymbol{x}(t_0)=\boldsymbol{x}_0,(\boldsymbol{x}_0,t_0)\in D$，非线性系统(式(3.1))的一个解 $\boldsymbol{x}(t)=\boldsymbol{\Phi}(t,t_0,\boldsymbol{x}_0)$在$[t_0,\infty)$上有定义且是连续的。它对应于 t 从 t_0 变化到无穷大时的一条曲线，就像当 $n=2$ 时在相平面中看到的那样。这条曲线通常称为状态轨线或系统轨线。

需要强调的是，虽然式(3.1)并不明显地包含控制输入，但它可以直接用于反馈控制系统。只要把控制输入作为状态 $\boldsymbol{x}$ 和时间 t 的函数，它就不再在闭环动态方程中出现，因而式(3.1)可以代表一个反馈控制系统的闭环动态特性。具体来说，如果系统的动态方程为

$$\dot{\boldsymbol{x}}=\boldsymbol{f}(\boldsymbol{x},\boldsymbol{u},t)$$

而且所选择的控制律为

$$\boldsymbol{u}=\boldsymbol{g}(\boldsymbol{x},t)$$

那么闭环系统的动态方程为

$$\dot{\boldsymbol{x}}=\boldsymbol{f}[\boldsymbol{x},\boldsymbol{g}(\boldsymbol{x},t),t]$$

它可以被改写为式(3.1)的形式。当然，式(3.1)也可以表示一个没有控制输入的动态系统，如自由摆动的单摆等。

一类特殊的非线性系统是线性系统，线性系统的动态方程具有下列形式：

$$\dot{\boldsymbol{x}}=\boldsymbol{A}(t)\boldsymbol{x}$$

式中，$\boldsymbol{x}=[x_1,x_2,\cdots,x_n]^{\mathrm{T}}\in\mathbf{R}^n$，为 $n\times1$ 维状态向量；$\boldsymbol{A}(t)$为一个 $n\times n$ 矩阵。

3.1.2 自治系统和非自治系统

根据系统矩阵 $\boldsymbol{A}$ 是否随时间变化，线性系统可分为时变系统和定常(时不变)系统。在非线性系统的研究中，定常和时变这两个概念通常被称为自治的和非自治的。

定义 3.1 如果非线性系统(式(3.1))的 $\boldsymbol{f}$ 不显含时间 t，即如果系统的状态方程可写为

$$\dot{\boldsymbol{x}} = \boldsymbol{f}(\boldsymbol{x}) \tag{3.2}$$

则该系统称为自治的；否则，该系统称为非自治的。

显然，线性时不变(Linear time invariant，LTI)系统是自治的，线性时变(Linear time-varying，LTV)系统是非自治的。

严格地说，所有的物理系统都是非自治的，因为它们的动态特性不可能严格时不变。自治系统是一种理想化的概念，就像线性系统一样。但是，实际中许多系统特征变化常常是缓慢的，在某些情况下，可以忽略它们的时变特性而不会引起本质的差别。必须注意到，对于控制系统来说，上述定义是对闭环动态系统做出的。既然一个控制系统是由一个控制器和一个被控对象(包括传感器和执行机构的动态特性)组成的，那么一个控制系统的非自治特性可能是由被控对象或控制律的时变引起的。特别是当具有动态特性为

$$\dot{\boldsymbol{x}} = \boldsymbol{f}(\boldsymbol{x}, \boldsymbol{u})$$

的一个定常的控制对象，如果选择了一个依赖时间 t 的控制器，即 $\boldsymbol{u}=\boldsymbol{g}(\boldsymbol{x},t)$，则可以导致一个非自治的闭环系统的产生。例如，简单对象 $\dot{\boldsymbol{x}}=-\boldsymbol{x}+\boldsymbol{u}$ 的闭环系统，如果选择 $\boldsymbol{u}$ 为非线性和时变的(如 $\boldsymbol{u}=-\boldsymbol{x}^2\sin t$)，那么该系统就能构成非自治非线性系统。事实上，线性定常对象的自适应控制器就往往使闭环控制系统成为非自治非线性系统。

自治系统和非自治系统之间的基本区别是：自治系统的状态与起始时间无关，而非自治系统通常不是这样。我们将会看到，这种区别要求我们在定义非自治系统的稳定性概念时明显地考虑起始时间，从而使得对非自治系统的分析要比自治系统困难得多。

3.1.3 平衡点

定义 3.2 $\boldsymbol{x}(t)$一旦处于某个状态 $\boldsymbol{x}_e$，且在未来时间内状态永远停留在 $\boldsymbol{x}_e$，那么状态 $\boldsymbol{x}_e$ 称为系统的一个平衡状态(或平衡点)。

对于非自治非线性系统(式(3.1))，平衡状态 $\boldsymbol{x}_e$ 由

$$\boldsymbol{f}(\boldsymbol{x}_e, t) \equiv 0, \quad \forall t \geqslant t_0 \tag{3.3}$$

来定义，求解式(3.3)可得平衡状态。

对于自治非线性系统(式(3.2))，平衡状态 $\boldsymbol{x}_e$ 由

$$\boldsymbol{f}(\boldsymbol{x}_e) \equiv 0 \tag{3.4}$$

来定义，求解式(3.4)可得平衡状态。

对于一个任意系统，不一定都存在平衡状态，有时即使存在也未必是唯一的。例如，对于线性定常系统

$$\dot{\boldsymbol{x}} = \boldsymbol{f}(\boldsymbol{x}) = \boldsymbol{A}\boldsymbol{x} \tag{3.5}$$

当 $\boldsymbol{A}$ 为非奇异矩阵时，满足 $\boldsymbol{A}\boldsymbol{x}_e \equiv \boldsymbol{0}$ 的解 $\boldsymbol{x}_e=\boldsymbol{0}$ 是系统唯一存在的一个平衡状态；但当 $\boldsymbol{A}$ 为奇异矩阵时，则系统将具有无穷多个平衡状态。

对于非线性系统，通常可能有一个或多个平衡状态，它们是由式(3.3)或式(3.4)确定的常值解，下面给出两个例子。

例 3.1 系统

$$\begin{cases} \dot{x}_1 = -x_1 \\ \dot{x}_2 = x_1 + x_2 - x_2^3 \end{cases}$$

就有三个平衡状态：

$$\boldsymbol{x}_{e1}=\begin{bmatrix}0\\0\end{bmatrix},\quad \boldsymbol{x}_{e2}=\begin{bmatrix}0\\-1\end{bmatrix},\quad \boldsymbol{x}_{e3}=\begin{bmatrix}0\\1\end{bmatrix}$$

例 3.2　实际物理系统——单摆。考虑图 3.1 所示的单摆，它的动态特性由下列自治非线性方程描述：

$$ML^2\ddot{\theta}+b\dot{\theta}+MgL\sin\theta=0 \tag{3.6}$$

式中，L 为单摆长度；M 为单摆质量；b 为铰链的摩擦系数；g 为重力加速度(常数)。

记 $x_1=\theta, x_2=\dot{\theta}$，则相应的状态空间方程为

$$\dot{x}_1=x_2 \tag{3.7a}$$

$$\dot{x}_2=-\frac{b}{ML^2}x_2-\frac{g}{L}\sin x_1 \tag{3.7b}$$

于是，平衡状态满足

$$x_2=0,\quad \sin x_1=0$$

因此，平衡状态为$(2k\pi,0)$和$((2k+1)\pi,0)$，$k=1,2,3,\cdots$。从物理意义上来讲，这些点分别对应于单摆垂直位置的顶端和底端。

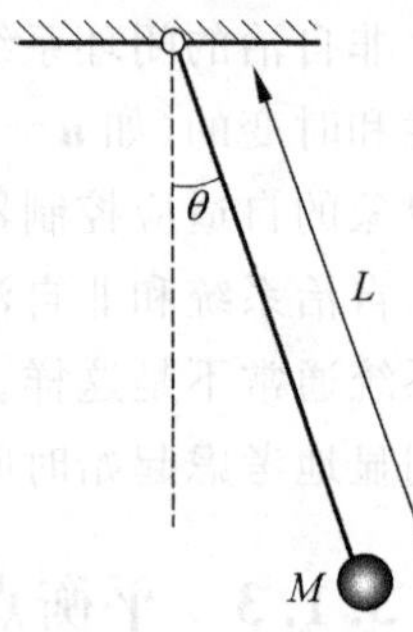

图 3.1　单摆

在线性系统的分析和设计中，为了记号和分析的方便，常常将线性系统进行变换，使得其平衡点转换成状态空间原点。对非线性系统(式(3.2))，也可以针对某个特定的平衡点进行这样的变换，将某个特定的平衡点 $\boldsymbol{x}_e$ 转换成状态空间原点来分析非线性系统在状态空间原点附近的特性。设我们感兴趣的平衡点为 $\boldsymbol{x}_e$，引入新变量

$$\boldsymbol{y}=\boldsymbol{x}-\boldsymbol{x}_e$$

并将 $\boldsymbol{x}=\boldsymbol{y}+\boldsymbol{x}_e$ 代入式(3.2)，即可得到关于变量 $\boldsymbol{y}$ 的方程

$$\dot{\boldsymbol{y}}=\boldsymbol{f}(\boldsymbol{y}+\boldsymbol{x}_e) \tag{3.8}$$

容易验证式(3.2)和式(3.8)的解一一对应，并且 $\boldsymbol{y}=\boldsymbol{0}$ 对应于 $\boldsymbol{x}=\boldsymbol{x}_e$ 是式(3.8)的一个平衡点。因此，若要研究式(3.2)在平衡点 $\boldsymbol{x}_e$ 附近的特性，只要研究式(3.8)在状态空间原点邻域的特性即可。

由于任意一个已知的平衡点都可以通过坐标变换将其移到状态空间原点 $\boldsymbol{x}_e=\boldsymbol{0}$ 处，因此今后将只讨论系统在状态空间原点处的稳定性。

需要注意的是，稳定性问题都是相对于某个平衡状态而言的。线性定常系统由于只有唯一的一个平衡点，因此才笼统地讲系统稳定性问题；非线性系统则由于可能存在多个平衡点，而不同平衡点可能表现出不同的稳定性，因此必须逐个地分别加以讨论。

3.1.4　标称运动

在一些实际问题中，我们不是关心平衡点的稳定性，而是关心在某个标称运动附近的稳定性，即当系统的运动与它的原始(标称)运动轨线有一个小偏离时，它是否会保持与原始(预定或预期)轨线的接近。可以证明，这种运动稳定性问题可以转化为关于某个平衡点稳定问题。不过，这时的等价系统不是自治的。

设 $\boldsymbol{x}^*(t)$ 为自治非线性系统(式(3.2))的解,即对应于初始值 $\boldsymbol{x}^*(0)=\boldsymbol{x}_0$ 的标称轨线。设初始值有一个扰动 $\boldsymbol{x}(0)=\boldsymbol{x}_0+\delta\boldsymbol{x}_0$,然后考察运动误差

$$\boldsymbol{e}(t)=\boldsymbol{x}(t)-\boldsymbol{x}^*(t)$$

的相应变化,如图 3.2 所示。

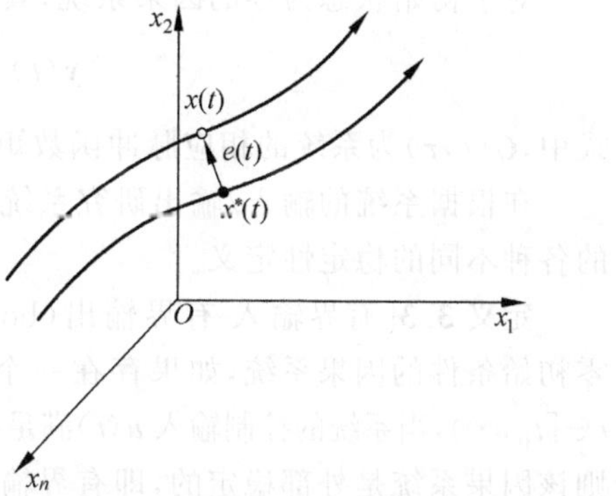

图 3.2　标称运动与受扰运动

因为 $\boldsymbol{x}^*(t)$ 与 $\boldsymbol{x}(t)$ 均为式(3.2)的解,因此

$$\dot{\boldsymbol{x}}^*(t)=\boldsymbol{f}(\boldsymbol{x}^*),\quad \boldsymbol{x}^*(0)=\boldsymbol{x}_0$$

$$\dot{\boldsymbol{x}}(t)=\boldsymbol{f}(\boldsymbol{x}),\quad \boldsymbol{x}(0)=\boldsymbol{x}_0+\delta\boldsymbol{x}_0$$

那么 $\boldsymbol{e}(t)$ 满足以下非自治微分方程:

$$\dot{\boldsymbol{e}}=\boldsymbol{f}(\boldsymbol{x}^*+\boldsymbol{e},t)-\boldsymbol{f}(\boldsymbol{x}^*,t)=\boldsymbol{g}(\boldsymbol{e},t) \tag{3.9}$$

初值为 $\boldsymbol{e}(0)=\delta\boldsymbol{x}_0$。由于 $\boldsymbol{g}(\boldsymbol{0},t)=\boldsymbol{0}$,以 $\boldsymbol{e}$ 为状态用 $\boldsymbol{g}$ 代替 $\boldsymbol{f}$ 的新的动态系统以状态空间原点为它的一个平衡点,因此可以简单地通过考察系统(式(3.9))的关于平衡点 $\boldsymbol{0}$ 在扰动下的稳定性来判断原系统 $\boldsymbol{x}(t)$ 对 $\boldsymbol{x}^*(t)$ 的偏离。但要注意,由于扰动系统的右边包括标称轨线 $\boldsymbol{x}^*(t)$,因此它是非自治的。一个自治系统对每一个特殊的标称运动的稳定性对应于一个等价的非自治系统关于平衡点的稳定性。

下面通过一个实际系统解释这个重要的变换。

例 3.3　考虑实际物理系统——质量-弹簧-阻尼系统:

$$m\ddot{x}+k_1x+k_2x^3=0$$

它包括反映弹簧硬效应的非线性特性。这里研究初值为 x_0 的轨线 $x^*(t)$ 的运动稳定性。

设初值被扰动为 $x(0)=x_0+\delta x_0$,相应的系统轨线记作 $x(t)$。同理,可得到描述运动误差 e 的等价微分方程为

$$m\ddot{e}+k_1e+k_2[e^3+3e^2x^*(t)+3ex^{*2}(t)]=0$$

显然它是一个非自治系统。

当然,对于一个非自治非线性系统,它对一个标称运动的稳定性也可以转化为一个等价非自治非线性系统关于 $e=0$ 的稳定性问题。

最后,如果原系统是形如式(3.5)的自治线性系统,那么其等价系统仍然是自治的,它可以写成

$$\dot{\boldsymbol{e}}=\boldsymbol{A}\boldsymbol{e}$$

3.2　稳定性的概念

在经典控制理论中,针对用传递函数描述的线性时不变系统,我们学习过外部稳定性;在线性系统理论中,针对状态空间方程描述的线性系统,我们学习过内部稳定性。稳定性是控制系统最基本的要求。然而,由于非线性系统具有比线性系统更为复杂和奇特的特性,因此只用传统的稳定性理论不足以描述非线性系统运动的基本特征,而要使用许多更严密的稳定性概念,如李雅普诺夫意义下的稳定性、渐近稳定性、一致稳定性、指数稳定性、全局稳

定性和不稳定性等。本节在回顾内部稳定性和外部稳定性的基础上，正式定义这些稳定性概念，并解释它们的实际意义。

3.2.1 外部稳定性

对于初始状态为零的因果系统，其输入/输出描述可表示为

$$\boldsymbol{y}(t)=\int_0^t \boldsymbol{G}(t,\tau)\boldsymbol{u}(\tau)\mathrm{d}\tau$$

式中，$\boldsymbol{G}(t,\tau)$为系统的相应脉冲函数矩阵。

在根据系统的输入/输出研究系统稳定性时，针对输入$\boldsymbol{u}(t)$的不同性质可以引出系统的各种不同的稳定性定义。

定义 3.3[有界输入-有界输出(bounded-input bounded-output，BIBO)稳定性]　对于零初始条件的因果系统，如果存在一个固定的有限常数 k 及一个标量α，使得对于任意的$t\in[t_0,\infty)$，当系统的控制输入$\boldsymbol{u}(t)$满足$\|\boldsymbol{u}(t)\|\leqslant k$时，所产生的输出$\boldsymbol{y}(t)$满足$\|\boldsymbol{y}(t)\|\leqslant \alpha k$，则该因果系统是外部稳定的，即有界输入-有界输出稳定的，简记为 BIBO 稳定。

这里必须指出，在讨论外部稳定性时是以系统的初始状态为零作为基本假设的，在这种假设下，系统的输入/输出描述是唯一的。线性系统 BIBO 稳定性可由输入/输出描述中的脉冲响应矩阵或传递函数矩阵进行判别。另外，在本章及以后的叙述中，如不做特别说明，p 均表示拉普拉斯算子。

定理 3.1(时变情况)　对于零初始条件的线性时变系统，设$\boldsymbol{G}(t,\tau)$为其脉冲响应矩阵，该矩阵是$m\times n$的，则系统为 BIBO 稳定的充要条件为存在一个有限常数k，使得对一切$t\in[t_0,\infty)$，$\boldsymbol{G}(t,\tau)$的每一个元$g_{ij}(t,\tau)(i=1,2,\cdots,m;\ j=1,2,\cdots,n)$满足

$$\int_{t_0}^t |g_{ij}(t,\tau)|\mathrm{d}\tau\leqslant k<\infty \tag{3.10}$$

证明　为了方便，先证单输入-单输出情况，然后推广到多输入-多输出情况。在单输入-单输出条件下，输入/输出满足关系

$$y(t)=\int_{t_0}^t g(t,\tau)u(\tau)\mathrm{d}\tau \tag{3.11}$$

先证充分性。已知式(3.10)成立，且对任意控制输入$u(t)$满足$|u(t)|\leqslant k_1<\infty$，$t\in[t_0,\infty)$，要证明输出$y(t)$有界。由式(3.11)可以方便得到

$$|y(t)|=\left|\int_{t_0}^t g(t,\tau)u(\tau)\mathrm{d}\tau\right|\leqslant\int_{t_0}^t|g(t,\tau)||u(\tau)|\mathrm{d}\tau$$

$$\leqslant k_1\int_{t_0}^t|g(t,\tau)|\mathrm{d}\tau\leqslant kk_1<\infty$$

从而根据定义 3.3 知系统是 BIBO 稳定的。

再证必要性(采用反证法)。假设存在某个$t_1\in[t_0,\infty)$，使得

$$\int_{t_0}^{t_1}|g(t,\tau)|\mathrm{d}\tau=\infty \tag{3.12}$$

定义有界控制输入函数$u(t)$为

$$u(t)=\operatorname{sgn} g(t_1,t)=\begin{cases}+1, & g(t_1,t)>0\\ 0, & g(t_1,t)=0\\ -1, & g(t_1,t)<0\end{cases}$$

在上述控制输入激励下，系统的输出为

$$y(t_1)=\int_{t_0}^{t_1} g(t,\tau)u(\tau)\mathrm{d}\tau=\int_{t_0}^{t_1} |g(t_1,\tau)|\mathrm{d}\tau=\infty$$

这表明系统输出是无界的，同系统是 BIBO 稳定的相矛盾。因此，式(3.12)的假设不成立，即必定有

$$\int_{t_0}^{t_1} |g(t_1,\tau)|\mathrm{d}\tau\leqslant k<\infty,\quad \forall t_1\in[t_0,\infty)$$

现在将上述结论推广到多输入-多输出情况。考察系统输出 $\boldsymbol{y}(t)$ 的任一分量 $y_i(t)$：

$$\begin{aligned}|y_i(t)|&=\left|\int_{t_0}^{t} g_{i1}(t,\tau)u_1(\tau)\mathrm{d}\tau+\cdots+\int_{t_0}^{t} g_{in}(t,\tau)u_n(\tau)\mathrm{d}\tau\right|\\&\leqslant\left|\int_{t_0}^{t} g_{i1}(t,\tau)u_1(\tau)\mathrm{d}\tau\right|+\cdots+\left|\int_{t_0}^{t} g_{in}(t,\tau)u_n(\tau)\mathrm{d}\tau\right|\\&\leqslant\int_{t_0}^{t} |g_{i1}(t,\tau)||u_1(\tau)|\mathrm{d}\tau+\cdots+\int_{t_0}^{t} |g_{in}(t,\tau)||u_n(\tau)|\mathrm{d}\tau,\\&\quad i=1,2,\cdots,m\end{aligned}$$

由于有限个有界函数之和仍为有界函数，利用单输入-单输出系统的结果，即可证明定理 3.1 的结论。

证毕。

定理 3.2　对于零初始条件的线性定常系统，设初始时刻 $t_0=0$，单位脉冲响应矩阵为 $\boldsymbol{G}(t)$，传递函数矩阵为 $\boldsymbol{G}(p)$，则系统为 BIBO 稳定的充要条件为，存在一个有限常数 k，使 $\boldsymbol{G}(t)$ 的每一个 $g_{ij}(t)(i=1,2,\cdots,m;j=1,2,\cdots,n)$ 满足

$$\int_0^{\infty} |g_{ij}(t)|\mathrm{d}t\leqslant k<\infty$$

或者 $\boldsymbol{G}(p)$ 为真有理分式函数矩阵，且其每一个元传递函数 $g_{ij}(p)$ 的所有极点处在左半复平面。

证明　定理 3.2 第一部分结论可直接由定理 3.1 得到，下面只证明定理 3.2 的第二部分。

由假设条件，$g_{ij}(p)$ 为真有理分式，则利用部分分式法可将其展开为有限项之和的形式，其中每一项均具有如下形式

$$\frac{\beta_l}{(p-\lambda_l)^{\alpha_l}},\quad l=1,2,\cdots,m \tag{3.13}$$

式中，λ_l 为 $g_{ij}(p)$ 的极点；α_l 和 β_l 为常数，也可为零，且 $\alpha_1+\alpha_2+\cdots+\alpha_l=n$。

式(3.13)对应的拉普拉斯反变换为

$$h_l t^{\alpha_l-1}\mathrm{e}^{\lambda_l t},\quad l=1,2,\cdots,m \tag{3.14}$$

当 $\alpha_l=0$ 时，式(3.14)为 δ 函数。因此，$g_{ij}(p)$ 取拉普拉斯反变换导出 $g_{ij}(t)$ 是有限个形如式(3.14)的项之和，和式中也可能包含 δ 函数。容易证明，当且仅当 $\lambda_l(l=1,2,\cdots,m)$ 均处于左半复平面(具有负实部)时，$t^{\alpha_l-1}\mathrm{e}^{\lambda_l t}$ 绝对可积，即 $g_{ij}(t)$ 绝对可积。因此，当且仅当 $g_{ij}(s)$ 的所有极点均具有负实部时，$\int_0^{\infty}|g_{ij}(t)|\mathrm{d}t\leqslant k<\infty$ 成立，系统是 BIBO 稳定的。

证毕。

3.2.2 内部稳定性

下面讨论系统的内部稳定性。内部稳定性描述了系统状态自由运动的稳定性。考虑如下的线性时变系统：

$$\dot{\boldsymbol{x}}=\boldsymbol{A}(t)\boldsymbol{x}(t)+\boldsymbol{B}(t)\boldsymbol{u}(t),\quad \boldsymbol{x}(t_0)=\boldsymbol{x}_0,\quad t\in[t_0,t_a]$$

$$\boldsymbol{y}=\boldsymbol{C}(t)\boldsymbol{x}(t)+\boldsymbol{D}(t)\boldsymbol{u}(t)$$

设系统的外部控制输入 $\boldsymbol{u}(t)\equiv\boldsymbol{0}$,初始状态 $\boldsymbol{x}_0$ 是有界的,则系统的状态解为

$$\boldsymbol{x}(t)=\boldsymbol{\Phi}(t,t_0)\boldsymbol{x}_0$$

式中,$\boldsymbol{\Phi}(t,t_0)$为时变系统的状态转移矩阵。

如果由系统的初始状态 $\boldsymbol{x}_0$ 引起的状态响应满足

$$\lim_{t\to\infty}\boldsymbol{\Phi}(t,t_0)\boldsymbol{x}_0=\boldsymbol{0} \tag{3.15}$$

则称系统是内部稳定或是渐近稳定的。

定理 3.3 对于线性定常系统来说,当且仅当 $\boldsymbol{A}$ 的特征值全部位于左半复平面时,系统是内部稳定的。

证明 对于线性定常系统,$\boldsymbol{\Phi}(t,t_0)=\mathrm{e}^{\boldsymbol{A}(t-t_0)}$,令 $t_0=0$,则有

$$\boldsymbol{x}(t)=\boldsymbol{\Phi}(t,0)\boldsymbol{x}_0=\mathrm{e}^{\boldsymbol{A}t}\boldsymbol{x}_0$$

假设系统矩阵 $\boldsymbol{A}$ 具有两两相异的特征值,则

$$\begin{aligned}\mathrm{e}^{\boldsymbol{A}t}&=\mathcal{L}^{-1}[p\boldsymbol{I}-\boldsymbol{A}]^{-1}\\&=\mathcal{L}^{-1}\frac{\mathrm{adj}(p\boldsymbol{I}-\boldsymbol{A})}{(p-\lambda_1)(p-\lambda_2)\cdots(p-\lambda_n)},\quad \lambda_i\ \text{为}\ \boldsymbol{A}\ \text{的特征值}\end{aligned}$$

进一步可得

$$\mathrm{e}^{\boldsymbol{A}t}=\mathcal{L}^{-1}\sum_{i=1}^{n}\frac{Q_i}{p-\lambda_i}=\sum_{i=1}^{n}Q_i\mathrm{e}^{\lambda_i t}$$

式中,

$$Q_i=\frac{(p-\lambda_i)\mathrm{adj}(p\boldsymbol{I}-\boldsymbol{A})}{(p-\lambda_1)(p-\lambda_2)\cdots(p-\lambda_n)}$$

显然,当矩阵 $\boldsymbol{A}$ 的一切特征值满足

$$\mathrm{Re}[\lambda_i(\boldsymbol{A})]<0,\quad i=1,2,\cdots,n$$

时(其中 $\lambda_i(\boldsymbol{A})(i=1,2,\cdots,n)$表示 $\boldsymbol{A}$ 的特征值),式(3.15)成立。

证毕。

定义 3.4 非线性系统

$$\dot{\boldsymbol{x}}=\boldsymbol{f}(\boldsymbol{x},\boldsymbol{u})$$

是输入-状态稳定(input-to-state stability, ISS)的,当且仅当对任意初始状态 $\boldsymbol{x}(0)$和在$[0,\infty)$上连续有界的控制输入 $\boldsymbol{u}(\cdot)$,系统在 $t\geqslant 0$ 时的解存在且满足

$$|\boldsymbol{x}(t)|\leqslant\beta[\boldsymbol{x}(0),t]+\gamma[\sup_{0\leqslant\tau\leqslant t}|\boldsymbol{u}(\tau)|],\quad \forall t\geqslant 0$$

其中,当 $\rho\in\mathbf{R}^+$ 时,$\beta(\rho,t)$和 $\gamma(\rho)$是关于 ρ 的严格增函数,且 $\beta(0,t)=0,\gamma(0)=0$; 当 $\forall\rho\in\mathbf{R}^+$ 时,$\beta(\rho,t)$是关于 t 的递减函数,且 $\lim\limits_{t\to\infty}\beta(\rho,t)=0$。

3.2.3 外部稳定性和内部稳定性的关系

内部稳定性描述了系统状态自由运动的稳定性，这种运动必须满足渐近稳定条件，而外部稳定性是对系统输入量和输出量的约束，这两个稳定性之间的联系必然通过系统的内部状态表现出来。由上述论证可知，线性定常系统的一个内部稳定实现总会有一个满足条件式(3.10)的脉冲响应。也就是说，一个内部稳定的实现必定是外部稳定的。但该结论反过来就是错误的。这里仅就线性定常系统加以讨论。

定理 3.4 线性定常系统如果是内部稳定的，则系统一定是 BIBO 稳定的。

证明 对于线性定常系统，其脉冲响应矩阵 $\boldsymbol{G}(t)$ 为

$$\boldsymbol{G}(t)=\boldsymbol{\Phi}(t)\boldsymbol{B}+\boldsymbol{D}\delta(t)$$

式中，$\boldsymbol{\Phi}(t)=\mathrm{e}^{\boldsymbol{A}t}$。

当系统满足内部稳定时，由式(3.15)可得

$$\lim_{t\to\infty}\boldsymbol{\Phi}(t)=\lim_{t\to\infty}\mathrm{e}^{\boldsymbol{A}t}=0$$

这样，$\boldsymbol{G}(t)$ 的每一个元 $g_{ij}(t)$ $(i=1,2,\cdots,q;j=1,2,\cdots,p)$ 均是由一些指数衰减项构成的，故满足

$$\int_0^\infty |g_{ij}(t)|\,\mathrm{d}t\leqslant k<\infty$$

式中，k 为有限常数，说明系统是 BIBO 稳定的。

证毕。

定理 3.5 线性定常系统如果是 BIBO 稳定的，则系统未必是内部稳定的。

证明 根据线性系统的结构分解可知，任意线性定常系统通过线性变换总可以分解为四个子系统，即能控能观子系统、能控不能观子系统、不能控能观子系统和不能控不能观子系统。系统的输入/输出特性仅能反映系统的能控能观部分，而无法反映系统的其余三个部分的运动状态。BIBO 稳定仅意味着能控能观子系统是渐近稳定的，而其余子系统，如不能控不能观子系统如果是发散的，则在 BIBO 稳定中并不能表现出来。因此定理的结论成立。

证毕。

定理 3.6 线性定常系统如果是完全能控能观的，则内部稳定性与外部稳定性是等价的，或者说线性定常系统内部稳定性与外部稳定性等价的充要条件是完全能控能观。

证明 利用定理 3.4 和定理 3.5 易于推出该结论。定理 3.4 给出，由内部稳定性可推出外部稳定性；由定理 3.5，系统是外部稳定的，且系统是完全能控能观的，即系统是内部稳定的。

证毕。

例 3.4 设系统的状态空间表达式为

$$\dot{\boldsymbol{x}}=\begin{bmatrix}-1&0\\0&1\end{bmatrix}\boldsymbol{x}+\begin{bmatrix}1\\1\end{bmatrix}\boldsymbol{u}$$

$$\boldsymbol{y}=\begin{bmatrix}1&0\end{bmatrix}\boldsymbol{x}$$

试分析系统的状态稳定性与输出稳定性。

解 (1) 由矩阵 $\boldsymbol{A}$ 的特征方程

$$\det[\lambda\boldsymbol{I}-\boldsymbol{A}]=(\lambda+1)(\lambda-1)=0$$

可得特征值 $\lambda_1=-1,\lambda_2=1$，故系统的状态不是渐近稳定的。

(2) 由系统的传递函数

$$W(p)=\boldsymbol{c}(p\boldsymbol{I}-\boldsymbol{A})^{-1}\boldsymbol{b}$$

$$=\begin{bmatrix}1 & 0\end{bmatrix}\begin{bmatrix}p+1 & 0\\ 0 & p-1\end{bmatrix}^{-1}\begin{bmatrix}1\\1\end{bmatrix}=\frac{(p-1)}{(p+1)(p-1)}=\frac{1}{p+1}$$

可得传递函数的极点 $p=-1$ 位于复平面的左半平面，故系统输出稳定。这里，具有正实部的特征值 $\lambda_2=1$ 被系统的零点 $p=1$ 对消，所以在系统的输入/输出特性中没有被表现出来。只有当系统的传递函数不出现零、极点对消现象，且矩阵 $\boldsymbol{A}$ 的特征值与系统传递函数的极点相同时，内部稳定性和外部稳定性才等价，从而验证了定理 3.6。

3.2.4 李雅普诺夫意义下运动稳定性的一些基本概念

若用 $\|\boldsymbol{x}-\boldsymbol{x}_e\|$ 表示状态矢量 $\boldsymbol{x}$ 与平衡状态 $\boldsymbol{x}_e$ 的距离，用点集 $s(\varepsilon)$ 表示以 $\boldsymbol{x}_e$ 为中心、ε 为半径的超球体，那么 $\boldsymbol{x}\in s(\varepsilon)$，则表示

$$\|\boldsymbol{x}-\boldsymbol{x}_e\|\leqslant\varepsilon$$

式中，$\|\boldsymbol{x}-\boldsymbol{x}_e\|$ 为向量的 2-范数或欧几里得范数。

在 n 维状态空间中，有

$$\|\boldsymbol{x}-\boldsymbol{x}_e\|=[(x_1-x_{1e})^2+(x_2-x_{2e})^2+\cdots+(x_n-x_{ne})^2]^{1/2}$$

当 ε 很小时，称 $s(\varepsilon)$ 为 $\boldsymbol{x}_e$ 的邻域。因此，若 $\boldsymbol{x}_0\in s(\delta)$，则意味着 $\|\boldsymbol{x}_0-\boldsymbol{x}_e\|\leqslant\delta$。同理，若微分方程式(3.1)的解 $\boldsymbol{x}=\boldsymbol{\Phi}(\boldsymbol{x}_0,t_0,t)$ 位于球域 $s(\varepsilon)$ 内，则有

$$\|\boldsymbol{\Phi}(\boldsymbol{x}_0,t_0,t)-\boldsymbol{x}_e\|\leqslant\varepsilon,\quad t\geqslant t_0 \tag{3.16}$$

式(3.16)表明齐次方程式(3.1)由初始状态 $\boldsymbol{x}_0$ 或短暂扰动引起的自由响应是有界的。李雅普诺夫根据系统自由响应是否有界把系统的稳定性定义分为下面几种情况。

1. 李雅普诺夫意义下的稳定性

如果式(3.1)描述的系统对于任意给定的实数 $\varepsilon>0$，都对应存在另一实数 $\delta(\varepsilon,t_0)>0$，使得当

$$\|\boldsymbol{x}(t_0)-\boldsymbol{x}_e\|\leqslant\delta(\varepsilon,t_0)$$

时，从任意初始状态 $\boldsymbol{x}(t_0)$ 出发的解 $\boldsymbol{x}(t)=\boldsymbol{\Phi}(\boldsymbol{x}(t_0),t_0,t)$ 都满足

$$\|\boldsymbol{x}(t)-\boldsymbol{x}_e\|\leqslant\varepsilon,\quad t_0\leqslant t<\infty$$

则称平衡点 $\boldsymbol{x}_e$ 是李雅普诺夫意义下稳定的，其中实数 δ 与 ε 有关，一般情况下也与 t_0 有关。下面分别给出自治系统和非自治系统关于李雅普诺夫意义下稳定性的定义。

定义 3.5(自治系统)　如果对于任意给定的实数 $\varepsilon>0$，都对应存在另一实数 $\delta(\varepsilon)>0$，使得

$$\|\boldsymbol{x}(0)-\boldsymbol{x}_e\|\leqslant\delta(\varepsilon)\Rightarrow\|\boldsymbol{x}(t)-\boldsymbol{x}_e\|\leqslant\varepsilon,\quad\forall\,0\leqslant t<\infty$$

成立，则称平衡点 $\boldsymbol{x}_e=\boldsymbol{0}$ 是李雅普诺夫意义下稳定的。

定义 3.6(非自治系统)　如果对于任意给定的实数 $\varepsilon>0$，都对应存在另一实数 $\delta(\varepsilon,t_0)>0$，使得

$$\|\boldsymbol{x}(t_0)-\boldsymbol{x}_e\|\leqslant\delta(\varepsilon,t_0)\Rightarrow\|\boldsymbol{x}(t)-\boldsymbol{x}_e\|\leqslant\varepsilon,\quad\forall\,t_0\leqslant t<\infty$$

成立，则称平衡点 $\boldsymbol{x}_e=\boldsymbol{0}$ 在 t_0 是李雅普诺夫意义下稳定的。

定义 3.5 表明，只要状态轨线是从一个半径为充分小的 δ 的球内出发的，就可以停留在

一个半径为任意小的 ε 的球内。

稳定性(也称李雅普诺夫意义下的稳定性)在本质上意味着,若系统在足够靠近状态空间原点 $\boldsymbol{x}_e=\boldsymbol{0}$ 处开始运动,则该系统轨线就可以保持在任意的接近原点的一个邻域内。更正式地说,该定义指出,假若不想让状态轨线 $\boldsymbol{x}(t)$ 越出随意指定半径的球域 $s(\varepsilon)$,就能够求得一个值 $\delta(\varepsilon,t_0)$,使得在时间 t_0 时从球域 $s(\delta)$ 内出发的状态轨线将一直维持在球域 $s(\varepsilon)$ 内。图 3.3 表示二阶系统稳定的平衡点 $\boldsymbol{x}_e=\boldsymbol{0}$ 及从初始条件 $\boldsymbol{x}_0\in s(\delta)$ 出发的轨线 $\boldsymbol{x}\in s(\varepsilon)$。从图 3.3 可知,若对每一个 $s(\varepsilon)$,都对应存在 $s(\delta)$,使得当 t 趋于无穷时,从 $s(\delta)$ 出发的状态轨线(系统响应)总不离开 $s(\varepsilon)$,即系统响应的幅值是有界的,则称平衡点 $\boldsymbol{x}_e=\boldsymbol{0}$ 是李雅普诺夫意义下稳定的,简称稳定。

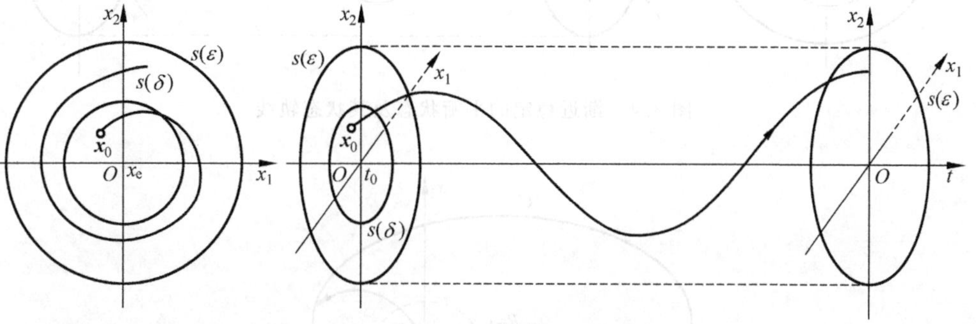

图 3.3　稳定的平衡状态及其状态轨线

2. 渐近稳定和指数稳定

在许多工程应用中,仅有李雅普诺夫意义下的稳定性是不够的。例如,当一个卫星的姿态在它的标称位置受到扰动时,我们不仅想让卫星的姿态保持在由扰动大小决定的某一个范围之内(李雅普诺夫稳定性),而且要求该姿态逐渐地恢复到它原来的值。这类工程要求由渐近稳定性概念来表达。

如果平衡状态 $\boldsymbol{x}_e$ 是李雅普诺夫意义下稳定的,而且当时间 t 无限增大趋于无穷时,始于球域 $s(\delta)$ 的任一条轨迹不仅不超出 $s(\varepsilon)$,且收敛于 $\boldsymbol{x}_e$,则称系统(式(3.1))的平衡状态 $\boldsymbol{x}_e$ 是渐近稳定的。下面分别给出自治系统和非自治系统关于渐近稳定的定义。

定义 3.7(自治系统)　如果平衡点 $\boldsymbol{x}_e=\boldsymbol{0}$ 是稳定的,而且存在 $\delta>0$,使得当 $\|\boldsymbol{x}(0)\|<\delta$ 时,$\lim\limits_{t\to\infty}\|\boldsymbol{x}(t)\|=0$,那么称该平衡点 $\boldsymbol{x}_e=0$ 是渐近稳定的。

渐近稳定性意味着平衡点 $\boldsymbol{x}_e=\boldsymbol{0}$ 不仅是稳定的,而且从靠近 $\boldsymbol{x}_e=\boldsymbol{0}$ 处出发的状态轨线,当 $t\to\infty$ 时将收敛于 $\boldsymbol{x}_e=\boldsymbol{0}$。图 3.4 为渐近稳定的平衡状态及其状态轨线,出发于球 $s(\delta)$ 内的系统轨线收敛于平衡点 $\boldsymbol{x}_e=\boldsymbol{0}$。球域 $s(\delta)$ 称为平衡状态 $\boldsymbol{x}_e$ 的吸引域或吸引范围(平衡点的吸引域是指最大的一个区域,使得从此区域出发的一切轨线均收敛于平衡点 $\boldsymbol{x}_e=\boldsymbol{0}$)。一个李雅普诺夫稳定但又不是渐近稳定的平衡点称为临界平衡点。

在考虑关于状态收敛于平衡点 $\boldsymbol{x}_e=\boldsymbol{0}$ 的第二个条件时,读者可能会对定义中的稳定性要求的必要性产生怀疑。然而,很容易举出一个反例来说明是状态收敛而并不一定是稳定的。例如,维诺格列(Vinograd)讨论的一个简单例子,其系统轨线如图 3.5 所示。从单位圆内的任意非零点出发的轨线先到达曲线 C,再收敛到平衡点 $\boldsymbol{x}_e=\boldsymbol{0}$。因此,尽管所有轨线均收敛于状态空间原点,但状态空间原点在李雅普诺夫意义下是不稳定的。考虑这种系统的不稳定性是有道理的,因为这种曲线 C 可能处于模型的有效区域之外。例如,高速飞行器的亚音速和超音速动力学是完全不同的,而当考虑亚音速模型时,C 可能落在超音速区域。

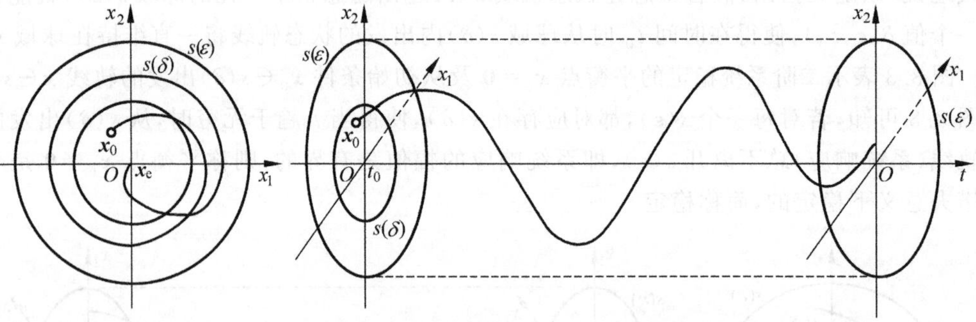

图 3.4 渐近稳定的平衡状态及其状态轨线

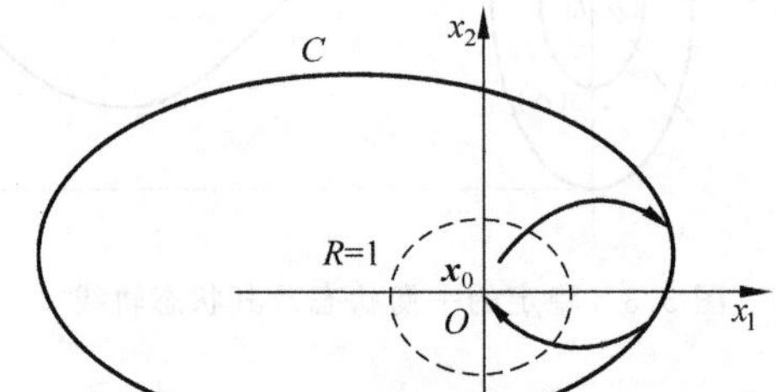

图 3.5 维诺格列示例系统轨线-状态收敛不隐含稳定

定义 3.8(非自治系统) 如果平衡点 $\boldsymbol{x}_e=\boldsymbol{0}$ 是稳定的,且存在 $\delta(\varepsilon,t_0)>0$,使得当 $\|\boldsymbol{x}(t_0)-\boldsymbol{x}_e\|\leqslant\delta$ 时,$\lim\limits_{t\to\infty}\|\boldsymbol{x}(t)-\boldsymbol{x}_e\|=0$,则称该平衡点 $\boldsymbol{x}_e=0$ 在 t_0 是渐近稳定的。

在许多工程应用中,仅知道系统在无限时间之后收敛于平衡点是不够的,还需要估计系统轨线趋于平衡点的速度。指数稳定性的概念就是为此而提出的。

定义 3.9(自治系统) 如果存在两个正数 α 和 λ,使得

$$\forall t\geqslant 0,\quad \|\boldsymbol{x}(t)\|\leqslant\alpha\|\boldsymbol{x}(0)\|\mathrm{e}^{-\lambda t}\tag{3.17}$$

在平衡点 $\boldsymbol{x}_e=\boldsymbol{0}$ 附近的某个球域 $s(r)$ 内成立,则平衡点 $\boldsymbol{x}_e=\boldsymbol{0}$ 是指数稳定的。

换句话说,式(3.17)意味着一个指数稳定系统的状态向量以快于指数函数的速度收敛于平衡点。通常称正数 λ 为指数收敛速率。

例 3.5 系统

$$\dot{x}=-(1+\sin^2 x)x$$

以速度 $\lambda=1$ 指数收敛于 $x=0$。事实上,它的解是

$$x(t)=x(0)\exp\left(-\int_0^t\{1+\sin^2[x(\tau)]\}\,\mathrm{d}\tau\right)$$

因此

$$|x(t)|\leqslant|x(0)|\mathrm{e}^{-t}$$

值得指出的是,指数稳定性蕴含着渐近稳定性,但渐近稳定性并不能保证指数稳定性。

考虑系统

$$\dot{x}=-x^2,\quad x(0)=1$$

它的解是 $x=1/(1+t)$，该函数比任何指数函数 $e^{-\lambda t}(\lambda>0)$ 都收敛得慢。

由式(3.17)可知，指数收敛的定义可给任何时刻的状态一个准确的界。将正常数 α 写成 $\alpha=e^{\lambda\tau}$，则不难看出类似于线性系统的时间常数，经过时间 τ_0+1/λ 之后，状态向量的模 $\|\boldsymbol{x}(t)\|$ 会减至其初始值 $\|\boldsymbol{x}(0)\|$ 的 35%(e^{-1})以下；在 τ_0+3/λ 之后，状态向量的模 $\|\boldsymbol{x}(t)\|$ 会减至其初始值 $\|\boldsymbol{x}(0)\|$ 的 5%(e^{-3})以下。

定义 3.10(非自治系统)　如果存在两个严格正数 α 和 λ，使得对于充分小的 $\boldsymbol{x}(t_0)$，有

$$\forall t\geqslant t_0,\quad \|\boldsymbol{x}(t)\|\leqslant\alpha\|\boldsymbol{x}(t_0)\|e^{-\lambda(t-t_0)}\tag{3.18}$$

则平衡点 $\boldsymbol{x}_e=\boldsymbol{0}$ 是指数稳定的。如果式(3.18)对所有的 $\boldsymbol{x}(t_0)\in\mathbf{R}^n$ 成立，则称平衡点 $\boldsymbol{x}_e=\boldsymbol{0}$ 是全局指数稳定的。

例 3.6　考虑一阶线性时变系统

$$\dot{x}(t)=-\alpha(t)x(t)$$

它的解是

$$x(t)=x(t_0)\exp\left[-\int_{t_0}^{t}\alpha(r)\mathrm{d}r\right]$$

这样，当 $\alpha(t)\geqslant0,\forall t\geqslant t_0$ 时，该系统是稳定的。当 $\int_{t_0}^{t}\alpha(r)\mathrm{d}r=+\infty$ 时，该系统是渐近稳定的。如果存在一个严格正的数 T，使得 $\forall t\geqslant0$，有 $\int_{t}^{t+T}\alpha(r)\mathrm{d}r\geqslant\upsilon$，其中 υ 是一个正的常数，则该系统是指数稳定的。

例如：

(1) $\dot{x}=-x/(1+t)^2$ 是稳定的(但不是渐近稳定的)；

(2) $\dot{x}=-x/(1+t)$ 是渐近稳定的；

(3) $\dot{x}=-tx$ 是指数稳定的。

另一个有趣的例子是，系统

$$\dot{x}=-\frac{x}{1+\sin x^2}$$

它的解可表达为

$$x(t)=x(t_0)\exp\left[\int_{t_0}^{t}\frac{-1}{1+\sin x^2(r)}\mathrm{d}r\right]$$

因为

$$\int_{t_0}^{t}\frac{1}{1+\sin x^2(r)}\mathrm{d}r\geqslant\frac{t-t_0}{2}$$

所以该系统呈指数收敛，其收敛速度为 1/2。

3. 局部稳定和全局稳定

实际上，渐近稳定性比李雅普诺夫意义下的稳定性更重要。考虑到非线性系统的渐近稳定性是一个局部概念，所以简单地确定渐近稳定性并不意味着系统能正常工作。通常有必要确定渐近稳定性的最大范围或吸引域，发生于吸引域内的每一个轨迹都是渐近稳定的。

对所有的状态(状态空间中的所有点)，如果由这些状态出发的轨迹都保持渐近稳定性，则平衡状态 $\boldsymbol{x}_e=\mathbf{0}$ 称为大范围渐近稳定。或者说，如果系统(式(3.1))的平衡状态 $\boldsymbol{x}_e=\mathbf{0}$ 渐近稳定的吸引域为整个状态空间，则称此时系统的平衡状态 $\boldsymbol{x}_e=\mathbf{0}$ 为大范围渐近稳定的。显然，大范围渐近稳定的必要条件是在整个状态空间中只有一个平衡状态。在控制工程问题中，总希望系统具有大范围渐近稳定的特性。如果平衡状态不是大范围渐近稳定的，那么问题就转化为确定渐近稳定的最大范围或吸引域，这通常非常困难。然而，对所有的实际问题，如能确定一个足够大的渐近稳定的吸引域，使扰动不会超过它即可达到目的。

定义 3.11(全局渐近稳定性)　如果非线性系统(式(3.1))的某个平衡点 $\boldsymbol{x}_e=\mathbf{0}$ 是稳定的，且对所有的 $\boldsymbol{x}_0\in\mathbf{R}^n$ 都有 $\lim\limits_{t\to\infty}\|\boldsymbol{x}(t)\|=0$，那么称该平衡点 $\boldsymbol{x}_e=\mathbf{0}$ 是全局渐近稳定的。

线性时不变系统的稳定性分为三种：渐近稳定、临界稳定和不稳定，这可以由线性系统解的标准结构看出。线性系统的渐近稳定总是全局稳定和指数稳定的，线性系统的不稳定总是指数发散的。这就是为什么本章介绍稳定的细化分类在以前研究线性系统时不会碰到，它们只对非线性系统有意义。

4. 不稳定

定义 3.12　如果对于某个实数 $\varepsilon>0$ 和任一实数 $\delta>0$，不管实数 δ 多么小，由 $s(\delta)$ 内出发的状态轨线至少有一条状态轨迹越过 $s(\varepsilon)$，则称这种平衡状态 $\boldsymbol{x}_e=\mathbf{0}$ 不稳定。

图 3.6 给出了不稳定性的平衡状态及其状态轨线。

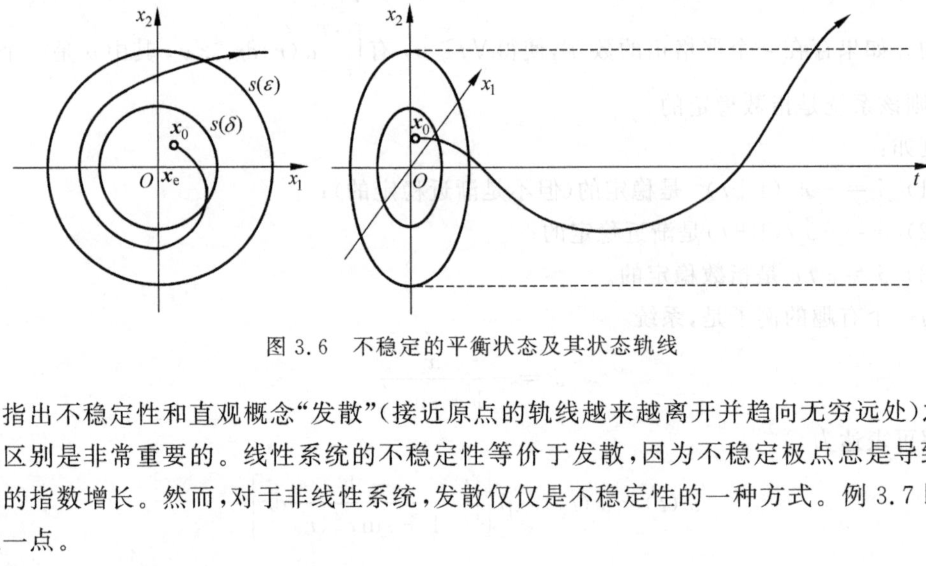

图 3.6　不稳定的平衡状态及其状态轨线

指出不稳定性和直观概念“发散”(接近原点的轨线越来越离开并趋向无穷远处)之间的定性区别是非常重要的。线性系统的不稳定性等价于发散，因为不稳定极点总是导致系统状态的指数增长。然而，对于非线性系统，发散仅仅是不稳定性的一种方式。例 3.7 即说明了这一点。

例 3.7　范德堡振荡器的不稳定性。

例 2.7 的范德堡振荡器方程为

$$\begin{cases}\dot{x}_1=x_2\\ \dot{x}_2=-x_1+(1-x_1^2)x_2\end{cases}$$

我们很容易证明该系统在原点处有一个平衡点。

系统从任一非零初始状态开始的系统轨线都渐近地趋近一个极限环。这说明，如果将定义 3.12 中的 ε 选择得足够小，使得以 ε 为半径的圆完全包含于极限环的封闭曲线内，那么系统运动不管在多么靠近原点处开始，系统轨线最终将离开这个圆（图 3.7）。这就说明平衡点（原点）的不稳定性，该系统轨线并未发散，但对平衡点——原点来说，它是不稳定的。

另外一种情况是，当极限环非常靠近原点时，虽然 ε 可选得足够小，但如果极限环上的点到平衡点（原点）的最大距离 d 仍然小于 ε，即极限环完全落入 ε 为半径的圆内，则系统是稳定的。虽然系统状态在一定意义上靠近平衡点，但它不能停留在任意地接近平衡点的位置上，当然它也不会离开球 $s(\varepsilon)$，可以说系统是稳定的。这就是稳定和不稳定之间的根本区别。

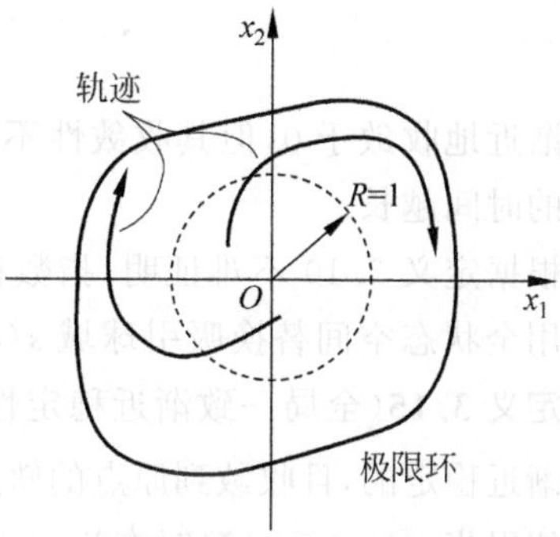

图 3.7　范德堡振荡器的不稳定原点

5. 稳定性概念中的一致性

非自治系统的李雅普诺夫稳定性和渐近稳定性这两个概念都表明了初始时刻的重要作用。实际上，我们通常需要的是不管系统什么时候开始运行，系统将具有某种一致性特性。这就促使我们考虑一致稳定性、一致渐近稳定性和全局一致渐近稳定性的定义。我们在后面学习和研究中将看到，具有一致特性的非自治系统拥有某些期望的抗干扰性能。值得指出的是，因为自治系统的特性与初始时刻无关，所以自治系统的所有稳定性均是一致的。

定义 3.13（非自治系统）　如果实数 $\delta(\varepsilon,t_0)$ 的选择与 t_0 无关，即 $\delta(\varepsilon,t_0)=\delta(\varepsilon)$，则称平衡点 $\boldsymbol{x}_{\mathrm{e}}=\boldsymbol{0}$ 是一致稳定的。

引入一致稳定性概念的直观理由是排除那些稳定程度随着时间的增大而越来越小的系统。类似地，一致渐近稳定性的定义也用来限制初始时刻 t_0 对状态收敛特性的影响。

定义 3.14（非自治系统）　如果非线性系统（式(3.1)）的平衡点 $\boldsymbol{x}_{\mathrm{e}}=\boldsymbol{0}$ 是一致稳定的，且存在一个半径与 t_0 无关的吸引球域 $s(\delta)$，使得当 $\boldsymbol{x}(t_0)\in s(\delta)$ 时有 $\lim\limits_{\tau\to\infty}h(\tau,\boldsymbol{x}(t_0))=0$ 及

$$\forall t\geqslant t_0,\quad \|\boldsymbol{x}(t_0)-\boldsymbol{x}_{\mathrm{e}}\|\leqslant\delta\Rightarrow\|\boldsymbol{x}(t)-\boldsymbol{x}_{\mathrm{e}}\|\leqslant h(t-t_0,\boldsymbol{x}_0)$$

即轨迹 $\boldsymbol{x}(t)$ 一致收敛到 $\boldsymbol{x}_{\mathrm{e}}=\boldsymbol{0}$，则称平衡点 $\boldsymbol{x}_{\mathrm{e}}=\boldsymbol{0}$ 是一致渐近稳定的。

关于 t_0 一致收敛是指对于任意满足 $0<\varepsilon_2<\varepsilon_1<\varepsilon_0$，存在 $T(\varepsilon_1,\varepsilon_2)>0$ 的 ε_1 和 ε_2，使得对于 $\forall t_0\geqslant 0$，有

$$\|\boldsymbol{x}(t_0)-\boldsymbol{x}_{\mathrm{e}}\|\leqslant\varepsilon_1\Rightarrow\|\boldsymbol{x}(t)-\boldsymbol{x}_{\mathrm{e}}\|<\varepsilon_2,\quad \forall t\geqslant t_0+T(\varepsilon_1,\varepsilon_2)$$

即状态轨迹从一个球域 B_{ε_1} 内开始，在经过一个与 t_0 无关的时间周期 T 后，将收敛于一个更小的球域 B_{ε_2} 内。由定义 3.14 可知，一致渐近稳定要求对每一个初始时刻 t_0 都存在一个吸引域，吸引域的大小和轨线收敛的速度取决于初始时间 t_0。

根据定义，一致渐近稳定性总是蕴含着渐近稳定性，但是反过来一般是不成立的，例 3.8 即说明了这一点。

例 3.8　考虑一阶系统

$$\dot{x}=-\frac{x}{1+t}$$

该系统有一般解：

$$x(t)=\frac{1+t_0}{1+t}x(t_0)$$

该解渐近地收敛于0,但其收敛性不是一致的。直观地说,这是因为为了接近原点,t_0 越大需要的时间越长。

根据定义3.10不难证明,指数稳定性总是蕴含着一致渐近稳定性。

用全状态空间替换吸引球域 $s(\varepsilon_0)$,就可以得到全局一致渐近稳定性的定义。

定义3.15(全局一致渐近稳定性) 如果非线性系统(式(3.1))的某个平衡点 $\boldsymbol{x}_e=\boldsymbol{0}$ 是全局渐近稳定的,且收敛到原点的轨迹对时间是一致的,即存在一个函数 $h(t,\boldsymbol{x})$: $\mathbf{R}^+\times\mathbf{R}^n\to\mathbf{R}^+$,使得当 $\boldsymbol{x}(t_0)\in s(\delta)$ 时有 $\lim\limits_{t\to\infty}h(t,\boldsymbol{x})=0$ 及

$$\|\boldsymbol{x}(t)-\boldsymbol{x}_e\|\leqslant h(t-t_0,\boldsymbol{x}_0),\quad \forall t\geqslant t_0$$

则称平衡点 $\boldsymbol{x}_e=\boldsymbol{0}$ 是全局一致渐近稳定的。

对于线性系统,渐近稳定等价于大范围渐近稳定;但对于非线性系统,一般只考虑吸引域为有限范围的渐近稳定(局部渐近稳定)。

最后指出的是,在经典控制理论中我们已经学过稳定性概念,它与李雅普诺夫意义下的稳定性概念是有一定的区别的。例如,在经典控制理论中只有渐近稳定的系统才称为稳定的系统。在李雅普诺夫意义下是稳定的,但却不是渐近稳定的系统,在经典控制理论中称为不稳定系统。两者的区别与联系如表3.1所示。

表3.1 经典控制理论和李雅普诺夫意义下的稳定性的区别与联系

经典控制理论	不稳定 (Re(p)>0)	临界情况 (Re(p)=0)	稳定 (Re(p)<0)
李雅普诺夫意义下	不稳定	稳定	渐近稳定

3.3 李雅普诺夫间接法

李雅普诺夫间接(线性化)法又称李雅普诺夫第一法,它是关于非线性系统局部稳定性的命题。从直观上来理解,非线性系统在小范围内运动时,应当与它的线性化具有相似的特性。因为所有物理系统本质上都是非线性的,所以李雅普诺夫间接法在实际中成为使用线性控制技术的基本依据,即用线性控制进行稳定性设计可以保证原物理系统的局部稳定性。

3.3.1 自治非线性系统的间接法

考虑式(3.2)所示的自治系统,状态空间原点 $\boldsymbol{0}$ 是系统的平衡点,假设 $\boldsymbol{f}(\boldsymbol{x})$ 是连续可微的,那么系统动态模型可以写为

$$\dot{\boldsymbol{x}}=\left(\frac{\partial\boldsymbol{f}}{\partial\boldsymbol{x}}\right)_{\boldsymbol{x}=\boldsymbol{0}}\boldsymbol{x}+\boldsymbol{f}_{\mathrm{h.o.t}}(\boldsymbol{x})\tag{3.19}$$

式中,$\boldsymbol{f}_{\mathrm{h.o.t}}$ 为关于 $\boldsymbol{x}$ 的高阶项。

取上述泰勒展开式一阶项有

$$\dot{\boldsymbol{x}}=\boldsymbol{A}\boldsymbol{x}\tag{3.20}$$

式(3.19)的泰勒展开式由一阶项开始,因为状态空间原点 $\boldsymbol{0}$ 是一个平衡点,所以 $\boldsymbol{f}(\boldsymbol{0})=\boldsymbol{0}$。

常数矩阵 $\boldsymbol{A}$ 为 $\boldsymbol{f}$ 关于 $\boldsymbol{x}$ 在 $\boldsymbol{x}=\boldsymbol{0}$ 处的雅可比矩阵(以 $\partial f_i/\partial x_j$ 为元素的 $n\times n$ 矩阵)：

$$\boldsymbol{A}=\left(\frac{\partial \boldsymbol{f}}{\partial \boldsymbol{x}}\right)_{\boldsymbol{x}=\boldsymbol{0}}$$

那么，式(3.20)称为原非线性系统在平衡点 $\boldsymbol{0}$ 处的线性化。

同样地，对于一个带有控制输入 $\boldsymbol{u}$ 的非线性系统

$$\dot{\boldsymbol{x}}=\boldsymbol{f}(\boldsymbol{x},\boldsymbol{u})$$

由 $\boldsymbol{f}(\boldsymbol{0},\boldsymbol{0})=\boldsymbol{0}$ 可以得到

$$\dot{\boldsymbol{x}}=\left(\frac{\partial \boldsymbol{f}}{\partial \boldsymbol{x}}\right)_{(\boldsymbol{x}=\boldsymbol{0},\boldsymbol{u}=\boldsymbol{0})}\boldsymbol{x}+\left(\frac{\partial \boldsymbol{f}}{\partial \boldsymbol{u}}\right)_{(\boldsymbol{x}=\boldsymbol{0},\boldsymbol{u}=\boldsymbol{0})}\boldsymbol{u}+\boldsymbol{f}_{\mathrm{h.o.t}}(\boldsymbol{x},\boldsymbol{u})$$

式中，$\boldsymbol{f}_{\mathrm{h.o.t}}$ 为关于 $\boldsymbol{x}$ 和 $\boldsymbol{u}$ 的高阶项。

记 $\boldsymbol{A}$ 为 $\boldsymbol{f}$ 关于 $\boldsymbol{x}$ 在($\boldsymbol{x}=\boldsymbol{0},\boldsymbol{u}=\boldsymbol{0}$)处的雅可比矩阵，$\boldsymbol{B}$ 为 $\boldsymbol{f}$ 关于 $\boldsymbol{u}$ 在同一点的雅可比矩阵(以 $\partial f_i/\partial u_j$ 为元素的 $n\times m$ 矩阵，其中 m 是控制输入的维数)，即

$$\boldsymbol{A}=\left(\frac{\partial \boldsymbol{f}}{\partial \boldsymbol{x}}\right)_{(\boldsymbol{x}=\boldsymbol{0},\boldsymbol{u}=\boldsymbol{0})},\quad \boldsymbol{B}=\left(\frac{\partial \boldsymbol{f}}{\partial \boldsymbol{u}}\right)_{(\boldsymbol{x}=\boldsymbol{0},\boldsymbol{u}=\boldsymbol{0})}$$

那么系统

$$\dot{\boldsymbol{x}}=\boldsymbol{A}\boldsymbol{x}+\boldsymbol{B}\boldsymbol{u}$$

是原非线性系统在($\boldsymbol{x}=\boldsymbol{0},\boldsymbol{u}=\boldsymbol{0}$)处的线性化。

同时，选择一个控制律 $\boldsymbol{u}=\boldsymbol{u}(\boldsymbol{x})$($\boldsymbol{u}(\boldsymbol{0})=\boldsymbol{0}$)可以将原来的系统变换为以 $\boldsymbol{x}=\boldsymbol{0}$ 为其一个平衡点的自治闭环系统，控制律线性近似为

$$\boldsymbol{u}=\left(\frac{\mathrm{d}\boldsymbol{u}}{\mathrm{d}\boldsymbol{x}}\right)_{\boldsymbol{x}=\boldsymbol{0}}\boldsymbol{x}=\boldsymbol{G}\boldsymbol{x}$$

其闭环动态特性可以线性近似为

$$\dot{\boldsymbol{x}}=\boldsymbol{f}[\boldsymbol{x},\boldsymbol{u}(\boldsymbol{x})]\approx(\boldsymbol{A}+\boldsymbol{B}\boldsymbol{G})\boldsymbol{x}$$

当然，通过直接考虑自治闭环系统

$$\dot{\boldsymbol{x}}=\boldsymbol{f}[\boldsymbol{x},\boldsymbol{u}(\boldsymbol{x})]=\boldsymbol{f}_1(\boldsymbol{x})$$

并在平衡点 $\boldsymbol{x}=0$ 处将 $\boldsymbol{f}_1$ 对 $\boldsymbol{x}$ 进行线性化，也可以得到同样的线性近似。

在实际中，求得一个系统的线性化往往是很容易的，只需略去动态方程中阶数高于 1 的项即可，下面举例来说明这一点。

例 3.9　考虑系统

$$\begin{cases}\dot{x}_1=x_2^2+x_1\cos x_1\\ \dot{x}_2=x_2+(x_1+1)x_1+x_1\sin x_2\end{cases}$$

它在 $\boldsymbol{x}=\boldsymbol{0}$ 处的线性近似是

$$\begin{cases}\dot{x}_1\approx 0+x_1\cdot 1=x_1\\ \dot{x}_2\approx x_2+0+x_1+x_1x_2\approx x_2+x_1\end{cases}$$

于是，线性化后的系统可以写为

$$\dot{\boldsymbol{x}}=\begin{bmatrix}1 & 0\\ 1 & 1\end{bmatrix}\boldsymbol{x}$$

以下定理准确地给出了非线性系统(式(3.2))与其线性逼近(式(3.20))的稳定性之间

的关系。

定理 3.7(李雅普诺夫间接法)

(1) 如果式(3.20)中的系数矩阵 $\boldsymbol{A}$ 的所有特征值都具有负实部(或所有特征值严格位于左半复平面内),则原非线性系统(式(3.19))在平衡点是渐近稳定的,而且系统的稳定性与 $\boldsymbol{f}_{\mathrm{h.o.t}}$ 无关。

(2) 如果系数矩阵 $\boldsymbol{A}$ 的特征值至少有一个具有正实部,则原非线性系统(式(3.19))在平衡点是不稳定的。

(3) 如果系数矩阵 $\boldsymbol{A}$ 的特征值至少有一个的实部为零(如果 $\boldsymbol{A}$ 的所有特征值都在左半复平面内,但至少有一个在 $\mathrm{j}\omega$ 轴上),系统处于临界情况,那么原非线性系统的平衡点 $\boldsymbol{x}_{\mathrm{e}}=\boldsymbol{0}$ 的稳定性不能由矩阵 $\boldsymbol{A}$ 的特征值符号决定,其平衡点对于非线性系统可能是稳定的、渐近稳定的,或者是不稳定的。原非线性系统的稳定性取决于系统中存在的高阶非线性项 $\boldsymbol{f}_{\mathrm{h.o.t}}$。

该定理可采用 3.4 节介绍的李雅普诺夫直接法来证明。从直观上看,根据连续性,我们可以说明该定理的结论是正确的。如果线性化后的系统是严格稳定的或严格不稳定的,那么由于线性近似只是在平衡点附近有效,因此原非线性系统在平衡点附近一定是局部稳定或局部不稳定的。然而,如果线性化之后的系统是临界稳定的,那么式(3.19)中的高阶项对于非线性系统是稳定的还是不稳定的可能具有决定性的影响。我们将在 3.4 节看到,当简单非线性系统的线性近似仅为临界稳定时,它们可能是全局渐近稳定的。人们不能简单地从非线性系统的临界稳定线性近似中推断出它的任何稳定性性质。

例 3.10 例 3.9 在平衡点 $\boldsymbol{x}=\boldsymbol{0}$ 处线性化后,系数矩阵 $\boldsymbol{A}$ 为

$$\boldsymbol{A}=\begin{bmatrix}1 & 0\\ 1 & 1\end{bmatrix}$$

其特征值 $\lambda_1=1,\lambda_2=1$,因而该线性近似是不稳定的,可见原非线性系统在平衡点处也是不稳定的。

例 3.11 显然易见,在例 3.2 中单摆的平衡点($\theta=(2k+1)\pi,\dot{\theta}=0$)是不稳定的。作为例子,考虑平衡点($\theta=\pi,\dot{\theta}=0$)。既然在 $\theta=\pi$ 的邻域,因此可以写出

$$\sin\theta=\sin\pi+\cos\pi(\theta-\pi)+\mathrm{h.o.t.}=(\pi-\theta)+\mathrm{h.o.t.}$$

那么,设 $\tilde{\theta}=\theta-\pi$,系统在平衡点($\theta=\pi,\dot{\theta}=0$)的线性化是

$$\ddot{\tilde{\theta}}+\frac{b}{ML^2}\dot{\tilde{\theta}}-\frac{g}{L}\tilde{\theta}=0$$

可知该线性近似是不稳定的,因而该非线性系统的平衡点也是不稳定的。

例 3.12 设系统状态方程为

$$\begin{cases}\dot{x}_1=x_1-x_1x_2\\ \dot{x}_2=-x_2+x_1x_2\end{cases}$$

试分析系统在平衡状态处的稳定性。

解 系统有两个平衡状态 $\boldsymbol{x}_{\mathrm{e1}}=[0\quad 0]^{\mathrm{T}},\boldsymbol{x}_{\mathrm{e2}}=[1\quad 1]^{\mathrm{T}}$。在 $\boldsymbol{x}_{\mathrm{e1}}$ 处将其线性化,得

$$\begin{cases}\dot{x}_1=x_1\\ \dot{x}_2=-x_2\end{cases}$$

系数矩阵 $\boldsymbol{A}$ 为

$$\boldsymbol{A}=\begin{bmatrix}1 & 0\\ 0 & -1\end{bmatrix}$$

其特性值为 $\lambda_1=-1,\lambda_2=+1$，可见原非线性系统在 $\boldsymbol{x}_{e1}$ 处是不稳定的。

在 $\boldsymbol{x}_{e2}$ 处线性化，得

$$\begin{cases}\dot{x}_1=-x_2\\ \dot{x}_2=x_1\end{cases}$$

系数矩阵 $\boldsymbol{A}$ 为

$$\boldsymbol{A}=\begin{bmatrix}0 & -1\\ 1 & 0\end{bmatrix}$$

其特征值为 $\pm \mathrm{j}1$，实部为零，因而不能由线性化方程得出原系统在 $\boldsymbol{x}_{e2}$ 处稳定的结论。这种情况要应用 3.4 节将要讨论的李雅普诺夫直接法进行判定。

例 3.13　考察一阶系统

$$\dot{x}=\alpha x+bx^5$$

原点是该系统的两平衡点之一。该系统在原点附近的线性化是

$$\dot{x}=\alpha x$$

应用李雅普诺夫间接法，得出该非线性系统的下述稳定性性质：

(1) $\alpha<0$，渐近稳定；

(2) $\alpha>0$，不稳定；

(3) $\alpha=0$，不能从线性化中推断出系统的稳定性结论。

在第三种情况下，非线性系统为

$$\dot{x}=bx^5$$

这时线性化方法不能用来判断它的稳定性，但 3.4 节介绍的李雅普诺夫直接法可以很容易地解决这个问题。

3.3.2　非自治非线性系统的间接法

考虑式(3.1)描述的非自治系统的李雅普诺夫间接法，并且状态空间原点 $\mathbf{0}$ 是一个平衡点。假设 $\boldsymbol{f}$ 关于 $\boldsymbol{x}$ 是连续可导的。记

$$\boldsymbol{A}(t)=\left(\frac{\partial \boldsymbol{f}}{\partial \boldsymbol{x}}\right)_{\boldsymbol{x}=\mathbf{0}}$$

那么对于任意固定的时刻 t(把 t 当作一个参数)，由 $\boldsymbol{f}$ 的泰勒展开式得

$$\dot{\boldsymbol{x}}=\boldsymbol{A}(t)\boldsymbol{x}+\boldsymbol{f}_{\mathrm{h.o.t.}}(\boldsymbol{x},t)$$

如果对于任意的时刻 t，满足一致收敛性条件，即

$$\lim_{\|\boldsymbol{x}\|\to 0}\ \sup\frac{\|\boldsymbol{f}_{\mathrm{h.o.t}}(\boldsymbol{x},t)\|}{\|\boldsymbol{x}\|}=0,\quad \forall t\geqslant 0 \tag{3.21}$$

则称系统

$$\dot{\boldsymbol{x}}=\boldsymbol{A}(t)\boldsymbol{x} \tag{3.22}$$

是非自治非线性系统(式(3.1))在平衡点 **0** 附近的线性化系统(或线性近似表示)。

一些非自治系统可能不满足一致收敛性条件,因而不能应用李雅普诺夫间接法。例如,系统 $\dot{x}=-x+tx^2$ 便不满足式(3.21)。

对于满足给定条件(式(3.21))的非自治系统,如果它的线性近似是一致渐近稳定的,那么可以断言该系统是(局部)稳定的,如定理 3.8 所述。

定理 3.8 如果线性化后系统(满足式(3.21))是一致渐近稳定的,则原非自治系统在平衡点 $\boldsymbol{x}_e=\mathbf{0}$ 也是一致渐近稳定的。

为了应用该定理,线性化后的时变系统必须是一致渐近稳定的。如果线性化后的系统只是渐近稳定的,则不能得到原非自治非线性系统稳定性的任何结论。找一个反例很容易说明这一点。

与自治系统的李雅普诺夫间接法不同,定理 3.8 不能把线性化后时变系统的不稳定性与原非自治非线性系统的不稳定性联系起来。有一个简单的结论可以从非自治系统线性近似的不稳定性推导出原非自治非线性系统的不稳定性,如定理 3.9 所示。

定理 3.9 如果雅克比矩阵 $\boldsymbol{A}(t)=\boldsymbol{A}_0$ 是常矩阵,且式(3.21)成立,则线性化系统的不稳定性意味着原非自治非线性系统的不稳定性。也就是说,如果 $\boldsymbol{A}_0$ 的一个或多个特征值具有正实部,则系统(式(3.1))是不稳定的。

李雅普诺夫间接法说明当设计的控制器能使系统保持在其线性区域内时,线性化设计方法是有效的。但什么是稳定性的外延(定义 3.5 中的 δ 可以是多大)这个问题导致更深入的稳定性问题——李雅普诺夫直接法。

3.4 李雅普诺夫直接法

李雅普诺夫直接法又称李雅普诺夫第二法,它的基本思路是借助于一个李雅普诺夫函数来直接对系统平衡状态的稳定性做出判断,而不去求解系统的运动方程。该方法从能量的观点进行稳定性的分析。如果一个系统被激励后,其存储的能量随着时间的推移逐渐衰减,到达平衡状态时能量将达到最小值,那么该平衡状态是渐近稳定的;反之,如果系统不断地从外界吸收能量,储能越来越大,那么该平衡状态就是不稳定的;如果系统的储能既不增加也不消耗,那么该平衡状态就是李雅普诺夫意义下稳定的。这样,可以通过检查某个标量函数的变化情况而对一个系统的稳定性分析做出结论。

例 3.14 考虑图 3.8 所示曲面上的小球 B,其受到扰动作用后,偏离平衡点 A 到达状态 C,获得一定的能量(能量是系统状态的函数),然后便开始围绕平衡点 A 来回振荡。如果曲面表面绝对光滑,运动过程不消耗能量,也不再从外界吸引能量,则储能对时间便没有变化,那么振荡将等幅地一直维持下去,这就是李雅普诺夫意义下的稳定性;如果曲面表面有摩擦,振荡过程将消耗能量,储能对时间的变化率为负值,那么振荡幅值将越来越小,直至最后小球又回复到平衡点 A。根据定义,该平衡状态便

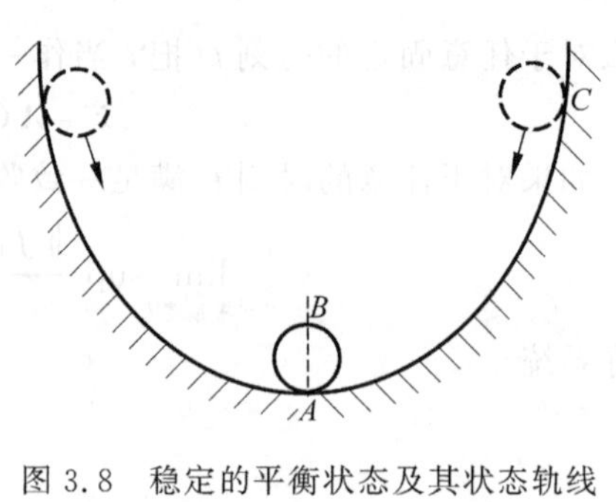

图 3.8 稳定的平衡状态及其状态轨线

是渐近稳定的。由此可见，按照系统运动过程中能量变化趋势的观点来分析系统的稳定性是直观且方便的。

例 3.15　考虑图 3.9 所示的非线性质量-阻尼器-弹簧系统，它的动态方程是

$$m\ddot{x}+b\dot{x}|\dot{x}|+k_0x+k_1x^3=0 \tag{3.23}$$

式中，$b\dot{x}|\dot{x}|$ 表示非线性消耗或阻尼；$(k_0x+k_1x^3)$ 表示非线性弹力项。假设将质量从弹簧的自然长度处拉开一段较长的距离，然后放开，试考虑其运动是否稳定。这里，用稳定性的定义很难回答这个问题。因为该非线性方程的通解是得不到的，而且，也不能使用线性化方法，因为运动的起始点离开了线性范围。但是，考虑这个系统的能量却能告诉我们许多有关运动模式的信息。

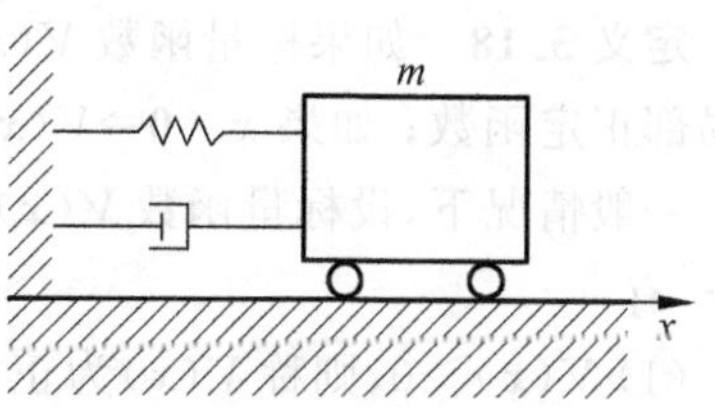

图 3.9　非线性质量-阻尼器-弹簧系统

整个机械系统的能量是它的动能和势能的和，即

$$V(x)=\frac{1}{2}m\dot{x}^2+\int_0^x(k_0x+k_1x^3)\mathrm{d}x=\frac{1}{2}m\dot{x}^2+\frac{1}{2}k_0x^2+\frac{1}{4}k_1x^4 \tag{3.24}$$

对稳定性概念和机械能量进行比较，可以很容易看出机械系统的能量和前面描述的稳定性概念之间的某些关系：

(1) 机械系统的零能量对应于平衡点($x=0,\dot{x}=0$)；

(2) 渐近稳定性意味着机械系统的能量收敛于 0；

(3) 不稳定与机械系统的能量增长有关。

这些关系指出，一个标量的机械系统能量大小间接地反映了状态向量的大小，且系统的稳定性可以用机械系统能量的变化来表征。

在系统运动过程中，机械系统能量的变化速率很容易通过对式(3.24)求微分并利用式(3.23)获得

$$\dot{V}(x)=m\dot{x}\ddot{x}+(k_0x+k_1x^3)\dot{x}=\dot{x}(-b\dot{x}|\dot{x}|)=-b|\dot{x}|^3 \tag{3.25}$$

式(3.25)意味着，机械系统的能量从某个初始值开始，被阻尼器不断消耗直到物体稳定下来，即直到 $\dot{x}=0$ 为止。物理上，容易看到物体最终必然稳定于弹簧的自然长度处，因为除自然长度外，任何位置都会受到一个非零弹簧力的作用。

但是，由于系统的复杂性和多样性，往往不能直观地找到一个能量函数来描述系统的能量关系，于是李雅普诺夫定义了一个正定的标量函数 $V(x)$，作为虚构的广义能量函数，然后根据 $\dot{V}(x)=\frac{\mathrm{d}V(x)}{\mathrm{d}t}$ 的符号特征来判别系统的稳定性。对于一个给定系统，如果能找到一个正定的标量函数 $V(x)$，而 $\dot{V}(x)$ 是负定的，则该系统是渐近稳定的。

3.4.1　正定函数和李雅普诺夫函数

定义 3.16　设 a 是某一正数，若连续函数 $\alpha(r)$：$[0,a)\to[0,\infty)$ 严格单调增加且 $\alpha(0)=0$，则称 $\alpha(r)$ 是 K 类函数。如果 $a=\infty$，且 $\lim\limits_{r\to\infty}\alpha(r)=\infty$，则称 $\alpha(r)$ 是 K_∞ 类函数。

定义 3.17　若连续函数 $\beta(r,s)$：$[0,a)\times[0,\infty)\to[0,\infty)$ 对每一个固定的 s 关于 r 是

K 类函数，而对每一个固定的 r 关于 s 是单调下降的，且 $\lim\limits_{s\to\infty}\beta(r,s)=0$，则称 $\beta(r,s)$ 是 KL 类函数。

设 $U\subset\mathbf{R}^n$ 是系统状态空间原点 $\boldsymbol{x}_e=\mathbf{0}$ 的一个邻域，$J=[t_0,\infty)$，$t_0\geqslant 0$ 是初始时刻，则有以下定义。

定义 3.18 如果标量函数 $V(\boldsymbol{x}): U\to\mathbf{R}$ 满足 $\boldsymbol{x}\neq\mathbf{0}\Rightarrow V(\boldsymbol{x})>0$ 且 $V(\mathbf{0})=0$，则称 $V(\boldsymbol{x})$ 是局部正定函数；如果 $\boldsymbol{x}\neq\mathbf{0}\Rightarrow V(\boldsymbol{x})>0$ 在整个状态空间成立，则称 $V(\boldsymbol{x})$ 是全局正定函数。

一般情况下，设标量函数 $V(\boldsymbol{x})$ 是由向量 $\boldsymbol{x}\in\mathbf{R}^n$ 定义的，若 $V(\mathbf{0})=0$，且对任何非零向量 $\boldsymbol{x}$，有：

(1) $V(\boldsymbol{x})>0$，则称 $V(\boldsymbol{x})$ 为正定的。例如，$V(\boldsymbol{x})=x_1^2+2x_2^2$。

(2) $V(\boldsymbol{x})\geqslant 0$，则称 $V(\boldsymbol{x})$ 为半正定(或非负定)的。例如，$V(\boldsymbol{x})=(x_1+2x_2)^2$。

(3) $V(\boldsymbol{x})<0$，则称 $V(\boldsymbol{x})$ 为负定的。例如，$V(\boldsymbol{x})=-(x_1^2+2x_2^2)$。

(4) $V(\boldsymbol{x})\leqslant 0$，则称 $V(\boldsymbol{x})$ 为半负定(或非正定)的。例如，$V(\boldsymbol{x})=-(x_1+2x_2)^2$。

(5) $V(\boldsymbol{x})>0$ 或 $V(\boldsymbol{x})<0$，则称 $V(\boldsymbol{x})$ 为不定的。例如，$V(\boldsymbol{x})=x_1+2x_2$。

以上 $V(\boldsymbol{x})$ 的正定等性质是全局性的。如果 $V(\mathbf{0})=0$ 且上述性质在一个邻域 $U\subset\mathbf{R}^n$ 内成立，则对应 $V(\boldsymbol{x})$ 的正定等性质是局部性的。

定义 3.19 如果标量函数 $V(\boldsymbol{x},t): U\times J\to\mathbf{R}$，存在一个正定函数 $W(\boldsymbol{x})$，使得

$$V(\boldsymbol{x},t)\geqslant W(\boldsymbol{x}),\quad \forall(\boldsymbol{x},t)\in U\times J$$

成立，且 $V(\mathbf{0},t)\equiv 0$，则称 $V(\boldsymbol{x},t)$ 是正定函数；如果有

$$V(\boldsymbol{x},t)\geqslant 0,\quad \forall(\boldsymbol{x},t)\in U\times J$$

成立，且 $V(\mathbf{0},t)\equiv 0$，则称 $V(\boldsymbol{x},t)$ 是半正定函数。

类似地，可以定义负定、半负定函数。

例 3.16 判别下列各函数的符号性质

(1) 设 $\boldsymbol{x}=[x_1\quad x_2\quad x_3]^{\mathrm{T}}$，标量函数为

$$V(\boldsymbol{x})=(x_1+2x_2)^2+x_3^2$$

因为有 $V(\mathbf{0})=0$，而且对非零向量 $\boldsymbol{x}$，如 $\boldsymbol{x}=[2a\quad -a\quad 0]^{\mathrm{T}}$ 也使 $V(\boldsymbol{x})=0$，所以 $V(\boldsymbol{x})$ 为半正定的。

(2) 设 $\boldsymbol{x}=[x_1\quad x_2\quad x_3]^{\mathrm{T}}$，标量函数为

$$V(\boldsymbol{x})=x_1^2+x_2^2$$

因为有 $V(\mathbf{0})=0$，而且当 $\boldsymbol{x}=[0\quad 0\quad a]^{\mathrm{T}}$ 也使 $V(\boldsymbol{x})=0$，所以 $V(\boldsymbol{x})$ 为半正定的。

定义 3.20 如果对于标量函数 $V(\boldsymbol{x},t): U\times J\to\mathbf{R}$，存在一个正定函数 $W(\boldsymbol{x})$，使得

$$V(\boldsymbol{x},t)\leqslant W(\boldsymbol{x}),\quad \forall(\boldsymbol{x},t)\in U\times J$$

成立，则称 $V(\boldsymbol{x},t)$ 具有定常正定界。

例 3.17 考虑例 3.2 中单摆的机械系统能量函数：

$$V(\boldsymbol{x})=\frac{1}{2}ML^2x_2^2+MLg(1-\cos x_1)$$

它是局部正定的。又如，非线性质量-阻尼-弹簧系统的机械能函数(式(3.24))是全局正定的。

对于系统(式(3.23)),V 沿系统轨线的导数 $\dot{V}(\boldsymbol{x})$ 是用式(3.25)进行计算的,显然它是半负定的。像该例中 V 这样的函数,由于它们在李雅普诺夫直接法中的重要性,因此被冠以专门的名称。

定义 3.21　设函数 $V(\boldsymbol{x},t)$: $U\times J\rightarrow\mathbf{R}$ 是连续可微的正定函数,如果它沿着非线性微分方程(式(3.1))解的状态轨线对时间 t 求导数,即

$$\dot{V}\big|_{(3.1)}=\frac{\mathrm{d}V}{\mathrm{d}t}=\frac{\partial V}{\partial \boldsymbol{x}}\dot{\boldsymbol{x}}+\frac{\partial V}{\partial t}=\frac{\partial V}{\partial \boldsymbol{x}}\boldsymbol{f}(\boldsymbol{x},t)+\frac{\partial V}{\partial t}$$

是半负定且连续的,则称 $V(\boldsymbol{x},t)$ 是非线性系统(式(3.1))关于平衡点 $\boldsymbol{x}_{\mathrm{e}}=\mathbf{0}$ 的李雅普诺夫函数。其中:

$$\frac{\partial V}{\partial \boldsymbol{x}}=\begin{bmatrix}\dfrac{\partial V}{\partial x_1} & \dfrac{\partial V}{\partial x_2} & \cdots & \dfrac{\partial V}{\partial x_{n-1}} & \dfrac{\partial V}{\partial x_n}\end{bmatrix}$$

以下不加证明地引入两个引理,有兴趣的读者可参考文献[6]。

引理 3.1　标量函数 $V(\boldsymbol{x},t)$: $U\times J\rightarrow\mathbf{R}$ 是正定的充要条件是存在 K 类函数 $\alpha_1(\cdot)$,使得

$$V(\boldsymbol{x},t)\geqslant\alpha_1(\|\boldsymbol{x}\|),\quad \forall(\boldsymbol{x},t)\in U\times J$$

成立。

引理 3.2　标量函数 $V(\boldsymbol{x},t)$: $U\times J\rightarrow\mathbf{R}$ 具有定常正定界的充要条件是存在 K 类函数 $\alpha_2(\cdot)$,使得

$$V(\boldsymbol{x},t)\leqslant\alpha_2(\|\boldsymbol{x}\|),\quad \forall(\boldsymbol{x},t)\in U\times J$$

成立。

3.4.2　李雅普诺夫稳定性定理

关于李雅普诺夫直接法各种稳定性定理的概念可解释如下:考虑一个没有外力作用的系统,假设系统的平衡状态 $\boldsymbol{x}_{\mathrm{e}}=\mathbf{0}$,并以某种适当的方式规定系统的总能量为某个函数,该函数在原点处的值为零,而在其他各处的值为正。进一步假定,原先处于平衡状态的系统受到微小扰动而进入一个非零初始状态,则系统能量为某一正值。若系统的动力学性质使系统的能量不随时间增长而增加,则系统的能量就不会超过其初始值,这足以说明平衡点是稳定的;若系统的能量随时间而单调衰减,且最终趋于零,就可得出系统的平衡点是渐近稳定的结论。下面将这些基本概念用严谨的数学语言来表述。

1. 自治系统的李雅普诺夫稳定性定理

在李雅普诺夫直接法中,李雅普诺夫函数与系统稳定性的关系用两个定理准确表述,这两个定理分别是局部定理和全局定理。局部定理描述平衡点邻域的稳定性性质,通常只与局部正定函数有关。对于自治非线性系统,这里不加证明地给出自治系统局部渐近稳定性和全局渐近稳定性的两个定理。关于定理的证明,有兴趣的读者可查阅参考文献[6-7]。

定理 3.10(自治系统)　对于非线性自治系统(式(3.2)),$\boldsymbol{f}(\mathbf{0})=\mathbf{0}$,如果在邻域 $U\subset\mathbf{R}^n$ 内存在一个具有连续一阶导数的标量函数 $V(\boldsymbol{x})$,$V(\mathbf{0})=0$,并满足:

(1) $V(\boldsymbol{x})$ 为正定函数;

(2) 它沿系统(式(3.2))的解的导数 $\dot{V}(\boldsymbol{x})$ 为半负定。

那么状态原点 $\boldsymbol{x}_e=\mathbf{0}$ 是稳定平衡点。如果 $\dot{V}(\boldsymbol{x})$ 在邻域 U 内局部负定,那么稳定性是渐近的。

在应用上述定理分析非线性系统时,要经过两个步骤: 首先要选择一个正定函数,然后确定它沿非线性系统轨线的导数。例 3.18 即说明了这个过程。

例 3.18 已知非线性系统的状态方程式为

$$\begin{cases}\dot{x}_1=x_2-x_1(x_1^2+x_2^2)\\ \dot{x}_2=-x_1-x_2(x_1^2+x_2^2)\end{cases} \tag{3.26}$$

试判断其平衡状态的稳定性。

解 假定取李雅普诺夫函数为

$$V(\boldsymbol{x})=x_1^2+x_2^2 \tag{3.27}$$

由式(3.27)可知,$V(\boldsymbol{x})$是正定的。

$$\dot{V}=\frac{\mathrm{d}V}{\mathrm{d}t}=\frac{\partial V}{\partial x_1}\frac{\mathrm{d}x_1}{\mathrm{d}t}+\frac{\partial V}{\partial x_2}\frac{\mathrm{d}x_2}{\mathrm{d}t}=2x_1\dot{x}_1+2x_2\dot{x}_2 \tag{3.28}$$

将式(3.26)代入式(3.28),得

$$\dot{V}(\boldsymbol{x})=-2(x_1^2+x_2^2)^2 \tag{3.29}$$

由式(3.29)可知,$\dot{V}(\boldsymbol{x})$为负定的。因此,该系统在平衡点($x_1=0,x_2=0$)是渐近稳定的。

上述结论的正确性可由图 3.10 得到几何解释。$V(\boldsymbol{x})=x_1^2+x_2^2=C$ 的几何图形是在 x_1,x_2 平面上以原点为中心,以 $\sqrt{C}$ 为半径的一族圆,它表示系统存储的能量。储能越多,圆的半径越大,表示相应状态矢量到原点之间的距离越远。而 $\dot{V}(\boldsymbol{x})$为负定,则表示系统的状态在沿状态轨线从圆的外侧趋向内侧的运动过程中,能量将随时间的推移而逐渐衰减,并最终收敛于状态空间原点。由此可见,如果 $V(\boldsymbol{x})$表示状态 $\boldsymbol{x}$ 与状态空间原点间的距离,那么 $\dot{V}(\boldsymbol{x})$就表示状态 $\boldsymbol{x}$ 沿轨线趋向状态空间原点的速度,即状态从 $\boldsymbol{x}_0$ 向 $\boldsymbol{x}_e=\mathbf{0}$ 趋近的速度。

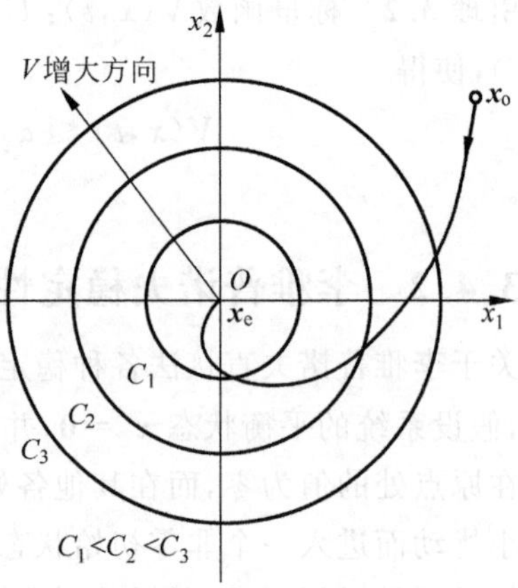

图 3.10 渐近稳定

例 3.19 设系统的状态方程为

$$\begin{cases}\dot{x}_1=x_2\\ \dot{x}_2=-(1-|x_1|)x_2-x_1\end{cases}$$

试确定平衡状态的稳定性。

解 原点是唯一的平衡状态。初选

$$V(\boldsymbol{x})=x_1^2+x_2^2>0$$

则有

$$\dot{V}(\boldsymbol{x})=-2x_2^2(1-|x_1|)$$

当 $|x_1|=1$ 时，$\dot{V}(\boldsymbol{x})=0$；当 $|x_1|>1$ 时，$\dot{V}(\boldsymbol{x})>0$，可见该系统在单位圆外是不稳定的。但在单位圆 $x_1^2+x_2^2=1$ 内，由于 $|x_1|<1$，$\dot{V}(\boldsymbol{x})$ 是负定的，因此在这个范围内系统平衡点是渐近稳定的。如图 3.11 所示，这个单位圆称为不稳定的极限环。

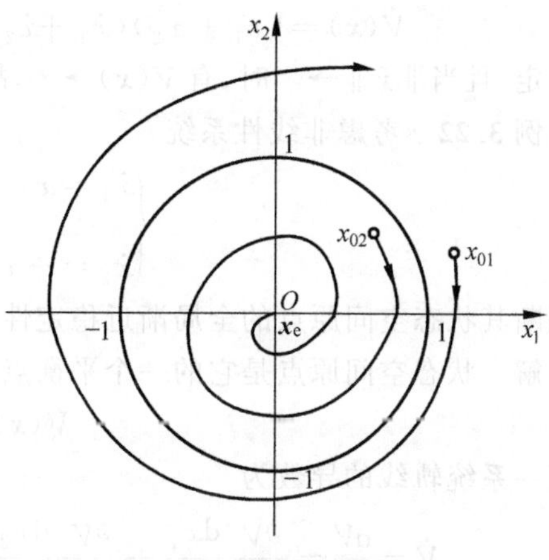

图 3.11　不稳定的极限环

例 3.20　具有黏滞阻尼的单摆由下列方程描述：

$$\ddot{\theta}+\dot{\theta}+\sin\theta=0$$

解　考察下列标量函数：

$$V(\boldsymbol{x})=(1-\cos\theta)+\frac{\dot{\theta}^2}{2}$$

很容易证明该函数是局部正定的。事实上，该函数表示了由势能和动能组成的该单摆的总能量。它的时间导数为

$$\dot{V}=\dot{\theta}\sin\theta+\dot{\theta}\ddot{\theta}=-\dot{\theta}^2\leqslant 0$$

因此，通过引用上面的定理，可以得出原点是稳定的平衡点的结论。然而，使用李雅普诺夫函数不能得到关于系统渐近稳定性的结论，因为 $\dot{V}(\boldsymbol{x})$ 仅仅是半负定的。

为了判断一个系统的全局稳定性，很自然地希望把上述局部定理中的邻域 U 扩展为整个状态空间。全局渐近稳定性中，函数 V 还必须满足另外一个条件：$V(\boldsymbol{x})$ 必须是径向无界的，即当 $\|\boldsymbol{x}\|\to\infty$ 时（当 $\boldsymbol{x}$ 沿任何方向趋于无穷远时），$V(\boldsymbol{x})\to\infty$。于是，我们有下面全局渐近稳定性定理。

定理 3.11（自治系统）　对于自治非线性系统式（式(3.2)），$\boldsymbol{f}(\boldsymbol{0})=\boldsymbol{0}$，假定存在状态 $\boldsymbol{x}$ 的某个具有连续一阶导数的标量函数 $V(\boldsymbol{x})$，$V(\boldsymbol{0})=0$，并对状态空间中的一切非零点 $\boldsymbol{x}$ 满足如下条件：

(1) $V(\boldsymbol{x})$ 是正定的；

(2) 它沿系统（式(3.2)）的解的导数 $\dot{V}(\boldsymbol{x})$ 为负定；

(3) 当 $\|\boldsymbol{x}\|\to\infty$ 时，$V(\boldsymbol{x})\to\infty$。

那么状态空间原点 $\boldsymbol{0}$ 是全局渐近稳定的。

例 3.21　已知系统状态方程

$$\dot{\boldsymbol{x}}=\begin{bmatrix}0 & 1\\ -1 & -1\end{bmatrix}\boldsymbol{x}$$

试分析系统平衡状态的稳定性。

解　状态空间原点 $\boldsymbol{x}_e=\boldsymbol{0}$ 是系统唯一的平衡状态。选取李雅普诺夫函数

$$V(\boldsymbol{x})=\frac{1}{2}[(x_1+x_2)^2+2x_1^2+x_2^2]$$

为正定，而

$$\dot{V}(\boldsymbol{x})=(x_1+x_2)(\dot{x}_1+\dot{x}_2)+2x_1\dot{x}_1+x_2\dot{x}_2=-(x_1^2+x_2^2)$$

为负定，且当 $\|\boldsymbol{x}\|\to\infty$ 时，有 $V(\boldsymbol{x})\to\infty$，故系统在状态空间原点处是全局渐近稳定的。

例 3.22 考虑非线性系统

$$\begin{cases}\dot{x}_1=x_2-x_1(x_1^2+x_2^2)\\ \dot{x}_2=-x_1-x_2(x_1^2+x_2^2)\end{cases}$$

试判断其状态空间原点的全局渐近稳定性。

解 状态空间原点是它的一个平衡点。正定函数

$$V(\boldsymbol{x})=x_1^2+x_2^2$$

沿任一系统轨线的导数为

$$\dot{V}=\frac{\mathrm{d}V}{\mathrm{d}t}=\frac{\partial V}{\partial x_1}\frac{\mathrm{d}x_1}{\mathrm{d}t}+\frac{\partial V}{\partial x_2}\frac{\mathrm{d}x_2}{\mathrm{d}t}=2x_1\dot{x}_1+2x_2\dot{x}_2=-2(x_1^2+x_2^2)^2$$

$\dot{V}(\boldsymbol{x})$ 是负定的，且当 $\|\boldsymbol{x}\|\to\infty$ 时，有 $V(\boldsymbol{x})\to\infty$。因此，状态空间原点是全局渐近稳定平衡点。该全局稳定的结果也表明坐标原点是系统唯一的平衡点。

2. 非自治系统的李雅普诺夫稳定性定理

上面给出了李雅普诺夫直接法分析和判断自治系统稳定性的定理，其基本思想可以类似地应用到非自治系统。除数学上更为复杂外，非自治系统与自治系统一个主要的不同是必须使用与时间有关的标量函数 $V(t,\boldsymbol{x})$。应用李雅普诺夫直接法研究非自治系统时，我们不加证明地给出非自治系统的稳定性定理。关于定理的证明，有兴趣的读者查阅参考文献[6,7]。

定理 3.12(非自治系统) 对于非自治系统(式(3.1))，如果在状态原点附近的一个邻域 $U\subset\mathbf{R}^n$ 内存在一个具有连续一阶导数的标量函数 $V(\boldsymbol{x},t)$，且满足：

(1) $V(\boldsymbol{x},t)$ 是正定函数，$V(\mathbf{0},t)=0$；

(2) $\forall t\geqslant 0,\boldsymbol{x}\in U\subset\mathbf{R}^n$，$\dot{V}(\boldsymbol{x},t)$ 是半负定函数。

则状态原点 $\boldsymbol{x}_e=\mathbf{0}$ 是李雅普诺夫稳定的。如果 $V(\boldsymbol{x},t)$ 具有定常正定界，那么状态原点 $\boldsymbol{x}_e=\mathbf{0}$ 是一致稳定的。

定理 3.13(非自治系统) 对于非自治系统(式(3.1))，如果在状态原点附近的一个邻域 $U\subset\mathbf{R}^n$ 内存在一个具有连续一阶导数的标量函数 $V(\boldsymbol{x},t)$ 和负定函数 $W(\boldsymbol{x})$：$U\to\mathbf{R}$，且满足

(1) $V(\boldsymbol{x},t)$ 是正定函数，$V(\mathbf{0},t)=0$；

(2) $V(\boldsymbol{x},t)$ 具有定常正定界；

(3) $\forall t\geqslant t_0$，$\boldsymbol{x}\in U-\{\mathbf{0}\}$，$\dot{V}(\boldsymbol{x},t)\leqslant W(\boldsymbol{x})<0$。

那么状态原点 $\boldsymbol{x}_e=\mathbf{0}$ 是一致渐近稳定的。

定理 3.14(非自治系统) 对于非自治系统(式(3.1))，如果整个状态空间内存在一个具有连续一阶导数的标量函数 $V(\boldsymbol{x},t)$ 和负定函数 $W(\boldsymbol{x})$，且满足：

(1) $V(\boldsymbol{x},t)$ 是正定函数，$V(\mathbf{0},t)=0$；

(2) $V(\boldsymbol{x},t)$ 具有定常正定界；

(3) $\forall t\geqslant t_0$，$\boldsymbol{x}\in U-\{\mathbf{0}\}$，$\dot{V}(\boldsymbol{x},t)\leqslant W(\boldsymbol{x})<0$；

(4) $V(\boldsymbol{x},t)$是径向无界的。

则状态原点 $\boldsymbol{x}_e=\boldsymbol{0}$ 是全局一致渐近稳定的。

定理 3.15(非自治系统)　对于非自治系统(式(3.1)),若存在一个具有连续一阶导数的标量函数 $V(\boldsymbol{x},t)$和两个 K 类函数$\alpha_1(\cdot)$,$\alpha_2(\cdot)$,使得 $\forall\, \boldsymbol{x}\neq\boldsymbol{0}$,有

(1) $0<\alpha_1(\|\boldsymbol{x}\|)\leqslant V(\boldsymbol{x},t)\leqslant\alpha_2(\|\boldsymbol{x}\|)$;

(2) $\dot{V}\leqslant-\gamma(\|\boldsymbol{x}\|)<0$。

其中,γ 是另一个 K 类函数,则平衡点 $\boldsymbol{x}_e=\boldsymbol{0}$ 是一致渐近稳定的。如果在整个状态空间内条件(1)和条件(2)都满足,并且 $\lim\limits_{x\to\infty}\alpha_1(\|\boldsymbol{x}\|)\to\infty$,即 $\lim\limits_{x\to\infty}V(\boldsymbol{x},t)\to\infty$,则平衡点$\boldsymbol{x}_e=\boldsymbol{0}$ 是全局一致渐近稳定的。

例 3.23　考虑非自治系统

$$\begin{cases}\dot{x}_1(t)=-x_1(t)-\mathrm{e}^{-2t}x_2(t)\\ \dot{x}_2(t)=x_1(t)-x_2(t)\end{cases}$$

试分析系统平衡状态的稳定性。

解　为了确定平衡点 $\boldsymbol{x}_e=\boldsymbol{0}$ 的稳定性,选择下述标量函数:

$$V(\boldsymbol{x},t)=x_1^2+(1+\mathrm{e}^{-2t})x_2^2$$

因为标量函数 $V(\boldsymbol{x},t)$总大于定常正定函数 $x_1^2+x_2^2$,所以它是正定的;因为标量函数 $V(\boldsymbol{x},t)$总是小于定常正定函数 $x_1^2+2x_2^2$,所以它具有定常正定界。另外:

$$\dot{V}(\boldsymbol{x},t)=-2[x_1^2-x_1x_2+x_2^2(1+2\mathrm{e}^{-2t})]$$

这表明

$$\dot{V}\leqslant-2(x_1^2-x_1x_2+x_2^2)=-(x_1-x_2)^2-x_1^2-x_2^2$$

因而 $\dot{V}$ 是负定的,所以平衡点 $\boldsymbol{x}_e=\boldsymbol{0}$ 是全局渐近稳定的。

对于自治系统,如果 V 是正定的,$\dot{V}$ 是负定的,则平衡点 $\boldsymbol{x}_e=\boldsymbol{0}$ 一定是渐近稳定的。因此,也许可以设想,同样的条件也能充分保证非自治系统的渐近稳定性。然而,非自治系统的稳定性结果没有自治系统的稳定性结果直观,因此在应用上述定理时需要特别注意。现在举一个反例,说明这种直觉想法是不正确的。

例 3.24　具有定常上界条件的重要性。设 $g(t)$是一个连续可导的函数,在那些数值为 1 的峰值附近之外,它与函数 $\mathrm{e}^{-t/2}$ 相吻合。具体地说,$g^2(t)$曲线如图 3.12 所示,对于每一个整数 t,有一个峰值,假设对应于横坐标 n 的峰值宽度小于$(1/2)^n$,则 g^2 的无穷积分满足

$$\int_0^{\infty}g^2(r)\mathrm{d}r<\int_0^{\infty}\mathrm{e}^{-r}\mathrm{d}r+\sum_{n=1}^{\infty}\frac{1}{2^n}=2$$

因而标量函数

$$V(x,t)=\frac{x^2}{g^2(t)}\left[3-\int_0^t g^2(r)\mathrm{d}r\right]\quad(3.30)$$

是正定的$(V(x,t)>x^2)$。

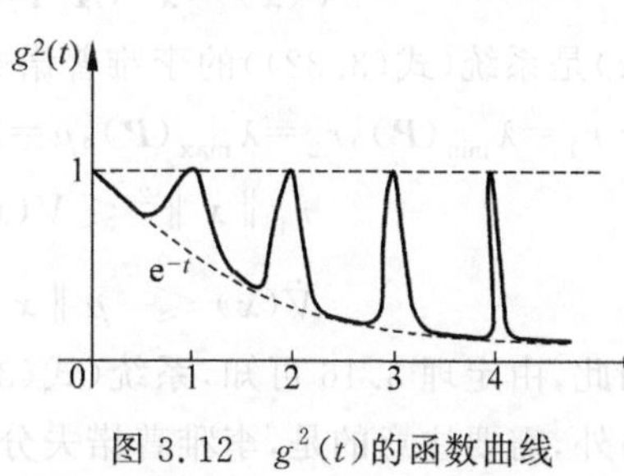

图 3.12　$g^2(t)$的函数曲线

现在考虑一阶微分方程：

$$\dot{x}=\frac{\dot{g}(t)}{g(t)}x \tag{3.31}$$

如果把式(3.30)中的$V(x,t)$选择为李雅普诺夫函数，则

$$\dot{V}=-x^2$$

即$\dot{V}$是负定的。然而，式(3.31)的一般解是

$$x(t)=\frac{g(t)}{g(t_0)}x(t_0)$$

设$x(t_0)/g(t_0)=k$，当$t\to\infty$时，在$t=n(n\leftarrow\mathbf{N})$的那些点上，$x(t)=x(n)=kg(n)=k$，即在$t=n$的那些点上，$x(n)$并不趋向于零。因此，状态空间原点不是渐近稳定的。

定理 3.16(非自治系统) 对于非自治系统(式(3.1))，若存在一个具有连续一阶导数的标量函数$V(\boldsymbol{x},t)$，且满足：

(1) $r_1\|\boldsymbol{x}\|^2\leqslant V(\boldsymbol{x},t)\leqslant r_2\|\boldsymbol{x}\|^2,\ \forall(\boldsymbol{x},t)\in U\times J$

(2) $\dot{V}\leqslant-\mu\|\boldsymbol{x}\|^2,\ \forall(\boldsymbol{x},t)\in U\times J$

其中，$r_1>0,r_2>0,\mu>0$为给定常数，则平衡点$\boldsymbol{x}_e=\boldsymbol{0}$是指数稳定的。

定理3.16的指数稳定性条件是局部特性。事实上，若对任意初始条件$\boldsymbol{x}_0\in\mathbf{R}^n$，定理3.16的条件仍然成立，则很容易得到全局指数稳定。

例 3.25 考虑线性定常系统：

$$\dot{\boldsymbol{x}}=\boldsymbol{A}\boldsymbol{x} \tag{3.32}$$

式中，$\boldsymbol{A}\in\mathbf{R}^{n\times n}$为常数矩阵。

试证明，若(式(3.32))的平衡点$\boldsymbol{x}_e=\boldsymbol{0}$是渐近稳定的，那么该系统的平衡点$\boldsymbol{x}_e=\boldsymbol{0}$是指数稳定的。

证明 由线性系统理论可知，若系统(式(3.32))的零解是渐近稳定的，则$\boldsymbol{A}$的所有特征值满足$\mathrm{Re}\lambda_i(\boldsymbol{A})<0$，其中$\lambda_i(\boldsymbol{A})(i=1,2,\cdots,n)$表示$\boldsymbol{A}$的特征值。对于任意给定的正定阵$\boldsymbol{Q}$，李雅普诺夫方程

$$\boldsymbol{A}^{\mathrm{T}}\boldsymbol{P}+\boldsymbol{P}\boldsymbol{A}=-\boldsymbol{Q}$$

有唯一正定解$\boldsymbol{P}$。

令$V(\boldsymbol{x})=\boldsymbol{x}^{\mathrm{T}}\boldsymbol{P}\boldsymbol{x}$，$\boldsymbol{W}(\boldsymbol{x})=\boldsymbol{x}^{\mathrm{T}}\boldsymbol{Q}\boldsymbol{x}$，则$V(\boldsymbol{x})$和$W(\boldsymbol{x})$是正定函数，且

$$\dot{V}(\boldsymbol{x})=\boldsymbol{x}^{\mathrm{T}}(\boldsymbol{A}^{\mathrm{T}}\boldsymbol{P}+\boldsymbol{P}\boldsymbol{A})\boldsymbol{x}=-\boldsymbol{x}^{\mathrm{T}}\boldsymbol{Q}\boldsymbol{x}=-W(\boldsymbol{x})$$

故$V(\boldsymbol{x})$是系统(式(3.32))的李雅普诺夫函数。

令$r_1=\lambda_{\min}(\boldsymbol{P}),r_2=\lambda_{\max}(\boldsymbol{P}),\mu=\lambda_{\min}(\boldsymbol{Q})$，则有

$$r_1\|\boldsymbol{x}\|^2\leqslant V(\boldsymbol{x})\leqslant r_2\|\boldsymbol{x}\|^2,\quad\forall\boldsymbol{x}\in\mathbf{R}^n$$

$$\dot{V}(\boldsymbol{x})\leqslant-\mu\|\boldsymbol{x}\|^2,\quad\forall\boldsymbol{x}\in\mathbf{R}^n$$

因此，由定理3.16可知，系统(式(3.32))的平衡点$\boldsymbol{x}_e=\boldsymbol{0}$是指数稳定的。

另外，需要注意的是，李雅普诺夫分析中的所有定理都是充分性定理。如果对一个候选的李雅普诺夫函数$V(\boldsymbol{x},t)$，其导数$\dot{V}(\boldsymbol{x},t)$不满足要求，那么对系统的稳定性和不稳定性得不出任何结论。唯一的结论是，要去寻找另一个候选的李雅普诺夫函数$V(\boldsymbol{x},t)$。

由上述可见，应用李雅普诺夫直接法的关键问题是寻找李雅普诺夫函数 $V(\boldsymbol{x})$ 或 $V(\boldsymbol{x},t)$。过去，寻找李雅普诺夫函数主要是依靠试探，几乎完全依赖设计者的经验和技巧。随着计算机技术的发展，借助计算机不仅可以找到所需的李雅普诺夫函数，而且还能确定系统的稳定区域。但要找到一套对任何系统都普遍适用的方法仍很困难。

3.5 拉萨尔不变集定理

控制系统的渐近稳定性通常是一个非常重要的性质，但往往很难应用 3.4 节描述的李雅普诺夫稳定性定理来确定系统的渐近稳定性性质，因为候选的李雅普诺夫函数的导数 $\dot{V}$ 常常只是半负定的，正如式(3.26)那样。在这种情况下，借助拉萨尔提出的不变集定理，就有可能得出渐近稳定性的有关结论。但该方法目前主要用于自治系统或周期系统。

定义 3.22　如果从集合 G 中出发的一个点其轨线永远保持在 G 中，则 G 称为一个动力学系统的不变集。

例如，任何一个平衡点都是一个不变集，一个平衡点的吸引域也是一个不变集。一个普通的不变集是整个状态空间；对于一个自治系统，状态空间中的任何一条轨线是一个不变集，因为极限环是一种特殊情况的系统轨线(相平面中的闭合曲线)，所以它也是不变集。

不变集定理不仅使我们在 $\dot{V}$ 半负定的情况下得到渐近稳定的结论，同时也可以将李雅普诺夫描述状态收敛的方法从平衡点推广到更一般的情况，如收敛到极限环。与前面讨论李雅普诺夫直接法时一样，本节首先讨论局部不变集定理，然后讨论全局不变集定理。

3.5.1 局部不变集定理

不变集定理反映了一种直觉概念，即李雅普诺夫函数 V 必须逐渐减少至 0，因为 V 是有下界的，$\dot{V}$ 也必须收敛于 0。该结论的精确表述如下。

定理 3.17(局部不变集定理)　考虑自治非线性系统(式(3.2))，设 $\boldsymbol{f}(\boldsymbol{x})$ 是连续的向量函数。$V(\boldsymbol{x})$ 是一个具有一阶连续偏导数的标量函数，在状态空间定义如下集合：

$$U_l = \{\boldsymbol{x} \mid V(\boldsymbol{x}) \leqslant l\}$$

$$R = \{\boldsymbol{x} \mid \dot{V}(\boldsymbol{x}) = 0, \boldsymbol{x} \in U_l\}$$

满足：

(1) 存在适当的正数 l，U_l 是有界的；

(2) $\dot{V}(\boldsymbol{x}) \leqslant 0, \forall \boldsymbol{x} \in U_l$。

设集合 M 是 R 中的最大不变集，则当 $t \to \infty$ 时，对于任意初始状态 $\boldsymbol{x}(\boldsymbol{0}) \in U_l$，状态轨迹 $\boldsymbol{x}(t)$ 将趋于 R 内的最大不变集 M。

其几何意义如图 3.13 所示，即开始于有界集合 U_l 内的一条轨线收敛于最大的不变集 M。值得指出是，集合 R 不必是连通的，集合 M 也不必是连通的。

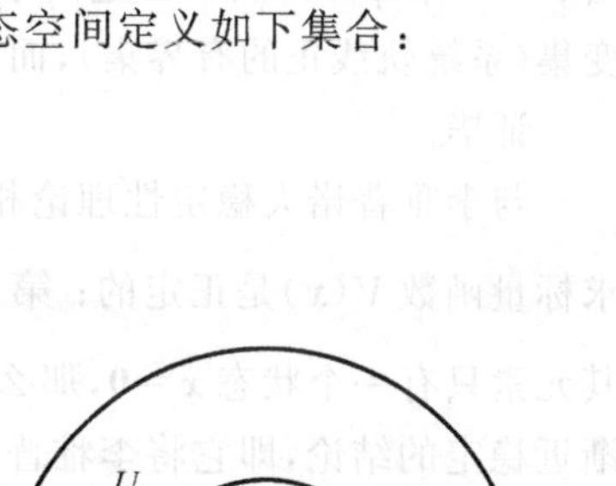

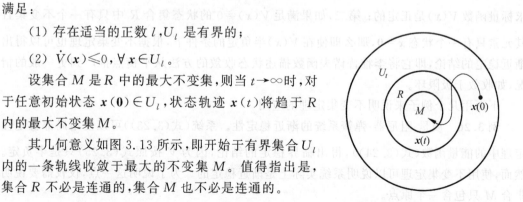

图 3.13　收敛于最大的不变集 M

该定理可分两步证明：首先证明 $\dot{V}$ 趋向于 0，然后证明状态轨线收敛于由 $\dot{V}=0$ 定义的集合中的最大不变集。

证明 第一部分要证明对任意一条由集合 U_l 出发的轨线，都具有 $\dot{V}\to 0$。

具体考察一条由集合 U_l 内任一点 $\boldsymbol{x}_0$ 出发的轨线。由于对任意 $t\geqslant 0$，有 $\dot{V}\leqslant 0$ 和 $V[\boldsymbol{x}(t)]\leqslant V[\boldsymbol{x}(0)]<l$，则轨线一直停留在 U_l 内。此外：

(1) 因为 $V(\boldsymbol{x})$ 在有界集合 U_l 内对 $\boldsymbol{x}$ 连续(因为它关于 $\boldsymbol{x}$ 可导)，所以 $V(\boldsymbol{x})$ 在 U_l 内有下界；

(2) $\dot{V}\leqslant 0$；

(3) 由 $\boldsymbol{f}$ 连续、$V(\boldsymbol{x})$ 具有连续偏导数和集合 U_l 有界(U_l 是一个有界闭区域)可知 $\dot{V}$ 是一致连续的。

因此，$V(\boldsymbol{x})$ 满足引理 3.4 的三个条件(V 有下界、$\dot{V}\leqslant 0$、$\dot{V}$ 一致连续)，于是 $\dot{V}[\boldsymbol{x}(t)]\to 0$，这表明从 U_l 内出发的所有系统轨线收敛于集合 R。

第二部分要证明系统轨线不可能收敛于集合 R 的任何其他地方，而必须收敛于 R 的最大不变集 M。

事实上，设 $\boldsymbol{x}_0\in U_l$，因为 $V(\boldsymbol{x})=V[\varphi(t,\boldsymbol{x}_0,0)]$ 对时间是非递增的，所以 $\varphi(t,\boldsymbol{x}_0,0)\in U_l$，$\forall t$。更进一步，因 U_l 有界，$V[\varphi(t,\boldsymbol{x}_0,0)]$ 也有界，其极限存在。

(1) 令 l_0 是 $V[\varphi(t,\boldsymbol{x}_0,0)]$ 的极限点集：

$$l_0=\lim_{t\to\infty}V[\varphi(t,\boldsymbol{x}_0,0)]$$

(2) 再令 L 是系统轨线 $\varphi(t,\boldsymbol{x}_0,0)$ 的极限点集(不变集)：

$$L=\lim_{t\to\infty}\varphi(t,\boldsymbol{x}_0,0)$$

于是，当 $y\in L$ 时有 $V(y)=l_0$。因为 L 是不变的，所以就有对任意 $y\in L$，$\dot{V}(y)=0$，则 $L\subset R$。又因 M 是 R 中的最大不变集，故有 $L\subset M$。因为当 $t\to\infty$ 时，$\varphi(t,\boldsymbol{x}_0,0)\to L$，所以当 $t\to\infty$ 时，$\varphi(t,\boldsymbol{x}_0,0)$ 必趋向于 M。这可以说明自治系统的任何有界轨线都收敛于一个不变集(系统轨线正的有界集)，而这个集合是最大的不变集 M 的一个子集。

证毕。

与李雅普诺夫稳定性理论相比，拉萨尔不变集定理有两点值得注意：第一，这里并不要求标量函数 $V(\boldsymbol{x})$ 是正定的；第二，如果满足 $\dot{V}(\boldsymbol{x})=0$ 的状态集合 R 中只有一个不变集且其元素只有一个状态 $\boldsymbol{x}=\boldsymbol{0}$，那么即使在 $\dot{V}(\boldsymbol{x})$ 半负定的条件下，根据不变集定理也可以得出渐近稳定的结论，即它将李雅普诺夫函数描述状态收敛的方法从平衡点推广到更一般的情况，如收敛于极限环。

下面用几个例子来说明不变集定理的应用。

例 3.26 质量-阻尼器-弹簧系统的渐近稳定性。系统(式(3.23))可以使用局部稳定性定理中的能量函数(式(3.24))，得出临界稳定的结论，因为 $\dot{V}$ 按照式(3.25)只是半负定。然而，使用不变集定理可以说明系统实际上是渐近稳定的。为了说明这一点，仅仅需要说明集合 M 只包含一个原点。

集合 R 由 $\dot{x}=0$ 定义，即具有零速度的状态的集合，或相平面 $(x,\dot{x})$ 内整个水平轴。现

在来说明在集合 R 内最大不变集 M 仅包含原点。假设 M 包含具有非零位置 x_1 的一个点，那么该点的加速度是 $\ddot{x}=-(k_0/m)x-(k_1/m)x^3\neq 0$。这就说明轨线将立即移出集合 R，这样也就移出了集合 M,这与定义相矛盾。

例 3.27　吸引极限环。考虑非线性系统

$$\begin{cases}\dot{x}_1=x_2-x_1^7(x_1^4+2x_2^2-10)\\ \dot{x}_2=-x_1^3-3x_2^5(x_1^4+2x_2^2-10)\end{cases}$$

因为

$$\frac{\mathrm{d}}{\mathrm{d}t}(x_1^4+2x_2^2-10)=-(4x_1^{10}+12x_2^6)(x_1^4+2x_2^2-10)$$

在集合 $x_1^4+2x_2^2=10$ 中为 0,所以由 $x_1^4+2x_2^2=10$ 定义的集合为不变集。在该不变集上的运动可由下面的方程等价地描述：

$$\begin{cases}\dot{x}_1=x_2\\ \dot{x}_2=-x_1^3\end{cases}$$

由此可见,不变集实际上代表一个极限环,状态向量沿着极限环顺时针运动。

为证明该极限环是否为吸引极限环,下面定义一个李雅普诺夫函数：

$$V=(x_1^4+2x_2^2-10)^2$$

它表示到极限环的距离。对于任意正数 l,集合 U_l 是包围极限环的有界集,使用前面的计算结果,得到

$$\dot{V}=-8(x_1^{10}+3x_2^6)(x_1^4+2x_2^2-10)^2$$

于是,除在区域

$$x_1^4+2x_2^2=10\quad \text{或}\quad x_1^{10}+3x_2^6=0$$

之外,$\dot{V}$ 是严格负定的。在上述 $\dot{V}=0$ 的区域中,第一个方程是定义极限环,而第二个方程只在原点成立。因为极限环和状态空间原点都是不变集,集合 M 是它们的并集,所以由 U_l 出发的所有系统轨线均或收敛于极限环或收敛于状态空间原点(图 3.14)。

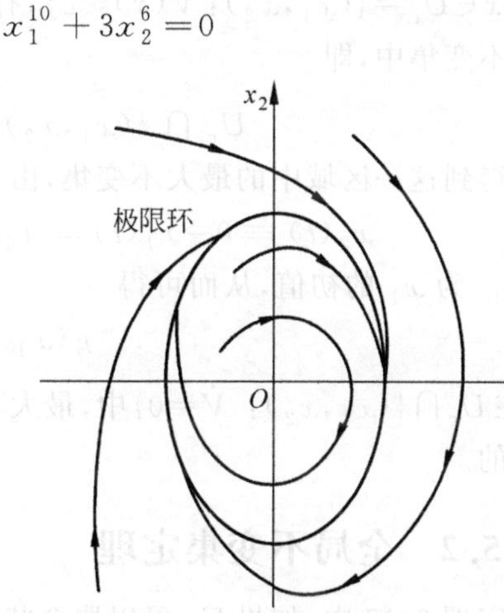

图 3.14　收敛于极限环

值得指出的是,局部李雅普诺夫定理中的渐近稳定性结论可以看作上述不变集定理的一种特殊情况,那里 M 仅仅由状态空间原点组成。

定理 3.18　考虑自治非线性系统(式(3.2)),其中 $\boldsymbol{f}(\boldsymbol{x})$是连续的,若在原点的 R 邻域中存在一局部正定函数 $V(\boldsymbol{x})$,它沿系统(式(3.2))之解的导数 $\dot{V}(\boldsymbol{x})$是半负定的,且由 $\dot{V}(\boldsymbol{x})=0$ 确定的集合 $M(M=\{\boldsymbol{x}|\dot{V}=0\})$不包括除状态空间原点外的其他任何解,则状态空间原点是渐近稳定的。

证明　定理条件保证了状态空间原点是稳定的,即任给一正数 ε,可确定一正数 $l>0$,使 $V(\boldsymbol{x})<l$ 时 $\boldsymbol{x}$ 位于原点的 ε 邻域内,并可以找到 $\delta>0$,使从原点的 δ 邻域内的 $\boldsymbol{x}_0$ 出发的相

轨线 $\boldsymbol{x}(t)=\boldsymbol{x}(t,\boldsymbol{x}_0,t_0)$ 位于 $V(\boldsymbol{x})<l$ 之内。由于 $V(\boldsymbol{x})$ 沿任一解非增，因此 $\lim\limits_{t\to\infty}V[\boldsymbol{x}(t)]=C_0$，$C_0\geqslant 0$。

若 $C_0=0$，则渐近稳定性得证。

若 $C_0\neq 0$，则当 $t\to\infty$ 时记 $\boldsymbol{x}(t,\boldsymbol{x}_0,t_0)$ 的极限点集为 D，它是一个由整条轨线组成的不变点集。于是对所有 $\boldsymbol{x}^*\in D$，$V(\boldsymbol{x}^*)=C_0$，$\dot{V}(\boldsymbol{x}^*)=0$ 均成立，则 $D\subset M$。按定理 3.18 的条件，M 除 $\boldsymbol{x}=\boldsymbol{0}$ 外不再有其他相轨线，而 D 又由整条轨线组成，因此 $D=\{\boldsymbol{0}\}$，也必有 $C_0=0$。状态空间原点的渐近稳定性得证。

证毕。

例 3.28 考虑带摩擦的弹簧系统

$$\begin{cases}\dot{x}_1=x_2\\ \dot{x}_2=-f(x_2)-g(x_1)\end{cases}$$

如果 f，g 是局部无源的，即

$$\sigma f(\sigma)\geqslant 0,\sigma g(\sigma)\geqslant 0,\quad \forall\sigma\in[-\sigma_0,\sigma_0]$$

则可选取李雅普诺夫函数为

$$V(\boldsymbol{x})=\frac{x_2^2}{2}+\int_0^{x_1}g(\sigma)\mathrm{d}\sigma$$

它是局部正定的函数，且

$$\dot{V}(\boldsymbol{x})=-x_2f(x_2)\leqslant 0,\quad x_2\in[-\sigma_0,\sigma_0]$$

现取

$$c=\min[V(-\sigma_0,0),V(\sigma_0,0)]$$

于是对 $\boldsymbol{x}\in U_c=\{(x_1,x_2):V(\boldsymbol{x})\leqslant c\}$，有 $\dot{V}\leqslant 0$。作为不变集定理的一个结果，系统轨迹进入最大不变集中，即

$$U_{\mathrm{c}}\cap\{(x_1,x_2):\dot{V}=0\}=U_{\mathrm{c}}\cap\{x_1,0\}$$

为得到这一区域中的最大不变集，由

$$x_2(t)\equiv 0\Rightarrow x_1(t)\equiv x_{10}\Rightarrow\dot{x}_2(t)=0=-f(0)-g(x_{10})$$

式中，x_{10} 为 x_1 的初值，从而可得

$$g(x_{10})=0\Rightarrow x_{10}=0$$

因此，在 $U_{\mathrm{c}}\cap\{(x_1,x_2):\dot{V}=0\}$ 中，最大不变集是状态空间原点，故状态空间原点是局部渐近稳定的。

3.5.2 全局不变集定理

在定理 3.17 中，如果 U_l 可以取全状态空间，并要求标量 V 具有径向无界性，则可以得出全局不变集定理。

定理 3.19（全局不变集定理） 考虑自治非线性系统（式(3.2)），设 $\boldsymbol{f}(\boldsymbol{x})$ 是连续的向量函数，若存在一阶连续可微的标量函数 $V(\boldsymbol{x})$，且满足：

(1) $V(\boldsymbol{x})$ 是径向无界的，即当 $\|\boldsymbol{x}\|\to\infty$ 时，有 $V(\boldsymbol{x})\to\infty$；

(2) $\dot{V}(\boldsymbol{x})\leqslant 0$ 对所有 $\boldsymbol{x}$ 成立。

记 R 为所有使 $\dot{V}(\boldsymbol{x})=0$ 的状态集合，M 为 R 中最大的不变集，则对任意初始状态 $\boldsymbol{x}(\boldsymbol{0})$，当 $t\to\infty$ 时，系统的状态轨线 $\boldsymbol{x}(t)$ 将全局渐近收敛于 R 中的最大不变集 M。

例 3.29　二阶非线性系统为

$$\ddot{x}+b(\dot{x})+c(x)=0$$

式中，$b(\dot{x})$ 和 $c(x)$ 为连续函数，且满足下面的符号条件：

$$\begin{cases}\dot{x}b(\dot{x})>0, & \dot{x}\neq 0\\ xc(x)>0, & x\neq 0\end{cases}$$

带有非线性阻尼和弹力的一个质量-阻尼器-弹簧系统的动态特性可以用这种形式的方程来描述，而上面的符号条件只是表明特定的函数 $b(\dot{x})$ 和 $c(x)$ 实际上代表了“阻尼”和“弹力”效应。注意，当 b 和 c 实际上是线性时（$b(\dot{x})=\alpha_1\dot{x}$，$c(x)=\alpha_0 x$），上述符号条件是系统稳定的充要条件（因为它们等价于条件 $\alpha_1>0$，$\alpha_0>0$）。

考虑到连续性及函数 b、c 的符号条件，可得 $b(0)=0$ 和 $c(0)=0$（图 3.15）。对该系统取正定函数：

$$V=\frac{1}{2}\dot{x}^2+\int_0^x c(y)\mathrm{d}y$$

可以把它看成系统的动能和势能之和。对 V 求时间导数，得

$$\dot{V}=\dot{x}\ddot{x}+c(x)\dot{x}=-\dot{x}b(\dot{x})-\dot{x}c(x)+c(x)\dot{x}=-\dot{x}b(\dot{x})\leqslant 0$$

可以把它看成系统中消耗的能量。根据假设，仅当 $\dot{x}=0$ 时，$\dot{x}b(\dot{x})=0$。$\dot{x}=0$ 意味着 $\ddot{x}=-c(x)$，只要 $x\neq 0$，它就不等于 0。这样，系统就不能在 $x=0$ 之外的任何平衡点处停止。换句话说，当 R 是由 $\dot{x}=0$ 定义的集合时，那么 R 中的最大不变集 M 只包含一个点，即（$x=0$，$\dot{x}=0$）。根据局部不变集定理可知，状态空间原点是一个局部渐近稳定点。

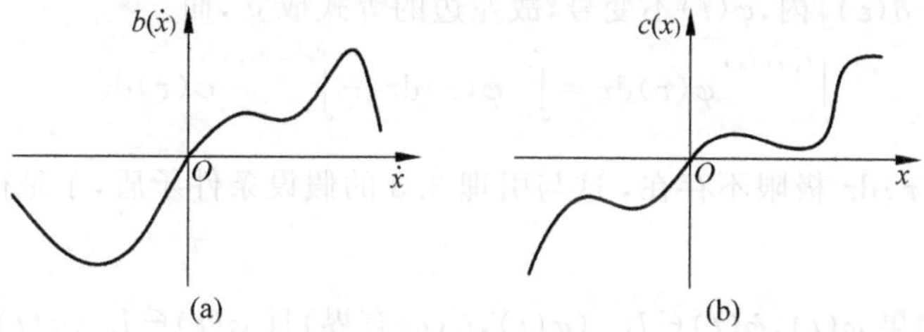

图 3.15　$b(\dot{x})$ 和 $c(x)$ 函数

(a) $b(\dot{x})$ 函数；(b) $c(x)$ 函数

此外，如果积分项 $\int_0^x c(r)\mathrm{d}r$ 当 $|x|\to\infty$ 时状态空间是无界的，那么 V 是径向无界函数，根据全局不变集定理可知，状态空间原点是全局渐近稳定的平衡点。

3.6　巴巴拉特引理及稳定性分析

对于自治系统，不变集定理是研究稳定性的有力工具，这是因为即使 $\dot{V}$ 仅为半负定，也可得出渐近稳定性结论。然而，不变集定理不能应用于非自治系统。非自治系统的渐近稳定性分析通常要比自治系统困难得多，因为寻找具有一个负定导数的李雅普诺夫函数往往

是非常困难的。巴巴拉特引理是一个与函数及其导数的渐近特性有关的单纯的数学结果，当恰当地将其应用于动力学系统，特别是非自治系统时，该引理可以得到许多渐近稳定性问题的满意解答。

3.6.1 巴巴拉特引理

定义 3.23 如果 $\forall t_1 \geqslant 0,\ R>0$，存在 $\eta(R,t_1)>0,\ \forall t \geqslant 0$，且有

$$|t-t_1|<\eta \Rightarrow |g(t)-g(t_1)|<R$$

则函数 $g(t)$ 在 $[0,\infty)$ 上是连续的；如果对于 $\forall t_1 \geqslant 0,\ t \geqslant 0,\ R>0$，存在 $\eta(R)>0$，且有

$$|t-t_1|<\eta \Rightarrow |g(t)-g(t_1)|<R$$

则称函数 g 在 $[0,\infty)$ 上是一致连续的。

引理 3.3(巴巴拉特引理) 如果函数 φ 是一致连续的，而且 $\lim\limits_{t\to\infty}\int_0^t \varphi(\tau)\mathrm{d}\tau$ 存在且有限，则

$$\lim_{t\to\infty}\varphi(t)=0 \tag{3.33}$$

证明 用反证法证明巴巴拉特引理。假设式(3.33)不成立，即极限不存在或不等于零。$\forall T>0$，存在 $\varepsilon>0$，使得当 $t_1 \geqslant T$ 时，$|\varphi(t_1)|>\varepsilon$。由于 φ 是一致连续的，则有正数 $\delta(\varepsilon)$，对于满足 $t_1 \geqslant 0$ 且 $|t-t_1| \leqslant \delta(\varepsilon)$ 的 t 和 t_1 有

$$|\varphi(t)|=|\varphi(t)-\varphi(t_1)+\varphi(t_1)| \geqslant |\varphi(t_1)|-|\varphi(t_1)-\varphi(t)|>\varepsilon-\frac{\varepsilon}{2}=\frac{\varepsilon}{2}$$

这意味着

$$\left|\int_{t_1}^{t_1+\delta(\varepsilon)}\varphi(\tau)\mathrm{d}\tau\right|=\int_{t_1}^{t_1+\delta(\varepsilon)}|\varphi(\tau)\mathrm{d}\tau|>\frac{\varepsilon\delta(\varepsilon)}{2}$$

因在区间 $[t_1,t_1+\delta(\varepsilon)]$ 内，$\varphi(t)$ 不变号，故左边的等式成立，而

$$\int_0^{t_1+\delta(\varepsilon)}\varphi(\tau)\mathrm{d}\tau=\int_0^{t_1}\varphi(\tau)\mathrm{d}\tau+\int_{t_1}^{t_1+\delta(\varepsilon)}\varphi(\tau)\mathrm{d}\tau$$

当 $t\to\infty$ 时，$\int_0^t \varphi(\tau)\mathrm{d}\tau$ 极限不存在，这与引理 3.3 的假设条件矛盾，于是得证 $\lim\limits_{t\to\infty}\varphi(t)=0$。

证毕。

推论 3.1 如果 $\varphi(t),\dot{\varphi}(t)\in L_\infty(\varphi(t),\dot{\varphi}(t)$ 有界)且 $\varphi(t)\in L_2(\varphi(t)$ 平方可积)，则

$$\lim_{t\to\infty}\varphi(t)=0$$

该推论可以直接从引理 3.3 得到。令 $f(t)=\varphi^2(t)$，由于 $\varphi(t)$ 和 $\dot{\varphi}(t)$ 是有界的，因此意味着 $f(t)$ 是一致连续的。由假定知

$$\varphi(t)\in L_2$$

即

$$\int_0^\infty \varphi^2(t)\mathrm{d}t<\infty$$

所以 $\int_0^\infty f(t)\mathrm{d}t<\infty$。引理 3.3 的所有条件 $f(t)$ 都满足，故 $t\to\infty$ 时，$f(t)\to 0$，从而 $\lim\limits_{t\to\infty}\varphi(t)=0$。

定理 3.20(拉萨尔-吉泽一郎(LaSalle-Yoshizawa)定理) 对于非线性时变系统(式(3.1))，

其中 f 是关于时间 t 的非线性连续向量函数，且对 x 满足局部利普希茨条件，$f(\mathbf{0},t)=\mathbf{0}$，若存在连续可微的正定标量函数 $V(x,t)$，且满足

$$\alpha_1(\|x\|)\leqslant V(x,t)\leqslant\alpha_2(\|x\|),\quad\forall x\in\mathbf{R}^n,t\in\mathbf{R}^+\tag{3.34}$$

$$\dot{V}(x,t)=\frac{\partial V}{\partial t}+\frac{\partial V}{\partial x}f(x,t)\leqslant-W(x),\quad\forall x\in\mathbf{R}^n,t\in\mathbf{R}^+\tag{3.35}$$

式中，$\alpha_1(\cdot)$和 $\alpha_2(\cdot)$为 K_∞ 类函数，$W(\cdot)$为半正定连续函数，则系统（式(3.1)）的解 $x(t)$有界且满足

$$\lim_{t\to\infty}W[x(t)]=0\tag{3.36}$$

若 $W(\cdot)$是正定函数，则系统（式(3.1)）的平衡点 $x_e=\mathbf{0}$ 是渐近稳定的。另外，若正定标量函数 $V(x,t)$当$|x|\to\infty$时是径向无界的，则平衡点 $x_e=\mathbf{0}$ 是全局渐近稳定的平衡点。

证明　因为由式(3.35)可知，V 是关于 t 单调递减的函数，所以由不等式(3.34)可知，系统（式(3.1)）的解 $x(t)$是有界的，即存在常数 $C>0$，使得

$$\|x(t)\|\leqslant C,\quad\forall t\geqslant 0$$

成立，且$\lim\limits_{t\to\infty}V[x(t),t]$存在。根据式(3.35)，有

$$\lim_{t\to\infty}\int_{t_0}^{t}W[x(\tau)]\mathrm{d}\tau\leqslant-\lim_{t\to\infty}\int_{t_0}^{t}\dot{V}[x(\tau),\tau]\mathrm{d}\tau=V[x(t_0),t_0]-\lim_{t\to\infty}V[x(t),t]$$

故上式左端的广义积分存在。注意到$\|x(t)\|\leqslant C$，且 $f(x,t)$对 x 满足局部利普希茨条件，对任意 $t\geqslant t_0\geqslant 0$，有

$$\|x(t)-x(t_0)\|=\left\|\int_{t_0}^{t}f[x(\tau),\tau]\mathrm{d}\tau\right\|\leqslant L\int_{t_0}^{t}\|x(\tau)\|\mathrm{d}\tau\leqslant LC|t-t_0|$$

式中，L 是 f 关于区域$\{x\mid\|x(t)\|\leqslant C\}$的利普希茨常数。

令 $\delta(\varepsilon)=\dfrac{\varepsilon}{LC}$，则有

$$\|x(t)-x(t_0)\|<\varepsilon,\quad\forall|t-t_0|<\delta(\varepsilon)$$

故 $x(t)$是关于 t 一致连续的。又因为 W 是连续函数，所以其在紧致集$\{x\mid\|x(t)\|\leqslant C\}$也一致连续，且由巴巴拉特引理可得式(3.36)得证。

进一步，若 W 正定，且存在 K 类函数 $\alpha_3(\cdot)$使得 $W(x)\geqslant\alpha_3(\|x\|)$，从而根据定理 3.13（李雅普诺夫渐近稳定定理）可知平衡点 $x_e=\mathbf{0}$ 是渐近稳定的。

另外，若正定标量函数 $V(x,t)$当$\|x\|\to\infty$时是径向无界的，那么根据全局不变集定理，可知平衡点 $x_e=\mathbf{0}$ 是全局渐近稳定的平衡点。

证毕。

3.6.2　基于巴巴拉特引理的稳定性分析

为了应用巴巴拉特引理分析动力学系统，首先给出类李雅普诺夫引理，其与李雅普诺夫分析中的不变集定理非常相似。

引理 3.4（类李雅普诺夫引理）　如果一个标量函数 $V(x,t)$满足下述条件：

(1) $V(x,t)$是有下界的；

(2) $\dot{V}(x,t)$是半负定的；

(3) $\dot{V}(x,t)$对时间是一致连续的。

那么当 $t\to\infty$ 时，$\dot{V}(\boldsymbol{x},t)\to 0$。

实际上，V 最后是趋向于一个有限的极限值 V_∞，它满足 $V_\infty\leqslant V[\boldsymbol{x}(0),0]$（这并不要求一致连续性）。上述引理由巴巴拉特引理得出。

为了说明该过程，下面考虑一个简单的自适应控制系统的渐近稳定性分析。

例 3.30 对于具有一个未知参数的一阶对象，一个自适应控制系统的闭环误差动态方程是

$$\begin{cases}\dot{e}=-e+\theta w(t)\\ \dot{\theta}=-ew(t)\end{cases}$$

式中，e 和 θ 为闭环动态系统的两个状态，分别表示跟踪误差和参数误差；而 $w(t)$ 为一个有界的连续函数（在一般情况下，高阶系统动态方程具有与上式类似的形式，只是 e、θ 和 $w(t)$ 是用向量参数来表示的）。

现在来分析该系统的渐近特性。

考虑有上界的函数

$$V=e^2+\theta^2$$

它的导函数为

$$\dot{V}=2e(-e+\theta w)+2\theta[-ew(t)]=-2e^2\leqslant 0$$

这就意味着 $V(t)\leqslant V(\mathbf{0})$，因而 e 和 θ 是有界的。但是，不变集定理不能用来确定 e 的收敛性，因为该动态系统是非自治的。

为了使用巴巴拉特引理，先检查 $\dot{V}$ 的一致连续性。$\dot{V}$ 的导数为

$$\ddot{V}=-4e(-e+\theta w)$$

这就是说 $\ddot{V}$ 是有界的，因为已假设 w 是有界的，而且前面也指出了 e 和 θ 是有界的。因此，$\dot{V}$ 是一致连续的。应用巴巴拉特引理即得，当 $t\to\infty$ 时，$e\to 0$。

注意，尽管 e 收敛于 0，但由于只保证了 θ 是有界的，因此该系统不是渐近稳定的。

对例 3.30 的分析与基于不变集定理的李雅普诺夫分析十分类似。我们称基于巴巴拉特引理的这种分析为类李雅普诺夫分析。但是，它与李雅普诺夫分析相比，表现出两个微妙而又重要的区别。第一个区别是，函数 V 只简单地要求是具有下界的函数，而不必是一个正定函数；第二个区别是，导函数 $\dot{V}$ 除了是负或零之外，还必须证明是一致连续的，这一点可以通过证明 $\ddot{V}$ 是有界的来确定。当然，在使用类李雅普诺夫引理进行稳定性分析时，主要的困难仍然是如何恰当地选择标量函数 V。

3.7 不稳定性定理

上述类李雅普诺夫引理对于系统的稳定性判别只提供了充分条件，因此当经过多次试取李雅普诺夫函数仍不能得出确定的结论时，应考虑系统可能是不稳定的。下面给出判断系统为不稳定的方法。我们直接给出非自治系统的不稳定的概念，对于自治系统的不稳定性定理，只需直接把条件简化即可。

定理 3.21(关于不稳定性的第一定理)　如果在状态空间原点 **0** 附近的某个邻域 U 内存在一个连续可微的递减标量函数 $V(\boldsymbol{x},t)$,使得

(1) $V(\boldsymbol{0},t)=0,\forall t\geqslant t_0$;

(2) $V(\boldsymbol{x},t_0)$在状态空间原点 **0** 附近处取正值;

(3) $\dot{V}(\boldsymbol{x},t)$是正定的(在邻域 U 内局部正定)。

则状态空间原点 **0** 在 t_0 时刻是不稳定的。

注意,条件(2)比要求 V 的正定性要弱。例如,函数 $V(\boldsymbol{x})=x_1^2-x_2^2$ 显然不是正定的,但它可在状态空间原点 **0** 附近取正值(沿着 $x_2=0$ 方向,$V(\boldsymbol{x})=x_1^2$)。

例 3.31　考虑非线性系统

$$\begin{cases}\dot{x}_1=2x_2+x_1(x_1^2+x_2^4)\\ \dot{x}_2=-2x_1+x_2(x_1^2+x_2^4)\end{cases}$$

对此系统进行线性化,得到 $\dot{x}_1=2x_2$ 和 $\dot{x}_2=-2x_1$。其特征值为+2j 和−2j,这表明李雅普诺夫线性化方法对于该系统已无济于事。然而,如果取

$$V=\frac{1}{2}(x_1^2+x_2^2)$$

其导数为

$$\dot{V}=(x_1^2+x_2^2)(x_1^2+x_2^4)$$

根据 V 和 $\dot{V}$ 的正定性,由定理 3.21 可得该系统是不稳定的。

将定理 3.21 中的 $V(\boldsymbol{x},t)$变换成 $V(\boldsymbol{x})$,则归纳出用于判定自治系统在平衡状态 $\boldsymbol{x}_e=\boldsymbol{0}$ 的不稳定性。

定理 3.22(关于不稳定性的第二定理)　如果在状态空间原点 **0** 附近的某个邻域 U 内存在一个连续可微并具有无穷大上界的标量函数 $V(\boldsymbol{x},t)$,它满足:

(1) $V(\boldsymbol{0},t_0)=0$,且 $V(\boldsymbol{x},t_0)$在状态空间原点 **0** 附近取正值;

(2) $\dot{V}(\boldsymbol{x},t)-\lambda V(\boldsymbol{x},t)\geqslant 0,\forall t\geqslant t_0,\forall \boldsymbol{x}\in U$。

其中 λ 是一个严格正的常数,则状态空间原点 **0** 在时刻 t_0 是不稳定的。

例 3.32　考虑非线性系统

$$\begin{cases}\dot{x}_1=x_1+3x_2\sin^2 x_2+5x_1x_2^2\sin^2 x_1\\ \dot{x}_2=3x_1\sin^2 x_2+x_2-5x_1^2x_2\cos^2 x_1\end{cases}\tag{3.37}$$

考虑标量函数 $V(\boldsymbol{x})=\dfrac{1}{2}(x_1^2-x_2^2)$,它在状态空间原点 **0** 附近任意地取正的值,它的导数为

$$\dot{V}=x_1^2-x_2^2+5x_1^2x_2^2=2V+5x_1^2x_2^2\tag{3.38}$$

这样,根据定理 3.22,非线性系统在状态空间原点 **0** 是不稳定的。当然,在这种特殊情况下,通过近似线性化方法,很容易得到其不稳定性的特性。

为了应用定理 3.21 和定理 3.22,必须使 $\dot{V}$ 在邻域 U 中的所有点均满足一定的条件。在下面的塞托夫(Cetaev)定理中,这些条件可用 U 的一个子区域的一个边界条件代替。

定理 3.23(关于不稳定性的第三定理) 设 U 是状态空间原点的一个邻域，如果存在一个具有连续一阶偏导数的标量函数 $V(\boldsymbol{x},t)$，它在 U 内具有无穷大的上界，且在 U 中存在一个域 U_1，使得

(1) $V(\boldsymbol{x},t)$ 和 $\dot{V}(\boldsymbol{x},t)$ 在 U_1 内是正定的；

(2) 状态空间原点是 U_1 的一个边界点；

(3) 对于所有的 $t \geqslant t_0$，在 U_1 的所有边界点上有 $V(\boldsymbol{x},t)=0$。

则状态空间原点 $\mathbf{0}$ 在时刻 t_0 是不稳定的。

3.8 线性系统的李雅普诺夫稳定性

本节讨论如何用李雅普诺夫函数法来分析线性系统的稳定性。为线性系统推导一个李雅普诺夫函数很有意义，首先，它允许我们采用一种共同语言来描述线性和非线性系统；其次，李雅普诺夫函数像能量一样是可以“叠加的”，即系统的李雅普诺夫函数可以由其子系统的李雅普诺夫函数叠加而得。

3.8.1 预备知识

二次型函数在用李雅普诺夫直接法分析系统的稳定性中起着很重要的作用。

设 $\boldsymbol{x}=[x_1,x_2,\cdots,x_n]^{\mathrm{T}} \in \mathbf{R}^n$ 为 n 维状态向量，定义二次型标量函数为

$$V(\boldsymbol{x})=\boldsymbol{x}^{\mathrm{T}}\boldsymbol{P}\boldsymbol{x}=[x_1 \quad x_2 \quad \cdots \quad x_n]\begin{bmatrix} p_{11} & p_{12} & \cdots & p_{1n} \\ p_{21} & p_{22} & \cdots & p_{2n} \\ \vdots & \vdots & & \vdots \\ p_{n1} & p_{n2} & \cdots & p_{nn} \end{bmatrix}\begin{bmatrix} x_1 \\ x_2 \\ \vdots \\ x_n \end{bmatrix}$$

如果 $p_{ij}=p_{ji} \in \mathbf{R}$，则称 $\boldsymbol{P}$ 为实对称阵。例如：

$$V(\boldsymbol{x})=x_1^2+2x_1x_2+x_2^2+x_3^2=[x_1 \quad x_2 \quad x_3]\begin{bmatrix} 1 & 1 & 0 \\ 1 & 1 & 0 \\ 0 & 0 & 1 \end{bmatrix}\begin{bmatrix} x_1 \\ x_2 \\ x_3 \end{bmatrix}$$

对二次型函数 $V(\boldsymbol{x})=\boldsymbol{x}^{\mathrm{T}}\boldsymbol{P}\boldsymbol{x}$，若 $\boldsymbol{P}$ 为实对称矩阵，则必存在正交矩阵 $\boldsymbol{T}$，通过变换 $\boldsymbol{x}=\boldsymbol{T}\bar{\boldsymbol{x}}$，化成

$$V(\boldsymbol{x})=\boldsymbol{x}^{\mathrm{T}}\boldsymbol{P}\boldsymbol{x}=\bar{\boldsymbol{x}}^{\mathrm{T}}\boldsymbol{T}^{\mathrm{T}}\boldsymbol{P}\boldsymbol{T}\bar{\boldsymbol{x}}=\bar{\boldsymbol{x}}^{\mathrm{T}}(\boldsymbol{T}^{\mathrm{T}}\boldsymbol{P}\boldsymbol{T})\bar{\boldsymbol{x}}$$

$$=\bar{\boldsymbol{x}}^{\mathrm{T}}\bar{\boldsymbol{P}}\bar{\boldsymbol{x}}=\bar{\boldsymbol{x}}^{\mathrm{T}}\begin{bmatrix} \lambda_1 & \cdots & & 0 \\ \vdots & \lambda_2 & & \vdots \\ & & \ddots & \\ 0 & \cdots & & \lambda_n \end{bmatrix}\bar{\boldsymbol{x}}=\sum_{i=1}^{n}\lambda_i\bar{x}_i^2 \tag{3.39}$$

则式(3.39)称为二次型函数的标准形。它只包含变量的平方项，其中 $\lambda_i(i=1,2,\cdots,n)$ 为对称矩阵 $\boldsymbol{P}$ 的互异特征值，且均为实数。因此 $V(\boldsymbol{x})$ 正定的充要条件是实对称阵 $\boldsymbol{P}$ 的所有特征值 λ_i 均大于零。

判据 3.1(希尔维斯特(Sylvester)判据)　设实对称矩阵

$$P=\begin{bmatrix} p_{11} & p_{12} & \cdots & p_{1n} \\ p_{21} & p_{22} & \cdots & p_{2n} \\ \vdots & \vdots & & \vdots \\ p_{n1} & p_{n2} & \cdots & p_{nn} \end{bmatrix},\quad p_{ij}=p_{ji}$$

且 $\Delta_i(i=1,2,\cdots,n)$为其各阶主子行列式：

$$\Delta_1=p_{11},\quad \Delta_2=\begin{vmatrix} p_{11} & p_{12} \\ p_{21} & p_{22} \end{vmatrix},\quad \cdots,\quad \Delta_n=|P|$$

矩阵 P(或 $V(x)$)定号性的充要条件如下：

(1) 若 $\Delta_i>0(i=1,2,\cdots,n)$,则 P(或 $V(x)$)为正定的；

(2) 若 $\Delta_i\begin{cases} >0, & i\text{ 为偶数} \\ <0, & i\text{ 为奇数} \end{cases}$,则 P(或 $V(x)$)为负定的；

(3) 若 $\Delta_i\begin{cases} \geqslant 0, & i=(1,2,\cdots,n-1) \\ =0, & i=n \end{cases}$,则 P(或 $V(x)$)为半正定的；

(4) $\Delta_i\begin{cases} \geqslant 0, & i\text{ 为偶数} \\ \leqslant 0, & i\text{ 为奇数} \\ =0, & i=n \end{cases}$,则 P(或 $V(x)$)为半负定的。

设 P 为 $n\times n$ 实对称方阵,$V(x)=x^{\mathrm{T}}Px$ 为由 P 决定的二次型函数。矩阵 P 的符号性质定义如下：

(1) 若 $V(x)$正定,则称 P 为正定,记作 $P>0$;

(2) 若 $V(x)$负定,则称 P 为负定,记作 $P<0$;

(3) 若 $V(x)$半正定(非负定),则称 P 为半正定(非负定),记作 $P\geqslant 0$;

(4) 若 $V(x)$半负定(非正定),则称 P 为半负定(非正定),记作 $P\leqslant 0$。

由上可见,矩阵 P 的符号性质与由其决定的二次型函数 $V(x)=x^{\mathrm{T}}Px$ 的符号性质完全一致。因此,要判别 $V(x)$的符号,只要判别 P 的符号即可,而后者可由希尔维斯特判据进行判定。

3.8.2　线性时不变系统的李雅普诺夫分析

定理 3.24　设线性连续系统为

$$\dot{x}=Ax \tag{3.40}$$

则平衡状态 $x_e=0$ 为全局渐近稳定的充要条件是：对任意给定的正定实对称矩阵 Q,必存在正定的实对称矩阵 P,满足李雅普诺夫方程

$$A^{\mathrm{T}}P+PA=-Q \tag{3.41}$$

而且

$$V(x)=x^{\mathrm{T}}Px$$

是系统的李雅普诺夫函数。

在应用该判据时,应注意以下几点：

(1) 实际应用时,通常是先选取一个正定实对称矩阵 Q 代入李雅普诺夫方程(式(3.41))

中，解出矩阵 $\boldsymbol{P}$，然后按照希尔维斯特判据判断 $\boldsymbol{P}$ 的正定性，进而做出系统渐近稳定的结论。

(2) 为了方便计算，常取 $\boldsymbol{Q}=\boldsymbol{I}$，这时 $\boldsymbol{P}$ 应满足

$$\boldsymbol{A}^{\mathrm{T}}\boldsymbol{P}+\boldsymbol{P}\boldsymbol{A}=-\boldsymbol{I} \tag{3.42}$$

式中，$\boldsymbol{I}$ 为单位矩阵。

(3) 若 $\dot{V}(\boldsymbol{x})$沿任一轨迹不恒等于零，那么 $\boldsymbol{Q}$ 可取为半正定的。

(4) 上述判据确定的条件与矩阵 $\boldsymbol{A}$ 的特征值具有负实部的条件等价，因而判据给出的条件是充分必要的。因为设 $\boldsymbol{A}=\boldsymbol{\Lambda}$（或通过变换），若取 $V(\boldsymbol{x})=\|\boldsymbol{x}\|=\boldsymbol{x}^{\mathrm{T}}\boldsymbol{x}$，则 $\boldsymbol{Q}=-(\boldsymbol{A}^{\mathrm{T}}+\boldsymbol{A})=-2\boldsymbol{A}=-2\boldsymbol{\Lambda}$，显然只有当$\boldsymbol{\Lambda}$ 全为负值时，$\boldsymbol{Q}$ 才是正定的。

例 3.33 考察一个二阶线性系统，它的矩阵是

$$\boldsymbol{A}=\begin{bmatrix}0 & 1\\ -2 & -3\end{bmatrix}$$

试分析平衡点的稳定性。

解 设

$$\boldsymbol{P}=\begin{bmatrix}p_{11} & p_{12}\\ p_{21} & p_{22}\end{bmatrix},\quad \boldsymbol{Q}=-\boldsymbol{I}$$

代入式(3.41)，得

$$\begin{bmatrix}0 & -2\\ 1 & -3\end{bmatrix}\begin{bmatrix}p_{11} & p_{12}\\ p_{21} & p_{22}\end{bmatrix}+\begin{bmatrix}p_{11} & p_{12}\\ p_{21} & p_{22}\end{bmatrix}\begin{bmatrix}0 & 1\\ -2 & -3\end{bmatrix}=\begin{bmatrix}-1 & 0\\ 0 & -1\end{bmatrix}$$

展开并求解，得

$$\boldsymbol{P}=\begin{bmatrix}5/4 & 1/4\\ 1/4 & 1/4\end{bmatrix}$$

根据希尔维斯特判据可知，矩阵 $\boldsymbol{P}$ 是正定的，因而系统的平衡点是全局渐近稳定的。

3.8.3 线性时变系统的李雅普诺夫分析

任何一个线性时不变系统的标准分析方法（如李雅普诺夫间接法，定理 3.7）都不能用于线性时变系统，因此考虑利用李雅普诺夫直接法研究线性时变系统的稳定性是一个很有趣的问题。考虑如下线性时变系统：

$$\dot{\boldsymbol{x}}=\boldsymbol{A}(t)\boldsymbol{x} \tag{3.43}$$

不能简单地根据 $\boldsymbol{A}(t)$的特征值在任意时刻 $t\geqslant 0$ 具有负实部，就判断系统是稳定的。下面给出线性时变系统的稳定性判据。

有一个简单的结论是，如果对称矩阵 $\boldsymbol{A}(t)+\boldsymbol{A}^{\mathrm{T}}(t)$的特征值（均是实的）严格地保持在左半平面：

$$\exists\lambda>0,\quad \forall i,\quad \forall t\geqslant 0,\quad \sum_{i=1}^{n}\lambda_i<-\lambda \tag{3.44}$$

那么时变系统（式(3.43)）是渐近稳定的。这一点可以很容易地利用李雅普诺夫函数 $V=\boldsymbol{x}^{\mathrm{T}}\boldsymbol{x}$ 来证明，因为

$$\dot{V}=\boldsymbol{x}^{\mathrm{T}}\dot{\boldsymbol{x}}+\dot{\boldsymbol{x}}^{\mathrm{T}}\boldsymbol{x}=\boldsymbol{x}^{\mathrm{T}}[\boldsymbol{A}(t)+\boldsymbol{A}^{\mathrm{T}}(t)]\boldsymbol{x}\leqslant-\lambda\boldsymbol{x}^{\mathrm{T}}\boldsymbol{x}=-\lambda V$$

因而

$$\forall t \geqslant 0,\quad 0 \leqslant \boldsymbol{x}^{\mathrm{T}}\boldsymbol{x} = V(t) \leqslant V(0)\mathrm{e}^{-\lambda t}$$

所以 $\boldsymbol{x}$ 指数地趋向于 $\boldsymbol{0}$。

当然，上述结果也适用于矩阵 $\boldsymbol{A}$ 明显地与状态有关的情况。应该注意，该结果提供了渐近稳定性的一个充分条件。为了确定某些类型的时变系统的稳定性，下面给出一个定理以供应用。

定理 3.25　系统（式(3.43)）在平衡点 $\boldsymbol{x}_e=\boldsymbol{0}$ 处全局渐近稳定的充要条件是，对于任意给定的连续对称正定矩阵 $\boldsymbol{Q}(t)$，必存在一个连续对称正定矩阵 $\boldsymbol{P}(t)$，满足

$$\dot{\boldsymbol{P}}(t) = -\boldsymbol{A}^{\mathrm{T}}(t)\boldsymbol{P}(t) - \boldsymbol{P}(t)\boldsymbol{A}(t) - \boldsymbol{Q}(t) \tag{3.45}$$

则系统的李雅普诺夫函数为

$$V(\boldsymbol{x},t) = \boldsymbol{x}^{\mathrm{T}}(t)\boldsymbol{P}(t)\boldsymbol{x}(t) \tag{3.46}$$

证明　设李雅普诺夫函数为

$$V(\boldsymbol{x},t) = \boldsymbol{x}^{\mathrm{T}}(t)\boldsymbol{P}(t)\boldsymbol{x}(t)$$

式中，$\boldsymbol{P}(t)$ 为连续的正定对称矩阵。

取 $V(\boldsymbol{x},t)$ 对时间的全导数，得

$$\begin{aligned}
\dot{V}(\boldsymbol{x},t) &= \dot{\boldsymbol{x}}^{\mathrm{T}}(t)\boldsymbol{P}(t)\boldsymbol{x}(t) + \boldsymbol{x}^{\mathrm{T}}(t)[\boldsymbol{P}(t)\boldsymbol{x}(t)]' \\
&= \dot{\boldsymbol{x}}^{\mathrm{T}}(t)\boldsymbol{P}(t)\boldsymbol{x}(t) + \boldsymbol{x}^{\mathrm{T}}(t)\dot{\boldsymbol{P}}(t)\boldsymbol{x}(t) + \boldsymbol{x}^{\mathrm{T}}(t)\boldsymbol{P}(t)\dot{\boldsymbol{x}}(t) \\
&= \boldsymbol{x}^{\mathrm{T}}(t)\boldsymbol{A}^{\mathrm{T}}(t)\boldsymbol{P}(t)\boldsymbol{x}(t) + \boldsymbol{x}^{\mathrm{T}}(t)\dot{\boldsymbol{P}}(t)\boldsymbol{x}(t) + \boldsymbol{x}^{\mathrm{T}}(t)\boldsymbol{P}(t)\boldsymbol{A}(t)\boldsymbol{x}(t) \\
&= \boldsymbol{x}^{\mathrm{T}}(t)[\boldsymbol{A}^{\mathrm{T}}(t)\boldsymbol{P}(t) + \dot{\boldsymbol{P}}(t) + \boldsymbol{P}(t)\boldsymbol{A}(t)]\boldsymbol{x}(t)
\end{aligned}$$

即

$$\dot{V}(\boldsymbol{x},t) = -\boldsymbol{x}^{\mathrm{T}}(t)\boldsymbol{Q}(t)\boldsymbol{x}(t)$$

式中，

$$\boldsymbol{Q}(t) = -\boldsymbol{A}^{\mathrm{T}}(t)\boldsymbol{P}(t) - \dot{\boldsymbol{P}}(t) - \boldsymbol{P}(t)\boldsymbol{A}(t)$$

由稳定性判据可知，当 $\boldsymbol{P}(t)$ 为正定对称矩阵时，若 $\boldsymbol{Q}(t)$ 也为正定对称矩阵，则 $\dot{V}(\boldsymbol{x},t)$ 是负定的，于是系统的平衡点是渐近稳定的。

证毕。

为了确定某些类型的时变系统的稳定性，还有一些比较特殊的结论。例如，考虑线性时变系统

$$\dot{\boldsymbol{x}} = [\boldsymbol{A}_1 + \boldsymbol{A}_2(t)]\boldsymbol{x} \tag{3.47}$$

其中矩阵 $\boldsymbol{A}_1$ 是常矩阵，并且是赫尔维茨的（它的所有特征值严格地位于左半平面），而时变矩阵 $\boldsymbol{A}_2(t)$ 满足 $t\to\infty$ 时，$\boldsymbol{A}_2(t)\to 0$，且 $\int_0^{\infty}\|\boldsymbol{A}_2(t)\|\,\mathrm{d}t<\infty$（积分存在且为有限值），则系统（式(3.47)）是局部指数稳定的。

例 3.34　考虑非线性系统

$$\begin{aligned}
\dot{x}_1 &= -(5 + x_2^5 + x_3^8)x_1 \\
\dot{x}_2 &= -x_2 + 4x_3^2 \\
\dot{x}_3 &= -(2 + \sin t)x_3
\end{aligned}$$

因此 x_3 指数地趋向于 0，x_3^2 也是如此，于是 x_2 也指数地趋于 0。把上述结果应用到第一个

方程后可知，该系统是局部指数稳定的。

3.9 基于李雅普诺夫直接法的非线性系统分析与设计

对于任意的非线性系统并不存在寻找合适的李雅普诺夫函数的普遍适用的规则，而且对于稳定的系统可以存在多种形式的李雅普诺夫函数，但要找到合适的李雅普诺夫函数并非易事。本节讨论通过一些数学的方法辅助寻找李雅普诺夫函数。

3.9.1 李雅普诺夫函数的存在性

李雅普诺夫函数的存在性问题也称为李雅普诺夫定理的逆问题。实质上，每一个李雅普诺夫定理（稳定性、一致渐近稳定性、全局一致渐近稳定性和指数稳定性等）均存在一个逆定理，下面给出部分李雅普诺夫逆定理。

定理 3.26（稳定性） 如果系统（式(3.1)）的状态空间原点是稳定的，则存在一个正定函数 $V(\boldsymbol{x},t)$，它具有一个非正的导数。

该定理指出，每一个稳定的系统均存在一个李雅普诺夫函数。

定理 3.27（一致渐近稳定性） 如果系统（式(3.1)）在平衡点 $\boldsymbol{x}_e=\boldsymbol{0}$ 是一致渐近稳定的，则存在一个正定的和渐小的函数 $V(\boldsymbol{x},t)$，它具有负定的导数。

该定理对建立持续扰动下的一致渐近稳定的鲁棒性是非常有用的，但它没有给出 $V(\boldsymbol{x},t)$ 的构造方法。

定理 3.28（指数稳定性） 如果在系统（式(3.1)）中的向量函数 $\boldsymbol{f}(\boldsymbol{x},t)$，对于球域 B_r 中的所有 $\boldsymbol{x}$ 和所有 $t\geqslant 0$，关于 $\boldsymbol{x}$ 和 t 都具有连续的和有界的一阶偏导数，那么当且仅当存在一个函数 $V(\boldsymbol{x},t)$ 和严格正的常数 $\alpha_1,\alpha_2,\alpha_3,\alpha_4$，使得对于 $\forall\boldsymbol{x}\in B_r$，$\forall t\geqslant 0$，有

$$\alpha_1\|\boldsymbol{x}\|^2\leqslant V(\boldsymbol{x},t)\leqslant\alpha_2\|\boldsymbol{x}\|^2 \tag{3.48}$$

$$\dot{V}\leqslant-\alpha_3\|\boldsymbol{x}\|^2 \tag{3.49}$$

$$\left\|\frac{\partial V}{\partial\boldsymbol{x}}\right\|\leqslant\alpha_4\|\boldsymbol{x}\| \tag{3.50}$$

则系统在原点是指数稳定的。对于某些非线性系统，利用该定理可以估计出收敛速度。

3.9.2 非线性系统的李雅普诺夫函数构造和分析

1. 雅可比矩阵法

雅可比矩阵法也称克拉索夫斯基(Krasovski)法，二者表达形式略有不同，但基本思想是一致的。

设非线性系统的状态方程为

$$\dot{\boldsymbol{x}}=\boldsymbol{f}(\boldsymbol{x})$$

式中，$\boldsymbol{x}\in\mathbf{R}^n$ 为状态向量；$\boldsymbol{f}$ 为与 $\boldsymbol{x}$ 同维的非线性矢量函数。

定理 3.29 假设状态空间原点 $\boldsymbol{x}_e=\boldsymbol{0}$ 是平衡状态，$\boldsymbol{f}(\boldsymbol{x})$ 对 $x_i(i=1,2,\cdots,n)$ 可微，系统的雅可比矩阵为

$$J(x)=\frac{\partial f(x)}{\partial x^{\mathrm{T}}}=\begin{bmatrix}\frac{\partial f_1}{\partial x_1} & \frac{\partial f_1}{\partial x_2} & \cdots & \frac{\partial f_1}{\partial x_n}\\ \frac{\partial f_2}{\partial x_1} & \frac{\partial f_2}{\partial x_2} & \cdots & \frac{\partial f_2}{\partial x_n}\\ \vdots & \vdots & & \vdots\\ \frac{\partial f_n}{\partial x_1} & \frac{\partial f_n}{\partial x_2} & \cdots & \frac{\partial f_n}{\partial x_n}\end{bmatrix}$$

则系统在状态空间原点 $\boldsymbol{x}_e=\boldsymbol{0}$ 渐近稳定的充分条件是：任意给定正定实对称矩阵 $\boldsymbol{P}$，使下列矩阵

$$Q(x)=-[J^{\mathrm{T}}(x)P+PJ(x)] \tag{3.51}$$

为正定的，并且

$$V(x)=\dot{x}^{\mathrm{T}}P\dot{x}=f^{\mathrm{T}}(x)Pf(x) \tag{3.52}$$

是系统的一个李雅普诺夫函数。

如果当 $\|x\|\to\infty$ 时，$V(x)\to\infty$，那么该平衡点是全局渐近稳定的。

证明　取二次型函数

$$V(x)=\dot{x}^{\mathrm{T}}P\dot{x}=f^{\mathrm{T}}(x)Pf(x)$$

为李雅普诺夫函数，其中 $\boldsymbol{P}$ 为正定对称矩阵，因而 $V(\boldsymbol{x})$ 正定。

考虑到 $f(x)$ 是 x 的显函数，不是时间 t 的显函数，于是有下列关系：

$$\frac{\mathrm{d}f(x)}{\mathrm{d}t}=\dot{f}(x)=\frac{\partial f(x)}{\partial x^{\mathrm{T}}}\frac{\mathrm{d}x}{\mathrm{d}t}=\frac{\partial f(x)}{\partial x^{\mathrm{T}}}\dot{x}=J(x)f(x)$$

将 $V(x)$ 沿状态轨迹对 t 求全导数，可得

$$\begin{aligned}\dot{V}(x)&=f^{\mathrm{T}}(x)P\dot{f}(x)+\dot{f}^{\mathrm{T}}(x)Pf(x)\\&=f^{\mathrm{T}}(x)PJ(x)f(x)+[J(x)f(x)]^{\mathrm{T}}Pf(x)\\&=f^{\mathrm{T}}(x)[J^{\mathrm{T}}(x)P+PJ(x)]f(x)\end{aligned}$$

或

$$\dot{V}(x)=-f^{\mathrm{T}}(x)Q(x)f(x)$$

式中，

$$Q(x)=-[J^{\mathrm{T}}(x)P+PJ(x)] \tag{3.53}$$

式(3.53)表明，要使系统渐近稳定，$\dot{V}(x)$ 必须是负定的，因此 $Q(x)$ 必须是正定的。

若当 $\|x\|\to\infty$ 时，$V(x)\to\infty$，则系统在原点是全局渐近稳定的。

若取 $P=I$，则

$$Q(x)=-[J^{\mathrm{T}}(x)+J(x)] \tag{3.54}$$

式(3.54)为克拉索夫斯基表达式，这时有

$$V(x)=f^{\mathrm{T}}(x)f(x) \tag{3.55}$$

$$\dot{V}(x)=f^{\mathrm{T}}(x)[J^{\mathrm{T}}(x)+J(x)]f(x) \tag{3.56}$$

上述两种方法是等价的。

证毕。

例 3.35 考虑非线性系统

$$\begin{cases}\dot{x}_1=-6x_1+2x_2\\ \dot{x}_2=2x_1-6x_2-2x_2^3\end{cases}$$

有

$$\boldsymbol{A}=\frac{\partial \boldsymbol{f}}{\partial \boldsymbol{x}}=\begin{bmatrix}-6 & 2\\ 2 & -6-6x_2^2\end{bmatrix},\quad \boldsymbol{F}=\boldsymbol{A}+\boldsymbol{A}^{\mathrm{T}}=\begin{bmatrix}-12 & 4\\ 4 & -12-12x_2^2\end{bmatrix}$$

矩阵 $\boldsymbol{F}$ 是负定的,因而状态空间原点 $\boldsymbol{x}_{\mathrm{e}}=\boldsymbol{0}$ 是渐近稳定的。相应的李雅普诺夫函数是

$$V(\boldsymbol{x})=\boldsymbol{f}^{\mathrm{T}}(\boldsymbol{x})\boldsymbol{f}(\boldsymbol{x})=(-6x_1+2x_2)^2+(2x_1-6x_2-2x_2^3)^2$$

因为当 $\|\boldsymbol{x}\|\to\infty$ 时,$V(\boldsymbol{x})\to\infty$,所以状态空间原点 $\boldsymbol{x}_{\mathrm{e}}=\boldsymbol{0}$ 是全局渐近稳定的。

定理 3.29 在表达上非常简洁,但是它在实际应用中受到限制,因为对所有 $\boldsymbol{x}\neq\boldsymbol{0}$,要求 $\boldsymbol{Q}(\boldsymbol{x})$ 均为正定是困难的,相当多的非线性系统未必能满足这一要求。此外,该判据只能给出渐近稳定的充分条件。

推论 3.2 对于线性定常系统 $\dot{\boldsymbol{x}}=\boldsymbol{A}\boldsymbol{x}$,若矩阵 $\boldsymbol{A}$ 非奇异,且 $(\boldsymbol{A}^{\mathrm{T}}+\boldsymbol{A})$ 为负定,则系统的平衡状态 $\boldsymbol{x}_{\mathrm{e}}=\boldsymbol{0}$ 是全局渐近稳定的。

2. 变量梯度法

变量梯度法是舒尔茨-基布逊(Shultz-Gibson)在 1962 年提出的一种较为实用的构造李雅普诺夫函数的方法。

这种方法的基本出发点是,如果系统是全局渐近稳定的,那么一定能找到一个李雅普诺夫函数,同时其梯度 $\nabla V(x)=\mathrm{grad}V(x)$ 也一定存在。因此,在确定李雅普诺夫函数时,可先假设知道李雅普诺夫函数的梯度,然后通过曲线积分将其求出。

首先,一个标量函数与其梯度 ∇V 有如下积分关系:

$$V(\boldsymbol{x})=\int_0^x \nabla V\mathrm{d}\boldsymbol{x}$$

式中,$\nabla V=\{\partial V/\partial x_1,\cdots,\partial V/\partial x_n\}^{\mathrm{T}}$。为了从梯度 ∇V 找到一个唯一的标量函数 V,该梯度函数必须满足旋度条件:

$$\frac{\partial\,\nabla V_i}{\partial x_j}=\frac{\partial\,\nabla V_j}{\partial x_i},\quad i,j=1,2,\cdots,n$$

其中第 i 个分量 ∇V_i 就是方向导数 $\partial V/\partial x_i$。例如,对于 $n=2$,上式意味着

$$\frac{\partial\,\nabla V_1}{\partial x_2}=\frac{\partial\,\nabla V_2}{\partial x_1}$$

变量梯度法的原理就是假定梯度 ∇V 具有某种特定形式,而不是假定李雅普诺夫函数本身。其中一种简单的假定就是梯度函数具有下列形式:

$$\nabla V_i=\sum_{j=1}^{n}a_{ij}x_i \tag{3.57}$$

式中,a_{ij} 为待定的系数。

这样,寻找李雅普诺夫函数的过程如下:

(1) 假定 ∇V 是由式(3.57)给出的形式(或另外的形式);

(2) 求解系数 a_{ij},以满足旋度方程;

(3) 限制式(3.57)中的系数,使得 $\dot{V}$ 是半负定的(至少是局部半负定的);

(4) 通过积分,由∇V 计算 V;

(5) 检查 V 是否正定。

因为满足旋度条件意味着上述积分结果与积分路径无关,所以依次沿着平行于每一条坐标轴的路径进行积分,就可方便地求得 V,即

$$V(\boldsymbol{x})=\int_0^{x_1}\nabla V_1(x_1,0,\cdots,0)\mathrm{d}x_1+\int_0^{x_2}\nabla V_2(x_1,x_2,0,\cdots,0)\mathrm{d}x_2+\cdots+\int_0^{x_n}\nabla V_n(x_1,x_2,\cdots,x_n)\mathrm{d}x_n$$

例 3.36　设时变系统状态方程为

$$\dot{\boldsymbol{x}}_l=\boldsymbol{A}(t)\boldsymbol{x}=\begin{bmatrix}0 & 1\\ -\dfrac{1}{t+1} & -10\end{bmatrix}\boldsymbol{x},\quad t\geqslant 0$$

试分析平衡点 $\boldsymbol{x}_{\mathrm{e}}=\boldsymbol{0}$ 的稳定性。

解　设 $V(\boldsymbol{x})$的梯度为

$$\begin{cases}\nabla V_1=a_{11}x_1+a_{12}x_2\\ \nabla V_2=a_{21}x_1+a_{22}x_2\end{cases}$$

则

$$\dot{V}=\frac{\partial V}{\partial x_1}\dot{x}_1+\frac{\partial V}{\partial x_2}\dot{x}_2+\cdots+\frac{\partial V}{\partial x_n}\dot{x}_n=(\nabla V)^{\mathrm{T}}\dot{\boldsymbol{x}}$$

$$=[a_{11}x_1+a_{12}x_2\quad a_{21}x_1+a_{22}x_2]\begin{bmatrix}x_2\\ -\dfrac{x_1}{t+1}-10x_2\end{bmatrix}$$

$$=(a_{11}x_1+a_{12}x_2)x_2+(a_{21}x_1+a_{22}x_2)\left(-\frac{1}{t+1}x_1-10x_2\right)$$

若取 $a_{12}=a_{21}=0$,可满足旋度方程。因为

$$\nabla V=\begin{bmatrix}a_{11}x_1\\ a_{22}x_2\end{bmatrix},\quad \frac{\partial\,\nabla V_1}{\partial x_2}=0,\quad \frac{\partial\,\nabla V_2}{\partial x_1}=0$$

所以得

$$\dot{V}(\boldsymbol{x})=a_{11}x_1x_2+a_{22}x_2\left(-\frac{1}{t+1}x_1-10x_2\right)$$

再取 $a_{11}=1, a_{22}=t+1$,即得梯度

$$\nabla V=\begin{bmatrix}x_1\\ (t+1)x_2\end{bmatrix}$$

积分,得

$$V(\boldsymbol{x})=\int_0^{x_1(x_2=0)}x_1\mathrm{d}x_1+\int_0^{x_2(x_1=x_2)}(t+1)x_2\mathrm{d}x_2=\frac{1}{2}[x_1^2+(t+1)x_2^2]$$

$V(\boldsymbol{x})$是正定的,其导数为

$$\dot{V}(\boldsymbol{x})=\dot{x}_1x_1+\frac{x_2^2}{2}+(t+1)\dot{x}_2x_2=-(10t+9.5)x_2^2$$

显然 $\dot{V}(\boldsymbol{x})$是半负定的。但当 $\boldsymbol{x}\neq\boldsymbol{0}$ 时，$\dot{V}(\boldsymbol{x})\neq 0$，故系统在原点是全局渐近稳定的。

3. 根据物理意义诱导产生李雅普诺夫函数

在上述各小节中，李雅普诺夫函数都是从数学的观点得到的，即检查给定微分方程的数学特征，并寻找能使 $\dot{V}$ 为负的李雅普诺夫函数 V。我们没有对动态系统来自何方和物理系统具有哪些性质等问题给予很多注意。然而，这样一种纯粹数学的方法虽然对简单系统有效，但对于复杂的系统方程往往作用甚微。另外，如果工程含义和物理性质被适当地发掘，那么一种精巧的和强有力的李雅普诺夫分析方法可能适用于非常复杂的系统。

例 3.37 一个机械手系统位置控制器的全局渐近稳定性。机械手系统应用中的一个基本任务就是让机械手的操作手把物体从一点移到另一点，即机械手系统位置控制问题。在过去十年中，工程师们习惯使用比例-微分(proportion-differential，PD)控制器来控制机械手手臂。然而，对于这样的控制系统，其稳定性还没有理论证明，因为机械手的动态特性是高度非线性的。

一个机械手的手臂由旋转关节或平移关节连接起来的多连杆组成，最后一个连杆装备有某些末端执行装置(图 3.16)。具有几个连杆的机械手手臂的动力学问题可由几个方程组成的方程组来表示：

$$\boldsymbol{M}(\boldsymbol{q})\ddot{\boldsymbol{q}}+\boldsymbol{C}(\boldsymbol{q},\dot{\boldsymbol{q}})\dot{\boldsymbol{q}}+\boldsymbol{G}(\boldsymbol{q})=\boldsymbol{\tau} \tag{3.58}$$

式中，$\boldsymbol{q}$，$\dot{\boldsymbol{q}}$ 分别为 n 维关节位置向量和速度向量；$\boldsymbol{M}(\boldsymbol{q})$为 $n\times n$ 对称正定的机械手惯量矩阵；$\boldsymbol{C}(\boldsymbol{q},\dot{\boldsymbol{q}})\dot{\boldsymbol{q}}$ 为 n 维向心力矩和哥氏力矩向量；$\boldsymbol{G}(\boldsymbol{q})$为 n 维重力力矩向量；$\boldsymbol{\tau}$ 为 n 维关节输入力矩。

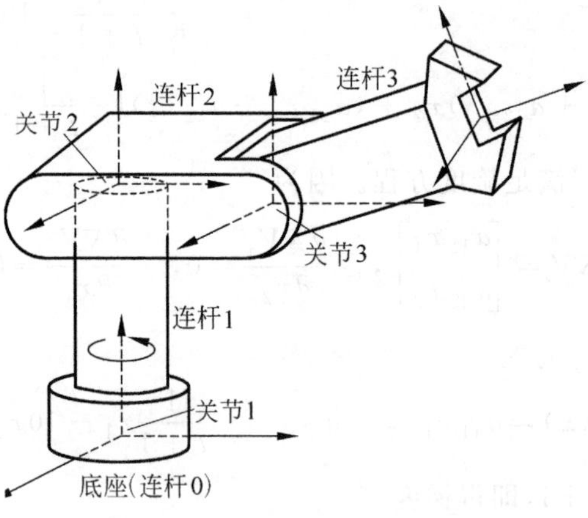

图 3.16 机械手

若选 $\boldsymbol{\tau}$ 为

$$\boldsymbol{\tau}=-\boldsymbol{K}_{\mathrm{D}}\dot{\boldsymbol{q}}-\boldsymbol{K}_{\mathrm{P}}\boldsymbol{q}+\boldsymbol{G}(\boldsymbol{q}) \tag{3.59}$$

式中，$\boldsymbol{K}_{\mathrm{D}}$ 和 $\boldsymbol{K}_{\mathrm{P}}$ 为 $n\times n$ 维正定常数矩阵。

对于由式(3.58)和式(3.59)定义的闭环动态系统，使用试凑法来寻找李雅普诺夫函数几乎是不可能的，因为式(3.58)包含了在工业中常见的五连杆或六连杆机械手手臂的数百项。因此，要说明$\dot{\boldsymbol{q}}\to 0$和$\boldsymbol{q}\to 0$，看来是很困难的。

然而，借助于对物理性质的理解，对于这样复杂的机械手系统也可以成功地求得李雅普诺夫函数。首先，注意到惯性矩阵$\boldsymbol{M}(\boldsymbol{q})$对任何$\boldsymbol{q}$都是正定的；其次，PD 控制项可以解释为模仿阻尼器和弹簧的组合。这样就得到一个候选李雅普诺夫函数：

$$V=\frac{1}{2}[\dot{\boldsymbol{q}}^{\mathrm{T}}\boldsymbol{M}\dot{\boldsymbol{q}}+\boldsymbol{q}^{\mathrm{T}}\boldsymbol{K}_{\mathrm{P}}\boldsymbol{q}]$$

式中，第一项表示机械手的动能，第二项表示与控制律(式(3.59))的实际弹力有关的“人工势能”。

在计算该函数的导数时，可以应用力学中的能量定理，该定理指出机械系统的动能变化率等于外力提供的功率，因此

$$\dot{V}=\dot{\boldsymbol{q}}^{\mathrm{T}}(\boldsymbol{\tau}-\boldsymbol{G})+\dot{\boldsymbol{q}}^{\mathrm{T}}\boldsymbol{K}_{\mathrm{P}}\boldsymbol{q}$$

把控制律(式(3.59))代入上述方程，得

$$\dot{V}=-\dot{\boldsymbol{q}}^{\mathrm{T}}\boldsymbol{K}_{\mathrm{D}}\dot{\boldsymbol{q}}$$

因为机械手臂不能被“黏”在任何点而使得$\boldsymbol{q}\neq\boldsymbol{0}$(该情况下加速度不等于 0 就很容易证明这一点)，根据不变集定理，机械手手臂必须在$\dot{\boldsymbol{q}}=\boldsymbol{0}$和$\boldsymbol{q}=\boldsymbol{0}$时停下来。这样，该系统实际上是全局渐近稳定的。

从例 3.37 能够学到两个经验：第一个经验是，在分析系统性能时，应尽可能多地使用物理性质；第二个经验是，像能量这样的物理概念，可以非常有用地帮助我们选择李雅普诺夫函数。

3.9.3　基于李雅普诺夫直接法的控制器设计

前面着重讨论了用于系统分析的李雅普诺夫直接法。在进行分析时，我们隐含地预定假设已经为该系统选择了某个控制律。然而，在许多控制问题中，其任务就是要为一给定装置找到某个合适的控制律。下面简要地讨论如何用李雅普诺夫直接法来设计稳定控制系统。

采用李雅普诺夫直接法进行控制设计基本上有两种方法，而且这两种方法都具有试凑的特点。第一种方法首先假设控制律的一种形式，然后找到一个李雅普诺夫函数来判断所选控制律能否导致系统稳定；相反地，第二种方法则先假设一个候选李雅普诺夫函数，然后找到一个控制律以使该候选函数成为真正的李雅普诺夫函数。

我们已在 3.9.2 节机械手 PD 控制的例子(例 3.37)中看到了第一种方法的应用，即根据物理直觉选取了一个 PD 控制器，而且也找到了一个李雅普诺夫函数，以说明得到的闭环系统的全局渐近收敛性。第二种方法可以通过下面的简单例子来说明。

例 3.38　调节器设计。考虑使系统

$$\ddot{x}-\dot{x}^{3}+x^{2}=u$$

稳定的问题，即使它达到平衡点$x\equiv 0$。根据例 3.29 的分析，有充分理由选择下面形式的连续控制律u：

$$u=u_{1}(\dot{x})+u_{2}(x)$$

其中，当$\dot{x}\neq 0$时，$\dot{x}[\dot{x}^{3}+u_{1}(\dot{x})]<0$；当$x\neq 0$时，$x[x^{2}-u_{2}(x)]>0$。因此，系统方程变为

$$\ddot{x}-\dot{x}^{3}-u_{1}(\dot{x})+x^{2}-u_{2}(x)=0$$

选取如下李雅普诺夫函数：

$$V=\frac{1}{2}\dot{x}^2+\frac{1}{4}x^4$$

则

$$\dot{V}=\dot{x}\ddot{x}+\dot{x}x^3=\dot{x}[u_1(\dot{x})+\dot{x}^3]+\dot{x}[u_2(x)-x^2+x^3]$$

要使系统渐近稳定，则必须有$\dot{V}<0$。可通过选取$u_1(\dot{x})$和$u_2(x)$，使$\dot{V}$表达式中的第一项小于0，第二项等于0即可，即

$$\begin{cases}u_1(\dot{x})=-(r+1)\dot{x}^3, & r>0\\ u_2(x)=x^2-x^3\end{cases}$$

由此得

$$\dot{V}=-r\dot{x}^4<0$$

因此，所设计的控制律

$$u=u_1(\dot{x})+u_2(x)=-(r+1)\dot{x}^3+x^2-x^3$$

可以保证系统渐近稳定。

更一般地，不等式$\dot{x}\neq 0,\dot{x}[\alpha_1\dot{x}^3-u_1(\dot{x})]>0$和$x\neq 0,x[\alpha_2x^2-u_2(x)]>0$也意味着当在动力学系统中出现某些不确定性的情况时，也能够设计一个全局稳定的控制器。

例 3.39 考虑非线性系统

$$\ddot{x}+\alpha_1\dot{x}^3+\alpha_2x^2=u$$

式中，常数α_1和α_2为未知，但是当$\alpha_1>-2$和$|\alpha_2|<5$时，选取连续控制律：

$$u=u_1(\dot{x})+u_2(x)$$

选取如下李雅普诺夫函数：

$$V=\frac{1}{2}\dot{x}^2+5\left(\frac{1}{2}x^2+\frac{1}{4}x^4\right)$$

对李雅普诺夫函数求时间导数，得

$$\dot{V}=\dot{x}\ddot{x}+5\dot{x}(x+x^3)=\dot{x}[u_1(\dot{x})-\alpha_1\dot{x}^3]+\dot{x}[u_2(x)-\alpha_2x^2+5x+5x^3]$$

设下面的控制律能够使得系统全局稳定：

$$u=-2\dot{x}^3-5(x-x^2+x^3)$$

对于某些类型的非线性系统，以上述两种方法为基础，可以得出控制器的设计方法，如将要介绍的第6章的滑动模态变结构控制设计方法、第7章的自适应控制设计方法等。

最后，注意到下面这一点是很重要的，就像一个非线性系统可以是全局渐近稳定的，而它的线性近似却仅仅是临界稳定的情形一样，一个非线性系统可以是能控的，而它的线性近似却可以是不能控的。作为例子，考虑系统

$$\ddot{x}+\dot{x}^5=x^2u$$

只要令$u=-x$就可以使该系统渐近地收敛于0。然而，它的线性近似在$x=0$和$u=0$处为$\ddot{x}\approx 0$，是不能控的。

3.9.4 稳定系统的过渡过程及品质的估计

前面我们主要关心用李雅普诺夫函数如何进行稳定性分析。但是，李雅普诺夫函数有

时能够进一步提供对稳定系统的瞬态性能的估计，特别是李雅普诺夫函数允许估计渐近稳定的线性和非线性系统的收敛速率。这里，首先导出一个关于微分不等式的简单引理，然后说明怎样应用李雅普诺夫函数来确定线性或非线性系统的收敛速度。

1. 一个简单的收敛性引理

引理 3.5 如果一个实函数 $W(t)$ 满足不等式

$$\dot{W}(t)+\alpha W(t)\leqslant 0 \tag{3.60}$$

式中，α 为一正实数。那么

$$W(t)\leqslant W(0)\mathrm{e}^{-\alpha t}$$

证明 定义一个函数：

$$Z(t)=\dot{W}+\alpha W \tag{3.61}$$

式(3.60)说明 $Z(t)$ 是非正的。一次方程式(3.61)的解为

$$W(t)=W(0)\mathrm{e}^{-\alpha t}+\int_0^t \mathrm{e}^{-\alpha(t-r)}Z(r)\mathrm{d}r$$

因为上述等式右边第二项是非正的，所以有

$$W(t)\leqslant W(0)\mathrm{e}^{-\alpha t}$$

证毕。

引理 3.5 说明，如果 W 是一个非负函数，那么满足式(3.60)就能保证 W 指数收敛到零。应用李雅普诺夫直接法进行稳定性分析时，有时可以把 $\dot{V}$ 处理成式(3.60)一样的形式，在这种情况下，就可以推导出 V 的指数收敛性和收敛速度，进而状态的指数收敛速度也可以确定。

2. 估计线性系统的收敛速度

现在在李雅普诺夫分析的基础上估计一个稳定的线性系统的收敛速度。把矩阵 $\boldsymbol{P}$ 的最大特征值记作 $\lambda_{\max}(\boldsymbol{P})$，把 $\boldsymbol{Q}$ 的最小特征值记作 $\lambda_{\min}(\boldsymbol{Q})$，把它们的比 $\lambda_{\min}(\boldsymbol{Q})/\lambda_{\max}(\boldsymbol{P})$ 记作 γ。$\boldsymbol{P}$ 与 $\boldsymbol{Q}$ 的正定性意味着这些标量都是严格正的。由于

$$\boldsymbol{P}\leqslant\lambda_{\max}(\boldsymbol{P})\boldsymbol{I},\quad \lambda_{\min}(\boldsymbol{Q})\boldsymbol{I}\leqslant\boldsymbol{Q}$$

因此有

$$\boldsymbol{x}^{\mathrm{T}}\boldsymbol{Q}\boldsymbol{x}\geqslant\frac{\lambda_{\min}(\boldsymbol{Q})}{\lambda_{\max}(\boldsymbol{P})}\boldsymbol{x}^{\mathrm{T}}[\lambda_{\max}(\boldsymbol{P})\boldsymbol{I}]\boldsymbol{x}\geqslant\gamma V$$

由

$$\dot{V}=-\boldsymbol{x}^{\mathrm{T}}\boldsymbol{Q}\boldsymbol{x}$$

得

$$\dot{V}\leqslant-\gamma V$$

根据引理 3.5，有

$$\boldsymbol{x}^{\mathrm{T}}\boldsymbol{P}\boldsymbol{x}\leqslant V(\boldsymbol{0})\mathrm{e}^{-\gamma t}$$

再联系 $\boldsymbol{x}^{\mathrm{T}}\boldsymbol{P}\boldsymbol{x}\geqslant\lambda_{\min}(\boldsymbol{P})\|\boldsymbol{x}(t)\|^2$ 这一明显事实，可知状态 $\boldsymbol{x}$ 至少以 $\gamma/2$ 的速度收敛于原点。

人们可能很自然地想知道该收敛速度的估计是怎样随 $\boldsymbol{Q}$ 的选择而变化的，以及它与线性理论中的主导极点的普通概念关系如何。一个有趣的结论是，收敛速度估计在 $\boldsymbol{Q}=\boldsymbol{I}$ 时

最大。事实上，令 P_0 为 $Q=I$ 时李雅普诺夫方程的解，则

$$A^{\mathrm{T}}P_0+P_0A=-I$$

而令 P 为对应于 Q 的某个其他选择的解：

$$A^{\mathrm{T}}P+PA=-Q_1$$

可以假设 $\lambda_{\min}(Q_1)=1$ 而不失一般性。因为改变 Q_1 的比例将以同样的系数改变 P 的比例，所以不会影响对应 γ 的值。上述两个方程相减可得

$$A^{\mathrm{T}}(P-P_0)+(P-P_0)A=-(Q_1-I)$$

现在既然 $\lambda_{\min}(Q_1)=1=\lambda_{\max}(I)$，那么矩阵 (Q_1-I) 是半正定的，因而上述方程也就意味着 $(P-P_0)$ 是半正定的，因此

$$\lambda_{\max}(P)\geqslant\lambda_{\max}(P_0)$$

因为 $\lambda_{\min}(Q_1)=1=\lambda_{\max}(I)$，收敛速度估计

$$\gamma=\lambda_{\min}(Q)/\lambda_{\max}(P)$$

对应于 $Q=I$ 的值就大于（或等于）对应于 $Q=Q_1$ 的值。

对应于选择 $Q=I$，γ 的"最优"值的意义可以很容易理解。为了简化起见，假定矩阵 A 的所有特征值是实的而且互异的，因此矩阵 A 是可对角化的，即存在一个状态坐标的变换，使得在状态坐标中 A 是对角矩阵。可以立即证明，在该坐标系中，矩阵 $P=-(1/2)A^{-1}$ 满足 $Q=I$ 时的李雅普诺夫方程，因而相应的 $\gamma/2$ 就是线性系统的主导极点的绝对值。另外，可以很容易证明 γ 与状态坐标的选择无关。

3. 估计非线性系统的收敛速度

估计非线性系统的收敛速度也涉及对 V 的表达式进行运算以获得 V 的一个明显估计，不同之处在于，对于非线性系统，V 和 $\dot{V}$ 不必是状态的二次函数。

例 3.40　考虑如下非线性系统

$$\begin{cases}\dot{x}_1=x_1(x_1^2+x_2^2-1)-2x_1x_2^2\\ \dot{x}_2=2x_1^2x_2+x_2(x_1^2+x_2^2-1)\end{cases}$$

给定待定李雅普诺夫函数 $V=\|x\|^2$，其导数可以写作

$$\dot{V}=2V(V-1)$$

即

$$\frac{\mathrm{d}V}{V(1-V)}=-2\mathrm{d}t$$

不难求得上述方程的解：

$$V(x)=\frac{\alpha\mathrm{e}^{-2t}}{1+\alpha\mathrm{e}^{-2t}}$$

式中，

$$\alpha=\frac{V(\mathbf{0})}{1-V(\mathbf{0})}$$

如果 $\|x(0)\|^2=V(\mathbf{0})<1$，即如果轨线起始于单位圆内，那么 $\alpha>0$，而且

$$V(t)<\alpha\mathrm{e}^{-2t}$$

这就意味着状态向量的范数 $\|x(t)\|$ 以 1 的速率按指数律收敛于零。

然而，如果轨迹起始于单位圆外，即如果 $V(\mathbf{0})>1$，那么 $\alpha<0$，所以 $V(t)$ 和 $\|\boldsymbol{x}\|$ 在有限时间内趋向无穷大（该系统具有有限逃逸时间）。

本章小结

控制系统的一个基本问题就是稳定性。对于控制系统的稳定性，人们给出了各种定义和定理形式，但其中最基本的还是李雅普诺夫关于稳定性的定义和定理。本章介绍了多种稳定性的概念，如外部稳定性、内部稳定性、李雅普诺夫意义下的稳定性、渐近稳定性、指数稳定性、全局渐近稳定性、全局指数稳定性等；此外，还给出了判断稳定性的方法和定理，如李雅普诺夫间接法和直接法、不变集定理和巴巴拉特引理等。李雅普诺夫直接法基本上可以应用于所有的动态系统，而不管它是线性的还是非线性的、是连续时间的还是离散时间的、是小范围运动的还是大范围运动的。然而，该方法存在一个难题，即要为给定系统找到一个李雅普诺夫函数。因为一般不存在寻找李雅普诺夫函数的有效方法，所以人们不得不使用试凑、凭经验和直觉去寻找恰当的李雅普诺夫函数。对于如何构造李雅普诺夫函数，至今仍不断有新的成果出现。另外，非自治与自治系统稳定性理论的主要区别在于不变集定理不能应用于非自治系统，但通常可用一个简单而又有效的巴巴拉特引理来分析非自治系统的稳定性。不稳定性定理对于判断一些特殊非线性系统稳定性和不稳定性也是非常有益的，能够做到具体问题具体分析和处理。

一般地，把李雅普诺夫理论用于控制器设计是比较容易得益的，这是因为人们在设计中使用标量函数使之成为该闭环系统的一个李雅普诺夫函数时，可以有精细地修正动态特性（通过设计控制器）的自由。在后续章节中，我们将会看到李雅普诺夫理论在构造有效的非线性控制系统中的许多应用。因为稳定性理论内容非常丰富，至今仍不断有新的研究成果出现，所以本章的内容能够为读者深入研究有关问题提供基础知识。

习题

3.1　试确定下列非线性系统在原点 $\boldsymbol{x}_e=\mathbf{0}$ 处的稳定性。

(1) $\begin{cases}\dot{x}_1=x_1-x_2-x_1^3\\ \dot{x}_2=x_1+x_2-x_2^3\end{cases}$；

(2) $\begin{cases}\dot{x}_1=-x_1+x_2+x_1(x_1^2+x_2^2)\\ \dot{x}_2=-x_1-x_2+x_2(x_1^2+x_2^2)\end{cases}$。

3.2　考虑二阶非线性系统

$$\begin{cases}\dot{x}_1=x_2\\ \dot{x}_2=-\cos x_1-x_2\end{cases}$$

试求系统的平衡点，并在各平衡点处进行线性化，然后用李雅普诺夫间接法讨论平衡点的稳定性。

3.3 已知如下非线性系统状态方程:

$$\begin{cases}\dot{x}_1 = x_2 \\ \dot{x}_2 = -\dfrac{1}{a+1}x_1 - x_1^2 x_2, \quad a > 0\end{cases}$$

试用李雅普诺夫直接法确定其平衡点的稳定性,说明是否为大范围渐近稳定。

3.4 试确定如下非线性系统在 $\boldsymbol{x}_e = \boldsymbol{0}$ 处稳定时,其参数 a 和 b 的取值范围。

$$\begin{cases}\dot{x}_1 = x_2 \\ \dot{x}_2 = -x_1 - a x_2 - b x_2^3\end{cases}$$

其中,$a \geqslant 0$,$b \geqslant 0$,但两者不同时为零。

3.5 证明如果存在对称正定矩阵 $\boldsymbol{P}$ 和 $\boldsymbol{Q}$,使得

$$\boldsymbol{A}^{\mathrm{T}}\boldsymbol{P} + \boldsymbol{P}\boldsymbol{A} + 2\lambda\boldsymbol{P} = -\boldsymbol{Q}$$

则 $\boldsymbol{A}$ 的所有特征值都有一个严格小于 $-\lambda$ 的实部。

3.6 试证明系统

$$\begin{cases}\dot{x}_1 = x_2 \\ \dot{x}_2 = -(a_1 x_1 + a_2 x_1^2 x_2)\end{cases}$$

在 $a_1 > 0$,$a_2 > 0$ 时是全局渐近稳定的。

3.7 已知非线性系统的状态方程为

$$\begin{cases}\dot{x}_1 = -2x_1 + 2x_2^4 \\ \dot{x}_2 = -x_2\end{cases}$$

试用李雅普诺夫直接法判断系统的稳定性。

3.8 对于 $\boldsymbol{A}(t) + \boldsymbol{A}^{\mathrm{T}}(t)$ 的特征值,式(3.44)只是一个充分条件。例如,请说明具有矩阵

$$\boldsymbol{A}(t) = \begin{bmatrix} -1 & \mathrm{e}^{t/2} \\ 0 & -1 \end{bmatrix}$$

的线性时变系统是全局渐近稳定的。

3.9 设旋转刚性太空船的欧拉方程为

$$\begin{cases}J_1\dot{\omega}_1 = (J_2 - J_3)\omega_2\omega_3 + u_1 \\ J_2\dot{\omega}_2 = (J_3 - J_1)\omega_3\omega_1 + u_2 \\ J_3\dot{\omega}_3 = (J_1 - J_2)\omega_1\omega_2 + u_3\end{cases}$$

式中,$\omega_1 \sim \omega_3$ 为角速度向量沿主轴的分量;$u_1 \sim u_3$ 为力矩输入沿主轴的分量;$J_1 \sim J_3$ 为主转动惯量。

(1) 证明当 $u_1 = u_2 = u_3 = 0$ 时,原点 $\omega = 0$ 是稳定的。它是渐近稳定的吗?

(2) 假设力矩输入运用反馈控制 $u_i = -k_i\omega_i$,其中 $k_1 \sim k_3$ 是正常数,证明闭环系统的原点是全局渐近稳定的。

3.10　设非线性系统方程为

$$\begin{cases}\dot{x}_1=-x_2+ax_1^3\\ \dot{x}_2=x_1+ax_2^3\end{cases}$$

试利用李雅普诺夫间接法判断系统的稳定性。

3.11　设非线性系统方程为

$$\begin{cases}\dot{x}_1=-x_1+2x_1^2x_2\\ \dot{x}_2=-x_2\end{cases}$$

利用变量梯度法构造李雅普诺夫函数，并分析系统的稳定性。

3.12　设系统的状态方程为

$$\begin{cases}\dot{x}_1=x_2\\ \dot{x}_2=-x_1-x_2\end{cases}$$

试分析下列所给二次型函数 $v(\boldsymbol{x})$ 是否可以作为该系统的李雅普诺夫函数。

(1) $v(\boldsymbol{x})=x_1^2+x_2^2$；

(2) $v(\boldsymbol{x})=\frac{1}{2}(x_1+x_2)^2+x_1^2+\frac{1}{2}x_2^2$。

3.13　证明当且仅当存在一个使

$$V(\boldsymbol{x},t)\geqslant\phi(\|\boldsymbol{x}\|)$$

成立的 K 类函数 ϕ 时，函数 $V(\boldsymbol{x},t)$ 是径向无界的，其中函数 ϕ 满足 $\lim\limits_{\boldsymbol{x}\to\infty}\phi(\|\boldsymbol{x}\|)=\infty$。

3.14　请用第一个不稳定性定理说明单摆在垂直倒立位置上的不稳定性。

3.15　请说明，如果一个函数 f 是有界的和一致连续的，并且存在一个正定函数 $F(f,t)$，使得

$$\int_0^{\infty}F(f,t)\mathrm{d}t<\infty$$

则 $f(t)$ 当 $t\to\infty$ 时趋向于 0。

参考文献

[1]　SLOTINE J-J E, LI W P. Applied nonlinear control[M]. 北京：机械工业出版社，2004.
[2]　高为炳. 非线性控制系统导论[M]. 北京：科学出版社，1988.
[3]　冯纯伯，费树岷. 非线性控制系统分析与设计[M]. 北京：电子工业出版社，1998.
[4]　胡跃明. 非线性控制系统理论与应用[M]. 2 版. 北京：国防工业出版社，2005.
[5]　李殿璞. 非线性控制系统理论基础[M]. 北京：清华大学出版社，2014.
[6]　黄琳. 稳定性理论[M]. 北京：北京大学出版社，1992.
[7]　斯洛廷 J-J E，李卫平. 应用非线性控制[M]. 程代展，译. 北京：机械工业出版社，2006.
[8]　梅生伟，申铁龙，刘康志. 现代鲁棒控制理论与应用[M]. 北京：清华大学出版社，2003.
[9]　查雯婷，翟军勇，梁营玉. 含模型不确定性的上三角非线性系统的全局镇定[J]. 控制理论与应用，2020，37(8)：1790-1798.
[10]　VAN DER SCHAFT A J. 非线性控制中 L_2 增益和无源化方法[M]. 孙元章，刘前进，杨新林，译.

2 版. 北京：清华大学出版社，2002.
[11] TADEUSZ K，KAMIL B. Stability of positive nonlinear systems [C]//Proc. of 2017 22nd International Conference on Methods and Models in Automation and Robotics，2017：564-569.
[12] ZOU Y L，QIAN C J. A necessary and sufficient condition for stability of a class of planar positive nonlinear systems [J]. IEEE Control systems Letters，2021，5(2)：535-540.
[13] KOKOTOVIC P V，SUSSMANN H J. Positive real lemma and the global stabilization of nonlinear systems [J]. Syst. and Contr. Lett.，1989，13(1)：125-133.
[14] 黄琳. 稳定性与鲁棒性的理论基础[M]. 北京：科学出版社，2005.
[15] 杨惠珍，贺昱曜. 现代控制理论基础(英文)[M]. 西安：西北工业大学出版社，2016.
[16] 段广仁. 线性系统理论[M]. 哈尔滨：哈尔滨工业大学出版社，1997.
[17] 汪德澍. 非线性控制系统引论[M]. 成都：成都电讯工程学院出版社，1998.
[18] 仝茂达. 线性系统理论和设计[M]. 合肥：中国科技大学出版社，1998.
[19] 解学书，钟宜生. H_∞ 控制理论[M]. 北京：清华大学出版社，1994.
[20] ROZITA S，BABAK T. Stability analysis of networked control systems with generalized nonlinear perturbations [C]//Proc. of 2014 Smart Grid Conference，2014：1-6.

第4章

输入/输出稳定性

自从李雅普诺夫提出运动稳定性理论以来，已有一百多年的历史，但至今这项理论仍在不断发展之中。虽然李雅普诺夫稳定性理论是研究非线性系统非常有力的工具，但该方法也有不足之处，如它要从系统的状态方程描述来进行分析。有些系统由于存在结构不确定性，较难在有限维的状态空间中用确切的参数进行描述；又如分布参数系统，不能用有限维状态方程来描述。对于这些系统，就很难用李雅普诺夫方法来分析系统的稳定性。实际系统中常有许多不确定因素，为对付这些不确定性，人们常不在乎分析计算做得如何精确，因为要得到很精确的结果事实上难以办到，因而人们希望对系统特性的分析是稳健的(robust)。例如，尽管劳斯-赫尔维茨(Routh-Hurwitz)稳定判据能给出线性系统稳定的精确结果，但它要求精确地知道系统参数。与此相对应的，频域稳定判据和频率特性能给出系统总体的概貌，虽然由它给出的结果在定量上可能差一些，但至少在定性上较为鲁棒。这也是为什么工程人员对频域方法(包括多变量系统中的现代频域方法)普遍较为重视的原因。遗憾的是，频域方法只对于线性系统才能和代数方法等价，对于非线性系统不存在这种等价关系。若采用近似分析，则频域方法仍可用于非线性系统的分析和设计，如描述函数法就是如此。

为了概括地研究系统的输入和输出之间的相互关系，人们将泛函分析的方法应用于一般动态系统(包括线性及非线性系统)的分析之中，在这一领域桑伯格(Sanberg)[2]和扎姆斯(Zames)[3]做了开创性的工作。这种方法有利于概括地分析系统特性，对于解决某些系统的稳定性分析或动态品质的分析是较为有利的。当然，这并不是说这种输入/输出特性分析方法比李雅普诺夫方法更优越。通过本章的介绍，读者可以看出这种方法存在一大弱点，即分析估计过分粗糙，难以精确化。由于非线性系统十分复杂，若能掌握多种分析方法，从各种不同的角度来分析系统的特性，将使我们能更深入地了解非线性系统，使我们对非线性系统的分析和设计工作做得更好。

本章将泛函分析中的一些最基本的知识应用于一般系统(包括线性及非线性系统)的特性分析，研究输入和输出之间的相互关系及系统的稳定性。本章具体内容安排如下：4.1节给出范数、空间及其扩展的泛函分析理论基础，4.2节介绍输入/输出稳定性的概念，4.3节介绍小增益定理及其与李亚普诺夫稳定性的关系，4.4节介绍无源性及无源性定理，4.5节简要描述绝对稳定性的概念和定理，最后对本章内容进行小结。

4.1 范数、空间及其扩展

4.1.1 范数及其等价性

可以用范数来表示 $\mathbf{R}^n$ 中向量的一种整体大小，也可用它来表示一个线性算子在某种意义上的整体"增益"。范数实质上是距离概念的扩展。本节介绍有关范数的一些基本知识，利用这些知识可对系统整体特性及其中的变量做概括的、总体的定量估算或定性分析。

1. 范数的定义

用 X 表示 K 域(K 为 $\mathbf{R}$ 或 $\mathbf{C}$)的线性空间，用 θ 表示 X 中的零向量。用 ρ 表示 X 中的范数，它满足以下三个条件。

(1) 正定条件：

$$\boldsymbol{x} \in X \quad 和 \quad \boldsymbol{x} \neq \theta \Rightarrow \rho(\boldsymbol{x}) > 0 \tag{4.1}$$

(2) 齐次条件：

$$\rho(\alpha \boldsymbol{x}) = |\alpha| \rho(\boldsymbol{x}), \quad \forall \alpha \in K, \quad \forall \boldsymbol{x} \in X \tag{4.2}$$

(3) 三角形不等式：

$$\rho(\boldsymbol{x}+\boldsymbol{y}) \leqslant \rho(\boldsymbol{x}) + \rho(\boldsymbol{y}), \quad \forall \boldsymbol{x}, \boldsymbol{y} \in X \tag{4.3}$$

例如，$x=\alpha+\mathrm{j}\beta$，则$(\alpha^2+\beta^2)^{1/2}$ 是 x 的一种范数，它满足上述三个条件；$|x|^2$ 虽然满足正定条件，但不满足齐次条件，因此它不是 x 的一种范数。

在线性空间 X 中可以有多种赋范方式，只要满足以上三个条件即可。若范数 ρ 已经定义好，则称(X,ρ)为一赋范空间(normed space)。

1) 向量的范数

向量 $\boldsymbol{x} \in \mathbf{C}^n$ 可以有多种范数，常用的有

$$\| \boldsymbol{x} \|_1 \stackrel{\text{def}}{=} \sum_{i=1}^{n} |x_i| \tag{4.4}$$

$$\| \boldsymbol{x} \|_p \stackrel{\text{def}}{=} \left(\sum_{i=1}^{n} |x_i|^p\right)^{1/p}, \quad 1 \leqslant p < \infty \tag{4.5}$$

$$\| \boldsymbol{x} \|_\infty \stackrel{\text{def}}{=} \max_i |x_i| \tag{4.6}$$

式中，$\| \boldsymbol{x} \|_2$ 称为 $\boldsymbol{x}$ 的欧氏范数，它最常用。

设 X 是无限的复数序列 x 的空间，其中 $\boldsymbol{x}=(\xi_1,\xi_2,\cdots)$，$\xi_i \in \mathbf{C}$，$i=1,2,\cdots$。在 X 的某一恰当的子空间内的范数有

$$\| \boldsymbol{x} \|_1 \stackrel{\text{def}}{=} \sum_{i=1}^{n} |\xi_i| \tag{4.7}$$

$$\| \boldsymbol{x} \|_p \stackrel{\text{def}}{=} \left(\sum_{i=1}^{n} |\xi_i|^p\right)^{1/p}, \quad 1 \leqslant p < \infty \tag{4.8}$$

$$\| \boldsymbol{x} \|_\infty \stackrel{\text{def}}{=} \sup_{i \geqslant 1} |\xi_i| \tag{4.9}$$

并分别用 l_1, l_p, l_∞ 表示。

在上述定义中我们说范数是在某一恰当的子空间内，这是因为这些范数使得 $M=$

$\{\boldsymbol{x}\in X \mid \rho(\boldsymbol{x})<\infty\}$ 是 X 的线性子空间。确实，若 $\boldsymbol{x}_1,\boldsymbol{x}_2\in M$，则 $\boldsymbol{x}_1+\boldsymbol{x}_2\in M$，因为根据麦克夫斯基(Minkowski)不等式，有 $\rho(\boldsymbol{x}_1)+\rho(\boldsymbol{x}_2)\geqslant\rho(\boldsymbol{x}_1+\boldsymbol{x}_2)$。若 $\rho(\boldsymbol{x}_1),\rho(\boldsymbol{x}_2)$ 有界，则 $\boldsymbol{x}_1+\boldsymbol{x}_2$ 的范数也有界。

2) 函数的范数

对于连续变量函数，定义其范数为

$$\| f \|_1 \overset{\text{def}}{=} \int_0^\infty |f(t)|\,\mathrm{d}t \tag{4.10}$$

$$\| f \|_p \overset{\text{def}}{=} \left(\int_0^\infty |f(t)|^p\,\mathrm{d}t\right)^{1/p},\quad 1\leqslant p<\infty \tag{4.11}$$

$$\| f \|_\infty \overset{\text{def}}{=} \operatorname*{ess\,sup}_{t\in\mathbf{R}} |f(t)| = \inf\{a\in\mathbf{R} \mid \mu[\{t \mid |f(t)|\leqslant a\}]=0\} \tag{4.12}$$

这里讨论的函数是指勒贝格(Lebesque)可积的。$\mu[A]$ 表示集合 A 的勒贝格测度。以上范数分别用 L_1,L_p,L_∞ 来表示。用 ess 表示本质的，即将测度为零的无界点(如 δ 函数点)剔除在外。今后我们讨论的函数都是勒贝格可积的，因此将 ess 略去。

以上得到的各范数都满足有关范数的各公理，如距离的三角关系等。

2. 范数的等价性

当用范数分析某一向量或序列的某种性质时，用不同的范数常可得到相同的定性结论。这说明范数之间有一个等价关系。

若线性空间 X 中两个范数 $\|\cdot\|_a$ 和 $\|\cdot\|_b$ 之间满足以下关系：

$$m_i \| x \|_a \leqslant \| \cdot \|_b \leqslant m_\mu \| x \|_a,\quad \forall x\in X \tag{4.13}$$

式中，m_i 和 m_μ 为两个正数，则称此二范数等价。

如果两个范数是等价的，若用其一范数分析某一序列是收敛的，那么用另一范数分析此序列也会是收敛的。分析有界或无界结论也是相同的。既然存在这样的正数 m_i 和 m_μ 使得不等式(4.13)成立，那么上述结论显然是容易理解的。

对于范数的等价性有以下重要定理。

定理 4.1　在有限维空间 $\mathbf{C}^n$ 中所有的范数等价。

证明　(1) 首先证明当 $\boldsymbol{x}\in\mathbf{C}^n$ 趋向于 $\bar{\boldsymbol{x}}\in\mathbf{C}^n$ 时它的任一范数都是一连续函数，并且 $\|\boldsymbol{x}\|\rightarrow\|\bar{\boldsymbol{x}}\|$。记向量 $\boldsymbol{x}$ 的基底为 $\{\boldsymbol{e}_1,\boldsymbol{e}_2,\cdots,\boldsymbol{e}_n\}$，记 $\boldsymbol{x}$ 的第 i 个分量为 x_i，若 $\boldsymbol{x}\rightarrow\bar{\boldsymbol{x}}$，则 $x_i\rightarrow\bar{x}_i$，$i=1,2,\cdots,n$，因此根据范数的公理有

$$0\leqslant \big|\,\|\boldsymbol{x}\|-\|\bar{\boldsymbol{x}}\|\,\big| \leqslant \|\boldsymbol{x}-\bar{\boldsymbol{x}}\|$$

$$=\left\|\sum_{i=1}^n (x_i-\bar{x}_i)\boldsymbol{e}_i\right\| \leqslant \sum_{i=1}^n |x_i-\bar{x}_i|\,\|\boldsymbol{e}_i\|$$

由上式得到结论：若 $\boldsymbol{x}\rightarrow\bar{\boldsymbol{x}}$，则 $\|\boldsymbol{x}\|\rightarrow\|\bar{\boldsymbol{x}}\|$。

(2) 设

$$S_\infty=\{\boldsymbol{x}\in\mathbf{C}^n \mid \|\boldsymbol{x}\|_\infty=1\}$$

显然 S_∞ 是有界集合，并且是封闭的，因为它是封闭集合 $\{1\}$ 的连续映象 $\|\cdot\|_\infty$ 的逆象。用 $\|\cdot\|$ 表示 $\mathbf{C}^n$ 中的任一范数。上面已经证明函数 $\boldsymbol{z}\rightarrow\|\boldsymbol{z}\|$ 是一个连续函数，它在 S_∞ 中是封闭的、有界的。设此函数在 $\boldsymbol{z}_{\mathrm{m}}$ 和 $\boldsymbol{z}_{\mathrm{M}}$ 时达到极小和极大点，即

$$0<\|\boldsymbol{z}_{\mathrm{m}}\|\leqslant\|\boldsymbol{z}\|\leqslant\|\boldsymbol{z}_{\mathrm{M}}\|,\quad \forall \boldsymbol{z}\in S_\infty$$

设 $\boldsymbol{x}$ 为 $\mathbf{C}^n$ 的任一点，$\boldsymbol{x}\neq\boldsymbol{\theta}$，因此 $\boldsymbol{x}/\|\boldsymbol{x}\|_\infty\in S_\infty$。因此

$$\| \boldsymbol{z}_{\mathrm{m}} \| \leqslant \left\| \frac{\boldsymbol{x}}{\| \boldsymbol{x} \|_{\infty}} \right\| \leqslant \| \boldsymbol{z}_{\mathrm{M}} \|, \quad \forall \boldsymbol{x} \in \mathbf{C}^n, \boldsymbol{x} \neq \boldsymbol{\theta}$$

由此得

$$\| \boldsymbol{z}_{\mathrm{m}} \| \| \boldsymbol{x} \|_{\infty} \leqslant \| \boldsymbol{x} \| \leqslant \| \boldsymbol{z}_{\mathrm{M}} \| \| \boldsymbol{x} \|_{\infty}, \quad \forall \boldsymbol{x} \in \mathbf{C}^n$$

根据式(4.1)可知 $\|\cdot\|$ 与 $\|\cdot\|_{\infty}$ 等价。同理可以证明 $\|\cdot\|$ 与其他范数等价。

证毕。

定理 4.1 很有用。在做有界及收敛性等方面的分析时用一种范数得到的结论也适用于其他等价的范数,因此只要选用一种计算方便的范数来分析即可。

以上范数的等价是对有限维空间而言的,对无限维空间则不一定成立。

4.1.2 赋范空间与内积空间

1. 赋范空间与 Banach 空间

对于线性赋范空间,我们有如下定义。

定义 4.1 设 X 是数域 F($\mathbf{R}$ 或 $\mathbf{C}$)上的线性空间。若有一元实值泛函 $f: X \to \mathbf{R}$(将这一元实值泛函 $f(x)$ 记作 $\|x\|$)满足下面四条公理:

(1) $\|x\| \geqslant 0, \forall x \in X$(非负性);

(2) $\|x\| = 0 \Leftrightarrow x = \theta \in X$;

(3) $\|\alpha x\| = |\alpha| \|x\|, \forall \alpha \in F, \forall x \in X$(正奇性);

(4) $\|x+y\| \leqslant \|x\| + \|y\|, \forall x, y \in X$(三角不等式)。

则称 $\|x\|$ 为 x 的范数。若数域 F 为 $\mathbf{R}$(或 $\mathbf{C}$),则称 X 为赋范的实数(或复数)线性空间 $(X, \|\cdot\|)$,简称赋范空间,简记为 X。

定义 4.2 若 $\{x_n\} \subset (X, \|\cdot\|)$,$x^* \in X$,且当 $n \to \infty$ 时 $\|x_n - x^*\| \to 0$,则称序列 $\{x_n\}$ 收敛于 x^*(按范数 $\|\cdot\|$),称 x^* 是序列 $\{x_n\}$ 的极限,记作 $\lim\limits_{n\to\infty} x_n = x^*$ 或 $x_n \to x^*$ 或 $x_n \xrightarrow{\|\cdot\|} x^*$。

定义 4.3 若 $\{x_n\} \subset X$,且对任意 $\varepsilon > 0$,都存在着 $N > 0$,使得 $m, n > N$ 时,$\|x_n - x_m\| < \varepsilon$,则称 $\{x_n\}$ 为 $(X, \|\cdot\|)$ 中的本来列或柯西列。本来列也可以等价地定义为:对于任意的 $\varepsilon > 0$,都存在着 $N > 0$,使 $n > N$ 时,对于任意的正整数 p,都有 $\|x_{n+p} - x_n\| < \varepsilon$ 或 $\lim\limits_{n,m\to\infty} \|x_n - x_m\| = 0$。

若 $(X, \|\cdot\|)$ 中任意的本来列都在其中收敛,则称该赋范空间是完备的。完备的赋范空间称为巴拿赫(Banach)空间,简称 B 空间。

实数域的欧几里得空间 $\mathbf{R}^1, \mathbf{R}^2, \mathbf{R}^3$ 都是巴拿赫空间。

众所周知,$\mathbf{R}^2$ 中的向量 $\boldsymbol{x} - \boldsymbol{y}$ 的长度等于矢量 $\boldsymbol{x}$ 的终点与矢量 $\boldsymbol{y}$ 的终点间的距离(图 4.1)。与此相仿,在赋范空间 $(X, \|\cdot\|)$ 中,若用 $\|x - y\|$ 来定义 $x, y \in X$ 间的距离:

$$d(x, y) = \|x - y\| \tag{4.14}$$

它满足距离四公理。这种由范数 $\|\cdot\|$ 按式(4.14)定义的距离称为诱导距离。

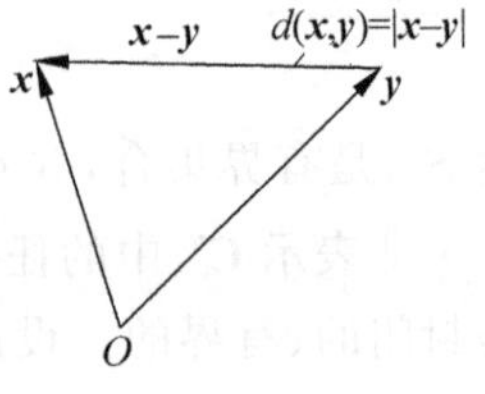

图 4.1 向量 $x-y$ 的长度

诱导距离 $d(x,y) = \|x - y\|$ 除满足距离四公理之外,

还满足平移不变性($d(x+a,y+a)=d(x,y)$)和相似性($d(\alpha x,0)=|\alpha|d(x,0)$)。其中 $\alpha\in F,a,x,y\in X$。这两种性质如图 4.2 所示。(证明略)

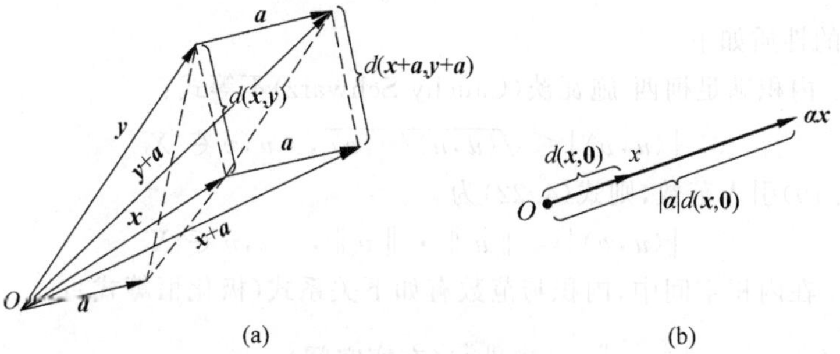

图 4.2　平移不变性和相似性

(a) 平移不变性；(b) 相似性

赋范空间的基本性质：由于赋范空间可以诱导出度量空间，因此度量空间的普遍性质也应适用于赋范空间。

定理 4.2　在赋范空间$(X,\|\cdot\|)$中，若 $x_n\to x^*$，则

(1) 收敛有唯一性；

(2) 对$\{x_n\}$的任意子列$\{x_{nk}\}$，都有 $x_{nk}\to x^*(k\to\infty)$；

(3) 集合$\{x_n\}$是有界的；

(4) $\|x_n\|\to\|x^*\|$(范数的连续性)。

定义 4.4　设 $X=(X,\|\cdot\|)$是线性赋范空间，$Y\subset X$，若 Y 本身也是一线性空间，则称$(Y,\|\cdot\|)$是 X 的赋范子空间，简称子空间；又若 Y 还是 X 中的闭集，则称 Y 是 X 的闭子空间。

定理 4.3　巴拿赫空间 X 的赋范子空间 Y 是完备的充要条件是：Y 是 X 中的闭集。

2. 内积空间

定义 4.5　设 X 是数域 $\mathbf{R}$(或复数域 $\mathbf{C}$)上的线性空间，若存在一个二元复值泛函 f：$X\times X\to\mathbf{R}$，将二元泛函 $f(x,y)$ 记作$\langle x,y\rangle$，且具有以下性质：

$$\langle x,y\rangle=\langle y,x\rangle,\quad\forall x,y\in X \tag{4.15}$$

$$\langle x,y+z\rangle=\langle x,y\rangle+\langle x,z\rangle,\quad\forall x,y,z\in X \tag{4.16}$$

$$\langle x,\alpha y\rangle=\alpha\langle x,y\rangle,\quad\forall\alpha\in F,\forall x,y\in X \tag{4.17}$$

$$\langle x,x\rangle\geqslant 0,\quad\langle x,x\rangle=0\Leftrightarrow x=\theta\in X \tag{4.18}$$

则称$\langle x,y\rangle$为 x 与 $y\in X$ 的内积(inner product)，并称 X 为(复)内积空间。

定义 4.6　在内积空间 X 中，定义范数为

$$\|x\|=\sqrt{\langle x,x\rangle} \tag{4.19}$$

从而$(X,\|\cdot\|)$构成一赋范空间。若内积空间按这种方式定义的赋范空间是完备的，则称该内积空间是完备内积空间或希尔伯特(Hilbert)空间。

在 $\mathbf{R}^n$ 上定义两个向量 $\boldsymbol{x},\boldsymbol{y}$ 的内积为

$$\langle\boldsymbol{x},\boldsymbol{y}\rangle=\sum_{i=1}^{n}x_iy_i \tag{4.20}$$

对于初值为零的连续函数系统，定义内积为

$$\langle f(\cdot),g(\cdot)\rangle=\int_0^{\infty} f(t)g(t)\mathrm{d}t \tag{4.21}$$

内积空间的性质如下。

定理 4.4 内积满足柯西-施瓦茨(Cauchy-Schwarz)不等式：

$$|\langle u,v\rangle|\leqslant\sqrt{\langle u,u\rangle\langle v,v\rangle},\quad u,v\in X \tag{4.22}$$

若按式(4.19)引入范数，则式(4.22)为

$$|\langle u,v\rangle|\leqslant\|u\|\cdot\|v\|,\quad u,v\in X \tag{4.23}$$

定理 4.5 在内积空间中，内积与范数有如下关系式(极化恒等式)：

$$\langle x,y\rangle=\frac{1}{4}(\|x+y\|^2-\|x-y\|^2)(\text{在实空间}) \tag{4.24}$$

$$\langle x,y\rangle=\frac{1}{4}(\|x+y\|^2-\|x-y\|^2+i\|x+iy\|^2-i\|x-iy\|^2)(\text{在复空间}) \tag{4.25}$$

定理 4.6 内积空间中范数满足平行四边形公式：

$$\|x+y\|^2+\|x-y\|^2=2(\|x\|^2+\|y\|^2) \tag{4.26}$$

再若 $x\perp y(\langle x,y\rangle=0,\forall x,y\in X)$，则还有

$$\|x\pm y\|^2=\|x\|^2+\|y\|^2(\text{勾股定理}) \tag{4.27}$$

其几何意义如图 4.3 所示。

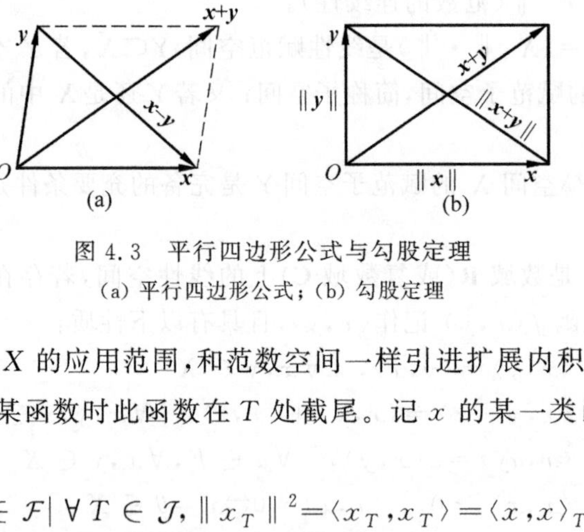

图 4.3 平行四边形公式与勾股定理

(a) 平行四边形公式；(b) 勾股定理

为了扩展内积空间 X 的应用范围，和范数空间一样引进扩展内积空间 X_e 的概念。同样投影算子 P_T 作用于某函数时此函数在 T 处截尾。记 x 的某一类函数为$\mathcal{F}$，$\mathcal{J}=\mathbf{R}^+$，定义 X_e 如下：

$$X_e\overset{\text{def}}{=}\{x\in\mathcal{F}\mid\forall T\in\mathcal{J},\|x_T\|^2=\langle x_T,x_T\rangle=\langle x,x\rangle_T<\infty\}$$

根据以上定义，由施瓦茨不等式，显然可以得到以下结果：

$$x,y\in X_e,\quad\text{则}\ \forall T\in\mathcal{J},\quad|\langle x_T,y_T\rangle|<\infty$$

4.1.3 L_q 空间及其扩展

这里给出 L_q，$q=1,2,\cdots,\infty$空间的一些基本概念及其扩展空间(extended space)。

定义 4.7 对于任意正整数 q，若有$\int_0^{\infty}|f(t)|^q\mathrm{d}t<\infty$，则称可测函数 $f(t)$：$\mathbf{R}^+\to\mathbf{R}$ 属于集合 $L_q[0,\infty)=L_q$，记为 $f(t)\in L_q$；若有 $\sup\limits_{t\in\mathbf{R}^+}|f(t)|<\infty$，则称可测函数 $f(t)$：

$\mathbf{R}^+ \to \mathbf{R}$ 属于集合 $L_\infty[0,\infty)=L_\infty$，记为 $f(t)\in L_\infty$。

众所周知，L_q 属于巴拿赫空间，即完备线性赋范空间，其范数定义为

$$\begin{cases} \| f \|_q = \left(\int_0^\infty |f(t)|^q \mathrm{d}t\right)^{1/q}, & q=1,2,\cdots \\ \| f \|_\infty = \sup\limits_{t\in[0,\infty)} |f(t)| \end{cases} \tag{4.28}$$

定义 4.8　如果向量函数 $\boldsymbol{x}(t)$：$\mathbf{R}^+ \to \mathbf{R}^n$，$\boldsymbol{x}=[x_1,x_2,\cdots,x_n]^\mathrm{T}$ 的每个分量 $x_i\in L_q(i=1,2,\cdots,n)$，且满足

$$\| \boldsymbol{x} \|_q = \left(\int_0^\infty |\boldsymbol{x}|^q \mathrm{d}t\right)^{\frac{1}{q}}, \quad q=1,2,\cdots,\infty$$

则称向量函数 $\boldsymbol{x}(t)=[x_1,x_2,\cdots,x_n]^\mathrm{T}$ 属于集合 L_q。

定义 4.9　给定任意函数 $f(t)$：$\mathbf{R}^+\to\mathbf{R}$，对于任意 $T\in\mathbf{R}^+$，函数 f_T：$\mathbf{R}^+\to\mathbf{R}$ 定义为

$$f_T(t)=\begin{cases} f(t), & 0\leqslant t<T \\ 0, & t\geqslant T \end{cases}$$

并称之为 f 在 T 处的截断函数。任意给定 $q=1,2,\cdots,\infty$，对于一切可测函数 $f(t)$：$\mathbf{R}^+\to\mathbf{R}$，当 $f_T\in L_q$，对于所有满足 $0\leqslant T<\infty$ 的 T 成立时，则 $f\in L_{qe}$，L_{qe} 称为扩展 L_q 空间。

一般的 $L_q\subset L_{qe}$，和 L_q 不同的是，L_{qe} 是线性空间却不是赋范空间。$\| f_T \|_q$ 是 T 的增函数，并有

$$\| f \|_q = \lim_{T\to\infty} \| f_T \|_q$$

式中，$f\in L_q$。

进一步考虑 L_2 的情况。此时在式(4.28)中定义的范数 $\| f \|_2$ 和内积存在一定的关系：

$$\langle f,g\rangle = \int_0^\infty f(t)g(t)\mathrm{d}t$$

$$\| f \|_2 = \langle f,f\rangle^{1/2}$$

这样 L_2 就构成了希尔伯特空间(定义了内积的完备线性空间)。

同样，记 V 为定义了内积 $\langle\cdot,\cdot\rangle_V$ 的有限维线性空间，则 $L_2(V)$ 也是一个希尔伯特空间，内积为

$$\langle f,g\rangle = \int_0^\infty \langle f(t),g(t)\rangle_V \mathrm{d}t$$

式中，$f,g\in L_2(V)$。

考虑任意一有限维准线性赋范空间 V，其范数为 $\|\cdot\|_V$，则 $L_q(V)$ 为满足下式的可测函数 f：$\mathbf{R}^+\to V$ 的集合：

$$\int_0^\infty \| f(t) \|_V^q \mathrm{d}t<\infty, \quad q=1,2,\cdots,\infty$$

定义范数

$$\| f \|_q = \left(\int_0^\infty \| f(t) \|_V^q \mathrm{d}t\right)^{1/q}$$

这样，对于任意 $q=1,2,\cdots,\infty$，$L_q(V)$ 是一个巴拿赫空间。

扩展空间 $L_{qe}(V)$ 的定义与定义 4.9 相似，即对于 f：$\mathbf{R}^+\to V$ 定义截断函数 f_T：$\mathbf{R}^+\to V$，

若对于所有 $0\leqslant T<\infty$ 有 $f_T\in L_q(V)$，则 $f\in L_{qe}(V)$。

现在取 U 为范数 $\|\cdot\|_U$ 上的 m 维线性空间，Y 为范数 $\|\cdot\|_Y$ 上的 p 维线性空间，考虑到输入信号空间 $L_{qe}(U)$ 和输出信号空间 $L_{qe}(Y)$，以及输入/输出算子：

$$G: L_{qe}(U)\to L_{qe}(Y)$$
$$u\mapsto G(u)$$

可以有如下定义。

定义 4.10　对于 $\forall T\geqslant 0, u\in L_{qe}(U)$，如果 $[G(u)]_T=[G(u_T)]_T$，则称算子 G：$L_{qe}(U)\to L_{qe}(Y)$ 为因果的(或不具有预测性质的)。

因果性即指 t 时刻在算子作用下的输出与 t 时刻以后的输入无关，只取决于 t 时刻当前和以前的输入。对于一个实际的物理系统，这一要求总是满足的。注意，两个因果系统的某种联结不一定总是因果的。引入扩展空间的概念后对于不稳定的系统也可以进行分析，这就扩展了分析的范围。

引理 4.1　算子 G：$L_{qe}(U)\to L_{qe}(Y)$ 为因果的，当且仅当

$$u,v\in L_{qe}(U), u_T=v_T\Rightarrow[G(u)]_T=[G(v)]_T,\quad \forall T\geqslant 0$$

引理 4.1 表明，在区间 $[0,T]$ 上任意给定两个相同的输入信号 u 和 v，如果其对应的输出在同一区间内也相等，那么 G 是因果的或不可预测的。

4.2　输入/输出稳定性的概念

设非线性系统为

$$\begin{cases}\dot{x}=f(x,u,t)\\ y=g(x,u,t)\end{cases}\tag{4.29}$$

本节首先介绍输入/输出稳定性的基本定义。

定义 4.11　设算子 H：$L_{pe}^n(U)\to L_{pe}^m(Y)$。如果①当 $u\in L_p^n(U)$ 时，$Hu\in$：$L_p^m(Y)$，②存在有限常数 k,b，使得

$$\|Hu\|_p\leqslant k\|u\|_p+b,\quad \forall u\in L_p\tag{4.30}$$

就称映射(算子)H 为 L_p 稳定的。

如果 $p=\infty$，那么 L_∞ 稳定性的概念就是有界输入有界输出(bounuded input-bounded output，BIBO)稳定性。也就是说，如果输入为 $u\in L_\infty$ 是有界的，输出为 $Hu\in L_\infty$ 是有界的，而且式(4.30)成立，那么系统就是 L_∞ 稳定的。

定义 4.12　映射 H：$L_{pe}^n\to L_{pe}^m$ 是有限增益 L_p 稳定的(finite-gain stable)，如果存在非负常数 γ 和 β，对所有 $u\in L_{pe}^n$ 和 $T\in[0,\infty)$ 使得

$$\|(Hu)_T\|_p\leqslant\gamma\|u_T\|_p+\beta,\quad \forall u\in L_p\tag{4.31}$$

对于满足式(4.31)的最小增益 γ 被称为系统增益，并说系统有一个小于或等于 γ 的 L 增益。

例 4.1　考虑由

$$Hu(t)=\int_0^t e^{-\alpha(t-\tau)}u(\tau)d\tau\tag{4.32}$$

定义的映射 H，其中 $\alpha>0$ 是给定的常数。假设想要研究该系统的 L_∞ 稳定性。首先建立

$H: L_{\infty e}(U) \to L_{\infty e}(Y)$，从而 H 是由定义 4.11 概括的那一类映射。因此，假设 $u \in L_{\infty e}$。于是对于每一个有限的 T，$\| u_T \|_\infty$ 都是有限的。因此，对于每一个有限的 T，存在一个有限的常数 m_T，使得

$$|u_T| \leqslant m_T, \quad \forall t \in [0,T]$$

为了证明 $Hu \in L_{\infty e}$，设用 g 表示 Hu，则

$$g(t) = \int_0^t e^{-\alpha(t-\tau)} u(\tau) d\tau$$

因此，对于 $t \leqslant T$，就有

$$|g(t)| \leqslant \int_0^t |e^{-\alpha(t-\tau)}| \cdot |u(\tau)| d\tau \leqslant \int_0^t m_T |e^{-\alpha(t-\tau)}| d\tau$$

$$= \frac{m_T(1-e^{-\alpha t})}{\alpha} \leqslant \frac{m_T}{\alpha} \tag{4.33}$$

不等式(4.33)表明 $g(t)$ 在 $[0,T]$ 上有界。正因为该论证对于每一个有限的 T 都适用，所以由此可得，$g(t) \in L_{\infty e}$，即 $H: L_{\infty e} \to L_{\infty e}$。

其次证明映射 H 在定义 4.11 的意义上是 L_∞ 稳定的。假设 $u \in L_\infty$，则存在有限的常数 m，使得

$$|u(t)| \leqslant m, \quad \forall t \geqslant 0$$

利用和前面完全相同的推理，可以证明

$$|g(t)| \leqslant \frac{m}{\alpha}, \quad \forall t \geqslant 0 \tag{4.34}$$

因此，式(4.30)可以满足，其中 $k = 1/\alpha$，$b = 0$。这就证明了 H 是 L_∞ 稳定的。

例 4.2　为了说明定义 4.11 中的条件①和②之间的差别，设 H 是由

$$Hu(t) = [u(t)]^2$$

定义的映射。首先，容易证明 $H: L_{\infty e} \to L_{\infty e}$，因为如果

$$|u(t)| \leqslant m, \quad \forall t \in [0,T]$$

则

$$|Hu(t)| \leqslant m^2, \quad \forall t \in [0,T]$$

又根据同样的推理，显而易见，只要 $u \in L_\infty$，就有 $Hu \in L_\infty$。因此，H 满足定义 4.11 的条件①。但是，不存在有限常数 k, b，使得式(4.30)也可以满足。因为函数 $x \mapsto x^2$ 不能以形式为 $x \mapsto kx + b$ 的直线为界，这可以用图 4.4 来说明。

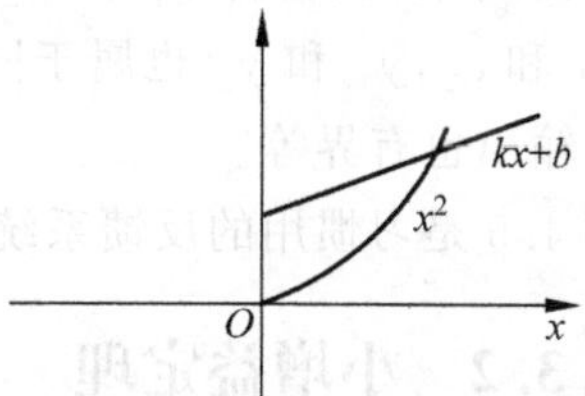

图 4.4　函数 x^2 与直线 $kx+b$ 的关系

例 4.3　考虑一系统，其输入/输出关系式如下：

$$Hu(t) = \int_0^t e^{t-\tau} u(\tau) d\tau$$

该映射 H 仍把 $L_{\infty e}$ 映射成其自身。为了看清这一点，设 $u \in L_{\infty e}$，于是对于每一个有限的 T，存在一个有限的常数 m_T，使得

$$|u(t)| \leqslant m_T, \quad \forall t \in [0,T]$$

这样一来，当 $t \in [0,T]$ 时，可得

$$|Hu(t)| \leqslant m_T \int_0^t |e^{(t-\tau)}| d\tau = m_T (e^T - 1) \tag{4.35}$$

此时，对于每一个有限的 T，式(4.35)右端是一个有限数，因此 $Hu \in L_{\infty e}$。

另外，若设定 $u(t)=1, \forall t$，就能够看出，H 不是 L_∞ 稳定的。于是 $u \in L_\infty$，而

$$Hu(t) = \int_0^t e^{(t-\tau)} d\tau = e^t - 1$$

不属于 L_∞(尽管它属于 $L_{\infty e}$)。因此，在 L_∞ 中至少有一个输入，其对应的输出不属于 L_∞，这说明 H 不是 L_∞ 稳定的。

4.3 小增益定理

本节利用范数的基本知识讨论反馈系统的总体特性，即有界输入有界输出稳定性，而后得到一般性的结果，这些结果既适用于线性系统，也适用于非线性系统。

4.3.1 问题描述

相当广泛的一类反馈系统可以用图 4.5 所示框图来表示。图 4.5 中，u_1, u_2 表示输入，y_1, y_2 表示输出，e_1, e_2 为误差，它们都是时间 t 的函数，且 $t \geqslant 0$。这些量之间的关系由以下公式表示：

$$\begin{cases} u_1 = e_1 + G_2(e_2) \\ u_2 = e_2 - G_1(e_1) \end{cases} \tag{4.36}$$

式中，G_1 和 G_2 为算子，这里并不规定它们必须是线性的。

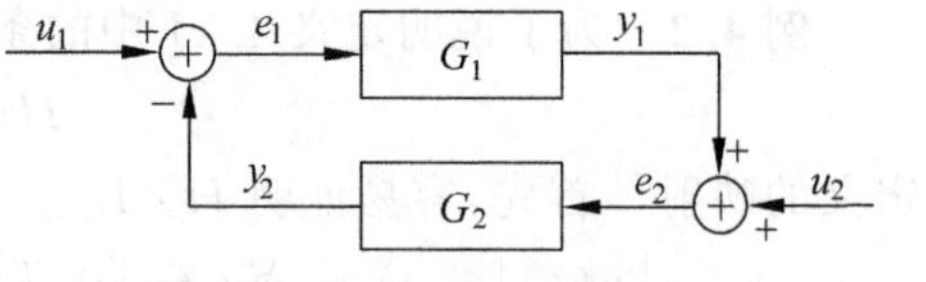

图 4.5 反馈控制系统框图

我们要研究的问题是：对 G_1 和 G_2 提出一些假设的约束，证明若 u_1 和 u_2 属于某一类，则输出 e_1 和 e_2，y_1 和 y_2 也属于同一类。例如，输入有界输出也有界等。

图 4.5 是习惯用的反馈系统表示法，这样的系统也可和端口电路的表示法对应。

4.3.2 小增益定理

小增益定理是具有广泛意义和用途的定理，它给出了有界输入产生有界输出的充分条件，而且这种有界性与解的存在性、唯一性等无关。

定理 4.7(小增益定理) 对于图 4.5 所示系统，设 $G_1, G_2: L_{qe} \to L_{qe}, e_1, e_2 \in L_{qe}$，并有

$$\begin{cases} u_1 = e_1 + G_2(e_2) \\ u_2 = e_2 - G_1(e_1) \end{cases} \tag{4.37}$$

设存在常数 $\beta_1, \beta_2, \gamma_1 \geqslant 0, \gamma_2 \geqslant 0$，使得

$$\left.\begin{aligned} \|[G_1(e_1)]_T\| \leqslant \gamma_1 \|e_{1T}\| + \beta_1 \\ \|[G_2(e_2)]_T\| \leqslant \gamma_2 \|e_{2T}\| + \beta_2 \end{aligned}\right\}, \quad \forall T \in \mathbf{R}^+ \tag{4.38}$$

在此情况下，若 $\gamma_1\gamma_2<1$，则有

$$\left.\begin{array}{l}\| e_{1T}\| \leqslant (1-\gamma_1\gamma_2)^{-1}(\| u_{1T}\| +\gamma_2\| u_{2T}\| +\beta_2+\gamma_2\beta_1)\\ \| e_{2T}\| \leqslant (1-\gamma_1\gamma_2)^{-1}(\| u_{2T}\| +\gamma_1\| u_{1T}\| +\beta_1+\gamma_1\beta_2)\end{array}\right\},\quad \forall T\in \mathbf{R}^+ \tag{4.39}$$

若另有 $\| u_1\|,\| u_2\|<\infty$，则 $e_1,e_2,y_1,y_2\in L_{qe}$。

证明　由式(4.37)知，对于 $\forall T\in\mathbf{R}^+$ 有

$$e_{1T}=u_{1T}-[G_2(e_2)]_T \tag{4.40}$$

因为所有的向量均属于 L_{qe}，所以有

$$\| e_{1T}\| \leqslant \| u_{1T}\| +\| [G_2(e_2)]_T\| \leqslant \| u_{1T}\| +\gamma_2\| e_{2T}\| +\beta_2,\quad \forall T\in\mathbf{R}^+$$

同理，由式(4.37)可得

$$\| e_{2T}\| \leqslant \| u_{2T}\| +\gamma_1\| e_{1T}\| +\beta_1,\quad \forall T\in\mathbf{R}^+$$

由于 $\gamma_2\geqslant 0$，得到

$$\| e_{1T}\| \leqslant \gamma_1\gamma_2\| e_{1T}\| +(\| u_{1T}\| +\gamma_2\| u_{2T}\| +\beta_2+\gamma_2\beta_1)$$

根据定理4.7的规定 $\gamma_1\gamma_2<1$，因此

$$\| e_{1T}\| \leqslant (1-\gamma_1\gamma_2)^{-1}(\| u_{1T}\| +\gamma_2\| u_{2T}\| +\beta_2+\gamma_2\beta_1)$$

其他结果也显然可得。

证毕。

下面对定理4.7做几点说明：

(1) 对于 $G_1: L_{qe}\to L_{qe}$，若存在 $\bar\beta_1$ 和 $\bar\gamma_1$ 使得

$$\| G_1(x)_T\| \leqslant \bar\gamma_1\| x_T\| +\bar\beta_1,\quad \forall x\in L_{qe},\forall T\in\mathbf{R}^+ \tag{4.41}$$

显然 $\bar\gamma_1$ 不唯一，我们感兴趣的是最小可能的 $\bar\gamma_1$ 并称之为 G_1 的增益，$\bar\gamma_1$ 定义为

$$\gamma(G)_1=\inf\{\bar\gamma_1\in\mathbf{R}^+\mid \text{存在}\ \bar\beta_1\ \text{使得式(4.41)成立}\}=\gamma_1 \tag{4.42}$$

(2) 定理4.7具有十分广泛的意义，它适用于单变量系统也适用于多变量系统，适用于连续系统也适用于离散系统，还适用于分布参数系统，只要范数存在即可。

(3) 定理4.7不能应用于无记忆的非线性系统，如：

$$\phi(e_1)=e_1+[|e_1|^{1/2}/(1+|e_1|^{1/2})]$$

也不适用于有时滞回环的继电器系统及有饱和的非线性系统。

(4) 定理4.7并未涉及系统解的存在性及唯一性。

若 $u_2=0$，则可不必分别考虑 G_1 和 G_2 的增益，此时可考虑整个回路 G_2G_1 的增益。于是可得以下推论。

推论4.1　对图4.5所示系统，若 $u_2\equiv 0$，设 $G_1,G_2: L_{qe}\to L_{qe}$，系统方程为

$$u_1=e_1+G_2(e_2)$$

$$e_2=G_1(e_1)$$

设存在常数 $\gamma_{21},\gamma_1,\beta_{21}$ 和 $\beta_1,\gamma_{21}\geqslant 0,\gamma_1\geqslant 0$，并且

$$\left.\begin{array}{l}\| \{G_2[G_1(e_1)]\}_T\| \leqslant \gamma_{21}\| e_{1T}\| +\beta_{21}\\ \| [G_1(e_1)]_T\| \leqslant \gamma_1\| e_{1T}\| +\beta_1\end{array}\right\},\quad \forall T\in\mathbf{R}^+$$

若 $\gamma_{21}<1$，则

$$\| e_{1T}\| \leqslant [1/(1-\gamma_{21})](\| u_{1T}\| +\beta_{21})$$

$$\| y_{1T} \| \leqslant [\gamma_1/(1-\gamma_{21})](\| u_{1T} \| + \beta_{21}) + \beta_1$$

此推论表明只要回路增益小于1,则系统为输入/输出有界,全系统的增益有界。

显然在此情况下,统一计算 G_2G_1 的增益 γ_{21} 比分开计算增益的保守程度将会降低。在一般情况下,计算增益 γ 并不是一件容易的事。小增益定理说明,如果一个系统的输入是有界的,输出也是有界的,则系统稳定,即BIBO稳定。

4.3.3 小增益定理的增量形式

引入以下用增量表示的小增益定理,此定理保证了解的存在性、唯一性、有界性及连续性。

定理4.8 考虑图4.5所示系统,假设对于任一 T,P_TL_{qe} 为完备的赋范空间(巴拿赫空间,$P_T: L_{qe} \to L_{qe}$ 为线性映射),设 $G_1, G_2: L_{qe} \to L_{qe}$,存在常数 $\tilde{\gamma}_1$ 和 $\tilde{\gamma}_2$ 使得

$$\| [G_1(\xi)]_T - [G_1(\xi')]_T \| \leqslant \tilde{\gamma}_1 \| \xi_T - \xi'_T \| \tag{4.43}$$

$$\| [G_2(\xi)]_T - [G_2(\xi')]_T \| \leqslant \tilde{\gamma}_2 \| \xi_T - \xi'_T \| \tag{4.44}$$

$$\forall T \in \mathbf{R}^+, \quad \forall \xi, \xi' \in L_{qe}$$

若 $\tilde{\gamma}_1\tilde{\gamma}_2 < 1$,则

(1) 对所有的 $u_1, u_2 \in L_{qe}$ 存在唯一的解 $e_1, e_2, y_1, y_2 \in L_{qe}$,这些解可用迭代求得;

(2) 映射 $(u_1, u_2) \mapsto (e_1, e_2)$ 在 $P_TL_{qe} \times P_TL_{qe}$ 和 $L_q \times L_q$ 中是一致连续的;

(3) 若零解 $u_1 = u_2 = 0$ 是属于 L_q 的,则 $u_1, u_2 \in L_q$ 导致 $e_1, e_2 \in L_q$。

证明 (1) 由式(4.37)可得

$$e_2 = u_2 + G_1[u_1 - G_2(e_2)]$$

由此得

$$e_{2T} = u_{2T} + \{G_1[u_1 - G_2(e_2)]\}_T, \quad \forall T \in \mathbf{R}^+$$

因为 G_1 和 G_2 均为有界算子,所以它们不是预测性的,即不含纯微分。因此,根据因果性的定义,由上式可得

$$e_{2T} = u_{2T} + (G_1\{u_{1T} - [G_2(e_{2T})]_T\})_T \tag{4.45}$$

$\forall e_{2T}, e'_{2T} \in P_TL_{qe}$,应有

$$\| (G_1\{u_{1T} - [G_2(e_{2T})]_T\})_T - (G_1\{u_{1T} - [G_2(e'_{2T})]\})_T \|$$

$$\leqslant \tilde{\gamma}_1 \| [G_2(e_{2T})]_T - [G_2(e'_{2T})]_T \| \leqslant \tilde{\gamma}_1\tilde{\gamma}_2 \| e_{2T} - e'_{2T} \| \tag{4.46}$$

由于 $\tilde{\gamma}_1\tilde{\gamma}_2 < 1$,式(4.46)表明,由式(4.45)经过迭代求取的 e_{2T} 是一个收敛序列,可以得到 P_TL_{qe} 的唯一解。用泛函分析的语言来说,这一结论是显然的。将式(4.45)看成 $e_{2T} = f(e_{2T})$ 的形式,根据式(4.46)和 $\tilde{\gamma}_1\tilde{\gamma}_2 < 1$,得知 f 是一压缩映射。这和定理中的 P_TL_{qe} 是完备赋范空间是一致的。

同理可证 e_{1T} 是唯一的。

(2) 对于 $\forall T \in \mathbf{R}^+$ 和任何 $(u_1, u_2), (u'_1, u'_2) \in L_{qe} \times L_{qe}$,均有唯一解 $(e_1, e_2), (e'_1, e'_2) \in L_{qe} \times L_{qe}$,并且

$$e_{1T} = u_{1T} - [G_2(e_{2T})]_T, \quad e'_{1T} = u'_{1T} - [G_2(e'_{2T})]_T$$

以上两式相减,取范数,可得

$$\| e_{1T} - e'_{1T} \| \leqslant \| u_{1T} - u'_{1T} \| + \tilde{\gamma}_2 \| e_{2T} - e'_{2T} \|$$

同理

$$\| e_{2T} - e'_{2T} \| \leqslant \| u_{2T} - u'_{2T} \| + \widetilde{\gamma}_1 \| e_{1T} - e'_{1T} \|$$

由此得到

$$\| e_{1T} - e'_{1T} \| \leqslant (\| u_{1T} - u'_{1T} \| + \widetilde{\gamma}_2 \| u_{2T} - u'_{2T} \|)(1 - \widetilde{\gamma}_1 \widetilde{\gamma}_2)^{-1} \quad (4.47)$$

由此可得定理4.8中(2)的结论。

(3) 在式(4.47)中令 $u'_{1T} = u'_{2T} = 0$，可以得到定理4.8中(3)的结论。

证毕。

定理4.8解决了存在性、唯一性、有界性和连续性四个问题。

若系统是线性的，则定理4.8中的条件(式(4.43)和式(4.44))显然满足，但系统也可以是非线性的。

4.3.4 L_q 稳定性及其与李雅普诺夫稳定性的联系

定义4.13 取算子 $G: L_{qe}(U) \to L_{qe}(Y)$，如果使

$$u \in L_q(U) \Rightarrow G(u) \in L_q(Y) \quad (4.48)$$

则称 G 满足 L_q 稳定，即 G 将子集 $L_q(U) \subset L_{qe}(U)$ 映射到子集 $L_q(Y) \subset L_{qe}(Y)$。

如果存在有限常数 γ_q 和 b_q，对于任何 $T \geqslant 0$ 均有

$$\| (G(u))_T \|_q \leqslant \gamma_q \| u_T \|_q + b_q, \quad \forall u \in L_{qe}(U) \quad (4.49)$$

则称 G 具有有限 L_q 增益。当式(4.49)中的 b_q 为零时，称 G 具有零偏差的有限 L_q 增益。

定义4.14 设 $G: L_{qe}(U) \to L_{qe}(Y)$ 具有有限 L_q 增益，在式(4.49)成立的条件下，则 G 的 L_q 增益定义为

$$\gamma_q(G) = \inf\{\gamma_q \mid \exists b_q\} \quad (4.50)$$

定义4.15 如果对于任意初始条件 $x_0 \in X$，输入/输出映射 G_{x_0} 将 $L_q(U)$ 映射到 $L_q(Y)$，则称状态空间系统 Σ 是 L_q 稳定的。如果存在一个有限常数 γ_q，使得对于任一初始条件均能找到一个有界常量 $b_q(x_0)$，且满足

$$\| [G_{x_0}(u)]_T \|_q \leqslant \gamma_q \| u_T \|_q + b_q(x_0), \quad \forall u \in L_{qe}(U),\ T \geqslant 0 \quad (4.51)$$

则称系统 Σ 具有有限 L_q 增益。

定理4.7和定理4.8表明当 $u_1, u_2 \in L_{qe}$ 时，则 $e_1, e_2, y_1, y_2 \in L_{qe}$，并且有

$$\| e_i \| \leqslant K(\| u_1 \| + \| u_2 \|), \quad \| y_i \| \leqslant K(\| u_1 \| + \| u_2 \|),$$
$$i = 1, 2, \quad \forall u_1, u_2 \in L_q$$

式中，K 为独立于 u_1 和 u_2 的常数。

该结果表明系流是输入/输出有界的，我们称这样的系统是 L_q 稳定的。

现在给出 L_2 增益的一个等价的定义。回顾定义4.13，如果存在一个有界的常数 γ 和 b，使得

$$\| [G(u)]_T \|_2 \leqslant \gamma \| u_T \|_2 + b, \quad \forall u \in L_{2e}(U), \forall T \geqslant 0 \quad (4.52)$$

则称输入/输出映射 $G: L_{2e}(U) \to L_{2e}(Y)$ 具有有限 L_2 增益。

另外，对于每一个 $\widetilde{\gamma} > \gamma$ 将存在 $\widetilde{b}$，使得

$$\| [G(u)]_T \|_2^2 \leqslant \widetilde{\gamma}^2 \| u_T \|_2^2 + \widetilde{b}, \quad \forall u \in L_{2e}(U), \forall T \geqslant 0 \quad (4.53)$$

反之，可以证明如果式(4.53)成立，那么对于每一个 $\gamma > \widetilde{\gamma}$，存在 b 使得式(4.52)成立。

引理 4.2 L_2 增益可以定义为

$$\gamma(G)=\inf\{\tilde{\gamma}\mid\exists\tilde{b},\text{使得式(4.53)成立}\}\tag{4.54}$$

证明 当 $y=G(u)$时，由式(4.52)可以看出

$$\left[\int_0^T\|y(t)\|^2\mathrm{d}t\right]^{\frac{1}{2}}\leqslant\gamma\left[\int_0^T\|u(t)\|^2\mathrm{d}t\right]^{\frac{1}{2}}+b$$

由式(4.53)可以得出

$$\int_0^T\|y(t)\|^2\mathrm{d}t\leqslant\tilde{\gamma}^2\int_0^T\|u(t)\|^2\mathrm{d}t+\tilde{b}$$

记 $Y=\int_0^T\|y(t)\|^2\mathrm{d}t, U=\int_0^T\|u(t)\|^2\mathrm{d}t$，对于不等式

$$Y^{\frac{1}{2}}\leqslant\gamma U^{\frac{1}{2}}+b$$

两边平方，有 $Y\leqslant\gamma^2U+2\gamma bU^{\frac{1}{2}}+b^2$。令 $\tilde{\gamma}>\gamma$，那么由上可知 $(\gamma^2-\tilde{\gamma}^2)U+2\gamma bU^{\frac{1}{2}}+b^2$ 为 U 的有上界函数，若取为 $\tilde{b}$，则有

$$Y\leqslant\tilde{\gamma}^2U+\tilde{b}$$

相反，如果 $Y\leqslant\tilde{\gamma}^2U+\tilde{b}$，那么 $Y^{\frac{1}{2}}\leqslant(\tilde{\gamma}^2U+\tilde{b})^{\frac{1}{2}}$。对于任意 $\gamma>\tilde{\gamma}$，存在 b 使得 $(\tilde{\gamma}^2U+\tilde{b})^{\frac{1}{2}}\leqslant\gamma U^{\frac{1}{2}}+b$，此时 $Y^{\frac{1}{2}}\leqslant\gamma U^{\frac{1}{2}}+b$。

证毕。

与李雅普诺夫稳定性分析相比，L_q 稳定性分析有其优点，如较为概括综合，有时较易得到结论；但也存在缺点，如有时过分粗略，不能像李雅普诺夫函数法那样较为精确地描述系统，并可对吸引域做出估计。当然，李雅普诺夫函数法也有自身的不足，如在一般情况下不易找到合适的保守程度小的李雅普诺夫函数。两者取长补短，互相启发可能是更好的办法。为说明两者之间的联系，下面给出一个例子。

例 4.4 考虑非线性系统

$$\dot{\boldsymbol{x}}=\boldsymbol{A}\boldsymbol{x}-\boldsymbol{f}(\boldsymbol{x},t),\quad \boldsymbol{x}(0)=\boldsymbol{x}\tag{4.55}$$

式中，$\boldsymbol{A}$ 为定常 $n\times n$ 矩阵，其特征值的实部均为负；f 为连续函数，并且 $\boldsymbol{x}\in L_2$ 导致 $\boldsymbol{f}(\boldsymbol{x},t)\in L_2$。

因此，此系统的平衡点 $\boldsymbol{x}_e=\boldsymbol{0}$ 是全局渐近稳定的。

现在来证明以上结论。根据式(4.55)可以作出图 4.6 所示系统。

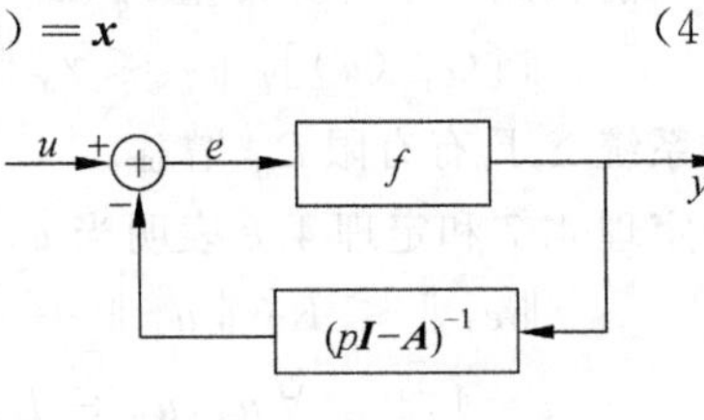

图 4.6 系统结构框图

由图 4.6 可得

$$\begin{cases}\boldsymbol{e}=\boldsymbol{u}-\int_0^t \mathrm{e}^{\boldsymbol{A}(t-\tau)}\boldsymbol{y}(\tau)\mathrm{d}\tau\\ \boldsymbol{y}(t)=\boldsymbol{f}[\boldsymbol{e}(t),t]\end{cases}$$

令 $\boldsymbol{u}=\boldsymbol{0}$，则由上式可得式(4.55)所示形式的系统方程：

$$\boldsymbol{x}(t)=\mathrm{e}^{\boldsymbol{A}t}\boldsymbol{x}_0-\int_0^t\mathrm{e}^{\boldsymbol{A}(t-\tau)}\boldsymbol{f}[\boldsymbol{x}(\tau),t]\mathrm{d}\tau$$

记

$$\begin{aligned} z(t) &= \int_0^t e^{A(t-\tau)} y(\tau) d\tau = \int_0^t e^{A(t-\tau)} f[x(\tau), t] d\tau \\ &= \int_0^{t/2} e^{A(t-\tau)} y(\tau) d\tau + \int_{t/2}^t e^{A(t-\tau)} y(\tau) d\tau \\ &= \int_{t/2}^t e^{A\tau} y(t-\tau) d\tau + \int_{t/2}^t e^{A(t-\tau)} y(\tau) d\tau \end{aligned}$$

由此得

$$\| z(t) \| \leqslant \int_{t/2}^t \| e^{A\tau} \| \| y(t-\tau) \| d\tau + \int_{t/2}^t \| e^{A(t-\tau)} \| \| y(\tau) \| d\tau$$

根据施瓦茨不等式,可得

$$\begin{aligned} \| z(t) \| &\leqslant \left[\int_{t/2}^t (\| e^{A\tau} \|)^2 d\tau\right]^{1/2} \left[\int_{t/2}^t \| y(t-\tau) \|^2 d\tau\right]^{1/2} + \\ &\quad \left[\int_{t/2}^t (\| e^{A(t-\tau)} \|)^2 d\tau\right]^{1/2} \left[\int_{t/2}^t \| y(\tau) \|^2 d\tau\right]^{1/2} \\ &\leqslant \left[\int_{t/2}^\infty (\| e^{A\tau} \|)^2 d\tau\right]^{1/2} \left[\int_0^\infty \| y(\tau) \|^2 d\tau\right]^{1/2} + \\ &\quad \left[\int_0^\infty (\| e^{A\tau} \|)^2 d\tau\right]^{1/2} \left[\int_{t/2}^\infty \| y(\tau) \|^2 d\tau\right]^{1/2} \end{aligned}$$

已知当 $f \in L_2$ 时有

$$\int_t^\infty f^2(\tau) d\tau \to 0, \quad t \to \infty$$

考虑到 A 稳定,$\| y(\cdot) \| \in L_2$,因此由上式得当 $t \to \infty$ 时,$z(t) \to 0$,系统全局渐近稳定。取 $u(t) = e^{At} x_0$,则 $e(t) = u(t) - z(t)$,因 A 稳定,显然 $u \in L_2$,可见图 4.6 所示系统是输入/输出有界的。

在以上分析中范数均为欧几里得范数。通过对图 4.6 所示系统的 L_2 稳定性分析证明了系统(式(4.55))的全局渐近稳定性。例 4.4 说明输入/输出分析和李雅普诺夫稳定性结合起来运用,可能更易得到结果。

4.4 无源性及无源性定理

4.4.1 无源性概念及其基本特性

无源性是电路网络理论中的一个概念,它表示耗能网络的一种性质,用于处理相对阶不超过 1 的由电阻、电容、电感组成的有理传递函数。无源性概念最早由卢里(Lurie)和波波夫(Popov)引入控制中,经过了雅库博维奇(Yakubovich)、卡尔曼(Kalman)、扎姆斯、德索(Desoer)、威廉斯(Willems),以及希尔(Hill)和莫伊兰(Moylan)等的发展,形成了现在的无源性概念。无源性定义有两类:一类是在研究非线性系统的输入/输出特性时,根据正实网络的耗能特性给出的基于输入/输出的无源性;另一类是基于状态空间描述,由系统耗散性引出的无源性定义。本节将主要介绍定义在 L_2 上的基于输入/输出的无源性概念,并将它用于动态系统的分析。

1. 无源性概念

在第 3 章中介绍过,李雅普诺夫函数是动态系统中能量概念的推广。因此从直观上,我们希望李雅普诺夫函数是“叠加的”,即组合系统的李雅普诺夫函数可以通过简单地把描述子系统的李雅普诺夫函数相加而得到。无源性理论把这一想法公式化,并且推导了一些简单规则去描述子系统或“方块”的组合,而子系统或“方块”是以类李雅普诺夫形式表达的。同时,它也代表了一种为反馈控制的目的而构造李雅普诺夫函数或类李雅普诺夫函数的方法。

首先回顾用状态表达的物理系统动态方程,不管是线性的还是非线性的,它都满足能量守恒方程:

$$\frac{\mathrm{d}}{\mathrm{d}t}[\text{存储的能量}]=[\text{外部功率输入}]+[\text{内部功率生成}]$$

外部功率输入项可以表示为一个输入 u(作用力或流量)和一个输出 y(流量或作用力)的标量积 $y^{\mathrm{T}}\cdot u$。

下面将更一般地考虑满足方程

$$\dot{V}_1(t)=\boldsymbol{y}_1^{\mathrm{T}}\cdot\boldsymbol{u}_1-g_1(t) \tag{4.56}$$

的系统,其中 $V_1(t)$ 和 $g_1(t)$ 是时间的标量函数,$\boldsymbol{u}_1$ 是系统输入,$\boldsymbol{y}_1(t)$ 是系统输出。从数学的观点,上述形式是十分普遍的(给定一个任意系统,其输入为 $\boldsymbol{u}_1(t)$,输出为 $\boldsymbol{y}_1(t)$。例如,可以令 $g_1(t)\equiv 0,V_1(t)=\int_0^t \boldsymbol{y}_1^{\mathrm{T}}(r)\boldsymbol{u}_1(r)\mathrm{d}r$)。正是 $V_1(t)$ 和 $g_1(t)$ 可能具有的这些物理的或类李雅普诺夫特性以及它们如何通过与相似系统的结合进行传递,使得我们对它们特别地加以关注。

方程式

$$V_1(t)=\int_0^t \boldsymbol{y}_1^{\mathrm{T}}(r)\boldsymbol{u}_1(r)\mathrm{d}r$$

实际上是输入/输出关系的内积形式表示。如果系统用算子 H 表示,则有 $y(t)=Hu$,那么以下用算子和内积表示无源性就好理解了。

对于一般的系统,其功率关系为

输入功率 + 初始存储的功率 = 剩余的功率 + 消耗的功率

无源性是指系统内部不产生功率,即系统内部没有功率源,如电压源、电流源等。

对于式(4.56),$g_1(t)$ 为内部功率,若其为正,则指系统消耗能量,系统为无源的;若其为负,则指系统内部生产功率,系统为有源的。例如,例 2.7 和例 3.7 中具有非线性阻尼的范德堡方程是有源的。

首先给出基于输入/输出的无源性概念。

定义 4.16 设算子 $H: L_{2\mathrm{e}}\rightarrow L_{2\mathrm{e}}$,且存在常数 δ,γ 和 β,使

$$\langle Hu_\tau,u_\tau\rangle\geqslant\delta\|u_\tau\|^2+\gamma\|Hu_\tau\|^2+\beta,\quad \forall u\in L_{2\mathrm{e}},\quad \forall\tau\in[0,\infty) \tag{4.57}$$

若 $\delta=0,\gamma=0$,则称 H 为无源的;若 $\delta>0,\gamma=0$,则称 H 为输入严格无源的,δ 为以输入 u 表示的无源度;若 $\delta=0,\gamma>0$,则称 H 为输出严格无源的,γ 为以输出 Hu 表示的无源度。

例 4.5 考虑静态非线性系统 $y=\varphi(u)$,其中 $\varphi(u)$ 属于扇区非线性$[\alpha,\beta]$,即

$$\alpha u^2\leqslant u\varphi(u)\leqslant\beta u^2,\quad 0\leqslant\alpha\leqslant\beta \tag{4.58}$$

则有 $uy\geqslant\alpha u^2$,即静态非线性是输入严格无源的,且具有无源度 α。又若 $\beta>0$,则 $uy\geqslant\frac{1}{\beta}y^2$,

即静态非线性也是输出严格无源的，且具有无源度$\frac{1}{\beta}$。

2. 无源系统的基本特性

无源系统重要的基本特性是其并联连接和负反馈连接是无源的，即有以下一些结果。

命题 4.1　设系统 $H_1, H_2: L_{2e} \to L_{2e}$，若系统 H_1 和 H_2 是无源的，则其并联连接是无源的。若进一步设系统 H_1 和 H_2 中有一个是输入严格无源的，则并联连接是输入严格无源的。

证明　根据假设，设

$$\langle H_i u, u\rangle_\tau \geqslant \delta_i \| u_\tau \|^2 + \beta_i, \quad i=1,2$$

则有

$$\langle (H_1 + H_2)u, u\rangle_\tau \geqslant (\delta_1 + \delta_2) \| u_\tau \|^2 + \beta_1 + \beta_2$$

从而当 $\delta_1+\delta_2 \geqslant 0$ 时整个系统是无源的；当 $\delta_1+\delta_2>0$ 时是严格无源的。

命题 4.2　如图 4.7 所示，设系统 $H_1, H_2: L_{2e} \to L_{2e}$，对任意 $T \geqslant 0$ 和 $e_i \in L_{2e}$，满足

$$\langle H_i e_\tau, e_\tau\rangle \geqslant \delta_i \| e_\tau \|^2 + \gamma_i \| H_i e_r \|^2 + \beta_i, \quad i=1,2 \tag{4.59}$$

式中，$\delta_i, \gamma_i, \beta_i$ 均为常数。整个闭环系统对输入(u_1, u_2)和输出(y_1, y_2)有：

(1) 若系统 H_1 和 H_2 都是无源的，即

$$\delta_i \geqslant 0, \quad \gamma_i \geqslant 0 \tag{4.60}$$

则整个系统是无源的。

(2) 若系统 H_1 和 H_2 都是输出严格无源的，即

$$\delta_i \geqslant 0, \quad \gamma_i > 0 \tag{4.61}$$

则整个系统是输出严格无源的。

(3) 若系统 H_1 和 H_2 都是既输入严格无源，又输出严格无源的，即

$$\delta_i > 0, \quad \gamma_i > 0 \tag{4.62}$$

则整个系统是输入严格无源的。

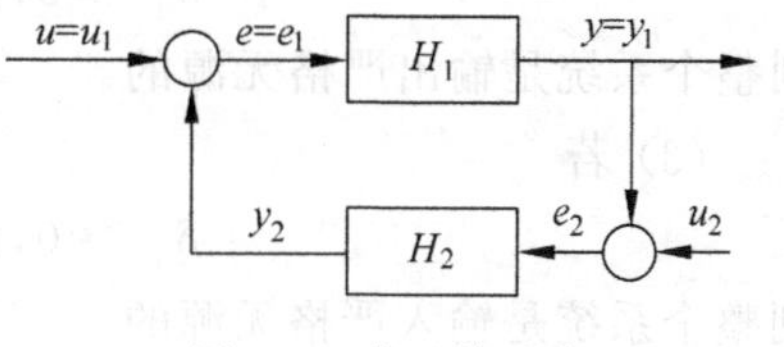

图 4.7　负反馈连接

证明　由图 4.7 有

$$\begin{cases} u_1 = e_1 + y_2 \\ u_2 = e_2 - y_1 \end{cases} \tag{4.63}$$

从而由式(4.63)得

$$\begin{aligned} \langle y_1, u_1\rangle_\tau + \langle y_2, u_2\rangle_\tau &= \langle y_1, e_1 + y_2\rangle + \langle y_2, e_2 - y_1\rangle \\ &= \langle y_1, e_1\rangle_\tau + \langle y_2, e_2\rangle_\tau \\ &\geqslant \delta_1 \| e_1 \|_\tau^2 + \delta_2 \| e_2 \|_\tau^2 + \gamma_1 \| y_1 \|_\tau^2 + \\ &\quad \gamma_2 \| y_2 \|_\tau^2 + \beta_1 + \beta_2 \end{aligned} \tag{4.64}$$

由式(4.64)、式(4.60)和式(4.61)，根据无源系统定义立即可知结论(1)和(2)成立。若式(4.62)成立，则根据施瓦茨不等式，有

$$\frac{\delta_1^2}{\gamma_2 + \delta_1} \| u_1 \|_\tau^2 - 2\delta_1 \langle y_2, u_1\rangle + (\gamma_2 + \delta_1) \| y_2 \|_\tau^2 \geqslant 0$$

从而由式(4.63)得

$$\delta_1 \| e_1 \|_\tau^2 + \gamma_2 \| y_2 \|_\tau^2 \geqslant \frac{\delta_1 \gamma_2}{\gamma_2 + \delta_1} \| u_1 \|_\tau^2 \tag{4.65}$$

同理可得

$$\delta_2 \| e_2 \|_\tau^2 + \gamma_1 \| y_1 \|_\tau^2 \geqslant \frac{\delta_2 \gamma_1}{\gamma_1 + \delta_2} \| u_2 \|_\tau^2 \tag{4.66}$$

将式(4.65)和式(4.66)代入式(4.64),得

$$\langle y_1, u_1 \rangle_\tau + \langle y_2, u_2 \rangle_\tau \geqslant \varepsilon(\| u_1 \|_\tau^2 + \| u_2 \|_\tau^2) + \beta$$

式中,$\varepsilon = \min\left\{\frac{\delta_1 \gamma_2}{\gamma_2 + \delta_1}, \frac{\delta_2 \gamma_1}{\gamma_1 + \delta_2}\right\}$;$\beta = \beta_1 + \beta_2$,这意味整个系统是输入严格无源的。

证毕。

在讨论反馈系统时,除非特别指出,我们总假设整个系统是适定的(well-posed)。命题4.2指出,图4.7所示的无源系统的反馈连接仍是无源的,但输入和输出都是扩展了的。实际上我们通常讨论反馈系统时一般没有 u_2,或者等同于 $u_2 = 0$,此时,类似的结论仍然成立。

定理 4.9 如图4.7所示,设系统 $H_i: L_{2e} \to L_{2e} (i=1,2)$,对任意 $\tau \geqslant 0$ 和 $e_i \in L_{2e}$ 满足式(4.59),并设 $u_2 = 0$。

(1) 若

$$\delta_1 \geqslant 0, \gamma_2 \geqslant 0, \quad 且 \quad \delta_2 + \gamma_1 \geqslant 0 \tag{4.67}$$

则整个系统是无源的。

(2) 若

$$\delta_1 \geqslant 0, \gamma_2 \geqslant 0, \quad 且 \quad \delta_2 + \gamma_1 > 0 \tag{4.68}$$

则整个系统是输出严格无源的。

(3) 若

$$\delta_1 > 0, \gamma_2 > 0, \quad 且 \quad \delta_2 + \gamma_1 > 0 \tag{4.69}$$

则整个系统是输入严格无源的。

证明 由式(4.59)得

$$\langle y, e \rangle_\tau \geqslant \delta_1 \| e_\tau \|^2 + \gamma_1 \| y_\tau \|^2 + \beta_1 \tag{4.70}$$

$$\langle u - e, y \rangle_\tau \geqslant \delta_2 \| y_\tau \|^2 + \gamma_2 \| (u - e)_\tau \|^2 + \beta_2 \tag{4.71}$$

上述两式相加得

$$\langle y, u \rangle_\tau \geqslant \delta_1 \| e \|_\tau^2 + \gamma_2 \| u - e \|_\tau^2 + (\gamma_1 + \delta_2) \| y \|_\tau^2 + \beta_1 + \beta_2 \tag{4.72}$$

从而若式(4.67)成立,则闭环系统是无源的。若式(4.68)成立,则闭环系统是输出严格无源的。又若式(4.69)成立,则由式(4.71)可得

$$\langle y, u \rangle_\tau \geqslant \frac{\delta_1 \gamma_2}{\delta_1 + \gamma_2} \| u \|_\tau^2 + \frac{\gamma_2^2}{\delta_1 + \gamma_2} \| u \|_\tau^2 - 2\gamma_2 \langle u, e \rangle_\tau + (\gamma_1 + \delta_2) \| e \|_\tau^2 + \beta_1 + \beta_2 \tag{4.73}$$

根据施瓦茨不等式,有

$$\frac{\gamma_2^2}{\delta_1 + \gamma_2} \| u \|_\tau^2 - 2\gamma_2 \langle u, e \rangle_\tau + (\gamma_1 + \delta_2) \| e \|_\tau^2 \geqslant 0$$

从而式(4.73)意味着闭环系统是输入严格无源的。

证毕。

根据命题 4.1,并联系统的输入无源度是可以互补的,因此一个输入严格无源的系统可以分解为一个无源系统和一个输入严格无源系统的并联连接。而根据定理 4.9,可以看出,对反馈连接系统,无源度在一定程度上也可以互补,反馈回路的输入无源度可以补偿直输通道的输出无源度,或者说,直输通道的输出无源度可以补偿反馈回路的输入无源度。这样,一个具有输出严格无源的系统可以分解成一个无源系统和一个输入严格无源系统的反馈连接,这些特性反过来也是成立的。因此,输入严格无源也称为输入直输无源(input feedforward passive,IFP),输出严格无源也称为输出反馈无源(output feedback passive,OFP)。

例 4.6　考虑线性定常系统 $H(s)=\dfrac{s+1}{s}$,它可以看成一个积分系统和一个单位直输的并联连接。由于纯积分是无源的,因此系统 $H(s)$ 具有输入严格无源度 1。

例 4.7　考虑线性定常系统 $H(s)=\dfrac{1}{s+1}$,它可以分解成一个积分系统和一个单位负反馈连接。由于纯积分是无源的,因此系统 $H(s)$ 具有输出严格无源度 1。

对无源系统来说,前面串联一个矩阵,后面串联该矩阵的转置,只要矩阵几乎处处非奇异,无源性就是不变的(串联的矩阵可以是系统内部状态的函数,也可以显带时间 t)。即有如下命题。

命题 4.3　若系统 H 是无源的,则图 4.8 所示的整个系统是无源的,即系统从输入 $\bar{u}$ 到输出 $\bar{y}$ 是无源的。

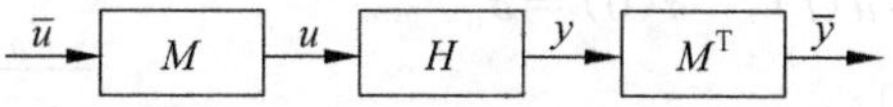

图 4.8　无源系统前后补偿

证明　系统 H 是无源的,$\int_0^\tau u^{\mathrm{T}} y \mathrm{d}t \geqslant 0$,从而有

$$\int_0^\tau \bar{u}^{\mathrm{T}} \bar{y} \mathrm{d}t=\int_0^\tau \bar{u}^{\mathrm{T}} M^{\mathrm{T}} y \mathrm{d}t=\int_0^\tau (M\bar{u})^{\mathrm{T}} y \mathrm{d}t=\int_0^\tau u^{\mathrm{T}} y \mathrm{d}t$$

即系统从输入 $\bar{u}$ 到输出 $\bar{y}$ 是无源的。

上面是在 L_e 中定义无源性的,这有利于扩展应用范围。也可以在 L 中定义无源性,如下:

$$\langle Hu, u\rangle \geqslant 0, \quad \forall u \in L$$

式中,$H: L \to L$。若 H 是因果性的,则两种定义的结果是一样的,但对于非因果的 H 则结果是不等价的。

下面举一些无源系统的例子。

例 4.8　设 $H: L_{\mathrm{e}}^2 \to L_{\mathrm{e}}^2$,系统方程如下:

$$Hu=h*u, \quad h \in \mathcal{A}, \quad u \in L_{\mathrm{e}}^2$$

因为 $h \in \mathcal{A}$,所以 H 是因果的,它是一个线性系统。对此有以下结果。

(1) H 是无源的充要条件是

$$\operatorname{Re}[\hat{h}(\mathrm{j}\omega)] \geqslant 0, \quad \forall \omega \in \mathbf{R} \tag{4.74}$$

(2) H 是严格无源的充要条件是

$$\mathrm{Re}[\hat{h}(\mathrm{j}\omega)] \geqslant \delta > 0, \quad \forall \omega \in \mathbf{R} \tag{4.75}$$

以上结论很容易证明。试做以下推导：

$$\begin{aligned}\langle u, h * u\rangle_T &= \langle u_T, h * u\rangle \\ &= \langle u_T, h * u_T\rangle \quad (\text{因 } H \text{ 是因果的}) \\ &= \frac{1}{2\pi}\int_{-\infty}^{\infty} \mathrm{Re}[\hat{h}(\mathrm{j}\omega)]\,|\hat{u}_T(\mathrm{j}\omega)|^2 \mathrm{d}\omega \quad (\text{根据帕塞瓦尔(Parseval)公式})\end{aligned}$$

考虑到

$$\| u_T \|^2 = \frac{1}{2\pi}\int_{-\infty}^{\infty} |\hat{u}_T(\mathrm{j}\omega)|^2 \mathrm{d}\omega$$

于是可得式(4.74)和式(4.75)。

以上对线性单变量系统得到了无源及严格无源的条件，此结果可以推广到多变量系统。设 n 输入 n 输出的多变量系统其传递函数矩阵为 $\hat{H}(s)$，则 H 为无源的充要条件是

$$\hat{H}(\mathrm{j}\omega) + \hat{H}(\mathrm{j}\omega)^* \geqslant 0, \quad \forall \omega \in \mathbf{R}$$

而 H 为严格无源的充要条件是

$$\lambda_{\min}[\hat{H}(\mathrm{j}\omega) + \hat{H}(\mathrm{j}\omega)^*] \geqslant \delta > 0, \quad \forall \omega \geqslant 0$$

式中，$\lambda_{\min}(\cdot)$为最小的本征值。

以上结果不难证明，留做练习。请注意，以上结果都将 $\omega=\infty$ 剔除在外。

例 4.9　考察图 4.9 所示单变量系统，用 H 表示 $u \rightarrow y$。由图 4.9 可得

$$q\dot{\sigma}(t) + \sigma(t) = u(t), \quad \sigma(0) = \sigma_0$$

$$y(t) = \phi[\sigma(t)]$$

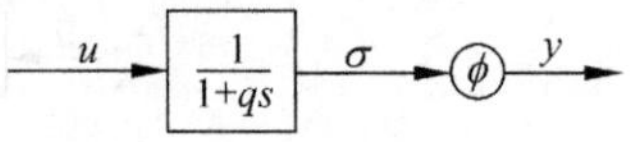

图 4.9　单变量系统

若 $q \geqslant 0$，并且 $\phi \in [0,\infty)$ 扇区，则 H 是无源的。

证明

$$\begin{aligned}\langle Hu, u\rangle_T &= \langle \phi(\sigma), u\rangle_T = \langle \phi(\sigma), q\dot{\sigma} + \sigma\rangle_T \\ &= q\int_0^T \phi[\sigma(t)]\dot{\sigma}(t)\mathrm{d}t + \int_0^T \sigma(t)\phi[\sigma(t)]\mathrm{d}t\end{aligned}$$

因 $\phi \in [0,\infty)$ 扇区，故上式中的第二项积分非负。定义

$$\varphi = \int_0^{\sigma} \phi(\xi)\mathrm{d}\xi$$

则 $\varphi(\sigma) \geqslant 0$，$\forall \sigma \in \mathbf{R}$，这样可得

$$\langle Hu, u\rangle_T \geqslant q\{\varphi[\sigma(T)] - \varphi[\sigma(0)]\}, \quad \forall u \in L_e^2, \forall T \geqslant 0$$

因 $q \geqslant 0$，故系统无源。

证毕。

注意：图 4.9 中 ϕ 位于 $1/(1+qs)$ 之后，若 ϕ 在 $1/(1+qs)$ 之前则不一定是无源的。读者可选择一恰当形式的 ϕ 来证明全系统不是无源的。

4.4.2　无源性定理

考察图 4.10 所示反馈连接系统，系统方程为

$$\begin{cases} e_1 = u_1 - H_2 e_2 \\ e_2 = H_1 e_1 \end{cases} \tag{4.76}$$

对此系统以下定理成立。

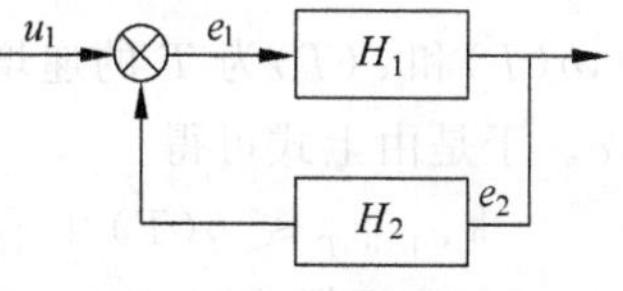

图 4.10　反馈连接系统

定理 4.10　对于图 4.10 所示反馈连接系统，若 $H_1, H_2: L_e \to L_e$，对任何一 $u_1 \in L$ 均在 L_e 中产生 e_1 和 e_2，此时若 H_1 是无源的，H_2 是严格无源的，则 $u_1 \in L_e$ 导致 $H_1 e_1 \in L$。

证明　根据式(4.76)，有

$$\langle u_1, H_1 e_1 \rangle_T = \langle e_1, H_1 e_1 \rangle_T + \langle H_2 e_2, e_2 \rangle_T \geqslant \delta_2 \| e_2 \|_T^2 + \beta_2, \quad \delta_2 > 0$$

因为 H_2 是严格无源的，所以 $\delta_2 > 0$。应用施瓦茨不等式，当 $u_1 \in L$ 时，得

$$\| u_1 \| \, \| H_1 e_1 \|_T \geqslant \delta_2 \| H_1 e_1 \|_T^2 + \beta_2, \quad \forall T \in \mathcal{J}$$

以上公式表明对任意 T，$\| H_1 e_1 \|_T$ 是有界的，所以 $e_2 = H_1 e_1 \in L$。

在定理 4.10 中并未说，当 e_1 和 $H_2 e_2 \in L$，是否可以找出相反的例子，即在某种 u_1 的作用下，e_1 和 $H_2 e_2$ 不属于 L_2。定理 4.10 只表明图 4.10 所示反馈连接系统是输入/输出有界的。

现在来讨论更一般的情况，有以下定理。

定理 4.11　对于图 4.5 所示系统，其方程表示为

$$\begin{cases} e_1 = u_1 - H_2 e_2 \\ e_2 = u_2 + H_1 e_1 \end{cases} \tag{4.77}$$

式中，$H_1, H_2: L_e \to L_e$ 假设对于 L 中的 u_1 和 u_2 将产生在 L_e 中的解 e_1 和 e_2，若存在常数 $\gamma_1, \beta_1, \delta_1, \beta_1', \varepsilon_2, \beta_2'$ 使得

$$\left.\begin{aligned} \| H_1 \boldsymbol{x} \|_T &\leqslant \gamma_1 \| \boldsymbol{x} \|_T + \beta_1 \\ \langle \boldsymbol{x}, H_1 \boldsymbol{x} \rangle_T &\geqslant \delta_1 \| \boldsymbol{x} \|_T^2 + \beta_1' \\ \langle H_2 \boldsymbol{x}, \boldsymbol{x} \rangle_T &\geqslant \varepsilon_2 \| H_2 \boldsymbol{x} \|_T^2 + \beta_2' \end{aligned}\right\} \forall \boldsymbol{x} \in L_e, \quad \forall T \in \mathcal{J} \tag{4.78}$$

若此时有

$$\delta_1 + \varepsilon_2 > 0 \tag{4.79}$$

则 $u_1, u_2 \in L \Rightarrow e_1, e_2, H_1 e_1, H_2 e_2 \in L$。

证明　根据系统方程(式(4.77))，有

$$\begin{aligned} &\langle e_1, H_1 e_1 \rangle_T + \langle H_2 e_2, e_2 \rangle_T \\ &= \langle u_1 - H_2 e_2, H_1 e_1 \rangle_T + \langle H_2 e_2, u_2 + H_1 e_1 \rangle_T = \langle u_1, H_1 e_1 \rangle_T + \langle H_2 e_2, u_2 \rangle_T \end{aligned}$$

利用式(4.78)和施瓦茨不等式可得

$$\begin{aligned} \delta_1 \| e_1 \|_T^2 + \varepsilon_2 \| H_2 e_2 \|_T^2 \leqslant{}& \| u_1 \|_T \gamma_1 \| e_1 \|_T + \\ & \beta_1 \| u_1 \|_T + \| u_2 \|_T \| H_2 e_2 \|_T - \beta_1' - \beta_2' \end{aligned}$$

因为 $H_2 e_2 = u_1 - e_1$，所以

$$\| H_2 e_1 \|_T^2 = \| u_1 - e_1 \|_T^2 \geqslant \| u_1 \|_T^2 - 2 \| u_1 \|_T \| e_1 \|_T + \| e_1 \|_T^2$$

将以上两式结合在一起，考虑到 $e_1 = u_1 - H_2 e_2$，用 $|\varepsilon_2|$ 代替 ε_2，可得

$$(\delta_1 + \varepsilon_2) \| e_1 \|_T^2 \leqslant \| e_1 \|_T [(2|\varepsilon_2| + \gamma_1) \| u_1 \|_T +$$

$$\|u_2\|_T] + \|u_1\|_T\|u_2\|_T + \beta_1\|u_1\|_T + |\varepsilon_2|\|u_1\|_T^2 - \beta_1' - \beta_2'$$

因已设 $\delta_1+\varepsilon_2>0$,故由上式可得以下形式的不等式:

$$\|e_1\|_T^2 \leqslant 2b(T)\|e_1\|_T + c(T)$$

式中,$b(T)$和$c(T)$为 T 的递增函数,但因 $u_1,u_2\in L$,故当 $T\to\infty$时它们趋向于常值,记为 b 和 c。于是由上式可得

$$\|e_1\|_T \leqslant b(T) + [b(T)^2 + c(T)]^{1/2} \leqslant b + (b^2+c)^{1/2}, \quad \forall T\in\mathcal{J} \tag{4.80}$$

因此 $e_1\in L$。根据式(4.78),H_1e_1,e_2,H_2e_2 也同样属于 L。

证毕。

在式(4.78)中称 ε_2 为 H_2 的以输出表示的无源度,其值可正可负。若 $\varepsilon_2=0$,则由式(4.79)得知必须 H_1 是严格无源的并且增益 γ_1 有界,同时 H_2 是无源的,此时定理 4.11 的结论才成立,即在 L 中的 u_1 和 u_2 将导致 e_1,e_2,H_1e_1,H_2e_2 均属于 L。这个要求看起来是偏苛刻的,然而对于一般的反馈系统,条件可以放宽。我们有以下推论。

推论 4.2 在定理 4.11 规定的条件下,以下结果成立:

(1) 若 $u_1\equiv 0$,则 $u_2\to H_2e_2$ 是无源的;

(2) 若 $u_2\equiv 0$,则 $u_1\to H_1e_1$ 是无源的。

证明 (1) 计算$\langle u_2,H_2e_2\rangle_T$。当 $u_1\equiv 0$ 时有 $e_1=-H_2e_2$,$u_2=e_2-H_1e_1$,因此

$$\begin{aligned}\langle u_2,H_2e_2\rangle_T &= \langle u_2-H_1e_1,H_2e_2\rangle_T\\ &= \langle e_1,H_1e_1\rangle_T + \langle H_2e_2,e_2\rangle_T\\ &\geqslant \delta_1\|e_1\|_T^2 + \beta_1' + \varepsilon_2\|H_2e_2\|_T^2 + \beta_2'\\ &= (\delta_1+\varepsilon_2)\|e_1\|_T^2 + \beta_1' + \beta_2' \geqslant \beta_1' + \beta_2'\end{aligned} \tag{4.81}$$

由此可知 $u_2\to H_2e_2$ 是无源的。但这并不能说它是严格无源的,从形式上看式(4.81)中的 $(\delta_1+\varepsilon_1)\|e_2\|_T^2$ 并未通过 u_2 或 H_2e_2 来表达,对于一般性质的 H_2 有可能使输出为零。

(2) 同理可以证明。

证毕。

推论 4.3 在定理 4.11 中若 $\beta_1=\beta_1'=\beta_2'=0$,则有界的 u_1 和 u_2 使 e_1,e_2,H_1e_1,H_2e_2 为 L_2 稳定。

证明 当 $\beta_1=\beta_1'=\beta_2'=0$ 时,式(4.80)中的 b 和 c 为 $\|u_1\|$ 和 $\|u_2\|$ 的一次和二次式,因此由式(4.80)可知,存在 $K<\infty$,使得

$$\|e_1\| = K\max(\|u_1\|,\|u_2\|)$$

结论其他部分也很容易证明。

证毕。

4.5 绝对稳定性

本节考虑一类具有特殊结构的非线性系统的绝对稳定性问题。系统的前向通道是一个线性定常系统,反馈部分是一个无记忆的非线性环节,即一个非线性静态映射,如图 4.11 所示。

该系统的方程可以写为

$$\dot{x} = Ax - b\phi(y) \tag{4.82a}$$

$$y = c^{T}x \tag{4.82b}$$

式中，ϕ 是某个非线性函数，$G(p) = c^{T}[pI - A]^{-1}b$。许多实际系统可以用这种结构来表示。

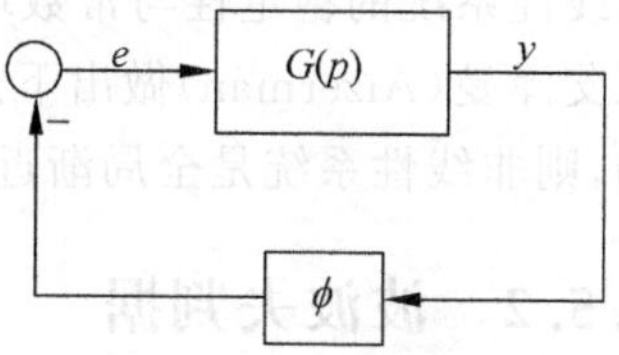

图 4.11　绝对稳定性问题的系统结构

4.5.1　绝对稳定性问题

在图 4.12 所示的非线性系统中，如果反馈通道只包含一个常数增益，即如果 $\phi(y)=\alpha y$，则整个系统即线性反馈系统，它的稳定性可以很简单地通过检查闭环系统矩阵 $A-abc^{T}$ 的特征值来确定。然而，当整个系统具有一个任意的非线性反馈函数 ϕ 时，其稳定性分析则是相当困难的。

在利用李雅普诺夫直接法分析这类系统时，我们通常希望非线性满足一个扇形条件，它的定义如下。

定义 4.17　一个连续函数 ϕ，如果存在两个非负数 k_1 和 k_2，使得

$$y \neq 0 \Rightarrow k_1 \leqslant \frac{\phi(y)}{y} \leqslant k_2 \tag{4.83}$$

则称函数 ϕ 属于扇形 $[k_1, k_2]$。

从几何意义上说，扇形条件（式(4.83)）意味着非线性函数总是位于直线 $k_1 y$ 和 $k_2 y$ 之间，如图 4.12 所示。

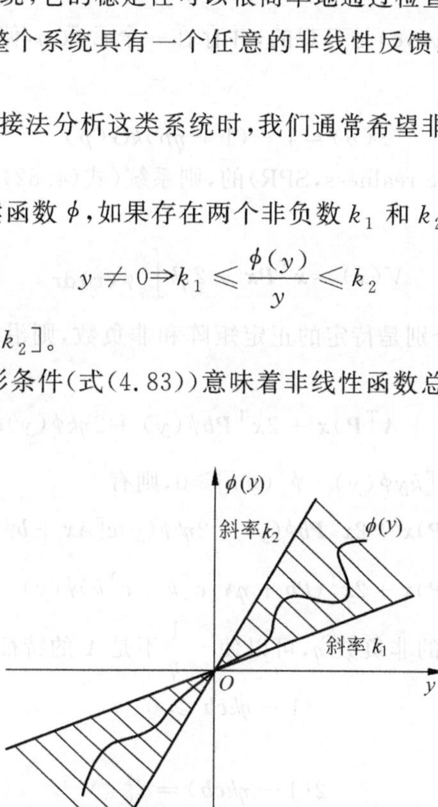

图 4.12　扇形条件(式(4.83))

式(4.83)意味着两个特性，第一是 $\phi(0)=0$；第二是 $y\phi(y)\geqslant 0$，即 $\phi(y)$ 的图形位于第一和第三象限。在后面的许多讨论中，我们将考虑一种 $\phi(y)$ 属于扇形 $[0,k]$ 的特殊情况，即对于 $k>0$，有

$$0 \leqslant \phi(y) \leqslant ky \tag{4.84}$$

假设非线性函数 $\phi(y)$ 是一个属于扇形 $[k_1, k_2]$ 的函数，并且前向通道的线性子系统矩阵 A 是稳定的（赫尔维茨的），那么，为了保证整个系统的稳定性，需要什么样的附加约束呢？图 4.12 所示的非线性函数是以两条相当于常数增益反馈的直线为界的，根据这一点，

好像非线性系统的稳定性与常数增益反馈系统的稳定性应该具有某种联系。1949 年,苏联科学家艾泽曼(Aizerman)做出下述推测:如果矩阵$[\boldsymbol{A}-\boldsymbol{b}\boldsymbol{c}^{\mathrm{T}}k]$对于所有的$k\in[k_1,k_2]$是稳定的,则非线性系统是全局渐近稳定的。然而,几个反例证明该推测是错误的。

4.5.2 波波夫判据

1959 年,波波夫(Popov)提出了一个对定常非线性系统很有价值的稳定性分析方法。该方法从线性部分的频率特性直接判别非线性系统的稳定性。后来,在波波夫判据的基础上,进一步提出了可以应用于非自治非线性系统的圆判据。

定理 4.12(波波夫定理) 考察系统(式(4.82)),设$k_1=0,k_2=k>0$,且$\boldsymbol{A}$是赫尔维茨矩阵。若$(\boldsymbol{A},\boldsymbol{b})$是可控的,$(\boldsymbol{A},\boldsymbol{c})$是可观的,并存在一个常数$\eta$,使得$\boldsymbol{A}$的特征值不含$-\frac{1}{\eta}$,且有理函数

$$z(p)=1-(1+\eta p)kG(p)$$

是严格正实(strictly positive realness,SPR)的,则系统(式(4.82))是绝对稳定的。

证明 构造正定函数:

$$V(\boldsymbol{x})=\boldsymbol{x}^{\mathrm{T}}\boldsymbol{P}\boldsymbol{x}+2\eta k\int_0^y\phi(\tau)\mathrm{d}\tau \tag{4.85}$$

式中,$\boldsymbol{P}=\boldsymbol{P}^{\mathrm{T}}\in\mathbf{R}^{n\times n}$和$\eta$分别是待定的正定矩阵和非负数,则沿系统(式(4.82))的任意轨迹,有

$$\dot{V}(\boldsymbol{x})\Big|_{(4.82)}=\boldsymbol{x}^{\mathrm{T}}(\boldsymbol{PA}+\boldsymbol{A}^{\mathrm{T}}\boldsymbol{P})\boldsymbol{x}+2\boldsymbol{x}^{\mathrm{T}}\boldsymbol{Pb}\phi(y)+2\eta k\phi(y)\boldsymbol{c}[\boldsymbol{Ax}+\boldsymbol{b}\phi(y)] \tag{4.86}$$

由式(4.84)可以得到$2[ky\phi(y)-\phi^2(y)]\geqslant 0$,则有

$$\begin{aligned}\dot{V}(\boldsymbol{x})\Big|_{(4.82)}&\leqslant\boldsymbol{x}^{\mathrm{T}}(\boldsymbol{PA}+\boldsymbol{A}^{\mathrm{T}}\boldsymbol{P})\boldsymbol{x}+2\boldsymbol{x}^{\mathrm{T}}\boldsymbol{Pb}\phi(y)+2\eta k\phi(y)\boldsymbol{c}[\boldsymbol{Ax}+\boldsymbol{b}\phi(y)]+2[ky\phi(y)-\phi^2(y)]\\&=\boldsymbol{x}^{\mathrm{T}}(\boldsymbol{PA}+\boldsymbol{A}^{\mathrm{T}}\boldsymbol{P})\boldsymbol{x}+2\boldsymbol{x}^{\mathrm{T}}(\boldsymbol{Pb}+\eta\boldsymbol{A}^{\mathrm{T}}\boldsymbol{c}^{\mathrm{T}}k+\boldsymbol{c}^{\mathrm{T}}k)\phi(y)-2(1-\eta k\boldsymbol{cb})\phi^2(y)\end{aligned}$$

因此,通过选择足够小的非负数η,可以使$-\frac{1}{\eta}$不是$\boldsymbol{A}$的特征值,且

$$1-\eta k\boldsymbol{cb}\geqslant 0$$

令

$$2(1-\eta k\boldsymbol{cb})=d_0^2$$

那么,若存在正定矩阵$\boldsymbol{P}$和向量$\boldsymbol{h}\in\mathbf{R}^n$及常数$\varepsilon>0$,满足

$$\begin{cases}\boldsymbol{A}^{\mathrm{T}}\boldsymbol{P}+\boldsymbol{PA}=-\boldsymbol{hh}^{\mathrm{T}}-\varepsilon\boldsymbol{P}\\\boldsymbol{Pb}=-\boldsymbol{c}^{\mathrm{T}}k-\eta\boldsymbol{A}^{\mathrm{T}}\boldsymbol{c}^{\mathrm{T}}k+\boldsymbol{h}^{\mathrm{T}}d_0\end{cases}$$

则

$$\begin{aligned}\dot{V}(\boldsymbol{x})\Big|_{(4.82)}&\leqslant-\varepsilon\boldsymbol{x}^{\mathrm{T}}\boldsymbol{Px}-\boldsymbol{x}^{\mathrm{T}}\boldsymbol{hh}^{\mathrm{T}}\boldsymbol{x}+2\boldsymbol{x}^{\mathrm{T}}\boldsymbol{h}d_0\phi(y)-d_0^2\phi^2(y)\\&\leqslant-\varepsilon\boldsymbol{x}^{\mathrm{T}}\boldsymbol{Px}-[\boldsymbol{h}^{\mathrm{T}}\boldsymbol{x}-d_0\phi(y)]^2\leqslant-\varepsilon\boldsymbol{x}^{\mathrm{T}}\boldsymbol{Px}\end{aligned}$$

注意到$y\phi(y)\geqslant 0$,则式(4.85)定义的$V(\boldsymbol{x})$满足$V(\boldsymbol{x})\geqslant 0,\forall x\in\mathbf{R}^n$,且由上式可知$\dot{V}(\boldsymbol{x})<0,\forall\boldsymbol{x}\neq\boldsymbol{0}$,故系统(式(4.82))对任意的$\phi(y)$是全局渐近稳定的,即该系统是绝对稳定的。

这一准则的应用可以用图 4.13 来简单说明。$z(s)$严格正实的充要条件是

$$\mathrm{Re}[z(\mathrm{j}\omega)]=\mathrm{Re}[1-(1+\mathrm{j}\eta\omega)kG(\mathrm{j}\omega)]>0$$

该条件等价于

$$\frac{1}{k}-\mathrm{Re}[(1+\mathrm{j}\eta\omega)G(\mathrm{j}\omega)]>0 \tag{4.87}$$

令传递函数

$$G(\mathrm{j}\omega)=X(\omega)+\mathrm{j}Y(\omega)$$

则式(4.87)等价于

$$\frac{1}{k}-[X(\omega)-\eta\omega Y(\omega)]>0$$

于是有系统(式(4.82))绝对稳定的充分条件是,复函数

$$G'(\mathrm{j}\omega)=X(\omega)+\mathrm{j}Y'(\omega)=\mathrm{Re}[G(\mathrm{j}\omega)]+b\mathrm{j}\omega\mathrm{Im}[G(\mathrm{j}\omega)]$$

在 X-Y'平面内位于直线

$$\eta Y'(\omega)-X(\omega)+\frac{1}{k}=0 \tag{4.88}$$

上方。

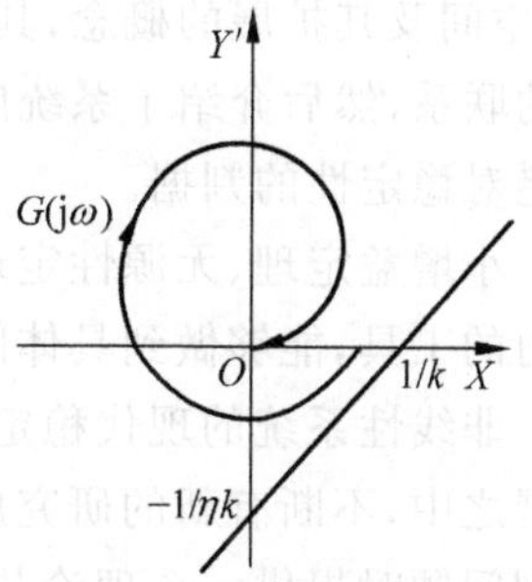

图 4.13　波波夫图

4.5.3　圆判据

奈魁斯特判据在非线性系统中的一个更直接的推广是圆判据(circle criterion),其基本思想可以陈述如下。

定理 4.13(圆判据)　如果系统(式(4.82))满足条件:

(1) 矩阵 **A** 在 jω 轴上没有特征值,并且有 ρ 个特征值严格地位于右半平面上。

(2) 非线性函数 ϕ 属于扇形$[k_1,k_2]$。

(3) 下述条件之一成立时:

$0<k_1\leqslant k_2$,$G(\mathrm{j}\omega)$的奈魁斯特曲线并不进入圆盘 $D(k_1,k_2)$,而是逆时针绕其 ρ 次;

$0=k_1<k_2$,$G(\mathrm{j}\omega)$的奈魁斯特曲线停留在 $\mathrm{Re}(p)>-1/k_2$ 的右半平面;

$k_1<0<k_2$,$G(\mathrm{j}\omega)$的奈魁斯特曲线停留在圆盘 $D(k_1,k_2)$内;

$k_1<k_2<0$,$-G(\mathrm{j}\omega)$的奈魁斯特曲线并不进入圆盘 $D(-k_1,-k_2)$,而是逆时针绕其 ρ 次。

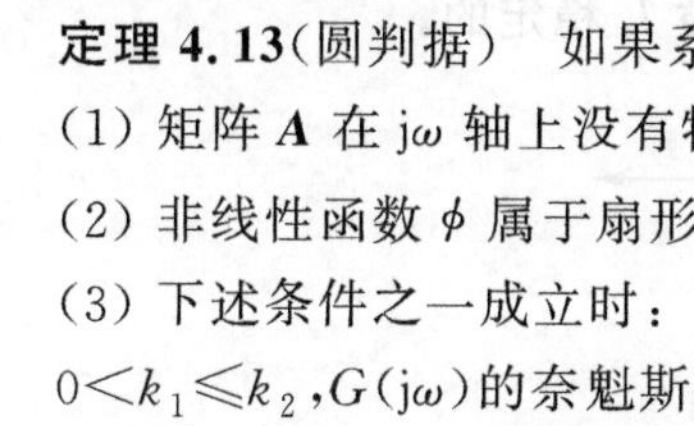

图 4.14　圆判据

则系统的平衡点 $\boldsymbol{x}_{\mathrm{e}}=0$ 是全局渐近稳定的。

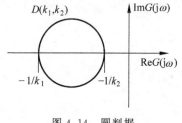

这样,可以看出,在奈魁斯特判据中的临界点为$-1/k$,在圆判据中则是图 4.14 中的圆(当 k_2 趋向于 k_1 时,即当圆锥扇形变得很窄时,该圆趋向于点$-1/k_1$)。当然,圆判据给出的是充分条件而不是必要条件。

圆判据可以推广至非线性非自治系统中。对于圆判据:

(1) 开环系统可以不稳定。

(2) 适用于(推广)非自治系统和自治系统。

(3) 奈魁斯特判据为其特例。

本章小结

虽然李雅普诺夫方法是分析非线性系统稳定性的有力工具，它可以应用于所有的动态系统，但对于复杂的非线性系统，人们常常希望对它的稳定性分析具有鲁棒性，即希望在输入有界的情况下能够得到一个有界的系统输出，这就形成了输入/输出稳定性理论。本章给出了复杂非线性系统的输入/输出稳定性理论。为了使读者容易理解，本章首先给出了范数、空间及其扩展的概念，其次介绍了系统的小增益定理及其 L_q 稳定性与李雅普诺夫稳定性的联系，然后介绍了系统的无源性概念及其无源性定律，最后介绍了一类特殊非线性系统的绝对稳定性的判据。

小增益定理、无源性定理及绝对稳定性对于判断一些特殊的非线性系统稳定性是非常有力的工具，能够做到具体问题具体分析和处理。

非线性系统的现代稳定性理论——输入/输出稳定性理论内容非常丰富，至今仍在不断发展之中，不断有新的研究成果出现。通过本章的学习，能够为读者在研究更深入的非线性控制问题时提供一个理论基础。

习题

4.1 考虑图 4.15 所示的反馈连接系统，证明从 (u_1, u_2) 到 (y_1, y_2) 的映射为有限增益 L 稳定的，当且仅当从 (u_1, u_2) 到 (e_1, e_2) 的映射为有限增益 L 稳定的。

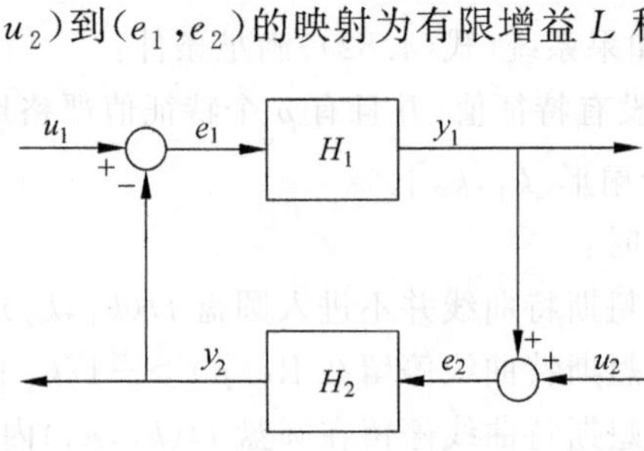

图 4.15 反馈连接系统

4.2 证明传递函数 $G(s)=(b_0 s+b_1)/(s_2+a_1 s+a_2)$ 是严格正实的，当且仅当所有系数都为正，且 $b_1<a_1 b_0$。

4.3 重新考虑图 4.15 所示的反馈连接系统，其中：

$$H_1:\begin{cases}\dot{x}_1=x_2\\ \dot{x}_2=-x_1-h_1(x_2)+e_1\\ y_1=x_2\end{cases}$$

且

$$H_2:\begin{cases}\dot{x}_3=-x_3+e_2\\ y_2=h_2(x_3)\end{cases}$$

h_1 和 h_2 是局部利普希茨函数，对于所有 z 满足 $h_1 \in (0,\infty]$，$h_2 \in (0,\infty]$，$|h_2(z)| \geqslant |z|/(1+z^2)$。

(1) 证明反馈连接是无源的；

(2) 证明无激励系统的原点是全局渐近稳定的。

4.4　考虑系统

$$\dot{x}_1 = x_2, \quad \dot{x}_2 = -h(x_1) - ax_2 + u, \quad y = bx_1 + x_2$$

式中，$0<b<a$，$h \in (0,\infty]$。证明系统是严格无源的。

4.5　设旋转刚性航天器的欧拉方程为

$$\begin{cases} J_1\dot{\omega}_1 = (J_2 - J_3)\omega_2\omega_3 + u_1 \\ J_2\dot{\omega}_2 = (J_3 - J_1)\omega_3\omega_1 + u_2 \\ J_3\dot{\omega}_3 = (J_1 - J_2)\omega_1\omega_2 + u_3 \end{cases}$$

式中，$\omega_1 \sim \omega_3$ 为角速度向量沿主轴的分量；$u_1 \sim u_3$ 为作用到主轴的力矩输入；$J_1 \sim J_3$ 为惯量的主分量。

(1) 证明从 $\boldsymbol{u} = [u_1, u_2, u_3]^{\mathrm{T}}$ 到 $\boldsymbol{\omega} = [\omega_1, \omega_2, \omega_3]^{\mathrm{T}}$ 的映射是无损耗的。

(2) 设 $\boldsymbol{u} = -\boldsymbol{K\omega} + \boldsymbol{v}$，其中 K 是正定对称阵。证明从 v 到 ω 的映射是有限增益 L_2 稳定的。

(3) 证明当 $v=\mathbf{0}$ 时，原点 $\omega=\mathbf{0}$ 是全局渐近稳定的。

4.6　考虑系统

$$a\dot{x} = -x + \frac{1}{k}h(x) + u, \quad y = h(x)$$

式中 a 和 k 为正常数，$h \in [0,k]$。证明系统是无源的，其存储函数为 $V(x) = a\int_0^x h(\sigma)\,\mathrm{d}\sigma$。

4.7　考虑系统

$$\dot{x}_1 = x_2, \quad \dot{x}_2 = -h(x_1) - ax_2 + u, \quad y = kx_2 + u$$

式中 $a>0$，$k>0$，$h \in [a_1,\infty]$。设 $V(\boldsymbol{x}) = k\int_0^{x_1} h(s)\,\mathrm{d}s + \boldsymbol{x}^{\mathrm{T}}\boldsymbol{Px}$，其中 $p_{11} = ap_{12}$，$p_{22} = \dfrac{k}{2}$，$0<p_{12}<\min\{2a_1, ak/2\}$，$a_1>0$。以 $V(\boldsymbol{x})$ 作为存储函数，证明系统是严格无源的。

4.8　设 $h \in L^1(\mathbf{R})$，$u \in L^2(\mathbf{R})$，$H: L^2(\mathbf{R}) \to L^2(\mathbf{R})$ 并定义为

$$H: u \to Hu = h * u$$

即

$$(Hu)(t) = \int_{-\infty}^{\infty} h(t-\tau)u(\tau)\,\mathrm{d}\tau, \quad t \in \mathbf{R}$$

若在 $(-\infty,0)$ 区间处处有 $h(t)=0$，试证 H 必将是因果的。

参考文献

[1] SLOTINE J-J E, LI W P. Applied nonlinear control [M]. 北京：机械工业出版社，2004.

[2] SANDBERG I W. Feedback-domain criteria for the stabiity of nonliear feedback systems [C]//Proc. NEC, 1964: 737-740.

[3] ZAMES G. On the input-output stability of nonlinear time-verying feedback systems [J]. IEEE Trans. AC, Pt. Ⅰ and Pt. Ⅱ, 1966,(11): 228-238: 465-467.
[4] 高为炳. 非线性控制系统导论[M]. 北京: 科学出版社,1988.
[5] 冯纯伯,费树岷. 非线性控制系统分析与设计[M]. 北京: 电子工业出版社,1998.
[6] 胡跃明. 非线性控制系统理论与应用[M]. 2 版. 北京: 国防工业出版社,2005.
[7] 李殿璞. 非线性控制系统理论基础[M]. 北京: 清华大学出版社, 2014.
[8] 黄琳. 稳定性理论[M]. 北京: 北京大学出版社, 1992.
[9] 斯洛廷 J-J E,李卫平. 应用非线性控制[M]. 程代展,译. 北京: 机械工业出版社, 2006.
[10] 梅生伟, 申铁龙,刘康志. 现代鲁棒控制理论与应用[M]. 北京: 清华大学出版社, 2003.
[11] 冯纯伯,张侃键. 非线性系统的鲁棒控制[M]. 北京: 科学出版社,2004.
[12] VAN DER SCHAFT A J. 非线性控制中 L_2 增益和无源化方法[M]. 孙元章,刘前进,杨新林,译. 北京: 清华大学出版社, 2002.
[13] 黄琳. 稳定性与鲁棒性的理论基础[M]. 北京: 科学出版社, 2005.
[14] 杨惠珍,贺昱曜. 现代控制理论基础(英文)[M]. 西安: 西北工业大学出版社, 2016.
[15] 周肇锡,徐雪雷,张学林. 应用泛函分析基础[M]. 西安: 西北工业大学出版社, 2009.
[16] WANG P, HAN C Z, DING B C. Stability of discrete time networked control systems and its extension for robust H_∞ control[J]. International Journal of Systems Science, 2013, 44(2): 275-288.

第5章

精确线性化方法

精确线性化方法近年来引起人们极大的研究兴趣，并取得了可喜的研究成果。精确线性化方法是一种非线性控制设计方法，也称精确线性化。该方法的基本思想是通过适当的非线性状态变换和反馈变换，将一个非线性系统的动态特性(dynamics)变换成(全部或部分的)线性的动态特性，实现输入-状态或输入/输出的精确线性化，从而将复杂的非线性系统综合问题转化为线性系统的综合问题，因而可以应用熟知的线性控制方法进行设计。这种方法与李雅普诺夫近似线性化(小扰动线性化)方法完全不同。精确线性化是通过严格的状态变换与反馈变换来达到的，在线性化过程中没有忽略任何高阶非线性项，因而这种线性化是精确的，而不是借助于动态特性的线性近似。

一个系统模型的形式和复杂性，在相当大的程度上取决于参照系或坐标系的选择。在力学中，常常通过选择不同的状态表示来简化系统动态特性的形式，以简化模型的复杂程度。精确线性化方法可看成将原始的系统模型变换成形式较为简单的等效模型的方法。

近30多年来，国内外一大批学者在非线性控制理论与应用领域做了大量有重要意义的研究工作，精确线性化方法是非线性控制系统理论研究中最具有代表性的成果。该方法已成功地应用于一些实际控制问题，如高性能飞行器、工业机器人以及电动机系统等。然而，反馈线性方法也有若干重要的缺点和局限性，这些问题仍然是当前研究中的重要课题。

本章讲述精确线性化问题，包括什么是精确线性化、如何将其应用于控制器设计，以及该方法的局限性等。其中，5.1节直观地叙述精确线性化的基本概念，并用一些简单的例子来加以说明；5.2节介绍一些微分几何中的数学工具，它们对将精确线性化概念推广到更广泛的一类非线性系统非常有用；5.3节和5.4节讲述SISO(单输入单输出)系统的精确线性化理论；5.5节介绍MIMO(多输入多输出)系统的精确线性化方法；5.6节介绍MIMO系统精确线性化的动态扩展算法，以期将精确线性化方法推广至更广泛的一类多输入多输出非线性系统。

5.1 精确线性化的基本概念

首先利用一些简单的例子直观地说明精确线性化的基本概念，以使其可用于更具普遍性的非线性系统。

5.1.1 精确线性化与标准形

最简单形式的精确线性化方法是将非线性系统中的非线性项抵消，使闭环动态特性变成线性形式。这个非常简单的想法可用下面的例子来说明。

例 5.1 倒立摆系统。考虑图 5.1 中的倒立摆，假定控制任务是使单摆从一个很大的初始角，如 $\theta(0)=60°$开始，回到垂直向上的位置停下。其动态方程为

$$J\ddot{\theta}-mgl\sin\theta=\tau \tag{5.1}$$

动态方程(式(5.1))重写为

$$\ddot{\theta}=\frac{mgl}{J}\sin\theta+\frac{1}{J}\tau=f(\theta)+g(\theta)\tau \tag{5.2}$$

若选 τ 为

$$\tau=\frac{1}{g(\theta)}[v-f(\theta)] \tag{5.3}$$

式中，v 为待求的等效控制输入，则得到线性的动态方程为

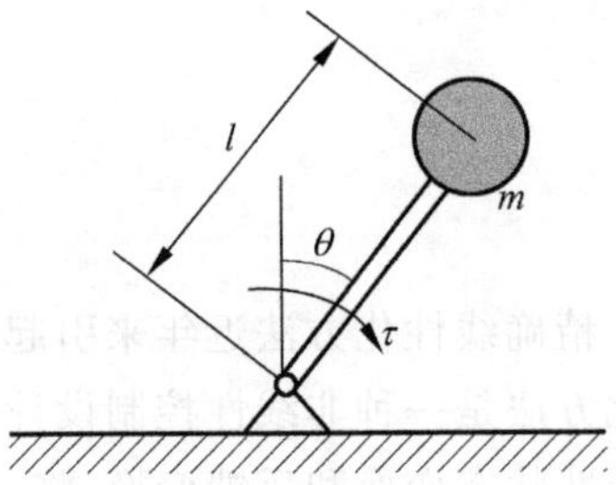

图 5.1 倒立摆系统

$$\ddot{\theta}=v$$

选择等效控制输入 v 为

$$v=-K_{\mathrm{D}}\dot{\theta}-K_{\mathrm{P}}\theta \tag{5.4}$$

式中，K_{D}，K_{P} 为严格正常数。

该控制器使闭环系统具有下列全局指数稳定的动态特性：

$$\ddot{\theta}+K_{\mathrm{D}}\dot{\theta}+K_{\mathrm{P}}\theta=0$$

这说明当 $t\to\infty$时，$\theta(t)\to 0$。根据式(5.3)和式(5.4)，实际的非线性控制律确定为

$$\tau=J\left(-K_{\mathrm{D}}\dot{\theta}-K_{\mathrm{P}}\theta-\frac{mgl}{J}\sin\theta\right) \tag{5.5}$$

可见，受控单摆表现出类似于稳定的质量-弹簧-阻尼系统特性。这里控制器(式(5.5))由起稳定作用的PD反馈部分与起补偿重力影响作用的前馈部分组成。例 5.1 说明，反馈与前馈控制的作用，相当于是将被控对象的动态特性修改成期望的形式。

例 5.1 中的非线性系统(式(5.2))实际上是伴随型(companion form)非线性系统。对于伴随型或能控标准型(controllability canonical form)非线性系统，可以应用精确线性化的思想进行线性化，即抵消非线性并施加一个期望的线性动态特性而形成一个线性系统。

伴随型非线性系统的动态方程可以表示为

$$\begin{cases}\dot{x}_i=x_{i+1}, & 1\leqslant i\leqslant n-1\\ x^{(n)}=f(\boldsymbol{x})+g(\boldsymbol{x})u\\ y=x_1\end{cases} \tag{5.6}$$

式中，$\boldsymbol{x}=[x,\dot{x},\cdots,x^{(n-1)}]^{\mathrm{T}}=[x_1,x_2,\cdots,x_n]^{\mathrm{T}}\in\mathbf{R}^n$，为状态向量；$u\in\mathbf{R}$ 和 $y\in\mathbf{R}$ 分别为系统的标量控制输入和输出；$f(\boldsymbol{x})$与 $g(\boldsymbol{x})$为状态的非线性函数。

尽管式(5.6)中出现了 $\boldsymbol{x}$ 的各阶导数，但不出现控制输入 u 的导数。若用状态空间表示，式(5.6)可写为

$$\frac{\mathrm{d}}{\mathrm{d}t}\begin{bmatrix} x_1 \\ \vdots \\ x_{n-1} \\ x_n \end{bmatrix} = \begin{bmatrix} x_2 \\ \vdots \\ x_n \\ f(\boldsymbol{x}) + g(\boldsymbol{x})u \end{bmatrix}$$

对能表示为能控标准型的系统，若通过控制输入(假定 g 不为零)

$$u = \frac{1}{g}(v - f) \tag{5.7}$$

就能抵消系统中的非线性部分，则可获得一个简单的 SISO 关系(多重积分形式)：

$$x^{(n)} = v$$

选择新的控制输入 v 为状态向量的线性函数：

$$v = -k_0 x - k_1 \dot{x} - \cdots - k_{n-1} x^{(n-1)} \tag{5.8}$$

若选择 k_i 使多项式 $p^n + k_{n-1}p^{n-1} + \cdots + k_0$ 的所有根均严格位于复平面左半平面，则可得到指数稳定的动态系统：

$$x^{(n)} + k_{n-1}x^{(n-1)} + \cdots + k_0 x = 0$$

即 $t \to \infty$ 时，$x(t) \to 0$。

为了跟踪一个期望输出轨迹 $x_{\mathrm{d}}(t)$，控制律可选为

$$v = x_{\mathrm{d}}^{(n)} - k_0 e - k_1 \dot{e} - \cdots - k_{n-1} e^{(n-1)}$$

式中，$e = x(t) - x_{\mathrm{d}}(t)$，为跟踪误差。

该控制律可使跟踪误差指数收敛于零。若用一个向量代替标量输出 $y = x_1$，并将标量 g 换成一个可逆方阵，也可以获得类似的结论。

上述控制思想可应用于机械手系统。下面给出一个双关节机械手系统的控制器设计，更一般的机械手系统控制器设计是类似的。

例 5.2　双关节机械手系统的精确线性化。图 5.2 所示为一个双关节机械手系统，它的每个关节装有一个电动机以提供输入转矩，一个编码器用于关节角位置测量，一个测速电动机用于关节角速度测量。控制设计的目标是使关节位置 q_1 与 q_2 跟踪机械手运动规划系统所确定的期望位置轨迹 $q_{\mathrm{d}1}(t)$ 与 $q_{\mathrm{d}2}(t)$。当要求机械手的关节臂沿指定路径运动，如画圆时，就属于这种跟轨迹踪控制问题。

利用经典动力学中著名的拉格朗日方程，不难证明双关节机械手系统的动力学方程可写为

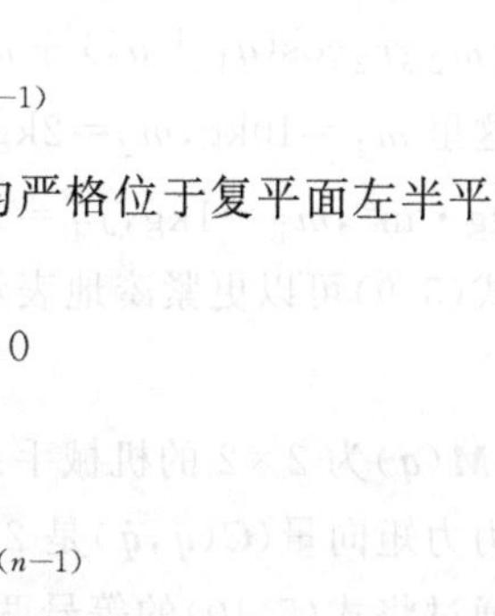

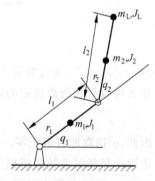

图 5.2　双关节机械手系统

$$\begin{bmatrix} M_{11} & M_{12} \\ M_{21} & M_{22} \end{bmatrix}\ddot{\boldsymbol{q}} + \begin{bmatrix} C_{11} & C_{12} \\ C_{21} & 0 \end{bmatrix}\dot{\boldsymbol{q}} + \begin{bmatrix} G_1(q) \\ G_2(q) \end{bmatrix} = \boldsymbol{\tau} \tag{5.9}$$

式中，$\boldsymbol{q} = [q_1, q_2]^{\mathrm{T}}$，为关节角；$\boldsymbol{\tau} = [\tau_1, \tau_2]^{\mathrm{T}}$，为关节控制输入。

$$M_{11} = J_1 + m_1 r_1^2 + J_2 + m_2(l_1^2 + r_2^2 + 2l_1 r_2 \cos q_2) + J_{\mathrm{L}} + m_{\mathrm{L}}(l_1^2 + l_2^2 + 2l_1 l_2 \cos q_2)$$

$M_{12}=M_{21}=J_2+m_2(r_2^2+l_1r_2\cos q_2)+J_L+m_Ll_2^2$

$M_{22}=J_2+m_2r_2^2+J_L+m_Ll_2^2$

$C_{11}=-(h+h_L)\dot{q}_2$

$C_{12}=-(h+h_L)(\dot{q}_1+\dot{q}_2)$

$C_{21}=(h+h_L)\dot{q}_1$

$h=m_2l_1r_2\sin q_2$

$h_L=m_Ll_1l_2\sin q_2$

$G_1=m_1gr_1\cos q_1+m_2g[l_1\cos q_1+r_2\cos(q_1+q_2)]+m_Lg[l_1\cos q_1+l_2\cos(q_1+q_2)]$

$G_2=m_2gr_2\cos(q_1+q_2)+m_Lgl_2\cos(q_1+q_2)$

这里 $m_1=10\text{kg}$, $m_2=2\text{kg}$, $l_1=l_2=1\text{m}$, $r_1=0.6\text{m}$, $r_2=0.5\text{m}$, $J_1=4.2\text{kg}\cdot\text{m}^2$, $J_2=0.76\text{kg}\cdot\text{m}^2$, $m_L=1\text{kg}$, $J_L=1\text{kg}\cdot\text{m}^2$。

式(5.9)可以更紧凑地表示为如下形式：

$$\boldsymbol{M}(\boldsymbol{q})\ddot{\boldsymbol{q}}+\boldsymbol{C}(\boldsymbol{q},\dot{\boldsymbol{q}})\dot{\boldsymbol{q}}+\boldsymbol{G}(\boldsymbol{q})=\boldsymbol{\tau} \tag{5.10}$$

式中，$\boldsymbol{M}(\boldsymbol{q})$为 2×2 的机械手系统惯性矩阵(它是对称正定的)；$\boldsymbol{C}(\boldsymbol{q},\dot{\boldsymbol{q}})\dot{\boldsymbol{q}}$ 为二维向心力和哥氏力力矩向量($\boldsymbol{C}(\boldsymbol{q},\dot{\boldsymbol{q}})$是 2×2 矩阵)；$\boldsymbol{G}(\boldsymbol{q})$为 n 维重力力矩向量。

通过将式(5.10)的等号两边同时乘以 $\boldsymbol{M}^{-1}(\boldsymbol{q})$($\boldsymbol{M}(\boldsymbol{q})$的可逆性是系统的物理特性(见第 9 章)，式(5.10)很容易变为式(5.6)的形式，其中 $n=2$。

控制设计的目标是，对于给定的连续有界的期望轨迹 $\boldsymbol{q}_d,\dot{\boldsymbol{q}}_d,\ddot{\boldsymbol{q}}_d$，实现渐近跟踪。假设该系统的状态(关节角向量 $\boldsymbol{q}$、关节角速度向量$\dot{\boldsymbol{q}}$)可测，为了完成跟踪控制任务，可以采用下面的控制律：

$$\boldsymbol{\tau}=\boldsymbol{M}^{-1}(\boldsymbol{q})[\boldsymbol{v}-\boldsymbol{C}(\boldsymbol{q},\dot{\boldsymbol{q}})\dot{\boldsymbol{q}}-\boldsymbol{G}(\boldsymbol{q})] \tag{5.11}$$

式中，

$$\boldsymbol{v}=\ddot{\boldsymbol{q}}_d-2\lambda\dot{\tilde{\boldsymbol{q}}}-\lambda^2\tilde{\boldsymbol{q}},\quad \lambda>0$$

式中，$\boldsymbol{v}=[v_1,v_2]$，为等效输入；$\tilde{\boldsymbol{q}}=\boldsymbol{q}-\boldsymbol{q}_d$，为跟踪误差；$\lambda$ 为一个正数。

那么可以得到指数稳定的误差动态方程为

$$\ddot{\tilde{\boldsymbol{q}}}+2\lambda\dot{\tilde{\boldsymbol{q}}}+\lambda^2\tilde{\boldsymbol{q}}=\boldsymbol{0} \tag{5.12}$$

因此，$\tilde{\boldsymbol{q}}$ 指数地收敛于零。控制律(式(5.11))在机器人学中通常称为计算力矩控制，它可以适用于任意关节数的机械手系统。

在式(5.6)中曾假定对于系统的控制输入 u 是线性的(虽然对于状态是非线性的)。然而，这种方法不难推广到 u 被一个可逆函数 $g(u)$替换的情形。例如，一个含有被阀门控制流量的管道系统，其不直接依赖于 u(u 是阀门开启的直径)而是依赖于 u^4，然而通过定义 $\omega=u^4$ 就可以用类似于以前的步骤先设计 ω，再通过 $u=\omega^{1/4}$ 来计算控制输入 u。

当非线性系统不是能控标准型时，就必须在使用精确线性化设计之前先通过代数变换，将被控系统转变为能控标准型，或者依赖原系统的部分线性化。从概念上讲，这种变换并不完全陌生，即使是线性系统的情况，先把系统转变为能控标准型也常会使极点配置容易得多。

5.1.2 输入-状态线性化

考虑单输入非线性系统

$$\dot{\boldsymbol{x}}=\boldsymbol{f}(\boldsymbol{x},u) \tag{5.13}$$

式中，$\boldsymbol{x}\in\mathbf{R}^n$ 为系统的状态向量；$u\in\mathbf{R}$ 为系统的控制输入；$\boldsymbol{f}$ 为非线性函数向量。

输入-状态线性化方法可通过两步来完成 u 的设计问题。第一步，首先找出一个状态变换 $\boldsymbol{z}=\boldsymbol{z}(\boldsymbol{x})$，将该非线性系统变换成伴随型非线性系统；其次选取一个非线性输入变换 $u=u(\boldsymbol{x},v)$，将非线性系统（式(5.13)）转化成一个等效的线性定常系统，并表示成熟知的形式 $\dot{\boldsymbol{z}}=\boldsymbol{A}\boldsymbol{z}+\boldsymbol{b}v$。第二步，利用标准的线性控制方法（如极点配置）设计 v，再对其求反变换，则可得到原非线性系统的控制输入 u。下面以一个简单的三阶系统为例来说明这种方法。

例 5.3 考虑非线性系统

$$\begin{cases}\dot{x}_1=x_2\\ \dot{x}_2=x_3+\sin x_2\\ \dot{x}_3=-x_1^3+u\cos x_2\end{cases} \tag{5.14}$$

虽然线性控制器设计也能使该系统在平衡点(0, 0, 0)附近的一个小邻域内稳定，但是采用什么类型的控制器能使它在更大的范围内稳定却不是一件简单的事情。尤其是第二个方程中的非线性更增加了控制上的困难，因为它不能直接用控制输入来抵消。

然而，如果考虑一组新的状态变量，即状态变换

$$\begin{cases}z_1=x_1\\ z_2=x_2\\ z_3=x_3+\sin x_2\end{cases} \tag{5.15}$$

则新的状态方程为

$$\begin{cases}\dot{z}_1=z_2\\ \dot{z}_2=z_3\\ \dot{z}_3=-z_1^3+z_3\cos z_2+u\cos z_2\end{cases} \tag{5.16}$$

即伴随型非线性系统，新的状态方程平衡点依然为(0, 0, 0)。可以看出，选择控制律

$$u=\frac{1}{\cos(z_2)}(v-z_3\cos z_2+z_1^3) \tag{5.17}$$

可以抵消式(5.16)中的非线性，其中 v 是待设计的等效输入（等效的含义是确定了 v，u 也就被确定了，反之亦然）。于是可得到线性的输入-状态关系为

$$\begin{cases}\dot{z}_1=z_2\\ \dot{z}_2=z_3\\ \dot{z}_3=v\end{cases} \tag{5.18}$$

因此，通过状态变换（式(5.15)）和输入变换（式(5.17)），就将原系统中用输入 u 去稳定原来的非线性动态系统（式(5.14)）的问题转变成了用新的输入 v 去稳定新的动态系统（式(5.18)）的问题。

由于新的动态系统是线性和能控的，因此采用熟知的线性状态反馈控制律

$$v=-k_1z_1-k_2z_2-k_3z_3$$

并适当选择反馈增益，就能对极点任意地进行配置。例如，可以选择

$$v=-4z_1-6z_2-4z_3$$

从而得到稳定的闭环动态系统

$$\begin{cases}\dot{z}_1=z_2\\ \dot{z}_2=z_3\\ \dot{z}_3=-4z_1-6z_2-4z_3\end{cases}$$

它的三个极点分别是$-2,-1\pm \mathrm{j}$。若用原来的状态 x_1、x_2 和 x_3 表示，与此控制律相应的原非线性系统控制输入为

$$\begin{aligned}u&=\frac{1}{\cos x_2}[-4x_1-6x_2-4(x_3+\sin x_2)+x_1^3-(x_3+\sin x_2)\cos x_2]\\&=\frac{1}{\cos x_2}[x_1^3-4x_1-6x_2-(x_3+\sin x_2)(4+\cos x_2)]\end{aligned}$$

原状态 $\boldsymbol{x}$ 可由对 $\boldsymbol{z}$ 求反变换导出为

$$\begin{cases}x_1=z_1\\ x_2=z_2\\ x_3=z_3-\sin z_2\end{cases}$$

由于 $\boldsymbol{z}$ 收敛于零，因此原来的状态 $\boldsymbol{x}$ 也收敛于零。

采用上述控制律后的闭环系统可以用图 5.3 所示的框图来表示。观察图 5.3 可以发现，在该控制系统中存在两个环：内环实现输入-状态关系的线性化，外环实现闭环动态特性的稳定。这与式(5.17)是一致的，从该式可以看出，控制输入 u 由抵消非线性和线性补偿两部分组成。

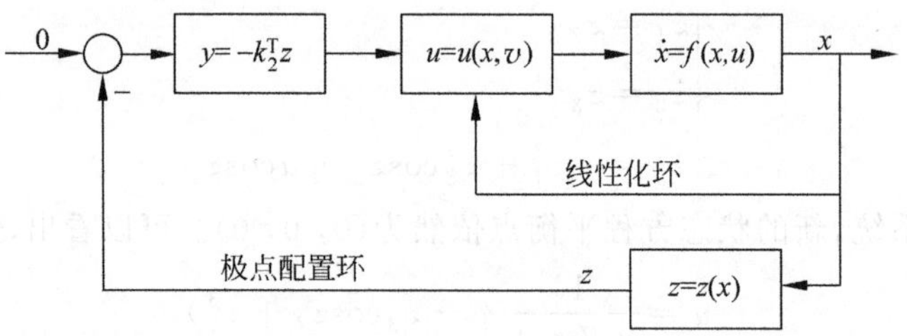

图 5.3 输入-状态线性化

需要说明的是，上述控制律虽然在状态空间中一个相当大的范围内成立，但它不是全局性的，因为控制律在 $x_2=\pi/2\pm k\pi,k=1,2,\cdots$时没有定义。

将上述设计思想推广到一般的非线性系统时，有以下两个问题需要解决：

(1) 哪些非线性系统能够变换成线性系统？

(2) 如果能够进行这种变换，如何找到这个变换？

5.1.3 输入/输出线性化

现在考虑下列系统的跟踪控制问题：

$$\dot{\boldsymbol{x}}=\boldsymbol{f}(\boldsymbol{x},u) \tag{5.19a}$$

$$y=h(\boldsymbol{x}) \tag{5.19b}$$

式中，$\boldsymbol{x}\in\mathbf{R}^n$ 为系统的状态；$u\in\mathbf{R}$ 和 $y\in\mathbf{R}$ 分别为系统的控制输入和输出；$\boldsymbol{f}$ 为非线性函数向量。

控制器设计的目标是使输出 $y(t)$ 跟踪期望的轨迹 $y_d(t)$，同时保持所有状态有界，其中 $y_d(t)$ 及其足够高阶的导数均假定已知且有界。使用该模型的明显困难在于输出 y 只是通过状态 $\boldsymbol{x}$ 及非线性状态方程(式(5.19a))间接地与输入 u 发生联系，因此不易看出应如何设计控制输入 u，以获得期望的跟踪性能。然而，受到5.1.1节的启发可以猜测，假如能够找到系统输出 y 与控制输入 u 之间的一个直接而简单的关系，则跟踪控制设计的困难就会大大降低。事实上，这个直观的想法构成了非线性系统控制设计中的输入/输出线性化方法的基础。下面仍然用一个例子来说明这一方法。

考虑三阶系统

$$\begin{cases}\dot{\boldsymbol{x}}=\begin{bmatrix}x_3-x_2^3\\-x_2\\x_1^2-x_3\end{bmatrix}+\begin{bmatrix}0\\-1\\1\end{bmatrix}u\\ y=x_1\end{cases} \tag{5.20}$$

为了得到输出 y 与输入 u 之间的直接关系，对输出 y 求导数可得

$$\dot{y}=\dot{x}_1=x_3-x_2^3$$

由于 $\dot{y}$ 仍然与 u 没有直接关系，需要再次对 $\dot{y}$ 求导数，于是得到

$$\ddot{y}=(1+3x_2^2)u+f_1(x) \tag{5.21}$$

式中，$f_1(x)$ 为状态的函数，它的表达式为

$$f_1(x)=x_1^2+3x_2^3-x_3 \tag{5.22}$$

式(5.21)代表了 y 与 u 之间的一个显式关系。如果选择控制输入为

$$u=\frac{1}{3x_2^2+1}(v-f_1) \tag{5.23}$$

式中，v 为待定的新控制输入，则式(5.21)中的非线性项被抵消，从而得到一个输出与新控制输入之间的简单二重积分关系

$$\ddot{y}=v$$

利用线性控制方法很容易对该二重积分关系设计跟踪控制器。例如，定义跟踪误差为 $e=y(t)-y_d(t)$，选取新的输入 v 为

$$v=\ddot{y}_d-k_1e-k_2\dot{e} \tag{5.24}$$

式中，k_1，k_2 为正常数。

闭环系统的跟踪误差满足

$$\ddot{e}+k_2\dot{e}+k_1e=0 \tag{5.25}$$

它代表一个指数稳定的误差动态特性。因此，如果初始误差状态 $e(0)=\dot{e}(0)=0$，则 $e(t)\equiv 0$，$\forall t\geqslant 0$，即获得了完全跟踪；否则，$e(t)$ 指数地收敛于0。

这里需要注意以下两点：

(1) 控制律处处有定义；

(2) 为了实现这一控制律，要求全部状态能量测，因为计算 y 的导数和控制输入变换(式(5.23))均要求 x 的值。

上述控制设计策略是首先产生一个线性的输入/输出关系，然后利用线性控制方法来构造控制器，这种策略称为输入/输出线性化方法，它适用于许多系统。在5.4节和5.5节中，我们将可以看到它分别在SISO系统和MIMO系统中的应用。

如果需要将系统的输出微分 r 次才能得到输出 y 与输入 u 之间的显式关系，则称该系统的相对阶为 r。因此，上述例子中的系统相对阶为2。我们将会证明，该术语同线性系统中所用的相对阶的概念(极点超过零点的数目)是一致的。可以严格地证明，任何 n 阶能控系统，对于任一输出，最多只需要微分 n 次就一定能使控制输入在表达式中出现，即 $r \leqslant n$。该结果可以直观地理解为：如果需要进行多于 n 次的微分，则系统的阶数必然高于 n；如果永远不出现控制输入，则该系统就不可能是能控的。

至此，有人会以为最初提出的跟踪控制问题已经用式(5.23)和式(5.24)两个控制律圆满地解决了。但是，式(5.25)仅仅依赖闭环系统的一部分，因为它是二阶系统，而整个动态系统是三阶的{这和原系统一样，因为控制器(式(5.24))没有引入额外的状态}。因此，系统中还有一部分(由一个状态分量描述)经由输入/输出线性化变成了“不能观”的子系统。这一部分子系统称为内动态(internal dynamics)子系统，因为表面上它在输入/输出关系中看不出来。在上面的例子中，内状态(internal state)可以选为 x_3(因为 x_3 与 y 和 $\dot{y}$ 构成一组新的状态)，而内动态子系统由下列方程描述：

$$\dot{x}_3 = x_1^2 - x_3 + \frac{1}{3x_2^2 + 1}(\ddot{y}_d(t) - k_1 e - k_2 \dot{e} - f_1) \tag{5.26}$$

若此内动态子系统稳定(这里的稳定实际上是指在跟踪过程中状态维持有界，即BIBO稳定)，那么跟踪控制设计的问题就真正地解决了；否则，上面的跟踪控制器事实上没有意义。因此，上面这种基于降阶模型(式(5.21))的控制器设计，其适用性应根据内动态子系统的稳定性而定。

1. 内动态子系统

下面给出一些简单的例子，其中一些系统的内动态子系统是稳定的(上述设计方法是适用的)，而另一些系统的内动态子系统是不稳定的(需要重新设计)。首先从熟知的线性系统入手，来考察内动态子系统这个概念。

例 5.4 两个线性系统的内动态子系统。考虑下列简单的能控、能观线性系统

$$\begin{bmatrix} \dot{x}_1 \\ \dot{x}_2 \end{bmatrix} = \begin{bmatrix} x_2 + u \\ u \end{bmatrix} \tag{5.27a}$$

$$y = x_1 \tag{5.27b}$$

要求 $y(t)$ 跟踪期望输出轨迹 $y_d(t)$。将输出微分一次就得到第一个状态方程：

$$\dot{y} = x_2 + u$$

上式中显含 u，故采用控制律

$$u = -x_2 + \dot{y}_d - (y - y_d) \tag{5.28}$$

可产生跟踪误差方程

$$\dot{e}+e=0$$

式中，$e=y-y_{\mathrm{d}}$。

内动态子系统为

$$\dot{x}_2+x_2=\dot{y}_{\mathrm{d}}-e(t)$$

从这些方程可以看出，当 $y(t)$ 趋近 $y_{\mathrm{d}}(t)$（同时 $\dot{y}(t)$ 趋近 $\dot{y}_{\mathrm{d}}(t)$）时，x_2 保持有界，从而 u 也有界。因此，式(5.28)是系统(式(5.27))的一个满意的跟踪控制器。

现在再来看一个稍微不同的系统：

$$\begin{bmatrix}\dot{x}_1\\ \dot{x}_2\end{bmatrix}=\begin{bmatrix}x_2+u\\ -u\end{bmatrix} \tag{5.29a}$$

$$y=x_1 \tag{5.29b}$$

采用与前面一样的控制器可产生同样的跟踪误差动态系统，然而却产生不同的内动态子系统：

$$\dot{x}_2-x_2=e(t)-\dot{y}_{\mathrm{d}}$$

显然，由上式可见，当 $t\to\infty$ 时，x_2 及相应地 u 都趋向无穷大。因此，式(5.28)对系统(式(5.29))便不是一个合适的跟踪器。

因此人们会问，为什么同样的跟踪设计方法对系统(式(5.27))适用而对系统(式(5.29))却不适用？为了弄清楚这两个系统之间的本质差别，下面来看它们的传递函数。系统(式(5.27))的传递函数为

$$W_1(p)=\frac{p+1}{p^2}$$

而系统(式(5.29))的传递函数为

$$W_2(p)=\frac{p-1}{p^2}$$

可以看到，这两个系统的极点相同而零点不同。具体地说，设计成功的系统(式(5.27))具有一个左半复平面的零点 1，而设计失败的系统(式(5.29))却包含一个右半复平面零点 1。可以证明，上述结果(如果对象的零点在左半平面，即对象是最小相位的，则内动态子系统稳定)对于所有的线性系统都是正确的。其实这并不奇怪，因为非最小相位系统的理想跟踪要求无穷大的控制作用力。下面是一个非线性系统的内动态子系统的例子。

例 5.5　非线性系统的内动态子系统。考虑非线性系统

$$\begin{bmatrix}\dot{x}_1\\ \dot{x}_2\end{bmatrix}=\begin{bmatrix}x_2^3+u\\ u\end{bmatrix} \tag{5.30a}$$

$$y=x_1 \tag{5.30b}$$

假定控制目标是使 y 跟踪期望输出轨迹 $y_{\mathrm{d}}(t)$，对 y 的微分直接产生第一个状态方程，选取控制律为

$$u=-x_2^3-e(t)+\dot{y}_{\mathrm{d}}(t) \tag{5.31}$$

可以得到

$$\dot{e}+e=0 \tag{5.32}$$

从而可使 e 按指数率收敛于零。该控制输入同样施加于第二个动态方程，从而得到内动态子系统为

$$\dot{x}_2 + x_2^3 = \dot{y}_d - e(t) \tag{5.33}$$

该系统的特点是非自治并且非线性。不过，鉴于式(5.32)确保 e 是有界的，而 $\dot{y}_d(t)$ 是假定为有界的，因此有

$$|\dot{y}_d(t) - e| \leqslant D$$

式中，D 为一个正常数。

因此，从式(5.30)可知，(当过渡过程结束后)一定有 $|x_2| < D^{1/3}$，这是因为当 $x_2 > D^{1/3}$ 时 $\dot{x}_2 < 0$，而当 $x_2 < -D^{1/3}$ 时 $\dot{x}_2 > 0$。

因此，给定任意轨迹 $y_d(t)$，只要其导数 $\dot{y}_d(t)$ 有界，则式(5.31)确实是系统(式(5.30))的一个满意的跟踪控制律。

相反地，很容易证明(习题 5.2)，若式(5.30a)中的第二个方程换为 $\dot{x}_2 = -u$，则得到的内动态子系统是不稳定的。

最后还要指出，输入/输出线性化方法虽然是在研究输出跟踪问题时提出来的，但它也可应用于稳定问题。例如，若 $y_d(t) \cong 0$ 为例 5.5 中的期望轨迹，则控制律(式(5.31))将使闭环系统的两个状态 y 和 $\dot{y}$ 趋于零，只要内动态子系统稳定，就意味着整个系统是稳定的。此外，关于用输入/输出线性化来进行稳定设计，还有必要做两点说明。首先，在稳定问题中，选择 $y = h(x)$ 不一定要具有明显的物理意义(在跟踪设计中，输出的选择是由具体任务确定的)。x 的任意函数均可为了设计的目的而用来作为人为的输出，从而产生一个以稳定设计为目的的线性输入/输出关系。其次，不同的输出函数选择将产生不同的内动态子系统。有可能一种输出选择产生一个稳定的内动态子系统(或者不存在内动态子系统)，而另一种输出选择却产生不稳定的内动态子系统。因此，只要可能，就应该选择使相应的内动态子系统稳定的那种输出函数。特殊情况下，当系统的相对阶等于其系统的阶数时，即当输出 y 必须微分 n 次(n 为系统阶数)时，变量 $y, \dot{y}, \cdots, y^{(n-1)}$ 可作为系统的一组新状态变量，这时不会产生与该输入/输出线性化有关的内动态子系统。因此，在这种情况下，输入/输出线性化实际上变成了输入-状态线性化。

必须承认，在例 5.5 中，只是由于系统极其简单，我们才能轻易地证明其内动态子系统的稳定性。一般情况下，直接确定内动态子系统的稳定性是非常困难的。因为从式(5.26)可见，它是非线性非自治的，而且与外在的动态子系统之间有耦合。

2. 零动态子系统

既然在线性系统中内动态子系统的稳定性简单地由零点的位置确定，因此人们自然会有兴趣想知道该关系能否推广到非线性系统。为此首先要将零点的概念推广到非线性系统，然后确定内动态子系统的稳定性与这种推广了的零点概念之间的关系。

将零点的概念推广到非线性系统并不是一个十分简单的问题。线性系统是在传递函数的基础上定义零点的，而传递函数不能推广到非线性系统。此外，零点是线性对象的一个内在特性，而对非线性系统来说，内动态子系统的稳定性可能与特定的输入有关。

克服这一困难的一个途径是对非线性系统定义一个零动态子系统。零动态子系统定义为当系统的输出被输入强制为零时它的内动态子系统。例如，根据式(5.33)，系统(式(5.30))的零动态子系统为

$$\dot{x}_2+x_2^3=0 \tag{5.34}$$

维持系统输出为零的指标唯一地定义了要求的输入(例如,此处 u 必须等于 $-x_2^3$,以使 x_1 永远保持为零),由此可见零动态子系统表达了非线性系统的一种内在特性。不难看出,式(5.34)是渐近稳定的(利用李雅普诺夫函数 $V=x_2^2$)。

类似地,容易得出线性系统的零动态子系统的极点正好就是系统的零点。这一结果具有普遍性。因此,在线性系统的情形下,所有零点在复平面的左半部便确保了零动态子系统的全局渐近稳定性。

定义和研究零动态子系统的原因是想要找出一个较简单的办法来确定内动态子系统的稳定性。对于线性系统,零动态子系统的渐近稳定性意味着内动态子系统的全局稳定性。然而,对于非线性系统却没有如此明显的关系。5.4节将较为详细地研究这个问题。对于稳定问题,可以证明,零动态子系统的局部渐近稳定性足可保证内动态子系统的局部渐近稳定性。该结论也可以推广到跟踪问题。然而,与线性系统的情形不同,对于非线性系统的内动态子系统不能得到关于全局稳定性的结论,甚至连大范围稳定性的结论也不能得到。换言之,即使零动态子系统是全局指数稳定的,也只能保证内动态子系统的局部稳定性。

类似于线性系统的情形,我们把零动态子系统为渐近稳定的非线性系统称为最小相位系统。可以用同样的方式定义指数最小相位系统。

关于非线性系统的零动态子系统,可做如下两点说明:首先,零动态子系统的特性是一个非线性系统的内在特征,它与控制律及期望轨迹的选择无关;其次,考察零动态子系统的稳定性比考察内动态子系统的稳定性要容易得多,因为零动态子系统仅涉及内部状态,而内动态子系统与外动态系统及期望轨迹均有耦合关系,如在式(5.26)中所示。

归结起来,基于输入/输出线性化的控制设计可遵循以下三步来进行:

(1) 微分输出 y 直至出现输入 u;

(2) 选取 u 来抵消非线性并保证跟踪收敛;

(3) 研究内动态子系统的稳定性。

若与输入/输出线性化有关的相对阶等于系统的阶数,则非线性系统可完全地线性化,因而这一过程确实能得到一个满意的控制器(假定模型是精确的);若相对阶小于系统的阶数,则非线性系统只是部分地线性化,由此得到的控制器是否真能使用,取决于内动态子系统的稳定性。对内动态子系统稳定性的研究可以通过研究零动态子系统的稳定性而局部地简化。若零动态子系统不稳定,则必须寻找新的控制策略。

5.2 微分几何数学基础

在将5.1节的直观概念形式化并推广到一大类非线性系统之前,首先介绍微分几何与拓扑学中的一些数学基础。为了减少概念和符号上的复杂性,直接以非线性动态系统为背景来讨论这些工具,而不是以一般的拓扑空间为背景。

在描述这些数学工具时,把函数向量 $\boldsymbol{f}(\boldsymbol{x})$: $\mathbf{R}^n\rightarrow\mathbf{R}^n$ 称为 $\mathbf{R}^n$ 上的一个向量场,以和微分几何中的术语相一致。采用这一术语的直观理由是每一个函数向量 $\boldsymbol{f}(\boldsymbol{x})$ 对应着 n 维空间中一个由向量构成的场(可以想象为从每一点 $\boldsymbol{x}$ 发射出一个向量 $\boldsymbol{f}(\boldsymbol{x})$)。以下将只关心光滑的向量场。向量场的光滑性是指函数 $\boldsymbol{f}(\boldsymbol{x})$ 具有要求的任意阶连续偏导数。

5.2.1 微分同胚与状态变换

在线性代数和线性系统理论中定义的坐标变换大多是线性正交变换，如坐标系的平移与旋转。微分同胚的概念可看成熟知的坐标变换概念的推广，其定义如下。

定义 5.1 定义在开集合 $U\in\mathbf{R}^n$ 上的函数向量 $\boldsymbol{\phi}(\boldsymbol{x})$：$\mathbf{R}^n\rightarrow\mathbf{R}^n$，如果它是光滑的，它的逆 $\boldsymbol{\phi}^{-1}(\boldsymbol{x})$ 存在并且光滑，则称为微分同胚。

如果开集合 U 是整个空间 $\mathbf{R}^n$，则 $\boldsymbol{\phi}(\boldsymbol{x})$ 称为全局的微分同胚。全局的微分同胚很少见，因此常常要寻找局部微分同胚，即仅在一个给定点的邻域内定义的变换。给定一个非线性函数 $\boldsymbol{\phi}(\boldsymbol{x})$，要检验它是否是一个局部的微分同胚，可以利用如下引理，它是著名的隐函数定理的一个直接结果。

引理 5.1 令 $\boldsymbol{\phi}(\boldsymbol{x})$ 为在 $\mathbf{R}^n$ 中的开集合 U 内定义的一个光滑函数向量，如果雅可比矩阵 $\nabla\boldsymbol{\phi}$ 在 U 内一点 $\boldsymbol{x}=\boldsymbol{x}_0$ 非奇异，则 $\boldsymbol{\phi}(\boldsymbol{x})$ 在 U 的一个子区域内为一个局部的微分同胚。

如果在集合 X 和 Y 之间存在(任意)一个微分同胚映射，那么称集合 X 和 Y 是微分同胚的。微分同胚可用来将一个非线性系统变换成另一个用新的状态表示的非线性系统，它在非线性分析中起着重要的作用。在一定条件下，适当的微分同胚变换可以将非线性系统转化为某些结构比较简单的系统、如线性系统、三角形系统，链式系统或幂式系统。类似于在线性系统分析中通常所做的那样，考虑下列方程描述的动态系统：

$$\begin{cases}\dot{\boldsymbol{x}}=\boldsymbol{f}(\boldsymbol{x})+\boldsymbol{g}(\boldsymbol{x})u\\ y=h(\boldsymbol{x})\end{cases}$$

定义新的状态为

$$\boldsymbol{z}=\boldsymbol{\phi}(\boldsymbol{x})$$

求 $\boldsymbol{z}$ 的微分得

$$\dot{\boldsymbol{z}}=\frac{\partial\boldsymbol{\phi}}{\partial\boldsymbol{x}}\dot{\boldsymbol{x}}=\frac{\partial\boldsymbol{\phi}}{\partial\boldsymbol{x}}\left[\boldsymbol{f}(\boldsymbol{x})+\boldsymbol{g}(\boldsymbol{x})u\right]$$

由此不难得到新的状态方程：

$$\begin{cases}\dot{\boldsymbol{z}}=\boldsymbol{f}^*(\boldsymbol{z})+\boldsymbol{g}^*(\boldsymbol{z})u\\ y=h^*(\boldsymbol{z})\end{cases}$$

式中，$\boldsymbol{x}=\boldsymbol{\phi}^{-1}(\boldsymbol{z})$，而函数 $\boldsymbol{f}^*$、$\boldsymbol{g}^*$ 及 h^* 的定义是显然的。

例 5.6 一个非全局性微分同胚。考虑非线性向量函数

$$\begin{bmatrix}z_1\\ z_2\end{bmatrix}=\boldsymbol{\phi}(\boldsymbol{x})=\begin{bmatrix}2x_1+5x_1x_2^2\\ 3\sin x_2\end{bmatrix}\tag{5.35}$$

它对所有的 x_1 和 x_2 都有定义，其雅可比矩阵为

$$\frac{\partial\boldsymbol{\phi}}{\partial\boldsymbol{x}}=\begin{bmatrix}2+5x_2^2 & 10x_1x_2\\ 0 & 3\cos x_2\end{bmatrix}$$

它在 $\boldsymbol{x}=[0,0]$ 的秩为 2。因此，根据引理 5.1 函数(式(5.35))在原点周围定义了一个局部的微分同胚。事实上，该微分同胚成立的区域为

$$U=\{[x_1,x_2],|x_2|<\pi/2\}$$

因为在此区域内 $\boldsymbol{\phi}(\boldsymbol{x})$的逆存在且关于 $\boldsymbol{x}$ 光滑。然而,在此区域之外,因为 $\boldsymbol{\phi}(\boldsymbol{x})$的逆不唯一,所以它不能定义一个微分同胚。

5.2.2　光滑映射和光滑流形

1. 光滑映射

定义 5.2　设$U\subset\mathbf{R}^k$ 和 $V\subset\mathbf{R}^l$ 为开集合,映射 $\boldsymbol{f}(\boldsymbol{x}):U\to V$ 称为光滑的,如果它的所有偏导数$\dfrac{\partial^l \boldsymbol{f}}{\partial x_{i_1},\cdots,\partial x_{i_l}}$存在且连续,更一般地,如果 $X\subset\mathbf{R}^k$,$Y\subset\mathbf{R}^l$ 和 $Z\subset\mathbf{R}^m$,$f:X\to Y$ 和 $g:Y\to Z$ 都是光滑的,则复合映射:$g\cdot f:X\to Z$ 也是光滑的。

2. 光滑流形

定义 5.3　子集合 $M\subset\mathbf{R}^k$ 称为 m 维光滑流形,如果对于任意的 $x\in M$,均存在邻域 $W\cap M(W\subset\mathbf{R}^k)$与一个开集 $U(U\subset\mathbf{R}^m)$微分同胚。

上述定义说明在 k 维空间中存在一个 m 维光滑超曲面。

3. 梯度与雅可比矩阵

给定一个状态 $\boldsymbol{x}\in U$ 的光滑的标量函数 $h(\boldsymbol{x})$,h 的梯度记为∇h:

$$\nabla h=\frac{\partial h}{\partial \boldsymbol{x}}$$

它是以$(\nabla h)_i=\partial h/\partial x_i$ 为元素的一个行向量。

给定一个向量场 $\boldsymbol{f}(\boldsymbol{x})$,其雅可比矩阵记为$\nabla \boldsymbol{f}$:

$$\nabla \boldsymbol{f}=\frac{\partial \boldsymbol{f}}{\partial \boldsymbol{x}}$$

它是一个以$(\nabla f)_{ij}=\partial f_i/\partial x_j$ 为元素的 $n\times n$ 矩阵。

5.2.3　李导数和李括号

给定一个标量函数 $h(\boldsymbol{x})$和一个向量场 $\boldsymbol{f}(\boldsymbol{x})$,可以定义一个新的标量函数 $L_f h$,称为 h 对 $\boldsymbol{f}$ 的李导数。

定义 5.4　令 $h:\mathbf{R}^n\to\mathbf{R}$ 为一个光滑的标量函数,$\boldsymbol{f}:\mathbf{R}^n\to\mathbf{R}^n$ 为 $\mathbf{R}^n$ 上的一个光滑的向量场,则 h 对 $\boldsymbol{f}$ 的李导数是一个定义为 $L_f h=\nabla h\boldsymbol{f}$ 的标量函数。

因此,李导数其实就是 h 沿向量 $\boldsymbol{f}$ 方向的变化率。

多重李导数可以递归地定义为

$$L_f^0 h=h$$

$$L_f^i h=L_f(L_f^{i-1}h)=\nabla(L_f^{i-1}h)\boldsymbol{f},\quad i=1,2,\cdots$$

类似地,如果 g 是另一个光滑的向量场,则标量函数 $L_g L_f h(x)$为

$$L_g L_f h=\nabla(L_f h)\boldsymbol{g}$$

考虑下列单输出动态系统,不难看出李导数与动态系统之间的联系:

$$\begin{cases}\dot{\boldsymbol{x}}=\boldsymbol{f}(\boldsymbol{x})\\ y=h(x)\end{cases}$$

输出的时间导数为

$$\dot{y}=\frac{\partial h}{\partial \boldsymbol{x}}\dot{\boldsymbol{x}}=L_f h$$

$$\ddot{y}=\frac{\partial (L_f h)}{\partial \boldsymbol{x}}\dot{\boldsymbol{x}}=L_f^2 h$$

$$\vdots$$

现在再看向量场的另一个重要数学算符——李括号。

定义 5.5 令 $\boldsymbol{f}$ 和 $\boldsymbol{g}$ 为 $\mathbf{R}^n$ 上的两个光滑的向量场，$\boldsymbol{f}$ 和 $\boldsymbol{g}$ 的李括号是第三个向量场，定义为

$$[\boldsymbol{f},\boldsymbol{g}]=\nabla \boldsymbol{g}\boldsymbol{f}-\nabla \boldsymbol{f}\boldsymbol{g}$$

李括号$[\boldsymbol{f},\boldsymbol{g}]$通常写为 $\mathrm{ad}_f\boldsymbol{g}$。多重李括号可以递归地定义为

$$\mathrm{ad}_f^0\boldsymbol{g}=\boldsymbol{g}$$

$$\mathrm{ad}_f^i\boldsymbol{g}=[\boldsymbol{f},\mathrm{ad}_f^{i-1}\boldsymbol{g}],\quad i=1,2,\cdots$$

例 5.7 考虑受控 van der Pol 振荡器状态空间方程

$$\dot{\boldsymbol{x}}=\boldsymbol{f}(\boldsymbol{x})+\boldsymbol{g}(\boldsymbol{x})u=\begin{bmatrix} x_2 \\ 2\omega\xi(1-\mu x_1^2)x_2-\omega^2 x_1 \end{bmatrix}+\begin{bmatrix} 0 \\ 1 \end{bmatrix}u$$

其中两个向量场 $\boldsymbol{f}$ 和 $\boldsymbol{g}$ 为

$$\boldsymbol{f}(\boldsymbol{x})=\begin{bmatrix} x_2 \\ 2\omega\xi(1-\mu x_1^2)x_2-\omega^2 x_1 \end{bmatrix},\quad \boldsymbol{g}(\boldsymbol{x})=\begin{bmatrix} 0 \\ 1 \end{bmatrix}$$

它们的李括号可以计算出来为

$$[\boldsymbol{f},\boldsymbol{g}]=\begin{bmatrix} 0 & 0 \\ 0 & 0 \end{bmatrix}\begin{bmatrix} x_2 \\ 2\omega\xi(1-\mu x_1^2)x_2-\omega^2 x_1 \end{bmatrix}-\begin{bmatrix} 0 & 1 \\ -4\omega\xi\mu x_1 x_2-\omega^2 & 2\omega\xi(1-\mu x_1^2) \end{bmatrix}\begin{bmatrix} 0 \\ 1 \end{bmatrix}$$

$$=\begin{bmatrix} 1 \\ 2\omega\xi(1-\mu x_1^2) \end{bmatrix}$$

下面给出关于李括号的一个引理，它在以后将会用到。

引理 5.2 李括号具有下列性质。

(1) 双线性：

$$[a_1\boldsymbol{f}_1+a_2\boldsymbol{f}_2,\boldsymbol{g}]=a_1[\boldsymbol{f}_1,\boldsymbol{g}]+a_2[\boldsymbol{f}_2,\boldsymbol{g}]$$

$$[\boldsymbol{f},a_1\boldsymbol{g}_1+a_2\boldsymbol{g}_2]=a_1[\boldsymbol{f},\boldsymbol{g}_1]+a_2[\boldsymbol{f},\boldsymbol{g}_2]$$

式中，$\boldsymbol{f},\boldsymbol{f}_1,\boldsymbol{f}_2,\boldsymbol{g},\boldsymbol{g}_1,\boldsymbol{g}_2$ 为光滑的向量场；a_1 和 a_2 为常标量。

(2) 斜交换性：

$$[\boldsymbol{f},\boldsymbol{g}]=-[\boldsymbol{g},\boldsymbol{f}]$$

(3) 雅可比恒等式：

$$L_{\mathrm{ad}_f g}h=L_f L_g h-L_g L_f h$$

式中，$h(\boldsymbol{x})$为 $\boldsymbol{x}$ 的光滑标量函数。

证明 前两个性质的证明很简单，这里仅推导第三个性质。它可以写成

$$\nabla h[\boldsymbol{f},\boldsymbol{g}]=\nabla(L_g h)\boldsymbol{f}-\nabla(L_f h)\boldsymbol{g}$$

上列方程的左端可以展开为

$$\nabla h\,[\boldsymbol{f},\boldsymbol{g}]=\frac{\partial h}{\partial \boldsymbol{x}}\left(\frac{\partial \boldsymbol{g}}{\partial \boldsymbol{x}}\boldsymbol{f}-\frac{\partial \boldsymbol{f}}{\partial \boldsymbol{x}}\boldsymbol{g}\right)$$

而右端可以展开为

$$\nabla(L_g h)\boldsymbol{f}-\nabla(L_f h)\boldsymbol{g}=\nabla\left(\frac{\partial h}{\partial \boldsymbol{x}}\boldsymbol{g}\right)\boldsymbol{f}-\nabla\left(\frac{\partial h}{\partial \boldsymbol{x}}f\right)\boldsymbol{g}=\left(\frac{\partial h}{\partial \boldsymbol{x}}\frac{\partial \boldsymbol{g}}{\partial \boldsymbol{x}}+\boldsymbol{g}^{\mathrm{T}}\frac{\partial^2 h}{\partial \boldsymbol{x}^2}\right)\boldsymbol{f}-$$

$$\left(\frac{\partial h}{\partial \boldsymbol{x}}\frac{\partial \boldsymbol{f}}{\partial \boldsymbol{x}}+\boldsymbol{f}^{\mathrm{T}}\frac{\partial^2 h}{\partial \boldsymbol{x}^2}\right)\boldsymbol{g}=\frac{\partial h}{\partial \boldsymbol{x}}\left(\frac{\partial \boldsymbol{g}}{\partial x}\boldsymbol{f}-\frac{\partial \boldsymbol{f}}{\partial \boldsymbol{x}}\boldsymbol{g}\right)$$

式中，$\partial^2 h/\partial \boldsymbol{x}^2$ 为黑塞矩阵，它是一个对称矩阵。

证毕。

可以递归地应用雅可比恒等式来获得一些有用的专门性恒等式。使用它两次可以得到

$$\begin{aligned}L^2_{\mathrm{ad}_f g}h&=L_{\mathrm{ad}_f(\mathrm{ad}_f g)}h=L_f L_{\mathrm{ad}_f g}h-L_{\mathrm{ad}_f g}L_f h\\&=L_f(L_f L_g h-L_g L_f h)-(L_f L_g-L_g L_f)L_f h\\&=L_f^2 L_g h-2L_f L_g L_f h+L_g L_f^2 h\end{aligned}\tag{5.36}$$

对于高阶的李括号也可以获得类似的一些恒等式。

5.2.4　分布与对合

设开集合 $U\subset\mathbf{R}^n$，可以把向量场看成 $\mathbf{R}^n$ 中与 $\boldsymbol{x}$ 有关的一个向量函数 $\boldsymbol{f}(\boldsymbol{x})=(f_1(\boldsymbol{x}),f_2(\boldsymbol{x}),\cdots,f_m(\boldsymbol{x}))^{\mathrm{T}}$。若 $\alpha(\boldsymbol{x})$：$\mathbf{R}^n\to\mathbf{R}$ 是一个光滑函数，则显然 $\alpha(\boldsymbol{x})\boldsymbol{f}(\boldsymbol{x})$ 也是一个向量场。更进一步，两个向量场的和也是一个向量场。因此，所有向量场组成的空间是一个实域上的向量空间，记为 $C^\infty(U)$。

1. 分布

定义 5.6　给定一组光滑向量场 $\{f_1,f_2,\cdots,f_m\}$，定义其分布 $\Delta(\boldsymbol{x})$ 为

$$\Delta(\boldsymbol{x})=\mathrm{span}\{f_1,f_2,\cdots,f_m\}$$

式中，span 表示张成，即 $\Delta(\boldsymbol{x})$ 是由 $f_1,f_2,\cdots,f_m$ 经过线性组合形成的子空间，其元素可表示为下列形式：

$$\alpha_1 f_1(\boldsymbol{x})+\alpha_2 f_2(\boldsymbol{x})+\cdots+\alpha_m f_m(\boldsymbol{x})$$

式中，α_i 为标量。

如果 $F(\boldsymbol{x})\in\mathbf{R}^{m\times n}$ 是由 $\{f_1,f_2,\cdots,f_m\}$ 定义的矩阵，则

$$\Delta(\boldsymbol{x})=\mathrm{image}[\boldsymbol{F}(\boldsymbol{x})]$$

定义 $\boldsymbol{F}(\boldsymbol{x})$ 的秩 $\boldsymbol{m}(\boldsymbol{x})$ 为分布在 $\boldsymbol{x}$ 处的秩。如果秩 $\boldsymbol{m}(\boldsymbol{x})$ 在 $\boldsymbol{x}$ 的一个邻域内是常数，则称 $\boldsymbol{x}$ 为分布的正则点，否则称为奇异点。如果分布在每一个点都是正则的，则称分布是正则的。

2. 对合

定义 5.7　分布 $\Delta(\boldsymbol{x})$ 中线性无关的向量场集合 $\{f_1,f_2,\cdots,f_m\}$ 是对合(分布)的，当且仅当存在标量函数 a_{ijk}：$\mathbf{R}^n\to\mathbf{R}$ 使

$$[f_i,f_j](\boldsymbol{x})=\sum_{k=1}^{m}a_{ijk}(\boldsymbol{x})f_k(\boldsymbol{x}),\ \forall i,j\tag{5.37}$$

对合就是如果从向量场集合$\{f_1,f_2,\cdots,f_m\}$中任取一对来组成李括号，则得到的向量场可以表示为原先集合中的向量场的线性组合。对合分布保证了李括号运算的封闭性。这里需要说明的是：

(1) 恒向量场总是对合的。事实上，两个恒向量场的李括号就是零向量，它显然可以表示为向量场的平凡线性组合。

(2) 由单独一个向量 $\boldsymbol{f}$ 组成的集合总是对合的。事实上，

$$[\boldsymbol{f},\boldsymbol{f}]=(\nabla\boldsymbol{f})\boldsymbol{f}-(\nabla\boldsymbol{f})\boldsymbol{f}=\boldsymbol{0}$$

(3) 由定义 5.7，检验向量场集合$\{f_1,f_2,\cdots,f_m\}$是否对合等于就是检验下式是否对于全体 $\boldsymbol{x}$ 和全体 i,j 都成立：

$$\operatorname{rank}[f_1(\boldsymbol{x}),\cdots,f_m(\boldsymbol{x})]=\operatorname{rank}[f_1(\boldsymbol{x}),\cdots,f_m(\boldsymbol{x}),[f_i,f_j](\boldsymbol{x})]$$

由于$[f_i,f_j]$可用 $f_1,f_2,\cdots,f_m$ 的线性组合表示，因此两者秩相等。

5.2.5 弗罗贝尼斯定理

弗罗贝尼斯(Frobenius)定理在严格地处理 n 阶非线性系统的精确线性化时是一个重要的工具，它提供一类特殊的偏微分方程可解性的充要条件。在严格地陈述该定理之前，首先讨论 $n=3$ 的情形以使读者获得一个基本的了解。

考虑一阶偏微分方程组

$$L_f h=\frac{\partial h}{\partial x_1}f_1+\frac{\partial h}{\partial x_2}f_2+\frac{\partial h}{\partial x_3}f_3=0 \tag{5.38a}$$

$$L_{\boldsymbol{g}} h=\frac{\partial h}{\partial x_1}g_1+\frac{\partial h}{\partial x_2}g_2+\frac{\partial h}{\partial x_3}g_3=0 \tag{5.38b}$$

式中，$f_i(x_1,x_2,x_3)$ 与 $g_i(x_1,x_2,x_3)$ $(i=1,2,3)$ 为 x_1,x_2,x_3 的已知标量函数；$h(x_1,x_2,x_3)$为一个未知函数。

很明显，两个向量 $\boldsymbol{f}=[f_1,f_2,f_3]^{\mathrm{T}}$ 和 $\boldsymbol{g}=[g_1,g_2,g_3]^{\mathrm{T}}$ 唯一地定义了这个偏微分方程组，如果它的解 $h(x_1,x_2,x_3)$存在，则称这组向量场$\{\boldsymbol{f},\boldsymbol{g}\}$为完全可积的，即式(5.38)是可解的，即可以求出 $h(x_1,x_2,x_3)$。

现在的问题是要确定这些方程在什么条件下可解。该问题并不是凭观察就能得出的。弗罗贝尼斯定理提供了一个比较简单的条件：式(5.38)有解的条件是当且仅当存在标量函数 $a_1(x_1,x_2,x_3)$与 $a_2(x_1,x_2,x_3)$，使得

$$[\boldsymbol{f},\boldsymbol{g}]=a_1\boldsymbol{f}+a_2\boldsymbol{g}$$

即 $\boldsymbol{f}$ 与 $\boldsymbol{g}$ 的李括号可以表示成 $\boldsymbol{f}$ 与 $\boldsymbol{g}$ 的线性组合。该条件称为向量场$\{\boldsymbol{f},\boldsymbol{g}\}$的对合条件。几何上该条件就表示向量$[\boldsymbol{f},\boldsymbol{g}]$处于由向量 $\boldsymbol{f}$ 与 $\boldsymbol{g}$ 确定的平面内。弗罗贝尼斯定理断言一组向量场$\{\boldsymbol{f},\boldsymbol{g}\}$当且仅当它满足对合条件时是完全可积的。由于对合条件比较容易验证，因此可用它来确定式(5.38)的可解性。

现在给出完全可积性的定义。

定义 5.8 $\mathbf{R}^n$ 上的一组线性无关的向量场$\{f_1,f_2,\cdots,f_m\}$是完全可积的，当且仅当存在 $n-m$ 个标量函数 $h_1(\boldsymbol{x}),h_2(\boldsymbol{x}),\cdots,h_{n-m}(\boldsymbol{x})$满足一组偏微分方程：

$$\nabla h_i f_j=\boldsymbol{0} \tag{5.39}$$

式中，$1\leqslant i\leqslant n-m$，$1\leqslant j\leqslant m$，而梯度$\nabla h_i$ 是线性无关的。

注意：由于向量数为 m，有关的空间维数为 n，因此涉及的未知标量函数有 $(n-m)$ 个，而偏微分方程有 $m(n-m)$ 个。

现在正式陈述弗罗贝尼斯定理。

定理 5.1（弗罗贝尼斯定理）　令 $\boldsymbol{f}_1,\boldsymbol{f}_2,\cdots,\boldsymbol{f}_m$ 为一组线性无关的向量场，当且仅当该集合为对合时它是完全可积的，即解存在。

弗罗贝尼斯定理将复杂的偏微分方程的可解性转化为简单的分布或向量函数集合的对合性判断问题，而对合性判断问题只需求向量场的李括号和检验对合条件是否满足即可。因此，在已知解存在的前提下，可以寻求偏微分方程的解，尽管求解偏微分方程的解并非易事。有关弗罗贝尼斯定理的证明请参见文献[9]。

例 5.8　考虑偏微分方程组

$$\begin{cases}4x_3\dfrac{\partial h}{\partial x_1}-\dfrac{\partial h}{\partial x_2}=0\\[2ex] -x_1\dfrac{\partial h}{\partial x_1}+(x_3^2-3x_2)\dfrac{\partial h}{\partial x_2}+2x_3\dfrac{\partial h}{\partial x_3}=0\end{cases}$$

相应的向量场集合为 $\{\boldsymbol{f}_1,\boldsymbol{f}_2\}$，其中：

$$\boldsymbol{f}_1=[4x_3,-1,0]^{\mathrm{T}},\quad \boldsymbol{f}_2=[-x_1,(x_3^2-3x_2),2x_3]^{\mathrm{T}}$$

为了确定该偏微分方程组是否可解，（或 $[\boldsymbol{f}_1,\boldsymbol{f}_2]$ 是否完全可积），可以检验向量场集合 $\{\boldsymbol{f}_1,\boldsymbol{f}_2\}$ 的对合性。容易求出

$$[\boldsymbol{f}_1,\boldsymbol{f}_2]=[-12x_3,3,0]^{\mathrm{T}}$$

由于 $[\boldsymbol{f}_1,\boldsymbol{f}_2]=-3\boldsymbol{f}_1+0\boldsymbol{f}_2$，或者

$$\operatorname{rank}\begin{bmatrix}4x_3 & -x_1 & -12x_3\\ -1 & x_3^2-3x_2 & 3\\ 0 & 2x_3 & 0\end{bmatrix}=\operatorname{rank}\begin{bmatrix}4x_3 & -x_1\\ -1 & x_3^2-3x_2\\ 0 & 2x_3\end{bmatrix}$$

该向量场集合是对合的，因此这两个偏微分方程是可解的。

5.3　SISO 非线性系统的输入-状态精确线性化

考虑单输入非线性系统

$$\dot{\boldsymbol{x}}=\boldsymbol{f}(\boldsymbol{x})+\boldsymbol{g}(\boldsymbol{x})u \tag{5.40a}$$

$$y=h(\boldsymbol{x}) \tag{5.40b}$$

式中，$\boldsymbol{x}\in\mathbf{R}^n$ 为状态向量；$u\in\mathbf{R}$ 和 $y\in\mathbf{R}$ 分别为系统的控制输入和输出；$\boldsymbol{f}(\boldsymbol{x})$ 和 $\boldsymbol{g}(\boldsymbol{x})$ 为 $\mathbf{R}^n$ 中充分光滑的向量场。

本节研究形式为式(5.40)的仿射非线性系统的输入-状态精确线性化问题，包括系统在什么条件下能够通过状态与输入变换来实现线性化、如何求出状态与输入的变换，以及基于这种精确线性化的控制器设计。

5.3.1　输入-状态精确线性化定理

首先给出输入-状态精确线性化的定义。

定义 5.9　对于单输入仿射非线性系统(式(5.40))，其中 $\boldsymbol{g}(\boldsymbol{x})$ 与 $\boldsymbol{f}(\boldsymbol{x})$ 为 $\mathbf{R}^n$ 上的光滑向量场，给定 $\boldsymbol{x}_0 \in \mathbf{R}^n$，存在 $\boldsymbol{x}_0$ 的一个邻域 U，一个微分同胚 $\boldsymbol{\Phi}(\boldsymbol{x})$：$U \to \mathbf{R}^n$，以及反馈控制律

$$u = \alpha(\boldsymbol{x}) + \beta(\boldsymbol{x})v \tag{5.41}$$

使得在新的状态变量 $\boldsymbol{z} = \boldsymbol{\Phi}(\boldsymbol{x})$ 和新的输入 v 下，系统成为线性系统：

$$\dot{\boldsymbol{z}} = \boldsymbol{A}\boldsymbol{z} + \boldsymbol{b}v \tag{5.42}$$

式中，

$$\boldsymbol{A} = \begin{bmatrix} 0 & 1 & 0 & \cdots & 0 \\ 0 & 0 & 1 & \cdots & 0 \\ \vdots & \vdots & \vdots & & \vdots \\ 0 & 0 & 0 & \cdots & 1 \\ 0 & 0 & 0 & \cdots & 0 \end{bmatrix}, \quad \boldsymbol{b} = \begin{bmatrix} 0 \\ 0 \\ \vdots \\ 0 \\ 1 \end{bmatrix}$$

则称该系统是可输入-状态线性化的。为了简化记号，常用 $\boldsymbol{z}$ 来表示变换状态，也用它表示微分同胚 $\boldsymbol{\Phi}(\boldsymbol{x})$ 本身，即写为

$$\boldsymbol{z} = \boldsymbol{z}(\boldsymbol{x})$$

变换后的动态方程中，$\boldsymbol{A}$ 矩阵与 $\boldsymbol{b}$ 向量具有特殊的形式，对应于线性伴随型。但是，这种特殊的等效线性系统并不失一般性，因为任何线性能控系统均可通过状态变换而与伴随型(式(5.42))等价。

如果一个系统是可输入/输出线性化的并且相对阶为 n，从定义 5.9 可以看出，则它必定是可输入-状态线性化的。也就是说，输入-状态线性化是输入/输出线性化当输出函数导致相对阶为 n 时的一种特殊情况。反之，如果一个系统是可输入-状态线性化的，可用第一个新状态 z_1 表示输出，对输出求导，由式(5.42)可知，一直求到 n 次导数，输出中就可出现输入，所以它必定是可输入/输出线性化的，且相对阶为 n。因此，有如下输入-状态精确线性化定理。

定理 5.2　n 阶仿射非线性系统(式(5.40))精确线性化有解的充要条件是，当且仅当存在一个标量函数 $z_1(\boldsymbol{x})$，使得如下系统：

$$\dot{\boldsymbol{x}} = \boldsymbol{f}(\boldsymbol{x}) + \boldsymbol{g}(\boldsymbol{x})u$$
$$y = z_1(\boldsymbol{x})$$

在 $\boldsymbol{x}_0 \in U$ 点的相对阶为 n。

5.3.2　输入-状态精确线性化的充要条件

虽然有了定理 5.2，但如何求出期望的输出函数 $z_1(\boldsymbol{x})$，定理 5.2 并未给出任何指导准则。所以，我们要解决的问题是：对于形如式(5.40)的仿射非线性系统，向量场 $\boldsymbol{g}(\boldsymbol{x})$ 与 $\boldsymbol{f}(\boldsymbol{x})$ 应满足何种条件才能实现输入-状态精确线性化？下面的定理可以确切地解答这个问题，它是精确线性化理论基本的成果之一。

首先介绍一个等价性的引理。

引理 5.3　令 $z(\boldsymbol{x})$ 为开集合 U 内的一个光滑函数，则在 U 内，对于任意正整数 k 和 $\forall \boldsymbol{x} \in U$，下列条件等价：

$$L_g L_f^k z(\boldsymbol{x}) \equiv 0 \iff L_{\mathrm{ad}_f^k g} z(\boldsymbol{x}) \equiv 0 \tag{5.43}$$

证明　首先证明式(5.43)左端蕴涵右端。当 $k=0$ 时，结论是显然的。当 $k=1$ 时，根据雅可比恒等式(引理5.2)，有

$$L_{\mathrm{ad}_f g} z = L_f L_g z - L_g L_f z = 0 - 0 = 0$$

当 $k=2$ 时，如在式(5.36)中那样，连续两次应用雅可比恒等式可以得到

$$L_{\mathrm{ad}_f g}^2 z = L_f L_g z - 2L_f L_g L_f z + L_g L_f^2 z = 0 - 0 + 0 = 0$$

重复这种步骤，就能用数学归纳证明，对于任意 k，式(5.43)左端蕴涵右端。

类似地可以证明，式(5.43)右端蕴涵式左端。

证毕。

定理 5.3　对于非线性系统(式(5.40))，其中 $\boldsymbol{g}(\boldsymbol{x})$ 和 $\boldsymbol{f}(\boldsymbol{x})$ 为光滑向量场，当且仅当存在一个开集合 U 使得下列条件成立时，称该非线性系统在点 $\boldsymbol{x}_0 \in U$ 是可输入-状态线性化的：

(1) 向量场 $\{\boldsymbol{g}, \mathrm{ad}_f \boldsymbol{g}, \cdots, \mathrm{ad}_f^{n-1} \boldsymbol{g}\}$ 在 U 内线性无关；

(2) 集合 $\{\boldsymbol{g}, \mathrm{ad}_f \boldsymbol{g}, \cdots, \mathrm{ad}_f^{n-2} \boldsymbol{g}\}$ 在 U 内是非奇异对合分布。

在证明该结果之前，首先对上述条件做几点说明：

(1) 条件(1)可以解释为非线性系统(式(5.40))的能控性条件，它等价于线性系统的能控性条件。对于线性系统，向量场 $\{\boldsymbol{g}, \mathrm{ad}_f \boldsymbol{g}, \cdots, \mathrm{ad}_f^{n-1} \boldsymbol{g}\}$ 变成 $[\boldsymbol{b}, \boldsymbol{A}\boldsymbol{b}, \cdots, \boldsymbol{A}^{n-1}\boldsymbol{b}]$，因而其线性无关就等价于熟知的线性能控性矩阵的可逆性。

(2) 对合条件则不是那么直观，对于线性系统，该条件自然满足(此时向量场为恒量)；而对于非线性系统，这一条件并不总是满足的。

(3) 仿射非线性系统有可能进行精确线性化，但要满足一定的条件，并不是所有仿射非线性系统都能线性化。

证明　(1) 必要性。假定存在状态变换 $\boldsymbol{z} = \boldsymbol{z}(\boldsymbol{x})$ 和输入变换 $u = \alpha(\boldsymbol{x}) + \beta(\boldsymbol{x})v$ 使得 $\boldsymbol{z}$ 和 v 满足式(5.42)，于是展开式(5.42)的第一行得

$$\dot{z}_1 = \frac{\partial z_1}{\partial \boldsymbol{x}}(\boldsymbol{f} + \boldsymbol{g}u) = z_2$$

类似地，对 $\boldsymbol{z}$ 的其他分量进行演算得到偏微分方程组：

$$\dot{z}_1 = \frac{\partial z_1}{\partial \boldsymbol{x}}\boldsymbol{f} + \frac{\partial z_1}{\partial \boldsymbol{x}}\boldsymbol{g}u = z_2$$

$$\dot{z}_2 = \frac{\partial z_2}{\partial \boldsymbol{x}}\boldsymbol{f} + \frac{\partial z_2}{\partial \boldsymbol{x}}\boldsymbol{g}u = z_3$$

$$\vdots$$

$$\dot{z}_{n-1} = \frac{\partial z_{n-1}}{\partial \boldsymbol{x}}\boldsymbol{f} + \frac{\partial z_{n-1}}{\partial \boldsymbol{x}}\boldsymbol{g}u = z_n$$

$$\dot{z}_n = \frac{\partial z_n}{\partial \boldsymbol{x}}\boldsymbol{f} + \frac{\partial z_n}{\partial \boldsymbol{x}}\boldsymbol{g}u = v$$

由于 $\dot{z}_1, \dot{z}_2, \cdots, \dot{z}_{n-1}$ 与 u 无关，而 $\dot{z}_n$ 与 v 有关，v 与 u 有关，因此 $\dot{z}_n$ 与 u 有关。从上述方程可知

$$L_g z_1 = L_g z_2 = \cdots = L_g z_{n-1} = 0, \quad L_g z_n \neq 0 \tag{5.44a}$$

$$L_f z_i = z_{i+1}, \quad i=1,2,\cdots,n-1 \tag{5.44b}$$

将式(5.44a)写成 $L_g z_1 = L_g L_f z_1 = \cdots = L_g L_f^{n-2} z_1 = 0$，上述关于 z_i 的方程可以压缩为一组只含 z_1 的约束方程。事实上，利用引理 5.3，式(5.44a)即意味着

$$L_{\mathrm{ad}_f^k g} z = \nabla z_1 \mathrm{ad}_f^k \boldsymbol{g} = 0, \quad k=0,1,2,\cdots,n-2 \tag{5.45a}$$

用类似于证明引理 5.3 的方法可以证明

$$L_{\mathrm{ad}_f^{n-1} g} z_1 = \nabla z_1 \mathrm{ad}_f^{n-1} \boldsymbol{g} = (-1)^{n-1} L_g z_n$$

这就表明

$$\nabla z_1 \mathrm{ad}_f^{n-1} \boldsymbol{g} \neq 0 \tag{5.45b}$$

从式(5.45)能够推导出的第一个性质是，向量场 $\boldsymbol{g}, \mathrm{ad}_f \boldsymbol{g}, \cdots, \mathrm{ad}_f^{n-1} \boldsymbol{g}$ 必定为线性无关。事实上，对于式(5.45a)中的 $n-1$ 个偏微分方程组成的方程组，由于 $z_1(x)$ 的存在性，根据完全可积定义 5.8 和弗罗贝尼斯定理，必有 $\{\boldsymbol{g}, \mathrm{ad}_f \boldsymbol{g}, \cdots, \mathrm{ad}_f^{n-2} \boldsymbol{g}\}$ 线性无关。再证明 $\mathrm{ad}_f^{n-1} \boldsymbol{g}$ 与前 $n-1$ 个向量也线性无关。如果对某个数 $i(i<n-1)$，存在标量函数 $\alpha_0(\boldsymbol{x}), \alpha_1(\boldsymbol{x}), \cdots, \alpha_{i-1}(\boldsymbol{x})$，使得

$$\mathrm{ad}_f^i \boldsymbol{g} = \sum_{k=0}^{i-1} \alpha_k \mathrm{ad}_f^k \boldsymbol{g}$$

就会有

$$\mathrm{ad}_f^{n-1} \boldsymbol{g} = \sum_{k=n-i-1}^{n-2} \alpha_k \mathrm{ad}_f^k \boldsymbol{g}$$

这一结果与式(5.45a)一道就表明

$$\nabla z_1 \mathrm{ad}_f^{n-1} \boldsymbol{g} = \sum_{k=n-i-1}^{n-2} \alpha_k \nabla z_1 \mathrm{ad}_f^k \boldsymbol{g} = 0$$

而与式(5.45b)发生矛盾，所以向量场 $\{\boldsymbol{g}, \mathrm{ad}_f \boldsymbol{g}, \cdots, \mathrm{ad}_f^{n-1} \boldsymbol{g}\}$ 在 U 内线性无关。

从式(5.45a)能够推导出的第二个性质是，这些向量场是对合的。由于式(5.45a)是由 $n-1$ 偏微分方程组成的方程组，根据完全可积定义 5.8 和弗罗贝尼斯定理 5.1，必然存在 $z_1(\boldsymbol{x})$，使式(5.45a)有解。根据弗罗贝尼斯定理的必要性，集合 $\{\boldsymbol{g}, \mathrm{ad}_f \boldsymbol{g}, \cdots, \mathrm{ad}_f^{n-2} \boldsymbol{g}\}$ 在 U 内为非奇异对合分布。定理 5.3 的必要性得证。

(2) 充分性。现在来证明定理 5.3 中的两个条件对于非线性系统(式(5.40))的输入-状态线性化也是充分的，即能找到一个状态变换和一个输入变换使得式(5.42)成立。推证过程如下。

由于对合条件满足，必定存在一个非零标量函数 $z_1(\boldsymbol{x})$ 满足

$$L_g z_1 = L_{\mathrm{ad}_f g} z_1 = \cdots = L_{\mathrm{ad}_f^{n-2} g} z_1 = 0 \tag{5.46}$$

根据引理 5.3，上述方程可写为

$$L_g z_1 = L_g L_f z_1 = \cdots = L_g L_f^{n-2} z_1 = 0 \tag{5.47}$$

现在选取 $\boldsymbol{z} = [z_1, L_f z_1, \cdots, L_f^{n-1} z_1]^{\mathrm{T}}$ 来做新的状态变量，由非线性方程式(5.40)，并利用式(5.47)，则可导出

$$\begin{cases} \dot{z}_k = z_{k+1}, \quad k=1,\cdots,n-1 \\ \dot{z}_n = L_f^n z_1 + L_g L_f^{n-1} z_1 u \end{cases} \tag{5.48}$$

现在的问题是，$L_g L_f^{n-1} z_1$ 是否为零。由于向量场$\{\boldsymbol{g}, \mathrm{ad}_f \boldsymbol{g}, \cdots, \mathrm{ad}_f^{n-1} \boldsymbol{g}\}$在 U 内线性无关，并注意到，如引理5.3的证明一样，式(5.46)也导致

$$L_g L_f^{n-1} z_1 = (-1)^{n-1} L_{\mathrm{ad}_f^{n-1} g} z_1$$

因此必定有

$$L_{\mathrm{ad}_f^{n-1} g} z_1(\boldsymbol{x}) \neq 0, \quad \forall \boldsymbol{x} \in U$$

否则非零向量∇z_1便会满足

$$\nabla z_1 [\boldsymbol{g}, \mathrm{ad}_f \boldsymbol{g}, \cdots, \mathrm{ad}_f^{n-1} \boldsymbol{g}] = 0$$

即∇z_1与 n 个线性无关的向量正交，而这是不可能的。

因此，只要取控制律为

$$u = (-L_f^n z_1 + v)/(L_g L_f^{n-1} z_1) \tag{5.49}$$

式(5.48)就变成

$$\dot{z}_n = v$$

这样就实现了非线性系统的输入-状态的精确线性化。

证毕。

5.3.3 输入-状态精确线性化的步骤

根据前面的讨论，非线性系统的输入-状态线性化可按下列步骤进行：

(1) 对给定的系统，由 $\boldsymbol{f}(\boldsymbol{x})$和 $\boldsymbol{g}(\boldsymbol{x})$构造向量场$\{\boldsymbol{g}, \mathrm{ad}_f \boldsymbol{g}, \cdots, \mathrm{ad}_f^{n-1} \boldsymbol{g}\}$。

(2) 检查定理5.3的能控性条件(1)和对合性条件(2)是否满足；

(3) 如果两个条件均满足，则求解偏微分方程组(式(5.46))，求出第一个状态 z_1(导致相对度为 n 的输入/输出线性化的输出函数)，即满足

$$\nabla z_1 \mathrm{ad}_f^i \boldsymbol{g} = 0, \quad i = 0, \cdots, n-2 \tag{5.50a}$$

并使

$$\nabla z_1 \mathrm{ad}_f^{n-1} \boldsymbol{g} \neq 0 \tag{5.50b}$$

(4) 计算状态变换 $\boldsymbol{z}(\boldsymbol{x}) = [z_1, L_f z_1, \cdots, L_f^{n-1} z_1]^{\mathrm{T}}$ 与输入变换式(5.49)，其中

$$\alpha(\boldsymbol{x}) = -\frac{L_f^n z_1}{L_g L_f^{n-1} z_1} \tag{5.51a}$$

$$\beta(\boldsymbol{x}) = \frac{1}{L_g L_f^{n-1} z_1} \tag{5.51b}$$

即可将单输入仿射非线性系统(式(5.40))化为线性系统的能控标准形式(式(5.42))。

除仿射非线性系统外，对于某些具有三角结构的非线性系统，我们总是能通过适当的非线性状态变换和反馈变换实现输入-状态精确线性化[5,8]。下面用一个简单的例子来说明上述步骤。

例 5.9 考虑非线性系统

$$\dot{\boldsymbol{x}} = \begin{bmatrix} x_3(1+x_2) \\ x_1 \\ x_2(1+x_1) \end{bmatrix} + \begin{bmatrix} 0 \\ 1+x_2 \\ -x_3 \end{bmatrix} u \tag{5.52}$$

研究其输入-状态线性化。

(1) 对给定的系统，由 $\boldsymbol{f}(\boldsymbol{x})$ 和 $\boldsymbol{g}(\boldsymbol{x})$ 构造向量场 $\{\boldsymbol{g},\mathrm{ad}_{\boldsymbol{f}}\boldsymbol{g},\mathrm{ad}_{\boldsymbol{f}}^2\boldsymbol{g}\}$：

$$\boldsymbol{g}=\begin{bmatrix}0\\1+x_2\\-x_3\end{bmatrix}$$

$$\mathrm{ad}_{\boldsymbol{f}}\boldsymbol{g}=\begin{bmatrix}0&0&0\\0&1&0\\0&0&-1\end{bmatrix}\begin{bmatrix}x_3(1+x_2)\\x_1\\x_2(1+x_1)\end{bmatrix}-\begin{bmatrix}0&x_3&1+x_2\\1&0&0\\x_2&1+x_1&0\end{bmatrix}\begin{bmatrix}0\\1+x_2\\-x_3\end{bmatrix}$$

$$=\begin{bmatrix}0\\x_1\\-(1+x_1)(1+2x_2)\end{bmatrix}$$

$$\mathrm{ad}_{\boldsymbol{f}}^2\boldsymbol{g}=\begin{bmatrix}(1+x_1)(1+x_2)(1+2x_2)-x_1x_3\\x_3(1+x_2)\\-x_3(1+x_2)(1+2x_2)-3x_1(1+x_1)\end{bmatrix}$$

(2) 检查能控性条件和对合性条件是否满足。在 $\boldsymbol{x}=\boldsymbol{0}$ 处，矩阵

$$[\boldsymbol{g},\mathrm{ad}_{\boldsymbol{f}}\boldsymbol{g},\mathrm{ad}_{\boldsymbol{f}}^2\boldsymbol{g}]_{\boldsymbol{x}=\boldsymbol{0}}=\begin{bmatrix}0&0&1\\1&0&0\\0&-1&0\end{bmatrix}$$

的秩为 3，所以 $\boldsymbol{g}(0),\mathrm{ad}_{\boldsymbol{f}}\boldsymbol{g}(0),\mathrm{ad}_{\boldsymbol{f}}^2\boldsymbol{g}(0)$ 线性无关。而李括号

$$[\boldsymbol{g}\quad \mathrm{ad}_{\boldsymbol{f}}\boldsymbol{g}](\boldsymbol{x})=\begin{bmatrix}0&0&0\\ *&*&*\\ *&*&*\end{bmatrix}\boldsymbol{g}(\boldsymbol{x})-\begin{bmatrix}0&0&0\\ *&*&*\\ *&*&*\end{bmatrix}\mathrm{ad}_{\boldsymbol{f}}\boldsymbol{g}=\begin{bmatrix}0\\ *\end{bmatrix}$$

即矩阵 $[\boldsymbol{g}\quad \mathrm{ad}_{\boldsymbol{f}}\boldsymbol{g}\quad [\boldsymbol{g},\mathrm{ad}_{\boldsymbol{f}}\boldsymbol{g}]]$ 对原点附近的所有 $\boldsymbol{x}$ 的秩均为 2，而矩阵 $[\boldsymbol{g}\quad \mathrm{ad}_{\boldsymbol{f}}\boldsymbol{g}]$ 的秩也是 2，所以 $\mathrm{span}\{\boldsymbol{g}\quad \mathrm{ad}_{\boldsymbol{f}}\boldsymbol{g}\}$ 在原点附近是非奇异对合的。能控性条件和对合性条件满足，该系统可进行输入-状态线性化。

(3) 求解偏微分方程：

$$\frac{\partial z_1}{\partial x}[\boldsymbol{g}\quad \mathrm{ad}_f\boldsymbol{g}]=\begin{bmatrix}\frac{\partial z_1}{\partial x_1}&\frac{\partial z_1}{\partial x_2}&\frac{\partial z_1}{\partial x_3}\end{bmatrix}\begin{bmatrix}0&0\\1+x_2&x_1\\-x_3&-(1+x_1)(1+2x_2)\end{bmatrix}=[0\quad 0]$$

$z_1=x_1$ 为其一个解。显然 $\nabla z_1\mathrm{ad}_{\boldsymbol{f}}^2\boldsymbol{g}\neq 0$。

(4) 计算状态变换 $\boldsymbol{z}(\boldsymbol{x})=[z_1,L_f,z_1,L_f^2,z_1]^{\mathrm{T}}$ 与输入变换。由计算可得新状态为

$$z_1=x_1$$

$$z_2=L_fz_1(\boldsymbol{x})=x_3(1+x_2)$$

$$z_3=L_f^2z_1(\boldsymbol{x})=(1+x_1)(1+x_2)x_2+x_1x_3$$

反馈控制为

$$u=-\frac{L_f^3z_1}{L_gL_f^2z_1}+\frac{1}{L_gL_f^2z_1}v \tag{5.53}$$

式中，

$$L_g L_f^2 z_1 = (1+x_1)(1+x_2)(1+2x_2) - x_1 x_3$$

$$L_f^3 z_1 = x_3^2(1+x_2) + x_2 x_3 (1+x_2)^2 + x_1(1+x_1)(1+2x_2) + x_1 x_2 (1+x_1)$$

最后，原非线性系统转化为如下线性系统：

$$\dot{z}_1 = z_2$$

$$\dot{z}_2 = z_3$$

$$\dot{z}_3 = v$$

5.3.4 基于输入-状态线性化的控制器设计

状态方程变换成线性形式后，无论是以稳定或跟踪为目的的控制器设计就很容易了。在 5.1.2 节里已给出一个稳定问题的例子，其中 v 的设计是用来配置等价线性动态系统的极点，然后利用相应的输入变换来计算实际输入 u。也可以根据等价线性系统来设计跟踪控制器，只要期望轨迹可以用线性化状态的第一个分量 z_1 来表示即可。

再来看例 5.9，其等价线性动态方程可以表示为

$$z_1^{(3)} = v$$

假定希望位置跟踪预先指定的轨迹 $z_{d1}(t)$，则下列控制律：

$$v = z_{d1}^{(3)} - a_2 \tilde{z}_1^{(2)} - a_1 \dot{\tilde{z}}_1 - a_0 \tilde{z}_1$$

（其中 $\tilde{z}_1 = z_1 - z_{d1}$）导致跟踪误差的动态方程为

$$\tilde{z}_1^{(3)} + a_2 \tilde{z}_1^{(2)} + a_1 \dot{\tilde{z}}_1 + a_0 \tilde{z}_1 = 0 \tag{5.54}$$

只要适当地选择上述动态方程中的系数（正常数），就能使系统为指数稳定，然后利用式(5.53)就可以求出实际输入 u。

5.4 SISO 系统的输入/输出线性化

本节讨论单输入单输出仿射非线性控制系统的输入/输出线性化问题。

$$\begin{cases} \dot{\boldsymbol{x}} = \boldsymbol{f}(\boldsymbol{x}) + \boldsymbol{g}(\boldsymbol{x})u \\ y = h(\boldsymbol{x}) \end{cases} \tag{5.55}$$

式中，$\boldsymbol{x} \in \mathbf{R}^n$ 为状态向量；$u \in \mathbf{R}$ 和 $y \in \mathbf{R}$ 分别为系统的控制输入和输出；$\boldsymbol{f}$ 和 $\boldsymbol{g}$ 为 $\mathbf{R}^n$ 中充分光滑的向量场；$h(\boldsymbol{x})$为充分光滑的非线性函数。

输入/输出线性化就是要产生输出 y 与一个新控制输入 v（此处的 v 类似于输入-状态线性化中的等价输入 v）之间的线性微分关系。具体地说，本节将讨论下列问题：

(1) 对于非线性系统（式(5.55)）如何生成一个线性输入/输出关系？

(2) 与输入/输出线性化相联系的内动态子系统和零动态子系统是什么？

(3) 如何在输入/输出线性化的基础上设计稳定控制器？

5.4.1 线性输入/输出关系的生成

在 5.1.3 节讨论过，输入/输出线性化的基本方法是重复地对输出函数 y 求导数直到其表达式中出现控制输入 u，然后设计 u 去抵消非线性，从而实现输入/输出线性化。本节

用微分几何的方法具体地给出输入/输出线性化的方法。

考虑状态空间中的一个开集合 U_x，使用微分几何的符号对输出 y 求导数：

$$\dot{y}=\nabla h(\boldsymbol{f}+\boldsymbol{g}u)=L_f h(\boldsymbol{x})+L_g h(\boldsymbol{x})u$$

如果在 U_x 中的某个点 $\boldsymbol{x}=\boldsymbol{x}_0$，$L_g h(\boldsymbol{x})\neq 0$，由于连续性，该关系在 $\boldsymbol{x}_0$ 点的一个邻域 U 内成立。在 U 中，输入变换

$$u=\frac{1}{L_g h}(-L_f h+v)$$

便产生一个 y 与 v 之间的线性关系，即 $\dot{y}=v$。

如果对 U_x 中的所有 $\boldsymbol{x}$，都有 $L_g h(\boldsymbol{x})=0$，则可以对 y 再求导数，从而得到

$$\ddot{y}=L_f^2 h(\boldsymbol{x})+L_g L_f h(\boldsymbol{x})u$$

如果 $L_g L_f h(\boldsymbol{x})$ 仍然对 U_x 中的所有 $\boldsymbol{x}$ 都为零，就一次又一次地求导下去，有

$$y^{(i)}=L_f^i h(\boldsymbol{x})+L_g L_f^{i-1} h(\boldsymbol{x})u$$

直到对于某个整数 r，在 U_x 中的某一点 $\boldsymbol{x}=\boldsymbol{x}_0$，有

$$L_g L_f^{r-1} h(\boldsymbol{x})\neq 0$$

于是由于连续性，上述关系必定在 x_0 点的一个有限邻域 U 内成立。在 U 中，将控制律

$$u=\frac{1}{L_g L_f^{r-1} h}(-L_f^r h+v) \tag{5.56}$$

应用于

$$y^{(r)}=L_f^r h(\boldsymbol{x})+L_g L_f^{r-1} h(\boldsymbol{x})u \tag{5.57}$$

得

$$y^{(r)}=v \tag{5.58}$$

在 5.1.3 节中讨论过，为了使输入 u 出现在输出 y 中，需要对输出 y 进行的微分次数 r 称为系统的相对阶，它一般满足 $r\leqslant n$（n 为系统的阶数）。在此给出相对阶正式的定义。

定义 5.10 对于 SISO 系统（式(5.55)），如果对于 $\forall \boldsymbol{x}\in U$，有

$$L_g L_f^i h(\boldsymbol{x})=0,\quad 0\leqslant i<r-1 \tag{5.59a}$$

$$L_g L_f^{r-1} h(\boldsymbol{x})\neq 0 \tag{5.59b}$$

则称该系统在 U 内的相对阶为 r。

它是线性系统中定义的相对阶概念的推广。例如，考虑以下线性系统

$$\begin{cases}\dot{\boldsymbol{x}}=\boldsymbol{A}\boldsymbol{x}+\boldsymbol{b}u\\ y=\boldsymbol{c}\boldsymbol{x}\end{cases}$$

注意到当 $|s|>\max|\lambda_i(\boldsymbol{A})|$ 时，其传递函数的罗朗(Laurent)展开式为

$$\boldsymbol{c}(s\boldsymbol{I}-\boldsymbol{A})^{-1}\boldsymbol{b}=\frac{\boldsymbol{cb}}{s}+\frac{\boldsymbol{cAb}}{s^2}+\frac{\boldsymbol{cA}^2\boldsymbol{b}}{s^3}+\cdots$$

那么，展开式中的第一个非零项就是系统的相对阶，即当

$$\boldsymbol{cb}=\boldsymbol{cAb}=\cdots=\boldsymbol{cA}^{r-2}\boldsymbol{b}=0,\quad 且\quad \boldsymbol{cA}^{r-1}\boldsymbol{b}\neq 0$$

时，系统的相对阶为 r。因为当 $i=0,1,2,\cdots$ 时，有

$$L_g L_f^i h(\boldsymbol{x})=\boldsymbol{cA}^i\boldsymbol{b}$$

应当注意的是，如果 $L_gL_f^{r-1}h(\boldsymbol{x}_0)\neq 0$，就意味着在 $\boldsymbol{x}_0$ 的邻域 U 内 $L_gL_f^{r-1}h(\boldsymbol{x})$ 有界且不等于零。某些非线性系统对一些点 $\boldsymbol{x}_0\in U\subset \mathbf{R}^n$，其相对阶可能没有定义，即对某些整数 r，有 $L_gL_f^{r-1}h(\boldsymbol{x}_0)=0$，但对充分靠近 $\boldsymbol{x}_0$ 的点 $\boldsymbol{x}$ 却有 $L_gL_f^{r-1}h(\boldsymbol{x}_0)\neq 0$。也就是说，$\boldsymbol{x}_0$ 正好是 $L_gL_f^{r-1}h(\boldsymbol{x}_0)=0$ 的零点，这时非线性系统的相对阶在 $\boldsymbol{x}_0$ 无定义，称为非正则情形。

下面用简单的例子来说明系统相对阶的概念。

例 5.10　考虑受控 van der Pol 振荡器状态空间方程：

$$\dot{\boldsymbol{x}}=\boldsymbol{f}(\boldsymbol{x})+\boldsymbol{g}(\boldsymbol{x})u=\begin{bmatrix} x_3 \\ 2\omega\xi(1-\mu x_1^2)x_2-\omega^2 x_1\end{bmatrix}+\begin{bmatrix}0\\1\end{bmatrix}u$$

假设输出函数选择为

$$y=h(\boldsymbol{x})=x_1$$

在这种情况下，有

$$L_gh(\boldsymbol{x})=\frac{\partial h}{\partial \boldsymbol{x}}g(\boldsymbol{x})=[1\quad 0]\begin{bmatrix}0\\1\end{bmatrix}=0$$

$$L_fh(\boldsymbol{x})=\frac{\partial h}{\partial \boldsymbol{x}}f(\boldsymbol{x})=[1\quad 0]\begin{bmatrix} x_2 \\ 2\omega\xi(1-\mu x_1^2)x_2-\omega^2 x_1\end{bmatrix}=x_2$$

$$L_gL_fh(\boldsymbol{x})=\frac{\partial(L_fh)}{\partial \boldsymbol{x}}\boldsymbol{g}(\boldsymbol{x})=[0\quad 1]\begin{bmatrix}0\\1\end{bmatrix}=1$$

因此，可以看到，该系统在任意点 $\boldsymbol{x}_0$ 处是伴随型的，且相对阶为 2。

然而，如果取输出函数为

$$y=h(\boldsymbol{x})=\sin x_2$$

则 $L_gh=\cos x_2$，系统在任意点 $\boldsymbol{x}_0$ 处有相对阶 1，只要 $(\boldsymbol{x}_0)_2\neq(2k+1)\pi/2$。如果点 $\boldsymbol{x}_0$ 使得该条件不满足，则对所选取的这个输出来说，相对阶无定义，即系统的相对阶既不为 1 也不为 2。

在某些特殊情况下，如例 5.10，简单地改变输出便能定义一个等效的然而容易求解的控制问题。但是一般来说，当相对阶无定义时，输入/输出线性化在这一点就不能直接实现。在本节的余下部分，将只考虑在一个开集合 U（它常是某一个受关注的工作点 $\boldsymbol{x}_0$ 的邻域）内相对阶有定义的系统。

5.4.2　SISO 非线性系统的标准型

当相对阶 r 有定义且 $r<n$ 时，非线性系统（式(5.55)）可以用 $y,\dot{y},\cdots,y^{(r-1)}$ 作为新状态的一部分分量而变换成标准型，这种形式将使我们能够对 5.1.3 节介绍的内动态子系统和零动态子系统进行更为严谨的考察。令

$$\boldsymbol{\mu}=[\mu_1,\mu_2,\cdots,\mu_r]^{\mathrm{T}}=[y,\dot{y},\cdots,y^{(r-1)}]^{\mathrm{T}}=[h(x),L_fh(\boldsymbol{x}),\cdots,L_f^{r-1}h(\boldsymbol{x})]^{\mathrm{T}}\quad(5.60)$$

在点 $\boldsymbol{x}_0$ 的邻域内，系统的标准型可以写为

$$\dot{\boldsymbol{\mu}}=\begin{bmatrix}\mu_2\\ \vdots\\ \mu_r\\ a(\boldsymbol{\mu},\boldsymbol{\psi})+b(\boldsymbol{\mu},\boldsymbol{\psi})u\end{bmatrix} \tag{5.61a}$$

$$\dot{\boldsymbol{\psi}}=\boldsymbol{\omega}(\boldsymbol{\mu},\boldsymbol{\psi}) \tag{5.61b}$$

输出定义为

$$y=\mu_1 \tag{5.62}$$

μ_i 与 ψ_i 称为在开集合 U 内(或在 $\boldsymbol{x}_0$ 点)的规范坐标或规范状态。注意伴随型子系统(式(5.61a))其实就是式(5.57)的另一种表达形式,而子系统(式(5.61b))不包括系统的控制输入 u。

为了证明非线性系统(式(5.55))确实能变换成标准型(式(5.61)),必须证明不仅这种坐标变换存在,而且它是真正的状态变换。换言之,需要证明能够构造一个(局部的)微分同胚

$$\boldsymbol{\phi}(\boldsymbol{x})=[\mu_1,\cdots,\mu_r,\psi_1,\cdots,\psi_{n-r}]^{\mathrm{T}} \tag{5.63}$$

使得式(5.61)成立。按照引理 5.1,欲证明 $\boldsymbol{\phi}(\boldsymbol{x})$ 是一个微分同胚,只须证明其雅可比矩阵可逆,即梯度 $\nabla\boldsymbol{\mu}_i$ 与 $\nabla\boldsymbol{\psi}_j$ 全部线性无关即可。

定理 5.4 设非线性系统(式(5.55))在 $\boldsymbol{x}_0$ 点的相对阶为 r,如果 $r<n$,令

$$\begin{cases}\mu_1=\phi_1(\boldsymbol{x})=h(\boldsymbol{x})\\ \mu_2=\phi_2(\boldsymbol{x})=L_f h(\boldsymbol{x})\\ \vdots\\ \mu_r=\phi_r(\boldsymbol{x})=L_f^{r-1}h(\boldsymbol{x})\end{cases}$$

则总可以找到 $n-r$ 个函数 $\phi_{r+1}(\boldsymbol{x}),\cdots,\phi_n(\boldsymbol{x})$,使得变换

$$\boldsymbol{\phi}(\boldsymbol{x})=\begin{pmatrix}\phi_1(\boldsymbol{x})\\ \vdots\\ \phi_n(\boldsymbol{x})\end{pmatrix}$$

在 $\boldsymbol{x}_0$ 点的雅可比矩阵是非奇异的。所以,该变换可以作为在 $\boldsymbol{x}_0$ 点邻域的一个局部坐标变换。显然,$n-r$ 个函数 $\phi_{r+1}(\boldsymbol{x}),\cdots,\phi_n(\boldsymbol{x})$ 的选取是相当任意的,只要使 $\boldsymbol{\phi}(\boldsymbol{x})$ 的雅可比矩阵非奇异即可。特别地,可以选取 $\phi_{r+1}(\boldsymbol{x}),\cdots,\phi_n(\boldsymbol{x})$,使得

$$L_g\phi_i(\boldsymbol{x})=0,\quad r+1\leqslant i\leqslant n,\quad \forall \boldsymbol{x}\in V(V\text{ 是 }\boldsymbol{x}_0\text{ 的某邻域})$$

下面首先证明梯度 $\nabla\mu_i$ 为线性无关,即 $\boldsymbol{\mu}$ 的分量可以作为状态变量。该结果是显然的,因为它只不过是把系统的输出 y 及其前 $r-1$ 阶导数作为状态变量。然后证明可以找到另外 $n-r$ 个向量场 ψ_j 来补足新的状态向量,即可以找到 $n-r$ 个 ψ_j,使得 $\nabla\mu_i$ 和 $\nabla\psi_j$ 全部线性无关。现在证明梯度 $\nabla\mu_i$ 线性无关。

引理 5.4 若系统(式(5.55))在开集合 U 内相对度为 r,则梯度 $\nabla\mu_1,\nabla\mu_2,\cdots,\nabla\mu_r$ 在开集合 U 内线性无关。

证明 当用 $\boldsymbol{\mu}$ 来表示新状态时,式(5.59)可以简单地写成

$$\nabla\mu_i\boldsymbol{g}=0,\quad 1\leqslant i<r \tag{5.64a}$$

$$\nabla\mu_r\boldsymbol{g}\neq 0 \tag{5.64b}$$

利用式(5.64),可以得到,对于所有的$\boldsymbol{x}\in U$,有

$$L_{\mathrm{ad}_f^i g}L_f^j h(\boldsymbol{x})\equiv 0,\quad i+j\leqslant r-2 \tag{5.65a}$$

$$L_{\mathrm{ad}_f^i g}L_f^j h(\boldsymbol{x})=(-1)^{r-1-j}L_g L_f^{r-1}h(\boldsymbol{x}_0)\neq 0,\quad i+j=r-1 \tag{5.65b}$$

证明如下。当$i=0$时,式(5.65)就是相对阶的定义。当$i=1$时,有

$$L_{\mathrm{ad}_f g}L_f^j h(\boldsymbol{x})=L_g L_f^{j+1}h(\boldsymbol{x})-L_f L_g L_f^j h(\boldsymbol{x})$$

当$i>1$时,有

$$L_{\mathrm{ad}_f^i g}L_f^j h(\boldsymbol{x})=L_{\mathrm{ad}_f^{i-1} g}L_f^{j+1}h(\boldsymbol{x})-L_f L_{\mathrm{ad}_f^{i-1} g}L_f^j h(\boldsymbol{x})$$

因此,利用高阶雅可比恒等式只需对i递推,即可证明式(5.65)成立。

将式(5.65)写成如下矩阵形式:

$$\begin{bmatrix}\nabla h(\boldsymbol{x}_0)\\ \nabla L_f h(\boldsymbol{x}_0)\\ \vdots\\ \nabla L_f^{r-1}h(\boldsymbol{x}_0)\end{bmatrix}\begin{bmatrix}\boldsymbol{g}(\boldsymbol{x}_0) & \mathrm{ad}_f g(\boldsymbol{x}_0) & \cdots & \mathrm{ad}_f^{r-1}g(\boldsymbol{x}_0)\end{bmatrix}$$

$$=\begin{bmatrix}0 & 0 & \cdots & L_{\mathrm{ad}_f^{r-1}g}h(\boldsymbol{x}_0)\\ 0 & L_{\mathrm{ad}_f g}L_f^{r-2}h(\boldsymbol{x}_0) & \cdots & *\\ \vdots & \vdots & & \vdots\\ L_g L_f^{r-1}h(\boldsymbol{x}_0) & * & * & *\end{bmatrix}$$

上式右边的反对角项$L_g L_f^{r-1}h(\boldsymbol{x}_0)\neq 0$,因此具有秩$r$。因等式左边为$r\times n$和$n\times r$阶的矩阵的乘积,而两个矩阵乘积的秩小于或等于两个矩阵中的最小秩,故左边两个矩阵的秩都必须为r。因此

$$\begin{bmatrix}\nabla\mu_1\\ \nabla\mu_2\\ \vdots\\ \nabla\mu_r\end{bmatrix}=\begin{bmatrix}\nabla h(\boldsymbol{x}_0)\\ \nabla L_f h(\boldsymbol{x}_0)\\ \vdots\\ \nabla L_f^{r-1}h(\boldsymbol{x}_0)\end{bmatrix} \tag{5.66}$$

在开集合U内线性无关,同时向量场$[\boldsymbol{g}(\boldsymbol{x}_0)\quad \mathrm{ad}_f\boldsymbol{g}(\boldsymbol{x}_0)\quad\cdots\quad \mathrm{ad}_f^{r-1}g(\boldsymbol{x}_0)]$在开集合$U$内也线性无关。

证毕。

现在要证明存在另外$n-r$个函数ψ_j来补足坐标变换。注意到有了引理5.4之后,我们只需要证明能找到梯度向量$\nabla\psi_j$使得$\nabla\mu_i$和$\nabla\psi_j$全体线性无关即可。

证明　对于一维分布$\Delta=\mathrm{span}\{\boldsymbol{g}(\boldsymbol{x})\}$(或者说单个向量场$\boldsymbol{g}$),它是对合的,则由弗罗贝尼斯定理可知,它是完全可积的,则存在$n-1$个标量函数$\eta_1(\boldsymbol{x}),\eta_2(\boldsymbol{x}),\cdots,\eta_{n-1}(\boldsymbol{x})$,满足一组偏微分方程

$$\nabla\eta_i\boldsymbol{g}=0,\quad i=1,2,\cdots,n-1 \tag{5.67}$$

而梯度向量$\nabla\boldsymbol{\eta}=[\nabla\eta_1,\nabla\eta_2,\cdots,\nabla\eta_{n-1}]^{\mathrm{T}}$是线性无关的。如果选$[\nabla\mu_1,\cdots,\nabla\mu_{r-1},\nabla\mu_r]^{\mathrm{T}}=$

$[\nabla\eta_{n-r+1},\cdots,\nabla\eta_{n-1},\boldsymbol{g}]^{\mathrm{T}}$ 和$[\nabla\psi_1,\cdots,\nabla\psi_{n-r}]^{\mathrm{T}}=[\nabla\eta_1,\cdots,\nabla\eta_{n-r}]^{\mathrm{T}}$，即梯度$\nabla\mu_i$ 与$\nabla\psi_j$ 全部线性无关。构造$\nabla\psi_j$ 的方法可用图 5.4 来说明。

这里$\nabla\mu_i$ 的选取和式(5.66)相同，线性无关的前 $r-1$ 个向量$\nabla\mu_i(i=1,\cdots,r-1)$全部位于与 $\boldsymbol{g}$ 垂直的超平面上，而$\nabla\mu_r$ 与 g 为同方向向量，$\nabla\psi_j(j=1,\cdots,n-r)$按式(5.67)定义，它们满足

$$\nabla\psi_j\boldsymbol{g}=0,\quad 1\leqslant j\leqslant n-r \tag{5.68}$$

式(5.68)说明，$\nabla\psi_j$ 与$\nabla\mu_r(\boldsymbol{g})$垂直。另外，$\nabla\psi_j$ 不仅自己间两两相互垂直，而且$\nabla\psi_j$ 与$\nabla\mu_i$ 之间也两两相互垂直。应特别注意的是，这里的梯度向量场并非是任意的向量场，它们必须满足旋度条件(见 3.9.2 节)。

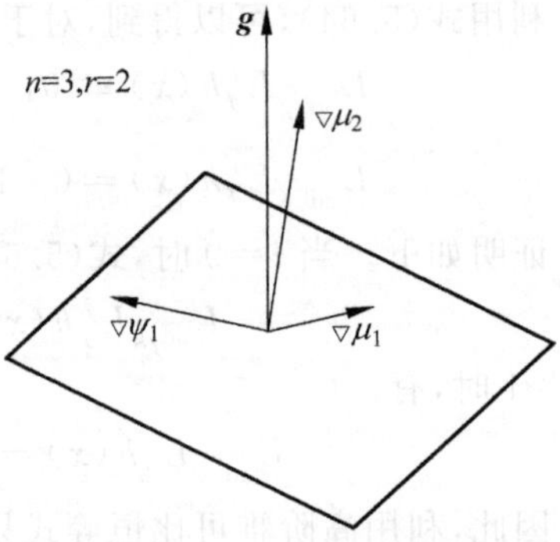

图 5.4 ψ_j 的构造

因此，梯度$\nabla\mu_i(i=1,\cdots,r)$和$\nabla\psi_j(j=1,\cdots,n-r)$全部是线性无关的，且变换式(5.63)的雅可比矩阵是可逆的。

由于连续性，雅可比矩阵在 $\boldsymbol{x}_0$ 的某个邻域 U_1 内保持可逆。重新定义 U 为 U_1 与 U 的交集，则变换 $\boldsymbol{\phi}(\boldsymbol{x})$就在 U 内定义了一个微分同胚，即

$$\boldsymbol{\phi}(\boldsymbol{x})=[h(\boldsymbol{x}),L_f(\boldsymbol{x}),\cdots,L_f^{r-1}h(\boldsymbol{x}),\eta_1,\eta_2,\cdots,\eta_{n-r}]^{\mathrm{T}}$$

因此，在 U 内这个变换是真正的状态变换，它将非线性系统变换成式(5.61)的形式，其中在式(5.61a)中：

$$a[\boldsymbol{\mu},\boldsymbol{\psi}]=L_f^rh(\boldsymbol{x})=L_f^rh[\boldsymbol{\phi}^{-1}(\boldsymbol{\mu},\boldsymbol{\psi})]$$

$$b[\boldsymbol{\mu},\boldsymbol{\psi}]=L_gL_f^{r-1}h(\boldsymbol{x})=L_gL_f^{r-1}h[\boldsymbol{\phi}^{-1}(\boldsymbol{\mu},\boldsymbol{\psi})]$$

而在式(5.61b)中确实没有出现输入 $\boldsymbol{u}$，因为由式(5.68)，$\boldsymbol{\psi}_j$ 满足

$$L_g\boldsymbol{\psi}_j(\boldsymbol{x})=0,\quad \forall\boldsymbol{x}\in U$$

从实用的观点来看，明显地求出一个向量场$\boldsymbol{\psi}$ 来补足向规范形式的变换，需要求解关于 $\boldsymbol{\psi}_j$ 的偏微分方程组(式(5.68))，这种求解的步骤通常并不是轻而易举的。下面这个例子用来说明这些步骤。

例 5.11 考虑非线性系统

$$\begin{cases}\dot{\boldsymbol{x}}=\begin{bmatrix}-x_1\\x_1x_2\\x_2\end{bmatrix}+\begin{bmatrix}\mathrm{e}^{x_2}\\1\\0\end{bmatrix}u\\ y=h(\boldsymbol{x})=x_3\end{cases} \tag{5.69}$$

此处 $\boldsymbol{f}(\boldsymbol{x})=[-x_1,x_1x_2,x_2]^{\mathrm{T}}$，$\boldsymbol{g}(\boldsymbol{x})=[\mathrm{e}^{x_2},1,0]^{\mathrm{T}}$，$\nabla h=[0,0,1]^{\mathrm{T}}$，有

$$\dot{y}=L_fh(\boldsymbol{x})=x_2$$

$$\ddot{y}=L_f^2h(\boldsymbol{x})+L_gL_fh(\boldsymbol{x})u=\dot{x}_2=x_1x_2+u$$

由于 $L_gh(\boldsymbol{x})=0$，$L_gL_fh(\boldsymbol{x})=1$，因此系统的相对阶为 2。

为了求出规范形式，令

$$\mu_1=h(\boldsymbol{x})=x_3$$

$$\mu_2 = L_f h(\boldsymbol{x}) = x_2$$

为补足变换所需要的第三个函数 $\psi(\boldsymbol{x})$，它应该满足如下方程：

$$L_g \psi_1 = \frac{\partial \psi_1}{\partial x_1} \mathrm{e}^{x_2} + \frac{\partial \psi_1}{\partial x_2} = 0$$

此方程的一个解是

$$\psi_1(\boldsymbol{x}) = \varphi(x_3) + x_1 - \mathrm{e}^{x_2}$$

式中，$\varphi(x_3)$为任意光滑的函数，则相应的状态变换为

$$\boldsymbol{z} = [\mu_1, \mu_2, \psi_1]^{\mathrm{T}} = [x_3, x_2, \varphi(x_3) + x_1 - \mathrm{e}^{x_2}]^{\mathrm{T}}$$

其雅可比矩阵为

$$\frac{\partial \boldsymbol{z}}{\partial \boldsymbol{x}} = \begin{bmatrix} 0 & 0 & 1 \\ 0 & 1 & 0 \\ 1 & -\mathrm{e}^{x_2} & \dot{\varphi}(x_3) \end{bmatrix}$$

它对任意 $\boldsymbol{x}$ 非奇异。为了方便地求出逆变换 $\boldsymbol{z}^{-1}(\boldsymbol{x})$，取 $\varphi(x_3)=1$，则可求得

$$\begin{cases} x_1 = -1 + \psi_1 + \mathrm{e}^{\mu_2} \\ x_2 = \mu_2 \\ x_3 = \mu_1 \end{cases}$$

尽管相对阶的概念是局部定义的，但就本例而言，该变换是全局有效的。利用上面这组新坐标，系统动态方程可转换成下列规范形式：

$$\begin{cases} \dot{\mu}_1 = \mu_2 \\ \dot{\mu}_2 = (-1 + \psi_1 + \mathrm{e}^{\mu_2})\mu_2 + u \\ \dot{\psi}_1 = (1 - \psi_1 - \mathrm{e}^{\mu_2})(1 + \mu_2 \mathrm{e}^{\mu_2}) \\ y = \mu_1 \end{cases}$$

下面讨论输入/输出线性化与输入-状态线性化之间的关系。

由上述分析可知，当系统的相对阶 $r<n$ 时，系统可以实现部分线性化。如果 $r=n$，则输入/输出线性化实际上实现了系统的全部线性化，即在 U 内产生了输入-状态线性化。如果一个系统是可输入/输出线性化的并且相对阶为 n，从定义 5.9 可以看出，则它必定是可输入-状态线性化的。也就是说，输入-状态线性化是输入/输出线性化当输出函数导致相对阶为 n 时的一种特殊情况。下面的例子可以说明这一点。

例 5.12　考虑如下非线性控制系统

$$\dot{\boldsymbol{x}} = \begin{bmatrix} 0 \\ x_1 - x_3 \\ x_1 + x_3^2 \end{bmatrix} + \begin{bmatrix} \mathrm{e}^{x_2} \\ 0 \\ \mathrm{e}^{x_2} \end{bmatrix} u$$

输出 $y=h(\boldsymbol{x})=x_2$，则有

$$L_g h(\boldsymbol{x}) = 0, \qquad L_f h(\boldsymbol{x}) = x_1 - x_3$$

$$L_g L_f h(\boldsymbol{x}) = 0, \qquad L_f^2 h(\boldsymbol{x}) = -(x_1 + x_3^2)$$

$$L_g L_f^2 h(\boldsymbol{x}) = -(1 + 2x_3)\mathrm{e}^{x_2}, \qquad L_f^3 h(\boldsymbol{x}) = -2x_3(x_1 + x_3^2)$$

可见,系统在区域$\{\boldsymbol{x}=(x_1,x_2,x_3)^{\mathrm{T}}:-\infty<x_1,x_2<\infty,-1/2<x_3<\infty\}$内每一点有相对阶 3。为了获得标准型,利用反馈控制

$$u=-\frac{2x_3(x_1+x_3^2)}{(1+2x_3)\mathrm{e}^{x_2}}-\frac{1}{(1+2x_3)\mathrm{e}^{x_2}}v$$

和坐标变换

$$\boldsymbol{z}=\boldsymbol{\phi}(\boldsymbol{x})=\begin{bmatrix}h(\boldsymbol{x})\\L_fh(\boldsymbol{x})\\L_f^2h(\boldsymbol{x})\end{bmatrix}=\begin{bmatrix}x_2\\x_1-x_3\\-(x_1+x_3^2)\end{bmatrix}$$

可将原系统转换成下列标准型:

$$\dot{\boldsymbol{z}}=\begin{bmatrix}0&1&0\\0&0&1\\0&0&0\end{bmatrix}\boldsymbol{z}+\begin{bmatrix}0\\0\\1\end{bmatrix}u$$

5.4.3 零动态子系统

利用输入/输出线性化,非线性系统的动态方程被分解为外在的(输入/输出)和内在的(不能观的)两部分。由于外在部分是由 y 与 v 的线性关系组成的[或等价地说,当系统为能控标准型时,就是式(5.61a)所示的 y 与 u 之间的关系],很容易设计新控制输入 v 使 y 具有期望的控制性能。由于控制设计必须考虑到整个系统的动态特性,因此内动态子系统也应具有良好的性能,即内在状态必须保持有界。

与输入/输出线性化相联系的内动态子系统对应于规范型中的最后$(n-r)$个方程$\dot{\boldsymbol{\psi}}=\boldsymbol{\omega}(\boldsymbol{\mu},\boldsymbol{\psi})$。一般来说,该动态特性依赖于外部状态$\boldsymbol{\mu}$。不过,通过考虑当控制输入使输出维持恒等于零时内动态子系统的特性,我们可以定义非线性系统的一种内在性质,即零动态子系统的特性,对它的研究将使我们能够对内动态子系统的稳定性做出某些结论。

输出恒等于零的约束条件意味着它的所有时间导数均为零,因此一个系统的零动态子系统就是当其运动被限制在 $\mathbf{R}^n$ 中,由 $\mu=0$ 确定的 $n-r$ 维光滑曲面(流形)M_0 上时的动态子系统。为了使系统在零动态子系统中运行,即要使状态 $\boldsymbol{x}$ 保持在曲面 M_0 上,系统的初始状态 $\boldsymbol{x}(0)$必须在此曲面上。此外,输入 u 必须使 y 保持为零,即要使 $y^{(r)}=0$。根据式(5.57),这就是说 u 必须等于 u_0,即

$$u_0=-\frac{L_f^rh(\boldsymbol{x})}{L_gL_f^{r-1}h(\boldsymbol{x})}$$

对应于该输入,并假定系统的初始状态确实在曲面上,即$\boldsymbol{\mu}(0)=\mathbf{0}$,系统的动态方程就可以写成以下规范形式:

$$\dot{\boldsymbol{\mu}}=\mathbf{0} \tag{5.70a}$$

$$\dot{\boldsymbol{\psi}}=\boldsymbol{\omega}[0,\boldsymbol{\psi}] \tag{5.70b}$$

按照定义,式(5.70b)就描述了非线性系统(式(5.61))的零动态子系统。

在零动态子系统中工作时,系统状态的演变情况如图 5.5 所示。在规范坐标中,控制输入 u_0 可以写成仅是内状态$\boldsymbol{\psi}$ 的函数:

$$u_0(\boldsymbol{\psi}) = -\frac{a[0,\boldsymbol{\psi}]}{b(0,\boldsymbol{\psi}]}$$

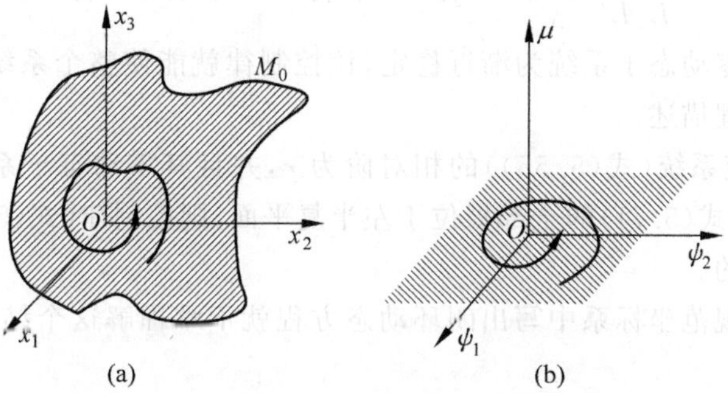

图 5.5　$n=3, r=1$ 时,系统状态在零动态子系统流形上的演变情况

(a) 在原坐标系中;(b) 在规范坐标系中

例 5.13　再来看例 5.11 中的非线性系统,其内动态子系统由下列方程描述:

$$\dot{\psi}_1 = (1 - \psi_1 - e^{\mu_2})(1 + \mu_2 e^{\mu_2})$$

假设有控制输入 $u(\boldsymbol{x})$ 使系统输出始终保持为零,即 $\mu_1 = 0, \mu_2 = 0$,得到它的零动态子系统方程为

$$\dot{\psi}_1 = -\psi_1$$

注意,计算一个系统的内动态子系统(或零动态子系统)并不一定要求首先将系统变成明显的规范形式,即求解定义 ψ_1 的偏微分方程,该方程是仔细地设计出来的,为的是使 u 不出现在 $\dot{\psi}_1$ 中。事实上,由于已知 u(或 u_0)为状态 $\boldsymbol{x}$ 的函数,更简单的办法常常是给出 μ 后,求出补足状态变换的 $n-r$ 个向量场 ρ_j,然后如同在 5.1 节所做的那样,将 u(或 u_0)用它的表达式来代换。该状态变换是一一对应的,这一点可以直接地证实,或者通过检验该变换的雅可比矩阵为可逆来证实。

在线性系统中,零动态子系统为稳定的线性系统称为是最小相位的,我们将把这一术语推广到非线性系统。

定义 5.11　如果非线性系统(式(5.55))的零动态子系统是渐近稳定的,则称该非线性系统是渐近最小相位的。

可以类似地定义指数最小相位的概念。如果对于任意的$\boldsymbol{\psi}(0)$,零动态子系统均为渐近稳定,就称该系统是全局渐近最小相位的;否则就称该系统为局部最小相位的。例如,系统(式(5.69))就是全局最小相位的。

5.4.4　渐近稳定性分析

1. 局部渐近稳定性

考虑非线性系统(式(5.55)),若将式(5.58)中的输入 v 选择为简单的极点配置控制器,是否能确保整个系统的稳定性?假定在式(5.58)中令

$$v = -k_{r-1} y^{(r-1)} - \cdots - k_1 \dot{y} - k_0 y$$

式中,系数 k_i 的选择应使多项式

$$K(p) = p^r + k_{r-1} p^{r-1} + \cdots + k_1 p + k_0 \tag{5.71}$$

的所有根严格地位于左半复平面。实际的输入 u 可根据式(5.56)写出，为

$$u(\boldsymbol{x})=\frac{1}{L_gL_f^{r-1}y}\left[-L_f^r y-k_{r-1}y^{(r-1)}-\cdots-k_1\dot{y}-k_0y\right] \tag{5.72}$$

只要该系统的零动态子系统为渐近稳定，该控制律就能使整个系统局部稳定。上述结果可以用下面的定理描述。

定理 5.5 假定系统(式(5.55))的相对阶为 r，并且其零动态子系统是局部渐近稳定的。选择常数 k_i 使式(5.71)的全部根位于左半复平面，则控制律(式(5.72))产生的闭环系统是局部渐近稳定的。

证明 如果在规范坐标系中写出闭环动态方程就不难理解这个结果。设计控制器，可使闭环动态方程为

$$\dot{\boldsymbol{\mu}}=\begin{bmatrix}0 & 1 & 0 & \cdots & 0\\ \vdots & \vdots & \vdots & & \vdots\\ 0 & 0 & 0 & \cdots & 1\\ -k_0 & -k_1 & -k_2 & \cdots & -k_{r-1}\end{bmatrix}\boldsymbol{\mu}=\boldsymbol{A\mu}$$

$$\dot{\boldsymbol{\psi}}=\boldsymbol{\omega}(\boldsymbol{\mu},\boldsymbol{\psi})=\boldsymbol{A}_1\boldsymbol{\mu}+\boldsymbol{A}_2\boldsymbol{\psi}+\text{h.o.t.}$$

式中，h. o. t. 为在 $x_0=0$ 点泰勒展开的高次项，而矩阵 $\boldsymbol{A}$，$\boldsymbol{A}_1$，$\boldsymbol{A}_2$ 的定义是显然的。上述方程又可以写为

$$\frac{\mathrm{d}}{\mathrm{d}t}\begin{bmatrix}\boldsymbol{\mu}\\ \boldsymbol{\psi}\end{bmatrix}=\begin{bmatrix}\boldsymbol{A} & \boldsymbol{O}\\ \boldsymbol{A}_1 & \boldsymbol{A}_2\end{bmatrix}\begin{bmatrix}\boldsymbol{\mu}\\ \boldsymbol{\psi}\end{bmatrix}+\text{h.o.t.}$$

由于零动态子系统是渐近稳定的，按照李雅普诺夫的线性化定理(定理 3.7)可知，零动态子系统的线性化方程 $\dot{\boldsymbol{\psi}}=\boldsymbol{A}_2\boldsymbol{\psi}$ 或者是渐近稳定的，或者是临界稳定的。

如果 $\boldsymbol{A}_2$ 是渐近稳定的(它的全部特征值均严格地位于左半平面)，则整个动态系统的上述线性化近似是渐近稳定的，因而再利用李雅普诺夫的线性化定理可知，非线性系统是局部渐近稳定的。

如果 $\boldsymbol{A}_2$ 只是临界稳定的，则闭环系统的稳定性仍可利用中心流形理论来导出，即只是临界稳定的[9]。

上述稳定方法不要求零动态子系统能控，只要求其是渐近稳定或临界稳定的子系统。对于以状态收敛为目标的稳定问题，通常可以自由地选择输出函数 $h(\boldsymbol{x})$，从而可以影响零动态子系统。因此，有可能选择能使相应的零动态子系统为渐近稳定的输出函数。定理 5.5 表明，只要该系统的零动态子系统为渐近稳定，则该控制律就能使整个系统局部稳定。

2. 全局渐近稳定

在将系统化成标准形式后，基本的想法是把 $\boldsymbol{\mu}$ 看成内动态子系统的输入，而把 $\boldsymbol{\psi}$ 看成输出。第一步是设法找到一个使内动态子系统稳定的控制律 $\boldsymbol{\mu}_0=\boldsymbol{\mu}_0(\boldsymbol{\psi})$，以及相应的能体现这种稳定性质的李雅普诺夫函数 V_0。这比寻找使原系统稳定的控制律容易一些，因为内动态子系统的阶次通常较低。第二步是返回原来的全局控制问题，适当地修改 V_0 的形式从而确定一个候选的李雅普诺夫函数 V，然后选择控制输入 v，使 V 成为整个闭环动态系统的李雅普诺夫函数。

例如，考虑下列为规范形式的非线性系统的稳定性问题：

$$\dot{y}=v \tag{5.73a}$$

$$\ddot{z}+\dot{z}^3+yz=0 \tag{5.73b}$$

式中，v 是控制输入；$\boldsymbol{\psi}=[z,\dot{z}]^{\mathrm{T}}$。考察内动态子系统（式(5.73b)）可以看出，假如选择 $y=z^2$，则内动态子系统将是渐近稳定的。此外，这个 y 的表达式和 y 要趋于零的要求是一致的。上述讨论启发我们采用以下设计方法。

在式(5.73b)中形式上用 $y_0=z^2$ 来替换 y，令这时体现该系统稳定性的李雅普诺夫函数为 V_0。则根据例 3.29 所给的法则，V_0 可以选择为

$$V_0=\frac{1}{2}\dot{z}^2+\frac{1}{4}z^4$$

利用实际的动态方程（式(5.72)），对 V_0 求导数得

$$\dot{V}_0=-\dot{z}^4-z\dot{z}(y-z^2)$$

现在考虑候选的李雅普诺夫函数

$$V=V_0+\frac{1}{2}(y-z^2)^2$$

它是由 V_0 加上一个$(y-y_0)$的二次“误差”项得到的。于是有

$$\dot{V}=-\dot{z}^4+(y-z^2)(v-3z\dot{z})$$

上式提示我们选择如下控制律：

$$v=-y+z^2+3z\dot{z}$$

于是得出

$$\dot{V}=-\dot{z}^4-(y-z^2)^2$$

应用不变集定理（定理 3.19）可以证明，v 的这种选择可使得整个系统的状态收敛于零。

有趣的是，同样的步骤也可用于非最小相位系统。例如，考虑下列表为规范形式的非线性系统的稳定问题：

$$\dot{y}=v \tag{5.74a}$$

$$\ddot{z}+\dot{z}^3-z^5+yz=0 \tag{5.74b}$$

其中，v 仍为控制输入，并同样地定义$\boldsymbol{\psi}=[z,\dot{z}]^{\mathrm{T}}$。注意到该系统的零动态子系统不稳定，因此它是非最小相位的。若取 $y=2z^4$，则内动态子系统是渐近稳定的，令

$$V_0=\frac{1}{2}\dot{z}^2+\frac{1}{6}z^6$$

利用实际的动态方程对 V_0 求导数，得

$$\dot{V}_0=-\dot{z}^4-z\dot{z}(y-2z^4)$$

现在考虑候选的李雅普诺夫函数

$$V=V_0+\frac{1}{2}(y-2z^4)^2$$

得到

$$\dot{V}=-\dot{z}^4+(y-2z^4)(v-8z^3\dot{z}-z\dot{z})$$

上式提示我们选择如下控制律：

$$v=-y+2z^4+8z^3\dot{z}+z\dot{z}$$

于是得到

$$\dot{V}=-\dot{z}^4-(y-2z^4)^2$$

应用不变集定理可以证明，这个 v 的选择将使整个系统的状态收敛于零。

该方法还有一个值得注意的特点，就是它可以递归地应用于复杂程度不断增加的系统，我们用下面的例子来说明这一点。

例 5.14 考虑系统

$$\begin{cases}\dot{x}+x^2y^5z\mathrm{e}^{xy}=(x^4+2)u\\ \dot{y}+y^3z^2-x=0\\ \ddot{z}+\dot{z}^3-z^5+yz=0\end{cases}$$

首先自然要定义一个新的输入

$$v=(x^4+2)u-x^2y^5z\mathrm{e}^{xy}$$

以使系统变成较为简单的形式：

$$\begin{cases}\dot{x}=v\\ \dot{y}+y^3z^2=x\\ \ddot{z}+\dot{z}^3-z^5+yz=0\end{cases}$$

现在只考虑后面两个方程并暂时把 x 看成控制输入。从前面对系统（式(5.74)）的研究可知控制律 $x=x_0$，其中：

$$x_0=y^3z^2-y+2z^4+8z^3\dot{z}+z\dot{z}$$

将使变量 y 和 z 全局渐近稳定，这一点可以通过选择下列李雅普诺夫函数

$$V_0=\frac{1}{2}\dot{z}^2+\frac{1}{6}z^6+\frac{1}{2}(y-2z^4)^2$$

得到证明。现在考虑李雅普诺夫函数

$$V=V_0+\frac{1}{2}(x-x_0)^2$$

可以求出

$$\begin{aligned}\dot{V}&=\dot{V}_0+(x-x_0)(\dot{x}-\dot{x}_0)=\dot{V}_0+(x-x_0)(v-\dot{x}_0)\\&=-\dot{z}^4-(y-2z^4)^2+(x-x_0)(y-2z^4+v-\dot{x}_0)\end{aligned}$$

定义控制律 v 为

$$v=\dot{x}_0-y+2z^4-x+x_0$$

式中，$\dot{x}_0$ 是从系统动态方程形式上计算出来的，这样就得到

$$\dot{V}=-\dot{z}^4-(y-2z^4)^2-(x-x_0)^2$$

应用不变集定理可以证明，v 的这种选择能使整个系统的状态收敛于零。原来的输入 u 就可以从 v 计算出来：

$$u=\frac{v+x^2y^5z\mathrm{e}^{xy}}{x^4+2}$$

在非线性系统中，零动态子系统的特性是与对象、输出及期望轨迹有关的性质。正如前

面已经讨论过的，可以通过改变输出来使它稳定。原则上零动态子系统也可以通过直接改变期望轨迹来加以修正，不过若假定系统要完成预先确定的各种不同任务，则这种方法在实际上意义不大。最后，可以通过改变对象本身来使零动态子系统稳定，这就可能会涉及重新部署或增添执行机构与传感器，或者要修改对象的物理结构。

5.4.5　SISO 系统的跟踪控制

定理 5.5 中简单的极点配置控制器可以推广到渐近跟踪控制的任务中。对于系统（式(5.55)），下面考虑跟踪一个指定的期望轨迹 $y_{\mathrm{d}}(t)$ 的问题。令

$$\boldsymbol{\mu}_{\mathrm{d}}=[y_{\mathrm{d}},\dot{y}_{\mathrm{d}},\cdots,y_{\mathrm{d}}^{(r-1)}]^{\mathrm{T}}$$

并定义跟踪误差向量

$$\tilde{\boldsymbol{\mu}}(t)=\boldsymbol{\mu}(t)-\boldsymbol{\mu}_{\mathrm{d}}(t)$$

则有下列结果。

定理 5.6　假定系统（式(5.55)）的相对度为 r（在所关注的区域内有定义并在其中为恒定），$\boldsymbol{\mu}_{\mathrm{d}}$ 平滑有界，方程

$$\dot{\boldsymbol{\psi}}_{\mathrm{d}}=\boldsymbol{\omega}(\boldsymbol{\mu}_{\mathrm{d}},\boldsymbol{\psi}_{\mathrm{d}}),\quad \boldsymbol{\psi}_{\mathrm{d}}(0)=0$$

的解 $\boldsymbol{\psi}_{\mathrm{d}}$ 存在并有界，而且是一致渐近稳定的。选择常数 k_r 使多项式（式(5.71)）的根全部位于左半平面内，则利用控制律

$$u=\frac{1}{L_gL_f^{r-1}\mu_1}[-L_f^r\mu_1+y_{\mathrm{d}}^{(r)}-k_{r-1}\tilde{\mu}_r-\cdots-k_0\tilde{\mu}_1] \tag{5.75}$$

就能使全部状态保持有界并使跟踪误差 $\tilde{\mu}$ 指数地收敛于零[2]。

为了使跟踪控制从时间 $t=0$ 起一直保持准确跟踪，则无论采用什么控制律都要求 $\boldsymbol{\mu}(0)=\boldsymbol{\mu}_{\mathrm{d}}(0)$。显然，上述反馈控制律不仅保证了跟踪误差的渐进稳定，而且有下面的有界跟踪定理。

定理 5.7　设具有相对阶 r 的系统（式(5.55)）是局部指数最小相位的，且多项式 $K(p)=p^r+k_{r-1}p^{r-1}+\cdots+k_1p+k_0$ 是赫尔维茨多项式。如果其零动态子系统对所有的 $\boldsymbol{\mu}$ 和 $\boldsymbol{\psi}$ 有定义且是利普希茨连续和全局指数最小相位的，则当期望输出 y_{d} 和其 r 阶导数存在时，反馈控制律（式(5.75)）将使系统能够实现有界跟踪，即 $\tilde{\boldsymbol{\mu}}$ 和其前 r 阶导数渐近趋于零，且状态 $\boldsymbol{x}$ 有界。

事实上，在反馈控制律（式(5.75)）作用下，闭环系统状态方程为

$$\begin{cases}\dot{\tilde{\boldsymbol{\mu}}}=\begin{bmatrix}0&1&0&\cdots&0\\ \vdots&\vdots&\vdots&&\vdots\\ 0&0&0&\cdots&1\\ -k_0&-k_1&-k_2&\cdots&-k_{r-1}\end{bmatrix}\tilde{\boldsymbol{\mu}}=\boldsymbol{A}\tilde{\boldsymbol{\mu}}\\ \dot{\boldsymbol{\psi}}=\boldsymbol{\omega}(\boldsymbol{\mu},\boldsymbol{\psi})\end{cases} \tag{5.76}$$

由假设知，式(5.76)描述的非线性系统的零动态是利普希茨连续和指数稳定的，所以由李雅普诺夫逆定理知存在一个李雅普诺夫函数满足以下条件：

$$\alpha_1\|\boldsymbol{\psi}\|^2\leqslant V(\boldsymbol{\psi})\leqslant\alpha_2\|\boldsymbol{\psi}\|^2$$

$$\left\|\frac{\partial V}{\partial \boldsymbol{\psi}}\right\| \leqslant \alpha_3 \|\boldsymbol{\psi}\|$$

$$\dot{V}(\boldsymbol{\psi})=\frac{\partial V}{\partial \boldsymbol{\psi}}\omega(0,\boldsymbol{\psi}) \leqslant -\alpha_4 \|\boldsymbol{\psi}\|^2$$

由矩阵的赫尔维茨性质可知，当 $t\to\infty$ 时，$\tilde{\boldsymbol{\mu}}\to\mathbf{0}$。同样由 $y_{\mathrm{d}}(t)$ 和其前 $r-1$ 阶导数的有界性假设可知，$\boldsymbol{\mu}$ 是有界的，假设为 M。对于变量 $\boldsymbol{\psi}$，考察函数 $V(\boldsymbol{\psi})$ 沿式(5.76)的轨迹变化率，可得

$$\begin{aligned}\dot{V}(\boldsymbol{\psi})&=\frac{\partial V}{\partial \boldsymbol{\psi}}\boldsymbol{\omega}(\boldsymbol{\mu},\boldsymbol{\psi})=\frac{\partial V}{\partial \boldsymbol{\psi}}\boldsymbol{\omega}(0,\boldsymbol{\psi})+\frac{\partial V}{\partial \boldsymbol{\psi}}[\boldsymbol{\omega}(\boldsymbol{\mu},\boldsymbol{\psi})-\boldsymbol{\omega}(0,\boldsymbol{\psi})]\\&\leqslant -\alpha_4\|\boldsymbol{\psi}\|^2+\alpha_3 L\|\boldsymbol{\psi}\|\|\boldsymbol{\mu}\|\end{aligned}$$

式中，L 为 $\boldsymbol{\omega}$ 相对于 $\boldsymbol{\mu}$ 和 $\boldsymbol{\psi}$ 的利普希茨常数。

由于 $|\boldsymbol{\mu}|$ 具有上界 M，因此有

$$\dot{V}(\boldsymbol{\psi}) \leqslant -\alpha_4[\|\boldsymbol{\psi}\|-(\alpha_3 LM/2\alpha_4)]^2+\alpha_3^2 L^2 M^2/4\alpha_4$$

于是对任意 $\varepsilon>0$，当 $\|\boldsymbol{\psi}\| \geqslant [(1+\varepsilon)\alpha_3 LM]/\alpha_4$ 时，$\dot{V}$ 为负，故 $\boldsymbol{\psi}$ 也有界。由上述有关不等式可知，$\boldsymbol{\psi}$ 的所有轨迹都位于半径为 $(\alpha_2/\alpha_1)^{1/2}[(1+\varepsilon)\alpha_3 LM]/\alpha_4$ 的球内。最后，由变量 $\boldsymbol{\mu}$ 的有界性及微分同胚 $\boldsymbol{\phi}$ 的光滑性可推出全部状态 $\boldsymbol{x}$ 是有界的。

5.4.6 精确跟踪与逆动态系统

对于式(5.55)描述的系统，所谓精确跟踪，就是应有什么样的初始条件 $x(0)$ 和控制输入 u，才能使对象的输出理想地跟踪参考输出 $y_{\mathrm{d}}(t)$。为此，假定系统输出恒等于参考输出 $y_{\mathrm{d}}(t)$，即 $y(t)\equiv y_{\mathrm{d}}(t)$，$\forall t\geqslant 0$，这就要求实际输出与期望输出的各阶时间导数均相等，具体地写出来就是

$$y^{(k)}(t)=y_{\mathrm{d}}^{(k)}(t),\quad k=0,1,\cdots,r-1,\quad \forall t\geqslant 0 \tag{5.77}$$

用规范坐标表示，式(5.77)可写成

$$\boldsymbol{\mu}(t)=\boldsymbol{\mu}_{\mathrm{d}}(t)=\begin{bmatrix}y_{\mathrm{d}}(t) & \dot{y}_{\mathrm{d}}(t) & \cdots & y_{\mathrm{d}}^{(r-1)}(t)\end{bmatrix}^{\mathrm{T}},\quad \forall t\geqslant 0$$

因此控制输入 $u(t)$ 必须满足

$$y_{\mathrm{d}}^{(r)}(t)=a(\boldsymbol{\mu}_{\mathrm{d}},\boldsymbol{\psi})+b(\boldsymbol{\mu}_{\mathrm{d}},\boldsymbol{\psi})u(t)$$

即

$$u(t)=\frac{y_{\mathrm{d}}^{(r)}-a(\mu_{\mathrm{d}},\boldsymbol{\psi})}{b(\boldsymbol{\mu}_{\mathrm{d}},\boldsymbol{\psi})} \tag{5.78}$$

式中，$\boldsymbol{\psi}(t)$ 是下列微分方程的解：

$$\dot{\boldsymbol{\psi}}(t)=\boldsymbol{\omega}[\boldsymbol{\mu}_{\mathrm{d}}(t),\boldsymbol{\psi}(t)] \tag{5.79}$$

给定参考轨迹 $y_{\mathrm{d}}(t)$，可根据式(5.78)求得使输出 $y(t)$ 恒等于 $y_{\mathrm{d}}(t)$ 所需要的控制输入，实现精确跟踪。注意，该输入依赖于内部状态 $\boldsymbol{\psi}(t)$，因而也就依赖于初始状态 $\boldsymbol{\psi}(0)$。

下面描述逆动态系统(inverse dynamics)的概念。通常动态特性是指系统在给出作为时间的函数的输入信号 $u(t)$ 后计算相应的输出 $y(t)$ 的数学方程。式(5.78)与式(5.79)则相反地使我们能够根据作为时间的函数的参考输出信号 $y_{\mathrm{d}}(t)$ 来计算相应的输入 $u(t)$。因此，式(5.78)与式(5.79)常称为系统(式(5.55))的逆动态系统。形式上，$\boldsymbol{\psi}$ 为逆动态系统的

状态，$\boldsymbol{\mu}_d$ 为其输入，而 u 为其输出。

从式(5.79)可以看到，系统的内动态子系统相当于参考输出为

$$y_r^{(r)} = y_d^{(r)} - k_{r-1}\tilde{y}^{(r-1)} - \cdots - k_0\tilde{y}$$

时对该系统求逆得到的动态系统，而零动态子系统则相当于输出为零时对该系统求逆得到的动态系统。

5.5 MIMO 系统的精确线性化

前面各节中讨论的 SISO 系统中用到的概念，如输入-状态线性化、输入/输出线性化、标准形式及零动态子系统等，都可以推广到 MIMO 系统。

对 MIMO 系统，在点 $\boldsymbol{x}_0$ 的某个邻域内考虑输入与输出维数相同的系统，它具有下列形式：

$$\begin{cases}\dot{\boldsymbol{x}} = \boldsymbol{f}(\boldsymbol{x}) + \boldsymbol{G}(\boldsymbol{x})\boldsymbol{u} \\ \boldsymbol{y} = \boldsymbol{H}(\boldsymbol{x})\end{cases} \tag{5.80}$$

式中，$\boldsymbol{x}\in\mathbf{R}^n$ 为系统状态；$\boldsymbol{u}\in\mathbf{R}^m$ 和 $\boldsymbol{y}\in\mathbf{R}^m$ 分别为系统的控制输入和输出向量；$\boldsymbol{f}$ 为充分光滑向量场；$\boldsymbol{G}(\boldsymbol{x})=(\boldsymbol{g}_1(\boldsymbol{x}),\boldsymbol{g}_2(\boldsymbol{x}),\cdots,\boldsymbol{g}_m(\boldsymbol{x}))$，为 $n\times m$ 矩阵，其列向量场 $\boldsymbol{g}_i$ 为充分光滑向量场；$\boldsymbol{H}(\boldsymbol{x})=(h_1(\boldsymbol{x}),h_2(\boldsymbol{x}),\cdots,h_m(\boldsymbol{x}))^{\mathrm{T}}$，$h_i$ 为充分光滑的标量函数。

5.5.1 MIMO 系统的输入/输出精确线性化

MIMO 系统的输入/输出线性化的方法仍然是求输出 y_i 的微分，直至出现输入为止。与 SISO 系统所用的方法类似，考虑式(5.80)的第 i 个输出，假定 r_i 是使至少一个输入在 $y_i^{(r_i)}$ 中出现的最小整数，则

$$y_i^{(r_i)} = L_f^{r_i}h_i + \sum_{j=1}^{m} L_{\boldsymbol{g}_j}L_f^{r_i-1}h_i u_j$$

式中，在 $\boldsymbol{x}_0$ 的邻域 U_i 内使 $L_{\boldsymbol{g}_j}L_f^{r_i-1}h_i(\boldsymbol{x})\neq 0$，即

$$\begin{cases}y_i^{(k)} = L_f^k h_i, \quad k=0,1,2,\cdots,r_i-1 \\ y_i^{(r_i)} = L_f^{r_i}h_i + \sum_{j=1}^{m} L_{\boldsymbol{g}_j}L_f^{r_i-1}h_i u_j\end{cases}$$

对每个 y_i，都按上述步骤演算得到：

$$\begin{bmatrix} y_1^{(r_1)} \\ \vdots \\ y_m^{(r_m)} \end{bmatrix} = \begin{bmatrix} L_f^{r_1}h_1(\boldsymbol{x}) \\ \vdots \\ L_f^{r_m}h_m(\boldsymbol{x}) \end{bmatrix} + \boldsymbol{A}(\boldsymbol{x})\boldsymbol{u} \tag{5.81}$$

式中，$m\times m$ 矩阵

$$\boldsymbol{A}(\boldsymbol{x}) = \begin{bmatrix} L_{\boldsymbol{g}_1}L_f^{r_1-1}h_1 & \cdots & L_{\boldsymbol{g}_m}L_f^{r_1-1}h_1 \\ \vdots & & \vdots \\ L_{\boldsymbol{g}_1}L_f^{r_m-1}h_m & \cdots & L_{\boldsymbol{g}_m}L_f^{r_m-1}h_m \end{bmatrix}$$

定义U为各个U_i之交。如果像前面假定的那样，各部分的"相对阶"r_i全都有定义，则U本身是$\boldsymbol{x}_0$的一个有限邻域。下面给出相对阶向量的定义。

定义 5.12 如果存在正整数r_i使得

$$L_{g_j}L_f^k h_i(\boldsymbol{x}) \equiv 0, \quad 0 \leqslant k \leqslant r_i - 2, i = 1,2,\cdots,m, j = 1,2,\cdots,m$$

且式(5.81)的矩阵$\boldsymbol{A}(\boldsymbol{x})$在点$\boldsymbol{x}_0$可逆，则称系统(式(5.80))在点$\boldsymbol{x}_0$具有相对阶向量$\{r_1, r_2, \cdots, r_m\}$。

定理 5.8 系统(式(5.80))在$\boldsymbol{x}_0$局部解耦控制的充要条件是$\operatorname{rank}[\boldsymbol{A}(\boldsymbol{x}_0)] = m$，即在$x_0$点$\boldsymbol{A}(\boldsymbol{x}_0)$满秩。

若$\boldsymbol{A}(\boldsymbol{x})$在区域$U$内可逆，则类似于SISO的情形，取输入变换

$$\boldsymbol{u} = \boldsymbol{A}^{-1}\begin{bmatrix} v_1 - L_f^{r_1}\boldsymbol{h}_1(\boldsymbol{x}) \\ \vdots \\ v_m - L_f^{r_m}\boldsymbol{h}_m(\boldsymbol{x}) \end{bmatrix} \tag{5.82}$$

将产生m个下列简单形式的方程：

$$\begin{bmatrix} y_1^{(r_1)} \\ \vdots \\ y_m^{(r_m)} \end{bmatrix} = \begin{bmatrix} v_1(\boldsymbol{x}) \\ \vdots \\ v_m(\boldsymbol{x}) \end{bmatrix} \tag{5.83}$$

通过上述反馈变换(式(5.82))，实现了MIMO非线性系统的输入/输出精确线性化，同时实现了输入/输出间的解耦，即输入v_i只影响输出y_i，将式(5.82)称为解耦控制律，可逆矩阵$\boldsymbol{A}(\boldsymbol{x})$称为系统的解耦矩阵。我们称系统(式(5.80))在$\boldsymbol{x}_0$处具有相对阶$(r_1, \cdots, r_m)$，而标量$r = r_1 + \cdots + r_m$称为系统在$\boldsymbol{x}_0$处的总相对阶。一般情况下，$r < n$。当总相对度$r = n$时，上述实现就成为MIMO非线性系统的输入-状态线性化，因而不存在内动态子系统。每个等效输入v_i都可以像在SISO的情形一样进行设计，系统的渐进稳定和跟踪二者均能实现，而不必担心内动态子系统的稳定性。MIMO非线性系统能够实现输入-状态线性化的充要条件与单输入系统类似但更加复杂。

MIMO系统的零动态子系统可以用类似于SISO系统的办法，将输出限制为零来进行定义。最小相位系统的概念也可类似地进行定义。

5.5.2 MIMO系统的输入-状态精确线性化

本节讨论如下多输入系统(不带输出)的输入-状态线性化问题：

$$\dot{\boldsymbol{x}} = \boldsymbol{f}(\boldsymbol{x}) + \boldsymbol{G}(\boldsymbol{x})\boldsymbol{u} \tag{5.84}$$

首先定义如下向量场分布：

$$\begin{cases} \boldsymbol{G}_1(\boldsymbol{x}) = \operatorname{span}\{\boldsymbol{g}_1(\boldsymbol{x}), \cdots, \boldsymbol{g}_m(\boldsymbol{x})\} \\ \boldsymbol{G}_2(\boldsymbol{x}) = \operatorname{span}\{\boldsymbol{g}_1(\boldsymbol{x}), \cdots, \boldsymbol{g}_m(\boldsymbol{x}), \operatorname{ad}_f\boldsymbol{g}_1(\boldsymbol{x}), \cdots, \operatorname{ad}_f\boldsymbol{g}_m(\boldsymbol{x})\} \\ \quad\vdots \qquad\qquad \vdots \\ \boldsymbol{G}_i(\boldsymbol{x}) = \operatorname{span}\{\operatorname{ad}_f^k\boldsymbol{g}_j(\boldsymbol{x}): 0 \leqslant k \leqslant i, 1 \leqslant j \leqslant m\}, \quad i = 1,2,\cdots,n \end{cases}$$

显然，这些分布满足如下包含关系：

$$G_1(x) \subset G_2(x) \subset \cdots \subset G_n(x)$$

为此，我们有如下输入-状态线性化定理。

定理 5.9　系统（式(5.84)）在 $x_0 \in U$ 点输入-状态精确线性化的充要条件如下：

(1) $G_i(x), i=1,2,\cdots,n$ 在 x_0 点非奇异，即具有常数维；

(2) $G_i(x), i=1,2,\cdots,n-1$ 为对合分布；

(3) $\mathrm{Dim}[G_n(x)]=n$。

定理 5.9 为局部线性化定理。若系统在状态空间某一子集合可实现精确线性化，则称为全局线性化问题。下面给出全局线性化定义。

定义 5.13　对于系统（式(5.84)），定义一个流形 M，如果存在定义在 M 上的 $\boldsymbol{\alpha}(x)$ 和 $\boldsymbol{\beta}(x)$ 以及同胚映射 $z=\boldsymbol{\phi}(x)$，使得反馈系统

$$\dot{x}=f(x)+G(x)\boldsymbol{\alpha}(x)+G(x)\boldsymbol{\beta}(x)\boldsymbol{v}$$

在 $\boldsymbol{\phi}(x)$ 决定的坐标 z 下变成一个完全能控的线性系统

$$\dot{z}=Ax+Bv$$

则称为全局精确线性化。

定理 5.9 指明了一个非线性系统可以通过反馈和状态变换化为线性能控系统的充要条件，这些条件只需要通过微分代数运算就可以验证。因此，对于一个实际系统来说，要验证它是否可以实现状态的精确线性化并不是一件困难的事，但要具体找出所需的非线性变换则是相当复杂的事情。值得庆幸的是，对于具有三角结构的系统和某些实际系统，如刚性机械手及电动机系统等，这类非线性变换是可以得到的。即使是在系统存在不确定性的情况下，也可将上述精确线性化思想与其他鲁棒控制方法，如变结构控制方法等结合起来，建立比较可靠和容易实现的非线性控制策略。我们将在后续的章节进一步讨论。

5.6 MIMO 系统线性化的动态扩展算法

上述输入/输出线性化仅当解耦矩阵 $A(x)$ 在开集合 U 内可逆时方能实现。对上述构造 $A(x)$ 的直接步骤而言，有时该条件并不满足，如 $A(x)$ 可能会有一列全为零。以下讨论当可逆性条件不满足，即 $A(x)$ 为奇异时进行输入/输出线性化的两种方法。这两种方法都是迭代法，可以推导出欲使它们在有限步内收敛，系统（式(5.80)）必须满足的严格条件。第一种方法称为动态增广法，是选择系统原来的某些输入的导数作为新的输入，以使相应的 $A(x)$ 矩阵可逆。根据这组新的输入来设计控制系统，再通过积分来计算实际的系统输入。第二种方法是系统反演的一种 MIMO 形式，通过导出新的输出，使得到的 $A(x)$ 矩阵可逆。使用这两种方法时，和基本方法一样，都必须校核内动态子系统（或者局部地说是零动态子系统）的稳定性。

5.6.1 动态增广法

动态增广法是通过重新定义部分输入来将系统扩展成更高维的系统而使得 $A(x)$ 矩阵可逆的方法。

步骤 1 对输出向量求导可得式(5.81)。假定系统具有相对阶向量$\{r_1, r_2, \cdots, r_m\}$，且$r = r_1 + r_2 + \cdots + r_m$为常量，矩阵$\boldsymbol{A}(\boldsymbol{x})$在$\boldsymbol{x}_0 \in U$不满秩，即$\operatorname{rank}[\boldsymbol{A}(\boldsymbol{x}_0)] = q < m$。

步骤 2 假定矩阵$\boldsymbol{A}(\boldsymbol{x}_0)$的前$q$列为非零向量且线性无关(如有必要，可将输出重新编号)，后$m-q$列全为零向量(否则可通过对$\boldsymbol{A}(\boldsymbol{x}_0)$的初等变换实现)。通过选择系统原来的某些输入的导数作为新的输入，即在前r个输入回路中都加入一个积分器来扩展系统。具体地说，重新定义$\boldsymbol{z}_1 \in \mathbf{R}^q, \boldsymbol{w}_2 \in \mathbf{R}^{m-q}$：

$$\begin{bmatrix} \boldsymbol{z}_1 \\ \boldsymbol{w}_2 \end{bmatrix} = \boldsymbol{\beta}(\boldsymbol{x})^{-1}\boldsymbol{u}$$

式中，$\boldsymbol{\beta}(\boldsymbol{x}) = (\boldsymbol{\beta}_1(\boldsymbol{x}), \boldsymbol{\beta}_2(\boldsymbol{x}))$，为将$\boldsymbol{A}(\boldsymbol{x}_0)$变换为上述要求的初等矩阵。

当$\boldsymbol{z}_1 = \boldsymbol{u}_1 \in \mathbf{R}^q$时，扩展系统为

$$\begin{bmatrix} \dot{\boldsymbol{x}} \\ \dot{\boldsymbol{z}}_1 \end{bmatrix} = \begin{bmatrix} \boldsymbol{f} + \boldsymbol{g}\boldsymbol{\beta}_1\boldsymbol{z}_1 \\ \boldsymbol{0} \end{bmatrix} + \begin{bmatrix} \boldsymbol{0} & \boldsymbol{g}\boldsymbol{\beta}_2 \\ \boldsymbol{I} & \boldsymbol{0} \end{bmatrix} \begin{bmatrix} \boldsymbol{w}_1 \\ \boldsymbol{w}_2 \end{bmatrix} \tag{5.85}$$

的扩展状态为$\tilde{\boldsymbol{x}} = (\boldsymbol{x}^{\mathrm{T}}, \boldsymbol{z}_1^{\mathrm{T}})$，新的输入向量为$\tilde{\boldsymbol{u}} = (\boldsymbol{w}_1^{\mathrm{T}}, \boldsymbol{w}_2^{\mathrm{T}})$。

步骤 3 重新对输出向量求导，若矩阵$\boldsymbol{A}(\boldsymbol{x})$在$\boldsymbol{x}_0 \in U$满足条件，即$\operatorname{rank}[\boldsymbol{A}(\boldsymbol{x}_0)] = m$，则该系统可实现精确线性化；否则，转步骤 2 重新扩展计算。

如果解耦矩阵$\boldsymbol{A}(\boldsymbol{x})$在$\boldsymbol{x}_0 \in U$的邻域为常数，则算法一定能够实现。如果算法是可实现的，则最多只要进行n次迭代计算即可。

考虑一个具有两个输入和两个输出的系统，并假定$\boldsymbol{A}(\boldsymbol{x})$的秩为 1。这就是说，不失一般性，可以重新定义输入向量$\boldsymbol{u}$(通过线性变换)，使得$\boldsymbol{A}(\boldsymbol{x})$只有一个非零的列$\boldsymbol{e}_1 = \boldsymbol{e}_1(\boldsymbol{x})$，即使得式(5.86)能够只用$u_1$来表示：

$$\begin{bmatrix} y_1^{(r_1)} \\ y_2^{(r_2)} \end{bmatrix} = \begin{bmatrix} L_f^{r_1} h_1(\boldsymbol{x}) \\ L_f^{r_2} h_2(\boldsymbol{x}) \end{bmatrix} + \boldsymbol{e}_1 u_1 \tag{5.86}$$

重新定义$z_1 = u_1, w_2 = u_2, w_1 = \dot{u}_1$，则原系统扩展为式(5.85)。对该式进行微分并代入系统的动态方程，得到下列形式的方程：

$$\begin{bmatrix} y_1^{(r_1+1)} \\ y_2^{(r_2+1)} \end{bmatrix} = \boldsymbol{b}(\boldsymbol{x}, z_1) + \boldsymbol{A}_1(\boldsymbol{x}, z_1) \begin{bmatrix} w_1 \\ w_2 \end{bmatrix} \tag{5.87}$$

若矩阵$\boldsymbol{A}_1$可逆，将$\dot{u}_1$与u_2看成控制输入，将u_1认为是附加的状态，则上述方程具有式(5.81)的标准形式。于是可以直接利用输入/输出线性化来设计这些输入，即

$$\begin{bmatrix} \dot{u}_1 \\ u_2 \end{bmatrix} = \boldsymbol{A}_1^{-1}[\boldsymbol{v} - \boldsymbol{b}(\boldsymbol{x}, u_1)] \tag{5.88}$$

通过选择$\boldsymbol{v}$来对获得的线性输入/输出动态特性进行极点配置。然而，系统的输入u_1必须按式(5.88)进行积分而得到。因此，实际的控制律包含一个积分器，构成一个“动态的”控制器。如果式(5.87)中的$\boldsymbol{A}_1$仍然是奇异的，则可以重复同样的步骤，这等于是附加更多的积分器。

例 5.15　考虑系统

$$\begin{bmatrix}\dot{x}_1\\ \dot{x}_2\\ \dot{x}_3\end{bmatrix}=\begin{bmatrix}\cos x_3 & 0\\ \sin x_3 & 0\\ 0 & 1\end{bmatrix}\begin{bmatrix}u_1\\ u_2\end{bmatrix}$$

$$y_1=x_1$$

$$y_2=x_2$$

对每一个输出变量求导，直到含有输入变量为止：

$$\begin{bmatrix}\dot{y}_1\\ \dot{y}_2\end{bmatrix}=\begin{bmatrix}\cos x_3 & 0\\ \sin x_3 & 0\end{bmatrix}\begin{bmatrix}u_1\\ u_2\end{bmatrix}$$

由于 $\boldsymbol{A}(\boldsymbol{x})$ 的秩为 1，并且第 2 列为 0，重新定义 $z_1=u_1, w_2=u_2, w_1=\dot{u}_1$，则原系统状态方程扩展为

$$\begin{bmatrix}\dot{x}_1\\ \dot{x}_2\\ \dot{x}_3\\ \dot{z}_1\end{bmatrix}=\begin{bmatrix}z_1\cos x_3\\ z_1\sin x_3\\ 0\\ 0\end{bmatrix}+\begin{bmatrix}0 & 0\\ 0 & 0\\ 0 & 1\\ 1 & 0\end{bmatrix}\begin{bmatrix}w_1\\ w_2\end{bmatrix}$$

重新对输出变量求导，直到含有输入变量 w_1, w_2：

$$\begin{bmatrix}\ddot{y}_1\\ \ddot{y}_2\end{bmatrix}=\begin{bmatrix}\cos x_3 & -z_1\sin x_3\\ \sin x_3 & z_1\cos x_3\end{bmatrix}\begin{bmatrix}w_1\\ w_2\end{bmatrix}=\boldsymbol{A}_1 w$$

由于矩阵 $\boldsymbol{A}_1(\boldsymbol{x})$ 可逆，因此在不含零点 z_1 的区域中，可以选择

$$\begin{bmatrix}w_1\\ w_2\end{bmatrix}=\begin{bmatrix}\cos x_3 & \sin x_3\\ -\dfrac{\sin x_3}{z_1} & \dfrac{\cos x_3}{z_1}\end{bmatrix}\begin{bmatrix}v_1\\ v_2\end{bmatrix}$$

可得

$$\begin{cases}\ddot{y}_1=v_1\\ \ddot{y}_2=v_2\\ \dot{z}_1=w_1\\ u_1=z_1\end{cases}$$

即系统通过动态扩展实现了系统的解耦。

5.6.2　输出反演法

输出反演法是通过重新定义部分输出来使得系统的 $\boldsymbol{A}(\boldsymbol{x})$ 矩阵可逆的方法。

对于非线性系统（式(5.80)），如果得到式(5.86)所示的结果，然而并不再对其左端微分，而是重新定义输出，即考虑变量 z 作为新定义的输出变量，它与 y_1 一起组成新的输出向量。选取

$$z=e_{12}(\boldsymbol{x})y_1^{(r_1-1)}-e_{11}(\boldsymbol{x})y_1^{(r_2-1)}$$

式(5.86)中$\boldsymbol{e}_1=[e_{11},e_{12}]^{\mathrm{T}}$。利用式(5.86)可以证明,$z$ 的表达式可用一个只包括状态 $\boldsymbol{x}$ 的函数来计算(不包含输入 u),即

$$z=e_{12}(\boldsymbol{x})L_f^{r_1}\boldsymbol{h}_1(\boldsymbol{x})-e_{11}(\boldsymbol{x})L_f^{r_2}\boldsymbol{h}_2(\boldsymbol{x})$$

对 z 微分,得到下列形式的方程:

$$\dot{z}=\gamma_0(\boldsymbol{x})+\gamma_1(\boldsymbol{x})u_1+\gamma_2(\boldsymbol{x})u_2$$

则以 y_1 和 z 作为输出变量的扩展动态方程为

$$\begin{bmatrix} y_1^{(r_1)} \\ \dot{z} \end{bmatrix}=\begin{bmatrix} L_f^{r_1}\boldsymbol{h}_1(\boldsymbol{x}) \\ \gamma_0(\boldsymbol{x}) \end{bmatrix}+\boldsymbol{A}_2\boldsymbol{u}$$

如果矩阵

$$\boldsymbol{A}_2(\boldsymbol{x})=\begin{bmatrix} e_{11}(\boldsymbol{x}) & 0 \\ \gamma_1(\boldsymbol{x}) & \gamma_2(\boldsymbol{x}) \end{bmatrix}$$

是可逆的,就可以将 y_1 和 z 看成输出,u_1 和 u_2 看成输入,并使用控制律

$$\begin{bmatrix} u_1 \\ u_2 \end{bmatrix}=\boldsymbol{A}_2^{-1}\begin{bmatrix} v_1-L_f^{r_1}\boldsymbol{h}_1 \\ v_2-\gamma_0 \end{bmatrix}$$

来实现输入/输出线性化:

$$\begin{bmatrix} y_1^{(r_1)} \\ \dot{z} \end{bmatrix}=\begin{bmatrix} v_1 \\ v_2 \end{bmatrix}$$

可以很容易地设计新输入 v_1 与 v_2 来调节 y_1 和 z。若矩阵 $\boldsymbol{A}_2$ 是奇异的,则可以重复同样的步骤来产生新的输出。

本章小结

精确线性化的基本思想为,通过状态变换和反馈变换将非线性动态特性变换成线性的形式。输入-状态线性化对应完全线性化,而输入/输出线性化对应部分线性化。精确线性化方法既适用于稳定控制问题,也适用于跟踪控制问题,既能针对 SISO 系统,也能针对 MIMO 系统。它已成功地应用于许多实际的非线性控制问题中,既可以作为系统分析的工具,也可以作为控制器设计的方法。精确线性化的数学基础为微分几何与拓扑学,但微分几何方法有以下几个弱点:

(1) 复杂性。即使是一个可线性化或可解耦系统,要检验其可精确线性化的条件一般也是一件困难的事,而反馈实现则更为困难。例如,状态精确线性化实质上要求解一组偏微分方程,对一般系统而言这几乎是不可能的,因为尚无系统的方法来求解和定义输入-状态线性化变换的偏微分方程。

(2) 空间测度被破坏。在一般微分同胚变换下,空间距离被改变了。因此,微分同胚只保留了原状态空间与系统动力学行为的拓扑性质而丧失了度量性质。这样,与距离有关的问题,在几何框架下就无法讨论。

(3) 无层次性。在一般非线性变换下,系统结构被破坏。每次变换都是对系统的一种

重新塑造，缺乏线性与非线性之间的相容性。

(4) 准线性控制。目前最常用的控制律是将非线性消去后用线性控制律控制非线性系统，这种方法对系统要求太高。例如，零动态动力系统具有“最小相位”等。

精确线性化方法还有一些严重的局限性，诸如，它并不适用于所有的非线性系统；它要求对全部状态进行测量；当存在参数不确定性或未建模动态特性时，系统的鲁棒性没有保障。因此，精确线性化仍然是一个活跃的研究领域。研究的第一个目标是把精确线性化方法推广到非最小相位或弱非最小相位系统；第二个目标是研究构造非线性的观测器和把分离原理推广到非线性系统；第三个目标是将鲁棒性控制和自适应控制引入可精确线性化的系统，以提供对参数和非参数不确定性的鲁棒性。

习题

5.1　给定一个倒立单摆，设计一个控制系统以使单摆的偏角跟踪期望的轨迹：

$$\theta_d(t) = A\sin\omega t,\quad 0 < A \leqslant 90°,\quad 0 < \omega \leqslant 100\text{Hz}$$

为了实现这个控制，系统需要哪些部件？该任务应对这些部件提出什么样的指标要求？给出一个控制系统设计的详细大纲。

5.2　证明系统

$$\begin{bmatrix}\dot{x}_1\\ \dot{x}_2\end{bmatrix} = \begin{bmatrix}x_2^3 + u\\ -u\end{bmatrix},\quad y = x_1$$

的内动态子系统不稳定。

5.3　考虑非线性系统

$$\begin{cases}\dot{x}_1 = \sin x_2\\ \dot{x}_2 = x_1^4\cos x_2 + u\\ y = x_1\end{cases}$$

要求设计一个控制器来跟踪任意的期望轨迹 $y_d(t)$。假定模型非常精确，状态 $[x_1, x_2]^T$ 可以测量，并且 $y_d(t), \dot{y}_d(t), \ddot{y}_d(t)$ 已知有界。写出控制器作为测量状态 $[x_1, x_2]^T$ 的函数的完整表达式，并用简单的仿真对设计进行验证。

5.4　证明习题 4.5 的状态方程是可反馈线性化的。

5.5　考虑系统

$$\dot{x}_1 = x_2 + 2x_1^2,\quad \dot{x}_2 = x_3 + u,\quad \dot{x}_3 = x_1 - x_3,\quad y = x_1$$

设计一个状态反馈控制律，使输出 y 渐近跟踪参考信号 $r(t) = \sin t$。

5.6　将下列非线性系统化为标准形式：

$$\begin{cases}\dot{\boldsymbol{x}} = \begin{bmatrix}-x_1\\ 2x_1x_2 + \sin x_2\\ 2x_2\end{bmatrix} + \begin{bmatrix}e^{2x_2}\\ 1/2\\ 0\end{bmatrix}u\\ y = h(\boldsymbol{x}) = x_3\end{cases}$$

并讨论零动态子系统的稳定性。

5.7 考虑系统

$$\begin{cases}\dot{x}_1=-x_1+x_2-x_3\\ \dot{x}_2=-x_1x_3-x_2+u\\ \dot{x}_3=-x_1+u\\ y=x_3\end{cases}$$

(1) 该系统是否为可输入/输出线性化的系统?

(2) 如果是,将其转换为标准形式,并指出该转换的有效区域。

(3) 该系统是最小相位系统吗?

5.8 考虑系统

$$\begin{cases}\dot{x}_1=\tan x_1+x_2\\ \dot{x}_2=x_1+u\\ y=x_2\end{cases}$$

是否为可输入/输出线性化的系统?该系统是否是最小相位的?

5.9 考虑系统

$$\begin{cases}\dot{x}_1=x_1+x_2\\ \dot{x}_2=3x_1^2x_2+x_1+u\\ y=-x_1^3+x_2\end{cases}$$

(1) 系统是否为可输入/输出线性化的?

(2) 如果是,将其转换为标准形式,并指出该转换的有效区域。

(3) 系统是否为最小相位系统?

(4) 系统是否为可反馈线性化的系统?

(5) 如果是,求出反馈控制律以及使状态方程线性化的变量代换。

5.10 用动态增广和输出反演法讨论下列 MIMO 系统的稳定问题:

(1) $\ddot{x}+xy^2=u_1+2u_2,\dot{y}+x^3=2u_1+4u_2$;

(2) $\ddot{x}+\dot{x}e^y=u_1+2u_2,\dot{y}+y^2=2u_1+4u_2$。

参考文献

[1] SLOTINE J-J E, LI W P. Applied nonlinear control[M]. 北京:机械工业出版社,2004.

[2] 斯洛廷 J-J E,李卫平. 应用非线性控制[M]. 程代展,译. 北京:机械工业出版社,2004.

[3] 程代展. 非线性微分几何理论[M]. 北京:科学出版社,1988.

[4] ISIDORI A. Nonlinear control systems[M]. Berlin: Springer-Verlag, 1995.

[5] KRENER A J, ISIDORI A, RESPONDEK W. Partial and robust linearization by feedback[J]. IEEE Conference on Decision and Control, 1983, 22: 126-130.

[6] LEI J, KHAIL H K. Feedback linearization for nonlinear systems with time-varying input and output delays by using high-gain predictors[J]. IEEE Trans. Automatic Control, 2016, 61(8): 2262-2268.

[7] LIU Z, REN H, CHEN S, et al. Feedback linearization kalman observer based sliding mode control for semi-active suspension systems[J]. IEEE Acess, 2020, 8: 71721-71738.

[8] 程代展,洪奕光,陈翰馥,等. 非线性控制系统的层次化与机械化:关于新方向的探索[J]. 控制理论

与应用，1997，14(5)：617-622.
[9]　胡跃明. 非线性控制系统理论与应用[M]. 2 版. 北京：国防工业出版社，2005.
[10]　高为炳. 非线性控制系统导论[M]. 北京：科学出版社，1989.
[11]　SASTRY S. Nonlinear systems analysis, stability and control [M]. New York: Springer-Verlag,1999.
[12]　郭海宇,杨俊友,张晓光,等. 基于反馈线性化的无刷双馈电机模型预测控制策略[J]. 太阳能学报,2020，41(1)：342-348.
[13]　李正,郝全睿,王淑颖,等. 基于状态反馈精确线性化的 MMC 非线性解耦控制研究[J]. 中国电机工程学报,2019，39(12)：3646-3658.
[14]　OSCAR E R. A comparision of feedback linearization and sliding mode control for a nonlinear system [C]//Proceedings of 2019 IEEE Sciences and Humanlities International Reasearch Conference,2019(13-15)：1-4.
[15]　曹建福，韩崇昭，方洋旺. 非线性系统理论及应用[M]. 2 版. 西安：西安交通大学出版社，2006.

第6章

滑动模态变结构控制

本章仍然介绍非线性系统的控制器设计方法，不过允许系统存在模型不确定性。模型不确定性可能来自实际被控系统的不确定性，或者为了模型的简化，忽略了部分实际被控系统动力学特性。从控制的观点来看，建模的不精确性可以划分为两大类：

(1) 结构性的(或参数的)不确定性；

(2) 非结构性的不确定性(或未建模的动态特性)。

第一类不确定性事实上包含在模型某些项中，而第二类不确定性是系统阶数的不精确性。对于某些特定的系统，滑动模态变结构控制是一种非线性鲁棒控制方法，它主要用于处理建模的不精确性。滑动模态变结构控制器设计为解决建模不精确情况下保持稳定性和一致性提供了系统的方法，且整个设计过程思路清晰。迄今为止，滑动模态变结构控制理论已经历了 60 余年的发展过程，其发展过程大致可分为四个阶段：①1957—1962 年，苏联学者 Utkin 和 Emelyanov 研究二阶系统的分区线性化相平面方法、继电系统的滑动模态运动等，这已经蕴含着滑动模态变结构控制的概念；②1962—1970 年，此阶段开始针对高阶线性系统进行研究，但仍然仅限于 SISO 系统；③1970—1980 年，此阶段在状态空间上研究线性系统的滑动模态变结构控制，得到的主要结论是滑动模态变结构控制对摄动及干扰具有不变性，并给出了不变性的充要条件；④进入 20 世纪 80 年代，随着计算机、大功率电子器件、航空航天技术、机器人及电动机等技术的迅速发展，滑动模态变结构控制理论和应用研究进入了一个新阶段。以微分几何为主要工具发展起来的非线性控制思想极大地推动了滑动模态变结构控制理论的发展，如基于精确输入-状态和输入/输出线性化及高阶滑动模的滑动模态变结构控制等，都是近 30 多年来取得的研究成果。各种重要的国际和国内学术会议都设有滑动模态变结构控制或滑动模态控制专题小组，许多有影响的学术刊物都陆续出版了专题特刊。所研究的控制对象也已涉及离散系统、分布参数系统、广义系统、时滞系统、非线性系统和非完整力学系统等众多复杂系统。同时，自适应控制、模糊控制、神经网络及遗传算法等先进控制技术也被综合应用于滑动模态变结构控制系统设计中，以解决滑动模态变结构控制器存在的抖振对实际应用带来的困难。但是，滑动模态变结构控制要求不确定性干扰满足匹配条件，而不满足匹配条件的不确定系统是大量存在的，研究突破匹配条件局限的滑动模态变结构控制是一个具有重要意义的课题。人们利用自适应反演设计，将非线性阻尼和变结构控制相结合，提出了反演滑动模态变结构控制和多模变结构控制等多种控制器设计方法，将滑动模态变结构控制推广到非匹配不确定系统的范畴，有利于工程实现。因此，如何将滑动模态变结构控制设计和其他控制方法相结合，解决非匹配不确定系统的控制、削弱滑动模态变结构控制的抖振和开展工程实际应用将是进一步的研究课题。

在应用研究方面，滑动模态变结构控制已成功地应用于工业机械手、非完整移动机器人系统、水下航行器、电动机系统、航天器控制、电力系统等。滑动模态变结构控制方法通过控制量的切换，使系统状态沿着滑动模态面滑动，且系统在受到匹配摄动和外干扰时具有不变性(或完全鲁棒性)，并可用来针对日益复杂的被控对象设计控制律，正是这种特性使得滑动模态变结构控制方法受到国内外控制界的高度重视。

本章主要阐明滑动模态变结构控制的主要方法和结论，内容安排如下：6.1 节用二阶线性系统来介绍滑动模态变结构控制系统的基本概念，以帮助读者对滑动模态变结构控制器的设计方法有一个直观的认识；6.2 节给出滑动模态变结构控制的基本原理、概念和理论基础，并说明其基本控制器的设计方法；6.3 节介绍线性系统的滑动模态变结构控制；6.4 节研究伴随型非线性系统(包括 SISO 和 MIMO 两种情况)的滑动模态变结构控制器设计方法；6.5 节介绍仿射非线性系统的滑动模态变结构控制器设计方法；6.6 节描述基于精确线性化的滑动模态变结构控制器设计方法；6.7 节介绍不确定非线性系统的动态滑动模态变结构控制器设计；6.8 节介绍不确定非线性系统的快速终端滑动模态变结构控制；6.9 节为非匹配不确定非线性系统的反演变结构控制；6.10 节说明滑动模态变结构控制系统抖振及其削弱问题；最后是本章小结。通过本章的学习，使读者对滑动模态变结构控制系统的理论有一个基本的了解。

6.1　二阶系统的滑动模态变结构控制

为了能够快速阐明滑动模态变结构控制的概貌，本节用二阶系统的相平面分析方法说明滑动模态变结构控制理论的原理。事实上，滑动模态变结构控制正是从二阶系统的相平面分析中萌芽、滋生出来的。本节用两个二阶系统示例来说明滑动模态变结构控制的原理与方法。

1. 双位式自动驾驶仪

考虑飞船自动驾驶仪的最简单模型，并利用相平面方法研究它的动态特性。设航向偏离给定航向的角度为 φ，舵面偏转角度为 ψ，如图 6.1 所示。

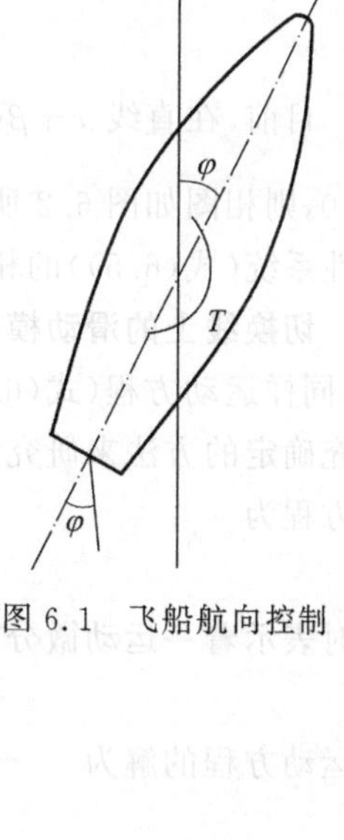

图 6.1　飞船航向控制

图 6.1 中，J 为飞船绕铅垂主轴的惯性矩，D 为阻尼系数，T 为舵的控制力矩，则飞船的运动微分方程可写成

$$J\ddot{\varphi} + D\dot{\varphi} = -T$$

采用继电器控制

$$T = T_0 \operatorname{sgn}\sigma$$

式中，T_0 为执行器的额定力矩；σ 为控制信号；sgn 为符号函数。

$$z = \operatorname{sgn}\sigma = \begin{cases} +1, & \sigma > 0 \\ -1, & \sigma < 0 \end{cases}$$

而当 $\sigma=0$ 时，$\mathrm{sgn}\sigma$ 没有定义。但满足

$$|\mathrm{sgn}\sigma|\leqslant 1,\quad 当\ \sigma=0$$

即 $\mathrm{sgn}\sigma$ 为继电器特性。

选取切换线方程为 $\sigma=\varphi+b\dot{\varphi}$，这里 $b>0$，$b\dot{\varphi}$ 表示预调作用，得系统的运动方程为

$$\begin{gathered}J\ddot{\varphi}+D\dot{\varphi}=-T\\ T=T_0 z,\quad z=\mathrm{sgn}\sigma,\quad \sigma=\varphi+b\dot{\varphi}\end{gathered}\tag{6.1}$$

式中，J，D，T_0，b 均为参数。

为了便于分析，将式(6.1)加以变换，使得它包含最少的独立参数。令

$$A=\frac{T_0 J}{D^2},\quad B=\frac{J}{D},\quad \beta=b\frac{D}{J}$$

则

$$\varphi=Ax,\quad t=B\tau$$

可将式(6.1)变换为

$$\ddot{x}+\dot{x}=-\mathrm{sgn}(x+\beta\dot{x})\tag{6.2}$$

其中导数是相对于时间 τ 的。切换线方程变为

$$x+\beta\dot{x}=0\tag{6.3}$$

函数 $\sigma=x+\beta\dot{x}$ 称为开关函数，或切换函数，它将 $(x,\dot{x})$ 平面分成为两部分。

系统的相平面分析。在相平面(令 $x=x$，$y=\dot{x}$)上研究系统，可以获得系统(式(6.2))的全部动态特性。

切换函数将相平面 (x,y) 分为以下两部分：

(1) 当 $\sigma=x+\beta y>0$ 时，系统的运动方程为以下线性系统

$$\begin{cases}\dot{x}=y\\ \dot{y}=-y-1\end{cases}\tag{6.4}$$

(2) 当 $\sigma=x+\beta y<0$ 时，系统的运动方程则为以下线性系统：

$$\begin{cases}\dot{x}=y\\ \dot{y}=-y+1\end{cases}\tag{6.5}$$

目前，在直线 $x+\beta y=0$ 上相点的运动是不确定的。在(1)及(2)半平面上，假定 $\frac{1}{2}>\beta>0$，则相图如图 6.2 所示。其中，图 6.2(a)是线性系统(式(6.4))的相图，图 6.2(b)则是线性系统(式(6.5))的相图。

切换线上的滑动模态。在切换直线上的相点处 $\sigma=x+\beta y=0$，因而 $\mathrm{sgn}\sigma|_{\sigma=0}$ 是无定义的，同样运动方程(式(6.2))也不确定，解在这样的点上不满足存在唯一性条件。我们采用补充确定的方法来研究这些点上的运动。在这种情况下，因为 (x,y) 是相坐标，$y=\dot{x}$，切换线方程为

$$x+\beta y=0\tag{6.6}$$

同时表示着一运动微分方程

$$x+\beta\dot{x}=0$$

此运动方程的解为

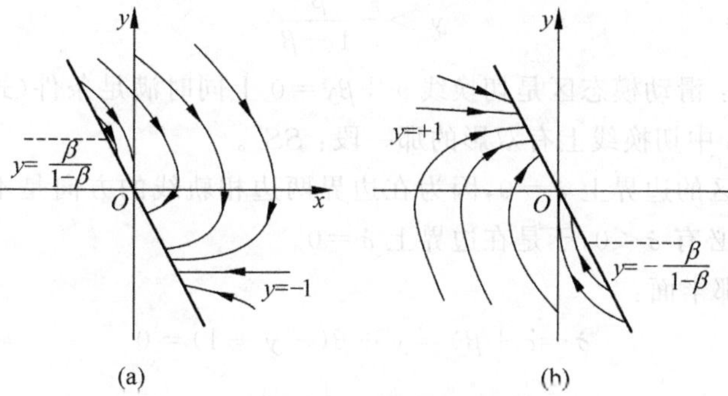

图 6.2　系统的相图

(a) 线性系统(式(6.4))的相图；(b) 线性系统(式(6.5))的相图

$$x(t)=x_0\mathrm{e}^{-t/\beta},\quad x(0)=x_0$$

此处还有

$$y(t)=\dot{x}(t)=-x_0\frac{1}{\beta}\mathrm{e}^{-t/\beta}$$

当 $t=0$ 时,得

$$y_0=y(0)=-\frac{x_0}{\beta}$$

不难看出 (x_0,y_0) 位于切换线(式(6.6))上时,解 $x(t)$ 与 $y(t)$ 也满足

$$x(t)+\beta y(t)=0$$

也就是说,相点将沿着切换线,从 (x_0,y_0) 趋向于原点(0,0)。

这种沿着切换线的运动就是滑动运动。这种类型的运动异于系统(式(6.2))的所有其他运动,构成一种有独特性质的运动类型,也常称之为滑动模态。

滑动模态具有独特的性质,它完全取决于切换函数的选择:$\sigma=\varphi+b\dot{\varphi}$,而与系统本身无关。

并非切换线上每一点都能引起滑动运动,只有那些能够引起滑动模态运动的点才称为滑动模态。滑动模态点的集合在切换线上是一区间,称为滑动模态区。确定滑动模态区的方法有以下两种。

(1) 滑动模态区中各点均为止点,止点条件如下:

① $\dot{\sigma}<0$,当 $\sigma\geqslant 0$ 时;

② $\dot{\sigma}>0$,当 $\sigma\leqslant 0$ 时。

由条件①、$\sigma=x+\beta y$ 及式(6.4)得

$$\dot{\sigma}=\dot{x}+\beta\dot{y}=y+\beta(-y-1)<0$$

由此可解出

$$y<\frac{\beta}{1-\beta}\tag{6.7}$$

再用条件②,由式(6.5)可算出

$$\dot{\sigma}=y+\beta(-y+1)>0$$

由此可解出

$$y > -\frac{\beta}{1-\beta} \tag{6.8}$$

现在可得结论：滑动模态区是切换线 $x+\beta y=0$ 上同时满足条件(式(6.7)与式(6.8))的那一段，即图 6.3 中切换线上有双影的那一段：SS'。

(2) 滑动模态区的边界上 $\dot{\sigma}=0$，因为在边界两边相轨线的方向是不同的，沿着一边的轨线 $\dot{\sigma}>0$，另一边必有 $\dot{\sigma}<0$，于是在边界上 $\dot{\sigma}=0$。

先考虑 $\dot{\sigma}>0$ 那半面：

$$\dot{\sigma}=\dot{x}+\beta\dot{y}=y+\beta(-y-1)=0$$

给出边界点坐标：

$$y=\frac{\beta}{1-\beta} \tag{6.9}$$

同理，在 $\dot{\sigma}<0$ 那半面，边界点可算出为

$$y=-\frac{\beta}{1-\beta} \tag{6.10}$$

该结果与用上一方法得到的结果是一样的，示于图 6.3 上，式(6.9)和式(6.10)与切换线的交点正是边界点 S 及 S'。

在滑动模态区上补充相轨线的指向，就得到滑动模态的相图(图 6.3)。

现在，由图 6.2 和图 6.3 可确定相平面上所有轨线，完整相图如图 6.4 所示。

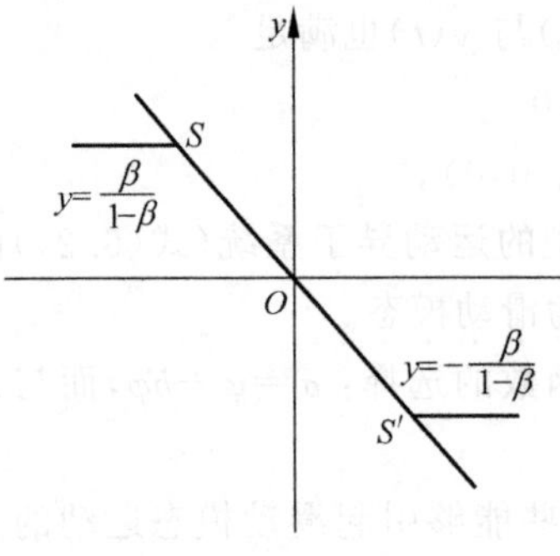

图 6.3 滑动模态区

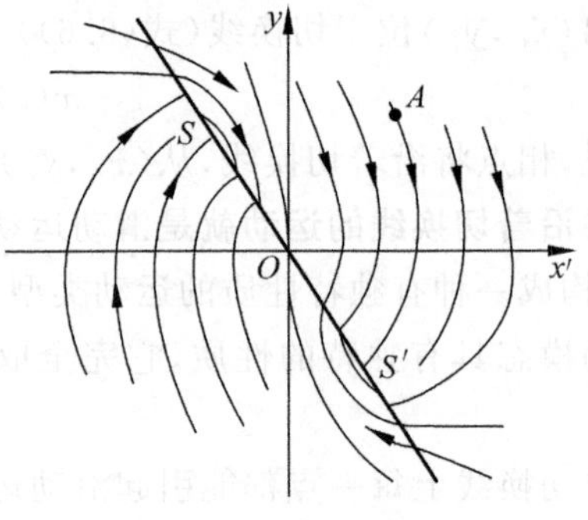

图 6.4 系统的相轨迹

现在分析这两种不同系统的运动图：$x(t)$ 或 $y(t)$。可以看出，任意过程都由两部分组成，其一为系统的正常(非奇异)运动段，其二为滑动运动段。如果继电器没有滞后，即在理想继电器情况下，滑动模态是光滑的(本例中是指数函数)，称之为理想滑动模态。但对任意实际系统，惯性总是存在的，因此滞后是不可避免的，这时滑动模态是在理想滑动模态上叠加了一个自振(也称为抖振)。

在图 6.4 中从 A 点出发的相轨线，对应的运动如图 6.5 所示。其中，AA'段是正常运动段，A'以后进入滑动模态，在此段上常出现抖动运动。

2. 二阶不稳定线性系统

当二阶线性系统的结构中有一个或两个状态是不稳定时，通过适当地切换，组成一个滑动模态变结构控制系统，就可以赋予它良好的动态特性。考虑下面二阶线性系统的例子，其状态空间表达式为

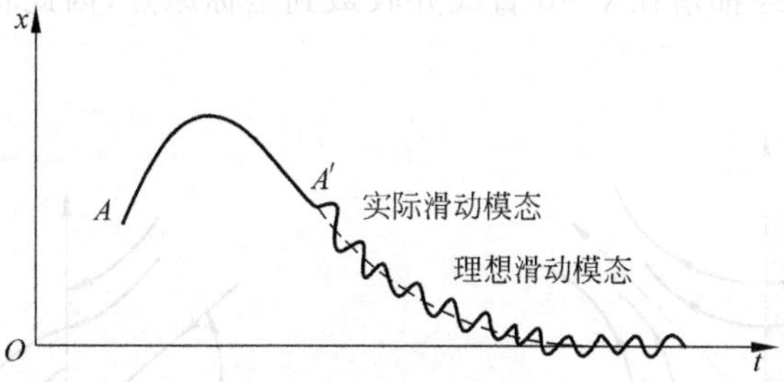

图 6.5　系统的运动轨迹

$$\begin{cases}\dot{x}_1 = x_2 \\ \dot{x}_2 = ax_2 - x_1 + u, \quad a > 0\end{cases} \tag{6.11}$$

选择状态反馈控制律为

$$u = -kx_1 \tag{6.12}$$

式中，k 的值可取为 -4 和 4。当 $a=2, k=4$ 时，式(6.11)变为

$$\begin{cases}\dot{x}_1 = x_2 \\ \dot{x}_2 = 2x_2 - x_1 - 4x_1\end{cases} \tag{6.13}$$

令 $y=x_1, \dot{y}=x_2$，式(6.13)可改写为如下微分方程形式：

$$\ddot{y} - 2\dot{y} + 5y = 0 \tag{6.14}$$

式(6.14)有一对共轭复特征根 $\lambda_{1,2}=1\pm 2\mathrm{j}$，其实部为正数，相轨迹如图 6.6 所示，相平面坐标原点是不稳定焦点。

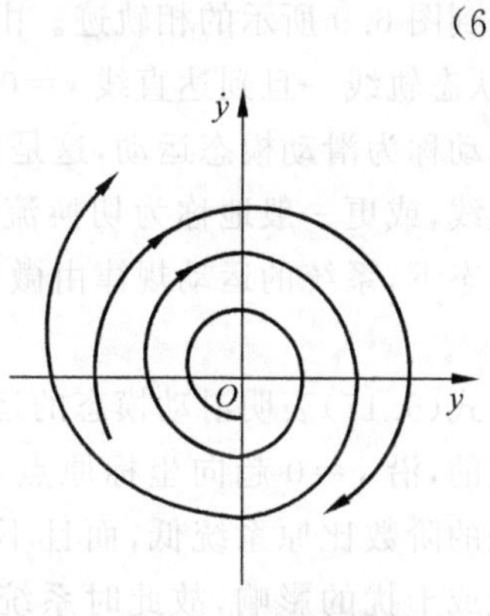

图 6.6　$k=4$ 时的相轨迹

当 $a=2, k=4$ 时，式(6.11)变为

$$\begin{cases}\dot{x}_1 = x_2 \\ \dot{x}_2 = ax_2 - x_1 + 4x_1\end{cases} \tag{6.15}$$

令 $y=x_1, \dot{y}=x_2$，式(6.15)可改写为如下微分方程形式：

$$\ddot{y} - 2\dot{y} - 3y = 0 \tag{6.16}$$

式(6.16)特征根为 $\lambda_{1,2}=-1,+3$，为实数且一正一负，从而坐标原点是鞍点，相轨迹如图 6.7 所示。显然，对应这两种结构，系统均是不稳定的。

将相平面$(y,\dot{y})$按 $ys=y(cy+\dot{y})>0$ 和 $ys=y(cy+\dot{y})<0$ 分成Ⅰ和Ⅱ两个区域，阴影区表示Ⅱ区，其余为Ⅰ区，并将上述两种结构按一定规律有机地结合起来，则会产生奇妙的相轨迹变化。选取系数 k 按下列规律在 $s=0$ 及 $y=0$ 上进行切换，即

$$k = \begin{cases}+4, & ys > 0 \\ -4, & ys < 0\end{cases}$$

式中，

$$s = \dot{y} + cy, \quad c = -\frac{a}{2} + \sqrt{\frac{a^2}{4} + k} = \sqrt{5} - 1$$

则直线两侧的轨线最终都落在 $s=0$ 直线并收敛到坐标原点，因此相应的系统是渐近稳定的，如图 6.8 所示。

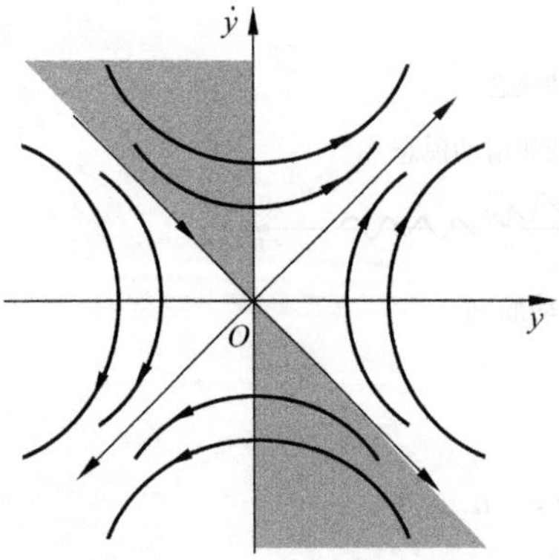

图 6.7　$k=-4$ 时的相轨迹

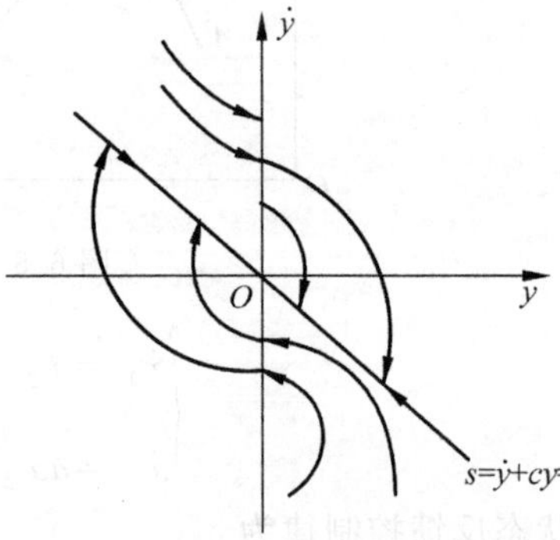

图 6.8　有切换线时的相轨迹

上述切换线直接是由系统的参数 a 和切换参数 k 决定的，因而当系统参数 a 未知或存在扰动时，这种选择方法就显得相当困难。为此，再考虑选取切换线为

$$y=0 \quad 及 \quad s=\dot{y}+\lambda y,\quad \lambda\in\left(0,-\frac{a}{2}+\sqrt{\frac{a^2}{4}+k}\right)$$

则得到图 6.9 所示的相轨迹。由图 6.9 可见，$s=0$ 两侧的相轨线都吸引向切换线 $s=0$。因此，状态轨线一旦到达直线 $s=0$ 上，就沿此直线收敛到原点。这种沿 $s=0$ 滑动至原点的特殊运动称为滑动模态运动，这是在前面任何一种固定结构下所没有的运动。直线 $s=0$ 称为切换线，或更一般地称为切换流形(switching manifold)，相应的函数称为切换函数。在滑动模态下，系统的运动规律由微分方程 $\dot{y}+\lambda y=0$ 描述，其解为

$$y(t)=y(0)\mathrm{e}^{-\lambda t} \tag{6.17}$$

式(6.17)表明滑动模态的运动是按指数稳定的，沿 $s=0$ 趋向坐标原点。显然，此时方程的阶数比原系统低，而且不受系统参数变化或干扰的影响，故此时系统具有很强的鲁棒性，这是它的突出优点。

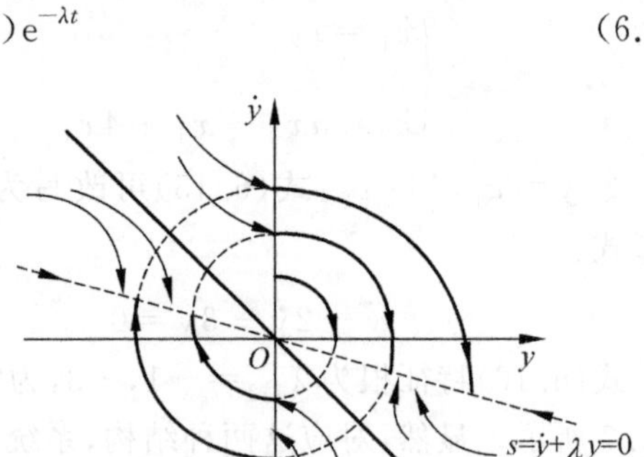

图 6.9　滑动模态变结构系统的相轨迹

在二阶线性系统的滑动模态变结构控制中，由于切换参数 k 取值分别为 4 与 -4，即给出了两种控制结构，因此在控制过程中，结构在两者之间变化，故称之为滑动模态变结构控制系统。这种控制方法称为滑动模态变结构控制方法。其基本思想是首先将从任一点出发的状态轨线通过控制作用拉到某一指定的直线，然后沿着此直线滑动到原点。因此，这种具有滑动模运动的控制在很多文献中也称为滑动模态控制(sliding mode control)。该滑动模态变结构系统和继电器系统相比较，主要差别在于其滑动模态区是整个切换线，而对继电系统，滑动运动区仅是切换线的一部分。因此，我们可以肯定上述滑动模态变结构控制

系统的坐标原点是全局渐近稳定的，而继电系统的稳定性是不是全局还要再加论证才能肯定。

另外还要指出一点，按李雅普诺夫渐近稳定性的定义，当 $t\to\infty$ 时系统的状态变量渐近地趋于零，即

$$\lim_{t\to\infty} y(t)=0$$

但对某些滑动模态变结构控制系统，原点的渐近稳定性意味着对绝大多数解有上述的渐近性质，但允许有有限几条相轨线能够于有限时间内到达原点而不是渐近地趋近原点。

从二阶线性系统的滑动模态变结构控制可以看出，在变结构控制系统的设计中，必须解决滑动模态的存在条件、滑动模态的一般数学描述及如何选择切换流形和控制律的问题，使得系统的状态确实能到达切换流形并沿其滑动到坐标原点，使之具有良好的动态特性等。此外，也可以看出，滑动模态变结构控制系统具有以下特性：

(1) 滑动模态相轨迹限制在维数低于原系统的子空间内，描述其运动的微分方程的阶数也相应降低。在解决复杂的高价系统控制问题时，这有利于离线分析和算法的在线实现。

(2) 在大多数实际应用的情况下，滑动模态的原点与控制作用的大小无关(只要控制作用能保证实现滑动)，仅由对象特性及切换流形决定。根据这一特性，可把系统设计问题精确地分解为两个比较简单的低维问题，期望的滑动模态动态特性由所选择的切换流形决定，而产生滑动模态只需要有限的控制量。

(3) 在一定条件下，滑动模态对于干扰和参数的变化具有不变性，这正是鲁棒控制要解决的问题。例如，二阶线性系统的滑动模态运动仅由参数 λ 决定，并且 λ 在一定范围内可由设计者选定。

滑动模态变结构控制具有的上述特性无疑对控制学者有相当的吸引力，因此如何将上述思想推广到一般的控制系统，在什么条件下可以确保滑动模态运动的存在及系统进入滑动模态运动后能具有良好的动态特性，如渐近稳定性等，将是滑动模态变结构控制理论研究的主要问题。

6.2　滑动模态变结构控制的理论基础

6.2.1　滑动模态变结构控制的基本原理

滑动模态变结构控制是变结构控制系统的一种控制策略。这种控制策略与常规控制的根本区别在于控制的不连续性，即一种使系统"结构"随时间变化的开关特性。该控制特性可以迫使系统在一定特性下沿规定的状态轨迹作小幅度、高频率的上下运动，即滑动模态或滑动模态运动。这种滑动模态是可以设计的，且与系统的参数及扰动无关。这样，处于滑动模态运动的系统就具有很好的鲁棒性。

1. 滑动模态定义及数学表达

考虑一般情况下的非线性系统

$$\dot{x}=f(x,u,t) \tag{6.18}$$

式中，$x\in \mathbf{R}^n$，$u\in \mathbf{R}^m$ 分别为系统的状态和控制向量。

在系统(式(6.18))的状态空间表达式中，有一个切换面(通常是超平面或 M 维流形) $s(x,t)=s(x_1,x_2,\cdots,x_n,t)=0$。

控制量 $\boldsymbol{u}=\boldsymbol{u}(\boldsymbol{x},t)$ 按下列逻辑在切换流形 $\boldsymbol{s}(\boldsymbol{x},t)=0$ 上进行切换：

$$u_i(\boldsymbol{x},t)=\begin{cases}u_i^+(\boldsymbol{x},t), & s_i(\boldsymbol{x},t)>0\\ u_i^-(\boldsymbol{x},t), & s_i(\boldsymbol{x},t)<0\end{cases},\quad i=1,2,\cdots,m \tag{6.19}$$

式中，$u_i(\boldsymbol{x},t)$，$s_i(\boldsymbol{x},t)$ 分别为 $\boldsymbol{u}(\boldsymbol{x},t)$，$\boldsymbol{s}(\boldsymbol{x},t)$ 的第 i 个分量；$u_i^+(\boldsymbol{x},t)$，$u_i^-(\boldsymbol{x},t)$ 及 $s_i(\boldsymbol{x},t)$ 为光滑的连续函数。

$\boldsymbol{s}(\boldsymbol{x},t)$ 称为切换函数，一般情况下其维数等于控制向量维数。

若系统(式(6.18))为单输入非线性系统，即

$$\dot{\boldsymbol{x}}=\boldsymbol{f}(\boldsymbol{x},\boldsymbol{u},t) \tag{6.20}$$

式中，$\boldsymbol{x}\in\mathbf{R}^n$，$\boldsymbol{u}\in\mathbf{R}$ 分别为系统的状态和控制向量。它将状态空间分成上下两部分，即 $s>0$ 及 $s<0$。在切换面上的运动点有三种情况，如图 6.10 所示。

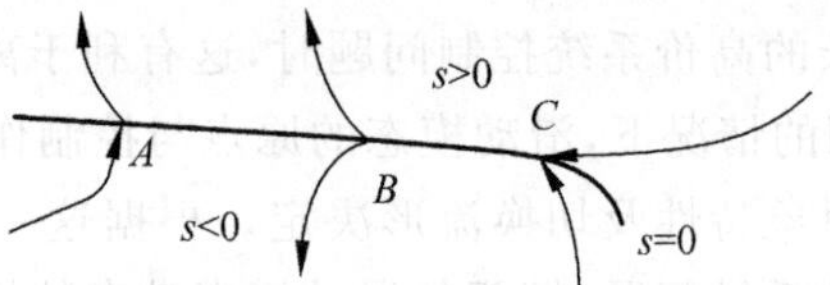

图 6.10 切换面上三种运动点

这三种点分别如下：

(1) 常点：系统运动点运动到切换面 $s=0$(附近)时并不停留在切换面上，而是穿越此点而过。常点条件是在点 A 近旁，有

$$\begin{cases}\dot{s}>0(\text{或}<0), & s>0\\ \dot{s}>0(\text{或}<0), & s<0\end{cases}$$

(2) 起点：系统运动点到达切换面 $s=0$ 附近时，从切换面的两边离开该点。起点条件是在点 B 近旁，有

$$\begin{cases}\dot{s}>0, & s>0\\ \dot{s}<0, & s<0\end{cases}$$

(3) 止点：系统运动点到达切换面 $s=0$ 附近时，从切换面的两边趋向于该点，并停留在切换面上。止点条件是在点 C 近旁，有

$$\begin{cases}\dot{s}>0, & s<0\\ \dot{s}<0, & s>0\end{cases}$$

在滑动模态变结构控制中，常点与起点无多大意义，而止点却有特殊的含义。因为如果在切换面上某一区域内所有的运动点都是止点，则一旦运动点趋近于该区域，就会被“吸引”到该区域内运动。此时，称切换面 $s=0$ 上所有的运动点均是止点的区域为滑动模态区，或简称滑动模态区。系统在滑动模态区中的运动称为滑动模态运动。

按照滑动模态区上的运动点都必须是止点这一要求，当运动点到达切换面 $s(x)=0$ 附近时，必有

$$\lim_{x\to 0^+}\dot{s}\leqslant 0 \quad \text{及} \quad \lim_{x\to 0^-}\dot{s}\geqslant 0$$

或者

$$\lim_{x\to 0^+} \dot{s} \leqslant 0 \leqslant \lim_{x\to 0^-} \dot{s} \tag{6.21}$$

式(6.21)也可以写成

$$\lim_{x\to 0} \dot{s}s \leqslant 0 \tag{6.22}$$

不等式(6.22)对非线性系统(式(6.20))提出了一个形如

$$V(x_1, x_2, \cdots, x_n, t) = [s(x_1, x_2, \cdots, x_n, t)]^2 \tag{6.23}$$

的李雅普诺夫函数的必要条件。由于在切换函数邻域内式(6.23)是正定的，而按照式(6.22)，s^2 的导数是负半定的，即在 $s=0$ 附近 V 是一个非增函数，因此如果满足条件(式(6.22))，则式(6.23)是系统的一个条件李雅普诺夫函数。系统本身也就稳定于条件 $s=0$。

上述系统与通常的连续反馈控制系统不同，控制量按一定的逻辑进行切换，即系统的结构按一定规律变化。其对应的微分方程右端函数是不连续的，因而传统的系统分析方法已不再适用。我们自然关心此时微分方程的解是否存在及如何描述系统在 $s(\boldsymbol{x},t)=\boldsymbol{0}$ 的运动等问题。许多学者研究了各种类型的具有不连续右端函数的微分方程解的存在唯一性，其中最早和概念上直观的方法由俄国数学家费里波夫(Filippov)给出。对单输入非线性系统，控制律(式(6.19))变为

$$\boldsymbol{u}(\boldsymbol{x},t) = \begin{cases} \boldsymbol{u}^+(\boldsymbol{x},t), & \boldsymbol{s}(\boldsymbol{x},t) > 0 \\ \boldsymbol{u}^-(\boldsymbol{x},t), & \boldsymbol{s}(\boldsymbol{x},t) < 0 \end{cases} \tag{6.24}$$

单输入非线性系统(式(6.20))在控制律(式(6.24))作用下，在切换曲线 $\boldsymbol{s}(\boldsymbol{x},t)=0$ 上的运动由下列方程描述：

$$\dot{\boldsymbol{x}} = a\boldsymbol{f}^+ + (1-a)\boldsymbol{f}^- = \boldsymbol{f}^0, \quad 0 \leqslant a \leqslant 1 \tag{6.25}$$

式中，$\boldsymbol{f}^+ = \boldsymbol{f}(\boldsymbol{x}, \boldsymbol{u}^+, t)$；$\boldsymbol{f}^- = \boldsymbol{f}(\boldsymbol{x}, \boldsymbol{u}^-, t)$；$\boldsymbol{f}^0$ 为滑动模态下状态轨线的切向量。

设$\nabla \boldsymbol{s} = \text{grad}(\boldsymbol{s})$为梯度向量，若$(\text{d}\boldsymbol{s}, \boldsymbol{f}^+) \leqslant 0$ 及$(\text{d}\boldsymbol{s}, \boldsymbol{f}^-) \geqslant 0$，则由$(\text{d}\boldsymbol{s}, \boldsymbol{f}^0) = 0$ 可以解得

$$a = \langle \text{d}s, \boldsymbol{f}^- \rangle / \langle \text{d}s, \boldsymbol{f}^- - \boldsymbol{f}^+ \rangle$$

式中，$\langle \cdot, \cdot \rangle$为向量的内积。

此时系统在切换曲线 $s=0$ 上的解是存在和唯一的，如图 6.11 所示。

在 MIMO 情形下，式(6.18)和式(6.25)的费里波夫意义下的解可表示为

$$\dot{\boldsymbol{x}} = \sum_{j=1}^{m} \alpha_j(t) \boldsymbol{f}[\boldsymbol{x}, u_j(t, \boldsymbol{x}), t]$$

式中，$\alpha_j(t) \geqslant 0$，$\sum_{j=1}^{m} \alpha_j(t) = 1$，但目前还没有一般求解 $\alpha_j(t)$ 的公式，因此必须寻求其他更实用的方法。

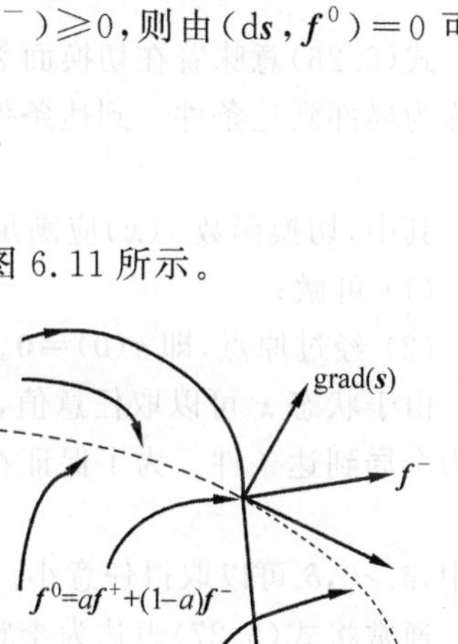

图 6.11　滑动模态的存在性

2. 滑动模态变结构控制的定义

考虑非线性系统(式(6.18))，需要确定切换函数

$$\boldsymbol{s}(\boldsymbol{x},t),\quad \boldsymbol{s}\in\mathbf{R}^m$$

求解控制函数

$$u_i(t,\boldsymbol{x})=\begin{cases}u_i^+(t,\boldsymbol{x}), & s_i(t,\boldsymbol{x})>0\\ u_i^-(t,\boldsymbol{x}), & s_i(t,\boldsymbol{x})<0\end{cases}$$

式中，$\boldsymbol{u}^+(\boldsymbol{x})\neq\boldsymbol{u}^-(\boldsymbol{x})$，使得

(1) 滑动模态存在；

(2) 满足可达性条件，即在切换面 $\boldsymbol{s}(\boldsymbol{x},t)=0$ 以外的运动点都将于有限的时间内到达切换面；

(3) 保证滑动模态运动的稳定性；

(4) 达到控制系统的动态品质要求。

上面的前三点是滑动模态变结构控制的三个基本问题，只有满足了这三个条件的控制才被称为滑动模态变结构控制。

6.2.2 滑动模态的存在和到达条件

滑动模态存在条件和到达条件的成立是滑动模态变结构控制应用的前提。鉴于这个概念的重要性，在这里专门加以深入的讨论。在设计滑动模态变结构控制器时，我们将用到达条件导出滑动模态变结构控制律的数学表达式。对于单输入非线性系统(式(6.20))，若系统的初始点 $\boldsymbol{x}(0)$ 不在 $s=0$ 附近，而是在状态空间的任意位置，那么此时要求系统的运动必须趋向于切换面 $s=0$，即必须满足可达性条件，否则系统无法启动滑动模态运动。由于滑动模态变结构控制的控制策略多种多样，因此对于系统可达性条件的实现形式也不尽相同。滑动模态存在的数学表达式为

$$\lim_{x\to 0^+}\dot{s}\leqslant 0,\quad \lim_{x\to 0^-}\dot{s}\geqslant 0 \tag{6.26}$$

式(6.26)意味着在切换面邻域内，运动轨线将于有限时间内到达切换面，所以到达条件也称为局部到达条件。到达条件的等价形式为

$$s\dot{s}<0 \tag{6.27}$$

其中，切换函数 $s(\boldsymbol{x})$ 应满足以下条件：

(1) 可微；

(2) 经过原点，即 $\boldsymbol{s}(0)=\boldsymbol{0}$。

由于状态 $\boldsymbol{x}$ 可以取任意值，即 $\boldsymbol{x}$ 离开切换面可以任意远，因此到达条件(式(6.27))也称为全局到达条件。为了保证在有限时刻到达，避免渐近趋近，可对式(6.27)进行修正：

$$s\dot{s}<-\delta$$

式中，$\delta>0$，δ 可以取得任意小。

通常将式(6.27)表达为李雅普诺夫函数型的到达条件：

$$\dot{V}(\boldsymbol{x})<0,\quad V(\boldsymbol{x})=\frac{1}{2}s^2$$

式中，$V(\boldsymbol{x})$ 为定义的李雅普诺夫函数。

6.2.3 等效控制及滑动模态的运动方程

滑动模态变结构控制的重要问题之一是要确定滑动模态的运动方程。这种确定方法既

要便于离线分析，又要符合控制系统的实际运行情况。由于滑动模态的运动方程右端函数是不连续的，甚至在切换流形上是无定义的，因此使得这种系统的分析不能用经典的微分方程理论来进行。早期的继电系统虽然也具有不连续性，但从时间上讲，这些不连续点是孤立的。对于这类方程，可采用分段衔接的方法求解，即在每一段内系统是连续的，因而可以用经典的方法求解。在切换面上，按衔接原理可求得进入下一段时的初始条件，整个解按衔接原理连接起来。在发生高频切换时，按平均值计算其效果。

对于一般的滑动模态变结构控制，当系统发生滑动模态运动时，其间断点在时间上构成测度不为零的点集，系统状态被限制在切换流形上运动。在此情况下，不能采用衔接原理求解，滑动模的运动方程需要用新的方法求得，通常采用等效控制方法来确定。

考虑单输入非线性系统（式(6.20)），从理论上讲，系统的状态轨线一旦到达切换流形，就会沿其运动，即此时系统轨线就保持在切换流形上，称这种滑动模为理想的滑动模。但实际系统中由于惯性、执行机构的切换滞后等非线性因素的存在，系统轨线不可能保持在切换流形上运动，而在切换流形的附近来回抖动，这种滑动模态称为实际滑动模。因此，理想的滑动模态与实际的滑动模态总是存在着一定的偏差，如图 6.12 和图 6.13 所示。在理想情况下，当系统进入滑动模态运动后，由于系统的状态轨线保持在其上面，即满足 $s=0$，因此有 $\dot{s}=0$。

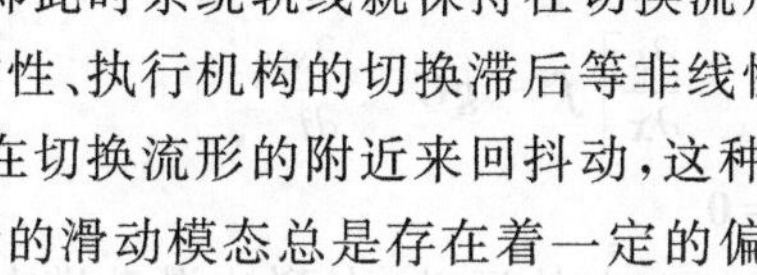

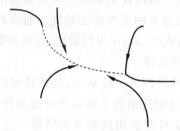

图 6.12　理想滑动模态

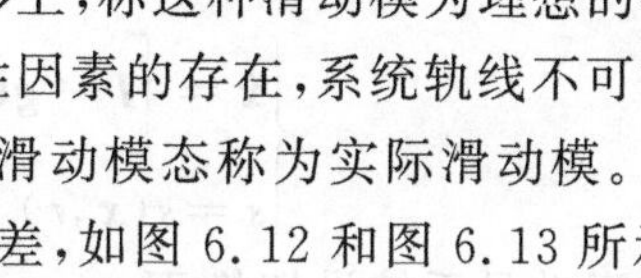

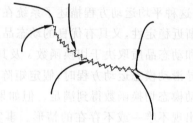

图 6.13　实际滑动模态

对于单输入非线性系统（式(6.20)），如果达到理想的滑动模态控制，则 $\dot{s}=0$，即

$$\dot{s}=\frac{\partial s}{\partial \boldsymbol{x}}\boldsymbol{f}(\boldsymbol{x},\boldsymbol{u},t)+\frac{\partial s}{\partial t}=0 \tag{6.28}$$

如果从式(6.28)可以确定或解出 $\boldsymbol{u}$，此解 $\boldsymbol{u}$ 被视为非线性系统（式(6.20)）在切换流形 $s=0$ 上系统所施加控制的平均或平均控制作用量。把由式(6.28)求出的控制量 $\boldsymbol{u}$ 称为等效控制，用记号 $\boldsymbol{u}_{\mathrm{eq}}$ 表示。等效控制往往是针对确定性系统在无外加干扰情况下进行设计的。

为了讨论方便，考虑下面仿射非线性系统

$$\dot{\boldsymbol{x}}=\boldsymbol{f}(\boldsymbol{x},t)+\boldsymbol{g}(\boldsymbol{x},t)u \tag{6.29}$$

式中，$\boldsymbol{x}\in\mathbf{R}^n$，$\boldsymbol{u}\in\mathbf{R}$ 分别为系统的状态和控制向量；$\boldsymbol{f}(\boldsymbol{x},t)$，$\boldsymbol{g}(\boldsymbol{x},t)$ 为适当维数的连续光滑非线性函数向量。

对于这类系统，由式(6.28)及式(6.29)可以推出

$$\dot{s}=\frac{\partial s}{\partial t}+\frac{\partial \boldsymbol{s}}{\partial \boldsymbol{x}}(\boldsymbol{f}+\boldsymbol{g}\boldsymbol{u})=0 \tag{6.30}$$

因此，如果选取的切换函数 $\boldsymbol{s}(\boldsymbol{x},t)$，使得

$$G=\frac{\partial s}{\partial x}g$$

满秩，则由式(6.30)可以得到唯一的等效控制量：

$$u_{eq}=-G^{-1}\left(\frac{\partial s}{\partial t}+\frac{\partial s}{\partial x}f\right) \tag{6.31}$$

针对带有不确定性和外加干扰的系统，一般采用的控制律为等效控制加变结构控制，即

$$u=u_{eq}+u_{vss}$$

式中，变结构控制项 u_{vss} 为克服不确定性和外加干扰的鲁棒控制，所设计的控制律 u 需要满足到达条件。

有了等效控制后，可写出滑动模态的运动方程。将等效控制 u_{eq} 代入式(6.29)所示的仿射非线性系统，就得到在理想情形下滑动模态应满足的微分方程：

$$\begin{cases}\dot{x}=\left[I-gG^{-1}\dfrac{\partial s}{\partial x}\right]f-gG^{-1}\dfrac{\partial s}{\partial t}\\ s=s(x,t)=0\end{cases} \tag{6.32}$$

滑动模态运动是系统沿切换面 $s(x,t)=0$ 上的运动，在到达滑动模态切换面时，满足 $s=0$ 及 $\dot{s}=0$，同时切换开关必须是理想开关，这是一种理想的极限情况。实际上，系统运动点沿切换面上下穿行，所以式(6.32)是滑动模态变结构控制系统在滑动模态附近的平均运动方程，这种平均运动方程描述了系统在滑动模态下的主要动态特性。通常希望该动态特性既有渐近稳定性，又具有优良的动态品质。从式(6.32)中可以看出，滑动模态运动的渐近稳定性和动态品质取决于切换函数 s 及其参数的选择。

在推导滑动模态运动方程时，假定矩阵 G 是可逆的。一般来说，此条件可以通过选取适当的滑动模态切换函数得到满足。但如果选取的切换函数不满足此可逆条件，滑动模态就有可能出现不唯一或不存在的情形。事实上，G 可能会出现奇异的情形一点也不奇怪。如果将切换函数 $s=s(x,t)$ 视为系统形式上的输出，则利用第5章中关于系统相对阶的概念可知，矩阵 G 可逆隐含着系统的相对阶向量为(1,…,1)(每个切换函数分量对应的系统相对阶均为1)。对相对阶向量不为(1,…,1)的情形，正像非线性系统输入/输出解耦一样，经过对 $s=s(x,t)$ 有限多次地求李导数运算，u 的系数矩阵有可能是可逆的，从而此时也可以解出 u，此即高阶滑动模态，它考虑了切换函数的高阶动态特性。

例 6.1 考虑线性系统

$$\dot{x}=Ax+bu,\quad x\in\mathbf{R}^n,u\in\mathbf{R} \tag{6.33}$$

取切换函数

$$s(x)=cx=\sum_{i=1}^{n}c_i x_i=\sum_{i=1}^{n-1}c_i x_i+x_n$$

式中，$x_i=x^{(i-1)}(i=1,2,\cdots,n)$，为系统状态及其各阶导数，选取常数 $c_1,c_2,\cdots,c_{n-1}$，使得多项式 $p^{n-1}+c_{n-1}p^{n-2}+\cdots+c_2p+c_1$ 为赫尔维茨稳定，p 为拉普拉斯算子。

设系统进入滑动模态后的等效控制为 u_{eq}，由式(6.30)有

$$\dot{s}=c\dot{x}=c(Ax+bu_{eq})=0$$

若矩阵 $[cb]$ 满秩，则可解出等效控制

$$u_{eq}=-[cb]^{-1}cAx$$

6.2.4　滑动模态变结构控制的趋近律

现在可以看出，滑动模态变结构控制的运动过程是由两个阶段的运动组成的，如图 6.14 所示。第一阶段是正常运动段，它全部位于切换面之外，或有限多次地穿越切换面，如图 6.14 上的 $\boldsymbol{x}_0 \to A$。第二阶段是滑动模态段，它完全位于切换面上的滑动模态区之内，如图 6.14 上的 $A \to O$。过渡过程的品质取决于这两个阶段运动的品质。因为尚不能一次性地改善整个运动过程的品质，所以不得不分别要求两个阶段运动各自具有自己的高品质。此外，每一阶段运动的品质均与所选切换函数 $\boldsymbol{s}(\boldsymbol{x})$ 及控制函数 $\boldsymbol{u}^{+}(\boldsymbol{x})$ 及 $\boldsymbol{u}^{-}(\boldsymbol{x})$ 有关。这是一个复杂的问题，我们对此进行一些局部研究：选择 $\boldsymbol{u}^{\pm}(\boldsymbol{x})$ 使其接近过程，即正常运动段的品质得到提高；选择 $s(\boldsymbol{x})$ 使滑动模态的运动品质得到保证和改善。

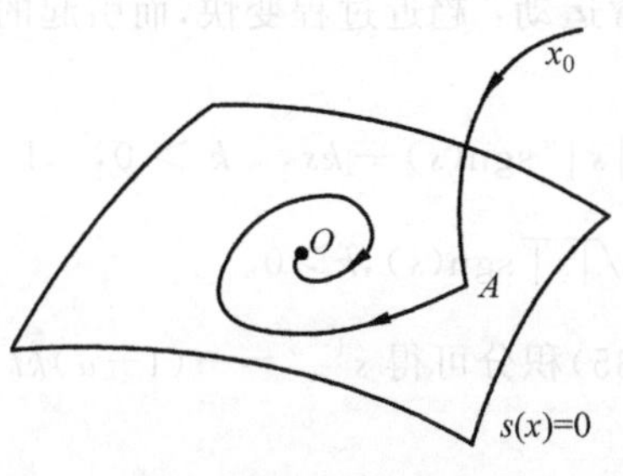

图 6.14　滑动模态变结构控制的运动过程

这样，就将滑动模态变结构控制系统中发生的运动过程分为三部分，即正常运动、滑动模态和稳态误差，下面分别对其加以讨论。

(1) **正常运动**。正常运动是指从任一初始状态于有限时间内到达切换面的运动。这一运动也可称为非滑动模态运动，以说明与滑动模态的不同。这一段运动的品质是本节研究的主要内容。

(2) **滑动模态**。其品质对整个运动过程的品质起着重要影响。可以对滑动模态进行极点配置、最优控制等，以保证它的优良品质。

(3) **稳态误差**。由于在滑动模态变结构控制过程中出现抖振现象，这将大大影响滑动模态变结构控制的品质，我们将在 6.10 节专门讨论。

现在讨论正常运动段的品质问题，正常运动段就是趋向滑动模态切换面的那段运动。对于 SISO 系统，能够趋近切换面并到达它是由到达条件

$$\begin{cases} \dot{s} < 0, & s > 0 \\ \dot{s} > 0, & s < 0 \end{cases}$$

决定的，但此条件丝毫反映不出运动是如何趋近切换面的，而正常运动的品质正是要求此趋近过程良好。因此，学者们提出并发展了趋近律的概念和公式，来保证正常运动的品质。国内外研究者设计出以下各种各样的趋近律。

(1) 等速趋近律：

$$\dot{s} = -\varepsilon \operatorname{sgn}(s), \quad \varepsilon > 0$$

如果趋近速度 ε 较小，则趋近速度慢，即正常运动是慢速的，调节过程太长；反之，如果

ε 较大,则到达切换面时系统具有较大速度,这样将引起较大的抖动。因此,这种最简单的趋近规律虽然可容易地求得控制 $\boldsymbol{u}^{\pm}(\boldsymbol{x})$,且 $\boldsymbol{u}^{\pm}(\boldsymbol{x})$ 本身也比较简单,但运动的品质有时不够好。

(2) 指数趋近律:

$$\dot{s}=-\varepsilon \operatorname{sgn}(s)-ks,\quad \varepsilon>0,\quad k>0 \tag{6.34}$$

当 $s>0$ 时,对式(6.34)积分可解出:

$$s(t)=-\frac{\varepsilon}{k}+\left(s_0+\frac{\varepsilon}{k}\right)\mathrm{e}^{-kt}$$

可以看出 k 充分大时的趋近比按等速趋近律趋近得要快。为了减小抖动,可以减少到达 $s(\boldsymbol{x})=\boldsymbol{0}$ 时的速度 $\dot{s}=-\varepsilon$,即增大 k,减小 ε 可以加速趋近过程,减小抖振。该趋近律能大大改善趋近 $s(\boldsymbol{x})=\boldsymbol{0}$ 的正常运动:趋近过程变快,而引起的抖动却可以大大削弱。

(3) 幂次趋近律:

$$\dot{s}=-k|s|^{\alpha}\operatorname{sgn}(s)-ks,\quad k>0,\quad 1>\alpha>0 \tag{6.35}$$

特别地,取 $\alpha=\frac{1}{2}$,有 $\dot{s}=-k\sqrt{|s|}\operatorname{sgn}(s),k>0$。

当 $s=s_0>0$ 时,对式(6.35)积分可得 $s^{1-\alpha}=-(1-\alpha)kt+s_0^{1-\alpha}$,则 s 由 s_0 逐渐减小到零,到达时间为

$$t=s_0^{1-\alpha}/(1-\alpha)k$$

有限时间到达得到保证。

(4) 一般趋近律:

$$\begin{cases}\dot{s}=-\varepsilon \operatorname{sgn}(s)-f(s)\\ f(0)=0,\quad sf(s)>0,\quad s\neq 0\end{cases}$$

当 ε 及函数 $f(s)$ 取不同值时,可以得到以上各种趋近律。

对于多输入系统上述趋近律中,$\boldsymbol{s}$ 为向量,即

$$\boldsymbol{s}=[s_1,\cdots,s_m]^{\mathrm{T}}$$

则 $\boldsymbol{\varepsilon}$ 为对角矩阵:

$$\boldsymbol{\varepsilon}=\operatorname{diag}[\varepsilon_1,\cdots,\varepsilon_m],\quad \varepsilon_i>0$$

$\operatorname{sgn}(\boldsymbol{s})$ 为向量:

$$\operatorname{sgn}(\boldsymbol{s})=[\operatorname{sgn}(s_1),\cdots,\operatorname{sgn}(s_m)]^{\mathrm{T}}$$

$\boldsymbol{k}$ 是对角矩阵:

$$\boldsymbol{k}=\operatorname{diag}[k_1,\cdots,k_m],\quad k_i>0$$

$\boldsymbol{f}(\boldsymbol{s})$ 为向量函数:

$$\boldsymbol{f}(\boldsymbol{s})=[f_1(s_1),\cdots,f_m(s_m)]^{\mathrm{T}}$$

总之,通过上面的描述可知,有以下两种形式的到达条件。

(1) 对趋近不加任何刻划的趋近到达:

$$s_i\dot{s}_i<0,\quad i=1,2,\cdots,m$$

(2) 按规定趋近律的趋近到达:

$$\dot{s}_i=-\varepsilon_i \operatorname{sgn}(s_i)-f_i(\boldsymbol{s}),\quad i=1,2,\cdots,m$$

6.2.5 滑动模态变结构控制系统的综合

设计滑动模态变结构控制器的基本步骤包括两个相对独立的部分：

(1) 设计切换函数 $s(x)$，使它确定的滑动模态渐近稳定且具有良好的动态品质；

(2) 设计滑动模态控制律 $u^{\pm}(x)$，使达到条件得到满足，从而在切换面上形成滑动模态区。

一旦切换函数 $s(x)$ 和滑动模态控制律 $u^{\pm}(x)$ 都得到了，滑动模态控制系统就能完全建立起来。

滑动模态变结构控制有以下几种设计方法。

(1) 常值切换控制：

$$u = u_{\mathrm{vss}}\operatorname{sgn}(s)$$

式中，u_{vss} 为待求的常数；sgn 为符号函数。

设计滑动模态变结构控制就是求 u_{vss}。

(2) 函数切换控制：

$$u = u_{\mathrm{eq}} + u_{\mathrm{vss}}\operatorname{sgn}(s)$$

这是以等效控制 u_{eq} 为基础的形式。

滑动模态变结构控制律的确定非常容易，它由通常的线性或非线性连续反馈和不连续的变结构反馈两部分组成。若上述控制规律中变结构控制项 u_{vss} 的系数过大，虽然从理论上讲可以容许系统的不确定性范围很大，但实际上会加剧系统抖动而使得实际受控对象的机械或硬件部分受到损坏。因此，如何选取适当的滑动模态变结构反馈系数是滑动模态变结构控制实际应用中一个关键问题。近年来，有部分学者将模糊控制、神经网络、自适应控制及遗传算法等其他控制思想与滑动模态变结构控制方法有机地结合起来，目的是通过对系统不确定性范围的进一步分划或学习，尽可能地减小切换增益系数，以克服滑动模态变结构控制具有的抖动缺陷对实时控制带来的困难。

还有部分学者致力于用李雅普诺夫直接法研究变结构控制系统的综合问题。这种方法的优点是将变结构控制系统的综合统一为寻求适当的李雅普诺夫函数问题。但是，众所周知，寻找李雅普诺夫函数并非一件容易的事，因此这种方法有相当的局限性。

6.3 线性系统的滑动模态变结构控制

考虑 MIMO 的线性时不变系统

$$\dot{x} = Ax + Bu \tag{6.36}$$

式中，B 满足 $\operatorname{Rank}(B)=m$。选取切换函数为 $s=Cx$，C 为 $m\times n$ 待定系数矩阵。显然，由 6.2 节内容可知，下列滑动模态变结构控制律

$$u = -(CB)^{-1}[CAx + Ws + k\operatorname{sgn}(s)] \tag{6.37}$$

保证系统在有限时间内即可到达切换面 $s=Cx=0$，实现滑动模态运动。其中：

$$k=\operatorname{diag}(k_i),\quad W=\operatorname{diag}(w_i),\quad k_i>0,\quad w_i\geqslant 0$$

式中，$\boldsymbol{CB}$ 为可逆方阵。

因此，设计的主要问题是如何设计适当的切换系数矩阵 $\boldsymbol{C}$，使得滑动模态运动具有良好的动态特性，且 $\boldsymbol{CB}$ 可逆。

显然，对于上述线性系统(式(6.36))，由等效控制方法及

$$\dot{s}=\boldsymbol{C}\dot{\boldsymbol{x}}=\boldsymbol{CAx}+\boldsymbol{CBu}=\boldsymbol{0} \tag{6.38}$$

可得等效控制

$$\boldsymbol{u}_{\mathrm{eq}}=-(\boldsymbol{CB})^{-1}\boldsymbol{CAx}=-\boldsymbol{kx} \tag{6.39}$$

式中，$\boldsymbol{u}_{\mathrm{eq}}$ 本质上为系统在滑动模态时使其轨线保持在 $\boldsymbol{C}$ 的零空间中所需的控制量。

将式(6.39)代入式(6.36)，即得滑动模态运动方程为

$$\dot{\boldsymbol{x}}=[\boldsymbol{I}-\boldsymbol{B}(\boldsymbol{CB})^{-1}\boldsymbol{C}]\boldsymbol{Ax}=(\boldsymbol{A}-\boldsymbol{Bk})\boldsymbol{x},\quad t\geqslant t_{\mathrm{s}} \tag{6.40}$$

式中，t_{s} 为系统进入滑动模态运动的初始时刻。

由于 $\mathrm{rank}(\boldsymbol{B})=m$，因此存在非奇异线性变换

$$\boldsymbol{x}=\boldsymbol{Mz},\quad \boldsymbol{M}=\begin{bmatrix}\boldsymbol{I}_{n-m} & -\boldsymbol{B}_1\boldsymbol{B}_2^{-1}\\ \boldsymbol{0} & \boldsymbol{I}_m\end{bmatrix}$$

使得式(6.36)化为下列形式：

$$\begin{bmatrix}\dot{\boldsymbol{z}}_1\\ \dot{\boldsymbol{z}}_2\end{bmatrix}=\begin{bmatrix}\boldsymbol{A}_{11} & \boldsymbol{A}_{12}\\ \boldsymbol{A}_{21} & \boldsymbol{A}_{22}\end{bmatrix}\begin{bmatrix}\boldsymbol{z}_1\\ \boldsymbol{z}_2\end{bmatrix}+\begin{bmatrix}\boldsymbol{0}\\ \boldsymbol{B}_2\end{bmatrix}\boldsymbol{u}$$

式中，$\boldsymbol{z}_1\in\mathbf{R}^{n-m}$，$\boldsymbol{z}_2\in\mathbf{R}^m$；$\boldsymbol{B}_2$ 为 $m\times m$ 可逆方阵。

令

$$\boldsymbol{M}^{-1}\boldsymbol{AM}=\begin{bmatrix}\boldsymbol{A}_{11} & \boldsymbol{A}_{12}\\ \boldsymbol{A}_{21} & \boldsymbol{A}_{22}\end{bmatrix},\quad \boldsymbol{M}^{-1}\boldsymbol{B}=\begin{bmatrix}\boldsymbol{0}\\ \boldsymbol{B}_2\end{bmatrix}$$

在非奇异线性变换 $\boldsymbol{x}=\boldsymbol{Mz}$ 下，相应的切换函数为

$$\boldsymbol{s}=\boldsymbol{CMz}=\boldsymbol{C}_1\boldsymbol{z}_1+\boldsymbol{C}_2\boldsymbol{z}_2=\boldsymbol{0} \tag{6.41}$$

式中，$\boldsymbol{C}_2$ 为可逆方阵。

因此，在切换面上，有

$$\boldsymbol{z}_2=-\boldsymbol{C}_2^{-1}\boldsymbol{C}_1\boldsymbol{z}_1=-\boldsymbol{F}\boldsymbol{z}_1 \tag{6.42}$$

从而滑动模态运动方程满足式(6.41)和下列降阶方程：

$$\dot{\boldsymbol{z}}_1=\boldsymbol{A}_{11}\boldsymbol{z}_1+\boldsymbol{A}_{12}\boldsymbol{z}_2 \tag{6.43}$$

于是线性系统的滑动模态可视为是由式(6.43)描述且具有反馈式(6.42)的 $n-m$ 维子系统，从而可以根据通常的线性反馈设计方法，如极点配置、最优化方法、特征向量配置法以及几何方法等来确定反馈系数矩阵 $\boldsymbol{F}$。由于系统在滑动时 $\boldsymbol{z}_2$ 可以由 $\boldsymbol{z}_1$ 线性地表示出来，因此只要 $\boldsymbol{z}_1$ 以适当指定的指数衰减率趋向于零，则 $\boldsymbol{z}_2$ 也以同样的指数衰减率趋向于零。取 $\boldsymbol{C}_2=\boldsymbol{I}_m$，$\boldsymbol{C}_1=\boldsymbol{F}$，进而由式(6.42)和式(6.43)可得到使原线性系统的滑动模态一定具有良好动态特性的切换系数矩阵：

$$\boldsymbol{C}=[\boldsymbol{F},\boldsymbol{I}_m]\boldsymbol{M}^{-1} \tag{6.44}$$

下列结论保证了滑动模态子系统(式(6.43))的能控性。

定理 6.1 若 $\boldsymbol{A}$，$\boldsymbol{B}$ 能控，则 $\boldsymbol{A}_{11}$，$\boldsymbol{A}_{12}$ 必是能控的。

证明 事实上，由于非奇异变换和状态反馈不改变系统的能控性，因此不妨设 $\boldsymbol{A}$，$\boldsymbol{B}$ 具

有下列标准形式：

$$\boldsymbol{A}=\begin{bmatrix}\boldsymbol{A}_{11} & \boldsymbol{A}_{12}\\ \boldsymbol{A}_{21} & \boldsymbol{A}_{22}\end{bmatrix},\quad \boldsymbol{B}=\begin{bmatrix}\boldsymbol{0}\\ \boldsymbol{B}_2\end{bmatrix}$$

如对此系统引入状态反馈 $\boldsymbol{u}=-\boldsymbol{B}_2^{-1}(\boldsymbol{A}_{21}\boldsymbol{x}_1+\boldsymbol{A}_{22}\boldsymbol{x}-\boldsymbol{v})$，则相应的系数矩阵变为下列形式：

$$\boldsymbol{A}=\begin{bmatrix}\boldsymbol{A}_{11} & \boldsymbol{A}_{12}\\ \boldsymbol{0} & \boldsymbol{0}\end{bmatrix},\quad \boldsymbol{B}=\begin{bmatrix}\boldsymbol{0}\\ \boldsymbol{I}_m\end{bmatrix}$$

而相应的能控性判别矩阵为

$$(\hat{\boldsymbol{B}}\mid\ \hat{\boldsymbol{A}}\hat{\boldsymbol{B}}\mid\ \hat{\boldsymbol{A}}^2\hat{\boldsymbol{B}}\mid\ \cdots\ \hat{\boldsymbol{A}}^{n-1}\hat{\boldsymbol{B}}\mid)=\begin{bmatrix}\boldsymbol{0} & \boldsymbol{A}_{12} & \boldsymbol{A}_{11}\boldsymbol{A}_{12} & \boldsymbol{A}_{11}^2\boldsymbol{A}_{12} & \cdots & \boldsymbol{A}_{11}^{n-2}\boldsymbol{A}_{12}\\ \boldsymbol{I}_m & \boldsymbol{0} & \boldsymbol{0} & \boldsymbol{0} & \cdots & \boldsymbol{0}\end{bmatrix}$$

于是由能控性条件及上式知，必有

$$\operatorname{rank}(\boldsymbol{A}_{12},\boldsymbol{A}_{11}\boldsymbol{A}_{12},\boldsymbol{A}_{11}^2\boldsymbol{A}_{12},\cdots,\boldsymbol{A}_{11}^{n-2}\boldsymbol{A}_{12})=n-m$$

因 $\boldsymbol{A}_{11}$ 为 $(n-m)\times(n-m)$ 矩阵，故所有 $\boldsymbol{A}_{11}^i(i\geqslant n-m)$ 都可以经 $\boldsymbol{I}_{n-m},\boldsymbol{A}_{11},\boldsymbol{A}_{11}^2,\cdots,\boldsymbol{A}_{11}^{n-m-1}$ 线性地表示出来，从而有

$$\operatorname{rank}(\boldsymbol{A}_{12},\boldsymbol{A}_{11}\boldsymbol{A}_{12},\boldsymbol{A}_{11}^2\boldsymbol{A}_{12},\cdots,\boldsymbol{A}_{11}^{n-m-1}\boldsymbol{A}_{12})=n-m$$

即 $(\boldsymbol{A}_{11},\boldsymbol{A}_{12})$ 是能控的。

证毕。

因此，可以按照通常的线性反馈设计方法来确定有关的系数矩阵 $\boldsymbol{F}$，进而得到切换函数 $\boldsymbol{s}=\boldsymbol{C}\boldsymbol{x}$ 中的系数矩阵 $\boldsymbol{C}$。

6.4 伴随型非线性系统的滑动模态变结构控制

滑动模态变结构控制理论经过60余年的研究与发展，已经取得了很多研究成果。本节将讨论单 SISO 和 MIMO 伴随型非线性系统的滑动模态变结构控制，介绍如何设计非线性系统的滑动模态变结构控制器。

6.4.1 SISO 非线性系统的滑动模态变结构控制

考虑 SISO 伴随型非线性系统

$$\begin{cases}\dot{x}_i=x_{i+1}, & i=1,2,\cdots,n-1\\ \dot{x}_n=f(\boldsymbol{x})+g(\boldsymbol{x})u\\ y=x_1\end{cases}\tag{6.45}$$

式中，$\boldsymbol{x}=[x_1,x_2,\cdots,x_n]^{\mathrm{T}}\in\mathbf{R}^n$，为系统可测状态向量；$u$、$y\in\mathbf{R}$ 分别为系统的输入和输出；非线性光滑函数 $f(\boldsymbol{x})$ 不精确知道，但其估计值为 $\hat{f}(\boldsymbol{x})$；控制增益 $g(\boldsymbol{x})$ 未知，可能是时变的或依赖状态。

假设 6.1 非线性光滑函数 $f(\boldsymbol{x})$ 的估计误差受已知函数 $F(\boldsymbol{x})$ 限制，即

$$|f(\boldsymbol{x})-\hat{f}(\boldsymbol{x})|\leqslant F(\boldsymbol{x})$$

假设 6.2 控制增益 $g(\boldsymbol{x})$的界已知，但界本身也可能是时变的或依赖状态，即

$$0 < g_{\min}(\boldsymbol{x}) \leqslant g(\boldsymbol{x}) \leqslant g_{\max}(\boldsymbol{x})$$

假设 6.3 期望的有界跟踪信号 $y_{\mathrm{d}}(t)$连续且具有直到 n 阶导数，而且期望的 $n+1$ 维跟踪向量$\boldsymbol{Y}_{\mathrm{d}}=[y_{\mathrm{d}},\dot{y}_{\mathrm{d}},\cdots,y_{\mathrm{d}}(n)]^{\mathrm{T}}$ 是有界的，即对某 $\gamma_{\mathrm{d}}>0$，有$|\boldsymbol{Y}_{\mathrm{d}}|<\gamma_{\mathrm{d}}$。

在本章以后的叙述中，如不作特别的说明，被跟踪信号均满足这样的条件。

控制设计的任务是设计合适的滑动模态变结构控制律，使系统(式(6.45))的输出 y 跟踪期望的输出 $y_{\mathrm{d}}(t)$，且所有的信号保持有界。

定义 $\tilde{x}=y-y_{\mathrm{d}}=x_1-y_{\mathrm{d}}$ 为跟踪误差，且令跟踪误差向量为

$$\tilde{\boldsymbol{x}}=\boldsymbol{x}-[y_{\mathrm{d}},\dot{y}_{\mathrm{d}},\cdots,y_{\mathrm{d}}^{(n-2)},y_{\mathrm{d}}^{(n-1)}]^{\mathrm{T}}=[\tilde{x},\dot{\tilde{x}},\cdots,\tilde{x}^{(n-2)},\tilde{x}^{(n-1)}]^{\mathrm{T}}$$

选择切换函数为

$$s=c_1\tilde{x}+c_2\dot{\tilde{x}}+\cdots+c_{n-1}\tilde{x}^{(n-2)}+\tilde{x}^{(n-1)} \tag{6.46}$$

式中，多项式 $P(p)=c_1+c_2p+\cdots+c_{n-1}p^{n-2}+p^{n-1}$ 为赫尔维茨稳定，p 为拉普拉斯算子。为了使记号紧凑，s 可以重改写为

$$s=x^{(n-1)}-y_{\mathrm{d}}^{(n-1)}+\sum_{i=1}^{n-1}c_i\tilde{x}^{(i-1)}=x_n-y_{\mathrm{r}}^{(n-1)} \tag{6.47}$$

其中 $y_{\mathrm{r}}^{(n-1)}$ 定义为

$$y_{\mathrm{r}}^{(n-1)}=y_{\mathrm{d}}^{(n-1)}-c_{n-1}\tilde{x}^{(n-2)}-\cdots-c_1\tilde{x}$$

对 s 求时间导数后，将式(6.45)代入整理，得

$$\dot{s}=f(\boldsymbol{x})+g(\boldsymbol{x})u-y_{\mathrm{d}}^{(n)}+\sum_{i=1}^{n-1}c_i\tilde{x}^{(i)}=f(\boldsymbol{x})+g(\boldsymbol{x})u-y_{\mathrm{r}}^{(n)} \tag{6.48}$$

式中，$y_{\mathrm{d}}^{(n)}$ 为 $y_{\mathrm{d}}^{(n-1)}$ 的导数，即 $y_{\mathrm{r}}^{(n)}=y_{\mathrm{d}}^{(n)}-c_{n-1}\tilde{x}^{(n-1)}-\cdots-c_1\dot{\tilde{x}}$。

注意到 $y_{\mathrm{r}}^{(n)}$($y^{(n)}$的参考值)可以根据跟踪误差对 $y_{\mathrm{d}}^{(n)}$ 修正而得到。

控制输入以乘积的形式出现在非线性动态系统中，由假设 6.2 可知，很自然地将上述界的几何平均选作增益 $g(\boldsymbol{x})$的估计 $\hat{g}(\boldsymbol{x})$，即

$$\hat{g}(\boldsymbol{x})=[g_{\max}(\boldsymbol{x})g_{\min}(\boldsymbol{x})]^{1/2}$$

控制增益的界可改写为

$$\beta^{-1}\leqslant\frac{\hat{g}(\boldsymbol{x})}{g(\boldsymbol{x})}\leqslant\beta \tag{6.49}$$

式中，

$$\beta=(g_{\max}/g_{\min})^{1/2}$$

由于要设计控制律使系统对有界乘积不确定性式(6.49)是鲁棒的，类似像线性控制中所用的术语，我们称 β 是设计的增益裕度。注意，β 可能时变或依赖于状态，并且也有

$$\beta^{-1}\leqslant\frac{g(\boldsymbol{x})}{\hat{g}(\boldsymbol{x})}\leqslant\beta$$

对滑动模态切换函数求时间导数得

$$\dot{s}=f(\boldsymbol{x})+g(\boldsymbol{x})u-y_{\mathrm{d}}^{(n)}+\sum_{i=1}^{n-1}c_i\tilde{x}^{(i)}$$

利用等速趋近律选择滑动模态变结构控制律为

$$u=\frac{1}{\hat{g}(\boldsymbol{x})}\left[-\hat{f}(\boldsymbol{x})+y_{\mathrm{d}}^{(n)}-\sum_{i=1}^{n-1}c_i\tilde{x}^{(i)}-k\,\mathrm{sgn}(s)\right]$$
$$=\frac{1}{\hat{g}(\boldsymbol{x})}\left[-\hat{f}(\boldsymbol{x})+y_{\mathrm{r}}^{(n)}-k\,\mathrm{sgn}(s)\right]=\hat{u}_{\mathrm{eq}}+u_{\mathrm{vss}} \tag{6.50}$$

式中，$k\geqslant\beta(F+\eta)+\beta(\beta-1)|\hat{u}_{\mathrm{eq}}|$，$\eta$ 为正常数；$u_{\mathrm{eq}}=\frac{1}{\hat{g}(\boldsymbol{x})}[-\hat{f}(\boldsymbol{x})+y_{\mathrm{r}}^{(n)}]$，可解释为等价控制的最好估计，用来抵消系统中已知的非线性特性；变结构控制项 $u_{\mathrm{vss}}=-\frac{k}{\hat{g}(\boldsymbol{x})}\mathrm{sgn}(s)$，用来补偿系统中的不确定性项。

$$\frac{1}{2}\frac{\mathrm{d}}{\mathrm{d}t}s^2=\dot{s}s=\left[f(\boldsymbol{x})+g(\boldsymbol{x})u-y_{\mathrm{d}}^{(n)}+\sum_{i=1}^{n-1}c_i\tilde{x}^{(i)}\right]s$$

将滑动模态变结构控制律(式(6.50))代入整理得

$$\frac{1}{2}\frac{\mathrm{d}}{\mathrm{d}t}s^2=\dot{s}s=\left[f-g\hat{g}^{-1}\hat{f}+(1-g\hat{g}^{-1})\left(-y_{\mathrm{d}}^{(n)}+\sum_{i=1}^{n-1}c_i\tilde{x}^{(i)}\right)-g\hat{g}^{-1}k\,\mathrm{sgn}(s)\right]s$$
$$=\left[(f-\hat{f})+\hat{f}-g\hat{g}^{-1}\hat{f}+(1-g\hat{g}^{-1})\left(-y_{\mathrm{d}}^{(n)}+\sum_{i=1}^{n-1}c_i\tilde{x}^{(i)}\right)-g\hat{g}^{-1}k\,\mathrm{sgn}(s)\right]s$$
$$=[(f-\hat{f})+(g\hat{g}^{-1}-1)\hat{u}_{\mathrm{eq}}-g\hat{g}^{-1}k\,\mathrm{sgn}(s)]s$$
$$\leqslant[|F|+(\beta-1)|\hat{u}_{\mathrm{eq}}|-\beta^{-1}k\,\mathrm{sgn}(s)]s$$
$$=-\eta|s| \tag{6.51}$$

这就是期望的滑动模态变结构控制的到达条件。式(6.51)表达的是以 s^2 为度量到曲面的平方“距离”，该距离沿所有系统轨线是减小的，因此这就使系统轨线趋于曲面 $s(t)$。系统轨线一旦进入曲面，就将一直停留在该曲面上。该曲面称为滑动模态或滑动模。换句话说，满足式(6.51)，使曲面成为一个不变集。此外，式(6.51)表明在存在干扰和系统不确定性时，仍然保持曲面是一个不变集。

例 6.2　考虑 SISO 伴随型非线性系统

$$\begin{cases}\dot{x}_1=x_2\\ \dot{x}_2=-a(t)x_2^2\cos 3x_1+u\\ y=x_1\end{cases}$$

式中，$a(t)$未知，但满足 $1\leqslant a(t)\leqslant 2$，从而得出

$$\hat{f}=-1.5x_2^2\cos 3x_1,\quad F=0.5x_2^2|\cos 3x_1|$$

控制任务是使输出 y 跟踪期望轨迹 $y_{\mathrm{d}}=\sin(\pi t/2)$。利用上面的滑动模态变结构控制方法设计控制律为

$$u=\hat{u}_{\mathrm{eq}}-k\,\mathrm{sgn}(s)$$
$$=1.5x_2^2\cos 3x_1+\ddot{y}_{\mathrm{d}}-20\dot{\tilde{x}}-(0.5x_2^2|\cos 3x_1|+0.1)\mathrm{sgn}(\dot{\tilde{x}}+20\tilde{x})$$

在仿真中用的 $\alpha(t)=|\sin t|+1$，它满足对 $\alpha(t)$的假定界限，控制律参数 $\lambda=20$，$\eta=0.1$。仿真结果如图 6.15 所示，可以看出，跟踪性能相当好，不过代价是在控制输入中出现了高频抖振。

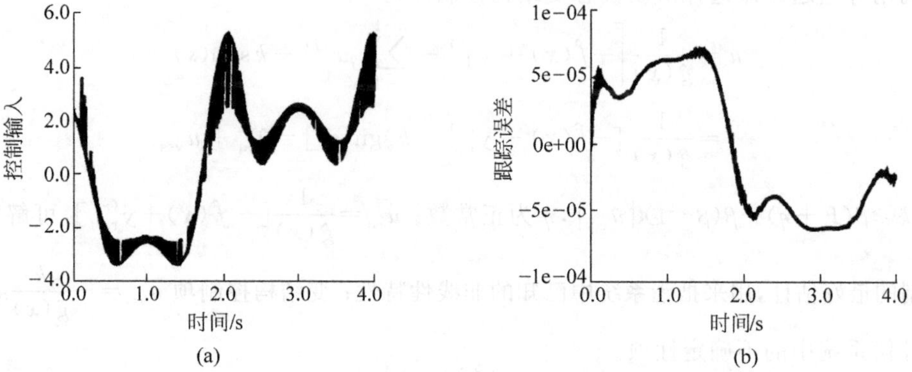

图 6.15 滑动模态变结构控制输入和跟踪性能仿真结果

6.4.2 MIMO 伴随型非线性系统的滑动模态变结构控制

本节把 SISO 伴随型非线性的滑动模态变结构控制器设计方法推广到 MIMO 非线性系统。考虑如下非线性系统：

$$x_i^{(n_i)}=f_i(\boldsymbol{x})+\sum_{j=1}^{m}g_{ij}(\boldsymbol{x})u_j,\quad i=1,2,\cdots,m,j=1,2,\cdots,m$$

式中，$\boldsymbol{u}\in\mathbf{R}^m$ 为控制输入向量，u_j 是其分量；状态 $\boldsymbol{x}$ 由 x_i 和它们的前 n_i-1 阶导数组成。

由于控制输入 u_j 的个数和被控制的输出 x_i 一样多，这类系统又被称为方形系统。现在我们感兴趣的问题是在有参数不确定的情况下，如何使状态 $\boldsymbol{x}$ 跟踪期望的时变轨迹 $\boldsymbol{y}_\mathrm{d}$。

我们作两个假设。首先，假定匹配条件(见 6.9.1 节)满足，即参数不确定性包含在输入矩阵 $\boldsymbol{G}$(其元素是 g_{ij})的列空间内。由于 $\boldsymbol{G}$ 是 $m\times m$ 方阵，这说明 $\boldsymbol{G}$ 在整个状态空间上是可逆的，这是一个类似能控性的假设。其次，假定输入矩阵的估计 $\hat{\boldsymbol{G}}$ 是可逆的，连续地依赖于不确定参数，并且在没有不确定参数时 $\boldsymbol{G}=\hat{\boldsymbol{G}}$。

类似于单输入情况，将 $\boldsymbol{f}$ 的不确定性写成相加的形式，将输入矩阵 $\boldsymbol{G}$ 的不确定性写成相乘的形式：

$$|\hat{f}_i-f_i|\leqslant F_i,\quad i=1,2,\cdots,m \tag{6.52}$$

$$\boldsymbol{G}=(\boldsymbol{I}+\boldsymbol{\Delta})\hat{\boldsymbol{G}}\,|\boldsymbol{\Delta}_{ij}|\leqslant D_{ij},\quad i=1,2,\cdots,m,j=1,2,\cdots,m \tag{6.53}$$

式中，$\boldsymbol{I}$ 为 $n\times n$ 的单位矩阵。

注意，式(6.52)和式(6.53)略有不同，因为增益裕度通常是标量概念，而式(6.53)将会使矩阵运算更方便。

定义向量 $\boldsymbol{s}$，其元 s_i 定义为

$$s_i=c_1\tilde{x}_i+c_2\dot{\tilde{x}}_i+\cdots+c_{n-1}\tilde{x}_i^{(n_i-2)}+\tilde{x}_i^{(n_i-1)}$$

为使记号紧凑，再将其写成

$$s_i=x_i^{(n_i-1)}-y_{\mathrm{r}_i}^{(n_i-1)}$$

这里定义了一个向量 $\boldsymbol{y}_\mathrm{r}^{(n-1)}$，其分量 $y_{\mathrm{r}_i}^{(n_i-1)}$ 可由 $\boldsymbol{x}$ 和 $\boldsymbol{y}_\mathrm{d}$ 计算得到。如同单输入的情况，多输入控制器设计可以转化为寻找向量 $\boldsymbol{u}$ 的控制律，使之在有参数不确定的情况下满

足如下的滑动模态到达条件：

$$\frac{1}{2}\frac{\mathrm{d}}{\mathrm{d}t}s_i^2 \leqslant -\eta_i |s_i|, \quad \eta_i > 0 \tag{6.54}$$

将向量 $\boldsymbol{k}\operatorname{sgn}(\boldsymbol{s})$ 的各元记为 $k_i\operatorname{sgn}(s_i)$，选取滑动模态变结构控制律为

$$\boldsymbol{u} = \hat{G}^{-1}[\boldsymbol{Y}_r^{(n-1)} - \hat{\boldsymbol{f}} - \boldsymbol{k}\operatorname{sgn}(s)] \tag{6.55}$$

类似于单输入情况，可表示为

$$\dot{s}_i = \hat{f}_i - f_i + \sum_{j=1}^{n}\Delta_{ij}(y_{r_i}^{(n_i-1)} - \hat{f}_j) - \sum_{j\neq i}\Delta_{ij}k_j\operatorname{sgn}(s_j) - (1+\Delta_{ii})k_i\operatorname{sgn}(s_j) \tag{6.56}$$

因此，滑动模态条件可得到满足，只要

$$(1-D_{ii})k_i \geqslant F_i + \sum_{j=1}^{n} D_{ij}\,|y_{r_i}^{(n_i-1)} - \hat{f}_j| - \sum_{j\neq i} D_{ij}k_j + \eta_i, \quad i=1,2,\cdots,n$$

特别地，如果选择向量 $\boldsymbol{k}$，使得

$$(1-D_{ii})k_i + \sum_{j\neq i} D_{ij}k_j = F_i + \sum_{j=1}^{n} D_{ij}\,|y_{r_i}^{(n_i-1)} - \hat{f}_j| + \eta_i, \quad i=1,2,\cdots,n \tag{6.57}$$

式(6.57)代表 m 个切换增益为 k_i 的 m 个方程，那么这些方程的解 k 是否存在(如存在必定是唯一的)？解的每个元 k_i 是否都是正数(或零)呢？这两个问题的答案是肯定的，这归功于一个矩阵代数的有趣结论，称为弗罗贝尼斯-佩龙(Frobenius-Perron)定理。

定理 6.2(弗罗贝尼斯-佩龙定理)　考虑一个方阵 $\mathbf{A}$，其元都是非负的，则 $\mathbf{A}$ 的最大实特征值 ρ_1 是非负的，并且考虑方程

$$(\boldsymbol{I} - \rho^{-1}\mathbf{A})\boldsymbol{y} = \boldsymbol{z}$$

其中，向量 $\boldsymbol{z}$ 所有分量都是非负的。如果 $\rho > \rho_1$，则上述方程有唯一解 $\boldsymbol{y}$，且其分量 y_i 都是非负的。

把为弗罗贝尼斯-佩龙定理应用于其元为 D_{ij} 的矩阵，并注意到关于系统的第二个假设意味着 $\rho_1 < 1$，可见式(6.57)唯一定义了一组非负数 k_i。因此，控制律(式(6.55))(其中 $\boldsymbol{k}$ 由式(6.57)定义)满足参数不确定情况下的滑动模态条件，其中不确定参数由式(6.52)界定。与单输入的情况一样，上述控制规律可用边界层方法消除颤振，这将导致参数不确定性和性能之间的权衡。

例 6.3　考虑例 5.2 所示的双关节机械手系统的滑动模态变结构轨迹跟踪控制器设计问题。

为了实现具有任意数目自由度的机械手的轨迹跟踪控制，利用 MIMO 非线性系统的滑动模态变结构控制器设计方法，设计机械手系统的滑动模态变结构轨迹跟踪控制器。控制设计的目标是对于给定的连续有界的期望轨迹 $\boldsymbol{q}_\mathrm{d}, \dot{\boldsymbol{q}}_\mathrm{d}, \ddot{\boldsymbol{q}}_\mathrm{d}$，实现渐近跟踪。

对于多输入的情况，对每一个自由度 i 分别验证下述形式的到达条件

$$\frac{1}{2}\frac{\mathrm{d}}{\mathrm{d}t}s_i^2 \leqslant -\eta_i |s_i|, \quad \eta_i < 0, \quad i=1,2$$

都能满足，其中 $s_i = \dot{\tilde{q}}_i + \lambda_i\tilde{q}_i$。

在多输入的情况，则要求

$$\frac{1}{2}\frac{\mathrm{d}}{\mathrm{d}t}\boldsymbol{s}^\mathrm{T}\boldsymbol{s} \leqslant -\eta(\boldsymbol{s}^\mathrm{T}\boldsymbol{s})^{1/2}, \quad \eta > 0$$

作为单输入情况的推广，向量 $\boldsymbol{s}$ 定义为

$$\boldsymbol{s}=\dot{\tilde{\boldsymbol{q}}}+\boldsymbol{\Lambda}\,\tilde{\boldsymbol{q}} \tag{6.58}$$

式中，$\boldsymbol{\Lambda}$ 为对称正定矩阵，或者更一般地，$\boldsymbol{\Lambda}$ 为赫尔维茨稳定的。

若在滑动条件中应用广义的平方范数 $\boldsymbol{s}^{\mathrm{T}}\boldsymbol{M}(\boldsymbol{q})\boldsymbol{s}$（在形式上相当于在动能表达式中用 $\boldsymbol{s}$ 置换 $\dot{\boldsymbol{q}}$ 而获得），而不是单纯的 $\boldsymbol{s}^{\mathrm{T}}\boldsymbol{s}$，似乎更好，设计也更简单。实际上，在这个二阶系统中，可以把式(6.58)中的 $\boldsymbol{s}$ 解释为“速度误差”项：

$$\boldsymbol{s}=\dot{\tilde{\boldsymbol{q}}}+\Lambda\tilde{\boldsymbol{q}}=\dot{\boldsymbol{q}}-\dot{\boldsymbol{q}}_r \tag{6.59}$$

式中，$\dot{\boldsymbol{q}}_r=\dot{\boldsymbol{q}}_{\mathrm{d}}-\boldsymbol{\Lambda}\,\tilde{\boldsymbol{q}}$，为参考速度向量，它是根据误差来改变期望的速度 $\dot{\boldsymbol{q}}_{\mathrm{d}}$ 而形成的。

$\dot{\boldsymbol{q}}_r$ 简单代表了表示方法的一种变换处理，这种处理允许将能量相关的特性（用实际关节速度向量 $\dot{\boldsymbol{q}}$ 来表示）转换为轨迹控制特性（用虚拟速度误差向量 $\boldsymbol{s}$ 来表示）。类似于单输入的情况，向量 $\boldsymbol{s}$ 包含有关 $\boldsymbol{q}$ 和 $\dot{\boldsymbol{q}}$ 的有界性和收敛性的信息。因为 $\boldsymbol{s}$ 的定义式(6.59)也可以看作用变量 $\tilde{\boldsymbol{q}}$ 表示的一个稳定的一阶微分方程，而以 $\boldsymbol{s}$ 作为输入。因此，假设初始条件有界，证明了 $\boldsymbol{s}$ 的有界性也就证明了 $\tilde{\boldsymbol{q}}$ 和 $\dot{\tilde{\boldsymbol{q}}}$，以及 $\boldsymbol{q}$ 和 $\dot{\boldsymbol{q}}$ 的有界性。同样，当 t 趋于无穷大时，如果 $\boldsymbol{s}$ 趋于 $\mathbf{0}$，则向量 $\tilde{\boldsymbol{q}}$ 和 $\dot{\tilde{\boldsymbol{q}}}$ 也趋于 $\mathbf{0}$。

现在讨论机械手系统的滑动模态变结构轨迹跟踪控制问题。定义

$$V(t)=\frac{1}{2}[\boldsymbol{s}^{\mathrm{T}}\boldsymbol{M}(\boldsymbol{q})\boldsymbol{s}] \tag{6.60}$$

对它求时间导数，得

$$\dot{V}(t)=\boldsymbol{s}^{\mathrm{T}}(\boldsymbol{M}\ddot{\boldsymbol{q}}-\boldsymbol{M}\ddot{\boldsymbol{q}}_r)+\frac{1}{2}\boldsymbol{s}^{\mathrm{T}}\dot{\boldsymbol{M}}\boldsymbol{s} \tag{6.61}$$

从系统的动态方程得出，$\boldsymbol{M}\ddot{\boldsymbol{q}}$ 为

$$\boldsymbol{M}\ddot{\boldsymbol{q}}=\boldsymbol{\tau}-\boldsymbol{C}\dot{\boldsymbol{q}}-\boldsymbol{G}=\boldsymbol{\tau}-\boldsymbol{C}(\boldsymbol{s}+\dot{\boldsymbol{q}}_{\mathrm{r}})-\boldsymbol{G} \tag{6.62}$$

将式(6.62)代入式(6.61)得到

$$\dot{V}(t)=\boldsymbol{s}^{\mathrm{T}}(\boldsymbol{\tau}-\boldsymbol{M}\ddot{\boldsymbol{q}}_{\mathrm{r}}-\boldsymbol{C}\dot{\boldsymbol{q}}_{\mathrm{r}}-\boldsymbol{G}) \tag{6.63}$$

这里应用 $(\dot{\boldsymbol{M}}-2\boldsymbol{C})$ 的斜对称性质消去了项 $\frac{1}{2}\boldsymbol{s}^{\mathrm{T}}\dot{\boldsymbol{M}}\boldsymbol{s}$。

根据 MIMO 非线性系统的滑动模态变结构控制方法，选择控制输入为

$$\boldsymbol{\tau}=\hat{\boldsymbol{\tau}}-\boldsymbol{k}\,\mathrm{sgn}(\boldsymbol{s}) \tag{6.64}$$

式中，$\boldsymbol{k}\,\mathrm{sgn}(\boldsymbol{s})$ 定义为其分量是 $k_i\,\mathrm{sgn}(s_i)$ 的向量；$\hat{\boldsymbol{\tau}}$ 为当系统的动力学模型精确知道时，使得 $\dot{V}$ 等于 0 的控制输入向量，即

$$\hat{\boldsymbol{\tau}}=\hat{\boldsymbol{M}}\ddot{\boldsymbol{q}}_{\mathrm{r}}+\hat{\boldsymbol{C}}\dot{\boldsymbol{q}}_{\mathrm{r}}+\hat{\boldsymbol{G}}$$

于是有

$$\dot{V}=\boldsymbol{s}^{\mathrm{T}}[\widetilde{\boldsymbol{M}}(\boldsymbol{q})\ddot{\boldsymbol{q}}_{\mathrm{r}}+\widetilde{\boldsymbol{C}}(\boldsymbol{q},\dot{\boldsymbol{q}})\dot{\boldsymbol{q}}_{\mathrm{r}}+\widetilde{\boldsymbol{G}}(\boldsymbol{q})]-\sum_{i=1}^{n}k_i\,|s_i|$$

当已知模型误差 $\widetilde{\boldsymbol{M}}$，$\widetilde{\boldsymbol{C}}$ 和 $\widetilde{\boldsymbol{G}}$ 的范围时，即

$$\widetilde{\boldsymbol{M}}=\hat{\boldsymbol{M}}-\boldsymbol{M},\quad \widetilde{\boldsymbol{C}}=\hat{\boldsymbol{C}}-\boldsymbol{C},\quad \widetilde{\boldsymbol{G}}=\hat{\boldsymbol{G}}-\boldsymbol{G}$$

则可以选择向量 $\boldsymbol{k}$ 的分量 k_i，使得

$$k_i\geqslant|[\widetilde{\boldsymbol{M}}(\boldsymbol{q})\ddot{\boldsymbol{q}}_{\mathrm{r}}+\widetilde{\boldsymbol{C}}(\boldsymbol{q},\dot{\boldsymbol{q}})\dot{\boldsymbol{q}}_{\mathrm{r}}+\widetilde{\boldsymbol{G}}(\boldsymbol{q})]_i|+\eta_i \tag{6.65}$$

式中，常数 η_i 是严格正的，能够使式(6.63)满足到达条件：

$$\dot{V} \leqslant -\sum_{i=1}^{n} \eta_i |s_i| \tag{6.66}$$

与单输入的情况相同，上述到达条件保证了在有限时间内，系统轨线能够达到滑动面 $\boldsymbol{s}=\boldsymbol{0}$，而且一旦到达滑动面上，轨迹就保持在滑动面上，因此指数趋于 $\boldsymbol{q}_{\mathrm{d}}^{\mathrm{T}}$。

6.5 仿射非线性系统的滑动模态变结构控制器设计

考虑下列仿射非线件控制系统

$$\dot{\boldsymbol{x}} = \boldsymbol{f}(\boldsymbol{x}) + \boldsymbol{g}(\boldsymbol{x})\boldsymbol{u} \tag{6.67}$$

式中，$\boldsymbol{x} \in \mathbf{R}^n$ 及 $\boldsymbol{u} \in \mathbf{R}^m$ 分别为系统的状态和控制向量；$\boldsymbol{f}$ 及 $\boldsymbol{g}$ 为充分光滑的 n 维函数向量和 $n \times m$ 维函数矩阵。

设 $\boldsymbol{s}=\boldsymbol{s}(\boldsymbol{x})$ 为 m 维连续光滑的切换函数，由等效控制方法及

$$\dot{\boldsymbol{s}} = \frac{\partial \boldsymbol{s}}{\partial \boldsymbol{x}} \boldsymbol{f}(\boldsymbol{x}) + \frac{\partial \boldsymbol{s}}{\partial \boldsymbol{x}} \boldsymbol{g} \boldsymbol{u} = \boldsymbol{0} \tag{6.68}$$

可得等效控制

$$\boldsymbol{u}_{\mathrm{eq}} = -\left(\frac{\partial \boldsymbol{s}}{\partial \boldsymbol{x}} \boldsymbol{g}\right)^{-1} \frac{\partial \boldsymbol{s}}{\partial \boldsymbol{x}} \boldsymbol{f}(\boldsymbol{x}), \quad 假定 \frac{\partial \boldsymbol{s}}{\partial \boldsymbol{x}} \boldsymbol{g} 可逆 \tag{6.69}$$

将式(6.69)代入式(6.67)，得滑动模态运动方程为

$$\dot{\boldsymbol{x}} = \boldsymbol{f}(\boldsymbol{x}) - \boldsymbol{g}(\boldsymbol{x}) \left[\left(\frac{\partial \boldsymbol{s}}{\partial \boldsymbol{x}} \boldsymbol{g}\right)^{-1} \frac{\partial \boldsymbol{s}}{\partial \boldsymbol{x}} \boldsymbol{f}(\boldsymbol{x})\right] \tag{6.70}$$

利用 6.2.4 节的指数趋近律，选择滑动模态变结构控制律为

$$\boldsymbol{u} = -\left(\frac{\partial \boldsymbol{s}}{\partial \boldsymbol{x}} \boldsymbol{g}\right)^{-1} \left[\frac{\partial \boldsymbol{s}}{\partial \boldsymbol{x}} \boldsymbol{f} + \boldsymbol{W}\boldsymbol{s} + \boldsymbol{k}\,\mathrm{sgn}(\boldsymbol{s})\right] \tag{6.71}$$

式中，$\boldsymbol{k}=\mathrm{diag}(k_i)$，$\boldsymbol{W}=\mathrm{diag}(w_i)$($k_i>0, w_i \geqslant 0$)，从而保证了系统能在有限时间内实现滑动模态运动。

因此，对于上述仿射非线性系统而言，滑动模态变结构控制规律的设计相对来说比较容易，关键问题是如何设计适当的切换函数 $\boldsymbol{s}=\boldsymbol{s}(\boldsymbol{x})$，使得系统在进入滑动模态运动以后具有良好的动态品质。

不妨设仿射非线性控制系统（式(6.67)）的输入系数矩阵 $\boldsymbol{g}(\boldsymbol{x})$ 具有如下形式：

$$\boldsymbol{g}(\boldsymbol{x}) = \begin{bmatrix} \boldsymbol{g}_1 \\ \boldsymbol{g}_2 \end{bmatrix}, \quad \mathrm{rank}(\boldsymbol{g}_2) = m, \quad \boldsymbol{f}(\boldsymbol{x}) = \begin{bmatrix} \boldsymbol{f}_1 \\ \boldsymbol{f}_2 \end{bmatrix} \tag{6.72}$$

式中，$\boldsymbol{g}_1 \in \mathbf{R}^{(n-m)\times m}$，$\boldsymbol{g}_2 \in \mathbf{R}^{m\times m}$；而相应的状态变量分解为 $\boldsymbol{x}=(\boldsymbol{x}_1^{\mathrm{T}}, \boldsymbol{x}_2^{\mathrm{T}})^{\mathrm{T}}$，$\boldsymbol{x}_1 \in \mathbf{R}^{n-m}$，$\boldsymbol{x}_2 \in \mathbf{R}^m$。因此，系统（式(6.67)）可改写为下列形式：

$$\begin{cases} \dot{\boldsymbol{x}}_1 = \boldsymbol{f}_1(\boldsymbol{x}_1, \boldsymbol{x}_2) + \boldsymbol{g}_1(\boldsymbol{x}_1, \boldsymbol{x}_2)\boldsymbol{u} \\ \dot{\boldsymbol{x}}_2 = \boldsymbol{f}_2(\boldsymbol{x}_1, \boldsymbol{x}_2) + \boldsymbol{g}_2(\boldsymbol{x}_1, \boldsymbol{x}_2)\boldsymbol{u} \end{cases} \tag{6.73}$$

设选取的切换函数为 $\boldsymbol{s}=\boldsymbol{s}(\boldsymbol{x}_1, \boldsymbol{x}_2)$，则由 6.2 节可知，其滑动模态方程为

$$\begin{cases} \dot{\boldsymbol{x}}_1 = \boldsymbol{f}_1(\boldsymbol{x}_1, \boldsymbol{x}_2) + \boldsymbol{g}_1(\boldsymbol{x}_1, \boldsymbol{x}_2)\boldsymbol{u}_{\mathrm{eq}} \\ \dot{\boldsymbol{x}}_2 = \boldsymbol{f}_2(\boldsymbol{x}_1, \boldsymbol{x}_2) + \boldsymbol{g}_2(\boldsymbol{x}_1, \boldsymbol{x}_2)\boldsymbol{u}_{\mathrm{eq}} \end{cases} \tag{6.74}$$

其中：

$$\boldsymbol{u}_{\mathrm{eq}} = -\boldsymbol{G}^{-1}\left(\frac{\partial \boldsymbol{s}}{\partial \boldsymbol{x}_1}\boldsymbol{f}_1 + \frac{\partial \boldsymbol{s}}{\partial \boldsymbol{x}_2}\boldsymbol{f}_2\right), \quad \boldsymbol{G} = \frac{\partial \boldsymbol{s}}{\partial \boldsymbol{x}_1}\boldsymbol{g}_1 + \frac{\partial \boldsymbol{s}}{\partial \boldsymbol{x}_2}\boldsymbol{g}_2$$

假设所设计的切换函数 s 满足 $\mathrm{rank}\left(\frac{\partial \boldsymbol{s}}{\partial \boldsymbol{x}_2}\right)=m$，则由隐函数定理可知，在切换流形上存在唯一的 $\boldsymbol{s}_0(\boldsymbol{x}_1)$ 使得 $\boldsymbol{s}[\boldsymbol{x}_1, \boldsymbol{s}_0(\boldsymbol{x}_1)]=0$，因此其**滑动模态**方程（式(6.74)）可降阶为

$$\begin{cases} \dot{\boldsymbol{x}}_1 = \boldsymbol{f}_1(\boldsymbol{x}_1, \boldsymbol{x}_2) + \boldsymbol{g}_1(\boldsymbol{x}_1, \boldsymbol{x}_2)\boldsymbol{u}_{\mathrm{eq}} \\ \dot{\boldsymbol{x}}_2 = \boldsymbol{s}_0(\boldsymbol{x}_1) \end{cases} \tag{6.75}$$

显然，它可视为状态变量为 $\boldsymbol{x}_1$，输入为 $\boldsymbol{x}_2$ 的 $n-m$ 维子系统，从而可以用通常的线性和非线性反馈设计思想确定适当的 $\boldsymbol{s}_0(\boldsymbol{x}_1)$，使滑动模态具有良好的动态品质。

如果 $\boldsymbol{g}_1(\boldsymbol{x}_1, \boldsymbol{x}_2) \neq \boldsymbol{0}$，则上述滑动模态运动方程与 s 的梯度 $\nabla s = \mathrm{grad}(s) = \frac{\partial s}{\partial \boldsymbol{x}}$ 有关。如果能像线性系统那样，通过适当地非线性变换使变换后的滑动模态运动方程与梯度无关，即 $\boldsymbol{g}_1(\boldsymbol{x}_1, \boldsymbol{x}_2) = \boldsymbol{0}$，则此时滑动模态的设计问题就归结为下列以 $\boldsymbol{x}_1$ 为状态变量、以 $\boldsymbol{x}_2$ 为输入变量的 $n-m$ 维子系统

$$\dot{\boldsymbol{x}}_1 = \boldsymbol{f}_1(\boldsymbol{x}_1, \boldsymbol{x}_2), \quad \boldsymbol{x}_2 = \boldsymbol{s}_0(\boldsymbol{x}_1)$$

的设计问题，从而使滑动模态的设计问题得到简化。

做非线性变换

$$\boldsymbol{z} = \begin{bmatrix} \boldsymbol{z}_1 \\ \boldsymbol{z}_2 \end{bmatrix} = \boldsymbol{T}(\boldsymbol{x}) = \begin{bmatrix} \boldsymbol{T}_1(\boldsymbol{x}_1, \boldsymbol{x}_2) \\ \boldsymbol{x}_2 \end{bmatrix} \tag{6.76}$$

此时则有

$$\dot{\boldsymbol{z}}_1 = \frac{\partial \boldsymbol{T}_1}{\partial \boldsymbol{x}}\left[\boldsymbol{I} - \boldsymbol{g}\left(\frac{\partial \boldsymbol{s}}{\partial \boldsymbol{x}}\right)^{-1}\frac{\partial \boldsymbol{s}}{\partial \boldsymbol{x}}\right]\boldsymbol{f}(\boldsymbol{x})$$

如果选取 $\boldsymbol{T}_1(\boldsymbol{x}_1, \boldsymbol{x}_2)$ 为满足条件

$$\frac{\partial \boldsymbol{T}_1}{\partial \boldsymbol{x}}\boldsymbol{g} = \boldsymbol{0}, \quad \mathrm{rank}\left(\frac{\partial \boldsymbol{T}_1}{\partial \boldsymbol{x}_1}\right) = n-m \tag{6.77}$$

的 $n-m$ 维连续光滑函数$\left(\text{使得}\frac{\partial \boldsymbol{T}_1}{\partial \boldsymbol{x}}\text{是矩阵 }\boldsymbol{g}\text{ 的零空间的}(n-m)\times n\text{ 基矩阵}\right)$，则式(6.77)定义了一微分同胚，此时原系统变换为

$$\begin{cases} \dot{\boldsymbol{z}}_1 = \boldsymbol{F}_1(\boldsymbol{z}_1, \boldsymbol{z}_2) \\ \dot{\boldsymbol{z}}_2 = \boldsymbol{F}_2(\boldsymbol{z}_1, \boldsymbol{z}_2) + \boldsymbol{G}_2(\boldsymbol{z}_1, \boldsymbol{z}_2)\boldsymbol{u} \end{cases} \tag{6.78}$$

相应的切换函数变换为

$$\boldsymbol{s} = \boldsymbol{s}(\boldsymbol{x})\Big|_{\boldsymbol{z}=\boldsymbol{T}^{-1}(\boldsymbol{x})} = \boldsymbol{C}(\boldsymbol{z}_1, \boldsymbol{z}_2) \tag{6.79}$$

而滑动模态运动微分方程简化为

$$\dot{\boldsymbol{z}}_1 = \left(\frac{\partial \boldsymbol{T}_1}{\partial \boldsymbol{x}_1}\boldsymbol{f}_1 + \frac{\partial \boldsymbol{T}_1}{\partial \boldsymbol{x}_2}\boldsymbol{f}_2\right)\Bigg|_{\boldsymbol{x}=\boldsymbol{T}^{-1}(\boldsymbol{z})} = \boldsymbol{F}_1(\boldsymbol{z}_1, \boldsymbol{z}_2), \quad \boldsymbol{z}_2 = \boldsymbol{K}(\boldsymbol{z}_1) \tag{6.80}$$

式中，$\boldsymbol{K}(\boldsymbol{z}_1)$ 为需设计的切换函数，满足 $\boldsymbol{C} = [\boldsymbol{z}_1, \boldsymbol{K}(\boldsymbol{z}_1)] = \boldsymbol{0}$。

如果式(6.80)是线性的，则可采用常规的线性系统反馈设计方法确定 $\boldsymbol{K}(\boldsymbol{z}_1)$，从而比较

容易地得到使原系统**滑动模态**具有良好动态特性的切换函数 $\boldsymbol{s}=\boldsymbol{z}_2-\boldsymbol{K}(\boldsymbol{z}_1)$，否则只能用非线性反馈设计方法确定 $\boldsymbol{K}(\boldsymbol{z}_1)$。

要使原系统通过非线性变换化成标准型(式(6.78))，由上面推导可知，矩阵偏微分方程

$$\frac{\partial \boldsymbol{T}_1}{\partial \boldsymbol{x}}\boldsymbol{g}=\boldsymbol{0} \tag{6.81}$$

必须存在连续光滑的解 $\boldsymbol{T}_1(\boldsymbol{x}_1,\boldsymbol{x}_2)$满足 $\operatorname{rank}\left(\frac{\partial \boldsymbol{T}_1}{\partial \boldsymbol{x}_1}\right)=n-m$。设行满秩矩阵 $\boldsymbol{W}(\boldsymbol{x})=(\boldsymbol{W}_1,\boldsymbol{W}_2)$是矩阵方程

$$\boldsymbol{W}_1\boldsymbol{g}_1+\boldsymbol{W}_2\boldsymbol{g}_2=\boldsymbol{0} \tag{6.82}$$

的$(n-m)\times n$ 矩阵解，由于 $\operatorname{rank}(\boldsymbol{g}_2)=m$，因此式(6.82)的解 $\boldsymbol{W}(\boldsymbol{x})$具有下列一般形式：

$$\boldsymbol{W}(\boldsymbol{x})=\boldsymbol{W}_0(\boldsymbol{I}_{n-m},\boldsymbol{g}_1\boldsymbol{g}_2^{-1}) \tag{6.83}$$

式中，$\boldsymbol{W}_0$ 是使得 $\boldsymbol{W}(\boldsymbol{x})$满足可积条件的$(n-m)\times(n-m)$非奇异矩阵函数。于是，偏微分方程(6.81)可化为等价的全微分方程：

$$\boldsymbol{W}_0\left(\frac{\mathrm{d}\boldsymbol{x}_1}{\mathrm{d}t}-\boldsymbol{g}_1\boldsymbol{g}_2^{-1}\frac{\mathrm{d}\boldsymbol{x}_2}{\mathrm{d}t}\right)=\boldsymbol{0} \tag{6.84}$$

设 $\boldsymbol{g}=(\boldsymbol{g}_1,\boldsymbol{g}_2)$，由弗罗贝尼斯定理可知，该问题有解当且仅当线性无关向量函数集合 $\boldsymbol{g}_1,\boldsymbol{g}_2$ 是对合的。在此条件下，方程(6.84)存在连续光滑的解：

$$\boldsymbol{x}_1=\boldsymbol{\varphi}(\boldsymbol{x}_2,\boldsymbol{c}) \tag{6.85}$$

式中，$\boldsymbol{c}$ 为 $n-m$ 维积分常数向量。

解式(6.85)中的 $\boldsymbol{c}$ 得 $n-m$ 个独立的积分函数：

$$\boldsymbol{T}_1(\boldsymbol{x}_1,\boldsymbol{x}_2)=\boldsymbol{c} \tag{6.86}$$

取该函数 $\boldsymbol{T}_1(\boldsymbol{x}_1,\boldsymbol{x}_2)$为式(6.76)中的变换函数，则式(6.76)定义的变换为一微分同胚。因此，当系统的输入系数向量集合$\{\boldsymbol{g}_1,\boldsymbol{g}_2\}$满足对合性或可积条件时，仿射非线性控制系统在非线性变换(式(6.76))下就可化为标准型(式(6.78))，从而此时只需直接研究标准型系统的变结构控制问题即可。

由上述过程可以看出，仿射非线性系统的滑动模态变结构控制问题被分解成为两个独立的低维设计问题。将滑动模态设计转化为一降阶子系统的反馈设计问题，从一定程度上说比原高阶系统反馈设计问题要容易，可以通过通常的反馈设计方法完成。

6.6 基于精确线性化的滑动模态变结构控制器设计

考虑下列不确定性仿射非线性控制系统

$$\dot{\boldsymbol{x}}=\boldsymbol{f}(\boldsymbol{x})+\boldsymbol{g}(\boldsymbol{x})\boldsymbol{u}+\boldsymbol{d}(\boldsymbol{x},t) \tag{6.87}$$

式中，$\boldsymbol{x}\in\mathbf{R}^n$ 及 $\boldsymbol{u}\in\mathbf{R}^m$ 分别为系统的状态和控制向量；$\boldsymbol{f}(\boldsymbol{x})$及 $\boldsymbol{g}(\boldsymbol{x})=(g_1,\cdots,g_m)$，为已知的 n 维向量和 $n\times m$ 矩阵函数且充分光滑；$\boldsymbol{d}(\boldsymbol{x},t)$为系统的不确定项或未知干扰部分，假定满足下列匹配和有界条件：

$$\operatorname{rank}(\boldsymbol{g},\boldsymbol{d})=m,\quad \|\boldsymbol{d}(\boldsymbol{x},t)\|_\infty\leqslant d_M \tag{6.88}$$

式中，d_M 已知，而$\|\cdot\|_\infty$表示下列向量或矩阵的范数：

$$\|\boldsymbol{a}\|_\infty=\max_i\sum_j|a_{ij}|$$

设 $\boldsymbol{s}=\boldsymbol{s}(\boldsymbol{x})$ 为 m 维连续光滑的滑动模态切换函数，由等效控制方法和指数趋近律，选择滑动模态变结构控制律为

$$\boldsymbol{u}=-\left(\frac{\partial \boldsymbol{s}}{\partial \boldsymbol{x}}\boldsymbol{g}\right)^{-1}\left[\frac{\partial \boldsymbol{s}}{\partial \boldsymbol{x}}\boldsymbol{f}+\boldsymbol{W}\boldsymbol{s}+k\operatorname{sgn}(\boldsymbol{s})\right] \tag{6.89}$$

式中，$k>0$，$W\geqslant 0$ 为设计参数。

假定 $\dfrac{\partial \boldsymbol{s}}{\partial \boldsymbol{x}}\boldsymbol{g}$ 可逆，则有

$$\boldsymbol{s}^{\mathrm{T}}\dot{\boldsymbol{s}}=\boldsymbol{s}^{\mathrm{T}}\left[\frac{\partial \boldsymbol{s}}{\partial \boldsymbol{x}}\boldsymbol{d}-\boldsymbol{W}\boldsymbol{s}-k\operatorname{sgn}(\boldsymbol{s})\right]\leqslant -W\sum_{i}^{m}s_i^2+k\sum_{i}^{m}|s_i|+\|\boldsymbol{s}\|_{\infty}\left\|\frac{\partial \boldsymbol{s}}{\partial \boldsymbol{x}}\right\|_{\infty}d_M$$

$$\leqslant -W\sum_{i}^{m}s_i^2+k\|\boldsymbol{s}\|_{\infty}+\|\boldsymbol{s}\|_{\infty}\left\|\frac{\partial \boldsymbol{s}}{\partial \boldsymbol{x}}\right\|_{\infty}d_M$$

当 $k>d_M\left\|\dfrac{\partial \boldsymbol{s}}{\partial \boldsymbol{x}}\right\|_{\infty}$ 成立时，则有 $\boldsymbol{s}^{\mathrm{T}}\dot{\boldsymbol{s}}<0$，即滑动模态变结构控制的到达条件成立。

控制式(6.89)中的系数 W 可以加速趋近滑动模态的运动过程，k 的选取范围主要依赖于未知不确定项干扰 d 的范围，但 k 取得太大会加剧滑动模态变结构控制系统的抖振。

考虑滑动模态特性的设计问题。设 $\boldsymbol{f}$ 及 $\boldsymbol{g}=(\boldsymbol{g}_1,\cdots,\boldsymbol{g}_m)$ 满足第 5 章中的可精确线性化条件，则存在 m 维函数 $\boldsymbol{y}=\boldsymbol{h}(\boldsymbol{x})=(h_1,\cdots,h_m)^{\mathrm{T}}$，使得系统

$$\begin{cases}\dot{\boldsymbol{x}}=\boldsymbol{f}(\boldsymbol{x})+\boldsymbol{g}(\boldsymbol{x})\boldsymbol{u}\\ \boldsymbol{y}=\boldsymbol{h}(\boldsymbol{x})\end{cases} \tag{6.90}$$

具有相对阶 $\{r_1,\cdots,r_m\}$ 且 $r_1+\cdots+r_m=n$。对系统输出函数向量 $\boldsymbol{y}$，由相对阶定义及不确定部分 $\boldsymbol{d}(\boldsymbol{x},t)$ 满足匹配条件(式(6.88))，有

$$y_i^{(k)}=L_f^k h_i,\quad 0\leqslant k\leqslant r_i-1 \tag{6.91}$$

$$y_i^{(r_i)}=L_f^{r_i}h_i+\sum_{j=1}^{m}L_{\boldsymbol{g}_j}L_f^{r_i-1}h_i u_j+L_{\boldsymbol{d}}L_f^{r_i-1}h_i \tag{6.92}$$

式中，解耦矩阵 $\boldsymbol{A}(\boldsymbol{x})=(e_{ij})_{m\times m}=(L_{\boldsymbol{g}_j}L_f^{r_i-1}h_i)_{m\times m}$ 为非奇异矩阵；$L_{\boldsymbol{d}}L_f^{r_i-1}h_i$ 为干扰项。

显然，式(6.91)与控制无关。作相应的非线性状态和反馈变换如下：

$$z_i^j=\boldsymbol{T}_i^j(\boldsymbol{x})=L_f^j h_i,\quad i=1,2,\cdots,m,j=0,1,\cdots,r_i-1 \tag{6.93}$$

$$\boldsymbol{u}=\boldsymbol{A}^{-1}(\boldsymbol{x})[\boldsymbol{v}-\boldsymbol{K}(\boldsymbol{x})] \tag{6.94}$$

式中，$\boldsymbol{K}(\boldsymbol{x})$ 为由式(6.92)右端第一项组成的行向量。

式(6.87)化为下列 m 个标准子系统：

$$\begin{bmatrix}\dot{z}_i^0\\ \dot{z}_i^1\\ \vdots\\ \dot{z}_i^{r_i-1}\end{bmatrix}=\begin{bmatrix}0&1&0&\cdots&0\\0&0&1&\cdots&0\\ \vdots&\vdots&\vdots&&\vdots\\0&0&0&\cdots&1\\0&0&0&\cdots&0\end{bmatrix}_{r_i\times r_i}\begin{bmatrix}z_i^0\\ z_i^1\\ \vdots\\ z_i^{r_i-1}\end{bmatrix}+\begin{bmatrix}0\\0\\ \vdots\\0\\1\end{bmatrix}\boldsymbol{v}+\begin{bmatrix}0\\0\\ \vdots\\0\\ L_{\boldsymbol{d}}L_f^{r_{i-1}}h_i\end{bmatrix},\quad i=1,2,\cdots,m \tag{6.95}$$

对每个子系统，在新坐标下，设滑动模态切换函数

$$s_i(z_i)=\sum_{j=0}^{r_i-2}C_i^j z_i^j+z_i^{r_i-1},\quad i=1,2,\cdots,m \tag{6.96}$$

式中，$z_i=(z_i^0,\cdots,z_i^{r_i-1})^{\mathrm{T}}$。

当系统进入滑动模态运动后，有

$$z_i^{r_i-1}=\sum_{j=0}^{r_i-2}C_i^j z_i^j \tag{6.97}$$

因此，系统的滑动模态运动方程为

$$\begin{bmatrix}\dot{z}_i^0\\ \dot{z}_i^1\\ \vdots\\ \dot{z}_i^{r_i-2}\end{bmatrix}=\begin{bmatrix}0&1&0&\cdots&0\\0&0&1&\cdots&0\\ \vdots&\vdots&\vdots&&\vdots\\0&0&0&\cdots&1\\0&0&0&\cdots&0\end{bmatrix}\begin{bmatrix}z_i^0\\ z_i^1\\ \vdots\\ z_i^{r_i-2}\end{bmatrix}+\begin{bmatrix}0\\0\\ \vdots\\0\\1\end{bmatrix}z_i^{r_i-1} \tag{6.98}$$

显然它是一能控的以$(z_i^0,\cdots,z_i^{r_i-2})^{\mathrm{T}}$为状态变量，以$z_i^{r_i-1}$为输入的单输入系统，因此可以用单变量系统的反馈方法，如极点配置法确定式(6.97)中所有反馈系统C_i^j使滑动模运动具有良好的动态特性。

综上讨论，我们可以对确定性部分满足可精确线性化条件及不确定部分满足匹配条件的仿射非线性不确定控制系统按下列步骤进行综合：

(1) 根据滑动模的到达条件及不确定扰动的界确定滑动模态变结构控制律(如式(6.89)给出的控制律)。

(2) 根据确定性仿射非线性控制系统的精确线性化，求出相应的非线性变换$\boldsymbol{z}=\boldsymbol{T}(\boldsymbol{x})$，将系统化为标准形(式(6.95))。

(3) 采用单变量系统的反馈设计方法确定式(6.97)中的系统C_i^j及原坐标下的切换函数$\boldsymbol{s}(\boldsymbol{x})$。

采用上述基于精确线性化方法设计的滑动模态变结构控制，尽管在经过非线性变换以后由于不确定扰动因素的存在，不一定能实现原非线性系统所有状态变量的线性化，但其滑动模态降阶系统是线性的，且与不确定干扰因素无关，因而使其设计问题得到了大大简化。

6.7　不确定非线性系统的动态滑动模态变结构控制

在实际的控制系统中，不确定非线性系统在工程中广泛存在。由于各种各样的原因，我们总是不可能对一个实际的被控对象进行精确建模，无论是线性模型还是非线性模型，或多或少存在有意忽略的部分。这样的系统，都可以归结为不确定系统。近年来，为了克服滑动模态变结构控制系统的缺陷，人们提出了多种改进方案。本节介绍不确定非线性系统的动态滑动模态变结构控制器设计方法，以克服滑动模态变结构控制的抖振现象。

考虑如下 SISO n 阶伴随型非线性系统

$$\begin{cases}\dot{x}_i=x_{i+1},\quad i=1,2,\cdots,n-1\\ \dot{x}_n=f(\boldsymbol{x})+g(\boldsymbol{x})u+\eta\\ y=x_1\end{cases} \tag{6.99}$$

式中，$\boldsymbol{x}=[x_1, x_2, \cdots, x_n]^{\mathrm{T}} \in \mathbf{R}^n$ 为可测状态变量；$u,y\in\mathbf{R}$ 分别为系统的控制输入和输出；$f(\boldsymbol{x})$和 $g(\boldsymbol{x})$为已知光滑函数；η 为系统中的不确定项，它包括模型不确定性和外加扰动。

定义误差及切换函数分别为

$$\begin{cases} e=y-y_d \\ s=c_1e_1+c_2e_2+\cdots+c_{n-1}e_{n-1}+e_n=\sum_{i=1}^{n-1}c_ie_i+e_n \end{cases} \tag{6.100}$$

式中，$e_i=e^{(i-1)}(i=1,2,\cdots,n)$，为跟踪误差及其各阶导数。

选取常数 $c_1,c_2,\cdots,c_{n-1}$，使得多项式 $p^{n-1}+c_{n-1}p^{n-2}+\cdots+c_2p+c_1$ 为赫尔维茨稳定的，则

$$\dot{s}=f(\boldsymbol{x})+g(\boldsymbol{x})u+\eta-y_{\mathrm{d}}^{(n)}+\sum_{i=1}^{n-1}c_ie_{i+1} \tag{6.101}$$

构造新的动态切换函数：

$$\sigma=\dot{s}+\lambda s \tag{6.102}$$

式中，λ 为严格正常数。

当 $\sigma=0$ 时，$\dot{s}+\lambda s=0$ 是一个渐进稳定的一阶动态系统，s 趋近于零。

假设 6.4 不确定性满足有界条件，存在有界函数 $B_n(\boldsymbol{x})$，使得

$$|\eta|\leqslant B_n(\boldsymbol{x}), \quad \forall \boldsymbol{x}\in\mathbf{R}^n$$

且 $g(\boldsymbol{x})$符号恒定。

假设 6.5 不确定项导数有界：

$$|\dot{\eta}|\leqslant \bar{B}_n(\boldsymbol{x}), \quad \forall \boldsymbol{x}\in\mathbf{R}^n$$

假设 6.6 存在正实数 ε，满足

$$\varepsilon>(c_{n-1}+\lambda)B_n+\bar{B}_n \tag{6.103}$$

对动态切换函数求时间导数得

$$\dot{\sigma}=\sum_{i=1}^{n-2}c_ie_{i+2}+c_{n-1}\dot{e}_n+\ddot{e}_n+\lambda\left(\sum_{i=1}^{n-1}c_ie_{i+1}+\dot{e}_n\right) \tag{6.104}$$

将式(6.99)和式(6.100)代入式(6.104)，整理得

$$\begin{aligned}\dot{\sigma}=&\sum_{i=1}^{n-2}c_ie_{i+2}+\sum_{i=1}^{n-1}c_ie_{i+1}+(c_{n-1}+\lambda)f+\frac{\partial f}{\partial \boldsymbol{x}}\dot{\boldsymbol{x}}-(c_{n-1}+\lambda)y_{\mathrm{d}}^{n}-\\ &y_{\mathrm{d}}^{n+1}+\left[(c_{n-1}+\lambda)g+\frac{\partial g}{\partial \boldsymbol{x}}\dot{\boldsymbol{x}}\right]u+g\dot{u}+(c_{n-1}+\lambda)\eta+\dot{\eta}\end{aligned} \tag{6.105}$$

利用等速趋近律，选择动态滑动模态变结构控制律为

$$\begin{aligned}\dot{u}=\frac{1}{g}\Bigg\{&-\left[(c_{n-1}+\lambda)g+\frac{\partial g}{\partial \boldsymbol{x}}\dot{x}\right]u-(c_{n-1}+\lambda)f-\frac{\partial f}{\partial \boldsymbol{x}}\dot{\boldsymbol{x}}+\\ &(c_{n-1}+\lambda)y_{\mathrm{d}}^{n}+y_{\mathrm{d}}^{n+1}-\sum_{i=1}^{n-2}c_ie_{i+2}-\sum_{i=1}^{n-1}\lambda c_ie_{i+1}-\varepsilon\cdot\mathrm{sgn}(\sigma)\Bigg\}\end{aligned} \tag{6.106}$$

将控制律式(6.106)代入式(6.105)，得

$$\dot{\sigma}=(c_{n-1}+\lambda)\eta+\dot{\eta}-\varepsilon\,\mathrm{sgn}(\sigma)$$

由假设 6.4～假设 6.6 得

$$\sigma\dot{\sigma}=\sigma(c_{n-1}+\lambda)\eta+\sigma\dot{\eta}-\varepsilon|\sigma|=\sigma[(c_{n-1}+\lambda)\eta+\dot{\eta}]-\varepsilon|\sigma|$$

$$<\sigma[(c_{n-1}+\lambda)\eta+\dot{\eta}]-[(c_{n-1}+\lambda)B_n+\bar{B}_n]|\sigma|\leqslant 0$$

则动态滑动模态变结构控制律满足到达条件，即 $\sigma=0$ 是可达的，s 趋近于零，跟踪误差渐近收敛于零。

例 6.4　考虑如下非线性系统

$$\begin{cases}\dot{x}_1=x_2\\ \dot{x}_2=\cos x_1-25x_2+20u+1.5\sin t\\ y=x_1\end{cases}$$

式中，$f(x)=\cos x_1-25x_2$，$g(x)=20$。

控制任务是使输出 y 跟踪期望轨迹 y_{d}，$y_{\mathrm{d}}=\sin 0.2t+0.5\cos t$，跟踪误差为 $e=y-y_{\mathrm{d}}$。当 $n=2$ 时，定义 $s=5e+\dot{e}$，即 $c_1=5$，取 $\lambda=15$，初始条件为 $x_1=0.5$，$x_2=0$。动态滑动模态控制律 $\dot{u}=\frac{1}{g}[-(c_1+\lambda)gu-(c_1+\lambda)f-\dot{f}+(c_1+\lambda)\ddot{y}_d+\dddot{y}_d-\lambda c_1\dot{e}-\varepsilon\operatorname{sgn}(\sigma)]$，$\varepsilon$ 按式(6.103)取值，取 $\varepsilon=(c_1+\lambda)B_n+\bar{B}_n+2.0$，$B_n=1.5$，$\bar{B}_n=1.5$，仿真结果如图 6.16 所示。

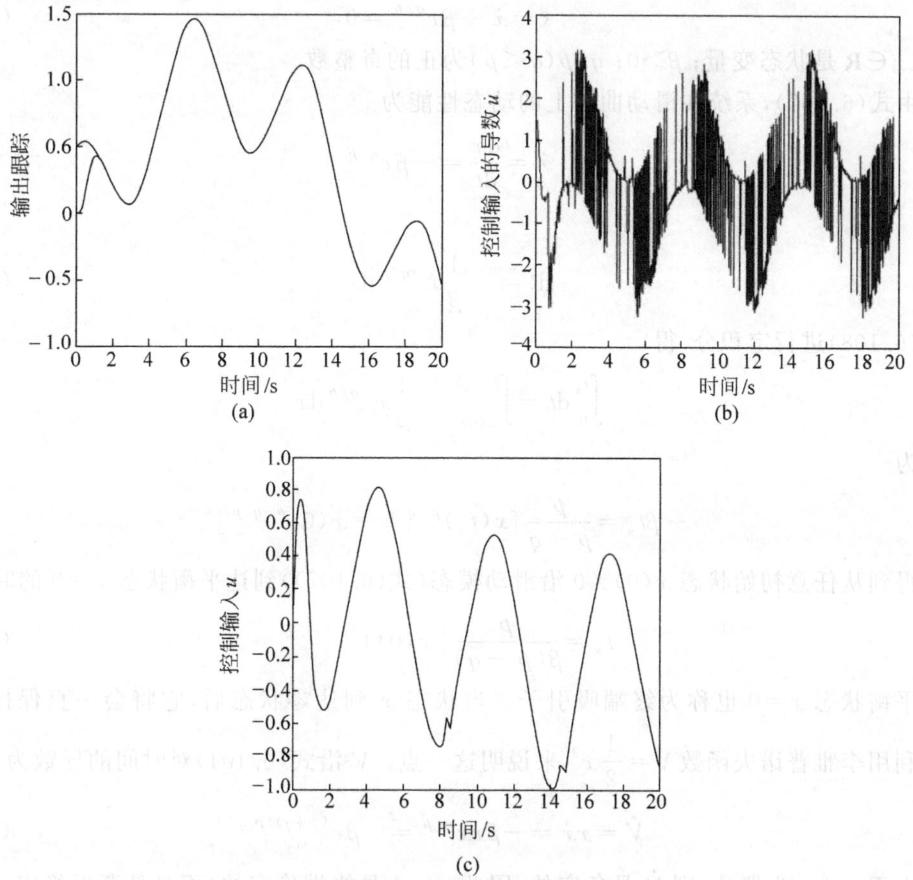

图 6.16　仿真结果

(a) 位置跟踪；(b) 动态控制输入 $\dot{u}$；(c) 控制输入 u

由仿真结果可以看出，系统在动态滑动模态控制律作用下，2s 内实现跟踪期望轨迹 y_d。从控制输入 u 的仿真结果可以看出，该控制器克服了滑动模态变结构控制的抖振现象。

6.8 不确定非线性系统的快速终端滑动模态变结构控制

在传统的滑动模态变结构控制中，通常选择一个线性的滑动模态切换面，使系统到达滑动模态后，跟踪误差渐近地收敛到零。渐近收敛的速度可以通过调整滑动模态切换面的参数来实现，但无论如何，状态跟踪误差都不会在有限时间内收敛到零。

考虑到在滑动超平面中恰当地引入非线性项可能会给系统带来更好的控制性能，近年来，一些学者提出了终端滑动模态控制策略。终端滑动模态控制就是在滑动模态超平面的设计中引入非线性函数，即采用非线性切换函数代替线性切换函数构造终端滑动模态面，使得在滑动模态面上的跟踪误差在有限时间内收敛到零。因而，状态变量能够在有限时间内收敛至平衡点，提高了系统的暂态性能。

终端滑动模态这一概念最初是从神经网络中终端吸引子[4]缘引而来的，它可使网络从初始状态经过有限时间后进入滑动模态状态。一阶快速终端滑动模态的形式为

$$s=\dot{x}+\beta x^{q/p}=0 \tag{6.107}$$

式中，$x\in\mathbf{R}$ 是状态变量；$\beta>0$；$q,p(q<p)$为正的奇整数。

由式(6.107)，系统在滑动曲面上的动态性能为

$$\dot{x}=\frac{\mathrm{d}x}{\mathrm{d}t}=-\beta x^{q/p}$$

即

$$\mathrm{d}t=-\frac{1}{\beta}x^{-q/p}\,\mathrm{d}x \tag{6.108}$$

对式(6.108)进行定积分，得

$$\int_0^{t_s}\mathrm{d}t=\int_{x(0)}^{x(t_s)}-\frac{1}{\beta}x^{-q/p}\,\mathrm{d}x$$

其解为

$$-\beta t_s=\frac{p}{p-q}\left[\boldsymbol{x}(t_s)^{p-q/p}-x(0)^{p-q/p}\right]$$

从而得到从任意初始状态 $x(0)\neq 0$ 沿滑动模态(式(6.107))到达平衡状态 $x=0$ 的时间为

$$t_s=\frac{p}{\beta(p-q)}\left|x(0)\right|^{(p-q)/p} \tag{6.109}$$

平衡状态 $x=0$ 也称为终端吸引子。当状态 x 到达零状态后，它将会一直保持为零。可以利用李雅普诺夫函数 $V=\frac{1}{2}x^2$ 来说明这一点。V 沿式(6.104)对时间的导数为

$$\dot{V}=x\dot{x}=-\beta x x^{q/p}=-\beta x^{(p+q)/p} \tag{6.110}$$

由于 $p+q$ 为偶数，则 $\dot{V}$ 是负定的，因此 $x=0$ 是终端稳定的(不必是渐近稳定)。由于引入了非线性部分 $\beta x^{q/p}$，因此改善了到达平衡点的收敛特性。越接近平衡点，收敛速度就

越快，从而保证了有限时间内的收敛。下面给出终端滑动模态有限时间收敛机制的解释。考虑在平衡点 $x=0$ 附近的雅可比矩阵

$$J=\frac{\partial \dot{x}}{\partial x}=-\frac{\beta q}{p x^{(p-q)/p}}$$

对于标量 x 来说，J 可看作一阶近似矩阵的特征值，那么意味着当 $x\to 0$ 时，$J\to -\infty$。这表明在平衡点处特征值趋近于负无穷大，在这种情况下，系统的轨迹在该负无穷大的特征值的作用下，将会以无穷大的速度趋近于平衡点，从而也就保证了系统能在有限时间内到达平衡点。

虽然非线性部分 $\beta x^{q/p}$ 的引入改善了趋向平衡状态的收敛速度，然而终端滑动模态控制在收敛时间上却未必是最优的，主要原因在于，在系统状态接近平衡状态时，非线性滑动模态(式(6.107))的收敛速度要比线性滑动模态($p=q$)的收敛速度慢。为此，综合考虑线性滑动模态与快速终端滑动模态，文献[10]提出了一种新型全局快速终端滑动模态，为

$$s=\dot{x}+\alpha x+\beta x^{q/p}=0 \tag{6.111}$$

式中 $x\in R$；$\alpha,\beta>0$；q 和 $p(q<p)$ 为正奇数。由式(6.111)，得

$$x^{-q/p}\frac{\mathrm{d}x}{\mathrm{d}t}+\alpha x^{1-q/p}=-\beta \tag{6.112}$$

令 $y=x^{1-q/p}$，则 $\dfrac{\mathrm{d}y}{\mathrm{d}t}=\dfrac{p-q}{p}x^{-q/p}\dfrac{\mathrm{d}x}{\mathrm{d}t}$，则式(6.112)可改写为

$$\frac{\mathrm{d}y}{\mathrm{d}t}+\frac{p-q}{p}\alpha y=-\frac{p-q}{p}\beta \tag{6.113}$$

由于一阶线性微分方程 $\dfrac{\mathrm{d}y}{\mathrm{d}t}+P(x)y=Q(x)$ 的通解为

$$y=\mathrm{e}^{-\int P(x)\mathrm{d}x}\left[\int Q(x)\mathrm{e}^{\int P(x)\mathrm{d}x}\mathrm{d}x+C\right]$$

因此式(6.113)的解为

$$\begin{aligned} y&=\mathrm{e}^{-\int_0^t \frac{p-q}{p}\alpha\,\mathrm{d}t}\left(\int_0^t -\frac{p-q}{p}\beta \mathrm{e}^{\int_0^t \frac{p-q}{p}\alpha\,\mathrm{d}t}\mathrm{d}t+C\right)\\ &=\mathrm{e}^{-\int_0^t \frac{p-q}{p}\alpha\,\mathrm{d}t}\left(\int_0^t -\frac{p-q}{p}\beta \mathrm{e}^{\frac{p-q}{p}\alpha t}\mathrm{d}t+C\right) \end{aligned} \tag{6.114}$$

当 $t=0$ 时，$C=y(0)$，式(6.114)变为

$$\begin{aligned} y&=\mathrm{e}^{-\frac{p-q}{p}\alpha t}\left(-\frac{p-q}{p}\beta\frac{p}{p-q}\mathrm{e}^{\frac{p-q}{p}\alpha t}\Big|_0^t+y(0)\right)\\ &=-\frac{\beta}{\alpha}+\frac{\beta}{\alpha}\mathrm{e}^{-\frac{p-q}{p}\alpha t}+y(0)\mathrm{e}^{-\frac{p-q}{p}\alpha t} \end{aligned} \tag{6.115}$$

由于 $x=0$ 时，$y=0$，$t=t_s$，因此式(6.115)变为

$$\frac{\beta}{\alpha}\mathrm{e}^{-\frac{p-q}{p}\alpha t_s}+y(0)\mathrm{e}^{-\frac{p-q}{p}\alpha t_s}=\frac{\beta}{\alpha}$$

即

$$\left[\frac{\beta}{\alpha}+y(0)\right]\mathrm{e}^{-\frac{p-q}{p}\alpha t_s}=\frac{\beta}{\alpha},\quad \frac{\beta+\alpha y(0)}{\beta}=\mathrm{e}^{\frac{p-q}{p}\alpha t_s}$$

在滑动模态上从任意初始状态 $x(0)\neq 0$ 收敛到平衡状态 $x=0$ 的时间为

$$t_{1s}=\frac{p}{\alpha(p-q)}\ln\frac{\alpha x_1^{(p-q)/p}(0)+\beta}{\beta} \tag{6.116}$$

通过设定 α,β,p,q，可使系统在有限时间 t_s 内到达平衡状态。由式(6.108)，有

$$\dot{x}=-\alpha x-\beta x^{q/p}$$

当系统状态 x 远离原点时，收敛时间主要由快速终端吸引子，即 $\dot{x}=-\beta x^{q/p}$ 决定；而当系统状态 x 接近平衡状态 $x=0$ 时，收敛时间主要由 $\dot{x}=-\alpha x$ 决定，x 呈指数快速衰减。因此，滑动模态(式(6.111))既引入了终端吸引子，使得系统状态在有限时间收敛，又保留了线性滑动模态在接近平衡态时的快速性，从而实现系统状态快速、精确地收敛到平衡状态，所以称滑动模态(式(6.111))为全局快速滑动模态。

全局快速终端滑动模态控制在滑动模态设计中综合了传统滑动模态控制与终端滑动模态控制的优点，同时在到达阶段也运用快速到达的概念。全局快速终端滑动模态控制具有以下特点：

(1) 全局快速终端滑动模态控制保证了系统在有限时间内到达滑动模态面，使系统状态在有限时间内迅速收敛到平衡状态。系统状态收敛到平衡状态的时间可以通过调节参数进行调整。

(2) 全局快速终端滑动模态控制的控制律是连续的，不含切换项，从而能消除抖振现象。

(3) 全局快速终端滑动模态控制对系统不确定性和干扰具有很好的鲁棒性，通过选取足够小的 q/p，可使系统状态到达滑动模态面足够小的邻域内，沿滑动模态面收敛到平衡状态。

为了设计全局快速终端滑动模态控制器，考虑如下 SISO 非线性系统

$$\begin{cases}\dot{x}_i=x_{i+1}, \quad i=1,2,\cdots,n-1\\ \dot{x}_n=f(\boldsymbol{x})+g(\boldsymbol{x})u\end{cases} \tag{6.117}$$

式中，$f(\boldsymbol{x}),g(\boldsymbol{x})$为已知光滑的非线性函数，$g(\boldsymbol{x})\neq 0$；$u\in\mathbf{R}$。

一种具有递归结构的快速终端滑动模态表示为

$$\begin{cases}s_1=\dot{s}_0+\alpha_0 s_0+\beta_0 s_0^{q_0/p_0}\\ s_2=\dot{s}_1+\alpha_1 s_1+\beta_1 s_1^{q_1/p_1}\\ \quad\vdots\\ s_{n-1}=\dot{s}_{n-2}+\alpha_{n-2}s_{n-2}+\beta_{n-2}s_{n-2}^{q_{n-2}/p_{n-2}}\end{cases} \tag{6.118}$$

式中，$\alpha_i,\beta_i>0$；$q_i,p_i(q_i<p_i)(i=0,1,\cdots,n-2)$为正奇数。

设计全局快速终端滑动模态控制律为

$$u(t)=-\frac{1}{g(\boldsymbol{x})}\left[f(\boldsymbol{x})+\sum_{k=0}^{n-2}\alpha_k s_k^{n-k-1}+\sum_{k=0}^{n-2}\beta_k\frac{\mathrm{d}^{n-k-1}}{\mathrm{d}t^{n-k-1}}s_k^{q_k/p_k}+ks_{n-1}+\gamma s_{n-1}^{q/p}\right] \tag{6.119}$$

式中，$s_0=x_1$。

在控制律(式(6.119))作用下，系统状态沿 $\dot{s}_{n-1}=-ks_{n-1}-\gamma s_{n-1}^{q/p}$ 到达滑动模态面 $s_{n-1}=0$ 的时间 $t_{s_{n-1}}$ 为

$$t_{s_{n-1}}=\frac{p}{k(p-q)}\ln\frac{k[x_1(0)]^{(p-q)/p}+\gamma}{\gamma}\tag{6.120}$$

式中，$k,\gamma>0$；$q(p<q)$为正奇数。

下面进行到达时间及稳定性分析，由式(6.118)可得

$$\dot{s}_{n-1}=\ddot{s}_{n-2}+\alpha_{n-2}\dot{s}_{n-2}+\beta_{n-2}\frac{\mathrm{d}}{\mathrm{d}t}s_{n-2}^{q_{n-2}/p_{n-2}}\tag{6.121}$$

由于 $s_i=\dot{s}_{i-1}+\alpha_{i-1}s_{i-1}+\beta_{i-1}s_{i-1}^{q_{i-1}/p_{i-1}}, i=n-1,n\ 2,\cdots,1$，$s_i$ 的 l 阶导数为

$$s_i(l)=s_{i-1}^{l+1}+\alpha_{i-1}s_{i-1}^{l}+\beta_{i-1}\frac{\mathrm{d}^l}{\mathrm{d}t^l}s_{i-1}^{q_{i-1}/p_{i-1}}$$

因此

$$\ddot{s}_{n-2}=\dddot{s}_{n-3}+\alpha_{n-3}\ddot{s}_{n-3}+\beta_{n-3}\frac{\mathrm{d}}{\mathrm{d}t}s_{n-3}^{q_{n-3}/p_{n-3}}\tag{6.122}$$

将式(6.122)代入式(6.121)，得

$$\dot{s}_{n-1}=\dddot{s}_{n-3}+\alpha_{n-3}\ddot{s}_{n-3}+\beta_{n-3}\frac{\mathrm{d}}{\mathrm{d}t}s_{n-3}^{q_{n-3}/p_{n-3}}+\alpha_{n-2}\dot{s}_{n-2}+\beta_{n-2}\frac{\mathrm{d}}{\mathrm{d}t}s_{n-2}^{q_{n-2}/p_{n-2}}$$

通过递推，得

$$\begin{aligned}\dot{s}_{n-1}&=s_0^{(n)}+\sum_{k=0}^{n-2}\alpha_k s_k^{n-k-1}+\sum_{k=0}^{n-2}\beta_k\frac{\mathrm{d}^{n-k-1}}{\mathrm{d}t^{n-k-1}}s_{n-2}^{q_k/p_k}\\&=\dot{x}_n+\sum_{k=0}^{n-2}\alpha_k s_k^{n-k-1}+\sum_{k=0}^{n-2}\beta_k\frac{\mathrm{d}^{n-k-1}}{\mathrm{d}t^{n-k-1}}s_{n-2}^{q_k/p_k}\end{aligned}\tag{6.123}$$

将式(6.117)代入式(6.123)，得

$$\dot{s}_{n-1}=f(\boldsymbol{x})+g(\boldsymbol{x})u+\sum_{k=0}^{n-2}\alpha_k s_k^{n-k-1}+\sum_{k=0}^{n-2}\beta_k\frac{\mathrm{d}^{n-k-1}}{\mathrm{d}t^{n-k-1}}s_{n-2}^{q_k/p_k}\tag{6.124}$$

将控制律(式(6.119))代入式(6.124)，得

$$\dot{s}_{n-1}=-ks_{n-1}-\gamma s_{n-1}^{q/p}\tag{6.125}$$

解微分方程(6.125)，可得全局快速终端滑动模态的到达时间为

$$t_{s_n-1}=\frac{p}{k(p-q)}\ln\frac{k[x_1(0)]^{(p-q)/p}+\gamma}{\gamma}$$

为了证明全局快速终端滑动模态控制器的稳定性，选择李雅普诺夫函数为

$$V=\frac{1}{2}s_{n-1}^2\geqslant 0$$

则由式(6.125)可知，李雅普诺夫函数 V 对时间的导数为

$$\dot{V}=s_{n-1}\dot{s}_{n-1}=-ks_{n-1}^2-\gamma s_{n-1}^{(q+p)/p}$$

由于$(p+q)$为偶数，因此 $\dot{V}\leqslant 0$，系统是稳定的。

自从快速终端滑动模态的概念被提出后，很快就得到了一些学者的重视，并已经取得了许多有价值的研究成果，如 SISO 线性系统、MIMO 线性系统和非线性系统的快速终端滑动模态控制等。之所以快速终端滑动模态变结构控制能够被人们所接受并得到重视，是因为相对于普通滑动模态变结构控制，快速终端滑动模态变结构控制具有以下独特的优点：

(1) 快速终端滑动模态变结构控制最突出的优点就是可以使系统状态在有限时间内收敛至平衡点，突破了普通滑动模态变结构控制在线性滑动平面条件下的状态渐近收敛的特点，使系统的动态性能优于普通滑动模态变结构控制中的性能。

(2) 在系统存在参数摄动等不确定因素时，快速终端滑动模态变结构控制的控制精度要高于同等条件下普通滑动模态变结构控制的控制精度，且具有更强的鲁棒控制性能。

(3) 相对于线性滑动平面的情况，由终端滑动模态得到的控制器增益也相对地降低了。

快速终端滑动模态变结构概念的提出为滑动模态变结构控制理论带来了新的发展方向，尤其是突破了原来系统状态渐近收敛的特点，使有限时间收敛成为可能。但是，快速终端滑动模态变结构控制提高了系统控制性能的同时，也存在其自身的一些缺点：

(1) 滑动平面中非线性函数的引入使得控制器在实际工程中实现困难。

(2) 滑动平面参数的选择比较复杂，如果选择不当，还会出现相应的奇异问题，特别是在 MIMO 系统中尤为突出。奇异问题对系统的性能有着很大的影响，因为奇异点通常就在状态空间的平衡点附近。尤其是考虑到变结构控制中经常会使用饱和函数来代替符号切换函数以避免抖振，在稳态情况下，会出现系统状态在平衡点附近漂移，来回穿越相空间的现象，这样就容易导致在稳态情况下产生较大的控制信号的弊端。

6.9 非匹配不确定非线性系统的反演变结构控制

传统滑动模态变结构控制存在抖振现象，对系统的参数不确定性和外部扰动的不变性仅存在于滑动模态阶段，且参数不确定性和外部扰动要求满足匹配条件，这些约束大大限制了滑动模态变结构控制理论的实际工程应用。近年来，为了克服滑动模态变结构控制系统的缺陷，人们提出了多种改进方案。本节介绍非匹配不确定非线性系统的动态滑动模态变结构控制器设计方法，以克服非匹配不确定的影响。

6.9.1 匹配条件及不变性

1. 不确定系统的匹配与非匹配条件

不确定非线性系统在实际工程中是广泛存在的。由于各种各样的原因，使得我们对一个实际的被控对象总是不可能对它进行精确建模，无论是线性模型还是非线性模型，或多或少存在有意忽略的部分，这样的情况都可以归结为不确定系统问题。下面以具体的不确定仿射非线性系统为例说明匹配与非匹配。

考虑如下不确定性仿射非线性系统

$$\dot{\boldsymbol{x}}=\boldsymbol{f}(\boldsymbol{x},\boldsymbol{p},t)+\Delta\boldsymbol{f}(\boldsymbol{x},\boldsymbol{p},t)+[\boldsymbol{g}(\boldsymbol{x},\boldsymbol{p},t)+\Delta\boldsymbol{g}(\boldsymbol{x},\boldsymbol{p},t)]\boldsymbol{u}+\boldsymbol{d}(\boldsymbol{x},\boldsymbol{p},t) \tag{6.126}$$

式中，$\boldsymbol{x}\in\mathbf{R}^n$ 为系统状态向量；$\boldsymbol{u}\in\mathbf{R}^m$ 为系统的控制输入；$\boldsymbol{p}\in P\subseteq\mathbf{R}^l$ 为不确定参数向量；t 为独立的时间变量；$\boldsymbol{f}(\boldsymbol{x},\boldsymbol{p},t)\in\mathbf{R}^n$ 为已知的非线性函数向量；$\boldsymbol{g}(\boldsymbol{x},\boldsymbol{p},t)\in\mathbf{R}^{n\times m}$ 为已知的非线性函数矩阵；$\boldsymbol{d}(\boldsymbol{x},\boldsymbol{p},t)\in\mathbf{R}^n$ 为加在系统上的未知外界干扰向量；$\Delta\boldsymbol{f}(\boldsymbol{x},\boldsymbol{p},t)$ 和 $\Delta\boldsymbol{g}(\boldsymbol{x},\boldsymbol{p},t)$ 为具有相应维数的不确定项(摄动项)。

对于系统(式(6.126))中不确定性及未知干扰的特性，有如下定义。

定义 6.1(匹配条件) 对任意 $\boldsymbol{x}\in\mathbf{R}^n$，$t\in\mathbf{R}$，若有下面的关系：

$$\Delta\boldsymbol{f}(\boldsymbol{x},\boldsymbol{p},t)=\boldsymbol{g}(\boldsymbol{x},\boldsymbol{p},t)\tilde{\boldsymbol{f}}(\boldsymbol{x},\boldsymbol{p},t)$$

$$\Delta \boldsymbol{g}(\boldsymbol{x},\boldsymbol{p},t)=\boldsymbol{g}(\boldsymbol{x},\boldsymbol{p},t)\tilde{\boldsymbol{g}}(\boldsymbol{x},\boldsymbol{p},t)$$
$$\boldsymbol{d}(\boldsymbol{x},\boldsymbol{p},t)=\boldsymbol{g}(\boldsymbol{x},\boldsymbol{p},t)\tilde{\boldsymbol{d}}(\boldsymbol{x},\boldsymbol{p},t)$$

式中，

$$\tilde{\boldsymbol{g}}(\boldsymbol{x},\boldsymbol{p},t)=\operatorname{diag}[\tilde{g}_i(\boldsymbol{x},\boldsymbol{p},t)],\quad i=1,2,\cdots,m$$

$\tilde{\boldsymbol{f}}(\boldsymbol{x},\boldsymbol{p},t)$为不确定未知有界函数向量，$\tilde{g}_i(\boldsymbol{x},\boldsymbol{p},t)$为不确定未知有界标量函数，$\tilde{\boldsymbol{d}}(\boldsymbol{x},\boldsymbol{p},t)$为不确定未知有界函数向量，则称$\Delta \boldsymbol{f}(\boldsymbol{x},\boldsymbol{p},t)$，$\Delta \boldsymbol{g}(\boldsymbol{x},\boldsymbol{p},t)$，$\boldsymbol{d}(\boldsymbol{x},\boldsymbol{p},t)$均满足匹配条件。

根据上面的定义，可以将不确定非线性系统分为两类，一类是匹配不确定非线性系统，另一类是非匹配不确定非线性系统。

定义 6.2(匹配不确定非线性系统)　若系统(式(6.126))的不确定性满足定义 6.1，则称系统(式(6.126))为匹配不确定非线性系统，简称匹配系统。

很显然，匹配系统的物理意义是，系统不确定性与控制作用处在同一个通道之中。这样，通过采取合适的控制作用，有可能直接抵消或减弱不确定性的影响，使闭环系统的响应对不确定性完全(或比较)不敏感，从而实现鲁棒控制。

定义 6.3(非匹配不确定非线性系统)　若系统(式(6.126))的不确定性不满足定义 6.1，则称系统(式(6.126))为非匹配不确定非线性系统，简称非匹配系统。

对非匹配系统而言，系统不确定性与控制作用不在同一个通道之中，不能直接设计控制律以抵消或减弱不确定性的影响。相对而言，非匹配系统的控制比匹配系统的控制要复杂得多。

将上面的定义以空间的形式表示，若系统(式(6.126))中的不确定性项$\Delta \boldsymbol{f}(\boldsymbol{x},\boldsymbol{p},t)$、$\Delta \boldsymbol{g}(\boldsymbol{x},\boldsymbol{p},t)$和干扰$\boldsymbol{d}(\boldsymbol{x},\boldsymbol{p},t)$属于由$\boldsymbol{g}(\boldsymbol{x},\boldsymbol{p},t)$张成的线性空间，即

$$\Delta \boldsymbol{f}(\boldsymbol{x},\boldsymbol{p},t),\Delta \boldsymbol{g}(\boldsymbol{x},\boldsymbol{p},t),\mathrm{d}(\boldsymbol{x},\boldsymbol{p},t)\in \operatorname{span}\{\boldsymbol{g}(\boldsymbol{x},\boldsymbol{p},t)\}\tag{6.127}$$

则称不确定性满足匹配条件，系统(式(6.126))为匹配系统。此时所有的不确定性可集中由具有相应维数的函数向量$\boldsymbol{q}(\boldsymbol{x},\boldsymbol{p},t,u)$表示：

$$\Delta \boldsymbol{f}(\boldsymbol{x},\boldsymbol{p},t)+\Delta \boldsymbol{g}(\boldsymbol{x},\boldsymbol{p},t)u+\boldsymbol{d}(\boldsymbol{x},\boldsymbol{p},t)=\boldsymbol{g}(\boldsymbol{x},\boldsymbol{p},t)\boldsymbol{q}(\boldsymbol{x},\boldsymbol{p},t,\boldsymbol{u})$$

相应地，不满足式(6.127)的系统为非匹配系统。

2. 不变性

滑动模态变结构控制具有鲁棒性或不变性，是不严格的笼统的说法。严格地说，滑动模态变结构控制系统的滑动模态具有不变性或鲁棒性，而且应满足匹配条件。

定理 6.3　考虑仿射非线性系统(式(6.126))，若存在$\tilde{\boldsymbol{f}}(\boldsymbol{x},\boldsymbol{p},t)$，$\tilde{\boldsymbol{g}}(\boldsymbol{x},\boldsymbol{p},t)$，$\tilde{\boldsymbol{d}}(\boldsymbol{x},\boldsymbol{p},t)$使匹配条件

$$\begin{cases}\Delta \boldsymbol{f}(\boldsymbol{x},\boldsymbol{p},t)=\boldsymbol{g}(\boldsymbol{x},\boldsymbol{p},t)\tilde{\boldsymbol{f}}(\boldsymbol{x},\boldsymbol{p},t)\\ \Delta \boldsymbol{g}(\boldsymbol{x},\boldsymbol{p},t)=\boldsymbol{g}(\boldsymbol{x},\boldsymbol{p},t)\tilde{\boldsymbol{g}}(\boldsymbol{x},\boldsymbol{p},t)\\ \boldsymbol{d}(\boldsymbol{x},\boldsymbol{p},t)=\boldsymbol{g}(\boldsymbol{x},\boldsymbol{p},t)\tilde{\boldsymbol{d}}(\boldsymbol{x},\boldsymbol{p},t)\end{cases}$$

成立，则可以构造系统(式(6.126))的滑动模态，它对$\Delta \boldsymbol{f}(\boldsymbol{x},\boldsymbol{p},t)$，$\Delta \boldsymbol{g}(\boldsymbol{x},\boldsymbol{p},t)$和$\boldsymbol{d}(\boldsymbol{x},\boldsymbol{p},t)$是不变的。

证明　选取切换函数

$$\boldsymbol{s}=\boldsymbol{s}(\boldsymbol{x}),\quad \boldsymbol{s}\in \mathbf{R}^m$$

沿系统(式(6.126))的解求切换函数s的时间导数，并令其为零，得

$$\dot{\boldsymbol{s}}=\frac{\partial \boldsymbol{s}}{\partial \boldsymbol{x}}(\boldsymbol{f}+\Delta \boldsymbol{f})+\frac{\partial \boldsymbol{s}}{\partial \boldsymbol{x}}(\boldsymbol{g}+\Delta \boldsymbol{g})\boldsymbol{u}+\frac{\partial \boldsymbol{s}}{\partial \boldsymbol{x}}\boldsymbol{d}=\boldsymbol{0} \tag{6.128}$$

假设 $\det\left[\frac{\partial \boldsymbol{s}}{\partial \boldsymbol{x}}(\boldsymbol{g}+\Delta \boldsymbol{g})\right]\neq 0,\boldsymbol{x}\in\Omega,p\in P$,则可以从式(6.128)解出滑动模态的等效控制为

$$\boldsymbol{u}_{\mathrm{eq}}=-\left[\frac{\partial \boldsymbol{s}}{\partial \boldsymbol{x}}(\boldsymbol{g}+\Delta \boldsymbol{g})\right]^{-1}\frac{\partial \boldsymbol{s}}{\partial \boldsymbol{x}}(\boldsymbol{f}+\Delta \boldsymbol{f}+\boldsymbol{d}) \tag{6.129}$$

将式(6.129)代入非线性系统(式(6.126)),得出滑动模态的运动方程为

$$\dot{\boldsymbol{x}}=\boldsymbol{f}+\Delta \boldsymbol{f}-(\boldsymbol{g}+\Delta \boldsymbol{g})\left[\frac{\partial \boldsymbol{s}}{\partial \boldsymbol{x}}(\boldsymbol{g}+\Delta \boldsymbol{g})\right]^{-1}\frac{\partial \boldsymbol{s}}{\partial \boldsymbol{x}}(\boldsymbol{f}+\Delta \boldsymbol{f}+\boldsymbol{d})+\boldsymbol{d},\quad \boldsymbol{x}\in S_0=\{\boldsymbol{x}\mid \boldsymbol{s}(\boldsymbol{x})=\boldsymbol{0}\} \tag{6.130}$$

将匹配条件中的 $\Delta \boldsymbol{f}(\boldsymbol{x},\boldsymbol{p},t),\Delta \boldsymbol{g}(\boldsymbol{x},\boldsymbol{p},t),\boldsymbol{d}(\boldsymbol{x},\boldsymbol{p},t)$ 代入式(6.30),得

$$\begin{aligned}
\dot{\boldsymbol{x}}&=\boldsymbol{f}+\boldsymbol{g}\tilde{\boldsymbol{f}}-(\boldsymbol{g}+\boldsymbol{g}\tilde{\boldsymbol{g}})\left[\frac{\partial \boldsymbol{s}}{\partial \boldsymbol{x}}(\boldsymbol{g}+\boldsymbol{g}\tilde{\boldsymbol{g}})\right]^{-1}\frac{\partial \boldsymbol{s}}{\partial \boldsymbol{x}}(\boldsymbol{f}+\boldsymbol{g}\tilde{\boldsymbol{f}}+\boldsymbol{g}\tilde{\boldsymbol{d}})+\boldsymbol{g}\tilde{\boldsymbol{d}}\\
&=\boldsymbol{f}+\boldsymbol{g}\tilde{\boldsymbol{f}}-\boldsymbol{g}(\boldsymbol{I}+\tilde{\boldsymbol{g}})(\boldsymbol{I}+\tilde{\boldsymbol{g}})^{-1}\left(\frac{\partial \boldsymbol{s}}{\partial \boldsymbol{x}}\boldsymbol{g}\right)^{-1}\frac{\partial \boldsymbol{s}}{\partial \boldsymbol{x}}\boldsymbol{f}-\\
&\qquad \boldsymbol{g}(\boldsymbol{I}+\tilde{\boldsymbol{g}})(\boldsymbol{I}+\tilde{\boldsymbol{g}})^{-1}\left(\frac{\partial \boldsymbol{s}}{\partial \boldsymbol{x}}\boldsymbol{g}\right)^{-1}\frac{\partial \boldsymbol{s}}{\partial \boldsymbol{x}}\boldsymbol{g}(\tilde{\boldsymbol{f}}+\tilde{\boldsymbol{d}})+\boldsymbol{g}\tilde{\boldsymbol{d}}\\
&=\boldsymbol{f}+\boldsymbol{g}\tilde{\boldsymbol{f}}-\boldsymbol{g}\left(\frac{\partial \boldsymbol{s}}{\partial \boldsymbol{x}}\boldsymbol{g}\right)^{-1}\frac{\partial \boldsymbol{s}}{\partial \boldsymbol{x}}\boldsymbol{f}-\boldsymbol{g}\tilde{\boldsymbol{f}}-\boldsymbol{g}\tilde{\boldsymbol{d}}+\boldsymbol{g}\tilde{\boldsymbol{d}}\\
&=\boldsymbol{f}-\boldsymbol{g}\left(\frac{\partial \boldsymbol{s}}{\partial \boldsymbol{x}}\boldsymbol{g}\right)^{-1}\frac{\partial \boldsymbol{s}}{\partial \boldsymbol{x}}\boldsymbol{f}
\end{aligned} \tag{6.131}$$

式(6.131)正是式(6.126)中 $\Delta \boldsymbol{f}(\boldsymbol{x},\boldsymbol{p},t)=\boldsymbol{0}$、$\Delta \boldsymbol{g}(\boldsymbol{x},\boldsymbol{p},t)=\boldsymbol{0}$ 及干扰 $\boldsymbol{d}(\boldsymbol{x},\boldsymbol{p},t)=\boldsymbol{0}$ 时的滑动模态方程,或者是未受到不确定性项 $\Delta \boldsymbol{f}(\boldsymbol{x},\boldsymbol{p},t),\Delta \boldsymbol{g}(\boldsymbol{x},\boldsymbol{p},t)$ 及干扰 $\boldsymbol{d}(\boldsymbol{x},\boldsymbol{p},t)$ 影响的系统滑动模态。

总之,我们证明了滑动模态与系统所受的摄动 $\Delta \boldsymbol{f}(\boldsymbol{x},\boldsymbol{p},t),\Delta \boldsymbol{g}(\boldsymbol{x},\boldsymbol{p},t)$ 及干扰 $\boldsymbol{d}(\boldsymbol{x},\boldsymbol{p},t)$ 是无关的,或者说滑动模态对摄动与干扰具有不变性。

至此,我们从理论上完全证明了:当匹配条件成立时,滑动模态的运动方程与摄动和外界干扰无关,不变性自然成立。

6.9.2 非匹配不确定非线性系统的反演变结构控制器设计

近年来,具有非匹配不确定性非线性系统的鲁棒跟踪控制问题受到广泛关注。以科克托维奇(Kokotovic)及其合作者发展起来的反演或后推方法(backstepping)引起了学者们的高度重视[12-13]。这种方法通过部分李雅普诺夫函数逐步设计调节器和跟踪控制器,实现系统的全局调节或渐近跟踪。

考虑下列 SISO 非线性系统

$$\begin{cases}\dot{x}_i=x_{i+1}+\Delta x_i, & i=1,2,\cdots,n-1\\ \dot{x}_n=\boldsymbol{f}(\boldsymbol{x},t)+\boldsymbol{g}(\boldsymbol{x},t)u+\Delta \boldsymbol{x}_n\\ y=x_1\end{cases} \tag{6.132}$$

式中,$\boldsymbol{x}=[x_1,\cdots,x_n]^{\mathrm{T}}\in\mathbf{R}^n$ 为可测状态向量;$\boldsymbol{u},y\in\mathbf{R}$ 分别为系统的控制输入和输出;$f(\boldsymbol{x},t)$和 $g(\boldsymbol{x},t)$为已知光滑函数,且 $g(\boldsymbol{x},t)\neq 0$;$\Delta x_i(i=1,2,\cdots,n)$为未建模动态和时

变参数引起的不确定性；$f(\boldsymbol{x},t)$，$g(\boldsymbol{x},t)$构成系统的标称模型。

假设 6.7　存在已知光滑函数集 $\alpha_i(x_1,\cdots,x_i)$，$i=1,2,\cdots,n$，使得

$$|\Delta x_i| \leqslant \alpha_i(x_1,\cdots,x_i),\quad i=1,2,\cdots,n$$

控制器设计的目的是使系统（式(6.132)）的输出 $y=x_1$ 跟踪给定的期望跟踪轨迹，同时使控制作用、输入、输出和状态有界。在控制器设计过程中同样引入虚拟控制的概念，取 $x_i(i=1,2,\cdots,n-1)$为虚拟控制，记虚拟控制的期望值为 $x_{id}(i=1,2,\cdots,n-1)$。定义一组控制误差为

$$\begin{cases} s_1 = x_1 - x_{1d} \\ s_2 = x_2 - x_{2d} \\ \quad\vdots \\ s_n = x_n - x_{nd} \end{cases} \tag{6.133}$$

式中，$x_{1d}=y_d$，$x_{id}(i=2,3,\cdots,n-1)$将在后面进行设计。

步骤 1　对 s_1 求导

$$\dot{s}_1 = x_2 + \Delta x_1 - \dot{x}_{1d} = s_2 + x_{2d} - \dot{x}_{1d} + \Delta x_1 \tag{6.134}$$

定义李雅普诺夫函数 $V_1=\frac{1}{2}s_1^2$，并沿式(6.134)求导得

$$\dot{V}_1 = s_1(s_2 + x_{2d} - \dot{x}_{1d} + \Delta x_1) \tag{6.135}$$

若式(6.135)中各项均已知，则设计虚拟控制

$$x_{2d} = -ks_1 + \dot{x}_{1d} - \Delta x_1 \tag{6.136}$$

可使 $\dot{V}_1=-ks_1^2+s_1s_2$。但式(6.136)的困难在于式(6.135)中含有不确定项 Δx_1，为解决这一问题，利用非线性阻尼技术，引入非线性阻尼项$-\frac{s_1\alpha_1^2}{2\varepsilon}$抵消不确定项 Δx_1 的影响。为此取虚拟控制为

$$x_{2d} = -ks_1 + \dot{x}_{1d} - \frac{s_1\alpha_1^2}{2\varepsilon} \tag{6.137}$$

式中，k，ε 均为正数。

虚拟控制中不用符号函数 sgn(·)的原因，是为了以后在对虚拟控制的求导中避免对符号函数求导，但这样做的代价是误差为有界收敛，不能达到零误差。将式(6.137)代入式(6.135)，得

$$\dot{V}_1 = -ks_1^2 + s_1s_2 + s_1\Delta x_1 - \frac{s_1^2\alpha_1^2}{2\varepsilon} \tag{6.138}$$

根据 $a^2+b^2\geqslant 2ab$，有

$$\frac{s_1^2\alpha_1^2}{2\varepsilon} + \frac{\varepsilon}{2} \geqslant |s_1|\alpha_1 \geqslant s_1\Delta x_1 \tag{6.139}$$

所以对于式(6.138)有

$$\dot{V}_1 \leqslant -ks_1^2 + s_1s_2 + \frac{\varepsilon}{2} = -2kV_1 + s_1s_2 + \frac{\varepsilon}{2} \tag{6.140}$$

步骤 $i(i=2,3,\cdots,n-1)$　将上述步骤继续进行，直到第 $n-1$ 步，其中第 $i(i=2,\cdots,n-1)$步过程如下。

对 s_i 求时间导数

$$\dot{s}_i = x_{i+1} + \Delta x_i - \dot{x}_{id} = s_{i+1} + x_{(i+1)d} - \dot{x}_{id} + \Delta x_i$$

其中对虚拟控制 x_{id} 的求导运算将引入不确定性，因为 x_{id} 是 $x_1,\cdots,x_{i-1}$ 的函数，所以 $\dot{x}_{id}$ 可分为确定项和不确定项两部分，分别记为 $\dot{\bar{x}}_{id}$ 和 $\Delta\dot{x}_{id}$：

$$\dot{x}_{id} = \dot{\bar{x}}_{id} - \Delta\dot{x}_{id}$$

根据有界性假设 6.7，能找到光滑函数 $\beta_i(x_1,\cdots,x_{i-1})$，使得

$$|\Delta\dot{x}_{id}| \leqslant \beta_i(x_1,\cdots,x_{i-1})$$

所以 s_i 的导数为

$$\dot{s}_i = s_{i+1} + x_{(i+1)d} - \dot{\bar{x}}_{id} + \Delta\dot{x}_{id} + \Delta x_i \tag{6.141}$$

定义李雅普诺夫函数 $V_i = V_{i-1} + \frac{1}{2}s_i^2$，并沿式(6.141)求时间导数得

$$\dot{V}_i = \dot{V}_{i-1} + s_i(s_{i+1} + x_{(i+1)d} - \dot{\bar{x}}_{id} + \Delta\dot{x}_{id} + \Delta x_i) \tag{6.142}$$

引入符号，记 $\Delta\gamma_i = \Delta\dot{x}_{id} + \Delta x_i$，$\bar{\alpha}_i(x_1,\cdots,x_i) = \beta_i(x_1,\cdots,x_{i-1}) + \alpha_i(x_1,\cdots,x_i)$，则 $\Delta\gamma i \leqslant \bar{\alpha}_i(x_1,\cdots,x_i)$ 成立。对于式(6.142)，进一步，有

$$\dot{V}_i \leqslant -2kV_{i-1} + s_{i-1}s_i + \frac{(i-1)\varepsilon}{2} + s_i(s_{i+1} + x_{(i+1)d} - \dot{\bar{x}}_{id} + \Delta\gamma_i) \tag{6.143}$$

利用非线性阻尼技术，引入非线性阻尼项 $-\frac{s_i\bar{\alpha}_i^2}{2\varepsilon}$ 抵消不确定项 $\Delta\gamma_i$ 的影响。为此取虚拟控制为

$$x_{(i+1)d} = -ks_i - s_{i-1} + \dot{\bar{x}}_{id} - \frac{s_i\bar{\alpha}_i^2}{2\varepsilon} \tag{6.144}$$

将式(6.144)代入式(6.143)，得

$$\begin{aligned}\dot{V}_i &\leqslant -2kV_i + s_is_{i+1} + \frac{(i-1)\varepsilon}{2} + s_i\Delta\gamma_i - \frac{s_i^2\bar{\alpha}_i^2}{2\varepsilon} \\ &\leqslant -2kV_i + s_is_{i+1} + \frac{i\varepsilon}{2}\end{aligned} \tag{6.145}$$

步骤 n 在最后一步采用滑动模态变结构控制，对 s_n 求时间导数：

$$\dot{s}_n = \dot{x}_n - \dot{x}_{nd}$$

其中虚拟控制 x_{nd} 在第 $n-1$ 步中已求出，同以前一样，对它的求导运算将引入不确定性，因为 x_{nd} 是 $x_1,\cdots,x_{n-1}$ 的函数，所以 $\dot{x}_{nd}$ 可分为确定项和不确定项两部分，分别记为 $\dot{\bar{x}}_{nd}$ 和 $\Delta\dot{x}_{nd}$：

$$\dot{x}_{nd} = \dot{\bar{x}}_{nd} - \Delta\dot{x}_{nd}$$

根据有界性假设 6.7，能找到光滑函数 $\beta_n(x_1,\cdots,x_{n-1})$，使得

$$|\Delta\dot{x}_{nd}| \leqslant \beta_n(x_1,\cdots,x_{n-1})$$

所以 s_n 的导数为

$$\dot{s}_n = \dot{x}_n - \dot{\bar{x}}_{nd} + \Delta\dot{x}_{nd} = f(\boldsymbol{x},t) + g(\boldsymbol{x},t)u - \dot{\bar{x}}_{nd} + \Delta\dot{x}_{nd} \tag{6.146}$$

定义李雅普诺夫函数 $V_n=V_{n-1}+\frac{1}{2}s_n^2$，并沿式(6.146)求导，得

$$\dot{V}_n=\dot{V}_{n-1}+s_n\left[f(\boldsymbol{x},t)+g(\boldsymbol{x},t)u-\bar{\dot{x}}_{n\mathrm{d}}+\Delta\dot{x}_{n\mathrm{d}}\right]$$

进一步有

$$\dot{V}_n\leqslant-2kV_{n-1}+s_{n-1}s_n+\frac{(n-1)\varepsilon}{2}+s_n\left[f(\boldsymbol{x},t)-\bar{\dot{x}}_{n\mathrm{d}}+g(\boldsymbol{x},t)u+\Delta\dot{x}_{n\mathrm{d}}\right]$$

引入符号，记 $\eta=\Delta x_n+\Delta\dot{x}_{n\mathrm{d}}$，则

$$\dot{V}_n\leqslant-2kV_{n-1}+s_{n-1}s_n+\frac{(n-1)\varepsilon}{2}+s_n\left[f(\boldsymbol{x},t)-\bar{\dot{x}}_{n\mathrm{d}}+g(\boldsymbol{x},t)u+\eta\right]$$

根据有界性假设，存在 $\bar{\eta}=\alpha_n+\beta_n(x_1,\cdots,x_{n-1})$ 使 $|\eta|\leqslant\bar{\eta}$，选择滑动模态变结构控制律为

$$u=\frac{1}{g(\boldsymbol{x},t)}\left[-ks_n-s_{n-1}-f(\boldsymbol{x},t)+\bar{\dot{x}}_{n\mathrm{d}}+(\lambda+\bar{\eta})\mathrm{sgn}(s_n)\right]\tag{6.147}$$

式中，λ 为小的正数。

定理 6.4　对非匹配非线性系统(式(6.132))，在满足假设 6.7 的条件下，变结构控制律(式(6.147))保证不确定系统的输出 y 对期望跟踪信号 y_d 是有界跟踪的，跟踪误差小于 $\sqrt{\frac{(n-1)\varepsilon}{2k}}$。

证明　取 V_n 为系统(式(6.132))的李雅普诺夫函数，将式(6.147)代入并求其时间导数，得

$$\begin{aligned}\dot{V}_n&\leqslant-2kV_{n-1}+s_{n-1}s_n+\frac{(n-1)\varepsilon}{2}+s_n\left[f(\boldsymbol{x},t)-\bar{\dot{x}}_{n\mathrm{d}}+g(\boldsymbol{x},t)u+\eta\right]\\&\leqslant-2kV_n+\frac{(n-1)\varepsilon}{2}\end{aligned}\tag{6.148}$$

所以 $\lim\limits_{t\to\infty}V_n\leqslant\frac{(n-1)\varepsilon}{4k}$，考虑到

$$V_n=\frac{1}{2}(s_1^2+s_2^2+\cdots+s_n^2)\tag{6.149}$$

因此跟踪误差有界，即 $\lim\limits_{t\to\infty}(y-y_\mathrm{d})=\lim\limits_{t\to\infty}s_1\leqslant\sqrt{\frac{(n-1)\varepsilon}{2k}}$。

证毕。

例 6.5　考虑如下非线性系统：

$$\begin{cases}\dot{x}_1=x_2+\Delta x_1\\\dot{x}_2=x_1\sin x_2+x_2+\Delta x_2+gu\\y=x_1\end{cases}$$

式中，$g=1$，不确定性 $\Delta x_1=0.1\sin t$，$\Delta x_2=x_1\sin x_2\sin(4t)$ 未知，采用非线性系统描述中所用的符号，给出不确定性相应的界为 $\alpha_1=0.12$，$\alpha_2=|x_1|$，记 $f=x_1\sin x_2+x_2$。

控制任务是使输出 y 跟踪期望轨迹 $y_\mathrm{d}=\sin t$。首先定义误差变量为

$$\begin{cases}s_1=x_1-x_{1\mathrm{d}}\\s_2=x_2-x_{2\mathrm{d}}\end{cases}$$

根据上述控制器设计方法，得到实际的反演变结构控制律为

$$u=\frac{1}{g}[-ks_2-s_1-f+\dot{\bar{x}}_{2d}-(\lambda+\bar{\eta})\mathrm{sgn}(s_2)]$$

式中，$\bar{\eta}=\alpha_2+\beta_2$，$\lambda=0.1$。

取 $k=1$，$\varepsilon=0.05$。初始条件 $x(0)=1$，$\dot{x}(0)=0$。在 0～20s 的时间内，利用 MATLAB 语言对控制系统进行仿真，所得结果如图 6.17 所示。

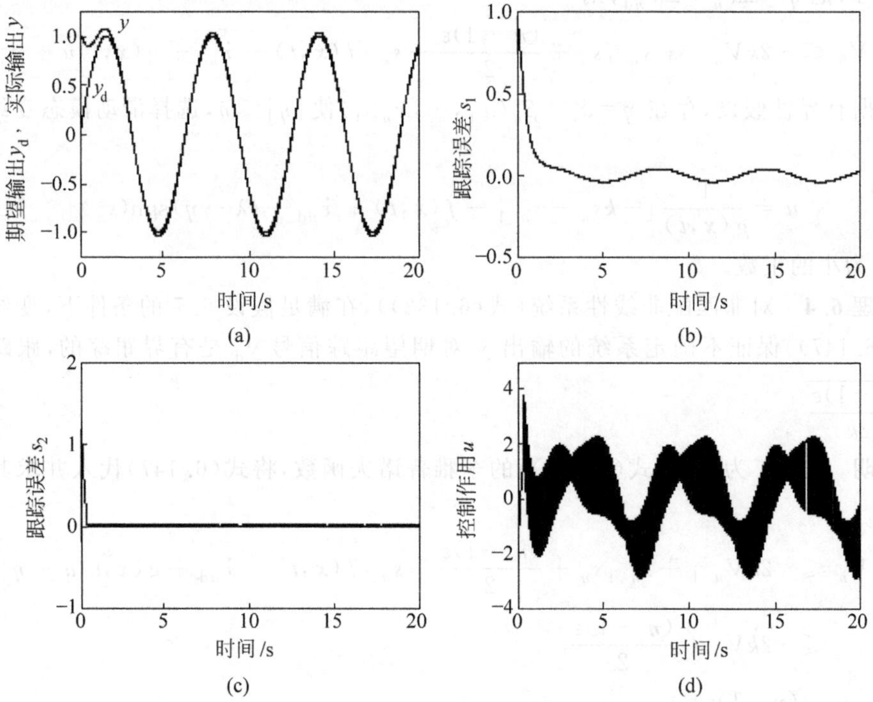

图 6.17　仿真结果

从仿真结果可以看出，闭环系统跟踪误差收敛。反演变结构控制的设计保证了误差的有界收敛，ε 决定着最后误差带的大小。若减小 ε 或增大 k，跟踪误差会减小，但控制作用将增大，与理论结果一致。

6.10　滑动模态变结构控制系统的抖振及其削弱问题

从理论角度上讲，在一定意义上，由于滑动模态可以按需要设计，且系统的滑动模态运动与被控对象的参数变化和外界干扰无关，因此滑动模态变结构控制系统的鲁棒性要比一般常规的控制系统强。然而，滑动模态变结构控制在本质上的不连续开关特性将会引起系统的抖振现象。

对于一个理想的滑动模态变结构控制系统，假设结构切换的过程具有理想开关特性 $\boldsymbol{u}(\boldsymbol{x},t)=\boldsymbol{u}_{\mathrm{vss}}(\boldsymbol{x})\mathrm{sgn}[\boldsymbol{s}(\boldsymbol{x})]$，系统状态测量精确无误差，控制量不受限制，则滑动模态总是降维地光滑运动且渐近稳定于原点，不会出现抖动现象。但对于一个实际的滑动模态变结构控制系统，这些假设是不可能完全成立的。于是，在实际控制系统中，抖振是必定存在的，

且抖振的危害是明显的。若消除了抖振，也就消除了滑动模态变结构控制的抗干扰能力和鲁棒性。因此，消除抖振是不可能的，只能在一定程度上削弱它。抖振问题已成为滑动模态变结构控制在实际系统中应用的突出障碍。

6.10.1　滑动模态变结构控制系统的抖振

对于实际变结构控制系统，当系统的轨迹到达切换面时，其速度是有限的，惯性使运动点穿越切换面，从而最终形成抖振，叠加在理想的滑动模态上。因此，开关的切换动作造成的控制不连续性是抖振发生的本质原因，并可归纳为以下几种：

(1) 时间延迟开关。在切换面附近，由于开关的时间延迟，控制作用对状态的准确变化被延迟一定时间，又因为控制量的大小是随着状态量的大小逐渐减少的，因此表现为在光滑的滑动模态面上叠加一个衰减的三角形波。

(2) 空间滞后开关。开关的空间滞后相当于在状态空间中存在一个状态量变化的“死区”，因此其结果是在光滑的滑动模态面上叠加了一个等幅形波。

(3) 系统惯性的影响。由于任何物理系统的能量不可能无限大，因此系统的控制作用也不能无限大，这就使系统的加速度有限。另外，系统惯性总是存在的，所以使得控制切换伴有滞后，这种滞后与时间滞后的效果相同。系统惯性与时间延迟开关共同作用的结果是使衰减三角形波的幅度增大。系统惯性与空间滞后开关共同作用时，如果抖振幅度大于空间滞后开关“死区”，则抖振主要呈现衰减三角形波；如果抖振幅度小于或等于该“死区”，则抖振主要呈现等幅振荡波。

(4) 系统时间纯滞后和空间“死区”的影响。有许多控制系统本身存在时间延迟及空间滞后，这些滞后往往比开关的时间及空间滞后大得多，从而会造成很大的抖振。如果处理不当，甚至引起整个系统的不稳定。

(5) 状态测量误差的影响。状态测量误差主要使切换面摄动，且往往伴随有随机性。因此，抖振呈现不规则的衰减三角波，测量误差越大，抖振的波幅也越大。

在实际被控系统中，抖振就是在光滑的切换面上叠加了一种波动的轨迹。抖振的强弱与时间延迟开关、空间滞后开关、系统惯性、系统延迟及测量误差等因素有关，它不仅影响控制的精确性，增加能量消耗，而且很容易激发系统中的高频未建模动态，破坏系统的性能，甚至使系统产生振荡或失稳，对系统造成危害和损坏。因此，关于变结构控制信号抖振的消除已成为滑动模态变结构控制研究的首要问题。

6.10.2　滑动模态变结构控制系统抖振的削弱

对一个实际的滑动模态变结构控制系统，本节以 SISO 系统为例，从不同的角度提出了削弱抖振的措施。目前，有代表性的研究工作主要有以下几个方面。

1. 准滑动模态方法

20 世纪 80 年代 Slotine 等[15]在滑动模态的设计中引入了准滑动模态和边界层的概念，实现准滑动模态控制，采用饱和函数代替切换函数，即在边界层外采用正常的变结构控制，在边界层内为连续状态反馈控制，有效地避免或削弱了抖振，为滑动模态变结构控制的工程应用开辟了道路。此后，有许多学者对切换函数和边界层的设计进行了研究。

1）连续函数近似法

用连续函数代替符号函数 sgn(s)，即用

$$u=-\varepsilon\frac{s}{|s|+\delta},\quad \delta>0$$

取代

$$u=-\varepsilon\,\mathrm{sgn}(s)=-\varepsilon\frac{s}{|s|}$$

这是一种高增益反馈，对于抑制抖振显然有利，因为系统稍微偏离切换面 $s=0$ 时，大的控制作用很快将其拉回切换面上。高增益实现有一定的困难，但具有抗干扰和抗参数摄动的能力。

2）边界层法

在适当的边界层内以饱和函数代替理想继电特性，即引入 sat(s/Δ)代替 sgn(s)：

$$\boldsymbol{u}=\boldsymbol{u}_{\mathrm{eq}}(x)+\boldsymbol{u}_{\mathrm{vss}}(x)\mathrm{sat}(s/\Delta)$$

式中，$\mathrm{sat}(s/\Delta)=\begin{cases}+1, & s>\Delta\\ ks, & |s|\leqslant\Delta\\ -1, & s<-\Delta\end{cases}$，$\Delta$ 为边界层厚度。

边界层厚度越小，控制效果越好，但同时又会使控制增益变大，抖振增强；反之，边界层厚度越大，抖动越小，但同时又会使控制增益变小，控制效果变差。因此，边界层厚度的选取也是一个很困难的问题。为了获得最佳的抗抖振效果，控制工作者已开始研究自适应调整的边界层厚度，有兴趣的读者可参考相关文献[16-18]。边界层法以达到削弱抖振为目的，但它实质上已不是传统意义上的滑动模态变结构控制，不再具有滑动模态变结构控制系统的良好鲁棒性。

例 6.6 为了削弱滑动模态变结构控制的抖振，我们利用边界层方法消除例 6.2 的抖振现象，边界层厚度取为 0.1，即

$$u=\hat{u}_{\mathrm{eq}}-u_{\mathrm{vss}}(\boldsymbol{x}_1)\mathrm{sat}(s/\Delta)$$

$$=1.5x_2^2\cos3x_1+\ddot{x}_d-20\dot{\tilde{x}}-(0.5x_2^2|\cos3\boldsymbol{x}_1|+0.1)\mathrm{sat}[(\dot{\tilde{x}}+20\tilde{x})/0.1]$$

仿真结果如图 6.18 所示。

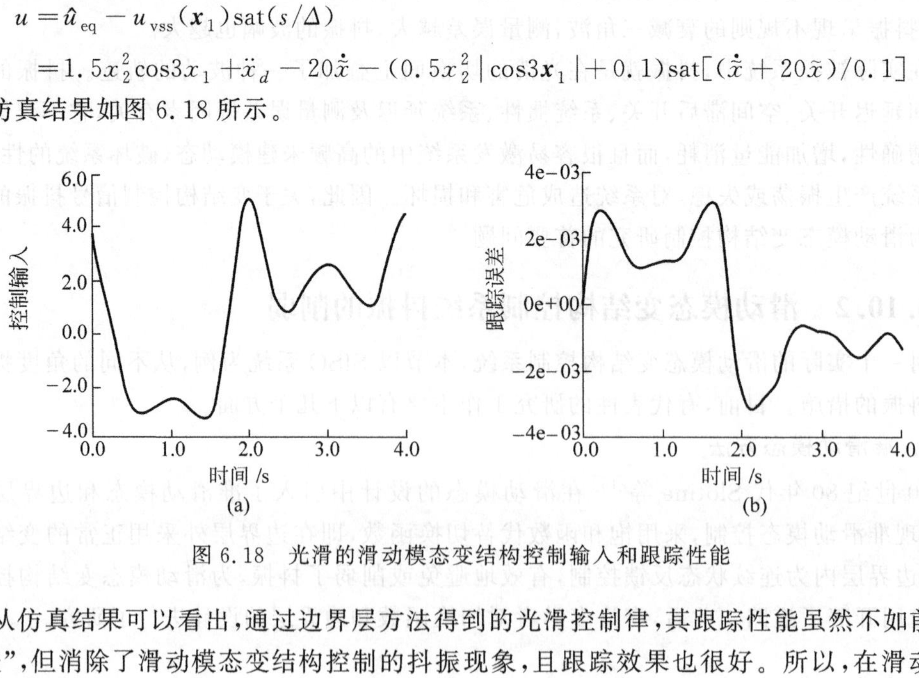

图 6.18 光滑的滑动模态变结构控制输入和跟踪性能

从仿真结果可以看出，通过边界层方法得到的光滑控制律，其跟踪性能虽然不如前面的“完美”，但消除了滑动模态变结构控制的抖振现象，且跟踪效果也很好。所以，在滑动模态

变结构控制设计过程中，为了达到工程应用，可以使用边界层方法消除抖振，边界层宽度 $\Delta=0.1$，以获得跟踪精度和未建模动态的鲁棒性之间的权衡。

2. 趋近律方法

高为炳教授[2]从物理意义上理解产生抖振的原因，并指出抖振是由于系统运动点以其固有惯性冲向切换面时具有有限大的速度造成的，并利用趋近律的概念提出了以控制速度而设计各种趋近律的观点。较好的趋近律是在远离切换面时，运动点趋向切换面的速度大；而接近切换面时，其速度渐近于零。

以指数趋近律 $\dot{s}=-k\operatorname{sgn}(s)-\varepsilon s$ 为例，通过调整趋近律的参数 k,ε，既可以保证滑动模态到达过程的动态品质，又可以削弱控制系统的高频抖振。如果取 k 值很小，ε 值相当大，则可以保证趋近速度在远离切换面时大而在切换面附近时渐近于很小的速度 k，从而兼有抖振小及过渡过程时间短的优点。但较大的 k 值会导致抖振。对于一般趋近律 $\dot{s}=-k\operatorname{sgn}(s)-f(s)$，当 $s\neq 0$ 时，$sf(s)>0$，其情况与指数趋近律类似。

所有由规定趋近律解出的滑动模态变结构控制 $u^{+}(\boldsymbol{x})$ 及 $u^{-}(\boldsymbol{x})$ 都是状态量的确定函数，而且与系统的参数及扰动有关。因此，状态测量误差可能造成控制量大的偏移；另外，严格来说，趋近律对于具有不可测知的持续扰动及可变参数的系统是无意义的，因为无法确定可以使用的控制量。

3. 其他削弱抖振的方法

近年来，国内外许多学者研究采用滤波方法[19-21]、观测器方法[22-23]、动态滑动模态方法[24-26]、模糊方法[27]、神经网络方法、遗传算法[28]、切换增益方法[29-31]、扇形区域方法[32-33]等，以削弱或消除抖振的影响，有兴趣的读者可以参考相关文献。所有这些方法在一定程度上大大削弱了滑动模态变结构控制的抖振缺陷。但在上述各种方法中，每种方法都有各自的优点和局限性，应该针对具体的问题具体分析。

(1) 针对不同的问题，采用不同的方法。例如，趋近律方法在不确定性及干扰小的情况下会有很好的削弱抖振效果，在不确定性或干扰较大时需要采用其他方法。

(2) 对于同一问题，也可以采用不同的方法。例如，对于外加干扰引起的抖振，可以采用动态滑动模态方法来消除抖振，或采用变切换增益法来降低抖振。

(3) 每种方法都有各自的局限性。针对复杂的控制问题，需要各种方法的相互结合、融合和补充，才能达到理想的无抖振滑动模态变结构控制。例如，模糊与趋近律方法的融合调节指数趋近律的系数，达到削弱抖振的目的；观测器与滤波器的结合消除未建模动态造成的抖振；利用遗传算法来优化模糊规则或神经网络，可以达到消除抖振的最佳效果等。

(4) 滑动模态变结构控制系统抖振的削弱一直是工程实际中的一个关键问题，应该针对实际被控对象，有针对性地开展更多的实验研究，具体问题具体分析和解决。

本章小结

本章从二阶线性系统的滑动模态变结构控制出发，介绍了滑动模态变结构控制的产生、特点和主要研究的问题，并给出了滑动模态变结构控制的基本原理、滑动模态超平面、可达性条件、趋近律、匹配条件及不变性和综合方法等。针对线性系统、伴随型非线性系统、仿射非线性系统等介绍了滑动模态变结构控制器的设计方法和理论，以及介绍了几类新型滑动模态变结构控制器设计方法和抖振产生的机理、消除方法等。滑动模态变结构控制的设计目标是设计一个控制律，有效地处理参数不确定性和未建模动态特性，为建模不精确情况下保持系统稳定的问题提供了一套系统的解决方法。此外，它定量地描述了建模与性能的折中，并在此意义上使整个设计及分析过程更加清晰。

习题

6.1　考虑二阶非线性系统

$$\begin{cases}\dot{x}_1 = x_2 + \theta_1 x_1 \sin x_2 \\ \dot{x}_2 = \theta_2 x_2^2 + x_1 + u\end{cases}$$

式中，θ_1 和 θ_2 是两个未知参数，对于某已知边界值 a 和 b，满足 $|\theta_1| \leqslant a$，$|\theta_2| \leqslant b$。当线性切换函数为 $s(\boldsymbol{x}) = kx_1 + x_2 = 0$ 时，求滑动模态变结构控制律 u。

6.2　考虑非线性系统

$$\begin{cases}\dot{x}_1 = x_1 + (1-\theta_1)x_2 \\ \dot{x}_2 = \theta_2 x_2^2 + x_1 + u\end{cases}$$

式中，θ_1 和 θ_2 是两个未知参数，满足 $|\theta_1| \leqslant a$，$|\theta_2| \leqslant b$。当线性切换函数为 $s(\boldsymbol{x}) = kx_1 + x_2 = 0$ 时，试设计滑动模态变结构控制律 u。

6.3　利用指数趋近律对如下三阶非线性系统设计滑动模态变结构控制律 u：

$$\begin{cases}\dot{x}_1 = x_2 \\ \dot{x}_2 = x_3 \\ \dot{x}_3 = \sin(x_1 x_2 x_3) + x_1 u\end{cases}$$

6.4　考虑被控对象

$$\dot{\boldsymbol{x}} = \boldsymbol{A}\boldsymbol{x} + \boldsymbol{B}\boldsymbol{u}$$

式中，$\boldsymbol{x} \in \mathbf{R}^n$，$\boldsymbol{u} \in \mathbf{R}^m$ 分别为系统的可测状态和控制输入向量。

我们期望上述被控系统能够跟踪下列给定的参考模型：

$$\dot{\boldsymbol{x}}_m = \boldsymbol{A}_m \boldsymbol{x}_m + \boldsymbol{B}_m \boldsymbol{u}_m$$

式中，$\boldsymbol{x}_m \in \mathbf{R}^n$，$\boldsymbol{u}_m \in \mathbf{R}^m$ 分别为期望参考模型系统的可测状态和控制输入向量。

线性参考模型的跟踪控制问题可归结为寻求控制输入 $\boldsymbol{u}$，使得跟踪误差 $\boldsymbol{e} = \boldsymbol{x}_m - \boldsymbol{x}$ 满足：

(1) $\lim\limits_{t \to \infty} \boldsymbol{e}(t) = 0$；

(2) $\boldsymbol{e}(t)$ 具有良好的动态品质。

试证在匹配条件 $\mathrm{rank}\{\boldsymbol{B}, (\boldsymbol{A}_m - \boldsymbol{A})\} = \mathrm{rank}(\boldsymbol{B}, \boldsymbol{B}_m) = \mathrm{rank}(\boldsymbol{B})$ 下，上述模型跟踪控制问题有解，并利用滑动模态关于干扰不确定性的不变性质，求解滑动模态变结构控制值 u。

6.5　考虑系统

$$\dot{x}_1 = x_2 + \sin x_1, \quad \dot{x}_2 = \theta_1 x_1^2 + (1+\theta_2)u, \quad y = x_1$$

式中，$|\theta_1| \leqslant 2$，$|\theta_2| \leqslant 1/2$，利用滑动模态控制：

(1) 设计一个连续型状态反馈控制器，以使系统在原点稳定；

(2) 设计一个连续型状态反馈控制器，使得输出 $y(t)$ 渐近跟踪参考信号 $r(t)$，假设 r、$\dot{r}$ 和 $\ddot{r}$ 是连续有界的。

6.6　考虑二阶 SISO 非线性系统

$$\begin{cases} \dot{x}_1 = x_2 \\ \dot{x}_2 = \cos x_1 + (x_1^2 + 1)u \\ y = x_1 \end{cases}$$

设计一个全局快速终端滑动模态控制器，实现系统输出 $y = \boldsymbol{x}_1$ 对任意给定值 y_d 的调节控制，并给出控制输入和跟踪误差的仿真结果。

6.7　考虑 SISO 非线性系统

$$\begin{cases} \dot{x}_i = x_{i+1} + \Delta x_i, \quad i = 1, 2, \cdots, n-1 \\ \dot{x}_n = f(\boldsymbol{x}) + g(\boldsymbol{x})u + \Delta x_n \\ y = x_1 \end{cases}$$

式中，对非匹配不确定 $\Delta x_i, i = 1, 2, \cdots, n$，存在已知平滑函数集 $a_i(x_1, \cdots, x_i)$，使得 $|\Delta x_i| \leqslant a_i(x_1, \cdots, x_i), i = 1, 2, \cdots, n$；非线性光滑函数 $f(\boldsymbol{x})$ 不精确知道，但其估计值为 $\hat{f}(\boldsymbol{x})$，且估计误差受已知函数 $F(\boldsymbol{x})$ 限制；控制增益 $g(\boldsymbol{x})$ 未知，控制增益 $g(\boldsymbol{x})$ 的界已知，即 $0 < g_{\min}(\boldsymbol{x}) \leqslant g(\boldsymbol{x}) \leqslant g_{\max}(\boldsymbol{x})$。控制的目的是要使输出 $y = x_1$ 跟踪给定的充分光滑的输出轨迹 $y_d = \sin(t)$，给出控制输入和跟踪误差的仿真结果。

6.8　考虑受控 van der Pol 方程

$$\dot{x}_1 = x_2, \quad \dot{x}_2 = -\omega^2 x_1 + \varepsilon\omega(1 - \mu^2 x_1^2) x_2 u$$

式中，ω,ε 和 μ 为正常数；u 为控制输入。

(1) 证明当 $u = 1$ 时，在曲面 $x_1^2 + \dfrac{x_2^2}{\omega^2} = 1/\mu^2$ 外存在一个稳定的极限环；当 $u = -1$ 时，在同一曲面外存在一个非稳定极限环。

(2) 设 $s = x_1^2 + \dfrac{x_2^2}{\omega^2} - r^2$，其中 $r < 1/\mu$。证明把系统运动限制在 $s = 0$ 曲面上，即 $s(t) \equiv 0$，可得到一个多谐振荡器：

$$\dot{x}_1 = x_2, \quad \dot{x}_2 = -\omega^2 x_1$$

其产生频率为 ω，幅度为 r 的正弦波。

(3) 设计一个状态反馈滑膜控制器，把带状区域 $|x_1| < 1/\mu$ 内的所有轨迹都驱动到流形 $s = 0$ 上，并使其在该流形上滑动。

(4) 对系统在理想滑膜控制下的响应及其连续逼近的响应进行仿真，参数为 $\omega = \mu = \varepsilon = 1$。

参考文献

[1]　UTKIN V I. Sliding modes in control and optimization [M]. New York: Springer-Verlag, 1992.

[2]　高为炳. 变结构控制的理论及设计方法[M]. 北京：科学出版社，1996.

[3]　王丰尧. 滑模变结构控制[M]. 北京：机械工业出版社，1998.

[4] 胡剑波,庄开宇. 高级变结构控制理论及应用[M]. 西安：西北工业大学出版社，2008.

[5] 胡跃明. 非线性控制系统理论与应用[M]. 2 版. 北京：国防工业出版社，2005.

[6] JACQUES J, SLOTINE E, LI W. Applied nonlinear control[M]. 影印本. 北京：机械工业出版社，2004.

[7] 斯洛廷 J-J E,李卫平. 应用非线性控制[M]. 程代展，译. 北京：机械工业出版社，2004.

[8] 刘金琨. 滑模变结构控制 MATLAB 仿真[M]. 北京：清华大学出版社，2005.

[9] 闫茂德. 不确定非线性系统的自适应变结构控制研究[D]. 西安：西北工业大学，2001.

[10] PARK K B, TSUIJI T. Terminal sliding mode of second-order nonlinear uncertain systems [J]. International Journal of Robust and Nonlinear Control，1999，9(11)：769-780.

[11] LI J，XU D M，REN Z. Backstepping variable structure control of nonlinear systems with uncertainties[C]//Proceedings of the 14th IFAC World Congress，Beijing，P. R China，1999：67-71.

[12] 闫茂德，许化龙，贺昱曜. 基于调节函数的一类三角结构非线性系统的自适应滑模控制[J]. 控制理论与应用，2004，27(5)：840-843.

[13] 刘洋，井元伟，刘晓平，等. 非线性系统有限时间控制研究综述[J]. 控制理论与应用，2020，37(1)：1-12.

[14] 胡跃明. 变结构控制理论及应用[M]. 北京：科学出版社，2003.

[15] SLOTINE J J，SASTRY S S. Tracking control of nonlinear systems using sliding surfaces with application to robot manipulator[J]. International Journal of Control，1983，38(2)：465-492.

[16] CHEN M S，HWANG Y R，TOMIZUAKA M. A state-dependent boundary layer design for sliding mode control[J]. IEEE Transactions on Automatic Control，2002，47(10)：1677-1681.

[17] VICENTE P V，GERD H. Chattering-free sliding mode control for a class of nonlinear mechanical systems[J]. International Journal of Robust and Nonlinear Control，2001，11(12)：1161-1178.

[18] 刘凡，杨洪勇，杨怡泽，等. 带有不匹配干扰的多智能体系统有限时间积分滑模控制[J]. 自动化学报，2019，45(4)：749-759.

[19] SU W C，DRAKUNOV S V，OZGUNER U，et al. Sliding mode with chattering reduction in sampled data systems[C]//Proceedings of the 32nd IEEEE Conference on Decision and Control，1993：2452-2457.

[20] KRUPP D，SHTESSEL Y B. Chattering-free sliding mode control with unmodeled dynamics[C]//American Control Conference，1999：530-534.

[21] XU J X，PAN Y J，LEE T H. A gain scheduled sliding mode control scheme using filtering techniques with applications to multi-link robotic manipulators. Journal of Dynamic Systems[J]. Measurement and Control，2000，122(4)：641-649.

[22] KAWAMURA A，ITOH H，SAKAMOTO K. Chattering reduction of disturbance observer based sliding mode control[J]. IEEE Transactions on Industry Applications，1994，30(2)：456-461.

[23] 张强，许慧，许德智，等. 基于干扰观测器的一类不确定仿射非线性系统有限时间收敛 backstepping 控制[J]. 控制理论与应用，2020，37(4)：747-757.

[24] BARTOLINI G，FERRARA A，USAI E. Chattering avoidance by second-order sliding mode control[J]. IEEE Transactions on Automatic Control，1998，43(2)：241-246.

[25] BARTOLINI G，PUNTA E. Chattering elimination with second-order sliding modes robust to coulomb friction[J]. Journal of Dynamic Systems，Measurement，and Control，2000，122(4)：679-686.

[26] HAMERLAIN M，YOUSSEF T，BELHOCINE M. Switching on the derivative of control to reduce chatter[J]. IEE Proceedings on Control Theory and Applications，2001，148(1)：88-96.

[27] HA Q P，NGUYEN D C，RYE D C，et al. Fuzzy sliding mode controllers with application[J]. IEEE

Transactions on Industrial Electronics, 2001, 48(1): 38-41.
[28] LIN F J, CHOU W D. An induction motor servo drive using sliding mode controller with genetic algorithm[J]. Electric Power Systems Research, 2003, 64(2): 93-108.
[29] HWANG C L. Sliding mode control using time-varying switching gain and boundary layer for electrohydraulic position and differential pressure control[J]. IEEE Proceedings-Control Theory and Applications, 1996, 143(4): 325-332.
[30] LIN F J, WAI R J. Sliding-mode-controlled slider-crank mechanism with fuzzy neural network[J]. IEEE Transactions on Industrial Electronics, 2001, 48(1): 60-70.
[31] WONG L J, LEUNG F H F, TAM P K S. A chatter elimination algorithm for sliding mode control of uncertain nonlinear systems[J]. Mechatronics, 1998, 8(7): 765-775.
[32] XU J X, LEE T H, WANG M, et al. Design of variable structure controllers with continuous switching control[J]. International Journal of Control, 1996, 65(3): 409-431.
[33] YANG D Y, YAMANE Y, ZHANG X J, et al. A new method for suppressing high-frequency chattering in sliding mode control system[C]//Proceedings of the 36th SICE Annual Conference, 1997: 1285-1288.

第7章

自适应控制

在实际工程中，对一个实际的被控对象总是不可能进行精确建模。无论模型是线性的还是非线性的，或多或少都存在被忽略的部分，所建立的数学模型总会存在一定程度的不确定性。此外，大多数被控对象具有定常或变化的不确定参数。例如，机械手系统可以搬运具有未知惯量参数的大型物件；动力系统要经历负载条件的大范围变化；运输飞机在其装入和卸去大量货物时，会经历可观的质量变化。自适应控制就为这类系统的控制提供了一种有效方法。其基本思想就是根据系统测量信号在线地估计被控对象的未知参数(或者等价地估计相应的控制器参数)，然后应用估计的参数计算控制输入。因此，一个自适应控制系统可以看作一个具有在线参数估计的控制系统。无论被控对象是线性的还是非线性的，本质上都是非线性的。因此，其分析和设计是本章要介绍的内容，它与李雅普诺夫稳定性理论及本书介绍的其他方法密切相关。

自适应控制的研究始于20世纪50年代初期，当时人们试图用它来解决高性能飞机自动驾驶仪的设计问题。这类飞机的飞行高度和速度变化范围很大，由此就会有大幅度的参数变化。最初，人们试图将自适应控制作为在飞机动态特性变化时，自动调节控制器参数的一种方法。但是，限于当时的理解水平及飞行试验的失败，大大减少了人们对这个问题的兴趣。直到最近30年来，人们应用各种非线性控制理论的工具，才使得自适应控制的相关理论有了长足的发展。这些理论的不断完善及计算机技术的发展，使得自适应控制在许多领域，如机械手、非完整移动机器人、飞行控制、化工过程、动力系统、轮船驾驶和生物工程等实际系统中得到应用。

本章主要阐述自适应控制系统的理论、设计方法和应用，内容安排如下：7.1节介绍自适应控制的基本概念；7.2节给出一阶系统的自适应控制；7.3节为线性系统的状态反馈自适应控制；7.4节为线性系统的输出反馈自适应控制；7.5节介绍SISO伴随型非线性系统的状态反馈自适应控制；7.6节阐明严参数反馈型非线性系统的状态反馈自适应反演控制；7.7节为输出反馈型非线性系统自适应反演控制；7.8节介绍自适应控制系统的鲁棒性问题和改善自适应控制鲁棒性的方法；7.9节针对匹配和非匹配不确定非线性系统两种情况，分别设计具有强鲁棒性的自适应滑动模态控制器和自适应反演滑动模态控制器；最后对本章内容进行小结。

7.1 自适应控制的基本概念

本节将阐述自适应控制的几个基本问题，即什么是自适应控制、两类重要的自适应控制系统、自适应控制的应用概况，以及如何设计自适应控制器。

7.1.1 什么是自适应控制

在日常生活中，自适应是指生物能改变自己的习性，以适应新环境的一种特性。因此，直观地讲，自适应控制器应当是这样一种控制器，它能修正自己的特性以适应被控对象和扰动的动态变化。

自适应控制的研究对象是具有一定程度的不确定性系统，这里的不确定性是指描述被控对象及其环境的数学模型不是完全确定的，其中包含一些未知因素和随机因素。

任何一个实际系统都具有不同程度的不确定性，这些不确定性有时表现在系统内部，有时表现在系统外部。从系统内部来讲，描述被控对象数学模型的结构和参数，设计者事先并不一定能确切知道。作为外部环境对系统的影响，可以等效地用许多扰动来表示。这些扰动通常是不可预测的，它们可能是不确定性的，如负载扰动，其幅值和出现的时间是不确定的；也可能是随机性的，如海浪和阵风的扰动。此外，还有一些量测噪声从不同的测量反馈回路进入系统。这些随机扰动和噪声的统计特性常常是未知的。面对这些客观存在的不确定性，如何设计适当的控制作用，使得某一指定的性能指标达到并保持最优或近似最优，这就是自适应控制所要研究解决的问题。

自适应控制讨论的被控对象，一般是指被控对象的结构已知，仅仅是参数未知，而且采用的控制方法仍然是基于数学模型的方法。所不同的只是自适应控制依据的关于模型和扰动的先验知识比较少，需要在系统的运行过程中不断提取有关模型的信息，使模型逐渐完善。具体地说，可以依据被控对象的输入/输出数据不断地辨识模型参数，该过程称为系统的在线辨识。随着生产过程的不断进行，通过在线辨识，模型会变得越来越准确，越来越接近于实际。既然模型在不断地改进，那么基于这种模型综合出来的控制作用也将随之不断改进。在这个意义下，控制系统具有一定的适应能力。例如，当系统在设计阶段时，由于被控对象特性的初始信息比较缺乏，系统在刚开始投入运行时性能不理想，但是只要经过一段时间运行，通过在线辨识和控制以后，控制系统逐渐适应，最终会将自身调整到一个满意的工作状态。另外，某些被控对象，其特性可能在运行过程中要发生较大的变化，但通过在线辨识和改变控制器参数，系统也能逐渐适应。总之，在自适应控制系统中发生的变化过程分为两个类型，一类是系统状态的变化，变化速度比较快；另一类是参数变化和调整，变化速度比较慢。这就提出了两个时间尺度的概念，适用于常规反馈控制的快时间尺度以及适用更新控制器参数的慢时间尺度。两种时间尺度的过程并存，是自适应控制的又一特点，它同时也增加了自适应控制系统分析的难度。

当然，常规反馈控制系统对于系统内部特性的变化和外部扰动的影响都具有一定的抑制能力，但由于控制器参数是固定的，因此当系统内部特性变化或外部扰动的变化幅度很大时，系统的性能常常会大幅度下降，甚至不稳定。由此可见，对于那些对象特性或扰动特性变化范围很大，同时又要求保持高性能指标的一类系统，采用自适应控制是合适的。

7.1.2 两类重要的自适应控制系统

自适应控制器与常规控制器的不同之处在于其控制器的参数是可变的，而且有一个基于系统信号的能在线调整这些参数的机构。从20世纪50年代末期由美国麻省理工学院提出第一个自适应控制系统以来，先后出现过许多不同形式的自适应控制系统。发展到现阶段，无论是从理论研究还是从实际应用的角度来看，比较成熟的自适应控制系统有两类，模型参考自适应控制(model reference adaptive control，MRAC)系统和自校正控制(self-tuning control，STC)系统。

1. 模型参考自适应控制系统

一般来说，模型参考自适应控制系统由被控对象、参考模型、反馈控制器和调节控制器参数的自适应调节机构等部分组成，如图7.1所示。

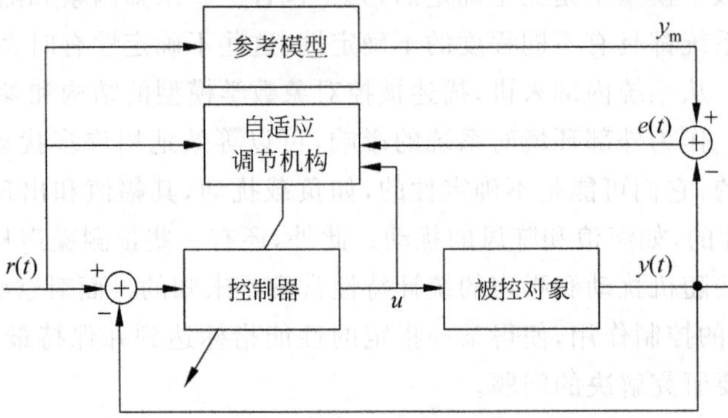

图7.1 模型参考自适应控制系统的结构框图

从图7.1可以看出，这类控制系统包含两个环路：内环和外环。内环由具有未知参数的被控对象和含有可调节参数的反馈控制器组成普通反馈回路，而可调节的控制器参数则由外环调整。

被控对象的结构假设是已知的，但参数是未知的。对于线性对象，这意味着零、极点的数目假设是已知的，但其位置是未知的；对于非线性被控对象，这意味着动态方程的结构是已知的，但某些参数是未知的。

参考模型是确定自适应控制系统对外部命令的理想响应，参考模型的输出 y_m 直接表示被控对象输出应当怎样理想地响应参考输入信号 $r(t)$。直观上看，它提供了自适应机构在调节参数中应该搜寻的理想响应。因此，参考模型的选择是自适应控制设计的一部分，它必须满足两个要求，一方面，它应该反映系统在控制过程中应有的特性，如上升时间、调节整时间、超调量或其他频域特性；另一方面，这个理想的特性对自适应控制系统来说应该是可实现的，即可以给定被控对象模型的假设结构(如模型的阶数和相对阶)。这种用参考模型输出来直接表达对系统动态性能要求的做法，对于一些运动控制系统往往是很直观和方便的。

控制器通常带有一些可调整的参数(这意味着通过赋予不同的参数值，可以得到一系列控制器)。控制器应该具有完全的跟踪能力，这样才有可能达到跟踪收敛，即当被控对象的参数精确知道时，相应的控制器参数应该使被控对象的输出等于参考模型的输出。当被控对象的参数未知时,则自适应机构将调整控制器的参数,从而渐近地实现完全跟踪。如果控制律中可调整的参数是线性的,则称控制器是线性参数化的。为了得到保证稳定性和跟踪收敛性的自适应控制系统,现有的自适应控制设计方法一般要求控制器的线性参数化。

控制器参数的自适应调整过程是这样的:当参考输入 $r(t)$同时加到自适应控制系统和参考模型时,由于被控对象的初始参数未知,控制器的初始参数不可能调整的很好。因此,一开始运行系统的输出响应 $y(t)$与参考模型的输出响应 $y_{\mathrm{m}}(t)$是不可能完全一致的,结果产生偏差信号 $e(t)$,由 $e(t)$驱动自适应机构产生适当的调节作用,直接改变控制器的参数,从而使系统的输出 $y(t)$渐近地与参考模型输出 $y_{\mathrm{m}}(t)$接近,直到 $y(t)=y_{\mathrm{m}}(t)$,$e(t)=0$ 为止。当 $e(t)=0$ 后,自适应参数调整过程也就自动中止。当对象特性在运行过程中发生变化时,控制器参数的自适应调整过程与上述过程完全一样。

设计自适应控制系统的核心问题是如何设计综合参数自适应调整律(以下简称自适应律),即自适应机构所应遵循的算法。关于自适应律的设计目前存在两种不同的方法。第一种称为局部参数最优化的方法,即利用梯度或其他参数优化的递推算法求得一组控制器的参数,使得某个预定的性能指标,如 $J=\int e^2(t)\mathrm{d}t$ 达到最小。最早的麻省理工学院(Massachusetts Institute of Technology,MIT)自适应律就是利用这种方法求得的。这种方法的缺点是不能保证参数调整过程中系统总是稳定的。另一种设计方法是基于稳定性理论的方法,其基本思想是保证控制器参数自适应调节过程是稳定的,使跟踪误差收敛于零,然后尽量使该过程收敛快一些。显然,该方法与常规控制的主要区别在于其自适应机构的存在,且能在参数变化时仍然保证控制系统稳定和跟踪误差收敛于零。

由于稳定性是任何闭环控制系统的基本要求,且自适应控制系统本质上是非线性的,因此这种自适应律的设计自然要采用适用于非线性系统的稳定理论。目前,李雅普诺夫稳定性理论、Popov 的超稳定性理论和耗散性理论都可用于自适应律的设计,尽管一种方法可能比另一种方法更方便,但结果常常是等价的。本章将主要应用李雅普诺夫稳定性理论来进行设计。

2. 自校正控制系统

在非自适应控制设计方法中(如极点配置),控制器参数是根据被控对象的参数来计算的。如果被控对象的参数未知,那么可以加入一个被控对象参数的估计器,用估计值代替未知参数值。因此,自校正控制器是将一个控制器和一个在线(递推)估计器结合一起形成的控制器。由于要估计被控对象的参数,因此控制器参数还要求解一个设计问题方能得出。图 7.2 所示为自校正控制系统的结构框图。这种自适应控制器也可设想成由内环和外环两个环路组成,内环包括被控对象和一个普通的反馈控制器,该控制器的参数由外环调节;外环则由一个未知对象参数估计机构和一个控制器参数调节机构组成。这种系统的建模过程和控制设计都是自动进行的,每个采样周期都要更新一次。这种结构的自适应控制器也称为自校正调节器,采用这个名称是为了强调控制器能自动校正自己的参数,以得到期望的闭环控制系统性能指标。

自校正控制器的工作原理是:在每一时刻,估计器都送出一组估计的被控对象参数(图 7.2 中的 $\hat{a}$),这些估计值是基于过去时刻被控对象的输入 u 和输出 y 计算得到的;然后由控制器参数调节机构计算出相应的控制器参数,并且根据这些控制器参数和测量信号

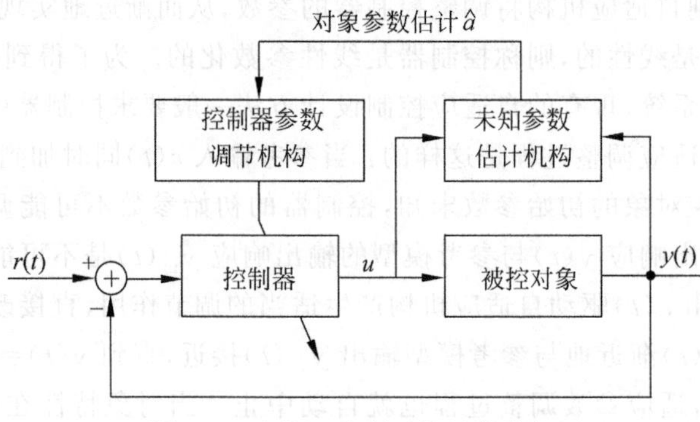

图 7.2 自校正控制系统的结构框图

计算出控制输入 u；在控制输入 u 的作用下，又产生新的被控对象输出。如此重复周期性地进行参数和输入的修正。应该指出，这里把被控对象参数的估计值当作了对象参数的真值来计算控制器参数。这种思想常被称为确定性等效原则。

参数估计可以简单地理解为求出一组符合被控对象输入/输出数据的参数过程。这一点不同于模型参考自适应控制系统的参数自适应，在那里参数的调节使得跟踪误差收敛到零。图 7.2 中的控制器参数调节机构表示当被控对象参数已知时，对控制器参数进行在线求解。控制器的形式是多样的，如 PID 调节、最小方差控制、极点配置或 H_∞ 等；同时，参数估计的方法也是多样的，如最小二乘法及其扩展方法、极大似然法等。因此，自校正控制系统的形式非常灵活，可以采用不同的控制和估计方案搭配，可以获得不同的自校正控制器，满足不同的性能指标要求。另外，自校正方法也可用于某些非线性系统，这与线性系统没有任何原则上的区别。

在自校正控制的基本方法中，先估计被控对象的参数，然后计算控制器参数的方法常常称为间接自适应控制，因为它需要将估计的参数变换为控制器的参数。由于对于一个确定的控制方法，控制律参数和被控对象参数往往是互相关联的，这就有可能省掉计算部分。这也表明，可以应用控制器参数重新参数化被控对象模型，然后在该模型上应用标准的估计方法，而不需要进行计算这个环节(算法将大大简化，控制器参数调节机构的方框将不复存在)，就能使控制器参数被直接更新，因此该方法称为直接自适应控制。Astrom 和 Wittermark 最早发表的自校正调节器就是以这种形式出现的。在设计自校正控制器时，不管采用哪种形式，都需要进行参数的在线辨识。虽然自校正控制系统在设计上是灵活的，原理上是简单的，但是其收敛性和稳定性的分析往往很复杂。在模型参考自适应控制系统中，也类似地有修正控制器参数的直接和间接方法。

3. 模型参考自适应控制和自校正控制方法间的关系

如上所述，模型参考自适应控制和自校正控制方法各具不同的特点。模型参考自适应控制来源于确定性系统的跟踪问题，其参数修正是为了使被控对象输出和参考模型输出之间的跟踪误差最小；而自校正控制器则来源于随机调节问题，其参数的修正则是为了使输入/输出测量的数据适配误差最小。但是，从图 7.1 和图 7.2 可以清楚地看出，这两种设计方法间同样存在着紧密的关系。两种系统都具有一个控制内环和一个参数估计外环，内环都是由被控对象和反馈调节器组成的普通反馈控制回路，内环控制器具有由外环调整的可调参数，而外环的调整以被控对象的输入和输出反馈为基础。

这两个系统的内环设计方法和由外环调整内环控制器参数时所用的技术是不同的，在分析和实现方面有很大的差异。与模型参考自适应控制系统相比，自校正控制系统由于可以将不同的控制器与不同的估计器组合在一起（控制和估计分离），调节的参数是经由参数估计和控制的设计计算而间接进行更新的，因此具有更多的灵活性。但是，自校正控制器的稳定性和收敛性往往很难保证，它常常要求系统的信号足够丰富，以使得估计的参数收敛于真值。如果信号不足够丰富（例如，如果参考模型信号是零或者常数），则估计的参数可能不趋近于真值，这将导致控制系统的稳定和收敛无法保证。这种情况下，必须将振动信号引入输入，或者以某种方式修改控制律。但是，在模型参考自适应控制系统中，控制器的参数是直接更新的。另外，无论信号是否足够丰富，稳定性和跟踪误差的收敛通常都能得到保证。

从历史的角度看，模型参考自适应控制方法起源于确定伺服机构的最优控制，而自校正控制方法是在随机调节问题研究的基础上发展起来的。模型参考自适应控制系统经常考虑用连续时间的形式，而自校正控制系统则采用离散时间形式。最近几年也已经开发了离散时间系统的模型参考自适应控制器和连续时间系统的自校正控制器。本章将主要研究连续时间系统的模型参考自适应控制。

7.1.3　自适应控制的应用概况

自适应控制系统本质上是一种非线性系统，所以分析这种系统相当困难。自适应控制系统的理论进展比较缓慢，许多研究工作在理论上仍未达到合理和完整的程度。由于自适应控制系统的特性复杂，因此必须从几种不同的角度考察它们。例如，非线性系统理论、稳定性理论、系统辨识、参数估计和最优控制理论等有助于理解自适应控制系统的特性。但是，对于自适应控制系统本身来说，最重要的研究课题还是集中在稳定性、收敛性和鲁棒性上。

早在20世纪50年代，由于飞行控制的需要，美国MIT的Whither教授首先提出了模型参考自适应控制方法，并且试图用它解决飞机的自动驾驶问题。限于当时的计算机技术和控制理论的发展水平，飞行试验没有成功，这些新的控制思想也没有得到应有的普及和推广。之后，经过30余年的努力，自适应控制理论和系统的设计方法都有了很大的进展，特别是计算机技术的飞速发展，微型计算机和微处理器的广泛普及，自适应控制的应用又重新引起了控制工程师们的极大兴趣。20世纪70年代以来，自适应控制不仅在工程应用方面取得了较大的进步，出现了一批成功应用的实例，而且在非工程领域，如社会、经济、管理、生物、医学等方面也进行了一些新的探索。以下仅对工程应用的几个主要方面做概略介绍。

(1) **机械手控制**。在机械手控制方面，自适应控制技术较早地获得了成功的应用。机械手必须操作具有不同尺寸、质量和质量分布的负载。在机械手抓起和搬运这些负载之前，要想准确地知道负载的惯量参数是十分困难的。因此，如果采用常数增益的控制器，而负载参数又不能准确知道时，机械手的运动就会不准确或者不稳定。相反，自适应控制却能使机械手高速和高精度地搬运未知参数的负载。例如，卫星跟踪望远镜的高精度伺服系统，由于采用了模型参考自适应控制技术，自动补偿了系统在低速和超低速运行时系统惯量的变化、增益的变化及摩擦负载的非线性特性变化，从而大幅度地提高了系统稳态和动态跟踪的精度。

(2) **轮船驾驶**。大型海洋考察船和油轮的自动驾驶是成功应用自适应控制的另一个例子。这里，自适应自动驾驶仪取代了原有的PID调节器。实践证明，采用自适应自动驾驶仪后，在变化的复杂随机环境下，如在海浪、阵风、潮流等的扰动下，在不同的气候、不同的负荷、不同的航速下，船舶都能适应，并且能够经济地、准确地和稳定可靠地航行。

(3) **飞行控制**。飞机的控制是需要采用自适应控制技术的重要领域，这是因为飞机的动态特性取决于许多环境参数和结构参数，如与动态气压、高度、质量、机翼角、阻尼板位置等参数都有关。在不同的环境条件下，这些参数可能在相当大的范围内变化。因此，要想在不同的飞行条件下都能获得高性能指标往往是很困难的。传统的解决办法是根据不同的环境条件，按事先安排好的程序，改变控制器增益以适应不同的环境，这种控制方法称为增益调度控制。为了确定运行时环境条件，需要量测所有影响飞机动态特性的参数，如动态气压和高度，因此控制性能不可能很理想。对于飞机这类工作环境复杂、参数幅度变化大的被控对象，采用自适应控制方案自然是很合理的，因为采用自适应控制后，不仅可以大大节省常规控制系统中使用的复杂传感器，而且可以改善不同飞行条件下的控制性能，证实了采用自适应控制的优越性。

(4) **过程控制**。在工业过程控制方面，由于原材料成分的不稳定(其成分随机波动)，或者由于改换产品种类，或者由于设备磨损等，都会使工艺参数发生变化，从而使产品质量不稳定。常规 PID 调节器不能很好地适应工艺参数的变化，往往需要经常进行整定。当采用自校正控制器后，由于控制器参数可以随环境和特性的变化而自动整定，因此对各种不同的运行条件，控制器都能很好地工作，使被控过程输出对其设定值的方差达到最小。这样既保证了产品质量，又节省了原材料和能源的消耗。由于自校正控制的算法简单，一般用微机即可实现，因此在工业控制的许多领域，如造纸机的纸张基重(单位面积的质量)控制、湿度控制、水泥配料控制、热交换机温度控制、化工过程的 pH 控制等方面，自校正控制器都得到了成功的应用。

自适应控制也在其他领域得到了应用，如动力系统和生物医学工程。大多数自适应控制是针对处理不可避免的参数变化或参数不确定性的，然而在某些应用场合，特别是在过程控制中，一个给定的系统可以有数百个控制回路，自适应控制也可用以减少要手工调整的设计参数的数目，从而提高工程效率和实用性。

为了深入理解自适应控制系统的特性和避免数学上的困难，在分析自适应控制设计时，将假设未知的被控对象参数是常数。实际上，自适应控制系统常用来处理时变的未知参数。为了使分析的结论能应用于实际情况，要求时变的被控对象参数的变化比参数自适应过程要慢得多。幸好，许多实际情况通常满足这一要求。必须注意的是，参数的迅速变化往往表明建模是不恰当的，引起参数变化的动力学特性应该另外建模。

最后，应该指出，如在第 6 章所看到的那样，滑动模态变结构控制也可以用于处理参数不确定性问题。因此，人们自然想了解滑动模态变结构控制与自适应控制两种方法间的区别和联系。原则上，在处理定常或渐变参数的不确定性问题时，自适应控制优于滑动模态变结构控制。其基本原因在于自适应控制系统的学习特性，即自适应控制器在自适应过程中能改进其特性，而滑动模态变结构控制器只是简单地试图保持一致的特性；另一个原因则是，自适应控制器需要很少的或者不需要有关未知参数的先验信息，而滑动模态变结构控制器通常需要适当的参数界限的先验估计。相反，滑动模态变结构控制则具有一些自适应控制所没有的优点，如滑动模态变结构控制能处理扰动、快速变化的参数和未建模的动力学问题。这些优点与自适应控制结合，形成自适应滑动模态或自适应变结构控制器。应用这种控制器，定常的或渐变的参数不确定性可以通过参数自适应予以减小，而其他的不确定因素则可通过滑动模态变结构控制技术予以处理。还有一点要强调的是，现有非线性系统的自适应控制方法一般需要进行被控对象动力学方程的线性参数化，即用一组未知参数线性地表述参数的不确定性。在某些情况下，完全线性参数化是不可能的，因而自适应控制也不能实现。但是，滑动模态变结构控制（或者具有鲁棒性能的自适应控制）则可以用于这些情况。

7.1.4　如何设计自适应控制器

在常规（非自适应）控制设计中，首先选择控制器结构（如极点配置），然后根据被控对象的已知参数计算控制器的参数。在自适应控制中，因为被控对象参数是未知的，这样就必须通过一个自适应律来提供控制器的参数。结果，自适应控制设计就包含了更多的内容，需要增加自适应律和附加自适应环时的系统稳定性证明。

自适应控制器的设计通常包括以下三个步骤：

(1) 选择一个具有可变参数的控制律。

(2) 选择一个更新这些参数的自适应律。

(3) 分析整个控制系统的稳定性和收敛性。

自适应控制用于线性系统时，由于可以得到各种不同的控制律和自适应律，因此第(1)步和第(2)步是直接明了的，困难在于第(3)步分析。当应用模型参考自适应控制设计时，自适应控制器通常是逐次逼近而得到的。有时这三步会通过应用适当的李雅普诺夫函数来协调。一般来说，模型参考自适应控制的控制律和自适应律的选择可能相当复杂，而收敛特性的分析却相对简单。

在应用上述步骤对具体的系统进行自适应控制设计之前，首先给出对设计模型参考自适应系统的自适应律非常有用的引理。

定义 7.1　如果

$$\forall \operatorname{Re}[p] \geqslant 0, \quad \operatorname{Re}[H(p)] \geqslant 0 \tag{7.1}$$

式中，p 为拉普拉斯算子，则传递函数 $H(p)$ 是正实的；如果存在某个 $\varepsilon>0$，$\operatorname{Re}[H(p-\varepsilon)]\geqslant 0$ 是正实数，则传递函数 $H(p)$ 是严格正实的。

式(7.1)称为正实条件，指当 p 具有正实部（或为零）时，$H(p)$ 总是具有正实部（或为零）。从几何上说，它表明有理函数 $H(p)$ 把右半闭复平面（包括虚轴）中的每一点映射到右半闭 $H(p)$ 平面。

例 7.1　严格正实函数。考虑有理函数

$$H(p)=\frac{1}{p+\lambda}$$

这是一个一阶系统的传递函数，其中 $\lambda>0$，相应于复变量 $p=\sigma+\mathrm{j}\omega$ 有

$$H(p)=\frac{1}{(\sigma+\lambda)+\mathrm{j}\omega}=\frac{\sigma+\lambda-\mathrm{j}\omega}{(\sigma+\lambda)^2+\omega^2}$$

显然，如果 $\sigma\geqslant 0$，那么 $\operatorname{Re}[h(p)]\geqslant 0$。因此，$H(p)$ 是正实函数。事实上很容易看出，如果选择定义 7.1 中的 $\varepsilon=\lambda/2$，$H(p)$ 是严格正实的。

如果系统的传递函数是严格正实的，那么其状态空间描述有一个重要的数学性质——著名的 Kalman-Yakubovich 引理（简称 KY 引理）。

引理 7.1（Kalman-Yakubovich 引理） 考虑可控的线性时不变的 SISO 系统

$$\begin{cases} \dot{\boldsymbol{x}} = \boldsymbol{A}\boldsymbol{x} + \boldsymbol{b}u \\ y = \boldsymbol{c}^{\mathrm{T}}\boldsymbol{x} \end{cases}$$

传递函数

$$H(p) = \boldsymbol{c}^{\mathrm{T}}(p\boldsymbol{I} - \boldsymbol{A})^{-1}\boldsymbol{b}$$

是严格正实的，当且仅当存在正定矩阵 $\boldsymbol{P}$ 和 $\boldsymbol{Q}$，使得

$$\begin{cases} \boldsymbol{A}^{\mathrm{T}}\boldsymbol{P} + \boldsymbol{P}\boldsymbol{A} = -\boldsymbol{Q} \\ \boldsymbol{P}\boldsymbol{b} = \boldsymbol{c} \end{cases}$$

关于该引理的证明，有兴趣的读者可参考文献[5]。在 KY 引理中，要求所涉及的系统是渐近稳定且完全可控的。修改后的 KY 引理放宽了可控性的条件，我们将它描述如下。

引理 7.2（Meyer-Kalman-Yakubovich 引理） 对于给定的标量 $\gamma \geqslant 0$、向量 $\boldsymbol{b}$ 和 $\boldsymbol{c}$、渐近稳定矩阵 $\boldsymbol{A}$ 和对称正定矩阵 $\boldsymbol{L}$，如果传递函数

$$H(p) = \frac{\gamma}{2} + \boldsymbol{c}^{\mathrm{T}}(p\boldsymbol{I} - \boldsymbol{A})^{-1}\boldsymbol{b}$$

是严格正实的，那么存在标量 $\varepsilon > 0$，向量 $\boldsymbol{q}$ 和对称正定矩阵 $\boldsymbol{P}$，使得

$$\begin{cases} \boldsymbol{A}^{\mathrm{T}}\boldsymbol{P} + \boldsymbol{P}\boldsymbol{A} = -\boldsymbol{q}\boldsymbol{q}^{\mathrm{T}} - \varepsilon\boldsymbol{L} \\ \boldsymbol{P}\boldsymbol{b} = \boldsymbol{c} + \sqrt{\gamma}\boldsymbol{q} \end{cases}$$

引理 7.2 在两个方面与引理 7.1 不同：第一，所涉及的系统有输出方程

$$y = \boldsymbol{c}^{\mathrm{T}}\boldsymbol{x} + \frac{\gamma}{2}u$$

第二，仅仅要求系统是可镇定地（但不一定是可控的）。

引理 7.3 考虑由下述动态方程联系的两个信号 e 和 $\boldsymbol{\phi}$：

$$e(t) = H(p)[k\boldsymbol{\phi}^{\mathrm{T}}(t)\boldsymbol{v}(t)] \tag{7.2}$$

式中，$e(t)$为标量输出信号；$H(p)$为严格正实的传递函数；k 为一个已知符号的未知常数；$\boldsymbol{\phi}(t)$为 $m\times 1$ 维的向量函数；$\boldsymbol{v}(t)$为 $m\times 1$ 维可量测向量。

如果向量 $\boldsymbol{\phi}(t)$根据下式变化：

$$\dot{\boldsymbol{\phi}}(t) = -\operatorname{sgn}(k)\gamma e\boldsymbol{v}(t) \tag{7.3}$$

式中，γ 是正常数，那么 $e(t)$和 $\boldsymbol{\phi}(t)$是全局有界的。另外，如果$\boldsymbol{v}(t)$是有界的，那么当 $t\to\infty$ 时，$e(t)\to 0$。

式(7.2)是一个具有时域和频域符号的混合表达式。它清楚地表明，$e(t)$是严格正实传递函数 $H(p)$的线性系统对输入$[k\boldsymbol{\phi}^{\mathrm{T}}(t)\boldsymbol{v}(t)]$（具有任意初始条件）的响应。这样的混合符号形式在自适应控制的文献中是常见的，而且在下文中将帮助我们定义中间变量。

总之，上述引理意味着如果输入信号依赖于用式(7.3)表达的输出，那么整个系统是全局稳定的（其全部状态均有界）。应该指出，图 7.3 所示的反馈系统，其中被控对象动态特性是严格正实的，而且具有一些独特的性质。

证明 假设式(7.2)的状态空间描述为

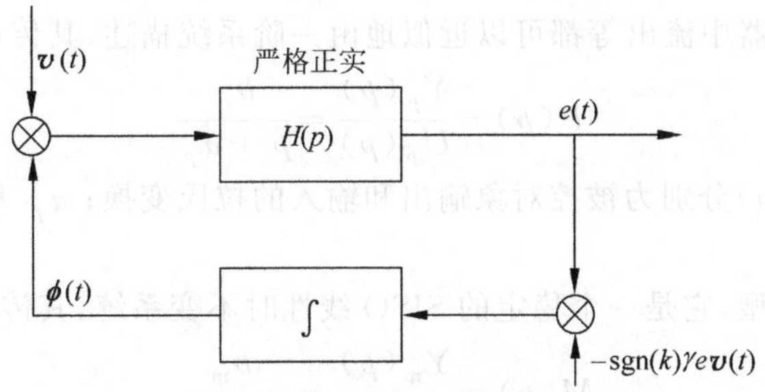

图 7.3 含有严格正实的传递函数的系统

$$\begin{cases}\dot{\boldsymbol{x}}=\boldsymbol{A}\boldsymbol{x}+\boldsymbol{b}[k\boldsymbol{\phi}^{\mathrm{T}}\boldsymbol{v}] \\ e=\boldsymbol{c}^{\mathrm{T}}\boldsymbol{x}\end{cases} \tag{7.4}$$

因为 $H(p)$是严格正实的,根据引理 7.1,给定一个对称正定矩阵 $\boldsymbol{Q}$,存在另一个对称正定矩阵 $\boldsymbol{P}$,使得

$$\begin{cases}\boldsymbol{A}^{\mathrm{T}}\boldsymbol{P}+\boldsymbol{P}\boldsymbol{A}=-\boldsymbol{Q} \\ \boldsymbol{P}\boldsymbol{b}=\boldsymbol{c}\end{cases}$$

假设 V 是具有如下形式的正定函数

$$V[\boldsymbol{x},\boldsymbol{\phi}]=\boldsymbol{x}^{\mathrm{T}}\boldsymbol{P}\boldsymbol{x}+\frac{|k|}{\gamma}\boldsymbol{\phi}^{\mathrm{T}}\boldsymbol{\phi} \tag{7.5}$$

沿着式(7.4)和式(7.3)定义的系统轨线,正定函数 V 的时间导数为

$$\dot{V}=\boldsymbol{x}^{\mathrm{T}}(\boldsymbol{P}\boldsymbol{A}+\boldsymbol{A}^{\mathrm{T}}\boldsymbol{P})\boldsymbol{x}+2\boldsymbol{x}^{\mathrm{T}}\boldsymbol{P}\boldsymbol{b}(k\boldsymbol{\phi}^{\mathrm{T}}\boldsymbol{v})-2\boldsymbol{\phi}^{\mathrm{T}}(ke\boldsymbol{v})=-\boldsymbol{x}^{\mathrm{T}}\boldsymbol{Q}\boldsymbol{x}\leqslant 0 \tag{7.6}$$

所以,式(7.4)和式(7.3)定义的系统是全局稳定的。式(7.5)和式(7.6)也说明,e 和 $\boldsymbol{\phi}$ 是全局有界的。

如果信号 $\boldsymbol{v}(t)$是有界的,则 $\dot{x}$ 也是有界的,这意味着 $\dot{V}$ 一致连续,因为它的导数

$$\ddot{V}=-2\boldsymbol{x}^{\mathrm{T}}\boldsymbol{Q}\dot{\boldsymbol{x}}$$

是有界的。然后,应用巴巴拉特引理可以证明 $e(t)$渐近收敛于零。

证毕。

值得指出的是,由式(7.2)和式(7.3)定义的系统不仅保证了 e 和 $\boldsymbol{\phi}$ 的有界性,而且从式(7.5)可知,也保证了全部状态 $\boldsymbol{x}$ 的有界性。根据引理 7.2,式(7.4)的状态空间实现可以是非最小的(意味着可能存在不可观测或不可控的模态),只要这些不可观测和不可控的模态是稳定的,系统稳定性就不受 $\boldsymbol{\phi}$ 的选择的影响。

在模型参考自适应控制设计中,被控对象输出和参考模型输出间的跟踪误差常与式(7.2)确定的参数估计误差有关,因而式(7.3)提供了一种在确保系统稳定的条件下调节控制器估计参数的更新方法。

7.2 一阶系统的自适应控制

为了说明如何设计和分析自适应控制系统,现在应用模型参考自适应控制方法讨论一阶系统的自适应控制。在工程上,一些简单系统可以用一阶模型描述,如汽车的制动系统、

瞬间放电或液体从容器中流出等都可以近似地由一阶系统描述,其传递函数为

$$P(p)=\frac{Y_p(p)}{U_p(p)}=\frac{b_p}{p+a_p} \tag{7.7}$$

式中,$Y_p(p)$和$U_p(p)$分别为被控对象输出和输入的拉氏变换;a_p 和b_p 为被控对象的未知参数。

选择一个参考模型,它是一个稳定的 SISO 线性时不变系统,其传递函数为

$$M(p)=\frac{Y_{\mathrm{m}}(p)}{R_{\mathrm{m}}(p)}=\frac{b_{\mathrm{m}}}{p+a_{\mathrm{m}}} \tag{7.8}$$

式中,M 为一个严格正实的函数;$b_{\mathrm{m}},a_{\mathrm{m}}>0$,可由设计者按希望的输出响应来任意选取。

被控对象和参考模型的时域描述如下:

$$\dot{y}=-a_p y+b_p u \tag{7.9}$$

$$\dot{y}_{\mathrm{m}}=-a_{\mathrm{m}}y_{\mathrm{m}}+b_{\mathrm{m}}r(t) \tag{7.10}$$

式中,y 为被控对象的输出;u 为控制输入;a_{m} 和b_{m} 为常参数;$r(t)$为有界的外部参考输入信号。

参数a_{m} 必须是严格正的,以使得参考模型稳定。为不失一般性,b_{m} 设为严格正的。

控制器设计的目标就是设计控制律和参数自适应律,使被控对象输出 $y(t)$渐近地跟踪参考模型的输出 $y_{\mathrm{m}}(t)$,即模型跟踪误差 $y(t)-y_{\mathrm{m}}(t)$渐近收敛于零;而且在整个控制过程中,系统所有信号保持有界。为了达到这个目的,必须假设未知参数 b_p 的符号是已知的,这是一个实际中常常容易满足的条件。

7.2.1 控制律的选择

控制信号$u(t)$可以由参考输入$r(t)$和被控对象的输出信号$y(t)$的线性组合构成,图 7.4 中虚线所框部分是一个闭环可调系统,它由被控对象、前馈可调参数$\hat{a}_r$ 和反馈可调参数$\hat{a}_y$ 组成。作为自适应控制设计的第一步,控制律可由图 7.4 直接得出,即有

$$u=\hat{a}_r(t)r+\hat{a}_y(t)y \tag{7.11}$$

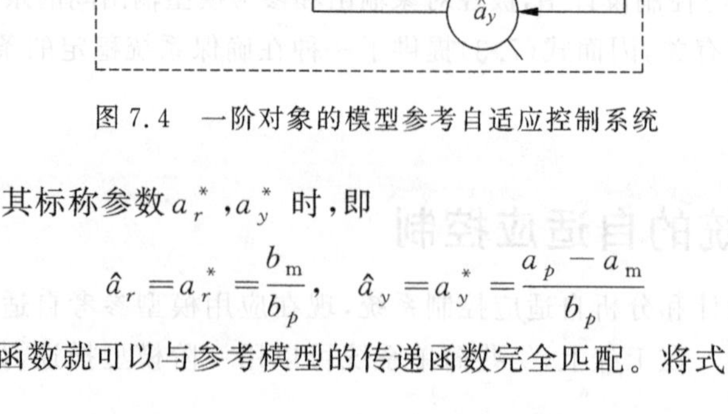

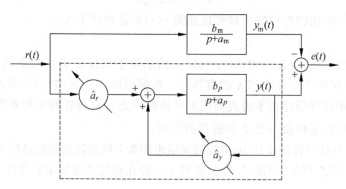

图 7.4 一阶对象的模型参考自适应控制系统

当$\hat{a}_r,\hat{a}_y$ 等于其标称参数a_r^*,a_y^* 时,即

$$\hat{a}_r=a_r^*=\frac{b_{\mathrm{m}}}{b_p},\quad \hat{a}_y=a_y^*=\frac{a_p-a_{\mathrm{m}}}{b_p}$$

则可调系统的传递函数就可以与参考模型的传递函数完全匹配。将式(7.11)代入式(7.9),

可得闭环动态方程为

$$\dot{y} = -a_p y(t) + b_p[\hat{a}_y y(t) + \hat{a}_r r(t)]$$

$$= -[a_p - b_p \hat{a}_y]y(t) + b_p \hat{a}_r r(t) \tag{7.12}$$

实际上，如果被控对象参数是已知的，闭环动态方程(7.12)就可简化为

$$\dot{y}(t) = -a_m y(t) + b_m r(t)$$

这与参考模型动态方程是一致的，因而跟踪误差收敛于零。在这种情况下，控制律(式(7.11))的第一项使系统具有正确的增益，而第二项用来抵消式(7.9)中的($-a_p y$)项和配置期望极点$-a_m$。

在自适应控制问题中，由于a_p和b_p是未知的，因此控制输入将要自适应地实现这些目标，即自适应控制律要不断地根据跟踪误差$y-y_m$寻找正确的增益，以使得y渐近地趋于y_m。

7.2.2　自适应律的选择

现在设计参数$\hat{a}_r$和$\hat{a}_y$的自适应律。设

$$e = y(t) - y_m(t)$$

为跟踪误差。参数估计误差定义为由自适应律确定的控制器参数和实际参数之差，即

$$\tilde{\boldsymbol{a}}(t) = \begin{bmatrix} \tilde{a}_r \\ \tilde{a}_y \end{bmatrix} = \begin{bmatrix} \hat{a}_r - a_r^* \\ \hat{a}_y - a_y^* \end{bmatrix} \tag{7.13}$$

由式(7.10)减去式(7.12)，可以得到跟踪误差的动态方程

$$\dot{e} = -a_m(y - y_m) + (a_m - a_p + b_p \hat{a}_y)y + (b_p \hat{a}_r - b_m)r$$

$$= -a_m e + b_p(\tilde{a}_r r + \tilde{a}_y y) \tag{7.14}$$

式(7.14)可以方便地表示为

$$e = \frac{b_p}{p + a_m}(\tilde{a}_r r + \tilde{a}_y y) = \frac{1}{a_r^*}M(p)(\tilde{a}_r r + \tilde{a}_y y) \tag{7.15}$$

参数估计误差和跟踪误差间的关系(式(7.15))满足式(7.2)。所以，由引理 7.3 得到参数自适应律为

$$\dot{\hat{a}}_r = -\operatorname{sgn}(b_p)\gamma er \tag{7.16a}$$

$$\dot{\hat{a}}_y = -\operatorname{sgn}(b_p)\gamma ey \tag{7.16b}$$

式中，γ为正的自适应增益常数。

由式(7.16)可以看出，$\operatorname{sgn}(b_p)$确定了搜索适合的控制参数方向。

7.2.3　跟踪收敛性分析

选择了上面的控制律和自适应律，现在就可以应用李雅普诺夫理论或等价的引理 7.3 分析系统的稳定性和收敛性。选择李雅谱诺夫函数为

$$V(e, \boldsymbol{\phi}) = \frac{1}{2}e^2 + \frac{1}{2\gamma}|b_p|(\tilde{a}_r^2 + \tilde{a}_y^2)$$

李雅普诺夫函数沿着系统轨线的导数为

$$\dot{V} = -a_m e^2$$

因此，自适应控制系统是全局稳定的，即信号e、$\tilde{a}_r$和$\tilde{a}_y$是有界的。此外，也可根据巴巴拉特引理得到跟踪误差$e(t)$是全局渐近收敛的。这是因为e、$\tilde{a}_r$和$\tilde{a}_y$的有界性蕴含着

$\dot{e}$ 有界,因此 $\dot{V}$ 是一致连续的。

令人感兴趣的是,为什么自适应律(式(7.16))能导致跟踪误差收敛?为了理解这个问题,让我们直观地研究一下控制参数应该怎样改变。不失一般性,我们考虑 $\mathrm{sgn}(b_p)$ 为正的情况。假设在某一确定时刻跟踪误差 e 为负,意味着被控对象输出太小。根据式(7.9),为了增大对象的输出,控制输入 u 应该增加。由式(7.11)可知,控制输入 u 的增加可以通过增加 $\hat{a}_r$ 来实现(假设 $r(t)$ 是正的)。所以,这样的自适应律,即 $\hat{a}_r$ 的变化率取决于 $\mathrm{sgn}(b_p)$、r 和 e 的乘积从直观上看是合理的。对于 $\tilde{a}_y$ 自适应原理也可以类似地分析。

例 7.2 考虑不稳定的被控对象

$$\dot{y} = y + 3u$$

对象参数 $a_p = -1, b_p = 3$,对于自适应控制器而言假设是未知的。选用的参考模型是

$$\dot{x}_{\mathrm{m}} = -4x_{\mathrm{m}} + 4r$$

即 $a_{\mathrm{m}} = 4, b_{\mathrm{m}} = 4$,选择自适应增益 $\gamma = 2$。控制器的两个参数的初始值选为零,这意味着没有关于参数信息的先验知识。被控对象和参考模型的初始条件均为零。

仿真中用到如下两个不同的参考信号:

(1) $r(t) = 4$,从图 7.5 中看出,跟踪误差收敛于零,但参数误差不收敛于零。

(2) $r(t) = 4\sin(3t)$,从图 7.6 中看出,跟踪误差和参数误差均收敛于零。

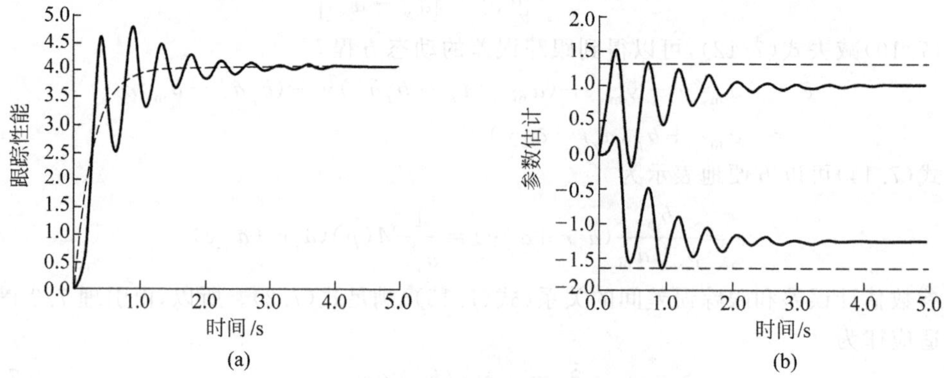

图 7.5 $r(t) = 4$ 时的跟踪特性和参数估计

(a) 跟踪性能;(b) 参数估计

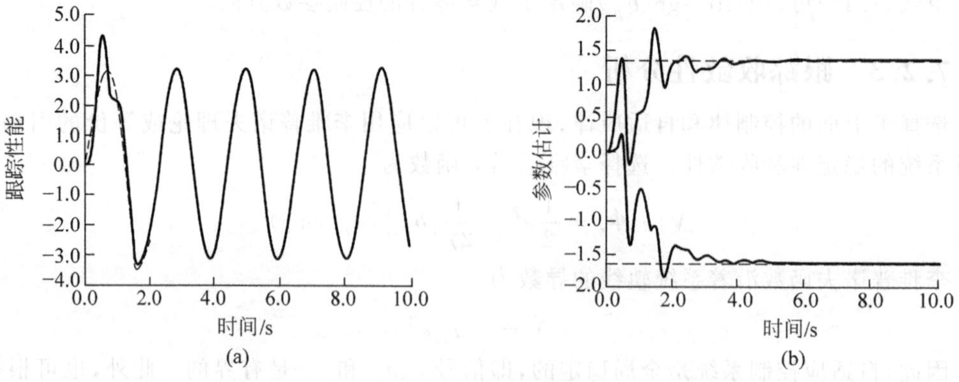

图 7.6 $r(t) = 4\sin(3t)$ 时的跟踪特性和参数估计

(a) 跟踪性能;(b) 参数估计

值得注意的是，在上述自适应控制设计中，虽然对于任意正的γ、a_m和b_m，自适应控制器的稳定性和收敛性都能得到保证，但如果增益γ选择太小，那么自适应过程将会变慢，暂态跟踪误差增大；相反，如果自适应增益γ太大，将导致参数振荡严重。所以，未建模动力学的激励限制了增益的大小，因而也限制了自适应控制系统的性能。

7.2.4　参数收敛性分析

为了深入理解自适应控制系统的性能，下面分析估计参数的收敛性。从例7.2的仿真结果可以看出，对于其中一个参考信号，估计参数能收敛于实际的参数值；而对另一个参考信号却不能。这促使我们考虑参考信号的特征和参数收敛性之间的关系，即除非参考信号$r(t)$满足一定的条件，否则估计参数将不收敛于理想的控制器参数。

的确，从直观上分析也可以看出参考信号特征和估计参数之间存在着这样一种关系。在模型参考自适应控制系统中，自适应机构的目标是找出驱使跟踪误差为$y-y_m$为零的参数。如果参考信号$r(t)$非常简单，如为零或者为常数，那么除理想的控制器参数向量外，还有许多参数向量都可能导致跟踪误差收敛。这样，自适应规律就不必一定要找出这组理想的参数。设Ω为保证对特定的参考信号曲线$r(t)$跟踪误差收敛的所有参数向量组成的集合，那么，依据初始条件，估计参数的向量可以收敛于集合中的任何点或在集合周围变化，而不收敛于参数真值。但是，如果参考信号$r(t)$如此复杂，以至于只有参数真值向量$\boldsymbol{a}^*=[a_r^*,a_y^*]$才能导致跟踪误差收敛，那么就会得到参数收敛。

现在找出参数收敛的准确条件。为了避免冗长的叙述，这里采用简化论证的办法。注意到式(7.15)中稳定滤波器的输出收敛于零，而且容易证明其输入是一致连续的，因此$\tilde{a}_r r+\tilde{a}_y$必须收敛于零。根据自适应律(式(7.16))和跟踪误差收敛，参数估计的速度收敛于零。因此，当时间t很大时，$\tilde{a}$几乎是常数，并且

$$r(t)\tilde{a}_r+y(t)\tilde{a}_y=0$$

即

$$\boldsymbol{v}^{\mathrm{T}}(t)\tilde{\boldsymbol{a}}=0 \tag{7.17}$$

式中，

$$\boldsymbol{v}=[\boldsymbol{r},y]^{\mathrm{T}},\quad \tilde{\boldsymbol{a}}=[\tilde{a}_r,\tilde{a}_y]^{\mathrm{T}}$$

这里获得一个具有时变系统的方程和两个变量。参数收敛性问题被简化为向量$[r(t),y(t)]^{\mathrm{T}}$应该满足什么条件时，方程才有唯一解。

如果$r(t)$是常数r_0，那么对于很大的时间t，有

$$y(t)=y_m=\alpha r_0$$

式中，α为参考模型的直流增益。因此

$$[r,y]=[1,\alpha]r_0$$

式(7.17)变为

$$\tilde{a}_r+\alpha\tilde{a}_y=0$$

显然，这意味着估计的参数收敛于参数空间的一条直线，而不收敛于零。对于例7.2，当$\alpha=1$时，上述方程表明，两个参数的稳态误差将会是大小相等而符号相反的信号。显而易见，这一点已在图7.5(b)中被证实。

但是，当$r(t)$使得相应的信号向量$\boldsymbol{v}(t)$满足称之为持续激励条件时，可以证明式(7.16)

将保证参数收敛。$\boldsymbol{v}(t)$的持续激励是指存在严格正实常数 a_1 和 T，对于任何 $t>0$，有

$$\int_t^{t+T} \boldsymbol{v}\boldsymbol{v}^{\mathrm{T}} \mathrm{d}\tau \geqslant a_1 \boldsymbol{I} \tag{7.18}$$

为了证明参数收敛，用$\boldsymbol{v}(t)$乘以式(7.17)并在一个时间周期 T 积分，得

$$\int_t^{t+T} \boldsymbol{v}\boldsymbol{v}^{\mathrm{T}} \mathrm{d}\tau \tilde{\boldsymbol{a}} = \boldsymbol{0}$$

式(7.18)意味着这个方程的唯一解是$\tilde{\boldsymbol{a}}=\boldsymbol{0}$，即参数误差为零。直观上看，$\boldsymbol{v}(t)$的持续激励意味着对应于不同的时间 t，向量$\boldsymbol{v}(t)$不能总是线性相关的。

剩下的问题是，$r(t)$和$\boldsymbol{v}(t)$持续激励之间的关系。对于一阶被控对象，很容易证明，如果 $r(t)$至少含有一个正弦成分，那么就能保证$\boldsymbol{v}(t)$的持续激励。

7.2.5 一阶非线性系统的自适应控制

同样的自适应控制设计方法可以用于如下微分方程描述的一阶非线性被控对象：

$$\dot{y} = -a_p y - c_p f(y) + b_p u \tag{7.19}$$

式中，f 为任意已知的非线性函数。

在该动态方程中的非线性是用包含未知常数 c_p 的线性参数化来表征的。现在应用下面的控制律取代控制律(式(7.11))：

$$u = \hat{a}_y y + \hat{a}_f f(y) + \hat{a}_r r \tag{7.20}$$

这里引入第二项的目的是适应地抵消非线性项。

将该控制律代入式(7.19)，然后减去由式(7.10)导出的方程，得到误差的动态方程为

$$e = \frac{1}{k_r^*} M[\tilde{a}_y y + \tilde{a}_f f(y) + \tilde{a}_r r]$$

式中，参数误差 $\tilde{a}_f$ 定义为

$$\tilde{a}_f = \hat{a}_f - \frac{c_p}{b_p}$$

选择自适应律

$$\dot{\hat{a}}_y = -\operatorname{sgn}(b_p)\gamma e y \tag{7.21a}$$

$$\dot{\hat{a}}_f = -\operatorname{sgn}(b_p)\gamma e f \tag{7.21b}$$

$$\dot{\hat{a}}_r = -\operatorname{sgn}(b_p)\gamma e r \tag{7.21c}$$

可以同样地证明，跟踪误差 e 收敛于零，而误差信号保持有界。

就参数收敛而言，如前所述类似的论证可以揭示估计参数的收敛特性。对于定常参考输入 $r=r_0$，估计参数收敛于直线(其中 a 同样是参考模型的直流增益)：

$$r_0 \tilde{a}_r + \tilde{a}_y (a r_0) + \tilde{a}_f f(a r_0) = 0$$

这是一条三维参数空间的直线。为使其参数收敛于理想值，信号向量$\boldsymbol{v}(t) = [r(t) \quad y(t) \quad f(t)]^{\mathrm{T}}$ 应该是持续激励的，即存在正常数 a_1 和 T，使得对于任何时刻 $t \geqslant 0$，有

$$\int_t^{t+T} \boldsymbol{v}\boldsymbol{v}^{\mathrm{T}} \mathrm{d}\tau \geqslant a_1 \boldsymbol{I}$$

一般来说，对于线性系统，m 个参数的收敛估计在参考信号 $r(t)$中至少应有 $m/2$ 个正弦函数。但是，对于这种非线性的情况，这样简单的关系可能是错误的。通常 $r(t)$和$\boldsymbol{v}(t)$

之间的定性关系取决于特定的非线性函数 $f(y)$。目前还不清楚 $r(t)$ 中应有多少正弦函数,才能保证 $\boldsymbol{v}(t)$ 的持续激励。

7.3 线性系统的状态反馈自适应控制

现在考虑更一般系统的自适应控制——线性系统的状态反馈自适应控制。考虑 n 阶伴随型线性系统

$$a_n y^{(n)} + a_{n-1} y^{(n-1)} + \cdots + a_0 y = u \tag{7.22}$$

其中,状态 $\boldsymbol{y} = [y, \dot{y}, \cdots, y^{(n-1)}]^{\mathrm{T}} \in \mathbf{R}^n$ 是可量测的。假设系数向量 $\boldsymbol{a} = [a_n, a_{n-1}, \cdots, a_1, a_0]^{\mathrm{T}}$ 是未知的,但 a_n 的符号是已知的,这种系统的一个典型例子就是质量-弹簧-阻尼器系统:

$$m\ddot{y} + c\dot{y} + ky = u$$

我们可以测量其位置和速度(位置测量可以用光电编码器;速度测量可以用测速发电机,或者简单地对位置信号进行数值微分来测量速度)。

控制的目标是使得 y 跟踪稳定参考模型的响应,参考模型的微分方程为

$$\alpha_n y_m^{(n)} + \alpha_{n-1} y_m^{(n-1)} + \cdots + \alpha_0 y_m = r(t) \tag{7.23}$$

式中,$r(t)$ 为一个有界参考信号。

7.3.1 控制律的选择

定义跟踪误差 $\boldsymbol{e}$ 和信号 $z(t)$ 为

$$e = \boldsymbol{y} - \boldsymbol{y}_m \tag{7.24}$$

$$z(t) = y_m^{(n)} - c_n e^{(n-1)} - \cdots - c_1 e \tag{7.25}$$

式中,$e_i = e^{(i-1)}, i = 1, 2, \cdots, n$;$\boldsymbol{e} = [e_1, e_2, \cdots, e_n]^{\mathrm{T}}$,为跟踪误差向量;标量系数 $c_i > 0$,$i = 1, \cdots, n-1$ 是适当选取的常数,使得多项式 $P(p) = c_1 + \cdots + c_n p^{n-1} + p^n$ 为赫尔维茨稳定。

将式(7.22)的两边加上 $-a_n z(t)$ 并整理,将被控对象动态方程改写为

$$a_n [y^{(n)} - z] = u - a_n z - a_{n-1} y^{(n-1)} - \cdots - a_0 y$$

选择控制律为

$$u = \hat{a}_n z + \hat{a}_{n-1} y^{(n-1)} + \cdots + \hat{a}_0 y = \boldsymbol{v}^{\mathrm{T}}(t) \hat{\boldsymbol{a}}(t) \tag{7.26}$$

式中,

$$\boldsymbol{v}(t) = [z(t), y^{(n-1)}, \cdots, \dot{y}, y]^{\mathrm{T}}$$

$$\hat{\boldsymbol{a}}(t) = [\hat{a}_n, \hat{a}_{n-1}, \cdots, \hat{a}_1, \hat{a}_0]^{\mathrm{T}}$$

式中,$\hat{\boldsymbol{a}}(t)$ 为参数估计向量。

该表达式表示一个极点配置控制器,它将极点配置在系数 $c_i > 0 (i = 1, 2, \cdots, n-1)$ 确定的位置上。这时跟踪误差 $\boldsymbol{e} = \boldsymbol{y} - \boldsymbol{y}_m$ 满足闭环动态方程

$$a_n [e^{(n)} + c_n e^{(n-1)} + \cdots + c_1 e] = \boldsymbol{v}^{\mathrm{T}}(t) \tilde{\boldsymbol{a}}(t) \tag{7.27}$$

式中,

$$\tilde{\boldsymbol{a}} = \hat{\boldsymbol{a}} - \boldsymbol{a}$$

7.3.2 自适应律的选择

下面选择参数自适应律，将闭环误差动态方程(式(7.27))改写为状态空间形式：

$$\begin{aligned}\dot{\boldsymbol{x}} &= \boldsymbol{A}\boldsymbol{x} + \boldsymbol{b}[(1/a_n)\boldsymbol{v}^{\mathrm{T}}\tilde{\boldsymbol{a}}] \\ e &= \boldsymbol{c}^{\mathrm{T}}\boldsymbol{x}\end{aligned} \tag{7.28}$$

式中，

$$\boldsymbol{A}=\begin{bmatrix}0 & 1 & 0 & \cdots & 0\\ 0 & 0 & 1 & \cdots & 0\\ \vdots & \vdots & \vdots & & \vdots\\ 0 & 0 & 0 & \cdots & 1\\ -c_1 & -c_2 & -c_3 & \cdots & -c_n\end{bmatrix},\quad \boldsymbol{b}=\begin{bmatrix}0\\0\\\vdots\\0\\1\end{bmatrix}$$

$$\boldsymbol{c}=[1,0,0,\cdots,0]^{\mathrm{T}},\quad \boldsymbol{x}=[e,\dot{e},\cdots,e^{(n-2)},e^{(n-1)}]$$

选择李雅普诺夫函数

$$V(\boldsymbol{x},\tilde{\boldsymbol{a}})=\boldsymbol{x}^{\mathrm{T}}\boldsymbol{P}\boldsymbol{x}+\tilde{\boldsymbol{a}}^{\mathrm{T}}\boldsymbol{\Gamma}^{-1}\tilde{\boldsymbol{a}}$$

式中，$\boldsymbol{P}$ 和$\boldsymbol{\Gamma}$ 均为对称正定常数矩阵。

另外，对所选择的 $\boldsymbol{Q}$，$\boldsymbol{P}$ 满足

$$\boldsymbol{P}\boldsymbol{A}+\boldsymbol{A}^{\mathrm{T}}\boldsymbol{P}=-\boldsymbol{Q},\quad \boldsymbol{Q}=\boldsymbol{Q}^{\mathrm{T}}>0$$

对李雅普诺夫函数求时间导数，得

$$\dot{V}=-\boldsymbol{x}^{\mathrm{T}}\boldsymbol{Q}\boldsymbol{x}+2\tilde{\boldsymbol{a}}^{\mathrm{T}}\boldsymbol{v}\,\boldsymbol{b}^{\mathrm{T}}\boldsymbol{P}\boldsymbol{x}+2\tilde{\boldsymbol{a}}^{\mathrm{T}}\boldsymbol{\Gamma}^{-1}\dot{\tilde{\boldsymbol{a}}}$$

因此，选择参数自适应律为

$$\dot{\hat{\boldsymbol{a}}}=-\boldsymbol{\Gamma}\boldsymbol{v}\boldsymbol{b}^{\mathrm{T}}\boldsymbol{P}\boldsymbol{x} \tag{7.29}$$

结果为

$$\dot{V}=-\boldsymbol{x}^{\mathrm{T}}\boldsymbol{Q}\boldsymbol{x}\leqslant 0$$

应用巴巴拉特引理容易证明 $\boldsymbol{x}$ 的收敛性。因此，应用控制律(式(7.26))和参数自适应律(式(7.29))定义的自适应控制律，e 及其$(n-1)$阶导数都趋于零。可以证明参数收敛的条件是向量$\boldsymbol{v}$ 的持续激励性。注意到对于具有能控标准型(伴随型)的非线性系统，可以用类似的设计方法，这将在 7.5 节中讨论。

7.4 线性系统的输出反馈自适应控制

考虑仅有输出测量值的自适应控制，而不是全部状态反馈的自适应控制，这种情况的设计比全部状态可测时更为复杂。这是由于必须在控制器中引入动态结构，因为输出仅仅只提供了系统状态的部分信息。为了理解这一点，可以简单地回忆一下，在传统设计中(没有参数不确定的情况)，对于所有状态可测量的系统，用极点配置方法获得的控制就可以使其稳定。然而，对于只有输出可量测的系统，必须设计状态观测器估计不可测状态，然后利用分离原理设计控制器以使其稳定。

SISO 线性时不变系统可以用下面的传递函数描述：

$$\frac{Y_p(p)}{U_p(p)}=W(p)=k_p\frac{N_p(p)}{D_p(p)} \tag{7.30}$$

式中，$N_p(p)$和$D_p(p)$分别为阶次是m和n的首一互质多项式，即

$$D_p(p)=a_0+a_1p+\cdots+a_{n-1}p^{n-1}+p^n$$
$$N_p(p)=b_0+b_1p+\cdots+b_{m-1}p^{m-1}+p^m$$

被控对象传递函数是严格真(指传递函数的相对阶至少为 1)和最小相位的，k_p称为高频增益。在自适应控制问题中，假设系数$a_i,b_j(i=0,1,\cdots,n-1,j=0,1,\cdots,m-1)$和高频增益$k_p$都是未知的，但$k_p$的符号已知。

假设所期望的系统性能由下面的参考模型描述，其传递函数为

$$\frac{Y_{\mathrm{m}}(p)}{R_{\mathrm{m}}(p)}=W_{\mathrm{m}}(p)=k_{\mathrm{m}}\frac{N_{\mathrm{m}}(p)}{D_{\mathrm{m}}(p)}$$

式中，$N_{\mathrm{m}}(p)$和$D_{\mathrm{m}}(p)$分别为维数为n_{m}和m_{m}的赫尔维茨首一互质多项式；$k_{\mathrm{m}}>0$。

众所周知，根据线性系统理论，参考模型的阶差必须大于或等于被控对象的阶差，以使得完全跟踪成为可能。因此，在分析和设计中，假设$n_{\mathrm{m}}-m_{\mathrm{m}}\geqslant n-m$。

控制器设计的目标是确定一个控制律和相应的自适应律，使得被控对象的输出y渐近地趋于参考模型的输出y_{m}，即$t\to\infty$时，$y_p(t)\to y_{\mathrm{m}}(t)$。在确定控制输入时，假设输出$y$是可量测的，但不允许使用输出的微分，以避免数字微分引起噪声放大。

7.4.1　控制律的选择

为了达到期望的控制目标，采用图 7.7 所示的控制器结构。由图 7.7 可以直接得出控制u与变量y_p,r的关系。如果令$R_{\mathrm{m}}(p),U_p(p),Y_p(p)$分别表示$r(t),u(t),y_p(t)$的拉普拉斯变换，则有

$$U_p(p)=k^*R(p)+\frac{c(p)}{\lambda(p)}U_p(p)+\frac{d(p)}{\lambda(p)}Y_p(p)$$

式中，k^*为标量；$c(p),d(p)$和$\lambda(p)$分别为p的$n-2$阶、$n-2$阶和$n-1$阶多项式。

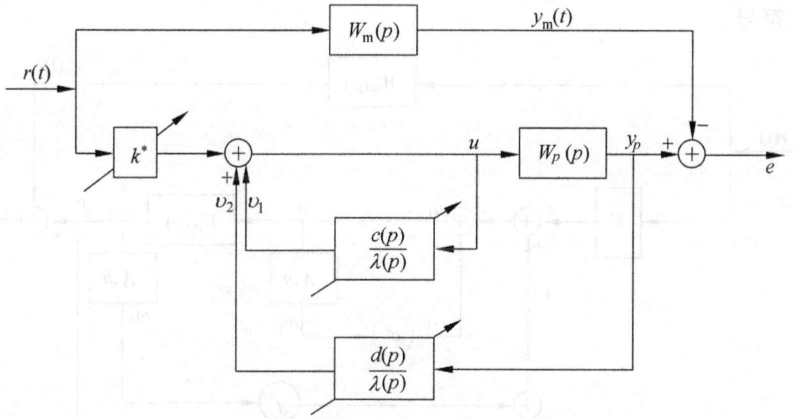

图 7.7　控制器

采用图 7.7 所示控制器结构的优点在于可以得到一个对未知参数的线性表达式。这些未知参数就是多项式$c(p),d(p)$的系数和增益k^*，而控制$u(t)$可由这些参数与相应的已

知信号和可以重构的信号的乘积和组成，在物理上也很容易实现。

下面研究控制器的状态空间表达式。首先选择滤波器，使滤波器矩阵 $\boldsymbol{\Lambda} \in \mathbf{R}^{(n-1)\times(n-1)}$ 的极点与多项式 $N_{\mathrm{m}}(p)$ 的根相同，即

$$\det[p\boldsymbol{I}-\boldsymbol{\Lambda}]=N_{\mathrm{m}}(p) \tag{7.31}$$

选择 $\boldsymbol{h}=[h_1,\cdots,h_{n-1}]^{\mathrm{T}} \in \mathbf{R}^{n-1}$ 为常数向量，使得 $(\boldsymbol{\Lambda},\boldsymbol{h})$ 是可控的，且 $(\boldsymbol{\Lambda},\boldsymbol{h})$ 为能控标准型。令 $\boldsymbol{c}=[c_1,\cdots,c_{n-1}]^{\mathrm{T}} \in \mathbf{R}^{n-1}$ 为多项式 $c(p)$ 的系数向量，则

$$\frac{c(p)}{\lambda(p)}=\boldsymbol{c}^{\mathrm{T}}(p\boldsymbol{I}-\boldsymbol{\Lambda})^{-1}\boldsymbol{h}$$

上述传递函数可用以下状态空间表示来实现：

$$\dot{\boldsymbol{\omega}}_1=\boldsymbol{\Lambda}\boldsymbol{\omega}_1+\boldsymbol{h}u$$

$$v_1=\boldsymbol{c}^{\mathrm{T}}\boldsymbol{\omega}_1$$

式中，$\boldsymbol{\omega}_1 \in \mathbf{R}^{n-1}$ 为 $c(p)/\lambda(p)$ 的状态向量；$v_1 \in \mathbf{R}$ 为 $c(p)/\lambda(p)$ 的输出。

类似地，存在 $d_0 \in \mathbf{R}, \boldsymbol{d} \in \mathbf{R}^{n-1}$，使得

$$\frac{d(p)}{\lambda(p)}=d_0+\boldsymbol{d}^{\mathrm{T}}(p\boldsymbol{I}-\boldsymbol{\Lambda})^{-1}\boldsymbol{h}$$

及

$$\dot{\boldsymbol{\omega}}_2=\boldsymbol{\Lambda}\boldsymbol{\omega}_2+\boldsymbol{h}y_p$$

$$v_2=d_0y_p+\boldsymbol{d}^{\mathrm{T}}\boldsymbol{\omega}_2$$

式中，$\omega_2 \in \mathbf{R}^{n-1}$ 为 $d(p)/\lambda(p)$ 的状态向量；$v_2 \in \mathbf{R}$ 为 $d(p)/\lambda(p)$ 的输出。

标量增益 k^* 定义为 $k^*=\dfrac{k_{\mathrm{m}}}{k_p}$，它是用以调整控制系统的高频增益。

这样形成的自适应控制系统的结构如图 7.8 所示，向量 $\boldsymbol{c}^*$ 包含 $n-1$ 个参数，用以抵消被控对象的零点；向量 $\boldsymbol{d}^*$ 包含 $n-1$ 个参数，与标量增益 d_0^* 一起作用，可以将闭环控制系统的极点移到参考模型极点的位置上。比较图 7.7 和图 7.8，有助于读者熟悉这种结构和相应的表示符号。

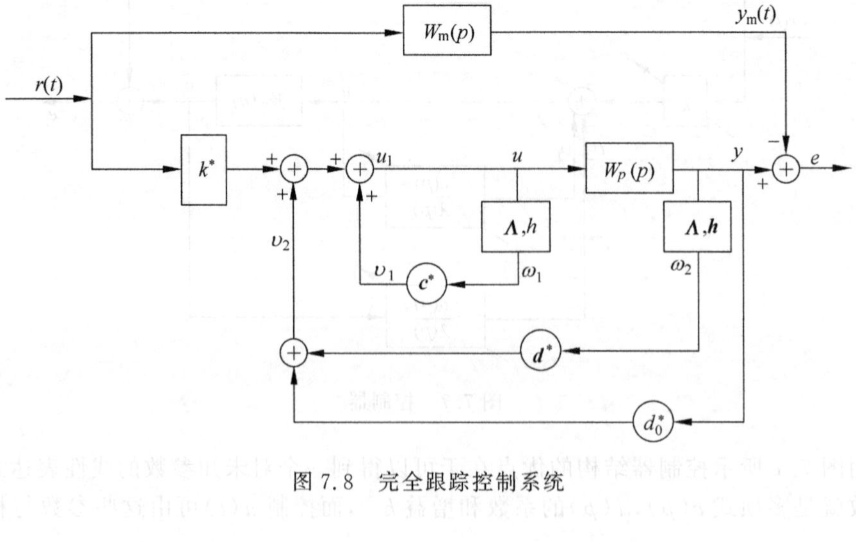

图 7.8　完全跟踪控制系统

如果被控对象传递函数的参数已知，则可以根据7.2节中讨论过的控制器结构和控制器标称参数k^*，$\boldsymbol{c}^*$，$\boldsymbol{d}^*$和d_0^*的计算方法设计控制器，并达到控制目标：被控对象输出渐近趋于参考模型的输出。如前所述，该系统的控制输入是参考信号$r(t)$、通过对控制输入u滤波获得的向量信号$\boldsymbol{\omega}_1$、通过对被控对象输出y滤波获得的信号$\boldsymbol{\omega}_2$和对象输出本身这四个量的线性组合。因此，控制输入u可以用可调节的参数和各种信号写为

$$u^*(t)=k^*r+\boldsymbol{c}^*\boldsymbol{\omega}_1+\boldsymbol{d}^*\boldsymbol{\omega}_2+d_0^*y \tag{7.32}$$

对应于该控制律和任意参考输入$r(t)$，被控对象的输出为

$$y(t)=\frac{B(p)}{A(p)}u^*(t)=W_m r(t) \tag{7.33}$$

这是因为控制器参数导致完全跟踪。从这一点很容易看出假设被控对象为最小相位的理由是允许将被控对象的零点与控制器的极点相消。

当被控对象参数是未知或慢时变时，应当可自动调整可调参数，使之仍能够达到我们希望的控制目标。因此，控制律不是式(7.32)，而应选为

$$u(t)=k(t)r+\boldsymbol{c}(t)\boldsymbol{\omega}_1+\boldsymbol{d}(t)\boldsymbol{\omega}_2+d_0(t)y_p \tag{7.34}$$

式中，$k(t)$，$\boldsymbol{c}(t)$，$\boldsymbol{d}(t)$和$d_0(t)$是由自适应律提供的可调节参数。

7.4.2　自适应律的选择

为了简化符号，设$\boldsymbol{\theta}$为包含所有控制器参数的$2n\times1$维向量，$\boldsymbol{\omega}$为包含所有相应信号的$2n\times1$维向量，即

$$\boldsymbol{\theta}(t)=[k(t),\boldsymbol{c}(t),\boldsymbol{d}(t),d_0(t)]^{\mathrm{T}}$$

$$\boldsymbol{\omega}(t)=[r(t),\boldsymbol{\omega}_1(t),\boldsymbol{\omega}_2(t),y_p(t)]^{\mathrm{T}}$$

这样控制律(式(7.34))可以写成如下的紧凑形式：

$$u=\boldsymbol{\theta}^{\mathrm{T}}(t)\boldsymbol{\omega}(t) \tag{7.35}$$

设$\boldsymbol{\theta}^*$代表$\boldsymbol{\theta}$的理想值。$\boldsymbol{\theta}(t)$和$\boldsymbol{\theta}^*$之间的误差用$\boldsymbol{\phi}(t)=\boldsymbol{\theta}(t)-\boldsymbol{\theta}^*$表示，则估计参数$\boldsymbol{\theta}(t)$可以表示为

$$\boldsymbol{\theta}(t)=\boldsymbol{\theta}^*+\boldsymbol{\phi}(t)$$

因此，控制律(式(7.35))也可以写成

$$u=\boldsymbol{\theta}^{*\mathrm{T}}\boldsymbol{\omega}+\boldsymbol{\phi}^{\mathrm{T}}(t)\boldsymbol{\omega}$$

为了选择使得跟踪误差e收敛于零的自适应律，必须首先找出跟踪误差与参数误差之间的联系。根据式(7.35)给出的控制律，具有可变增益的控制系统可以等价地用图7.9表示。图7.9把$\boldsymbol{\phi}^{\mathrm{T}}(t)\boldsymbol{\omega}/k^*$看作一个外部信号。因为理想的参数向量$\boldsymbol{\theta}^*$使得图7.9中的被控对象输出由式(7.33)给出，所以这里的输出必须是

$$y(t)=W_m(p)r+W_m(p)\left[\boldsymbol{\phi}^{\mathrm{T}}(t)/k^*\right] \tag{7.36}$$

因为$y(t)=W_m(p)r$，所以跟踪误差与参数误差有下面的简单关系：

$$e(t)=W_m(p)\left[\boldsymbol{\phi}^{\mathrm{T}}(t)\boldsymbol{\omega}(t)/k^*\right] \tag{7.37}$$

由于这和引理7.3中的方程类似，因此自适应律可选为

$$\dot{\theta}=-\mathrm{sgn}(k_p)\gamma e(t)\boldsymbol{\omega}(t) \tag{7.38}$$

式中，γ为表示自适应增益的正常数。由于已经假设k_m为正，因此这里k^*的符号和k_p的

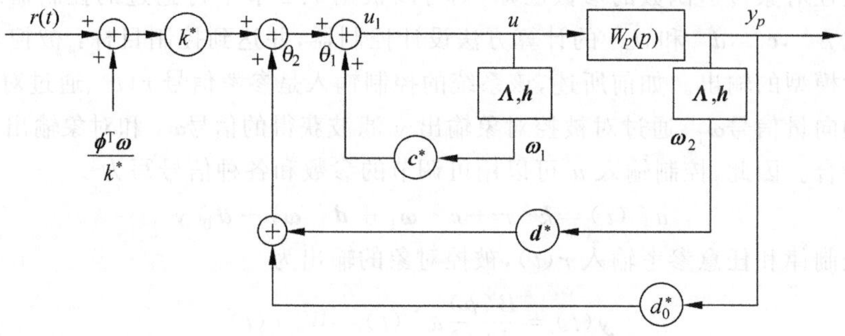

图 7.9　时变增益的等价控制系统

符号是相同的。

基于引理 7.3 并且通过一个简单步骤得到信号的有界性，可以证明上述自适应控制系统中的跟踪误差渐近收敛于零。

最后，讨论相对阶大于 1 的系统的控制器设计。其自适应控制器的设计既与相对阶为 1 的被控对象相似，而又与它有所区别。具体地说，控制律的选择是非常类似的，而自适应律的选择却很不相同，这个区别来自参考模型不再是严格正实的。我们用相对阶等于 2 的系统进行研究，可以证明图 7.8 中系统的控制器部分也可以应用于相对阶大于 1 的被控对象，当被控对象参数精确已知时，该控制器能实现系统的渐近跟踪。

对于相对阶等于 2 的被控对象，可选择与图 7.8 给出的结构相同的控制结构，且控制律中滤波器的阶数仍然是 $n-1$。但是，由于参考模型的分子多项式 $N_{\mathrm{m}}(p)$ 的阶数小于 $n-1$，因此不能再按式(7.31)那样选择滤波器的极点，使得 $\det[p\boldsymbol{I}-\boldsymbol{\Lambda}]=Z_{\mathrm{m}}(p)$，而是选择

$$\lambda(p)=N_{\mathrm{m}}(p)\lambda_1(p)$$

式中，$\lambda(p)=\det[p\boldsymbol{I}-\boldsymbol{\Lambda}]$，而且 $\lambda_1(p)$ 是一个 $n-m-1$ 阶的赫尔维茨多项式。这种选择使得系统具有与参考模型相同的零点。

用 $\lambda(p)/[\lambda(p)+c(p)]$ 表示控制器前馈部分 u/u_1 的传递函数，$d(p)/\lambda(p)$ 表示反馈部分的传递函数。这里多项式 $c(p)$ 包含向量 $\boldsymbol{c}$ 的参数，多项式 $d(p)$ 包含 d_0 和向量 $\boldsymbol{d}$ 的参数。这样，闭环传递函数就很容易求得，即

$$W_{ry}=\frac{kk_pN_p\lambda_1(p)N_{\mathrm{m}}(p)}{D_p(p)[\lambda(p)+c(p)+k_pN_pd(p)]}$$

现在的问题是：在这种一般情况下，是否存在一组 $k(t)$，$\boldsymbol{c}(t)$，$\boldsymbol{d}(t)$ 和 $d_0(t)$ 的数值，使得上述传递函数恰好与 $W_{\mathrm{m}}(p)$ 完全一样，或者等价为

$$D_p(\lambda(p)+c(p))+k_pN_pd(p)=\lambda_1N_pD_{\mathrm{m}}(p) \tag{7.39}$$

该问题的答案可以从如下引理获得。

引理 7.4　设 $A(p)$ 和 $B(p)$ 分别为阶数 n_1 和 n_2 的多项式，如果 $A(p)$ 和 $B(p)$ 是互质的，那么存在多项式 $Z(p)$ 和 $H(p)$，使得

$$A(p)Z(p)+B(p)H(p)=A^*(p)$$

式中，$A^*(p)$ 为一个任意多项式。

引理 7.4 可以直接用于回答关于式(7.39)的问题。将 D_p 看作引理中的 $A(p)$，k_pN_p 看作 $B(p)$，$\lambda_1(p)N_pD_{\mathrm{m}}$ 看作 $A^*(p)$，那么存在多项式 $\lambda(p)+c(p)$ 和 $d(p)$，使得式(7.39)

成立。这意味着存在控制器参数的恰当选择，即

$$k=k^*,\quad d_0=d_0^*,\quad \boldsymbol{c}=\boldsymbol{c}^*,\quad \boldsymbol{d}=\boldsymbol{d}^*$$

并能实现渐近跟踪。

当被控对象参数是未知或慢时变时，再次应用式(7.34)形式的控制律，即

$$u=\boldsymbol{\theta}^{\mathrm{T}}(t)\boldsymbol{\omega}(t) \tag{7.40}$$

式中，$2n$ 个控制器参数$\boldsymbol{\theta}(t)$由自适应律提供。基于前面类似的理由，可以得到式(7.36)形式的输出和式(7.37)形式的跟踪误差，即

$$e(t)=W_{\mathrm{m}}(p)[\boldsymbol{\phi}^{\mathrm{T}}\boldsymbol{\omega}/k^*] \tag{7.41}$$

然而，由于参考模型传递函数不再是严格正实的，因此不能应用式(7.40)给出的自适应律。为了避免为式(7.41)确定自适应律的困难，可以采用著名的增广误差法，其基本思想是考虑一个称之为增广误差的 $\varepsilon(t)$。与跟踪误差 $e(t)$相比，它以一种更为理想的方式与参数误差 $\boldsymbol{\phi}$ 相联系。

定义一个辅助误差 $\eta(t)$：

$$\eta(t)=\boldsymbol{\theta}^{\mathrm{T}}(t)W_{\mathrm{m}}(p)\omega-W_{\mathrm{m}}(p)[\boldsymbol{\theta}^{\mathrm{T}}(t)\boldsymbol{\omega}(t)] \tag{7.42}$$

如图 7.10 所示。该误差有两个十分重要的特点：第一，$\eta(t)$可以在线计算，因为估计的参数向量$\boldsymbol{\theta}(t)$和信号向量$\boldsymbol{\omega}(t)$都可获得；第二，该误差是由于估计参数$\boldsymbol{\theta}(t)$的时变性产生的，当$\boldsymbol{\theta}(t)$用真实参数向量$\boldsymbol{\theta}^*$(常数)替代时，有

$$\boldsymbol{\theta}^{*\mathrm{T}}W_{\mathrm{m}}(p)\boldsymbol{\omega}-W_{\mathrm{m}}(p)[\boldsymbol{\theta}^{*\mathrm{T}}\boldsymbol{\omega}(t)]=0$$

这也意味着 η 可以写成

$$\eta(t)=\boldsymbol{\phi}^{\mathrm{T}}W_{\mathrm{m}}(\boldsymbol{\omega})-W_{\mathrm{m}}\boldsymbol{\phi}^{\mathrm{T}}\boldsymbol{\omega}$$

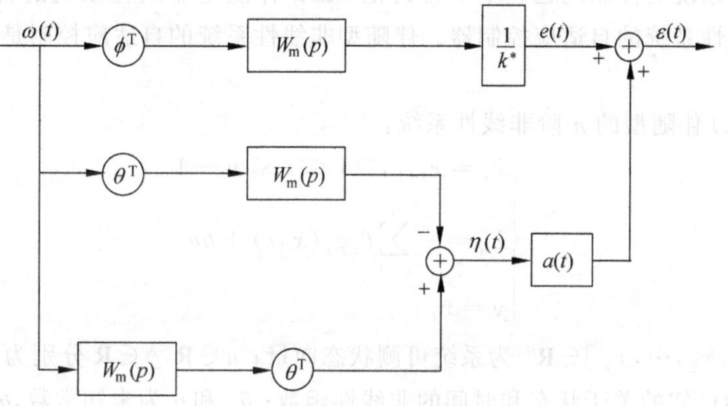

图 7.10　增广误差

现在将跟踪误差 $e(t)$和辅助误差 $\eta(t)$结合，定义一个增广误差 $\varepsilon(t)$为

$$\varepsilon(t)=e(t)+\alpha(t)\eta(t) \tag{7.43}$$

式中，$\alpha(t)$为由自适应律确定的时变参数。

应该指出，$\alpha(t)$不是控制器参数，而仅仅是用于形成新误差信号 $\varepsilon(t)$的参数。为方便起见，将 $\alpha(t)$表示为如下形式：

$$\alpha(t)=\frac{1}{k^*}+\phi_{\alpha}(t)$$

式中，$\phi_\alpha(t)=\alpha(t)-\frac{1}{k^*}$。

将式(7.41)和式(7.42)代入式(7.43)，得

$$\varepsilon(t)=\frac{1}{k^*}\boldsymbol{\phi}^{\mathrm{T}}(t)\bar{\omega}+\phi_\alpha\eta(t) \tag{7.44}$$

式中，$\bar{\boldsymbol{\omega}}(t)=W_{\mathrm{m}}(p)\boldsymbol{\omega}$，这意味着增广误差可以通过参数误差 $\boldsymbol{\phi}(t)$ 和 ϕ_α 进行线性参数化。

因此，式(7.44)代表了一种在系统辨识中常见的形式。应用标准化的梯度法，可得到如下更新控制器参数 $\boldsymbol{\theta}(t)$ 和形成增广误差的参数 $\alpha(t)$ 自适应律：

$$\dot{\boldsymbol{\theta}}=-\frac{\mathrm{sgn}(k_p)\gamma\varepsilon\bar{\boldsymbol{\omega}}}{1+\bar{\boldsymbol{\omega}}^{\mathrm{T}}\bar{\boldsymbol{\omega}}} \tag{7.45a}$$

$$\dot{\alpha}=-\frac{\gamma\varepsilon\eta}{1+\boldsymbol{\omega}^{\mathrm{T}}\boldsymbol{\omega}} \tag{7.45b}$$

在控制律(式(7.40))和参数自适应律(式(7.45))作用下，可以证明跟踪误差是全局收敛的。数学上的证明这里省略。

最后指出，还存在一些其他方法用来解决式(7.41)带来的困难。特别地，不同的方法导致不同的增广误差，通过选择恰当的严格正实函数可使得增广误差与参数误差相关。

7.5 伴随型非线性系统的状态反馈自适应控制

相对来说，非线性系统自适应控制的理论还不多。但是，自适应控制已成功地解决了几类特殊非线性系统的控制问题。本节将讨论 SISO 伴随型非线性系统的自适应控制，以及如何设计非线性系统的自适应控制器。伴随型非线性系统的自适应控制是7.3节方法的一个推广。

考虑 SISO 伴随型的 n 阶非线性系统：

$$\begin{cases}\dot{x}_i=x_{i+1}, \quad 1\leqslant i\leqslant n-1\\ \dot{x}_n=-\sum\limits_{i=1}^{n}\theta_i\varphi_i(\boldsymbol{x},t)+bu\\ y=x_1\end{cases} \tag{7.46}$$

式中，$\boldsymbol{x}=[x_1,x_2,\cdots,x_n]\in\mathbf{R}^n$ 为系统可测状态向量；$u\in\mathbf{R}$，$y\in\mathbf{R}$ 分别为系统的控制输入和输出；φ_i 为已知的关于状态和时间的非线性函数；θ_i 和 b 为未知常数，b 的符号已知。

其中一个例子如下：

$$\begin{cases}\dot{x}_1=x_2\\ \dot{x}_2=-\frac{c}{m}f_1(x_2)-\frac{k}{m}f_2(x_1)+\frac{1}{m}u\end{cases} \tag{7.47}$$

它描述了一个具有非线性阻尼的质量-弹簧-阻尼系统。

设期望的有界跟踪信号 $y_{\mathrm{d}}(t)$ 连续且具有直到 n 阶导数，而且期望的 $n+1$ 维跟踪向量 $\boldsymbol{Y}_{\mathrm{d}}=[y_{\mathrm{d}},\dot{y}_{\mathrm{d}},\cdots,y_{\mathrm{d}}^{(n)}]^{\mathrm{T}}$ 是有界的，即对某 $\gamma_{\mathrm{d}}>0$，有 $|\boldsymbol{Y}_{\mathrm{d}}|<\gamma_{\mathrm{d}}$。在本书以后的叙述中，如不作特别说明，被跟踪信号均满足这样的条件。控制目标是，在存在参数不确定的情况下设计

自适应控制器，使系统输出渐近跟踪一个期望的输出轨迹 $y_d(t)$。为了方便自适应控制器的推导，将未知参数 b 除以式(7.46)两边，得

$$\begin{cases}\dot{x}_i = x_{i+1}, \quad 1 \leqslant i \leqslant n-1 \\ h\dot{x}_n = -\sum_{i=1}^{n} a_i \varphi_i(\boldsymbol{x}, t) + u \\ y = x_1\end{cases} \tag{7.48}$$

式中，$h = 1/b$；$a_i = \theta_i / b$。

7.5.1　控制律的选择

与第 6 章的变结构控制方法相似，定义跟踪误差和组合误差分别为

$$\tilde{x} = y - y_d = x_1 - y_d \tag{7.49}$$

$$s = c_1 \tilde{x} + c_2 \dot{\tilde{x}} + \cdots + c_{n-1} \tilde{x}^{(n-2)} + \tilde{x}^{(n-1)} = \sum_{i=1}^{n-1} c_i \tilde{x}_i + \tilde{x}_n \tag{7.50}$$

式中，$\tilde{x}$ 为输出跟踪误差；$\tilde{x}_i = \tilde{x}^{(i-1)}, i = 1, 2, \cdots, n$；$\tilde{\boldsymbol{x}} = [\tilde{x}_1, \tilde{x}_2, \cdots, \tilde{x}_n]^{\mathrm{T}} \in \mathbf{R}^n$ 为跟踪误差向量；标量系数 $c_i > 0 (i = 1, 2, \cdots, n-1)$ 是适当选取的常数，使得多项式

$$P(p) = c_1 + c_2 p + \cdots + c_{n-1} p^{n-2} + p^{n-1} \tag{7.51}$$

为赫尔维茨稳定。应该指出，s 可以重新写为

$$s = x^{(n-1)} - y_d^{(n-1)} + \sum_{i=1}^{n-1} c_i \tilde{x}_i = x_n - y_r^{(n-1)} \tag{7.52}$$

式中，$y_r^{(n-1)}$ 定义为

$$y_r^{(n-1)} = y_d^{(n-1)} - c_{n-1} \tilde{x}^{(n-2)} - \cdots - c_1 \tilde{x}$$

考虑控制律

$$u = h y_r^{(n)} - ks + \sum_{i=1}^{n} a_i \varphi_i(\boldsymbol{x}, t) \tag{7.53}$$

式中，k 为与 h 同符号的标量常数；$y_r^{(n)}$ 为 $y_r^{(n-1)}$ 的导数，即

$$y_r^{(n)} = y_d^{(n)} - c_{n-1} \tilde{x}^{(n-1)} - \cdots - c_1 \dot{\tilde{x}}$$

注意到 $y_r^{(n)}$（$y^{(n)}$ 的参考值）可以根据跟踪误差对 $y_d^{(n)}$ 修正而得到。

如果参数都是已知的，选择该控制律将导致跟踪误差动态方程为

$$h\dot{s} + ks = 0$$

从而说明 s 的指数收敛性，保证了 e 的收敛性。

7.5.2　自适应律的选择

由于参数 a_i 和 b 是未知的，因此控制器(式(7.53))不可实现。将控制律(式(7.53))改写为如下形式：

$$u = \hat{h} y_r^{(n)} - ks + \sum_{i=1}^{n} \hat{a}_i \varphi_i(\boldsymbol{x}, t) \tag{7.54}$$

式中，h 和 a_i 都已经用其估计值取代。应用该控制律，很容易看出跟踪误差满足

$$h\dot{s}+ks=\tilde{h}y_{\mathrm{r}}^{(n)}+\sum_{i=1}^{n}\tilde{a}_i\varphi_i(\boldsymbol{x},t) \tag{7.55}$$

式(7.55)可以改写为

$$s=\frac{1/h}{p+(k/h)}\left[\tilde{h}y_{\mathrm{r}}^{(n)}+\sum_{i=1}^{n}\tilde{a}_i\varphi_i(\boldsymbol{x},t)\right] \tag{7.56}$$

因为这是一个具有式(7.2)形式且其传递函数明显是严格正实的方程,所以根据引理7.3,选择下列自适应律:

$$\dot{\hat{h}}=-\gamma\operatorname{sgn}(h)sy_{\mathrm{r}}^{(n)}$$

$$\dot{\hat{a}}_i=-\gamma\operatorname{sgn}(h)s\varphi_i$$

特别地,选择李雅普诺夫函数

$$V=|h|s^2+\gamma^{-1}\left[\tilde{h}^2+\sum_{i=1}^{n}\tilde{a}_i^2\right]$$

对其求时间导数并整理,得

$$\dot{V}=-2|k|s^2$$

因此,容易证明自适应控制系统是全局跟踪收敛的。

应指出,这里用的公式与7.3节中的类似,不过由于使用组合误差 s 的形式,因此导数和符号的表示都更加简单。另外,若对每一个未知参数采用不同的自适应增益 γ_i,容易证明系统仍然是全局跟踪收敛的。

7.6 严参数反馈型非线性系统的状态反馈自适应反演控制

针对被控系统能表示或变换为严参数反馈型或纯参数反馈型非线性系统,本节简要介绍 Krstic 等[9-11]提出的状态反馈自适应反演控制算法,它通过一步一步地循序渐进过程来设计自适应控制器。纯粹的自适应反演方法存在对同一个未知参数的重复估计现象,而基于调节函数(tuning function)的自适应反演设计方法避免了这一问题。在基于调节函数的自适应反演设计方法的每一步设计中,都存在状态变换、对未知参数的调节函数和在李雅普诺夫意义下使虚拟系统稳定的虚拟控制函数三个要素。下面给出具体的自适应反演控制算法。

考虑严参数反馈型非线性系统

$$\begin{cases}\dot{x}_1=x_2+\boldsymbol{\varphi}_1^{\mathrm{T}}(x_1)\boldsymbol{\theta}\\ \quad\vdots\\ \dot{x}_i=x_{i+1}+\boldsymbol{\varphi}_i^{\mathrm{T}}(x_1,\cdots,x_i)\boldsymbol{\theta}\\ \dot{x}_n=f(\boldsymbol{x})+\boldsymbol{\varphi}_n^{\mathrm{T}}(\boldsymbol{x})\boldsymbol{\theta}+g(\boldsymbol{x})u\end{cases} \tag{7.57}$$

$$y=x_1 \tag{7.58}$$

式中,$\boldsymbol{x}=[x_1,\cdots,x_n]^{\mathrm{T}}\in\mathbf{R}^n$,为系统可测状态向量;$u\in\mathbf{R}$,$y\in\mathbf{R}$ 分别为系统的控制输入和输出;$\boldsymbol{\theta}\in\mathbf{R}^p$ 为未知常参数向量;$f(\boldsymbol{x})$,$g(\boldsymbol{x})$为已知光滑非线性函数,且对 $\forall\boldsymbol{x}\in\mathbf{R}^n$,有 $g(\boldsymbol{x})\neq\mathbf{0}$;$\boldsymbol{\varphi}_i\in\mathbf{R}^p$,$1\leqslant i\leqslant n$,为已知光滑非线性函数向量。

7.6.1　自适应反演控制器设计——调节问题

控制器设计的目标：设计自适应反演控制律 $u(\boldsymbol{x}|\hat{\boldsymbol{\theta}})$和估计参数$\hat{\boldsymbol{\theta}}$ 的自适应律，将输出 $y=x_1$ 调节到期望的常值输出 y_d 及相应的平衡点 $\boldsymbol{x}_e$，即

$$\begin{cases} x_{1e}=y_d \\ x_{2e}=-\boldsymbol{\varphi}_1^T(x_{1e})\boldsymbol{\theta} \\ \vdots \\ x_{ne}=-\boldsymbol{\varphi}_{n-1}^T(x_{1e},\cdots,x_{(n-1)e})\boldsymbol{\theta} \end{cases}$$

自适应反演设计过程就是一步一步将系统(式(7.57))变换为由误差状态 $z_i=x_i-\alpha_{i-1}, i=1,2,\cdots,n$ 表示的误差系统，其中 α_{i-1} 为第 i 步的虚拟控制，它使误差系统稳定。在每一步计算中都定义一个包含误差 z_i 二次项和参数估计误差$\tilde{\boldsymbol{\theta}}=\boldsymbol{\theta}-\hat{\boldsymbol{\theta}}$ 二次项的李雅普诺夫函数 V_i，通过使 $\dot{V}_i$ 负定来确定虚拟控制 α_i 和调节函数 τ_i，其中 τ_i 用来构成参数自适应律。到第 n 步，虚拟控制 α_n 就是实际控制 u。自适应反演控制算法采用下面的误差系统：

$$\begin{cases} z_1=x_1-y_d \\ z_2=x_2-\alpha_1(x_1,\hat{\boldsymbol{\theta}}) \\ \vdots \\ z_n=x_n-\alpha_{n-1}(x_1,\cdots,x_{n-1},\hat{\boldsymbol{\theta}}) \end{cases} \tag{7.59}$$

通过使系统(式(7.59))零平衡状态稳定来达到控制目的。

步骤 1　对输出调节误差 z_1 求时间导数，得

$$\dot{z}_1=\dot{x}_1-\dot{y}_d=x_2+\boldsymbol{\theta}^T\boldsymbol{\varphi}_1(x_1) \tag{7.60}$$

考虑状态 x_2 为式(7.57)第一个方程中的控制项，记 x_2 的期望值为虚拟控制 α_1，定义

$$z_2=x_2-\alpha_1 \tag{7.61}$$

则式(7.60)可写为

$$\dot{z}_1=\dot{x}_1=z_2+\alpha_1+\boldsymbol{\theta}^T\boldsymbol{\omega}_1(x_1) \tag{7.62}$$

式中，$\boldsymbol{\omega}_1=\boldsymbol{\varphi}_1(x_1)$，选择李雅普诺夫函数为

$$V_1=\frac{1}{2}z_1^2+\frac{1}{2}\tilde{\boldsymbol{\theta}}^T\boldsymbol{\Gamma}^{-1}\tilde{\boldsymbol{\theta}} \tag{7.63}$$

对李雅普诺夫函数求时间导数，得

$$\begin{aligned} \dot{V}_1&=z_1[z_2+\alpha_1+\boldsymbol{\omega}_1^T\boldsymbol{\theta}]-\tilde{\boldsymbol{\theta}}^T\boldsymbol{\Gamma}^{-1}\dot{\hat{\boldsymbol{\theta}}} \\ &=z_1[z_2+\alpha_1+\boldsymbol{\omega}_1^T\boldsymbol{\theta}]-\tilde{\boldsymbol{\theta}}^T\boldsymbol{\Gamma}^{-1}(\dot{\hat{\boldsymbol{\theta}}}-\boldsymbol{\Gamma}\boldsymbol{\omega}_1 z_1) \end{aligned} \tag{7.64}$$

记$\boldsymbol{\tau}_1=\boldsymbol{\omega}_1 z_1$。若 x_2 不是系统状态而是控制输入，则 $x_2=\alpha_1$ 可使 $z_2=0$，取$\dot{\hat{\boldsymbol{\theta}}}=\boldsymbol{\Gamma}\boldsymbol{\tau}_1$ 可消除式(7.64)中参数估计误差$\tilde{\boldsymbol{\theta}}$ 的影响。在这样的条件下，若取

$$\alpha_1=-c_1 z_1-\boldsymbol{\omega}_1^T\hat{\boldsymbol{\theta}} \tag{7.65}$$

则可使 $\dot{V}_1=-c_1 z_1^2\leqslant 0$。但 x_2 不是真正的控制，$z_2\neq 0$，为了避免对参数$\boldsymbol{\theta}$ 的重复估计，仍保留$\tilde{\boldsymbol{\theta}}$，即

$$\dot{V}_1=-c_1 z_1^2+z_1 z_2+\tilde{\boldsymbol{\theta}}^T(-\boldsymbol{\Gamma}^{-1}\dot{\hat{\boldsymbol{\theta}}}+\boldsymbol{\tau}_1) \tag{7.66}$$

将误差项 $z_2,\tilde{\boldsymbol{\theta}}^{\mathrm{T}}$ 代入下面的设计。

步骤 2 对 z_2 求时间导数，得

$$\begin{aligned}\dot{z}_2 &= \dot{x}_2 - \dot{\alpha}_1 \\ &= x_3 + \boldsymbol{\theta}^{\mathrm{T}}\boldsymbol{\varphi}_2(x_1,x_2) - \frac{\partial \alpha_1}{\partial x_1}[x_2 + \boldsymbol{\theta}^{\mathrm{T}}\boldsymbol{\varphi}_1(x_1)] - \frac{\partial \alpha_1}{\partial \hat{\boldsymbol{\theta}}}\dot{\hat{\boldsymbol{\theta}}}\end{aligned} \tag{7.67}$$

考虑状态 x_3 为式(7.57)第二个方程中的虚拟控制项，记 x_3 的期望值为 α_2，x_3 与其期望值误差定义为 $z_3 = x_3 - \alpha_2$，将式(7.67)改写为

$$\dot{z}_2 = z_3 + \alpha_2 - \frac{\partial \alpha_1}{\partial x_1}x_2 - \frac{\partial \alpha_1}{\partial \hat{\boldsymbol{\theta}}}\dot{\hat{\boldsymbol{\theta}}} + \boldsymbol{\omega}_2^{\mathrm{T}}\boldsymbol{\theta} \tag{7.68}$$

式中，$\boldsymbol{\omega}_2 = \boldsymbol{\varphi}_2 - \frac{\partial \alpha_1}{\partial x_1}\boldsymbol{\varphi}_1$。定义李雅普诺夫函数为

$$V_2 = V_1 + \frac{1}{2}z_2^2 \tag{7.69}$$

对李雅谱诺夫函数求时间导数，得

$$\begin{aligned}\dot{V}_2 = &-c_1 z_1^2 + \tilde{\boldsymbol{\theta}}^{\mathrm{T}}(\boldsymbol{\tau}_1 + \boldsymbol{\omega}_2 z_2 - \boldsymbol{\Gamma}^{-1}\dot{\hat{\boldsymbol{\theta}}}) + \\ &z_2\left(z_1 + z_3 + \alpha_2 - \frac{\partial \alpha_1}{\partial x_1}x_2 - \frac{\partial \alpha_1}{\partial \hat{\boldsymbol{\theta}}}\dot{\hat{\boldsymbol{\theta}}} + \boldsymbol{\omega}_2^{\mathrm{T}}\hat{\boldsymbol{\theta}}\right)\end{aligned} \tag{7.70}$$

记 $\boldsymbol{\tau}_2 = \boldsymbol{\tau}_1 + \boldsymbol{\omega}_2 z_2$，取

$$\alpha_2 = -z_1 - c_2 z_2 + \frac{\partial \alpha_1}{\partial x_1}x_2 - \boldsymbol{\omega}_2^{\mathrm{T}}\hat{\boldsymbol{\theta}} + \frac{\partial \alpha_1}{\partial \hat{\boldsymbol{\theta}}}\boldsymbol{\Gamma}\boldsymbol{\tau}_2 \tag{7.71}$$

则

$$\dot{V}_2 = -c_1 z_1^2 - c_2 z_2^2 + z_2 z_3 + \tilde{\boldsymbol{\theta}}^{\mathrm{T}}(\boldsymbol{\tau}_2 - \boldsymbol{\Gamma}^{-1}\dot{\hat{\boldsymbol{\theta}}}) + z_2\frac{\partial \alpha_1}{\partial \hat{\boldsymbol{\theta}}}(\boldsymbol{\Gamma}\boldsymbol{\tau}_2 - \dot{\hat{\boldsymbol{\theta}}}) \tag{7.72}$$

将误差项 $z_3,\tilde{\boldsymbol{\theta}}^{\mathrm{T}}$ 代入下面的设计。将式(7.71)代入式(7.68)，误差(z_1,z_2)-子系统为

$$\begin{bmatrix}\dot{z}_1\\ \dot{z}_2\end{bmatrix} = \begin{bmatrix}-c_1 & 1\\ -1 & -c_2\end{bmatrix}\begin{bmatrix}z_1\\ z_2\end{bmatrix} + \begin{bmatrix}\boldsymbol{\omega}_1^{\mathrm{T}}\\ \boldsymbol{\omega}_2^{\mathrm{T}}\end{bmatrix}\tilde{\boldsymbol{\theta}} + \begin{bmatrix}0\\ z_3\end{bmatrix} + \begin{bmatrix}0\\ \dfrac{\partial \alpha_1}{\partial \hat{\boldsymbol{\theta}}}\end{bmatrix}(\boldsymbol{\Gamma}\boldsymbol{\tau}_2 - \dot{\hat{\boldsymbol{\theta}}})$$

步骤 $\boldsymbol{i}$ $(i=3,\cdots,n-1)$ 持续上面的步骤，第 i 步算法写为

$$z_{i+1} = \boldsymbol{x}_{i+1} - \alpha_i \tag{7.73}$$

$$\alpha_i = -z_{i-1} - c_i z_i + \sum_{k=1}^{i-1}\frac{\partial \alpha_{i-1}}{\partial x_k}x_{k+1} - \boldsymbol{\omega}_i^{\mathrm{T}}\hat{\boldsymbol{\theta}} + \frac{\partial \alpha_{i-1}}{\partial \hat{\boldsymbol{\theta}}}\boldsymbol{\Gamma}\boldsymbol{\tau}_i + \nu_i \tag{7.74}$$

$$\boldsymbol{\omega}_i = \boldsymbol{\varphi}_i - \sum_{k=1}^{i-1}\frac{\partial \alpha_{i-1}}{\partial x_k}\boldsymbol{\varphi}_k \tag{7.75}$$

$$\boldsymbol{\tau}_i = \boldsymbol{\tau}_{i-1} + \boldsymbol{\omega}_i z_i,\ \boldsymbol{\tau}_1 = \boldsymbol{\omega}_1 z_1 \tag{7.76}$$

$$\boldsymbol{\nu}_i = \sum_{k=1}^{i-2} z_{k+1}\frac{\partial \alpha_k}{\partial \hat{\boldsymbol{\theta}}}\boldsymbol{\Gamma}\boldsymbol{\omega}_i,\quad \nu_1 = 0, \nu_2 = 0 \tag{7.77}$$

$$i = 1,2,\cdots,n-1 \tag{7.78}$$

对第 i 步设计，考虑的李雅普诺夫函数为

$$V_i = V_{i-1} + \frac{1}{2}z_i^2, \quad i = 3, 4, \cdots, n-1 \tag{7.79}$$

误差 $(z_1, \cdots, z_i)$-子系统为

$$\begin{bmatrix} \dot{z}_1 \\ \vdots \\ \dot{z}_i \end{bmatrix} = \begin{bmatrix} -c_1 & 1 & 0 & 0 & \cdots & \cdots & \cdots & 0 \\ -1 & -c_2 & 1 & 0 & \cdots & \cdots & \cdots & 0 \\ 0 & -1-\sigma_{2,3} & -c_3 & 1 & \cdots & \cdots & \cdots & 0 \\ 0 & -\sigma_{2,4} & -1-\sigma_{3,4} & -c_4 & \cdots & \cdots & \cdots & 0 \\ \vdots & \vdots & \ddots & \ddots & \ddots & & \ddots & \vdots \\ \vdots & \vdots & \vdots & \ddots & \ddots & \ddots & \ddots & 0 \\ \vdots & \vdots & \vdots & \vdots & \ddots & \ddots & \ddots & 1 \\ 0 & -\sigma_{2,i} & \cdots & \cdots & \cdots & -\sigma_{i-2,i} & -1-\sigma_{i-1,i} & -c_i \end{bmatrix} \begin{bmatrix} z_1 \\ z_2 \\ \vdots \\ z_{i-1} \\ z_i \end{bmatrix} +$$

$$\begin{bmatrix} \boldsymbol{\omega}_1^{\mathrm{T}} \\ \vdots \\ \boldsymbol{\omega}_i^{\mathrm{T}} \end{bmatrix} \tilde{\boldsymbol{\theta}} + \begin{bmatrix} 0 \\ \vdots \\ z_{i+1} \end{bmatrix} + \begin{bmatrix} 0 \\ \dfrac{\partial \alpha_1}{\partial \hat{\boldsymbol{\theta}}} \\ \vdots \\ \dfrac{\partial \alpha_{i-1}}{\partial \hat{\boldsymbol{\theta}}} \end{bmatrix} (\boldsymbol{\Gamma}\boldsymbol{\tau}_i - \dot{\hat{\boldsymbol{\theta}}}) \tag{7.80}$$

式中，$\sigma_{j,k} = -\dfrac{\partial \alpha_{j-1}}{\partial \hat{\boldsymbol{\theta}}}\boldsymbol{\Gamma}\boldsymbol{\omega}_k$。

在自适应反演设计的最后一步，根据包含所有误差和参数估计误差的李雅普诺夫函数

$$V_n = \frac{1}{2}\boldsymbol{z}^{\mathrm{T}}\boldsymbol{z} + \frac{1}{2}(\boldsymbol{\theta} - \hat{\boldsymbol{\theta}})^{\mathrm{T}}\boldsymbol{\Gamma}^{-1}(\boldsymbol{\theta} - \hat{\boldsymbol{\theta}}) \tag{7.81}$$

的时间导数负定，设计控制律和参数自适应律为

$$u = \frac{1}{g(\boldsymbol{x})}\left[-z_{n-1} - c_n z_n - f(\boldsymbol{x}) + \sum_{j=1}^{n-1}\frac{\partial \alpha_{n-1}}{\partial x_j}x_{j+1} + \frac{\partial \alpha_{n-1}}{\partial \hat{\boldsymbol{\theta}}}\boldsymbol{\tau}_n + \left(\sum_{j=1}^{n-1} z_{j+1}\frac{\partial \alpha_j}{\partial \hat{\boldsymbol{\theta}}}\boldsymbol{\Gamma} - \hat{\boldsymbol{\theta}}^{\mathrm{T}}\right)\boldsymbol{\omega}_n\right] \tag{7.82}$$

$$\dot{\hat{\boldsymbol{\theta}}} = \boldsymbol{\Gamma}\boldsymbol{\tau}_n(z, \hat{\boldsymbol{\theta}}) = \boldsymbol{\Gamma}\boldsymbol{\tau}_{n-1} + \boldsymbol{\Gamma}\boldsymbol{\omega}_n z_n = \boldsymbol{\Gamma}\boldsymbol{W}(z, \hat{\boldsymbol{\theta}})z \tag{7.83}$$

式中，$\boldsymbol{W}(z, \hat{\boldsymbol{\theta}}) = [\boldsymbol{\omega}_1, \cdots, \boldsymbol{\omega}_n]$。

对李雅普诺夫函数求时间导数，并将式(7.82)和式(7.83)代入，得

$$\dot{V}_n = -\sum_{k=1}^{n} c_k z_k^2 \leqslant 0 \tag{7.84}$$

经过上面直到 n 步的设计过程，得到了 $n-1$ 个期望控制 α_i $(1 \leqslant i \leqslant n-1)$ 和真正的控制律（式(7.82)），最终的参数自适应律为式(7.83)。在这样的控制律和参数自适应律的作用下，式(7.59)的误差系统变为

$$\begin{cases}\dot{z}=\boldsymbol{A}_z(z,\hat{\boldsymbol{\theta}})z+\boldsymbol{W}(z,\hat{\boldsymbol{\theta}})\tilde{\boldsymbol{\theta}}\\ \dot{\tilde{\boldsymbol{\theta}}}=\boldsymbol{\Gamma}\boldsymbol{W}(z,\hat{\boldsymbol{\theta}})z\end{cases}\tag{7.85}$$

式中，

$$\boldsymbol{A}_z(z,\hat{\boldsymbol{\theta}})=\begin{bmatrix}-c_1 & 1 & 0 & 0 & \cdots & \cdots & \cdots & 0\\ -1 & -c_2 & 1+\sigma_{2,3} & \sigma_{2,4} & \cdots & \cdots & \cdots & \sigma_{2,n}\\ 0 & -1-\sigma_{2,3} & -c_3 & 1+\sigma_{2,4} & \cdots & \cdots & \cdots & \vdots\\ 0 & -\sigma_{2,4} & -1-\sigma_{3,4} & -c_4 & \cdots & \cdots & \cdots & \vdots\\ \vdots & \vdots & \ddots & \ddots & \ddots & & \ddots & \vdots\\ \vdots & \vdots & \vdots & \ddots & \ddots & \ddots & \ddots & \sigma_{n-2,n}\\ \vdots & \vdots & \vdots & \vdots & \ddots & \ddots & \ddots & 1+\sigma_{n-1,n}\\ 0 & -\sigma_{2,n} & \cdots & \cdots & \cdots & -\sigma_{n-2,n} & -1-\sigma_{n-1,n} & -c_n\end{bmatrix}$$

定理 7.1 考虑系统(式(7.57))，设计自适应控制律(式(7.82))和参数自适应律(式(7.83))，闭环自适应控制系统具有全局稳定的平衡点$(z,\tilde{\boldsymbol{\theta}})=(0,0)$。更进一步地，$(\boldsymbol{x}(t),\hat{\boldsymbol{\theta}})$收敛到$p-\mathrm{rank}\{\boldsymbol{F}(\boldsymbol{x}_e)\}$维的平衡点不变集$M$，其中$\boldsymbol{F}(\boldsymbol{x})=[\boldsymbol{\varphi}_1,\cdots,\boldsymbol{\varphi}_n]$。若$p-\mathrm{rank}\{\boldsymbol{F}(\boldsymbol{x}_e)\}=0$，则最大不变集$M$为平衡点$\boldsymbol{x}=\boldsymbol{x}_e,\hat{\boldsymbol{\theta}}=\boldsymbol{\theta}$。这表明参数估计值收敛到各自的真值，平衡点$\boldsymbol{x}=\boldsymbol{x}_e,\hat{\boldsymbol{\theta}}=\boldsymbol{\theta}$是全局渐近稳定的。

证明 根据 LaSalle 不变集定理，记$E=\{(z,\tilde{\boldsymbol{\theta}})\in\mathbf{R}^{n+p}\mid z=\mathbf{0}\}$为所有使$\dot{V}_n(z,\tilde{\boldsymbol{\theta}})=0$的点的集合，$M$为$E$中最大不变集，$n+p$维误差向量$(z,\hat{\boldsymbol{\theta}})$收敛于不变集$M$。这表明误差系统(式(7.59))是零平衡状态渐近稳定的，即$\lim\limits_{t\to\infty}z(t)=0\Rightarrow\lim\limits_{t\to\infty}\boldsymbol{x}(t)=\boldsymbol{x}_e$。下面确定最大不变集$M$。

对于式(7.85)，使$z=\mathbf{0},\dot{z}=\mathbf{0}$，可得$\dot{\hat{\boldsymbol{\theta}}}=\mathbf{0}$和

$$\boldsymbol{W}^{\mathrm{T}}(z,\hat{\boldsymbol{\theta}})(\boldsymbol{\theta}-\hat{\boldsymbol{\theta}})=\mathbf{0},\quad\forall(z,\hat{\boldsymbol{\theta}})\in M\tag{7.86}$$

由式(7.75)可知

$$\boldsymbol{W}^{\mathrm{T}}(z,\hat{\boldsymbol{\theta}})=\begin{bmatrix}1 & 0 & \cdots & 0\\ -\dfrac{\partial a_1}{\partial x_1} & 1 & \ddots & \vdots\\ \vdots & \ddots & \ddots & 0\\ -\dfrac{\partial a_{n-1}}{\partial x_1} & \cdots & -\dfrac{\partial a_{n-1}}{\partial x_{n-1}} & 1\end{bmatrix}\boldsymbol{F}^{\mathrm{T}}(\boldsymbol{x})\triangleq\boldsymbol{N}(z,\hat{\boldsymbol{\theta}})\boldsymbol{F}^{\mathrm{T}}(\boldsymbol{x})\tag{7.87}$$

由于$\boldsymbol{N}(z,\hat{\boldsymbol{\theta}})$是非奇异的，因此式(7.86)和式(7.87)蕴含

$$\boldsymbol{F}(\boldsymbol{x})(\boldsymbol{\theta}-\hat{\boldsymbol{\theta}})=\mathbf{0},\quad\forall(z,\hat{\boldsymbol{\theta}})\in M\tag{7.88}$$

则最大不变集M为

$$M=\{(z,\hat{\boldsymbol{\theta}})\in\mathbf{R}^{n+p}\mid z=\mathbf{0},\boldsymbol{F}_e^{\mathrm{T}}\tilde{\boldsymbol{\theta}}=0\}$$

当$\mathrm{rank}\{\boldsymbol{F}(\boldsymbol{x}_e)\}=\mathrm{rank}[\boldsymbol{\varphi}_1(x_{1e}),\cdots,\boldsymbol{\varphi}_n(x_{1e},\cdots,x_{ne})]=p$，即矩阵$\boldsymbol{F}(x)$在平衡点的秩等于不确定参数的数目时，最大不变集$M$的秩为$p-\mathrm{rank}\{\boldsymbol{F}(\boldsymbol{x}_e)\}=0$，即$\dim(M)=0$。因此，最大不变集$M$为平衡点$\boldsymbol{x}=\boldsymbol{x}_e,\hat{\boldsymbol{\theta}}=\boldsymbol{\theta}$。这表明参数估计值收敛到各自的真值，平衡点

$x=x_e,\hat{\boldsymbol{\theta}}=\boldsymbol{\theta}$ 是全局渐近稳定的。

证毕。

例 7.3　考虑一个二阶系统

$$\begin{cases}\dot{x}_1=x_2+\boldsymbol{\varphi}_1^{\mathrm{T}}(x_1)\boldsymbol{\theta}\\ \dot{x}_2=u+\boldsymbol{\varphi}_2^{\mathrm{T}}(x_1,x_2)\boldsymbol{\theta}\end{cases}\tag{7.89}$$

式中,参数向量$\boldsymbol{\theta}\in\mathbf{R}^p$ 未知。控制目标是调节 x_1 到零($x_1^e=0$)。定义误差变量为

$$\begin{cases}z_1=x_1\\ z_2=x_2-\alpha_1(x_1,\hat{\boldsymbol{\theta}})\end{cases}\tag{7.90}$$

利用式(7.65)与式(7.71)可得

$$\begin{cases}\alpha_1=-c_1z_1-\boldsymbol{\varphi}_1^{\mathrm{T}}(x_1)\hat{\boldsymbol{\theta}}\\ \dfrac{\partial\alpha_1}{\partial x_1}=-c_1-\dfrac{\partial\boldsymbol{\varphi}_1^{\mathrm{T}}(x_1)}{\partial x_1}\hat{\boldsymbol{\theta}},\quad \dfrac{\partial\alpha_1}{\partial\hat{\boldsymbol{\theta}}}=-\boldsymbol{\varphi}_1^{\mathrm{T}}(x_1)\\ u=\alpha_2=-z_1-c_2z_2+\dfrac{\partial\alpha_1}{\partial x_1}x_2-\left[\boldsymbol{\varphi}_2^{\mathrm{T}}(x_1,x_2)-\dfrac{\partial\alpha_1}{\partial x_1}\boldsymbol{\varphi}_1^{\mathrm{T}}(x_1)\right]\hat{\boldsymbol{\theta}}+\dfrac{\partial\alpha_1}{\partial\hat{\boldsymbol{\theta}}}\dot{\hat{\boldsymbol{\theta}}}\end{cases}\tag{7.91}$$

估计参数的自适应律为

$$\dot{\hat{\boldsymbol{\theta}}}=\boldsymbol{\Gamma}\left[\boldsymbol{\varphi}_1,\boldsymbol{\varphi}_2-\frac{\partial\alpha_1}{\partial x_1}\boldsymbol{\varphi}_1\right]\boldsymbol{z}\tag{7.92}$$

最终的误差系统为

$$\dot{\boldsymbol{z}}=\begin{bmatrix}-c_1 & 1\\ -1 & -c_2\end{bmatrix}\boldsymbol{z}+\begin{bmatrix}\boldsymbol{\varphi}_1^{\mathrm{T}}\\ \boldsymbol{\varphi}_2^{\mathrm{T}}-\dfrac{\partial\alpha_1}{\partial x_1}\boldsymbol{\varphi}_1^{\mathrm{T}}\end{bmatrix}\tilde{\boldsymbol{\theta}}\tag{7.93}$$

现在利用定理 7.5 来证明系统的稳定性。从式(7.89)中可以看出,$x_{1e}=0,x_{2e}=-\boldsymbol{\varphi}_1^{\mathrm{T}}(0)\boldsymbol{\theta}$。根据定理 7.5,点

$$\begin{bmatrix}x_1\\ x_2\\ \hat{\boldsymbol{\theta}}\end{bmatrix}=\begin{bmatrix}0\\ -\boldsymbol{\varphi}_1^{\mathrm{T}}(0)\boldsymbol{\theta}\\ \boldsymbol{\theta}\end{bmatrix}\tag{7.94}$$

是全局稳定平衡点,闭环系统的状态都集中于该平衡点:

$$M=\left\{(x,\hat{\boldsymbol{\theta}})\in\mathbf{R}^{2+p}\ \middle|\ \begin{bmatrix}x_1\\ x_2\end{bmatrix}=\begin{bmatrix}0\\ -\boldsymbol{\varphi}_1^{\mathrm{T}}(0)\boldsymbol{\theta}\end{bmatrix},\begin{bmatrix}\boldsymbol{\varphi}_1^{\mathrm{T}}(0)\\ \boldsymbol{\varphi}_2(0,-\boldsymbol{\varphi}_1^{\mathrm{T}}(0)\boldsymbol{\theta})^{\mathrm{T}}\end{bmatrix}(\boldsymbol{\theta}-\hat{\boldsymbol{\theta}})=\boldsymbol{0}\right\}\tag{7.95}$$

也许有读者会问：M 中的 $\mathbf{R}^{2+p}$ 是什么类型？下面将在不失一般性的条件下,限定 $p\leqslant 2$,来进一步讨论。

在最简单的 $p=1$ 的情况下,存在如下两种可能：

(1) 如果$\boldsymbol{\varphi}_1(0)=\boldsymbol{0}$ 且$\boldsymbol{\varphi}_2(0,0)=\boldsymbol{0}$,那么集合 M 是 $\mathbf{R}^3$ 中的子集 $x=0$,即 M 是$\hat{\boldsymbol{\theta}}$ 轴。

(2) 如果$\boldsymbol{\varphi}_1(0)\neq\boldsymbol{0}$ 或者$\boldsymbol{\varphi}_2[0,-\boldsymbol{\varphi}_1(0)\boldsymbol{\theta}]\neq\boldsymbol{0}$,那么集合 M 是一个单独的点：$x_1=0$,

$x_2=-\boldsymbol{\varphi}_1(0)\boldsymbol{\theta}$，$\hat{\boldsymbol{\theta}}=\boldsymbol{\theta}$。该平衡点不仅是全局稳定，还是全局渐近稳定的。

下面分析 $p=2$ 的情况：

(1) 假定 $\begin{bmatrix}\boldsymbol{\varphi}_1^{\mathrm{T}}(x_1)\\ \boldsymbol{\varphi}_2^{\mathrm{T}}(x_1)\end{bmatrix}=\begin{bmatrix}x_1^2 & \mathrm{e}^{x_1}\\ \cos x_1 & 0\end{bmatrix}$。由于 $\begin{bmatrix}\boldsymbol{\varphi}_1^{\mathrm{T}}(0)\\ \boldsymbol{\varphi}_2^{\mathrm{T}}(0)\end{bmatrix}=\begin{bmatrix}0 & 1\\ 1 & 0\end{bmatrix}$ 是满秩的，因此集合 M 是单独的点 $x_1=0,x_2=-\theta_2,\hat{\theta}_1=\theta_1,\hat{\theta}_2=\theta_2$，该点是全局渐近稳定平衡点。

(2) 假定 $\begin{bmatrix}\boldsymbol{\varphi}_1^{\mathrm{T}}(x_1)\\ \boldsymbol{\varphi}_2^{\mathrm{T}}(x_1)\end{bmatrix}=\begin{bmatrix}-\cos x_1 & \mathrm{e}^{x_1}\\ \sin x_1 & 0\end{bmatrix}$。由于 $\begin{bmatrix}\boldsymbol{\varphi}_1^{\mathrm{T}}(0)\\ \boldsymbol{\varphi}_2^{\mathrm{T}}(0)\end{bmatrix}=\begin{bmatrix}-1 & 1\\ 0 & 0\end{bmatrix}$，因此集合 M 在 $x_1=0,x_2=\theta_1-\theta_2,\hat{\theta}_2-\hat{\theta}_1=\theta_2-\theta_1$ 是线性变化的。任何一个估计参数都不能保证集中到一个确定参数值，但是它们共同地收敛于 $x_1=0,x_2=\theta_1-\theta_2$ 平面上的线 $\hat{\theta}_2=\hat{\theta}_1+\theta_2-\theta_1$ 上。

(3) 假定 $\begin{bmatrix}\boldsymbol{\varphi}_1^{\mathrm{T}}(x_1)\\ \boldsymbol{\varphi}_2^{\mathrm{T}}(x_1)\end{bmatrix}=\begin{bmatrix}x_1^2 & \mathrm{e}^{x_1}-1\\ \sin x_1 & 0\end{bmatrix}$。由于 $\begin{bmatrix}\boldsymbol{\varphi}_1^{\mathrm{T}}(0)\\ \boldsymbol{\varphi}_2^{\mathrm{T}}(0)\end{bmatrix}=\begin{bmatrix}0 & 0\\ 0 & 0\end{bmatrix}$，因此集合 M 是一个平面 $x=0$。这是最弱的收敛性，因为估计参数收敛到 M 平面中的任何一个子集。

7.6.2 自适应反演控制器设计——跟踪问题

控制设计的目标：设计自适应反演控制律 $u(\boldsymbol{x}\mid\hat{\boldsymbol{\theta}})$ 和估计参数 $\hat{\boldsymbol{\theta}}$ 的自适应律，使得系统的输出 y 渐近跟踪 y_{d}，即 $\lim\limits_{t\to\infty}z_1(t)=\lim\limits_{t\to\infty}(y-y_{\mathrm{d}})=0$，并且使闭环系统中所有信号保持有界。

引理 7.5　记 v 和 ρ 为 $\mathbf{R}^+$ 的实值函数，b 和 c 为正常数，如果它们满足下面的微分不等式：

$$\dot{v}\leqslant -cv+b\rho^2(t),\quad v(0)\geqslant 0$$

则下面的结论成立：

(1) 若 $\rho\in L_\infty$，则 $v\in L_\infty$，且

$$v(t)\leqslant v(0)\mathrm{e}^{-ct}+\frac{b}{c}\|\rho\|_\infty^2$$

(2) 若 $\rho\in L_2$，则 $v\in L_\infty$，且

$$v(t)\leqslant v(0)\mathrm{e}^{-ct}+\frac{b}{c}\|\rho\|_2^2$$

跟踪控制器设计只是对定点调节设计过程做了稍微修改。如前所述，跟踪误差为 $z_1=x_1-y_{\mathrm{d}}$。然而，由于期望的参考信号 $y_{\mathrm{d}}(t)$ 不是常量，其微分 $y_{\mathrm{d}}^{(i-1)}(t)$ 出现在第 i 个误差状态 $z_i(i=1,2,\cdots,n)$。它产生的唯一变化是在虚拟控制期望值 α_i 的选择中增加一项 $\sum\limits_{k=1}^{i-1}\frac{\partial\alpha_{i-1}}{\partial y_{\mathrm{d}}^{(k-1)}}y_{\mathrm{d}}^{(k)}$。下面给出递推的虚拟控制 α_i 和调节函数 $\boldsymbol{\tau}_i$，通过 n 步的推导得到最终的自适应反演轨迹跟踪控制律 $u(\boldsymbol{x}\mid\hat{\boldsymbol{\theta}})$ 和估计参数 $\hat{\boldsymbol{\theta}}$ 的自适应律。

在 6.9 节中讲过，非线性阻尼可以用来抵消有界不确定性的影响。同时，非线性阻尼也可以用来在无自适应时确保全局有界性，增强性能。因此，设计时在虚拟控制的期望值 α_i 的选择中引进非线性阻尼项：

$$-k_i\left|\boldsymbol{\omega}_i\right|^2 z_i,\quad k_i \geqslant 0 \tag{7.96}$$

通过 n 步的推导得到最终的自适应反演轨迹跟踪控制律 $u(\boldsymbol{x}\mid\hat{\boldsymbol{\theta}})$ 和估计参数 $\hat{\boldsymbol{\theta}}$ 的自适应调节律。自适应反演跟踪控制器的设计公式如表 7.1 所示。

表 7.1　基于调节函数的自适应反演跟踪控制设计

$$z_i = x_i - y_{\mathrm{d}}^{(i-1)} - \alpha_{i-1} \tag{7.97}$$

$$\begin{aligned}\alpha_i(\bar{\boldsymbol{x}}_i,\hat{\boldsymbol{\theta}},\bar{y}_{\mathrm{d}}^{(i-1)}) = & -z_{i-1} - c_i z_i - \boldsymbol{\omega}_i^{\mathrm{T}}\hat{\boldsymbol{\theta}} + \sum_{k=1}^{i-1}\left(\frac{\partial\alpha_{i-1}}{\partial x_k}x_{k+1} + \frac{\partial\alpha_{i-1}}{\partial y_{\mathrm{d}}^{(k-1)}}y_{\mathrm{d}}^{(k)}\right) - \\ & k_i\left|\boldsymbol{\omega}_i\right|^2 z_i + \frac{\partial\alpha_{i-1}}{\partial\hat{\boldsymbol{\theta}}}\boldsymbol{\Gamma\tau}_i + \sum_{k=2}^{i-1}\frac{\partial\alpha_{k-1}}{\partial\hat{\boldsymbol{\theta}}}\boldsymbol{\Gamma\omega}_i z_k\end{aligned} \tag{7.98}$$

$$\boldsymbol{\tau}_i(\bar{\boldsymbol{x}}_i,\hat{\boldsymbol{\theta}},\bar{\boldsymbol{y}}_{\mathrm{d}}^{(i-1)}) = \boldsymbol{\tau}_{i-1} + \boldsymbol{\omega}_i z_i \tag{7.99}$$

$$\boldsymbol{\omega}_i(\bar{\boldsymbol{x}}_i,\hat{\boldsymbol{\theta}},\bar{\boldsymbol{y}}_{\mathrm{d}}^{(i-2)}) = \boldsymbol{\varphi}_i - \sum_{k=1}^{i-1}\frac{\partial\alpha_{i-1}}{\partial x_k}\boldsymbol{\varphi}_k,\quad i=1,2,\cdots,n \tag{7.100}$$

$$\bar{\boldsymbol{x}}_i = (x_1,\cdots,x_i),\quad \bar{\boldsymbol{y}}_{\mathrm{d}}^{(i)} = (y_{\mathrm{d}},\dot{y}_{\mathrm{d}},\cdots,y_{\mathrm{d}}^{(i)})$$

自适应控制律：

$$u = \frac{1}{\beta(x)}\left[\alpha_n(\boldsymbol{x},\hat{\boldsymbol{\theta}},\bar{\boldsymbol{y}}_{\mathrm{d}}^{(n-1)}) - f(x) + y_{\mathrm{d}}^{(n)}\right] \tag{7.101}$$

参数估计律：

$$\dot{\hat{\boldsymbol{\theta}}} = \boldsymbol{\Gamma\tau}_n(\boldsymbol{x},\hat{\boldsymbol{\theta}},\bar{\boldsymbol{y}}_{\mathrm{d}}^{(n-1)}) = \boldsymbol{\Gamma W}_z \tag{7.102}$$

可以看出，产生的误差系统具有与定点调节问题类似的形式：

$$\dot{\boldsymbol{z}} = \boldsymbol{A}_z(\boldsymbol{z},\hat{\boldsymbol{\theta}},t)\boldsymbol{z} + \boldsymbol{W}^{\mathrm{T}}(\boldsymbol{z},\hat{\boldsymbol{\theta}},t)\tilde{\boldsymbol{\theta}},\quad \boldsymbol{z}\in\mathbf{R}^n \tag{7.103}$$

式中，$\boldsymbol{W}(\boldsymbol{z},\hat{\boldsymbol{\theta}},t)$ 具有与式(7.83)中 $\boldsymbol{W}(\boldsymbol{z},\hat{\boldsymbol{\theta}})$ 相同的形式；矩阵 $\boldsymbol{A}_z(\boldsymbol{z},\hat{\boldsymbol{\theta}},t)$ 增加非线性阻尼项 $-k_i\left|\boldsymbol{\omega}_i\right|^2 z_i$，且具有与式(7.85)中 $\boldsymbol{A}_z(\boldsymbol{z},\hat{\boldsymbol{\theta}})$ 相同的形式，即

$$\boldsymbol{A}_z(\boldsymbol{z},\hat{\boldsymbol{\theta}}) = \begin{bmatrix} -c_1-k_1\left|\boldsymbol{\omega}_1\right|^2 & 1 & 0 & 0 & \cdots & \cdots & \cdots & 0 \\ -1 & -c_2-k_2\left|\boldsymbol{\omega}_2\right|^2 & 1+\sigma_{2,3} & \sigma_{2,4} & \cdots & \cdots & \cdots & \sigma_{2,n} \\ 0 & -1-\sigma_{2,3} & -c_3-k_3\left|\boldsymbol{\omega}_3\right|^2 & 1+\sigma_{2,4} & \cdots & \cdots & \cdots & \vdots \\ 0 & -\sigma_{2,4} & -1-\sigma_{3,4} & -c_4-k_4\left|\boldsymbol{\omega}_4\right|^2 & \cdots & \cdots & \cdots & \vdots \\ \vdots & \vdots & \ddots & \ddots & \ddots & & \ddots & \vdots \\ \vdots & \vdots & \vdots & \ddots & \ddots & \ddots & \ddots & \sigma_{n-2,n} \\ \vdots & \vdots & \vdots & \vdots & \ddots & \ddots & \ddots & 1+\sigma_{n-1,n} \\ 0 & -\sigma_{2,n} & \cdots & \cdots & \cdots & -\sigma_{n-2,n} & -1-\sigma_{n-1,n} & -c_n-k_n\left|\boldsymbol{\omega}_n\right|^2 \end{bmatrix} \tag{7.104}$$

式中，$\sigma_{i,k} = -\dfrac{\partial\alpha_{i-1}}{\partial\hat{\boldsymbol{\theta}}}\boldsymbol{\Gamma\omega}_k$。

函数 $\sigma_{i,k}$ 和 $\boldsymbol{\omega}_i$ 与定点调节时具有相同的表达式，但通过 α_i 的偏微分，$\sigma_{i,k}$ 和 $\boldsymbol{\omega}_i$ 中包含了 $y_d^{(i)}(t)$ 项，它反映了 $\boldsymbol{A}_z(z,\hat{\boldsymbol{\theta}},t)$ 和 $\boldsymbol{W}(z,\hat{\boldsymbol{\theta}},t)$ 与时间 t 的相关性。

定理 7.2 考虑系统(式(7.57))，设计自适应控制作用(式(7.101))和参数自适应律(式(7.102))，闭环自适应控制系统平衡点 $(z,\tilde{\boldsymbol{\theta}})=\boldsymbol{0}$ 是全局一致稳定的，且 $\lim\limits_{t\to\infty}z(t)=\boldsymbol{0}$，即

$$\lim_{t\to\infty}[y(t)-y_{\mathrm{d}}(t)]=0 \tag{7.105}$$

证明 记 $c_0=\min_{1\leqslant i\leqslant n}c_i$，选择李雅普诺夫函数为

$$V_n=\frac{1}{2}z^{\mathrm{T}}z+\frac{1}{2}\boldsymbol{\theta}^{\mathrm{T}}\boldsymbol{\Gamma}^{-1}\boldsymbol{\theta} \tag{7.106}$$

对李雅谱诺夫函数沿式(7.103)求时间导数，得

$$\dot{V}_n=-\sum_{k=1}^{n}c_k z_k^2-\sum_{i=1}^{n}k_i|\omega_i|^2 z_i^2\leqslant -c_0|z|^2 \tag{7.107}$$

式(7.107)表明平衡点 $(z,\tilde{\boldsymbol{\theta}})=\boldsymbol{0}$ 是全局一致稳定的。根据定理 3.20(拉萨尔-吉泽-郎定理)，进一步得到，当 $t\to\infty$ 时，所有误差状态都收敛于 $z=\boldsymbol{0}$，即 $\lim\limits_{t\to\infty}[y(t)-y_{\mathrm{d}}(t)]=0$。

证毕。

下一条定理说明在无自适应时，非线性阻尼项可以保证闭环系统的所有误差信号有界。另外，在误差参数 $\boldsymbol{\theta}$ 足够小时，达到全局渐近稳定性。

定理 7.3(无自适应时的有界和稳定性) 考虑系统(式(7.57))，设计控制律(式(7.101))和参数自适应律(式(7.102))，且 $\boldsymbol{\Gamma}=\boldsymbol{0}$，$k_i>0(i=1,2,\cdots,n)$。所有误差信号均是全局一致有界的。

证明 由于 $\boldsymbol{\Gamma}=\boldsymbol{0}$，估计参数 $\hat{\boldsymbol{\theta}}$ 是常数，记 $k_0=\left(\sum\limits_{i=1}^{n}\dfrac{1}{k_i}\right)^{-1}$，对于非自适应系统(式(7.103))，有

$$\begin{aligned}\frac{\mathrm{d}}{\mathrm{d}t}\left(\frac{1}{2}|z|^2\right)&=-\sum_{i=1}^{n}c_i z_i^2-\sum_{i=1}^{n}k_i|\boldsymbol{\omega}_i|^2 z_i^2+\sum_{i=1}^{n}z_i\boldsymbol{\omega}_i^{\mathrm{T}}\tilde{\boldsymbol{\theta}}\\&\leqslant -c_0|z|^2-\sum_{i=1}^{n}k_i\left|\boldsymbol{\omega}_i z_i-\frac{1}{2k_i}\tilde{\boldsymbol{\theta}}\right|^2+\left(\sum_{i=1}^{n}\frac{1}{4k_i}\right)|\tilde{\boldsymbol{\theta}}|^2\\&\leqslant -c_0|z|^2+\frac{1}{4k_0}|\tilde{\boldsymbol{\theta}}|^2\end{aligned} \tag{7.108}$$

从引理 7.5，取 $v=z^2$ 和 $\rho=\dfrac{1}{\sqrt{k_0}}|\hat{\boldsymbol{\theta}}|$，那么

$$|z(t)|\leqslant |z(0)|\mathrm{e}^{-c_0 t}+\frac{1}{2\sqrt{c_0k_0}}(\tilde{\boldsymbol{\theta}}) \tag{7.109}$$

这表明 $z(t)$ 是全局一致有界的。又因为 $\boldsymbol{x}=\boldsymbol{\Phi}(z,\hat{\boldsymbol{\theta}},t)$ 关于 z 和 $\hat{\boldsymbol{\theta}}$ 是光滑的，且在 t 上有界，也说明 $\boldsymbol{x}(t)$ 是全局一致有界的。

证毕。

7.7 输出反馈型非线性系统自适应反演控制

针对仅有输出可直接测量的输出反馈型非线性系统，Krstic 等[9]给出了基于调节函数的输出反馈自适应控制器设计方法，解决了一类非线性系统的输出反馈自适应控制问题，从而使非线性系统的输出反馈自适应控制取得了突破性进展。本节给出输出反馈自适应反演控制算法。

考虑如下非线性系统

$$\begin{cases}\dot{x}_i = x_{i+1} + \varphi_{0,i}(y) + \sum\limits_{j=1}^{q} a_j \varphi_{j,i}(y), \quad i = 1, 2, \cdots, m-1 \\ \dot{x}_i = x_{i+1} + \varphi_{0,i}(y) + \sum\limits_{j=1}^{q} a_j \varphi_{j,i}(y) + b_\rho \sigma(y) u, \quad i = m, \cdots, n-1 \\ \dot{x}_n = \varphi_{0,n}(y) + \sum\limits_{j=1}^{q} a_j \varphi_{j,n}(y) + b_0 \sigma(y) u \\ y = x_1 \end{cases} \tag{7.110}$$

式中，$\boldsymbol{x}=[x_1, x_2, \cdots, x_n]^{\mathrm{T}} \in \mathbf{R}^n$，为系统状态；$u \in \mathbf{R}$ 和 $y \in \mathbf{R}$ 分别为系统的控制输入和输出；$m \geqslant 1$ 且 $\rho = n-m \geqslant 0$；$\boldsymbol{a}=[a_1, a_2, \cdots, a_q]^{\mathrm{T}} \in \mathbf{R}^q$ 和 $\boldsymbol{b}=[b_\rho, b_{\rho-1}, \cdots, b_1, b_0]^{\mathrm{T}} \in \mathbf{R}^{\rho+1}$ 为未知的常参数向量；$\varphi_{j,i}(y)$，$0 \leqslant j \leqslant q$，$0 \leqslant i \leqslant n$ 和 $\sigma(y)$ 都为已知的光滑非线性函数。

在这种情况下，系统（式(7.110)）的相对阶恰好是 ρ，其零动态子空间是 $\mathbf{R}^\rho$ 的一个子集。

为了解决非线性系统（式(7.110)）的输出反馈自适应控制问题，需做如下假设。

假设 7.1　b_ρ 未知但符号已知。

假设 7.2　多项式 $B(p)=b_\rho p^\rho + b_{\rho-1} s^{\rho-1} + \cdots + b_1 s + b_0$ 是赫尔维茨稳定的（这里 p 为拉普拉斯算子），即它的 ρ 个根 $p_1, \cdots, p_\rho$ 都具有负实部。

假设 7.3　$|\sigma(y)| \neq 0, \forall y \in \mathbf{R}$。

在假设 7.1～7.3 成立的条件下，针对只有输出 $y=x_1$ 可以直接量测的情况，对系统（式(7.110)）设计输出反馈自适应控制器，实现输出全局轨迹跟踪，且闭环系统的所有信号保持有界。

7.7.1 状态滤波器的设计

对于非线性系统（式(7.110)），因为只有输出 $y=x_1$ 可以直接测量，所以必须设计一个滤波器来估计 $n-1$ 个状态分量 $x_2, \cdots, x_n$。这里要假定 $n \geqslant 2$，否则就不需要进行滤波。

选择增益向量 $\boldsymbol{k}=[k_1, \cdots, k_n]^{\mathrm{T}}$，使得由它构成的系统矩阵 $\mathbf{A}$ 是赫尔维茨稳定的（矩阵 $\mathbf{A}$ 的 n 个特征值 $p_1, \cdots, p_n$ 都具有负实部），即

$$\boldsymbol{PA} + \boldsymbol{A}^{\mathrm{T}} \boldsymbol{P} = -\boldsymbol{I}, \quad \boldsymbol{P} = \boldsymbol{P}^{\mathrm{T}} > 0$$

将系统（式(7.110)）改写为

$$\dot{\boldsymbol{x}} = \boldsymbol{Ax} + \boldsymbol{k}y + \boldsymbol{\phi}(y) + \boldsymbol{F}^{\mathrm{T}}(y, u)\boldsymbol{\theta}$$

$$y=\boldsymbol{e}_1^{\mathrm{T}}\boldsymbol{x}$$

式中，

$$\boldsymbol{A}=\begin{bmatrix}-k_1 & 1 & \cdots & 0\\ \vdots & \vdots & & \vdots\\ -k_{n-1} & 0 & \cdots & 1\\ -k_n & 0 & \cdots & 0\end{bmatrix},\quad \boldsymbol{\phi}(y)=\begin{bmatrix}\varphi_{0,1}(y)\\ \vdots\\ \varphi_{0,n}(y)\end{bmatrix},\quad \boldsymbol{\theta}=\begin{bmatrix}b_\rho\\ b_{\rho-1}\\ \vdots\\ b_0\\ a_1\\ \vdots\\ a_q\end{bmatrix},\quad \boldsymbol{e}_1=\begin{bmatrix}1\\0\\ \vdots\\ 0\end{bmatrix}$$

$$\boldsymbol{F}^{\mathrm{T}}(y,u)=\left[\begin{bmatrix}\boldsymbol{0}_{(m-1)\times(\rho+1)}\\ \boldsymbol{I}_{\rho+1}\end{bmatrix}\sigma(y)u,\boldsymbol{\Phi}(y)\right],\quad \boldsymbol{\Phi}(y)=\begin{bmatrix}\varphi_{1,1}(y) & \cdots & \varphi_{q,1}(y)\\ \vdots & & \vdots\\ \varphi_{1,n}(y) & \cdots & \varphi_{q,n}(y)\end{bmatrix}$$

若向量$\boldsymbol{\theta}$已知，则构造状态估计器为

$$\dot{\hat{\boldsymbol{x}}}=\boldsymbol{A}\hat{\boldsymbol{x}}+\boldsymbol{k}y+\boldsymbol{\phi}(y)+\boldsymbol{F}^{\mathrm{T}}(y,u)\boldsymbol{\theta}\tag{7.111}$$

令估计误差$\tilde{\boldsymbol{x}}=[\tilde{x}_1,\cdots,\tilde{x}_n]^{\mathrm{T}}=\boldsymbol{x}-\hat{\boldsymbol{x}}$，不难推出估计误差$\tilde{\boldsymbol{x}}$满足微分方程$\dot{\tilde{\boldsymbol{x}}}(t)=\boldsymbol{A}\tilde{\boldsymbol{x}}(t)$，且是指数稳定的。但向量$\boldsymbol{\theta}$是未知的，则式(7.111)是不可实现的。构造$K$-滤波器为

$$\begin{cases}\dot{\boldsymbol{\xi}}=\boldsymbol{A}\,\boldsymbol{\xi}+\boldsymbol{k}y+\boldsymbol{\phi}(y)\\ \dot{\boldsymbol{\Omega}}^{\mathrm{T}}=\boldsymbol{A}\,\boldsymbol{\Omega}^{\mathrm{T}}+\boldsymbol{F}^{\mathrm{T}}(y,u)\end{cases}\tag{7.112}$$

定义状态估计器为

$$\dot{\hat{\boldsymbol{x}}}=\boldsymbol{\xi}+\boldsymbol{\Omega}^{\mathrm{T}}\boldsymbol{\theta}\tag{7.113}$$

则状态估计误差为$\boldsymbol{\varepsilon}=\boldsymbol{x}-\hat{\boldsymbol{x}}$，不难推出状态估计误差$\boldsymbol{\varepsilon}$满足如下关系式：

$$\dot{\boldsymbol{\varepsilon}}=\boldsymbol{A}\boldsymbol{\varepsilon}\tag{7.114}$$

可以得到状态$\boldsymbol{x}$与向量$\boldsymbol{\theta}$满足一个基本关系式，即

$$\boldsymbol{x}=\boldsymbol{\xi}+\boldsymbol{\Omega}^{\mathrm{T}}\boldsymbol{\theta}+\boldsymbol{\varepsilon}\tag{7.115}$$

为了降低$\boldsymbol{\Omega}$-滤波器的动态阶数，利用$\boldsymbol{F}(y,u)$的结构，记$\boldsymbol{\Omega}$的前$\rho+1$列为$\boldsymbol{v}_\rho,\cdots,\boldsymbol{v}_1,\boldsymbol{v}_0$，由于$\boldsymbol{F}(y,u)$特别依赖于$\sigma(y)u$，它满足

$$\dot{\boldsymbol{v}}_j=\boldsymbol{A}\boldsymbol{v}_j+\boldsymbol{e}_{n-j}\sigma(y)u,\quad j=0,1,\cdots,\rho\tag{7.116}$$

且$\boldsymbol{A}^j\boldsymbol{e}_n=\boldsymbol{e}_{n-j}$，$j=0,1,\cdots,n-1$，变量$\boldsymbol{v}_j$由单输入滤波器产生。单输入滤波器$\boldsymbol{v}_j$可以表示为

$$\dot{\boldsymbol{\lambda}}=\boldsymbol{A}\boldsymbol{\lambda}+\boldsymbol{e}_n\sigma(y)u\tag{7.117}$$

则

$$\boldsymbol{v}_j=\boldsymbol{A}^j\boldsymbol{\lambda},\quad j=0,1,\cdots,\rho$$

当使用式(7.117)形式的滤波器时，要用到式(7.116)，此时，根据式(7.112)和式(7.116)，可得到$\boldsymbol{\Omega}$为

$$\boldsymbol{\Omega}^{\mathrm{T}}=[\boldsymbol{v}_\rho,\cdots,\boldsymbol{v}_1,\boldsymbol{v}_0,\boldsymbol{\Xi}]$$

式中，矩阵$\boldsymbol{\Xi}$可由下面的滤波器得到：

$$\dot{\boldsymbol{\Xi}}=\boldsymbol{A\Xi}+\boldsymbol{\Phi}(y)$$

设计的 K-滤波器可具体归纳为表 7.2。

表 7.2　K-滤波器

K-滤波器： $\dot{\boldsymbol{\xi}}=\boldsymbol{A}\boldsymbol{\xi}+\boldsymbol{k}y+\boldsymbol{\phi}(y)$ $\dot{\boldsymbol{\Xi}}=\boldsymbol{A}\boldsymbol{\Xi}+\boldsymbol{\Phi}(y)$ $\dot{\boldsymbol{\lambda}}=\boldsymbol{A}\boldsymbol{\lambda}+\boldsymbol{e}_n\sigma(y)u$
$\boldsymbol{\upsilon}_j=\boldsymbol{A}^j\boldsymbol{\lambda},\quad j=0,1,\cdots,\rho$ $\boldsymbol{\Omega}^{\mathrm{T}}=[\boldsymbol{\upsilon}_\rho,\cdots,\boldsymbol{\upsilon}_1,\boldsymbol{\upsilon}_0,\boldsymbol{\Xi}]$

为了设计输出反馈自适应控制器，对式(7.110)中的 $y=x_1$ 进行改写：

$$\dot{y}=x_2+\varphi_{0,1}+\boldsymbol{\Phi}_{(1)}\boldsymbol{a} \tag{7.118}$$

由于状态 x_2 不可直接测量，因此通过已知滤波信号来代替未知状态 x_2。由式(7.115)可得

$$\begin{aligned}x_2&=\xi_2+\boldsymbol{\Omega}_{(2)}^{\mathrm{T}}\theta+\varepsilon_2\\&=\xi_2+[\upsilon_{\rho,2},\upsilon_{\rho-1,2},\cdots,\upsilon_{0,2},\Xi_{(2)}]\boldsymbol{\theta}+\varepsilon_2\\&=b_\rho\upsilon_{\rho,2}+\xi_2+[0,\upsilon_{\rho-1,2},\cdots,\upsilon_{0,2},\Xi_{(2)}]\boldsymbol{\theta}+\varepsilon_2\end{aligned} \tag{7.119}$$

将式(7.119)代入式(7.118)中，得到关于 $\dot{y}$ 的重要表达式为

$$\begin{aligned}\dot{y}&=\omega_0+\boldsymbol{\omega}^{\mathrm{T}}\boldsymbol{\theta}+\varepsilon_2\\&=b_\rho\upsilon_{\rho,2}+\omega_0+\bar{\boldsymbol{\omega}}^{\mathrm{T}}\boldsymbol{\theta}+\varepsilon_2\end{aligned} \tag{7.120}$$

式中，$\boldsymbol{\omega}=[\upsilon_{\rho,2},\upsilon_{\rho-1,2},\cdots,\upsilon_{0,2},\Phi_{(1)}+\Xi_{(2)}]^{\mathrm{T}}$；$\bar{\boldsymbol{\omega}}=[0,\upsilon_{\rho-1,2},\cdots,\upsilon_{0,2},\Phi_{(1)}+\Xi_{(2)}]^{\mathrm{T}}$；$\omega_0=\varphi_{0,1}+\xi_2$。

7.7.2　输出反馈自适应控制器设计

利用 K-滤波器，基于调节函数的自适应反演设计方法与 7.6 节中的状态反馈有许多相似之处。在输出反馈自适应反演设计中第一个难点是状态 x_2 不能直接测量，可将式(7.120)写成下面的形式，使得滤波器信号 $\boldsymbol{\upsilon}_{\rho,2}$ 能够被应用于反演设计之中：

$$\dot{\boldsymbol{\upsilon}}_\rho=\boldsymbol{A}\boldsymbol{\upsilon}_\rho+\boldsymbol{e}_m\sigma(y)u \tag{7.121}$$

通过将式(7.120)(该式由式(7.116)当 $j=m$ 时得到)与式(7.110)比较，可见 x_2 和 $\upsilon_{\rho,2}$ 都是由 $m-1$ 个积分器从控制变量 u 分离得到的。在表 7.2 中，对 K-滤波器的进一步观察表明，更多的积分器与式(7.120)的其他变量具有相同的形式。因此，非线性系统(式(7.110))可更改为下面系统来应用自适应反演设计方法：

$$\begin{cases}\dot{y}=b_\rho\upsilon_{\rho,2}+\omega_0+\bar{\boldsymbol{\omega}}^{\mathrm{T}}\boldsymbol{\theta}+\varepsilon_2 & (7.122)\\ \dot{\upsilon}_{\rho,i}=\upsilon_{\rho,i+1}-k_i\upsilon_{\rho,1},\quad i=2,3,\cdots,m-1 & (7.123)\\ \dot{\upsilon}_{\rho,m}=\sigma(y)u+\upsilon_{\rho,m+1}-k_m\upsilon_{\rho,1} & (7.124)\end{cases}$$

分析表明，一旦系统(式(7.122)～式(7.124))稳定，闭环系统的所有信号将保持有界。

输出反馈自适应反演控制设计的第二个难点是(式(7.122))中误差量 ε_2 的存在。在反演设计过程中,ε_2 将与非线性项相乘,尽管 ε_2 是有界和指数衰减的,但也会导致系统的不稳定,因此设计中将引入非线性阻尼项保证系统的稳定性。

为避免重复,反演设计将不再像7.6.1节那样分步介绍,这里仅详细介绍第一步。通过选择期望的虚拟控制函数和调节函数得到期望的斜对称矩阵型。对系统(式(7.122)~式(7.124)),定义坐标变换

$$z_1 = y - y_{\mathrm{d}} \tag{7.125}$$

$$z_i = \upsilon_{\rho,i} - \hat{\beta} y_{\mathrm{d}}^{(i-1)} - \alpha_{i-1}, \quad i = 2,3,\cdots,m \tag{7.126}$$

式中,$\hat{\beta}$ 为 $\beta = 1/b_\rho$ 的估计值。

步骤1 对跟踪误差 z_1 求时间导数,并将式(7.122)代入,得

$$\dot{z}_1 = b_\rho \upsilon_{\rho,2} + \omega_0 + \bar{\boldsymbol{\omega}}^{\mathrm{T}} \boldsymbol{\theta} + \varepsilon_2 - \dot{y}_{\mathrm{d}} \tag{7.127}$$

令 $i=2$,将式(7.126)代入式(7.127),得

$$\dot{z}_1 = \alpha_1 / \hat{\beta} + b_\rho z_2 - b_\rho (\dot{y}_{\mathrm{d}} + \alpha_1/\hat{\beta}) \tilde{\beta} + \omega_0 + \bar{\boldsymbol{\omega}}^{\mathrm{T}} \boldsymbol{\theta} + \varepsilon_2 \tag{7.128}$$

记虚拟控制函数 α_1 为

$$\alpha_1 = \hat{\beta} \bar{\alpha}_1 \tag{7.129}$$

将式(7.129)代入式(7.128),得

$$\dot{z}_1 = \bar{\alpha}_1 + b_\rho z_2 - b_\rho (\dot{y}_{\mathrm{d}} + \bar{\alpha}_1) \tilde{\beta} + \omega_0 + \bar{\boldsymbol{\omega}}^{\mathrm{T}} \boldsymbol{\theta} + \varepsilon_2 \tag{7.130}$$

选择 $\bar{\alpha}_1$ 为

$$\bar{\alpha}_1 = -c_1 z_1 - d_1 z_1 - \omega_0 - \bar{\boldsymbol{\omega}}^{\mathrm{T}} \hat{\boldsymbol{\theta}} \tag{7.131}$$

将式(7.131)代入式(7.130),得

$$\dot{z}_1 = -c_1 z_1 - d_1 z_1 + \varepsilon_2 + \bar{\boldsymbol{\omega}}^{\mathrm{T}} \tilde{\boldsymbol{\theta}} - b_\rho (\dot{y}_{\mathrm{d}} + \bar{\alpha}_1) \tilde{\beta} + b_\rho z_2 \tag{7.132}$$

式中,c_1 和 d_1 为正常数。

由式(7.126)、式(7.129)和 $\bar{\boldsymbol{\omega}}$ 的定义可得

$$\begin{aligned}
\bar{\boldsymbol{\omega}}^{\mathrm{T}} \tilde{\boldsymbol{\theta}} + b_\rho z_2 &= \bar{\boldsymbol{\omega}}^{\mathrm{T}} \tilde{\boldsymbol{\theta}} + \tilde{b}_\rho z_2 + \hat{b}_\rho z_2 \\
&= \bar{\boldsymbol{\omega}}^{\mathrm{T}} \tilde{\boldsymbol{\theta}} + (\upsilon_{p,2} - \hat{\beta} \dot{y}_{\mathrm{d}} - \alpha_1) \boldsymbol{e}_1^{\mathrm{T}} \tilde{\boldsymbol{\theta}} + \hat{b}_\rho z_2 \\
&= \boldsymbol{\omega}^{\mathrm{T}} \tilde{\boldsymbol{\theta}} + \hat{\beta} (\dot{y}_{\mathrm{d}} + \bar{\alpha}_1) \boldsymbol{e}_1^{\mathrm{T}} \tilde{\boldsymbol{\theta}} + \hat{b}_\rho z_2 \\
&= [\boldsymbol{\omega} - \hat{\beta} (\dot{y}_{\mathrm{d}} + \bar{\alpha}_1) \boldsymbol{e}_1]^{\mathrm{T}} \tilde{\boldsymbol{\theta}} + \hat{b}_\rho z_2
\end{aligned} \tag{7.133}$$

把式(7.133)代入式(7.132),得

$$\dot{z}_1 = -c_1 z_1 - d_1 z_1 + \varepsilon_2 + [\omega - \hat{\beta} (\dot{y}_{\mathrm{d}} + \bar{\alpha}_1) \boldsymbol{e}_1]^{\mathrm{T}} \tilde{\boldsymbol{\theta}} - b_\rho (\dot{y}_{\mathrm{d}} + \bar{\alpha}_1) \tilde{\beta} + \hat{b}_\rho z_2 \tag{7.134}$$

为了避免对参数 $\boldsymbol{\theta}$ 的重复估计,先暂时保留 $\tilde{\boldsymbol{\theta}}$,直到最后一步再选择参数估计 $\hat{\boldsymbol{\theta}}$ 的自适应律,并选择转换函数为

$$\boldsymbol{\tau}_1 = [\omega - \hat{\beta} (\dot{y}_{\mathrm{d}} + \bar{\alpha}_1) \boldsymbol{e}_1] z_1 \tag{7.135}$$

在步骤1中,$\hat{\beta}$ 的自适应律选择为

$$\dot{\hat{\beta}} = -\gamma \operatorname{sgn}(b_\rho) (\dot{y}_{\mathrm{d}} + \bar{\alpha}_1) z_1, \quad \gamma > 0 \tag{7.136}$$

通过观察式(7.131)可知，α_1 是 $y,\boldsymbol{\xi},\boldsymbol{\Xi},\hat{\boldsymbol{\theta}},\hat{\beta},\upsilon_{0,2},\cdots,\upsilon_{\rho-1,2}$ 和 y_{d} 的函数。为了简化，记 $\boldsymbol{X}=(y,\boldsymbol{\xi},\boldsymbol{\Xi},\hat{\boldsymbol{\theta}},\hat{\beta})$。由 $\boldsymbol{\upsilon}_j=\boldsymbol{A}^j\boldsymbol{\lambda}$ 可知，$\boldsymbol{\upsilon}_{i,j}$ 可表示为

$$\boldsymbol{\upsilon}_{i,j}=[\,*\,,\cdots,\,*\,,1]\begin{bmatrix}\lambda_1\\ \vdots\\ \lambda_{i+j}\end{bmatrix}\tag{7.137}$$

式中，对 $k>n$ 有 $\lambda_k\triangleq 0$，并且 * 代表任意输入值。由式(7.137)可知，α_1 是 $y,\boldsymbol{\xi},\boldsymbol{\Xi},\hat{\boldsymbol{\theta}},\hat{\beta},\lambda_1,\cdots,\lambda_{\rho+1},y_{\mathrm{d}}$ 的函数。记 $\bar{\boldsymbol{\lambda}}_i=(\lambda_1,\cdots,\lambda_i)$ 和 $\bar{\boldsymbol{y}}_{\mathrm{d}}^{(i-1)}=(y_{\mathrm{d}},\dot{y}_{\mathrm{d}},\cdots,y_{\mathrm{d}}^{(i-1)})$，在输出反馈自适应反演设计过程中，$\alpha_i$ 是 $\boldsymbol{X},\bar{\boldsymbol{\lambda}}_{\rho+i},\bar{\boldsymbol{y}}_{\mathrm{d}}^{(i-1)}$ 的函数。

步骤 $\boldsymbol{i}$ $(i=2,\cdots,m)$　对式(7.126)求时间导数，并利用式(7.123)和 $\upsilon_{\rho,i+1}-\hat{\beta}y_{\mathrm{d}}^{(i)}=z_{i+1}+\alpha_i$ 可得

$$\begin{aligned}\dot{z}_i=&\ z_{i+1}+\alpha_i-k_i\upsilon_{\rho,1}-\frac{\partial\alpha_{i-1}}{\partial y}(\omega_0+\boldsymbol{\omega}^{\mathrm{T}}\boldsymbol{\theta}+\varepsilon_2)-\frac{\partial\alpha_{i-1}}{\partial\boldsymbol{\xi}}(\boldsymbol{A\xi}+\boldsymbol{k}y+\boldsymbol{\phi})-\frac{\partial\alpha_{i-1}}{\partial\boldsymbol{\Xi}}(\boldsymbol{A\Xi}+\boldsymbol{\Phi})-\\&\sum_{j=1}^{i-1}\frac{\partial\alpha_{i-1}}{\partial y_{\mathrm{d}}^{(j-1)}}y_{\mathrm{d}}^{(j)}-\sum_{j=1}^{\rho+i-1}\frac{\partial\alpha_{i-1}}{\partial\lambda_j}(-k_j\lambda_1+\lambda_{j+1})-\frac{\partial\alpha_{i-1}}{\partial\hat{\theta}}\dot{\hat{\boldsymbol{\theta}}}-\left(y_{\mathrm{d}}^{(i-1)}+\frac{\partial\alpha_{i-1}}{\partial\hat{\beta}}\right)\dot{\hat{\beta}}\end{aligned}\tag{7.138}$$

为了使虚拟控制函数的期望值选择更容易，在式(7.138)中增加 $-\dfrac{\partial\alpha_{i-1}}{\partial y}\boldsymbol{\omega}^{\mathrm{T}}\tilde{\boldsymbol{\theta}}-\dfrac{\partial\alpha_{i-1}}{\partial\hat{\theta}}\boldsymbol{\Gamma\tau}_i$ 项，得

$$\begin{aligned}\dot{z}_i=&\ \alpha_i-k_i\upsilon_{\rho,1}-\frac{\partial\alpha_{i-1}}{\partial y}(\omega_0+\boldsymbol{\omega}^{\mathrm{T}}\hat{\boldsymbol{\theta}})-\frac{\partial\alpha_{i-1}}{\partial\boldsymbol{\xi}}(\boldsymbol{A\xi}+\boldsymbol{k}y+\boldsymbol{\phi})-\frac{\partial\alpha_{i-1}}{\partial\boldsymbol{\Xi}}(\boldsymbol{A\Xi}+\boldsymbol{\Phi})-\\&\sum_{j=1}^{i-1}\frac{\partial\alpha_{i-1}}{\partial y_{\mathrm{d}}^{(j-1)}}y_{\mathrm{d}}^{(j)}-\sum_{j=1}^{\rho+i-1}\frac{\partial\alpha_{i-1}}{\partial\lambda_j}(-k_j\lambda_1+\lambda_{j+1})-\frac{\partial\alpha_{i-1}}{\partial\hat{\boldsymbol{\theta}}}\boldsymbol{\Gamma\tau}_i-\left(y_{\mathrm{d}}^{(i-1)}+\frac{\partial\alpha_{i-1}}{\partial\hat{\beta}}\right)\dot{\hat{\beta}}-\\&\frac{\partial\alpha_{i-1}}{\partial y}\varepsilon_2-\frac{\partial\alpha_{i-1}}{\partial y}\boldsymbol{\omega}^{\mathrm{T}}\tilde{\boldsymbol{\theta}}-\frac{\partial\alpha_{i-1}}{\partial\hat{\boldsymbol{\theta}}}(\dot{\hat{\boldsymbol{\theta}}}-\boldsymbol{\Gamma\tau}_i)+z_{i+1}\end{aligned}\tag{7.139}$$

当 $i=3,\cdots,m$ 时，选择虚拟控制函数的期望值抵消除式(7.139)最后一行，则虚拟控制函数为

$$\begin{aligned}\alpha_i=&-z_{i-1}-c_iz_i-d_i\left(\frac{\partial\alpha_{i-1}}{\partial y}\right)^2z_i+k_i\upsilon_{\rho,1}+\frac{\partial\alpha_{i-1}}{\partial y}(\omega_0+\boldsymbol{\omega}^{\mathrm{T}}\hat{\boldsymbol{\theta}})+\sum_{j=1}^{i-1}\frac{\partial\alpha_{i-1}}{\partial y_{\mathrm{d}}^{(j-1)}}y_{\mathrm{d}}^{(j)}+\\&\frac{\partial\alpha_{i-1}}{\partial\boldsymbol{\xi}}(\boldsymbol{A\xi}+\boldsymbol{k}y+\boldsymbol{\phi})+\frac{\partial\alpha_{i-1}}{\partial\boldsymbol{\Xi}}(\boldsymbol{A\Xi}+\boldsymbol{\Phi})+\sum_{j=1}^{\rho+i-1}\frac{\partial\alpha_{i-1}}{\partial\lambda_j}(-k_j\lambda_1+\lambda_{j+1})+\\&\frac{\partial\alpha_{i-1}}{\partial\hat{\boldsymbol{\theta}}}\boldsymbol{\Gamma\tau}_i+\left(y_{\mathrm{d}}^{(i-1)}+\frac{\partial\alpha_{i-1}}{\partial\hat{\beta}}\right)\dot{\hat{\beta}}-\sum_{j=2}^{i-1}\frac{\partial\alpha_{j-1}}{\partial\hat{\boldsymbol{\theta}}}\boldsymbol{\Gamma}\frac{\partial\alpha_{i-1}}{\partial y}\omega z_j\end{aligned}\tag{7.140}$$

由于需要用 $\hat{b}_\rho z_1$ 来补偿式(7.134)中的 $\hat{b}_\rho z_2$，当 $i=2$ 时，虚拟控制函数 α_2 为

$$\alpha_2=-\hat{b}_\rho z_1-c_2z_2-d_2\left(\frac{\partial\alpha_1}{\partial y}\right)^2z_2+k_2\upsilon_{\rho,1}+\frac{\partial\alpha_1}{\partial y}(\omega_0+\boldsymbol{\omega}^{\mathrm{T}}\hat{\boldsymbol{\theta}})+\frac{\partial\alpha_1}{\partial\boldsymbol{\xi}}(\boldsymbol{A\xi}+\boldsymbol{k}y+\boldsymbol{\phi})+$$

$$\frac{\partial \alpha_1}{\partial \boldsymbol{\Xi}}(\boldsymbol{A\Xi}+\boldsymbol{\Phi})+\frac{\partial \alpha_1}{\partial y_{\mathrm{d}}}\dot{y}_{\mathrm{d}}+\sum_{j=1}^{\rho+1}\frac{\partial \alpha_1}{\partial \lambda_j}(-k_j\lambda_1+\lambda_{j+1})+\frac{\partial \alpha_1}{\partial \hat{\boldsymbol{\theta}}}\boldsymbol{\Gamma\tau}_2+\left(\dot{y}_{\mathrm{d}}+\frac{\partial \alpha_1}{\partial \hat{\beta}}\right)\dot{\hat{\beta}} \tag{7.141}$$

$$\boldsymbol{\tau}_i=\boldsymbol{\tau}_{i-1}-\frac{\partial \alpha_{i-1}}{\partial y}\omega z_i,\quad i=2,3,\cdots,\rho \tag{7.142}$$

注意：条件$-\frac{\partial \alpha_{i-1}}{\partial \hat{\boldsymbol{\theta}}}(\dot{\hat{\boldsymbol{\theta}}}-\boldsymbol{\Gamma\tau}_i)$解决了参数自适应律和转换函数之间的失配问题。通常在转换函数的设计中，参数自适应律的选择是$\dot{\hat{\boldsymbol{\theta}}}=\boldsymbol{\Gamma\tau}_m$。

因此，根据式(7.139)可得

$$\dot{\hat{\boldsymbol{\theta}}}-\boldsymbol{\Gamma\tau}_i=-\sum_{j=i+1}^{m}\boldsymbol{\Gamma}\frac{\partial \alpha_{j-1}}{\partial y}\boldsymbol{\omega}z_j$$

从而得到

$$-\frac{\partial \alpha_{i-1}}{\partial \hat{\boldsymbol{\theta}}}(\dot{\hat{\boldsymbol{\theta}}}-\boldsymbol{\Gamma\tau}_i)=\sum_{j=i+1}^{m}\frac{\partial \alpha_{i-1}}{\partial \hat{\boldsymbol{\theta}}}\boldsymbol{\Gamma}\frac{\partial \alpha_{i-1}}{\partial y}\boldsymbol{\omega}z_j \triangleq \sum_{j=i+1}^{m}\sigma_{ij}z_j \tag{7.143}$$

引入条件$-\sum_{j=2}^{i-1}\sigma_{ij}z_j$后，虚拟控制函数的期望值$\alpha_i$在误差系统中是斜对称的。

步骤 m　在自适应反演设计的最后一步，设计控制律和参数自适应律为

$$u=\frac{1}{\sigma(y)}(\alpha_m-\upsilon_{\rho,m+1}+\hat{\beta}y_{\mathrm{d}}^{(m)}) \tag{7.144}$$

最终的参数自适应律为

$$\dot{\hat{\boldsymbol{\theta}}}=\boldsymbol{\Gamma\tau}_m=\boldsymbol{\Gamma}\left\{\boldsymbol{\omega}\left[1,-\frac{\partial \alpha_1}{\partial y},\cdots,-\frac{\partial \alpha_{m-1}}{\partial y}\right]\begin{bmatrix}z_1\\z_2\\\vdots\\z_m\end{bmatrix}-\hat{\beta}(\dot{y}_{\mathrm{d}}+\bar{\alpha}_1)\boldsymbol{e}_1z_j\right\} \tag{7.145}$$

将式(7.140)、式(7.141)和式(7.143)代入式(7.139)中，得到的误差系统为

$$\dot{z}_1=-c_1z_1-d_1z_1+\hat{b}_\rho z_2+\varepsilon_2+[\boldsymbol{\omega}-\hat{\beta}(\dot{y}_{\mathrm{d}}+\bar{\alpha}_1)\boldsymbol{e}_1]^{\mathrm{T}}\tilde{\boldsymbol{\theta}}-b_\rho(\dot{y}_{\mathrm{d}}+\bar{\alpha}_1)\tilde{\beta} \tag{7.146}$$

$$\dot{z}_2=-c_2z_2-d_2\left(\frac{\partial \alpha_1}{\partial y}\right)^2z_2-\hat{b}_\rho z_1+z_3+\sum_{j=3}^{m}\sigma_{2,j}z_j-\frac{\partial \alpha_1}{\partial y}\varepsilon_2-\frac{\partial \alpha_1}{\partial y}\boldsymbol{\omega}^{\mathrm{T}}\tilde{\boldsymbol{\theta}} \tag{7.147}$$

$$\dot{z}_i=-c_iz_i-d_i\left(\frac{\partial \alpha_{i-1}}{\partial y}\right)^2z_i-\sum_{j=2}^{i-1}\sigma_{j,i}z_j-z_{i-1}+z_{i+1}+\sum_{j=i+1}^{m}\sigma_{j,i}z_j-\frac{\partial \alpha_{i-1}}{\partial y}\varepsilon_2-\frac{\partial \alpha_{i-1}}{\partial y}\boldsymbol{\omega}^{\mathrm{T}}\tilde{\boldsymbol{\theta}},\quad i=1,2,\cdots,m \tag{7.148}$$

式中，$z_{m+1}=0$，则总误差系统可简写为

$$\dot{\boldsymbol{z}}=\boldsymbol{A}_z(z,t)\boldsymbol{z}+\boldsymbol{W}_\varepsilon(z,t)\varepsilon_2+\boldsymbol{W}_\theta^{\mathrm{T}}(z,t)\tilde{\boldsymbol{\theta}}-b_\rho(\dot{y}_{\mathrm{d}}+\bar{\alpha}_1)\boldsymbol{e}_1\tilde{\beta} \tag{7.149}$$

式中，矩阵$\boldsymbol{A}_z(z,t)$，$\boldsymbol{W}_\varepsilon(z,t)$和$\boldsymbol{W}_\theta(z,t)$分别为

$\boldsymbol{A}_z(\boldsymbol{z},t)=$

$$
\begin{bmatrix}
-c_1-d_1 & 1 & 0 & 0 & \cdots & \cdots & \cdots & 0 \\
-1 & -c_2-d_2\left(\frac{\partial a_1}{\partial y}\right)^2 & 1+\sigma_{2,3} & \sigma_{2,4} & \cdots & \cdots & \cdots & \sigma_{2,m} \\
0 & -1-\sigma_{2,3} & -c_3-d_3\left(\frac{\partial a_2}{\partial y}\right)^2 & 1+\sigma_{2,4} & \cdots & \cdots & \cdots & \vdots \\
0 & -\sigma_{2,4} & -1-\sigma_{3,4} & -c_4-d_4\left(\frac{\partial a_3}{\partial y}\right)^2 & \cdots & \cdots & \cdots & \vdots \\
\vdots & \vdots & \ddots & \ddots & \ddots & & & \vdots \\
\vdots & \vdots & \vdots & \ddots & \ddots & \ddots & & \sigma_{m-2,m} \\
\vdots & \vdots & \vdots & \vdots & \ddots & \ddots & \ddots & 1+\sigma_{m-1,m} \\
0 & -\sigma_{2,m} & \cdots & \cdots & \cdots & -\sigma_{m-2,m} & -1-\sigma_{m-1,m} & -c_m-d_m\left(\frac{\partial a_{m-1}}{\partial y}\right)^2
\end{bmatrix}
$$

$$
\boldsymbol{W}_\varepsilon(\boldsymbol{z},t)=\begin{bmatrix} 1 \\ -\dfrac{\partial a_1}{\partial y} \\ \vdots \\ -\dfrac{\partial a_{m-1}}{\partial y} \end{bmatrix} \in \mathbf{R}^m
$$

$\boldsymbol{W}_\theta^{\mathrm{T}}(\boldsymbol{z},t)=\boldsymbol{W}_\varepsilon(\boldsymbol{z},t)\,\boldsymbol{\omega}^{\mathrm{T}}-\hat{\beta}(\dot{y}_{\mathrm{d}}+\bar{\alpha}_1)\boldsymbol{e}_1\boldsymbol{e}_1^{\mathrm{T}} \in \mathbf{R}^{m\times p}$

为了进行稳定性分析，参数估计自适应律（式(7.145)和式(7.136)）的误差方程、状态估计误差（式(7.114)）可表示为如下形式：

$$\dot{\tilde{\boldsymbol{\theta}}}=-\boldsymbol{\Gamma}\boldsymbol{W}_\theta(\boldsymbol{z},t)\boldsymbol{z} \tag{7.150}$$

$$\dot{\tilde{\beta}}=\gamma\operatorname{sgn}(b_\rho)(\dot{y}_{\mathrm{d}}+\bar{\alpha}_1)\boldsymbol{e}_1^{\mathrm{T}}\boldsymbol{z} \tag{7.151}$$

$$\dot{\varepsilon}=A\varepsilon \tag{7.152}$$

对于系统（式(7.149)～式(7.152)），定义李雅普诺夫函数为

$$V=\frac{1}{2}\boldsymbol{z}^{\mathrm{T}}\boldsymbol{z}+\frac{1}{2}\tilde{\boldsymbol{\theta}}^{\mathrm{T}}\boldsymbol{\Gamma}^{-1}\tilde{\boldsymbol{\theta}}+\frac{|b_\rho|}{2\gamma}\tilde{\beta}^2+\sum_{i=1}^{m}\frac{1}{4d_i}\boldsymbol{\varepsilon}^{\mathrm{T}}\boldsymbol{P}\boldsymbol{\varepsilon} \tag{7.153}$$

对李雅普诺夫函数 V 求时间导数，得

$$\dot{V}=\boldsymbol{z}^{\mathrm{T}}(\boldsymbol{A}_z+\boldsymbol{A}_z^{\mathrm{T}})\boldsymbol{z}-\sum_{i=1}^{m}z_i\frac{\partial\alpha_{i-1}}{\partial y}\varepsilon_2-\sum_{i=1}^{m}\frac{1}{4d_i}|\varepsilon|^2 \tag{7.154}$$

为了简化符号，引入 $\dfrac{\partial\alpha_0}{\partial y}\triangleq-1$。同时，斜对称矩阵具有如下性质：

$$
\boldsymbol{A}_z+\boldsymbol{A}_z^{\mathrm{T}}=-2\begin{bmatrix}
c_1+d_1 & 0 & \cdots & 0 \\
0 & c_2+d_2\left(\frac{\partial\alpha_1}{\partial y}\right)^2 & \ddots & \vdots \\
\vdots & \ddots & \ddots & 0 \\
0 & \cdots & 0 & c_m+d_m\left(\frac{\partial a_{m-1}}{\partial y}\right)^2
\end{bmatrix} \tag{7.155}
$$

将式(7.155)代入式(7.154)，得

$$
\begin{aligned}
\dot{V} &= -\sum_{i=1}^{m} c_i z_i^2 - \sum_{i=1}^{m} d_i \left(\frac{\partial \alpha_{i-1}}{\partial y}\right)^2 z_i^2 - \sum_{i=1}^{m} z_i \frac{\partial \alpha_{i-1}}{\partial y}\varepsilon_2 - \sum_{i=1}^{m} \frac{1}{4d_i}|\varepsilon|^2 \\
&= -\sum_{i=1}^{m} c_i z_i^2 - \sum_{i=1}^{m} d_i \left(z_i + \frac{\partial \alpha_{i-1}}{\partial y} + \frac{1}{2d_i}\varepsilon_2\right)^2 - \sum_{i=1}^{m} \frac{1}{4d_i}(\varepsilon_1^2 + \varepsilon_2^2 + \cdots + \varepsilon_n^2) \\
&\leqslant -\sum_{i=1}^{m} c_i z_i^2
\end{aligned} \tag{7.156}
$$

由不等式(7.156)可知，$\boldsymbol{z}$，$\hat{\boldsymbol{\theta}}$，$\hat{\beta}$ 和 $\boldsymbol{\varepsilon}$ 是有界的。为了确保闭环控制系统在无自适应情况下的有界性，引入非线性阻尼项抵消参数估计误差的影响。首先改写误差系统（式(7.149)），用式(7.134)代替式(7.146)，并且在式(7.147)中加上 $\pm b_0 z_1$，可得

$$
\dot{\boldsymbol{z}} = \boldsymbol{A}_z^*(\boldsymbol{z},t)\boldsymbol{z} + \boldsymbol{W}_\varepsilon(\boldsymbol{z},t)\varepsilon_2 + \boldsymbol{W}_\theta^*(\boldsymbol{z},t)^{\mathrm{T}}\tilde{\boldsymbol{\theta}} - b_\rho(\dot{y}_{\mathrm{d}} + \alpha_1)\boldsymbol{e}_1\tilde{\beta} \tag{7.157}
$$

式中，$\boldsymbol{A}_z^*$ 和 $\boldsymbol{W}_\theta^*$ 分别为

$$
\boldsymbol{A}_z^*(\boldsymbol{z},t) =
\begin{bmatrix}
-c_1-d_1 & b_\rho & 0 & 0 & \cdots & \cdots & \cdots & 0 \\
-b_\rho & -c_2-d_2\left(\frac{\partial \alpha_1}{\partial y}\right)^2 & 1+\sigma_{2,3} & \sigma_{2,4} & \cdots & \cdots & \cdots & \sigma_{2,m} \\
0 & -1-\sigma_{2,3} & -c_3-d_3\left(\frac{\partial \alpha_2}{\partial y}\right)^2 & 1+\sigma_{2,4} & \cdots & \cdots & \cdots & \vdots \\
0 & -\sigma_{2,4} & -1-\sigma_{3,4} & -c_4-d_4\left(\frac{\partial \alpha_3}{\partial y}\right)^2 & \cdots & \cdots & \cdots & \vdots \\
\vdots & \vdots & \ddots & \ddots & \ddots & & & \vdots \\
\vdots & \vdots & \vdots & \ddots & \ddots & \ddots & & \sigma_{m-2,m} \\
\vdots & \vdots & \vdots & \vdots & \ddots & \ddots & \ddots & 1+\sigma_{m-1,m} \\
0 & -\sigma_{2,m} & \cdots & \cdots & \cdots & -\sigma_{m-2,m} & -1-\sigma_{m-1,m} & -c_m-d_m\left(\frac{\partial \alpha_{m-1}}{\partial y}\right)^2
\end{bmatrix}
$$

$$
\boldsymbol{W}_\theta^*(\boldsymbol{z},t)^{\mathrm{T}} =
\begin{bmatrix}
\bar{\boldsymbol{\omega}}^{\mathrm{T}} \\
-\frac{\partial \alpha_1}{y}\boldsymbol{\omega}^{\mathrm{T}} + z_1\boldsymbol{e}_1^{\mathrm{T}} \\
-\frac{\partial \alpha_2}{y}\boldsymbol{\omega}^{\mathrm{T}} \\
\vdots \\
-\frac{\partial \alpha_{m-1}}{y}\boldsymbol{\omega}^{\mathrm{T}}
\end{bmatrix} \in \mathbf{R}^m
$$

误差系统（式(7.149)）适合于选择估计参数 $\hat{\boldsymbol{\theta}}$ 和 $\hat{\beta}$ 的自适应律，系统（式(7.157)）可以得到常量 $\tilde{\boldsymbol{\theta}}$ 和 $\tilde{\beta}$ 的有界性。为了保证系统的稳定性，非线性阻尼项选择为

$$
-\kappa_1 |\bar{\boldsymbol{\omega}}|^2 z_1 \tag{7.158}
$$

$$
-\kappa_2 \left|\frac{\partial \alpha_1}{\partial y}\boldsymbol{\omega} - z_1\boldsymbol{e}_1\right|^2 z_2 \tag{7.159}
$$

$$
-\kappa_i \left|\frac{\partial \alpha_{i-1}}{\partial y}\boldsymbol{\omega}\right|^2 z_i, \quad i=3,4,\cdots,m \tag{7.160}
$$

将式(7.158)～式(7.160)分别增加到式(7.131)、式(7.141)和式(7.140)中去。另外，为了抵消 $\hat{\beta}$，式(7.129)被替换为

$$
\alpha_1 = \hat{\beta}\bar{\alpha}_1 - \kappa_1 \operatorname{sgn}(b_\rho)(\dot{y}_{\mathrm{d}} + \bar{\alpha}_1)^2 z_1 \tag{7.161}
$$

通过上面的修改后，误差系统变为

$$\dot{z}_1=-c_1z_1-d_1z_1-\kappa_1|\bar{\boldsymbol{\omega}}|^2z_1-\kappa_1|b_\rho|(\dot{y}_{\mathrm{d}}+\bar{\alpha}_1)^2z_1+b_\rho z_2+\varepsilon_2+\bar{\boldsymbol{\omega}}^{\mathrm{T}}\tilde{\boldsymbol{\theta}}-b_\rho(\dot{y}_{\mathrm{d}}+\bar{\alpha}_1)\tilde{\beta} \tag{7.162}$$

$$\dot{z}_2=-c_2z_2-d_2\left(\frac{\partial\alpha_1}{\partial y}\right)^2z_2-\kappa_2\left|\frac{\partial\alpha_1}{\partial y}\boldsymbol{\omega}-z_1\boldsymbol{e}_1\right|^2z_2-b_\rho z_1+z_3+\sum_{j=3}^{m}\sigma_{2,j}z_j-\frac{\partial\alpha_1}{\partial y}\varepsilon_2-\left(\frac{\partial\alpha_1}{\partial y}\boldsymbol{\omega}-z_1\boldsymbol{e}_1\right)^{\mathrm{T}}\tilde{\boldsymbol{\theta}} \tag{7.163}$$

$$\dot{z}_i=-c_iz_i-d_i\left(\frac{\partial\alpha_{i-1}}{\partial y}\right)^2z_i-\kappa_i\left|\frac{\partial\alpha_{i-1}}{\partial y}\boldsymbol{\omega}\right|^2z_i-\sum_{j=2}^{i-1}\sigma_{j,i}z_j-z_{i-1}+z_{i+1}+\sum_{j=i+1}^{m}\sigma_{j,i}z_j-\frac{\partial\alpha_{i-1}}{\partial y}\varepsilon_2-\frac{\partial\alpha_{i-1}}{\partial y}\boldsymbol{\omega}^{\mathrm{T}}\tilde{\boldsymbol{\theta}},\quad i=3,4,\cdots,m \tag{7.164}$$

系统（式(7.162)～式(7.164)）满足李雅普诺夫不等式(7.156)。此外，也可以证明

$$\frac{\mathrm{d}}{\mathrm{d}t}\left(\frac{1}{2}|\boldsymbol{z}|^2\right)\leqslant-c_0|\boldsymbol{z}|^2+\frac{1}{4d_0}\varepsilon_2^2+\frac{1}{4\kappa_0}(|\tilde{\boldsymbol{\theta}}|^2+|b_\rho|\tilde{\beta}^2) \tag{7.165}$$

式中，$c_0=\min\limits_{1\leqslant i\leqslant m}c_i$；$d_0=\left(\sum_{i=1}^{m}\frac{1}{d_i}\right)^{-1}$；$\kappa_0=\left(\sum_{i=1}^{m}\frac{1}{\kappa_i}\right)^{-1}$。

不等式(7.165)表明由于非线性阻尼项的存在，在无自适应的情况下，$\boldsymbol{z}$ 仍能保持有界。在这种情况下，$\tilde{\boldsymbol{\theta}}$ 和 $\tilde{\beta}$ 为常数，ε_2 有界且是指数衰减。

基于 K-滤波器的调节函数输出反馈自适应反演设计归纳于表 7.3，所用到的 K-滤波器如表 7.2 所示。

表 7.3　基于 K-滤波器的调节函数输出反馈自适应反演设计

$$z_1=y-y_{\mathrm{d}}$$

$$z_i=v_{\rho,i}-\hat{\beta}y_{\mathrm{d}}^{(i-1)}-\alpha_{i-1},\quad i=2,3,\cdots,m$$

$$\alpha_1=\hat{\beta}\bar{\alpha}_1-\kappa_1\operatorname{sgn}(b_\rho)(\dot{y}_{\mathrm{d}}+\bar{\alpha}_1)^2z_1$$

$$\bar{\alpha}_1=-(c_1+d_1+\kappa_1|\bar{\boldsymbol{\omega}}|^2)z_1-\omega_0-\bar{\boldsymbol{\omega}}^{\mathrm{T}}\hat{\boldsymbol{\theta}}$$

$$\alpha_2=-\hat{b}_\rho z_1-\left[c_2+d_2\left(\frac{\partial\alpha_1}{\partial y}\right)^2+\kappa_2\left|\frac{\partial\alpha_1}{\partial y}\boldsymbol{\omega}-z_1\boldsymbol{e}_1\right|^2\right]z_2+\left(\dot{y}_{\mathrm{d}}+\frac{\partial\alpha_1}{\partial\hat{\beta}}\right)\dot{\hat{\beta}}+\frac{\partial\alpha_1}{\partial\hat{\theta}}\boldsymbol{\Gamma}\boldsymbol{\tau}_2+\chi_2$$

$$\alpha_i=-z_{i-1}-\left[c_i+(d_i+\kappa_2|\boldsymbol{\omega}|^2)\left(\frac{\partial\alpha_{i-1}}{\partial y}\right)^2\right]z_i+\left(y_{\mathrm{d}}^{(i-1)}+\frac{\partial\alpha_{i-1}}{\partial\hat{\beta}}\right)\dot{\hat{\beta}}+\frac{\partial\alpha_{i-1}}{\partial\hat{\boldsymbol{\theta}}}\boldsymbol{\Gamma}\boldsymbol{\tau}_i-\sum_{j=2}^{i-1}\frac{\partial\alpha_{j-1}}{\partial\hat{\boldsymbol{\theta}}}\boldsymbol{\Gamma}\frac{\partial\alpha_{i-1}}{\partial y}z_j+\chi_i,\quad i=3,4,\cdots,m$$

$$\chi_i=\frac{\partial\alpha_{i-1}}{\partial y}(\omega_0+\boldsymbol{\omega}^{\mathrm{T}}\hat{\boldsymbol{\theta}})+\frac{\partial\alpha_{i-1}}{\partial\xi}(\boldsymbol{A}\boldsymbol{\xi}+ky+\boldsymbol{\phi})+\frac{\partial\alpha_{i-1}}{\partial\boldsymbol{\Xi}}(\boldsymbol{A}\boldsymbol{\Xi}+\boldsymbol{\Phi})+\sum_{j=1}^{i-1}\frac{\partial\alpha_{i-1}}{\partial y_{\mathrm{d}}^{(j-1)}}y_{\mathrm{d}}^{(j)}+k_iv_{\rho,1}+\sum_{j=1}^{\rho+i-1}\frac{\partial\alpha_{i-1}}{\partial\lambda_j}(-k_i\lambda_1+\lambda_{j+1})$$

续表

$\boldsymbol{\tau}_1=[\boldsymbol{\omega}-\hat{\beta}(\dot{y}_{\mathrm{d}}+\bar{\alpha}_1)\boldsymbol{e}_1]z_1$ $\boldsymbol{\tau}_i=\boldsymbol{\tau}_{i-1}-\frac{\partial\alpha_{i-1}}{\partial y}\boldsymbol{\omega}z_i,\quad i=2,3,\cdots,m$
$u=\frac{1}{\sigma(y)}(\alpha_m-\upsilon_{\rho,m+1}+\hat{\beta}y_{\mathrm{d}}^{(m)})$ $\dot{\hat{\boldsymbol{\theta}}}=\boldsymbol{\Gamma}\boldsymbol{\tau}_m$ $\dot{\hat{\beta}}=-\gamma\mathrm{sgn}(b_\rho)(\dot{y}_{\mathrm{d}}+\bar{\alpha}_1)z_1$

定理 7.4 对于非线性系统(式(7.110))。表 7.3 中的控制律和参数自适应律,以及表 7.2 中 K-滤波器构成的闭环自适应控制系统具有如下性质:

(1) 如果 $\Gamma>0,\gamma>0$ 和 $k_i\geqslant 0,i=1,2,\cdots,m$,则闭环控制系统的所有信号全局一致有界,且能够实现渐近轨迹跟踪,即

$$\lim_{t\to\infty}[y(t)-y_{\mathrm{d}}(t)]=0 \tag{7.166}$$

(2) 如果 $\Gamma=0,\gamma>0$ 和 $k_i>0(i=1,2,\cdots,m)$,则闭环控制系统的所有信号完全一致有界。

证明 (1) 由于 $y_{\mathrm{d}}(t),\cdots,y_{\mathrm{d}}^{(n)}(t)$ 的分段连续性和式(7.110)中非线性函数的光滑性,闭环自适应控制系统的解存在且唯一。令其存在的最大时间间隔为 $[0,t_f)$。由于 $\dot{V}\leqslant -c_0|\boldsymbol{z}|^2$,因此 $\boldsymbol{z},\hat{\boldsymbol{\theta}},\hat{\beta},\boldsymbol{\varepsilon}$ 在 $[0,t_f)$ 上有界。由于 z_1,y_{d} 是有界的,因此 y 也是有界的。根据表 7.2 中 K-滤波器的设计可知,$\varepsilon,\boldsymbol{\Xi}$ 也是有界的。

下面证明 $\boldsymbol{\lambda},\boldsymbol{x}$ 的有界性。由于 $\boldsymbol{x}$ 的有界性是由 $\boldsymbol{\varepsilon},\boldsymbol{\xi},\boldsymbol{\Xi},\boldsymbol{\lambda}$ 的有界性来决定的,因此我们最关心的是 $\boldsymbol{\lambda}$ 的有界性。在表 7.2 中,输入 K-滤波器 $\dot{\boldsymbol{\lambda}}=\boldsymbol{A\lambda}+\boldsymbol{e}_n\sigma(y)u$ 给出

$$\lambda_i=\frac{p^{i-1}+h_1p^{i-2}+\cdots+h_{i-1}}{H(p)}[\sigma(y)u],\quad i=1,2,\cdots,n \tag{7.167}$$

式中,$K(s)=H(p)=p^n+k_1p^{n-1}+\cdots+k_0[\sigma(y)u]$。另外,由系统(式(7.110))可得

$$\frac{\mathrm{d}^n y}{\mathrm{d}t^n}-\sum_{i=1}^{n}\frac{\mathrm{d}^{n-i}}{\mathrm{d}t^{n-i}}[\varphi_{0,i}(y)+\boldsymbol{\Phi}_{(i)}(y)\boldsymbol{a}]=\sum_{i=0}^{\rho}\frac{\mathrm{d}^i}{\mathrm{d}t^i}[\sigma(y)u] \tag{7.168}$$

将最后的和式记为 $B(p)[\sigma(y)u]$,同时将式(7.168)代入式(7.167),得

$$\lambda_i=\frac{p^{i-1}+k_1p^{i-2}+\cdots+k_{i-1}}{K(p)B(p)}\left\{\frac{\mathrm{d}^n y}{\mathrm{d}t^n}-\sum_{i=1}^{n}\frac{\mathrm{d}^{n-i}}{\mathrm{d}t^{n-i}}[\varphi_{0,i}(y)+\boldsymbol{\Phi}_{(i)}(y)\boldsymbol{a}]\right\},\quad i=1,2,\cdots,n \tag{7.169}$$

由于 y 是有界的、函数 $\boldsymbol{\phi}(y)$ 和 $\boldsymbol{\Phi}(y)$ 是稳定的以及由式(7.169)可推出 $\lambda_1,\cdots,\lambda_{m+1}$ 是有界的,因此考虑式(7.123),得

$$\upsilon_{\rho,i}=z_i+\hat{\beta}y_{\mathrm{d}}^{(i-1)}+\alpha_{i-1}(y,\boldsymbol{\xi},\boldsymbol{\Xi},\hat{\boldsymbol{\theta}},\hat{\beta},\bar{\boldsymbol{\lambda}}_{\rho+i-1},\bar{\boldsymbol{y}}_{\mathrm{d}}^{(i-2)}),\quad i=2,3,\cdots,m \tag{7.170}$$

令 $i=2$。$\bar{\boldsymbol{\lambda}}_{\rho+1}$ 和 z_2 及变量 $y,\boldsymbol{\xi},\boldsymbol{\Xi},\hat{\boldsymbol{\theta}},\hat{\beta},y_{\mathrm{d}},\dot{y}_{\mathrm{d}}$ 的有界性证明了 $\upsilon_{\rho,2}$ 是有界的,从而由式(7.137)得到 $\lambda_{\rho+2}$ 也是有界的。以同样的方式可知,式(7.170)和式(7.137)再一次确定

了$\boldsymbol{\lambda}$是有界的。根据式(7.115)、表 7.2 及变量ξ,$\boldsymbol{\Xi}$,$\boldsymbol{\lambda}$,$\boldsymbol{\varepsilon}$的有界性,可以得出$\boldsymbol{x}$是有界的这个结论。因为$\sigma(y)$有界且远离 0,所以u是有界的。

由于仅依赖于初始条件和外部信号$y_{\mathrm{d}}(t),\cdots,y_{\mathrm{d}}^{(n)}(t)$而不依赖于$t_f$,所以所有闭环自适应系统的信号是有界的,这说明$t_f=\infty$。所以,对于一切$t\geqslant 0$,所有信号都完全一致有界。

通过把定理 3.24(LaSalle-Yoshizawa 定理)应用到式(7.156)中,可进一步说明当$t\to\infty$时$z(t)\to 0$,即$\lim\limits_{t\to\infty}[y(t)-y_{\mathrm{d}}(t)]=0$。

(2) 在无自适应的情况下,通过重复(1)的证明过程,从式(7.156)可以得到闭环控制系统所有信号的有界性。

证毕。

7.8　自适应控制系统的鲁棒性

7.8.1　鲁棒性问题

自适应控制近 30 年来已受到了学术界和工程界的广泛关注,更重要原因是,它在系统结构已知时,可以实时地、自学习地处理系统参数(结构)不确定性。自适应控制已取得了大量的理论研究和应用成果,理想情况下的自适应控制算法的稳定性问题已经得到了解决。这些理想情况通常都对被控对象的模型和算法实现方面提出了各种各样的假设条件。由于存在多种类型的模型(主要指非结构或非参数)不确定性和算法实现形式,因此在自适应控制中,各种鲁棒性问题可以分成两大类,分别与系统的模型和算法实现相对应,如表 7.4 所示。

表 7.4　自适应控制中鲁棒性问题的分类

第一类　模型方面(非参数不确定性)	第二类　算法实现方面
(1) 模型阶次和被忽略的被控对象非线性(如执行机构动态特性或结构振动等高频未建模动态特性、库仑摩擦和静摩擦等低频未建模动态特性); (2) 模型的相对阶; (3) 未建模的过程扰动; (4) 未建模的过程参数扰动; (5) 测量噪声; (6) 采样时滞的影响	(1) 控制律结构的灵敏度; (2) 与过程参数先验知识的结合; (3) 自适应算法的类型; (4) 算法的收敛速率; (5) 充分激励的程度; (6) 输入信号的约束条件; (7) 数值方面的影响,如有限字长引入的计算舍入误差

上述第一类鲁棒性问题主要与被控过程的假设条件相对应。通常情况下,模型阶次、相对阶、线性、噪声的统计特性、时不变等假设条件在实际中都有可能不满足。因此,就产生了自适应控制的鲁棒性问题。由于所设计的自适应控制器是用来控制实际物理系统的,因此这些非参数不确定性将不可避免,所以探讨非参数不确定性问题非常重要。

(1) 非参数不确定性对自适应控制系统会有什么影响?

(2) 什么情况下自适应控制对非参数不确定性敏感?

(3) 如何能使自适应控制系统对非参数不确定性不敏感？

由于自适应控制系统是非线性控制系统，因此要准确地回答上述问题非常困难。但是，一些定性的分析可以使我们增加对实际应用时自适应控制系统特性的理解。现在简要讨论这些问题。

非参数不确定性通常会降低系统的性能，即增加模型的跟踪误差。一般来说，非参数不确定性越小，跟踪误差也越小；非参数不确定性越大，跟踪误差也越大。这种联系在控制系统中非常普遍，当非参数不确定性变得太大时，自适应控制系统会变得不稳定。

当信号是持续激励时，仿真和分析都表明自适应控制系统对非参数的不确定性具有某种鲁棒性。但是，当信号不是持续激励时，即使很小的非参数不确定性也会导致严重的后果。下面的 Rohrs 反例说明了这种情况。

例 7.4 Rohrs 反例。考虑一个包含未建模动态的被控对象，并应用直接输出反馈自适应控制方法设计控制器。假设被控对象的标称模型为

$$H(p)=\frac{k_p}{p+a_p}=\frac{2}{p+1}$$

参考模型是如下严正实函数：

$$M(p)=\frac{k_m}{p+a_m}=\frac{3}{p+3}$$

但是我们假设实际被控对象的传递函数为

$$y=\frac{2}{p+1}\,\frac{229}{p^2+30p+229}u$$

即实际对象是三阶的，而标称系统是一阶的。所以，未建模高频动态就是 $\frac{229}{p^2+30p+229}$，其极点位于 $-15\pm 2\mathrm{j}$。

除了未建模高频动态外，假设存在量测误差 $n(t)$。整个自适应控制系统框图如图 7.11 所示。然而，当考虑到未建模高频动态时，有下列两类不稳定现象出现：

(1) 对于参考输入 $r=4.3$，没有量测噪声($n=0$)，图 7.12 给出了输出误差直接自适应控制的仿真结果。可以看出，输出误差开始收敛到零，但最终发散到无穷大，估计参数 $\hat{a}_r$ 和 $\hat{a}_y$ 也随之发散。

(2) 对于参考输入 $r=2$，小输出扰动(量测噪声)$n(t)=0.5\sin 16.1t$，图 7.13 给出了输出误差直接自适应控制的仿真结果。可以看出，输出误差开始收敛到零，然后在零附近停留一段时间，再发散到无穷大；控制器估计参数 $\hat{a}_r$ 和 $\hat{a}_y$ 以常速率漂移，然后突然发散。

我们证明全局跟踪收敛时没有考虑到非参数不确定性，而例 7.4 中存在小量的非参数不确定性，就出现了不稳定的结果。通过图 7.12 和图 7.13 中的控制器参数估计仿真结果可对该自适应控制系统获得一些了解，可以看出，随着时间的推移，参数缓慢漂移，然后突然急剧发散。对于这种参数漂移最简单的解释是，常数的参考输入不满足持续激励条件，而且参数自适应更新律也无法从噪声中辨识参数信息。结果，参数沿着使跟踪误差保持很小的方向漂移。值得注意的是，当参数漂移时，即使跟踪误差不变，闭环系统的极点也会移动(因为参数变化非常缓慢，所以自适应控制系统可以看作一个定常系统)。当估计参数移动到使闭环系统极点进入右半复平面时，整个系统就变得不稳定。

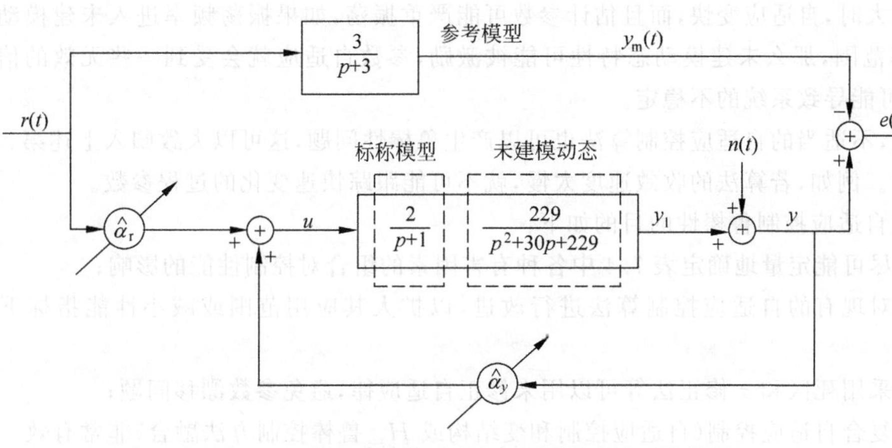

图 7.11　带有未建模动态和量测误差的自适应控制

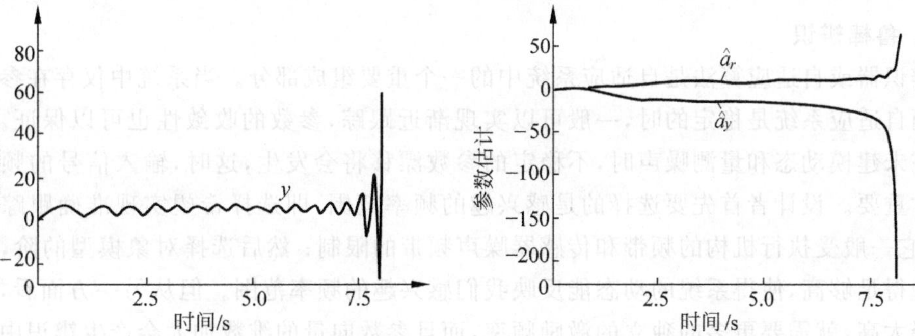

图 7.12　被控对象输出和控制器参数的发散情况($r=4.3, n=0$)

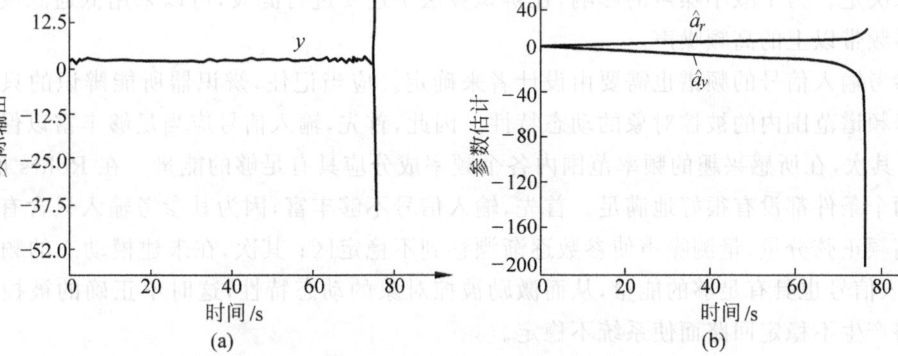

图 7.13　被控对象输出和控制器参数的发散情况($r=2, n=0.5\sin 16.1t$)

一般来说，关于参数漂移的主要论点是，当信号不是持续激励时，会引起参数漂移，它主要是由测量噪声引起的；只有当系统不稳定时，参数漂移才影响到跟踪精度，但它会导致自适应控制系统突发性的崩溃(由于激励未建模的动力学引起的)。与非参数不确定性(噪声和扰动)有关的主要问题是参数漂移，但也存在另外一些问题。例如，当自适应增益或参考信号非常大时，自适应变快，而且估计参数可能严重振荡，如果振荡频率进入未建模动态特性的频率范围，那么未建模动态特性可能被激励，参数自适应就会受到一些无效的信号影响，从而可能导致系统的不稳定。

另外，不适当的自适应控制算法也可以产生鲁棒性问题，这可以大致归入上述第二类鲁棒性问题。例如，若算法的收敛速度太慢，就不可能跟踪快速变化的过程参数。

研究自适应控制鲁棒性的目的如下：

(1) 尽可能定量地确定表 7.4 中各种有害因素的组合对控制性能的影响；

(2) 对现有的自适应控制算法进行改进，以扩大其应用范围或减小性能指标下降的程度；

(3) 采用死区和 σ-修正法等可以用来修正自适应律，避免参数漂移问题；

(4) 复合自适应控制(自适应控制和变结构或 H_{∞} 鲁棒控制方法融合)非常有效。

7.8.2 改善自适应控制鲁棒性的方法

1. 鲁棒辨识

辨识器或自适应算法是自适应系统中的一个重要组成部分。当系统中仅存在参数不确定性而自适应系统是稳定的时，一般可以实现渐近跟踪，参数的收敛性也可以保证。但是，当存在未建模动态和量测噪声时，不稳定的参数漂移将会发生，这时，输入信号的频率成分就非常重要。设计者首先要选择的是感兴趣的频率范围，即选择希望实现准确跟踪的频率范围，它一般受执行机构的频带和传感器噪声频带的限制；然后选择对象模型的阶，该阶次应当选得足够高，使得系统的动态能反映我们感兴趣的频率范围。但从另一方面看，如果阶次选择太高，就需要更多的独立的激励频率，而且参数向量的维数加大会产生辨识中的数值计算问题，协方差阵将易于成为病态，结果会造成在参数空间某一方向参数收敛很慢。总之，适当地选择对象的动态模型非常重要。

被控对象输入信号和输出信号的滤波一般通过观测器来实现，观测器的频带由稳定多项式来决定。为了减小噪声的影响，在辨识算法中还要进行滤波，可以采用低通滤波器滤掉控制器频带以上的高频噪声。

参考输入信号的频谱也需要由设计者来确定。应当记住，辨识器所能辨识的只是在输入信号频谱范围内的被控对象的动态特性。因此，首先，输入信号应当足够丰富以保证参数收敛；其次，在所感兴趣的频率范围内各个频率成分应具有足够的能量。在 Rohrs 反例中，上述两个条件都没有很好地满足。首先，输入信号不够丰富，因为其参考输入只含有直流分量和高频正弦分量，量测噪声使参数逐渐漂移到不稳定区；其次，在未建模动态的频率范围内，输入信号也具有足够的能量，从而激励被控对象的动态特性，这时不正确的被控对象模型也将产生不稳定回路而使系统不稳定。

从实际应用来看，监视辨识器回路的信号激励状态也是很重要的。当持续激励不满足时，应当将自适应回路自动切断；当激励很小以致不能区分是激励还是噪声时，如果这时被控对象参数在变化，就应当注入附加的摄动信号到参考输入中，使系统充分激励，从而提高辨识精度。

2. 参考模型和参考输入的选择

参考模型的选择应该反映对象闭环后所能达到的希望的响应。从鲁棒控制的观点来看,在被控对象模型所需的频率范围内,控制器的参数化应存在。因此,控制目标(参考模型的选择)所应具有的频带应当不大于辨识器的频带,特别是在未建模动态的频率范围内参考模型不应当有大的增益。

参考输入的选择也属于选择控制目标时应当考虑的因素。前面已经指出它对系统辨识的重要性,为了在正确的频率范围内保证持续激励,有时需要在参考输入内注入摄动信号,但对于某些应用场合,如飞行器的控制,这是不希望的。在自适应控制系统中参考输入有双重作用:其一是产生系统输出,达到系统对参考模型的输出跟踪;其二是完成系统的持续激励,以达到参数收敛。

3. 参数自适应算法的改进

虽然我们不希望小扰动导致系统不稳定,但这样的小扰动是不可避免的,不过这并不意味着自适应控制不切实际。有许多方法可以用来修正自适应律,避免参数漂移问题,如死区和 σ-修正法等。由于这些方法简便有效,因此应用非常普遍。

1) 加死区和相对死区

死区是指当激励不充分以致不能区分回归信号和噪声时,将自动停止调整估计参数。死区方法是基于这样的考虑,即小的跟踪误差主要是由噪声和扰动引起的。因此,当跟踪误差很小时,自适应机构就应该被切断。具体地讲,应该将自适应律

$$\dot{\hat{a}} = -\gamma \boldsymbol{v}(t)e \tag{7.171}$$

改变为

$$\dot{\hat{a}} = \begin{cases} -\gamma \boldsymbol{v}(t)e, & |e| > \Delta \\ 0, & |e| < \Delta \end{cases} \tag{7.172}$$

式中,γ 为自适应增益;$v(t)$为有关信号变量;e 为误差信号;Δ 为死区阈值。

应用这种方法最重要的是选择死区 Δ 的宽度。如果 Δ 太大,e 将不会趋近于零,而趋近于一个较大的死区内,所得到的闭环系统的精度不好。还有一些方法,它们选择的死区 Δ 不仅由 e 决定,而且还取决于自适应回路中的回归信号的大小。如果回归向量大,甚至在未建模动态引起的传递函数误差很小的条件下,辨识误差可能很大,自适应律仅仅保证相对辨识误差最终比死区小。这种方法又称为相对死区法。

2) σ-修正法

Ioannou 和 Kokotovic 建议采用一种参数自适应律,可以在无持续激励时不使参数漂移到不稳定区。对于直接输出误差线路,修正律的原型为

$$\dot{\hat{\boldsymbol{a}}} = -\gamma e \boldsymbol{v}(t) - \sigma \hat{\boldsymbol{a}} \tag{7.173}$$

式中,σ 选择很小,但要保持不使 $\hat{\boldsymbol{a}}$ 增长到无界。还有其他两种改进的修正,其一为

$$\dot{\hat{\boldsymbol{a}}} = -\gamma e \boldsymbol{v}(t) - \sigma(\hat{\boldsymbol{a}} - \hat{\boldsymbol{a}}_0) \tag{7.174}$$

式中,$\hat{\boldsymbol{a}}_0$ 为 $\hat{\boldsymbol{a}}$ 的先验估计。其二为 Narendra 和 Annaswamy 建议采用的,即

$$\dot{\hat{\boldsymbol{a}}} = -\gamma e \boldsymbol{v}(t) - \sigma |e| \hat{\boldsymbol{a}} \tag{7.175}$$

式(7.174)和式(7.175)没有式(7.173)的缺点。式(7.173)的缺点是当 e 很小时会造成 $\hat{\boldsymbol{a}} \to \boldsymbol{0}$。式(7.174)试图使参数向 $\hat{\boldsymbol{a}}_0$ 而不是向零漂移;对于式(7.175)来说,当 $|e|$ 很小时,它将阻止参数向零漂移。

总之,关于改善自适应控制系统鲁棒性的方法有多种,如回归向量的滤波、信号标准化

方法和复合自适应方法等,但每种方法都有一定的缺陷和局限性。该问题目前是自适应控制理论研究中的一个重要问题。

7.9 不确定非线性系统的自适应滑动模态变结构控制

变结构控制在处理模型不确定性和未知干扰等方面具有很强的适用性,但它是靠在切换面附近的高增益和高频切换实现鲁棒控制的,这一特点通常会引起抖振现象。因此,变结构控制律一般要经过平滑才能应用,但在进行平滑的同时,却降低了控制系统对未知动态特性的鲁棒性。自适应控制在处理参数不确定性方面比滑动模态变结构控制要优越,具体体现在无需先验知识和不会引起抖振等方面。本节针对匹配和非匹配两类不确定非线性系统(包含参数和非参数两种不确定性,且存在未知外在扰动),介绍一种自适应滑动模态变结构控制器设计方法。该方法对不确定性和外在扰动具有全局鲁棒性,能保证切换面为滑动模态,且控制律设计简单,闭环系统具有良好的跟踪性能,实现了控制系统的鲁棒输出跟踪。

7.9.1 匹配不确定非线性系统的自适应滑动模态变结构控制器设计

考虑如下的 SISO n 阶伴随型非线性系统

$$\begin{cases}\dot{x}_i = x_{i+1}, \quad i=1,2,\cdots,n-1 \\ \dot{x}_n = f(\boldsymbol{x},\boldsymbol{\kappa},t)+g(\boldsymbol{x},\boldsymbol{\kappa},t)u+d(t)\end{cases} \tag{7.176}$$

$$y=x_1 \tag{7.177}$$

式中 $\boldsymbol{x}\in\mathbf{R}^n$ 为系统可测状态向量; $u,y\in\mathbf{R}$ 分别为系统的控制输入和输出; $t\in\mathbf{R}$ 为独立的时间变量; $\boldsymbol{\kappa}$ 为参数空间 K 中的未知参数向量; $d(t)$为加在系统上的未知有界干扰。

非线性函数 $f(\boldsymbol{x},\boldsymbol{\kappa},t)$和 $g(\boldsymbol{x},\boldsymbol{\kappa},t)$满足下面的参数化假设。

假设 7.4 $f(\boldsymbol{x},\boldsymbol{\kappa},t)=\boldsymbol{\theta}^{\mathrm{T}}(\boldsymbol{\kappa})\boldsymbol{\varphi}(\boldsymbol{x},t), g(\boldsymbol{x},\boldsymbol{\kappa},t)=g_0+\boldsymbol{\xi}^{\mathrm{T}}(\boldsymbol{\kappa})\boldsymbol{\eta}(\boldsymbol{x},t)$

$$\boldsymbol{\theta}^{\mathrm{T}}(\boldsymbol{\kappa})=[\theta_1,\cdots,\theta_{n_1}], \quad \boldsymbol{\varphi}^{\mathrm{T}}(\boldsymbol{x},t)=[\varphi_1,\cdots,\varphi_{n_1}]$$

$$\boldsymbol{\xi}^{\mathrm{T}}(\boldsymbol{\kappa})=[\xi_1,\cdots,\xi_{n_2}], \quad \boldsymbol{\eta}^{\mathrm{T}}(\boldsymbol{x},t)=[\eta_1,\cdots,\eta_{n_2}]$$

式中,g_0 为已知常数; $\varphi_i=\varphi_i(\boldsymbol{x},t), i=1,\cdots,n_1$,为未知非线性函数,仅知其估计为 $\varphi_{\mathrm{e}i}(\boldsymbol{x},t)$, $i=1,\cdots,n_1$,记$\boldsymbol{\varphi}_{\mathrm{e}}^{\mathrm{T}}(\boldsymbol{x},t)=[\varphi_{\mathrm{e}1},\cdots,\varphi_{\mathrm{e}n_1}]$; $\eta_i=\eta_i(\boldsymbol{x},t), i=1,\cdots,n_2$,为已知非线性函数; $\theta_i=\theta_i(\boldsymbol{\kappa}), i=1,\cdots,n_1$ 与 $\xi_i=\xi_i(\boldsymbol{\kappa}), i=1,\cdots,n_2$,为关于未知参数向量$\boldsymbol{\kappa}$ 的未知函数,下标 n_1 和 n_2 分别表示未知参数$\boldsymbol{\theta}^{\mathrm{T}}(\boldsymbol{\kappa})$和$\boldsymbol{\xi}^{\mathrm{T}}(\boldsymbol{\kappa})$的维数。

对系统(式(7.176)),我们还有下面的假设。

假设 7.5 未知函数向量$\boldsymbol{\theta}^{\mathrm{T}}(\boldsymbol{\kappa})$有界,函数 $\varphi_i(\boldsymbol{x},t), i=1,\cdots,n_1$ 的估计误差也有界,它们分别满足条件:

$$|\theta_i(\boldsymbol{\kappa})|\leqslant\bar{\theta}_i, \quad i=1,\cdots,n_1, \forall\, \boldsymbol{\kappa}\in\mathbf{K}$$

$$|\tilde{\varphi}_i|=|\varphi_i-\varphi_{ei}|\leqslant\bar{\varphi}_i, \quad i=1,\cdots,n_1$$

假设 7.6 系统满足可控性条件,即

$$g(\boldsymbol{x},\boldsymbol{\kappa},t)\neq 0, \quad \forall\,\boldsymbol{x}\in\mathbf{R}^n, \quad \forall\,\boldsymbol{\kappa}\in\boldsymbol{K}, \quad \forall\, t\in\mathbf{R}^{+}$$

为不失一般性,假定 $g(\boldsymbol{x},\boldsymbol{\kappa},t)>0$,且进一步假定 $g_0>0$,存在正常数 λ,使得

$$g_0 - \max|\boldsymbol{\xi}^{\mathrm{T}}(\boldsymbol{\kappa})\boldsymbol{\eta}(\boldsymbol{x},t)| \geqslant \lambda$$

假设 7.7 未知干扰 $d(t)$ 的界已知：

$$|d(t)| \leqslant D, \quad \forall t \in \mathbf{R}^{+}$$

控制设计的任务是设计合适的自适应滑动模态变结构控制律，使得在有界参数不确定性的条件下，系统（式(7.176)）的输出 y 能跟踪期望的输出 $y_{\mathrm{d}}(t)$，参数估计值收敛，所有的信号保持有界。

定义跟踪误差和切换函数分别为

$$\tilde{x} = y - y_{\mathrm{d}} \tag{7.178}$$

$$s = c_1\tilde{x} + c_2\dot{\tilde{x}} + \cdots + c_{n-1}\tilde{x}^{(n-2)} + \tilde{x}^{(n-1)} = \sum_{i=1}^{n-1} c_i\tilde{x}_i + \tilde{x}_n \tag{7.179}$$

其中，$\tilde{\boldsymbol{x}} = [\tilde{x}_1, \tilde{x}_2, \cdots, \tilde{x}_n]^{\mathrm{T}} \in \mathbf{R}^n$，为跟踪误差向量，适当地选取常数 $c_1, \cdots, c_{n-1}$，使得多项式 $H(p) = p^{n-1} + c_{n-1}p^{n-2} + \cdots + c_1$ 是赫尔维茨稳定的。将 s 对时间求导后，利用假设 7.7 并将式(7.176)代入，整理得

$$\dot{s} = \boldsymbol{\theta}^{\mathrm{T}}(\boldsymbol{\kappa})\boldsymbol{\varphi}(\boldsymbol{x}) + [g_0 + \boldsymbol{\xi}^{\mathrm{T}}(\boldsymbol{\kappa})\boldsymbol{\eta}(\boldsymbol{x},t)]u - y_{\mathrm{d}}^{(n)} + \sum_{i=1}^{n-1} c_i\tilde{x}_{i+1} + d(t) \tag{7.180}$$

选择李雅普诺夫函数为

$$V = \frac{1}{2}\left[s^2 + \frac{1}{\gamma_1}\tilde{\boldsymbol{\theta}}^{\mathrm{T}}(\boldsymbol{\kappa})\tilde{\boldsymbol{\theta}}(\boldsymbol{\kappa}) + \frac{1}{\gamma_2}\tilde{\boldsymbol{\xi}}^{\mathrm{T}}(\boldsymbol{\kappa})\tilde{\boldsymbol{\xi}}(\boldsymbol{\kappa})\right] \tag{7.181}$$

对李雅普诺夫函数求时间导数，得

$$\dot{V} = s\left[\boldsymbol{\theta}^{\mathrm{T}}(\boldsymbol{\kappa})(\boldsymbol{\varphi}_{\mathrm{e}} + \tilde{\boldsymbol{\varphi}}) + [g_0 + \boldsymbol{\xi}^{\mathrm{T}}(\boldsymbol{\kappa})\boldsymbol{\eta}]u - y_{\mathrm{d}}^{(n)} + \sum_{i=1}^{n-1} c_i\tilde{x}_{i+1} + d(t)\right] + \frac{\tilde{\boldsymbol{\theta}}^{\mathrm{T}}(\boldsymbol{\kappa})\dot{\tilde{\boldsymbol{\theta}}}(\boldsymbol{\kappa})}{\gamma_1} + \frac{\tilde{\boldsymbol{\xi}}^{\mathrm{T}}(\boldsymbol{\kappa})\dot{\tilde{\boldsymbol{\xi}}}(\boldsymbol{\kappa})}{\gamma_2} \tag{7.182}$$

根据函数 V 的时间导数负定，选择控制律为

$$u = \frac{1}{g_0 + \hat{\boldsymbol{\xi}}^{\mathrm{T}}(\boldsymbol{\kappa})\boldsymbol{\eta}}\left[-\hat{\boldsymbol{\theta}}^{\mathrm{T}}(\boldsymbol{\kappa})\boldsymbol{\varphi}_{\mathrm{e}} + y_{\mathrm{d}}^{(n)} - \sum_{i=1}^{n-1} c_i\tilde{x}_{i+1}\right] + u_{\mathrm{vss}} = u_{\mathrm{eq}} + u_{\mathrm{vss}} \tag{7.183}$$

式中，$u_{\mathrm{eq}} = \dfrac{1}{g_0 + \hat{\boldsymbol{\xi}}^{\mathrm{T}}(\boldsymbol{\kappa})\boldsymbol{\eta}}\left[-\hat{\boldsymbol{\theta}}^{\mathrm{T}}(\boldsymbol{\kappa})\boldsymbol{\varphi}_{\mathrm{e}} + y_{\mathrm{d}}^{(n)} - \sum_{i=1}^{n-1} c_i\tilde{x}_{i+1}\right]$，为等效控制项；$\tilde{\boldsymbol{\theta}}^{\mathrm{T}}(\boldsymbol{\kappa}) = \boldsymbol{\theta}^{\mathrm{T}}(\boldsymbol{\kappa}) - \hat{\boldsymbol{\theta}}^{\mathrm{T}}(\boldsymbol{\kappa})$，$\tilde{\boldsymbol{\xi}}^{\mathrm{T}}(\boldsymbol{\kappa}) = \boldsymbol{\xi}^{\mathrm{T}}(\boldsymbol{\kappa}) - \hat{\boldsymbol{\xi}}^{\mathrm{T}}(\boldsymbol{\kappa})$，为参数估计误差；变结构控制项 u_{vss} 待定。

式(7.183)中第一项用来抵消系统中已知的非线性特性，第二项用来补偿系统中的不确定性项。将式(7.183)代入式(7.182)并经整理，得

$$\dot{V} = s[\tilde{\boldsymbol{\theta}}^{\mathrm{T}}(\boldsymbol{\kappa})\boldsymbol{\varphi}_{\mathrm{e}} + \tilde{\boldsymbol{\xi}}^{\mathrm{T}}(\boldsymbol{\kappa})\boldsymbol{\eta}u_{\mathrm{eq}} + \tilde{\boldsymbol{\xi}}^{\mathrm{T}}(\boldsymbol{\kappa})\boldsymbol{\eta}u_{\mathrm{vss}}] + s[g_0u_{\mathrm{vss}} + d(t) + \boldsymbol{\theta}^{\mathrm{T}}(\boldsymbol{\kappa})\tilde{\boldsymbol{\varphi}}] + \tilde{\boldsymbol{\theta}}^{\mathrm{T}}(\boldsymbol{\kappa})\dot{\tilde{\boldsymbol{\theta}}}(\boldsymbol{\kappa})/\gamma_1 + \tilde{\boldsymbol{\xi}}^{\mathrm{T}}(\boldsymbol{\kappa})\dot{\tilde{\boldsymbol{\xi}}}(\boldsymbol{\kappa})/\gamma_2 \tag{7.184}$$

根据函数 V 的时间导数负定，选择自适应滑动模态变结构控制律和参数自适应律分别为

$$u_{\mathrm{vss}} = -\frac{1}{g_0 + \hat{\boldsymbol{\xi}}^{\mathrm{T}}(\boldsymbol{\kappa})\boldsymbol{\eta}}[|\bar{\boldsymbol{\theta}}^{\mathrm{T}}|_1|\boldsymbol{\varphi}|_1 + D + \varepsilon]\,\mathrm{sgn}(s) \tag{7.185}$$

$$\dot{\hat{\boldsymbol{\theta}}}(\boldsymbol{p})=\gamma_1 s\boldsymbol{\varphi}_e \tag{7.186}$$

$$\dot{\hat{\boldsymbol{\xi}}}(\boldsymbol{p})=\gamma_2 s\boldsymbol{\eta}u \tag{7.187}$$

式中，$|z|_1$ 定义为 $|z|_1=[|z_1|,\cdots,|z_m|]^{\mathrm{T}}$；$z=\bar{\boldsymbol{\theta}},\boldsymbol{\varphi}$，$m$ 为向量 z 的维数；γ_1,γ_2 为正的自适应增益常数，它们用来调节参数收敛的速率；ε 为任意小的正常数。

式(7.184)可进一步写为

$$\dot{V}=\frac{1}{\gamma_1}\tilde{\boldsymbol{\theta}}^{\mathrm{T}}(\boldsymbol{\kappa})[\dot{\tilde{\boldsymbol{\theta}}}(\boldsymbol{\kappa})+\gamma_1 s\boldsymbol{\varphi}_e]+\frac{1}{\gamma_2}\tilde{\boldsymbol{\xi}}^{\mathrm{T}}(\boldsymbol{\kappa})[\dot{\tilde{\boldsymbol{\xi}}}(\boldsymbol{\kappa})+\gamma_2 s\boldsymbol{\eta}u_{\mathrm{eq}}+\gamma_2 s\boldsymbol{\eta}u_{\mathrm{vss}}]+$$
$$s\{[g_0+\hat{\boldsymbol{\xi}}^{\mathrm{T}}(\boldsymbol{\kappa})\boldsymbol{\eta}]u_{\mathrm{vss}}+d(t)+\boldsymbol{\theta}^{\mathrm{T}}(\kappa)\tilde{\boldsymbol{\varphi}}\}$$

应用参数自适应律(式(7.186)和式(7.187))，并将式(7.185)代入，得

$$\dot{V}=s[-(|\bar{\boldsymbol{\theta}}^{\mathrm{T}}|_1|\boldsymbol{\varphi}|_1+D+\varepsilon)\operatorname{sgn}(s)+d(t)+\boldsymbol{\theta}^{\mathrm{T}}(\boldsymbol{\kappa})\tilde{\boldsymbol{\varphi}}]\leqslant-\varepsilon|s|$$

因此，在自适应律(式(7.186)和式(7.187))及控制律(式(7.183)和式(7.185))的共同作用下，闭环系统满足滑动条件，参数估计收敛，滑动模上跟踪误差收敛到零。

一般来说，当信号不是持续激励时，自适应机构会引起参数漂移现象。在系统发生不稳定以前，参数漂移不影响跟踪精度，但它会导致自适应控制系统突发性的崩溃。为了避免在参数自适应过程中出现参数漂移现象，可对参数自适应律采用加死区的方法。加死区的方法是基于这样的认识：绝大多数情况下，小的跟踪误差是由于量测噪声和扰动(如计算误差等)引起的。因此，存在较小的跟踪误差时，就应该断开自适应机构，这样便有效地避免了参数漂移现象。

加入死区后，参数自适应律(式(7.186)和式(7.187))变为

$$\dot{\hat{\boldsymbol{\theta}}}(\boldsymbol{\kappa})=\begin{cases}0, & s\leqslant d_0\\ \gamma_1 s\boldsymbol{\varphi}_e, & s>d_0\end{cases} \tag{7.188}$$

$$\dot{\hat{\boldsymbol{\xi}}}(\boldsymbol{\kappa})=\begin{cases}0, & s\leqslant d_0\\ \gamma_2 s\boldsymbol{\eta}u & s>d_0\end{cases} \tag{7.189}$$

式中，d_0 为死区大小。

注意：(1) 对切换控制律 u_{vss} 的平滑问题，可采用边界层的方法进行处理[3-5]；

(2) 若系统中仅存在参数不确定性，则假设 7.5 可以取消，即不需要未知参数的有界性条件。

7.9.2 非匹配不确定非线性系统的自适应滑动模态变结构控制器设计

针对一类具有非匹配不确定非线性系统，本节介绍一种自适应滑动模态变结构控制方法。该方法的前 $n-1$ 步为自适应反演算法，到第 n 步引入了滑动模态变结构控制。滑动模态变结构控制的引入使得控制器对加于最后一个方程的非参数不确定性及未知扰动具有较强的鲁棒性。基于李雅普诺夫稳定性理论的设计过程保证了闭环系统的全局稳定性。与滑动模态变结构控制相比，该方案利用反演设计，允许不确定非线性系统中存在参数化的非匹配不确定性，同时也允许系统存在非参数的不确定性。

考虑如下严参数反馈型不确定非线性系统

$$\begin{cases}\dot{x}_i = x_{i+1} + \boldsymbol{\theta}^{\mathrm{T}} \boldsymbol{\varphi}_i(x_1,\cdots,x_i), \quad i=1,2,\cdots,n-1 \\ \dot{x}_n = f(\boldsymbol{x}) + g(\boldsymbol{x},t)u + d(t) \\ y = x_1 \end{cases} \tag{7.190}$$

式中，$\boldsymbol{x}\in\mathbf{R}^n$ 为可测状态向量；$u,y\in\mathbf{R}$ 分别为系统的控制输入和输出；$f(\boldsymbol{x})=\hat{f}(\boldsymbol{x})+\Delta f(\boldsymbol{x})$，$\hat{f}(\boldsymbol{x})$是 $f(\boldsymbol{x})$的估计，且$|\Delta f(\boldsymbol{x})|\leqslant F(\boldsymbol{x})$；控制增益 $g(\boldsymbol{x},t)$未知，并且已知它的不确定性界限为 $0<g_{\min}<g(\boldsymbol{x},t)\leqslant g_{\max}$；$d(t)$为未知有界扰动，即$|d(t)|<D$；$\boldsymbol{\theta}=[\theta_1,\cdots,\theta_p]^{\mathrm{T}}$，为未知常参数，$\boldsymbol{\varphi}_i(x_1,\cdots,x_i)\in\mathbf{R}^p$ 为已知非线性平滑函数向量。

控制器设计目标：设计自适应变结构跟踪控制律 $u(\boldsymbol{x}|\hat{\boldsymbol{\theta}})$和估计参数$\hat{\boldsymbol{\theta}}$ 的自适应律，使得系统的输出 y 渐近跟踪 y_{d}，即$\lim\limits_{t\to\infty} z(t)=\lim\limits_{t\to\infty}(y-y_{\mathrm{d}})=0$，并且使闭环系统中涉及的信号保持有界。

首先定义跟踪误差 $z_1=x_1-y_{\mathrm{d}}$。通过反演设计逐步将系统变换为由 $z_i=x_i-\alpha_{i-1}-y_{\mathrm{d}}^{(i-1)}$ 表示的误差系统，其中 α_{i-1} 为在第 i 步的期望控制，而到第 n 步时，虚拟控制 α_n 就是实际控制 u。第 i 步反演算法如下(其中 $i=1,2,\cdots,n-1$)：

$$\begin{aligned}
& z_{i+1} = x_{i+1} - \alpha_i - y_{\mathrm{d}}^{(i)} \\
& \alpha_i = -z_{i-1} - c_i z_i + \sum_{k=1}^{i-1}\left(\frac{\partial\alpha_{i-1}}{\partial x_k}x_{k+1} + \frac{\partial\alpha_{i-1}}{\partial y_{\mathrm{d}}^{(k-1)}}y_{\mathrm{d}}^{(k)}\right) - \boldsymbol{\omega}_i^{\mathrm{T}}\hat{\boldsymbol{\theta}} + \frac{\partial\alpha_{i-1}}{\partial\hat{\boldsymbol{\theta}}}\boldsymbol{\Gamma}\boldsymbol{\tau}_i + \upsilon_i \\
& \boldsymbol{\omega}_i = \boldsymbol{\varphi}_i - \sum_{k=1}^{i-1}\frac{\partial\alpha_{i-1}}{\partial x_k}\boldsymbol{\varphi}_k, \quad \boldsymbol{\omega}_1 = \boldsymbol{\varphi}_1 \\
& \boldsymbol{\tau}_i = \boldsymbol{\tau}_{i-1} + \boldsymbol{\omega}_i z_i, \quad \boldsymbol{\tau}_1 = \boldsymbol{\omega}_1 z_1 \\
& \upsilon_i = z_{i-1}\frac{\partial\alpha_{i-2}}{\partial\hat{\boldsymbol{\theta}}}\boldsymbol{\Gamma}\boldsymbol{\omega}_i, \quad \upsilon_1 = 0, \quad \upsilon_2 = 0
\end{aligned} \tag{7.191}$$

式中，$i=1,\cdots,n-1$；$\boldsymbol{\Gamma}=\boldsymbol{\Gamma}^T>0$，为增益矩阵；$\boldsymbol{\tau}_i$ 为调节函数；c_i 为设计参数；$\hat{\boldsymbol{\theta}}$ 为未知参数向量$\boldsymbol{\theta}$ 的估计，定义$\tilde{\boldsymbol{\theta}}=\boldsymbol{\theta}-\hat{\boldsymbol{\theta}}$ 为估计误差。

对每一步设计，定义李雅普诺夫函数为

$$V_i = V_{i-1} + \frac{1}{2}z_i^2, \quad i=1,2,\cdots,n-1 \tag{7.192}$$

式中，$V_1=\frac{1}{2}z_1^2+\frac{1}{2}\tilde{\boldsymbol{\theta}}\boldsymbol{\Gamma}^{-1}\tilde{\boldsymbol{\theta}}$。

经过 $n-1$ 步的反演算法，系统变换为

$$\begin{bmatrix}\dot{z}_1 \\ \vdots \\ \dot{z}_{n-1}\end{bmatrix} = \begin{bmatrix}\rho_1 \\ \vdots \\ \rho_{n-1}\end{bmatrix} + \begin{bmatrix}\boldsymbol{\omega}_1^{\mathrm{T}} \\ \vdots \\ \boldsymbol{\omega}_{n-1}^{\mathrm{T}}\end{bmatrix}\tilde{\boldsymbol{\theta}} + \begin{bmatrix}0 \\ \vdots \\ z_n\end{bmatrix} + \begin{bmatrix}0 \\ \partial\alpha_1/\partial\hat{\boldsymbol{\theta}} \\ \vdots \\ \partial\alpha_{n-2}/\partial\hat{\boldsymbol{\theta}}\end{bmatrix}\left[\boldsymbol{\Gamma}\boldsymbol{\tau}_1 - \dot{\hat{\boldsymbol{\theta}}} \quad \cdots \quad \boldsymbol{\Gamma}\boldsymbol{\tau}_{n-1} - \dot{\hat{\boldsymbol{\theta}}}\right] \tag{7.193}$$

式中：

$$\begin{bmatrix}\rho_1\\ \vdots\\ \rho_{n-1}\end{bmatrix}=\begin{bmatrix}-c_1 & 1 & 0 & 0 & \cdots & \cdots & \cdots & 0\\ -1 & -c_2 & 1 & 0 & \cdots & \cdots & \cdots & 0\\ 0 & -1-\sigma_{2,3} & -c_3 & 1 & \cdots & \cdots & \cdots & \vdots\\ 0 & -\sigma_{2,4} & -1-\sigma_{3,4} & c_4 & \cdots & \cdots & \cdots & \vdots\\ \vdots & \vdots & \ddots & \ddots & \ddots & & \ddots & \vdots\\ \vdots & \vdots & \vdots & \ddots & \ddots & & \ddots & 0\\ \vdots & \vdots & \vdots & \vdots & \ddots & \ddots & & 1\\ 0 & -\sigma_{2,n-1} & \cdots & \cdots & \cdots & -\sigma_{n-3,n-1} & -1-\sigma_{n-2,n-1} & -c_{n-1}\end{bmatrix}\begin{bmatrix}z_1\\ z_2\\ \vdots\\ z_{n-1}\end{bmatrix},$$

$$\sigma_{j,k}=-\frac{\partial\alpha_j}{\partial\hat{\boldsymbol{\theta}}}\boldsymbol{\Gamma}\boldsymbol{\omega}_k$$

而李雅普洛夫函数 V_{n-1} 的时间导数为

$$\dot{V}_{n-1}=-\sum_{k=1}^{n-1}c_k z_k^2+z_{n-1}z_n-\sum_{j=2}^{n-1}z_j\frac{\partial\alpha_j}{\partial\hat{\boldsymbol{\theta}}}(\boldsymbol{\Gamma}\boldsymbol{\tau}_{n-1}-\dot{\hat{\boldsymbol{\theta}}})+\tilde{\boldsymbol{\theta}}^{\mathrm{T}}(\boldsymbol{\tau}_{n-1}-\boldsymbol{\Gamma}^{-1}\dot{\hat{\boldsymbol{\theta}}})\tag{7.194}$$

第 n 步，选择参数自适应律并设计自适应滑动模态变结构跟踪控制律。定义滑动模态切换面为

$$s=d_1z_1+\cdots+d_{n-1}z_{n-1}+z_n\tag{7.195}$$

其中，$z_n=x_n-a_{n-1}-y_{\mathrm{d}}^{(n-1)}$，选择系数 $d_i(i=1,2,\cdots,n-1)$，使得多项式 $P(p)=d_1+d_2p+\cdots+d_{n-1}p^{n-1}+p^n$ 是赫尔维茨稳定的。将 s 对时间求导后，将式(7.190)和式(7.193)代入，整理得

$$\begin{aligned}\dot{s}=&\hat{f}(\boldsymbol{x})+\Delta f(\boldsymbol{x})+g(\boldsymbol{x},t)u+d(t)-\sum_{k=1}^{n-1}\frac{\partial\alpha_{n-1}}{\partial x_k}x_{k+1}-\sum_{k=1}^{n-1}\frac{\partial\alpha_{n-1}}{\partial x_k}\boldsymbol{\varphi}_k^{\mathrm{T}}\tilde{\boldsymbol{\theta}}-\frac{\partial\alpha_{n-1}}{\partial\hat{\boldsymbol{\theta}}}\dot{\hat{\boldsymbol{\theta}}}-\\&\sum_{k=1}^{n-1}\frac{\partial\alpha_{n-1}}{\partial y_{\mathrm{d}}^{(k-1)}}y_{\mathrm{d}}^{(k)}-y_{\mathrm{d}}^{(n)}+\sum_{k=1}^{n-1}d_k\rho_k+d_{n-1}z_n+\sum_{k=1}^{n-2}d_{k+1}\frac{\partial\alpha_k}{\partial\hat{\boldsymbol{\theta}}}(\boldsymbol{\Gamma}\boldsymbol{\tau}_k-\dot{\hat{\boldsymbol{\theta}}})+\sum_{k=1}^{n-1}d_k\boldsymbol{\omega}_k^{\mathrm{T}}\tilde{\boldsymbol{\theta}}\end{aligned}\tag{7.196}$$

构造李雅普诺夫函数：

$$V_n=V_{n-1}+\frac{1}{2}s^2=\frac{1}{2}\sum_{k=1}^{n-1}z_k^2+\frac{1}{2}s^2+\frac{1}{2}\tilde{\boldsymbol{\theta}}^{\mathrm{T}}\boldsymbol{\Gamma}^{-1}\tilde{\boldsymbol{\theta}}\tag{7.197}$$

对李雅普诺夫函数 V_n 求时间导数，并将式(7.194)～式(7.196)代入，整理得

$$\begin{aligned}\dot{V}_n=&-\sum_{k=1}^{n-1}c_kz_k^2+z_{n-1}z_n+\left(\sum_{k=1}^{n-2}z_{k+1}\frac{\partial\alpha_k}{\partial\hat{\theta}}\right)(\boldsymbol{\Gamma}\boldsymbol{\tau}_{n-1}-\dot{\hat{\boldsymbol{\theta}}})+\tilde{\boldsymbol{\theta}}^{\mathrm{T}}\boldsymbol{\Gamma}^{-1}\Bigg[\boldsymbol{\Gamma}\boldsymbol{\tau}_{n-1}-\dot{\hat{\boldsymbol{\theta}}}+\\&\boldsymbol{\Gamma}s\sum_{k=1}^{n-1}\left(d_k\omega_k^{\mathrm{T}}-\frac{\partial\alpha_{n-1}}{\partial x_k}\boldsymbol{\varphi}_k\right)\Bigg]+s\Bigg[\sum_{k=1}^{n-1}d_k\rho_k+\sum_{k=1}^{n-2}d_{k+1}\frac{\partial\alpha_k}{\partial\hat{\boldsymbol{\theta}}}(\boldsymbol{\Gamma}\boldsymbol{\tau}_{n-1}-\dot{\hat{\boldsymbol{\theta}}})-\sum_{k=1}^{n-1}\frac{\partial\alpha_{n-1}}{\partial y_{\mathrm{d}}^{k-1}}y_{\mathrm{d}}^{(k)}-\\&\sum_{k=1}^{n-1}\frac{\partial\alpha_{n-1}}{\partial x_k}(x_{k+1}+\boldsymbol{\varphi}_k^{\mathrm{T}}\hat{\boldsymbol{\theta}})-\frac{\partial\alpha_{n-1}}{\partial\hat{\boldsymbol{\theta}}}\dot{\hat{\boldsymbol{\theta}}}+\hat{f}(x)+\Delta f(x)+g(x,t)u+d(t)-y_{\mathrm{d}}^{n}\Bigg]\end{aligned}\tag{7.198}$$

根据所选择李雅普诺夫函数 V_n 的时间导数负定，选择参数 $\hat{\boldsymbol{\theta}}$ 的自适应律和自适应反演滑动模态控制控制律为

$$\dot{\hat{\boldsymbol{\theta}}}=\boldsymbol{\Gamma}\boldsymbol{\tau}_{n-1}+\boldsymbol{\Gamma}s\sum_{k=1}^{n-1}\left(d_k\boldsymbol{\omega}_k^{\mathrm{T}}-\frac{\partial\alpha_{n-1}}{\partial x_k}\boldsymbol{\varphi}_k^{\mathrm{T}}\right) \tag{7.199}$$

$$u=u_{\mathrm{eq}}+u_{\mathrm{vss}} \tag{7.200}$$

式中，u_{eq} 为等效控制项，补偿非线性项的影响；u_{vss} 为变结构控制项，用来克服非参数化不确定性和外界未知干扰的影响。

它们分别为

$$\begin{aligned}u_{\mathrm{eq}}=&-\hat{g}^{-1}\left[\sum_{k=1}^{n-1}d_k\rho_k+d_{n-1}z_n-\sum_{k=1}^{n-2}z_{k+1}\frac{\partial\alpha_k}{\partial\hat{\boldsymbol{\theta}}}\boldsymbol{\Gamma}\sum_{k=1}^{n-1}\left(d_k\boldsymbol{\omega}_k^{\mathrm{T}}-\frac{\partial\alpha_{n-1}}{\partial x_k}\boldsymbol{\varphi}_k^{\mathrm{T}}\right)+\right.\\&\sum_{k=1}^{n-2}d_{k+1}\frac{\partial\alpha_k}{\partial\hat{\boldsymbol{\theta}}}(\boldsymbol{\Gamma}\boldsymbol{\tau}_{k+1}-\dot{\hat{\boldsymbol{\theta}}})-\sum_{k=1}^{n-1}\frac{\partial\alpha_{n-1}}{\partial y_{\mathrm{d}}^{(k-1)}}y_{\mathrm{d}}^{(k)}-\sum_{k=1}^{n-1}\frac{\partial\alpha_{n-1}}{\partial x_k}(x_k+\boldsymbol{\varphi}_k^{\mathrm{T}}\hat{\boldsymbol{\theta}})-\\&\left.\frac{\partial\alpha_{n-1}}{\partial\hat{\boldsymbol{\theta}}}\dot{\hat{\boldsymbol{\theta}}}+ks+\hat{f}(\boldsymbol{x})-y_{\mathrm{d}}^{(n)}\right]\end{aligned}$$

$$u_{\mathrm{vss}}=-\hat{g}^{-1}k\,\mathrm{sgn}(s)$$

$$k\geqslant\beta(F+\eta_\Delta)+\beta(\beta-1)\hat{b}\mid u_{\mathrm{e}}\mid$$

式中，控制增益的估计 $\hat{g}$ 选择为 $g(\boldsymbol{x},t)$ 的上、下界限的几何平均值，即 $\hat{g}=(g_{\min}g_{\max})^{1/2}$；$\beta=(g_{\max}/g_{\min})^{1/2}$；$\eta_\Delta$ 为任意小的正常数。

将式(7.199)和式(7.200)代入式(7.198)，得

$$\dot{V}_n\leqslant-\sum_{i=1}^{n-1}c_iz_i^2+z_{n-1}z_n-ks^2-\eta_\Delta|s| \tag{7.201}$$

下面证明所设计控制方案的渐近稳定性。记式(7.201)右边为$\boldsymbol{\Phi}$，很显然$\boldsymbol{\Phi}$ 的前三项是变量 $z_1,\cdots,z_n$ 的二次型，因此$\boldsymbol{\Phi}$ 可以用矩阵表示为

$$\boldsymbol{\Phi}=-\boldsymbol{z}^{\mathrm{T}}\boldsymbol{Q}\boldsymbol{z}-\varepsilon|s| \tag{7.202}$$

式中，$\boldsymbol{Q}$ 为对称矩阵：

$$\boldsymbol{Q}=\begin{bmatrix}c_1+kd_1^2 & kd_1d_2 & \cdots & \cdots & \cdots & \cdots & kd_1d_{n-1} & kd_1\\ kd_1d_2 & c_2+kd_2^2 & kd_2d_3 & \cdots & \cdots & \cdots & kd_2d_{n-1} & kd_2\\ \vdots & kd_2d_3 & c_3+kd_3^2 & kd_3d_4 & \cdots & \cdots & \vdots & \vdots\\ \vdots & \vdots & kd_3d_4 & c_4+kd_4^2 & \cdots & \cdots & \vdots & \vdots\\ \vdots & \vdots & \vdots & \ddots & \ddots & & \vdots & \vdots\\ \vdots & \vdots & \vdots & & \ddots & \ddots & kd_{n-2}d_{n-1} & kd_{n-2}\\ kd_1d_{n-1} & kd_2d_{n-1} & \cdots & \cdots & \cdots & kd_{n-2}d_{n-1} & c_{n-1}+kd_{n-1}^2 & -\frac{1}{2}+kd_{n-1}\\ kd_1 & kd_2 & \cdots & \cdots & \cdots & kd_{n-2} & -\frac{1}{2}+kd_{n-1} & k\end{bmatrix} \tag{7.203}$$

需证明 $\boldsymbol{Q}$ 为正定矩阵。有如下的主子式关系：

$\boldsymbol{Q}$ 的一阶主子式：$c_1+kd_1^2>0$；

$\boldsymbol{Q}$ 的二阶主子式：$c_1c_2+kc_2d_1^2+kc_1d_2^2>0$；

$\boldsymbol{Q}$ 的三阶主子式：$c_1c_2c_3+k(c_2c_3d_1^2+c_1c_3d_2^2+c_1c_2d_3^2)>0$

$\boldsymbol{Q}$ 的直到 $n-1$ 阶主子式：$\prod_{k=1}^{i}c_k+k\sum_{k=1}^{i}\left(\prod_{j=1}^{i,j\neq k}c_j\right)d_k^2>0,1\leqslant i\leqslant n-1$。

因此，使得 $\boldsymbol{Q}$ 正定的充分条件是选择合适的设计参数，使 $\boldsymbol{Q}$ 的第 n 阶主子式

$$\det(\boldsymbol{Q})>0 \tag{7.204}$$

即可。

选择常数 $c_i=1,i=1,2,\cdots,n-1$，则需使

$$\det(\boldsymbol{Q})=-\frac{1}{4}+k\left(1+d_{n-1}-\frac{1}{4}\sum_{i=1}^{n-2}d_i^2\right)>0,\quad n\geqslant 2 \tag{7.205}$$

因此只要设计参数 k 满足关系式(7.205)，则 $\boldsymbol{Q}$ 就为对称正定矩阵。最后，有

$$\dot{V}_n\leqslant\boldsymbol{\Phi}\leqslant-\boldsymbol{z}^{\mathrm{T}}\boldsymbol{Q}\boldsymbol{z}\leqslant 0 \tag{7.206}$$

所以平衡点$(\boldsymbol{z},\tilde{\boldsymbol{\theta}})=(0,0)$是全局渐近稳定的。

本节给出了两种简单的具有鲁棒性的自适应控制方法，分别应用了提高鲁棒性的死区方法和自适应滑动模态变结构相互融合。另外，还有其他多种类型的提高控制系统鲁棒性的方法，有兴趣的读者可查阅相关文献[16-20]。

本章小结

本章首先从线性系统自适应控制的定义、结构、应用概况出发，以一阶系统的自适应控制为例，介绍了自适应控制系统的设计过程；然后针对一般线性系统和非线性系统的自适应控制问题，系统地给出了自适应控制器的设计过程和分析方法；本章还重点介绍了 Kanellakopoulos 等人提出的自适应反演设计方法，该方法突破性地解决了全局稳定自适应调节和跟踪控制问题，使李雅普诺夫函数和控制器的设计过程系统化、结构化；最后给出了自适应控制系统的鲁棒性问题和改善自适应控制鲁棒性的途径。

习题

7.1 在无摩擦表面上，考虑一个质量为 m 的物体受力 u 作用的控制问题。其动态方程可描述为

$$m\ddot{x}=u$$

假设操作员给控制系统发出一个指令 $r(t)$（如通过操作手柄）。用下面的参考模型给出受控物体对外部指令 $r(t)$的理想响应：

$$\ddot{x}_{\mathrm{m}}+\lambda_1\dot{x}_{\mathrm{m}}+\lambda_2x_{\mathrm{m}}=\lambda_2r(t)$$

式中，λ_1 和 λ_2 为正常数。

若物体的质量 m 不是准确已知的，试设计模型参考自适应控制律，并用李雅普诺夫稳定性理论分析自适应控制系统的稳定性和收敛性。

7.2 考虑传递函数描述的二阶线性系统

$$y=\frac{p+b_p}{p^2+a_{p1}p+a_{p2}}$$

式中，$a_{p1}=0.1$；$a_{p2}=-4$；$b_p=2$。

假设所有状态可直接测量，设计状态反馈自适应控制器，并进行仿真验证，给出仿真结果。

7.3　被控对象模型为

$$\dot{x}_s(t)=\boldsymbol{A}_s x_s(t)+\boldsymbol{B}_s u(t)$$

式中，

$$\boldsymbol{A}_s=\begin{bmatrix}2 & 0\\ -6 & -7\end{bmatrix},\quad \boldsymbol{B}_s=\begin{bmatrix}2\\ 4\end{bmatrix}$$

参考模型为

$$\dot{x}_m(t)=\boldsymbol{A}_m x_m(t)+\boldsymbol{B}_m u_w(t)$$

式中，

$$\boldsymbol{A}_m=\begin{bmatrix}0 & 1\\ -10 & -5\end{bmatrix},\quad \boldsymbol{B}_m=\begin{bmatrix}1\\ 2\end{bmatrix}$$

基于李雅普诺夫稳定性理论设计如下控制器：

$$u(t)=-\boldsymbol{K}_P\left[e_{\boldsymbol{x}}(t),t\right]x_s(t)+\boldsymbol{K}_U\left[e_{\boldsymbol{x}}(t),t\right]u_w(t)$$

使得广义误差矢量趋于零，即

$$\lim_{t\to\infty}e_x(t)=\lim_{t\to\infty}\left[x_s(t)-x_m(t)\right]=0$$

并使得参数收敛。

7.4　考虑传递函数描述的二阶线性系统

$$y=\frac{b_p}{p^2+a_{p1}p+a_{p2}}$$

式中，$a_{p1}=0.1$；$a_{p2}=-4$；$b_p=2$。

假设输出 y 及其导数是可直接测量的，设计输出反馈自适应控制器，并进行仿真验证，给出仿真结果。

7.5　被控对象模型为

$$\dot{x}_s(t)=\boldsymbol{A}_s x_s(t)+\boldsymbol{B}_s u(t)$$

式中，

$$\boldsymbol{A}_s=\begin{bmatrix}2 & 0\\ -6 & -7\end{bmatrix},\quad \boldsymbol{B}_s=\begin{bmatrix}2\\ 4\end{bmatrix}$$

参考模型为

$$\dot{x}_m(t)=\boldsymbol{A}_m x_m(t)+\boldsymbol{B}_m u_w(t)$$

式中，

$$\boldsymbol{A}_m=\begin{bmatrix}0 & 1\\ -10 & -5\end{bmatrix},\quad \boldsymbol{B}_m=\begin{bmatrix}1\\ 2\end{bmatrix}$$

设计如下模型跟踪控制器：

$$u(t)=-\boldsymbol{K}_P x_s(t)+\boldsymbol{K}_U u_w(t)$$

使得广义误差为零，即

$$\lim_{t\to\infty}e_x(t)=\lim_{t\to\infty}\left[x_s(t)-x_m(t)\right]=0$$

7.6 考虑二阶不确定非线性系统

$$\begin{cases}\dot{x}_1=x_2\\ \dot{x}_2=\theta_1\left(\dfrac{x_2^2}{1+|x_2|}+\psi(x_1,x_2)\right)+\theta_2x_1(1-x_2)+(10+\phi_1\cos x_1)u+d(t)\\ y=x_1\end{cases}$$

式中，未知参数、扰动及未知非线性特性 $\psi(x_1,x_2)$ 的实际值分别是 $\theta_1=0.6$，$\theta_2=1.2$，$\phi_1=1.4$，$d(t)=2\sin t$，$\psi(x_1,x_2)=\sin x_2$；未知非线性特性 $\psi(x_1,x_2)$ 的估计为 $\psi_e(x_1,x_2)=2\sin x_2$。

设期望的跟踪轨迹为 $y_d=\sin 2t+0.5\cos t$。利用 7.9.1 节的控制器设计方法设计自适应滑动模态变结构控制器，以使输出 $y=x_1$ 跟踪参考轨迹 y_d。写出控制器的表达式，并通过仿真验证。

7.7 考虑如下非线性系统

$$\begin{cases}\dot{x}_1=x_2+\theta\varphi_1(x_1)\\ \dot{x}_2=f(\boldsymbol{x})+[1+g(\boldsymbol{x},t)]u+d(\boldsymbol{x},t)\\ y=x_1\end{cases}$$

式中，$\varphi_1=(x_1+0.3)^2$，θ 为未知常数；$f(\boldsymbol{x})=x_1\sin x_2+x_2$，$g(\boldsymbol{x},t)=0.5+0.3\sin 5t$，$d(\boldsymbol{x},t)=\sin(t)x_1\sin x_2$，假设它们未知，$f(\boldsymbol{x})=\hat{f}(\boldsymbol{x})+\Delta f(\boldsymbol{x})$，$\hat{f}(\boldsymbol{x})=x_2$ 是 $f(\boldsymbol{x})$ 的估计，且 $|\Delta f(\boldsymbol{x})|\leqslant F(\boldsymbol{x})=|x_1|$；控制增益 $g(\boldsymbol{x},t)$ 的界为 $g_{\min}=0.2$，$g_{\max}=0.8$；未知干扰 $d(t)\leqslant D=|x_1|$。

利用 7.9.2 节的控制器设计方法设计自适应反演变结构控制器，以使输出 $y=x_1$ 跟踪参考轨迹 $y_d=\sin(0.5t)$。写出控制器的表达式，并通过仿真验证。

7.8 考虑一个自适应跟踪控制系统的设计问题。一个电动机系统，设被控对象的传递函数可以表述为

$$H(s)=\frac{Gg}{(1+\tau s)(1+\psi s)}=\frac{Gg}{\tau\psi}\frac{1}{s^2+\left(\dfrac{\tau+\psi}{\tau\psi}\right)s+\dfrac{1}{\tau\psi}}$$

式中，g 为测速发电机的增益，V/(rad/s)。$G=\dfrac{K}{f}$，$\psi=\dfrac{J}{f}$，K 为电动机转矩常数，N·m·A；J 为电动机轴上的等效惯性矩，$\text{kg}\cdot\text{m}^2$；f 为摩擦系数，N·m/(rad/s)。输出为电动机速度 ω，加速度为 a。

参考文献

[1] 韩增晋. 自适应控制[M]. 北京：清华大学出版社，1995.

[2] ASTROM K J, WITTENMARK B. Adaptive control[M]. 2nd ed. 北京：科学出版社，2003.

[3] 胡云安. 非线性系统鲁棒自适应反演控制[M]. 北京：电子工业出版社，2010.

[4] 韩正之，陈彭年，陈树中. 自适应控制[M]. 2 版. 北京：清华大学出版社，2014.

[5] SLOTINE J-J E, LI W P. Applied nonlinear control[M]. 北京：机械工业出版社，2004.

[6] KANELLAKOPOULOUS I, KOKOTOVIC P V. Systematic design of adaptive controllers for feedback linearizable systems [J]. IEEE Trans. Automatic Control, 1991, 36(11): 1241-1253.

[7] KOKOTOVIC P V. The joy of feedback: Nonlinear and adaptive[J]. IEEE Contr. Syst. Mag., June, 1992, 12(6): 177-185.
[8] KANELLAKOPOULOUS I, KOKOTOVIC P V, MORSE A S. A tool kit for nonlinear feedback Design[J]. System Control and Letter, 1992, 18(1): 83-92.
[9] KRISTIC M, KANELLAKOPOULOUS I, KOKOTOVIC P V. Nonlinear and adaptive control design [M]. New York: Wiley, 1995.
[10] 慕小武,席在荣. 基于校正函数的一类三角结构非线性系统的自适应控制[J]. 应用数学学报, 2001,24(4): 623-626.
[11] 闫茂德. 不确定非线性系统的自适应变结构控制研究[D]. 西安: 西北工业大学,2001.
[12] 许化龙,闫茂德. 一类参数未知非线性混沌系统的自适应反演滑模控制[J]. 系统工程与电子技术, 2005, 27(5): 889-892.
[13] 闫茂德,许化龙,贺昱曜. 基于调节函数的一类三角结构非线性系统的自适应滑模控制[J]. 控制理论与应用, 2004, 27(5): 840-843.
[14] 李俊, 徐德民. 非匹配不确定非线性系统的自适应反演滑模控制[J]. 控制与决策,1999, 14(1): 46-50.
[15] HUANG Y X, ZHANG X H, JIANG M M. Adaptive control for high-order nonlinear feedfoword systems with input and state delays[J]. Acta Autonatica Sinica, 2017, 43(7): 1273-1279.
[16] 黄长水,阮荣耀. 一类具有有界扰动的非线性系统的输出反馈自适应控制[J]. 数学物理学报, 2000, 20(3): 405-413.
[17] 黄长水,阮荣耀. 一类不确定非线性系统的鲁棒自适应控制[J]. 自动化学报, 2001, 27(1): 82-88.
[18] 王强德, 陈卫田, 魏春玲, 等. 一类不确定非线性系统的鲁棒自适应控制[J]. 控制理论与应用, 2000, 17(2): 244-248.
[19] 杨昌利, 阮荣耀. 一类不确定非线性系统的输出反馈鲁棒自适应控制器的设计与分析[J]. 控制理论与应用, 2002, 19(6): 883-890.
[20] LI Z, YANG C, DING N, et al. Robust adaptive motion control for underwater remotely operated vehicles with velocity constraints [J]. International Journal of Control, Automation, and Systems, 2012, 10(2): 421-429.
[21] HE W, HUANG H, GE S. Adaptive neural network control of a robotic manipulator with time-varying output constraints[J]. IEEE Transactions on Cybernetics, 2017, 47(10): 3136-3147.
[22] WU J, CHEN W, LI J. Global finite-time adaptive stabilization for nonlinear systems with multiple unknown control directions [J]. Automatica, 2016, 69: 298-307.

第8章

非线性系统的H_∞控制

众所周知,在线性系统中,一个稳定系统的 L_2 增益等于传递函数矩阵的 H_∞ 范数。对于非线性系统,并不存在传递函数这一概念,所以传递函数矩阵的“H_∞ 范数”便不能推广到非线性系统。然而在时域情形下,H_∞ 范数是系统在零初始条件下从输入到输出的 L_2-诱导范数(L_2-增益),故相应地(也是较为准确的)可称之为“非线性系统的 L_2 增益最优控制”,但习惯上仍沿用“非线性系统 H_∞ 控制”这一说法。它起源于 20 世纪 90 年代初期,主要由沙夫特(van der Schaft)、伊西多里(Isidori)等做了许多开创性和奠基性工作后形成。直到今天,仍可将沙夫特的文章[1]看作非线性系统 H_∞ 控制理论的入门或导引。经过 30 余年的努力,非线性 H_∞ 控制理论已有许多研究成果。虽然它仅仅是在理论领域进行探索,但越来越多的工程界人士对它产生了浓厚的兴趣。沙夫特[1-2]提出了标准非线性状态反馈 H_∞ 最优控制问题。伊西多里[3-4]解决了借助测量反馈使系统内部稳定的干扰衰减问题。沈铁龙(Tielong Shen)[5]就有界不确定性的非线性系统 H_∞ 控制问题的求解进行了探讨。

本章主要阐明非线性 H_∞ 控制基本理论,内容安排如下,8.1 节为耗散系统的基本概念、稳定性、L_2 增益和最优控制,8.2 节为状态反馈 H_∞ 控制,8.3 节给出了输出反馈 H_∞ 控制,最后对本章内容进行小结。

8.1 耗散系统

在工程和物理系统中,耗散系统是一种倍受关注的系统,如电网络中一部分能量以热能形式消耗在线路电阻或线路网络里,显然,它是比较典型的耗散系统。耗散性假设包含了系统动态行为的基本约束,而且更重要的是耗散性与系统的稳定性有直接关联。系统稳定性理论一个重要结果是:如果反馈系统的前向通道和反馈回路都是无源的,则整个系统是无源的,从而也是稳定的,前向通道和反馈回路存储的“能量和”即整个系统的李雅普诺夫函数。存储能量函数的存在性是显然的,因为它等价于无源性假设。然而要求出李雅普诺夫函数却是很困难的,尽管不唯一,但且存储函数通常不由输入/输出行为确定。与耗散动态系统相关的存储函数满足一个既定不等式:大于有效储备,小于需要支持。

8.1.1 耗散系统的概念

考虑动态系统

$$\Sigma:\begin{cases}\dot{\boldsymbol{x}}=\boldsymbol{f}(\boldsymbol{x},\boldsymbol{u})\\ \boldsymbol{y}=\boldsymbol{h}(\boldsymbol{x},\boldsymbol{u})\end{cases}\tag{8.1}$$

式中，$\boldsymbol{x}=[x_1,x_2,\cdots,x_n]\in X\subset\mathbf{R}^n$，为一个 n 维状态空间流形 X 的局部坐标；$\boldsymbol{u}(t)\in U\subset\mathbf{R}^m$ 为 m 维输入流形的控制输入；$\boldsymbol{y}(t)\in Y\subset\mathbf{R}^p$ 为 p 维输出流形的控制输出。

在外部变量空间 $U\times Y$ 中定义如下标量函数

$$s(t):U\times Y\rightarrow\mathbf{R}$$

对任何$(t_1,t_0)\in\mathbf{R}^+$，$u(t)\in U\subset\mathbf{R}^m$ 和 $y(t)\in Y\subset\mathbf{R}^p$，如果函数 $s(t)=s[u(t),y(t)]$满足

$$\int_{t_0}^{t_1}|s(t)|\,\mathrm{d}t<\infty\tag{8.2}$$

则 $s(t)$是局部可积的，且 $s(t)$称为供给率(supply rate)。

定义 8.1　一个动态系统 Σ，供给率为 $s(t)$，如果存在非负函数 $S(\boldsymbol{x})$：$X\rightarrow\mathbf{R}^+$(称为能量存储函数，storage function)，使得对于所有的 $\boldsymbol{x}_0\in X$，$t_1\geqslant t_0$，以及所有输入函数 $\boldsymbol{u}\in U$，有

$$S[\boldsymbol{x}(t_1)]-S[\boldsymbol{x}(t_0)]\leqslant\int_{t_0}^{t_1}s[\boldsymbol{u}(t),\boldsymbol{y}(t)]\mathrm{d}t\tag{8.3}$$

则称动态系统 Σ 相对于供给率 s 耗散，其中 $\boldsymbol{x}(t_0)=\boldsymbol{x}_0$。当初始状态为 $\boldsymbol{x}_0$，输入函数为 $\boldsymbol{u}(\cdot)$时，$\boldsymbol{x}(t_1)$表示 t_1 时刻 Σ 的状态，即 $\boldsymbol{x}_1=\boldsymbol{\phi}(\boldsymbol{x}_0,\boldsymbol{u},t_1,t_0)$，$\boldsymbol{y}=\boldsymbol{y}(\boldsymbol{x}_0,\boldsymbol{u},t_1,t_0)$。

称不等式(8.3)为耗散不等式，它说明在将来的任一时刻 t_1，Σ 的存储能量 $S[\boldsymbol{x}(t_1)]$ 最多只能等于当前时刻 t_0 的存储能量 $S[\boldsymbol{x}(t_0)]$ 与时间段 $[t_0,t_1]$ 中外界供给的能量 $\int_{t_0}^{t_1}s[\boldsymbol{u}(t),\boldsymbol{y}(t)]\mathrm{d}t$ 之和，即系统内部不产生"能量"，而只可能存在内部的能量耗散。作为耗散动态系统的特殊情形，无损系统也是一种很重要的系统，它可进行如下定义。

定义 8.2　一个耗散动态系统 Σ，供给率为 s，存储函数为 S，无损是指对所有的$(t_1,t_0)\in\mathbf{R}^+$，$\boldsymbol{x}_0\in X$，$\boldsymbol{u}\in U$ 满足

$$S(\boldsymbol{x}_0)+\int_{t_0}^{t_1}s(t)\mathrm{d}t=S(\boldsymbol{x}_1)$$

式中，$\boldsymbol{x}_1=\boldsymbol{\phi}(\boldsymbol{x}_0,\boldsymbol{u},t_1,t_0)$。

一个重要的 γ-耗散供给率是

$$s(\boldsymbol{u},\boldsymbol{y})=\frac{1}{2}(\gamma^2\|\boldsymbol{u}\|_U^2-\|\boldsymbol{y}\|_Y^2),\quad\gamma\geqslant 0\tag{8.4}$$

式中，$\|\cdot\|_U$ 和 $\|\cdot\|_Y$ 分别为定义在 U 和 Y 上的范数。

当且仅当存在 $S\geqslant 0$，使得对于所有的 $T\geqslant 0$，$\boldsymbol{x}(0)$和 $\boldsymbol{u}(\cdot)$，有

$$\frac{1}{2}\int_0^T(\gamma^2\|\boldsymbol{u}(t)\|_U^2-\|\boldsymbol{y}(t)\|_Y^2)\mathrm{d}t\geqslant S[\boldsymbol{x}(T)]-S[\boldsymbol{x}(0)]\geqslant -S[\boldsymbol{x}(0)]\tag{8.5}$$

则称 Σ 相对于这个供给率是 γ-耗散。这样

$$\int_0^T\|\boldsymbol{y}(t)\|_Y^2\mathrm{d}t\leqslant\gamma^2\int_0^T\|\boldsymbol{u}(t)\|_U^2\mathrm{d}t+2S[\boldsymbol{x}(0)]\tag{8.6}$$

引理 4.2 隐含，对于每一个初始条件 $\boldsymbol{x}(0)=\boldsymbol{x}_0$，输入/输出映射 $G_{\boldsymbol{x}_0}$ 的 L_2 增益小于等于 γ(偏移是 $2S(\boldsymbol{x}_0)$)。

为了便于论述，我们始终在 $\mathbf{R}^m$ 上确定 U 及其范数 $\|\cdot\|_U$，其中 $\mathbf{R}^m$ 上定义了标准欧几里得范数 $\|\cdot\|$；类似地，在 $\mathbf{R}^p$ 上确定 Y 及其范数 $\|\cdot\|_Y$，其中 $\mathbf{R}^p$ 定义了标准欧几里

得范数‖·‖。根据定义4.15可以得到以下定义。

定义 8.3　一个动态系统 Σ(其中 $U=\mathbf{R}^m, Y=\mathbf{R}^p$),如果它相对于供给率 $s(\boldsymbol{u},\boldsymbol{y})=\frac{1}{2}(\gamma^2\|\boldsymbol{u}\|^2-\|\boldsymbol{y}\|^2)$耗散,则称系统 Σ 的 L_2 增益小于等于 γ。定义 Σ 的 L_2 增益为 $\gamma(\Sigma)=\inf\{\gamma\mid\Sigma$的$L_2$ 增益小于等于 $\gamma\}$。如果存在 $\tilde{\gamma}<\gamma$,使得 Σ 的 L_2 增益小于等于 $\tilde{\gamma}$,则系统 Σ 的 L_2 增益小于等于 γ。当 $\gamma=1$ 时,若系统 Σ 相对于供给率 $s(\boldsymbol{u},\boldsymbol{y})=\frac{1}{2}(\gamma^2\|\boldsymbol{u}\|^2-\|\boldsymbol{y}\|^2)$无损,则称 Σ 为内系统(inner system)。

当然,一个重要的问题是如何确定 Σ 相对于给定的供给率 s 是否耗散。以下定理给出了理论上的回答。

定理 8.1　考虑供给率为 s 的系统 Σ。系统 Σ 相对于 s 耗散,当且仅当对于所有 $\boldsymbol{x}\in X$,可用存储(available storage)$S_a(\boldsymbol{x})$定义为

$$S_a(\boldsymbol{x})=\sup_{\substack{\boldsymbol{u}(\cdot)\\ T\geqslant 0}}-\int_0^T s[\boldsymbol{u}(t),\boldsymbol{y}(t)]\mathrm{d}t,\quad x(0)=x \tag{8.7}$$

是有限的($<\infty$)。此外,如果 $S_a(\boldsymbol{x})$对于所有的 $\boldsymbol{x}\in X$ 是有限的,则 $S_a(\boldsymbol{x})$是一个存储函数,并且其他所有可能的存储函数 $S(\boldsymbol{x})$应满足

$$0\leqslant S_a(\boldsymbol{x})\leqslant S(\boldsymbol{x}),\quad \forall\,\boldsymbol{x}\in X \tag{8.8}$$

证明　假设 S_a 是有限的,显然 $S_a(\boldsymbol{x})\geqslant 0$(在式(8.7)中取 $T=0$)。现在,对于给定的 $\boldsymbol{u}:[t_0,t_1]\to\mathbf{R}^m$ 和相应状态 $\boldsymbol{x}(t_1)$,比较 $S_a[\boldsymbol{x}(t_0)]$与 $S_a[\boldsymbol{x}(t_1)]-\int_{t_0}^{t_1}s[\boldsymbol{u}(t),\boldsymbol{y}(t)]\mathrm{d}t$。因为在式(8.7)中,$S_a$ 是所有 $\boldsymbol{u}(\cdot)$的上确界,所以可以立即得出

$$S_a[\boldsymbol{x}(t_0)]\geqslant S_a[\boldsymbol{x}(t_1)]-\int_{t_0}^{t_1}s[\boldsymbol{u}(t),\boldsymbol{y}(t)]\mathrm{d}t \tag{8.9}$$

这样 $S_a(\boldsymbol{x})$是一个存储函数,证明了 Σ 相对于供给率 s 耗散。

相反地,假设 Σ 耗散,则存在 $S\geqslant 0$,使得对于所有 $\boldsymbol{u}(\cdot)$,有

$$S[\boldsymbol{x}(0)]+\int_0^T s[\boldsymbol{u}(t),\boldsymbol{y}(t)]\mathrm{d}t\geqslant S[\boldsymbol{x}(T)]\geqslant 0 \tag{8.10}$$

这说明

$$S[\boldsymbol{x}(0)]\geqslant\sup-\int_0^T s[\boldsymbol{u}(t),\boldsymbol{y}(t)]\mathrm{d}t=S_a[\boldsymbol{x}(0)] \tag{8.11}$$

与式(8.8)一样,证明了 S_a 有限。

证毕。

$S_a(\boldsymbol{x}_0)$的大小可以被解释为初始条件为 $\boldsymbol{x}_0$ 时,能够从系统中提取的能量,因此函数 S_a 称为可用存储。以上定理说明:Σ 是耗散的,当且仅当可以提取的(最大)能量在每一初始条件下都是有限的。上述定理可以用来证明一个动态系统是否耗散的,且不需要存储函数的具体知识。这种意义下,它是一种输入/输出测试,且表明可用存储可能是存储函数,通常它不一定是实际的存储函数。一个动态系统,如果可用存储是实际存储函数,则有一个有趣的特性,就是所有的内部能量借助输出端对外界均是可利用的。

如果系统从某一初始条件 $\boldsymbol{x}^*$ 可达,那么只要对于 $\boldsymbol{x}^*$ 检验该性质即可。至此,可以很方便地引进可达性概念。

引理 8.1　假设系统 Σ 从 $\boldsymbol{x}^* \in X$ 可达，称 Σ 耗散，当且仅当 $S_a(\boldsymbol{x}^*)<\infty$。

证明　(必要性)略。

(充分性) 假设存在 $\boldsymbol{x} \in X$ 使 $S_a(\boldsymbol{x}^*)=0$，根据可达性，可以在有限时间内把 $\boldsymbol{x}^*$ 引导到 $\boldsymbol{x}$，这隐含着(利用时间不变性)$S_a(\boldsymbol{x}^*)=\infty$。

证毕。

推论 8.1　假设 Σ 从 $\boldsymbol{x}^* \in X$ 可达，且当 $G_{\boldsymbol{x}^*}$ 的 L_2 增益小于等于 γ，称 Σ 的 L_2 增益小于等于 γ。如果 $G_{\boldsymbol{x}^*}$ 零偏移 L_2 增益小于 γ，则 $S_a(\boldsymbol{x}^*)=0$。

证明　令 $G_{\boldsymbol{x}^*}$ 的 L_2 增益小于等于 γ，则(参见引理 4.2)对于所有 $\tilde{\gamma}>\gamma$ 存在 $\tilde{b}$，使得

$$\int_0^{\mathrm{T}} \|\boldsymbol{y}(t)\|^2 \leqslant \tilde{\gamma}^2 \int_0^{\mathrm{T}} \|\boldsymbol{u}(t)\|^2 \mathrm{d}t + \tilde{b} \tag{8.12}$$

那么当 $\boldsymbol{x}(0)=\boldsymbol{x}^*$ 时，有

$$S_a(\boldsymbol{x}^*) = \sup_{\substack{\boldsymbol{u}(\cdot)\\ T\geqslant 0}} -\int_0^{\mathrm{T}} \left(\frac{1}{2}\tilde{\gamma}^2 \|\boldsymbol{u}(t)\|^2 - \frac{1}{2}\|\boldsymbol{y}(t)\|^2\right)\mathrm{d}t \leqslant \frac{\tilde{b}}{2} \tag{8.13}$$

说明对于所有 $\tilde{\gamma}>\gamma$，Σ 的 L_2 增益小于等于 $\tilde{\gamma}$。如果 $\tilde{b}=0$，则显然 $S_a(\boldsymbol{x}^*)=0$。

定义 8.4　一个耗散动态系统 Σ，支持率为 s，存储函数为 S，一个实值函数 Φ：$X\times U\to\mathbf{R}$ 是系统的耗散率，它指对所有的 $(t_1,t_0)\in\mathbf{R}^+$，$\boldsymbol{x}_0\in X$，$\boldsymbol{u}\in U$ 满足

$$S(\boldsymbol{x}_0) + \int_{t_0}^{t_1} [s(t)+\Phi(t)]\mathrm{d}t = S(\boldsymbol{x}_1) \tag{8.14}$$

式中，$\boldsymbol{x}_1=\boldsymbol{\phi}(\boldsymbol{x}_0,\boldsymbol{u},t_1,t_0)$。

显然，$\boldsymbol{\Phi}(t)$ 的非负蕴涵着耗散性。此外，既然动态系统关于新支持率 $s(t)+\boldsymbol{\Phi}(t)$ 是无损的，只要适当的可达性和可控性条件满足，则 $\boldsymbol{\phi}(t)$ 唯一取决于存储函数 S。如果 $S[\boldsymbol{\phi}(\boldsymbol{x},\boldsymbol{u},t,0)]$ 在 $t=0$ 时对所有的 $\boldsymbol{x}\in X$ 和 $\boldsymbol{u}\in U$ 都是可微的，则 $\dot{S}(\boldsymbol{x},\boldsymbol{u})\leqslant s(\boldsymbol{u},\boldsymbol{y})$，$\boldsymbol{\Phi}=\dot{S}-s$。

在定理 8.1 中，我们已经看到在系统 Σ 的存储函数集合中包含一个最小的元素 S_a。如果系统 Σ 从某一初始状态可达，那么从以下角度分析，存储函数集合中也包含一个最大元素。

定理 8.2　假设 Σ 从 $\boldsymbol{x}^*\in X$ 可达，从 $\boldsymbol{x}^*$ 出发定义要求供给为

$$S_r(\boldsymbol{x}) = \inf_{\substack{\boldsymbol{u}(\cdot)\\ T\geqslant 0}} \int_{-T}^{0} s[\boldsymbol{u}(t),\boldsymbol{y}(t)]\mathrm{d}t,\quad \boldsymbol{x}(-T)=\boldsymbol{x}^*,\quad \boldsymbol{x}(0)=\boldsymbol{x} \tag{8.15}$$

(对于某一状态 $\boldsymbol{x}$，有可能 $S_r(\boldsymbol{x})=-\infty$)，则 S_r 满足耗散不等式(8.3)。此外，Σ 耗散，当且仅当存在 $K>-\infty$ 使得对于所有 $\boldsymbol{x}\in X$ 有 $S_r(\boldsymbol{x})\geqslant K$。更进一步，如果 S 是 Σ 的存储函数，则

$$S(\boldsymbol{x}) \leqslant S_r(\boldsymbol{x}) + S(\boldsymbol{x}^*),\quad \forall \boldsymbol{x}\in X \tag{8.16}$$

并且 $S_r(\boldsymbol{x})+S(\boldsymbol{x}^*)$ 本身也是一个存储函数。

证明　由式(8.15)中 S_r 的变分定义可知，S_r 满足耗散不等式(8.3)。实际上，设定系统在 $t=-T$ 时刻的状态为 $\boldsymbol{x}^*$，在 t_1 时刻的状态为 $\boldsymbol{x}(t_1)$，我们可以选择这样的函数为系统的输入 $\boldsymbol{u}(\cdot)$：$[-T,t_1]\to U$，在 $t_0\leqslant t_1$ 时，先将系统的状态从 $\boldsymbol{x}^*$ 转移到 $\boldsymbol{x}(t_0)$；然后该输入为 $\boldsymbol{u}(\cdot)$：$[t_0,t_1]\to U$，使系统状态从 $\boldsymbol{x}(t_0)$ 转移到 $\boldsymbol{x}(t_1)$。如果满足

$$S_r[\boldsymbol{x}(t_0)] + \int_{t_0}^{t_1} s[\boldsymbol{u}(t), \boldsymbol{y}(t)]\mathrm{d}t \geqslant S_r[\boldsymbol{x}(t_1)] \tag{8.17}$$

这就是一个最优策略。对于第二个结论，注意到根据 S_a 和 S_r 的定义有

$$S_a(\boldsymbol{x}^*) = \sup_x - S_r(\boldsymbol{x}) \tag{8.18}$$

由此根据引理 8.2，称 Σ 耗散，当且仅当存在 $K > -\infty$ 使得 $S_r(\boldsymbol{x}) \geqslant K$。

最后，令 S 满足耗散不等式(8.3)，则对于任意把 $\boldsymbol{x}(-T) = \boldsymbol{x}^*$ 转移到 $\boldsymbol{x}(0) = \boldsymbol{x}$ 的 $\boldsymbol{u}(\cdot)$：$[-T, 0] \to \mathbf{R}^m$，根据耗散不等式，有

$$S(\boldsymbol{x}) - S(\boldsymbol{x}^*) \leqslant \int_{-T}^{0} s[\boldsymbol{u}(t), \boldsymbol{y}(t)]\mathrm{d}t \tag{8.19}$$

不等式右侧对于所有 $\boldsymbol{u}(\cdot)$ 取下确界，得到式(8.16)。此外，如果 $S \geqslant 0$，则根据式(8.16)有 $S_r + S(\boldsymbol{x}^*) \geqslant 0$，再将式(8.17)两边同时加上 $S(\boldsymbol{x}^*)$，则可知 $S_r + S(\boldsymbol{x}^*)$ 也满足耗散不等式。

证毕。

定理 8.3 一个耗散动态系统可能的存储函数形成一个凸集，所以

$$\alpha S_a + (1-\alpha) S_r, \quad 0 \leqslant \alpha \leqslant 1$$

是耗散动态系统一个可能的存储函数，其状态空间是从 $\boldsymbol{x}^*$ 可达的。

证明 参见文献[6]。

定义 8.5 考虑仿射非线性系统 Σ_a

$$\Sigma_a: \begin{cases} \dot{\boldsymbol{x}} = \boldsymbol{f}(\boldsymbol{x}) + \boldsymbol{g}(\boldsymbol{x})\boldsymbol{u}, & \boldsymbol{u} \in \mathbf{R}^m, \boldsymbol{x} \in X \\ \boldsymbol{y} = \boldsymbol{h}(\boldsymbol{x}), & \boldsymbol{y} \in \mathbf{R}^p \end{cases}$$

系统 Σ_a 的象是指这样一个系统：

$$I_\Sigma: \begin{cases} \dot{\boldsymbol{x}} = F(\boldsymbol{x}, \boldsymbol{l}), \\ \begin{bmatrix} \boldsymbol{y} \\ \boldsymbol{u} \end{bmatrix} = (\boldsymbol{x}, \boldsymbol{l}), \end{cases} \quad \boldsymbol{x} \in X, \boldsymbol{l} \in \mathbf{R}^k \tag{8.20}$$

系统 Σ_a 在任一初始点 $\boldsymbol{x}(0) = \boldsymbol{x}_0 \in X$ 和输入函数 $\boldsymbol{u}(\cdot)$ 作用下，存在相应的输出函数 $\boldsymbol{y}(\cdot)$。如果存在函数 $\boldsymbol{l}(\cdot)$，使得对同样的初始条件 $\boldsymbol{x}_0$，I_Σ 的输入/输出对 $(\boldsymbol{u}, \boldsymbol{y})$ 与系统 Σ_a 的输入/输出对变量 $(\boldsymbol{u}, \boldsymbol{y})$ 相等，当 I_Σ 进一步满足在从 $\boldsymbol{l}(\cdot)$ 到 $(\boldsymbol{u}, \boldsymbol{y})$ 的 L_q 稳定时，则称 I_Σ 为 Σ_a 的 L_q 稳定象描述。

对于状态空间系统 Σ，由定义 8.3 可知，当 $\gamma = 1$ 时，若系统 Σ 对于 L_2 增益的供给率 $s(\boldsymbol{u}, \boldsymbol{y}) = \frac{1}{2}(\|\boldsymbol{u}\|^2 - \|\boldsymbol{y}\|^2)$ 为无损的，则称该系统为内系统。

定义 8.6 如果存在 S：$X \to \mathbf{R}^+$，使得其沿式(8.1)的轨迹有

$$S[\boldsymbol{x}(t_1)] - S[\boldsymbol{x}(t_0)] = \frac{1}{2}\int_{t_0}^{t_1} [\|\boldsymbol{u}(t)\|^2 - \|\boldsymbol{y}(t)\|^2]\mathrm{d}t \tag{8.21}$$

则称系统 Σ 为内系统。

现在主要讨论将非线性系统 Σ 进行分解，使之成为另一个非线性系统 $\overline{\Sigma}$ 与一个内系统 Θ 的串联 $\overline{\Sigma} \cdot \Theta$。也就是说，对于 Σ 的任一初始条件，应该存在 Θ 和 $\overline{\Sigma}$ 的初始条件，使得 Σ 的相应输入/输出映射等于 $\overline{\Sigma}$ 和 Θ 对应的输入/输出映射的组合(图 8.1)。

我们称这种分解为全通因子分解。由式(8.21)可知，Σ 的渐近特性与 $\overline{\Sigma}$ 相同，而 $\overline{\Sigma}$ 比 Σ

拥有一些更优越的特性。例如，系统 $\overline{\Sigma}$ 的控制比 Σ 更简单，此时 Σ 的控制在一定程度上建立在对 $\overline{\Sigma}$ 控制的基础上。

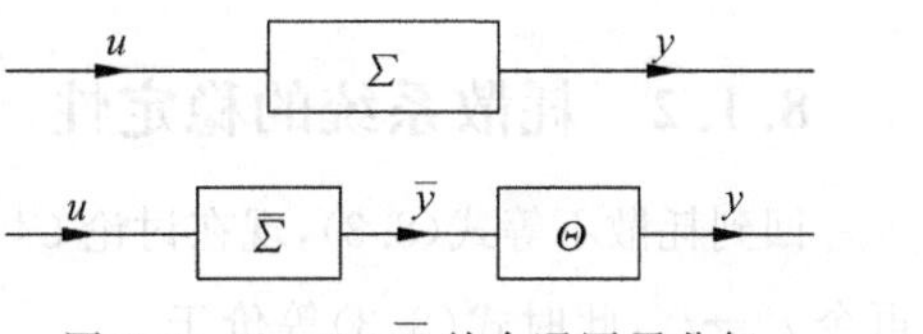

图 8.1　$\Sigma=\Theta\cdot\overline{\Sigma}$ 的全通因子分解

Σ 的全通因子分解基于系统 Σ 的耗散不等式：

$$V[\boldsymbol{x}(t_1)]-V[\boldsymbol{x}(t_0)]+\frac{1}{2}\int_{t_0}^{t_1}\|\boldsymbol{h}[\boldsymbol{x}(t),\boldsymbol{u}(t)]\|^2\mathrm{d}t\geqslant 0 \tag{8.22}$$

式中，未知量 $V\geqslant 0$。对于任意的 $\boldsymbol{x},\boldsymbol{u}$，若 V 是 C^1 类的，则有

$$V_{\boldsymbol{x}}(\boldsymbol{x})\boldsymbol{f}(\boldsymbol{x},\boldsymbol{u})+\frac{1}{2}\|\boldsymbol{h}[\boldsymbol{x}(t),\boldsymbol{u}(t)]\|^2\geqslant 0 \tag{8.23}$$

式中，$V_{\boldsymbol{x}}(\boldsymbol{x})=\left(\frac{\partial V}{\partial \boldsymbol{x}_1}(\boldsymbol{x}),\cdots,\frac{\partial V}{\partial \boldsymbol{x}_n}(\boldsymbol{x})\right)$。事实上假设存在 $V\geqslant 0$ 使得式(8.23)成立，定义正定函数

$$K_V(\boldsymbol{x},\boldsymbol{u})=V_{\boldsymbol{x}}(\boldsymbol{x})\boldsymbol{f}(\boldsymbol{x},\boldsymbol{u})+\frac{1}{2}\|\boldsymbol{h}(\boldsymbol{x},\boldsymbol{u})\|^2 \tag{8.24}$$

并假设存在一个 C^1 类映射 $\overline{\boldsymbol{h}}: X\times\mathbf{R}^m\to\mathbf{R}^p$ 使得

$$K_V(\boldsymbol{x},\boldsymbol{u})=\frac{1}{2}\|\overline{\boldsymbol{h}}(\boldsymbol{x},\boldsymbol{u})\|^2 \tag{8.25}$$

成立。于是定义新的系统为

$$\overline{\Sigma}:\begin{cases}\dot{\overline{\boldsymbol{x}}}=\boldsymbol{f}(\overline{\boldsymbol{x}},\boldsymbol{u}), & \boldsymbol{u}\in\mathbf{R}^m,\overline{\boldsymbol{x}}\in X\\ \overline{\boldsymbol{y}}=\overline{\boldsymbol{h}}(\overline{\boldsymbol{x}},\boldsymbol{u}), & \overline{\boldsymbol{y}}\in\mathbf{R}^{\overline{p}}\end{cases} \tag{8.26}$$

当取 $\overline{\boldsymbol{y}}$ 为输入，$\boldsymbol{y}$ 为输出时，系统 Θ 的象描述为

$$I_\Theta:\begin{cases}\dot{\boldsymbol{\xi}}=\boldsymbol{f}(\boldsymbol{\xi},\boldsymbol{u})\\ \overline{\boldsymbol{y}}=\overline{\boldsymbol{h}}(\boldsymbol{\xi},\boldsymbol{u})\\ \boldsymbol{y}=\boldsymbol{h}(\boldsymbol{\xi},\boldsymbol{u})\end{cases} \tag{8.27}$$

由式(8.24)和式(8.25)可知，系统 Θ 沿任意解 $\boldsymbol{\xi}(\cdot)$ 有

$$V[\boldsymbol{\xi}(t_1)]-V[\boldsymbol{\xi}(t_0)]=\frac{1}{2}\int_{t_0}^{t_1}(\|\overline{\boldsymbol{y}}(t)\|^2-\|\boldsymbol{y}(t)\|^2)\mathrm{d}t \tag{8.28}$$

因此，Θ 为内系统。此外，如果在式(8.1)、式(8.26)和式(8.27)中 $\boldsymbol{x}(t_0)=\overline{\boldsymbol{x}}(t_0)=\boldsymbol{\xi}(t_0)$，则 $\boldsymbol{x}(t)=\overline{\boldsymbol{x}}(t)=\boldsymbol{\xi}(t),t\geqslant t_0$，这样就有 $\Sigma=\Theta\cdot\overline{\Sigma}$。

如果从方程 $\overline{\boldsymbol{y}}=\overline{\boldsymbol{h}}(\boldsymbol{\xi},\boldsymbol{u})$ 可解出 $\boldsymbol{u}$，$\boldsymbol{u}$ 作为 $\overline{\boldsymbol{y}}$ 和 $\boldsymbol{\xi}$ 的函数，即有 $\boldsymbol{u}=\boldsymbol{\alpha}(\boldsymbol{\xi},\overline{\boldsymbol{y}})$，则象描述(式(8.27))可以约化为一个标准的状态空间系统：

$$\Theta:\begin{cases}\dot{\boldsymbol{\xi}}=\boldsymbol{f}[\boldsymbol{\xi},\boldsymbol{\alpha}(\boldsymbol{\xi},\overline{\boldsymbol{y}})]\\ \boldsymbol{y}=\boldsymbol{h}[\boldsymbol{\xi},\boldsymbol{\alpha}(\boldsymbol{\xi},\overline{\boldsymbol{y}})]\end{cases} \tag{8.29}$$

在耗散性研究中，一个很重要的概念是"有效存储"。它是任意时间从动态系统可以提取的最大存储能量，是有效能量的推广，后者是控制理论中研究过的一个概念。当然，一个重要的问题是如何确定系统 Σ 相对于给定供给率 s 是否耗散。

8.1.2 耗散系统的稳定性

回到耗散不等式(8.3),现在讨论 C^1(连续可微)类的存储函数 S。将式(8.3)除以 t_1-t_0,再令 $t_1 \to t_0$,此时式(8.3)等价于

$$S_{\boldsymbol{x}}(\boldsymbol{x})f(\boldsymbol{x},\boldsymbol{u}) \leqslant s[\boldsymbol{u},\boldsymbol{h}(\boldsymbol{x},\boldsymbol{u})], \quad \forall \boldsymbol{x},\boldsymbol{u} \tag{8.30}$$

式中,$S_{\boldsymbol{x}}(\boldsymbol{x})$为偏微分的行向量:

$$S_{\boldsymbol{x}}(\boldsymbol{x})=\left(\frac{\partial S}{\partial \boldsymbol{x}_1}(\boldsymbol{x}),\cdots,\frac{\partial S}{\partial \boldsymbol{x}_n}(\boldsymbol{x})\right) \tag{8.31}$$

称不等式(8.30)为微分耗散不等式,因为利用该式不需要计算系统的轨迹,通常它比式(8.3)更容易检验。此外,还可以直接建立耗散性和李雅普诺夫稳定性之间的关系。现在集中讨论系统$\dot{\boldsymbol{x}}=\boldsymbol{f}(\boldsymbol{x})$平衡点的稳定性。

考虑非线性系统

$$\dot{\boldsymbol{x}}=\boldsymbol{f}(\boldsymbol{x}) \tag{8.32}$$

式中,$\boldsymbol{x}\in \mathbf{R}^n$(或者更一般地,$\boldsymbol{x}$ 表示一个 n 维流形 X 的局部坐标,此时式(8.32)是 X 上向量场的局部坐标表达式)。

我们始终假设 $\boldsymbol{f}$ 满足局部李普希斯连续条件,这在一个时间段内,式(8.32)解是存在和唯一的。当初始条件为 $\boldsymbol{x}(0)=\boldsymbol{x}_0$ 时,式(8.32)的解可表示为 $\boldsymbol{x}(\boldsymbol{x}_0,t)$,$t\in[0,T(\boldsymbol{x}_0)]$,$T(\boldsymbol{x}_0)>0$。

令 $\boldsymbol{x}_{\mathrm{e}}$ 为式(8.32)的一个平衡点,即 $\boldsymbol{f}(\boldsymbol{x}_{\mathrm{e}})=0$,则利用李雅普诺夫稳定性定理可知,如果存在一个 C^1 类函数 V: $X\to \mathbf{R}^+$,并有

$$V(\boldsymbol{x}_{\mathrm{e}})=0, \quad V(\boldsymbol{x})>0, \quad \boldsymbol{x}\neq \boldsymbol{x}_{\mathrm{e}} \tag{8.33}$$

(该函数称为在 $\boldsymbol{x}_{\mathrm{e}}$ 处正定),使得

$$\dot{V}(\boldsymbol{x})=V_{\boldsymbol{x}}(\boldsymbol{x})\boldsymbol{f}(\boldsymbol{x}) \leqslant 0, \quad \forall \boldsymbol{x}\in X \tag{8.34}$$

则称 $\boldsymbol{x}_{\mathrm{e}}$ 是稳定平衡点。式中,$V_{\boldsymbol{x}}=\left(\dfrac{\partial V}{\partial \boldsymbol{x}_1}(\boldsymbol{x}),\cdots,\dfrac{\partial V}{\partial \boldsymbol{x}_n}(\boldsymbol{x})\right)$。如果还有

$$\dot{V}(\boldsymbol{x})<0, \quad \forall \boldsymbol{x}\in X, \quad \boldsymbol{x}\neq \boldsymbol{x}_e \tag{8.35}$$

则满足式(8.33)和式(8.34)的函数 V 为李雅普诺夫函数,$\boldsymbol{x}_{\mathrm{e}}$ 是渐近稳定平衡点;如果 V 径向无界,即只有 $\|\boldsymbol{x}\|\to\infty$,才有 $V(\boldsymbol{x})\to\infty$,则 $\boldsymbol{x}_{\mathrm{e}}$ 是全局渐近稳定平衡点。

李雅普诺夫稳定性定理的一个重要推广来源于拉萨尔的不变集原理。对于$\dot{\boldsymbol{x}}=\boldsymbol{f}(\boldsymbol{x})$,如果对于所有 $t\in\mathbf{R}$(只要有定义)和所有 $\boldsymbol{x}_0\in K$,有 $\boldsymbol{x}(\boldsymbol{x}_0,t)\in K$,则集合 $K\in X$ 是不变集;如果对于所有 $t\geqslant 0$(只要有定义)成立,则集合 $K\in X$ 是正不变集。

定理 8.4 令 V: $X\to\mathbf{R}$ 是一个 C^1 类函数,对于所有 $\boldsymbol{x}\in X$,有 $\dot{V}(\boldsymbol{x})=V_{\boldsymbol{x}}(\boldsymbol{x})\boldsymbol{f}(\boldsymbol{x})\leqslant 0$。令 $\boldsymbol{x}(\boldsymbol{x}_0,t)$是$\dot{\boldsymbol{x}}=\boldsymbol{f}(\boldsymbol{x})$的一个解,其中 $t\geqslant 0$,则假设存在一个紧集 B 使得 $\boldsymbol{x}(\boldsymbol{x}_0,t)\in B$,$\forall t\geqslant 0$,那么 $\boldsymbol{x}(\boldsymbol{x}_0,t)$收敛到$\{\boldsymbol{x}\in X \mid \dot{V}(\boldsymbol{x})=0\}\cap B$ 的一个最大子集,它是$\dot{\boldsymbol{x}}=\boldsymbol{f}(\boldsymbol{x})$的不变集。

通常应用定理 8.4 的方法如下:因为 $\dot{V}\leqslant 0$,所以包含 $\boldsymbol{x}_0$ 的集合$\{\boldsymbol{x}\in X \mid V(\boldsymbol{x})\leqslant V(\boldsymbol{x}_0)\}$的连通子集是正不变集。如果进一步假设 V 在 $\boldsymbol{x}_{\mathrm{e}}$ 处正定,则包含 $\boldsymbol{x}_0$ 的集合$\{\boldsymbol{x}\in X \mid V(\boldsymbol{x})\leqslant V(\boldsymbol{x}_0)\}$的连通子集对于足够接近 $\boldsymbol{x}_{\mathrm{e}}$ 的 $\boldsymbol{x}_0$ 是紧的,并且可以作

为定理8.4的紧子集B。

应用李雅普诺夫稳定性定理和定理8.4可直接得到以下与耗散性和稳定性有关的经典引理。

引理8.2　对于系统Σ，令$S: X\to\mathbf{R}^+$是C^1类的存储函数，即满足式(8.30)。假设供给率s满足

$$s(0,\boldsymbol{y})\leqslant 0,\quad \forall \boldsymbol{y} \tag{8.36}$$

假设$\boldsymbol{x}_e\in X$是S的严格极小点，则$\boldsymbol{x}_e$是非受控系统$\dot{\boldsymbol{x}}=\boldsymbol{f}(\boldsymbol{x},0)$的稳定平衡点，并且对于$\boldsymbol{x}_e$邻域内的$\boldsymbol{x}$，李雅普诺夫函数$V(\boldsymbol{x})=S(\boldsymbol{x})-S(\boldsymbol{x}_e)\geqslant 0$。此外，假设对于所有$t$，在$\{\boldsymbol{x}\in X\,|\,s[0,\boldsymbol{h}(\boldsymbol{x},0)]=0\}$中除了$\boldsymbol{x}(t)\equiv\boldsymbol{x}_e$外，不再有其他解，则称$\boldsymbol{x}_e$是渐近稳定平衡点；当$V$径向无界时，即只有$\|\boldsymbol{x}\|\to\infty$，才有$V(\boldsymbol{x})\to\infty$，$\boldsymbol{x}_e$是全局渐近稳定平衡点。

证明　根据式(8.30)和式(8.36)，$S_{\boldsymbol{x}}(\boldsymbol{x})\boldsymbol{f}(\boldsymbol{x},0)\leqslant s[0,\boldsymbol{h}(\boldsymbol{x},0)]\leqslant 0$，这意味着$S$沿着$\dot{\boldsymbol{x}}=\boldsymbol{f}(\boldsymbol{x},0)$的解不递增。所以，$\boldsymbol{f}(\boldsymbol{x}_e,0)=0$，根据拉萨尔的不变集定理，引理得证。

证毕。

为了陈述简明起见，我们讨论没有反馈项的仿射非线性系统Σ_a：

$$\Sigma_a:\begin{cases}\dot{\boldsymbol{x}}=\boldsymbol{f}(\boldsymbol{x})+\boldsymbol{g}(\boldsymbol{x})\boldsymbol{u}\\ \boldsymbol{y}=\boldsymbol{h}(\boldsymbol{x})\end{cases} \tag{8.37}$$

式中，$\boldsymbol{u}$为系统的控制输入；$\boldsymbol{g}(\boldsymbol{x})$为$n\times m$矩阵。

对于Σ_a的L_2增益供给率$s(\boldsymbol{u},\boldsymbol{y})=\frac{1}{2}\gamma^2\|\boldsymbol{u}\|^2-\frac{1}{2}\|\boldsymbol{y}\|^2$，$\gamma\geqslant 0$，由式(8.30)可导出不等式

$$S_{\boldsymbol{x}}(\boldsymbol{x})[\boldsymbol{f}(\boldsymbol{x})+\boldsymbol{g}(\boldsymbol{x})\boldsymbol{u}]\leqslant\frac{1}{2}\gamma^2\|\boldsymbol{u}\|^2-\frac{1}{2}\|\boldsymbol{y}\|^2,\quad\forall\boldsymbol{x},\boldsymbol{u} \tag{8.38}$$

在引理8.2中存储函数S的一个重要条件是要求S在平衡点$\boldsymbol{x}_e$有严格(局部)极小值。如果能证明$S(\boldsymbol{x}_e)=0$，则该条件实际可以由如下可观性性质得出。为不失一般性，假设$\boldsymbol{x}_e=\boldsymbol{0}$。此外，假设$\boldsymbol{h}(0)=\boldsymbol{0}$。

定义8.7　如果$\boldsymbol{u}(t)=\boldsymbol{0}$，$\boldsymbol{y}(t)=\boldsymbol{0}$，$\forall t\geqslant 0$，隐含着$\boldsymbol{x}(t)=\boldsymbol{0}$，则称$\Sigma_a$是零状态可观。

引理8.3　令$S\geqslant 0$是式(8.38)的解，假设Σ_a零状态可观测，则对于所有$\boldsymbol{x}\neq\boldsymbol{0}$有$S(\boldsymbol{x})>0$。

证明　令$S\geqslant 0$是式(8.38)的解，把$\boldsymbol{u}=\boldsymbol{0}$代入式(8.38)中，并做积分

$$S[\boldsymbol{x}(T)]-S[\boldsymbol{x}(0)]\leqslant-\frac{1}{2}\int_0^{\mathrm{T}}\|\boldsymbol{y}(t)\|^2\mathrm{d}t$$

因为$S[\boldsymbol{x}(T)]\geqslant 0$，所以可以得到

$$S[\boldsymbol{x}(0)]\geqslant\frac{1}{2}\int_0^{\mathrm{T}}\|\boldsymbol{y}(t)\|^2\mathrm{d}t$$

现在若令$S[\boldsymbol{x}(0)]=0$，则有$\boldsymbol{y}(t)=\boldsymbol{0}$，$\forall t\geqslant 0$，于是$\boldsymbol{x}(0)=\boldsymbol{0}$，说明$S(\boldsymbol{x})>0$，$\boldsymbol{x}\neq\boldsymbol{0}$。根据零状态可观性，可以得到$\boldsymbol{x}(0)=\boldsymbol{0}$。

证毕。

对于具有有限L_2增益的系统，可以用一个弱可观性性质来证明渐近稳定性。

定义8.8　如果$\boldsymbol{u}(t)=\boldsymbol{0}$，$\boldsymbol{y}(t)=\boldsymbol{0}$，$\forall t\geqslant 0$，隐含着$\lim\limits_{t\to\infty}\boldsymbol{x}(t)=\boldsymbol{0}$，则称$\Sigma_a$是零状态可检测的。

引理 8.4 令 $S\geqslant 0$ 是式(8.38)的解，并有 $S(\mathbf{0})=0$ 和 $S(\boldsymbol{x})>0,\boldsymbol{x}\neq\mathbf{0}$，且假设 Σ_a 是零状态可检测，则 $\boldsymbol{x}_e=\mathbf{0}$ 是 $\dot{\boldsymbol{x}}=\boldsymbol{f}(\boldsymbol{x})$ 的渐近稳定平衡点。如果还有 S 是径向无界的，即有 $\|x\|\to\infty$，才有 $s\to\infty$，则 $\boldsymbol{x}_e=\mathbf{0}$ 是全局渐近稳定平衡点。

证明 根据引理 8.2，$\boldsymbol{x}_e=\mathbf{0}$ 是 $\dot{\boldsymbol{x}}=\boldsymbol{f}(\boldsymbol{x})$ 的稳定平衡点。在式(8.38)中取 $\boldsymbol{u}=\mathbf{0}$，得到

$$\dot{S}(\boldsymbol{x})=S_{\boldsymbol{x}}(\boldsymbol{x})\boldsymbol{f}(\boldsymbol{x})\leqslant-\varepsilon\|\boldsymbol{h}(\boldsymbol{x})\|^2$$

式中，$\varepsilon>0$。因为 $\dot{S}(\boldsymbol{x})=0$ 隐含着 $\boldsymbol{h}(\boldsymbol{x})=\mathbf{0}$，由拉萨尔不变集原理便可证得渐近稳定性。

证毕。

最后，考察 S 在 $\boldsymbol{x}_e=\mathbf{0}$ 处有非严格(局部)极小值的情况。此时，$S(\boldsymbol{x})-S(\mathbf{0})$ 不是李雅普诺夫函数，所以 $\boldsymbol{x}_e=\mathbf{0}$ 的稳定性不能得到保证。然而，通过附加其他条件，仍然可以得到稳定性性质。这样做的依据是如下定理。

定理 8.5 令 $\boldsymbol{x}_e$ 是 $\dot{\boldsymbol{x}}=\boldsymbol{f}(\boldsymbol{x})$ 的平衡点，令 $V: X\to\mathbf{R}^1$ 是一个 C^1 类函数，并在 $\boldsymbol{x}_e$ 处半正定，即

$$V(\boldsymbol{x}_e)=0,\quad V(\boldsymbol{x})\geqslant 0 \tag{8.39}$$

更进一步，假设对于所有 $\boldsymbol{x}\in X$，有 $\dot{V}(\boldsymbol{x})=V_{\boldsymbol{x}}(\boldsymbol{x})\boldsymbol{f}(\boldsymbol{x})\leqslant 0$。令 K 是 $\{\boldsymbol{x}\,|\,V(\boldsymbol{x})=0\}$ 中的最大的正不变集。如果 $\boldsymbol{x}_e$ 对于 K 渐进稳定，则 $\boldsymbol{x}_e$ 是 $\dot{\boldsymbol{x}}=\boldsymbol{f}(\boldsymbol{x})$ 的稳定平衡点。

根据定理 8.5，可以得到如下具有半正定存储函数的有限 L_2 增益的稳定性结果。

定理 8.6 令 $S\geqslant 0$ 且 $S(\mathbf{0})=0$ 是式(8.38)(有限 L_2 增益)的一个解。令 K 是 $\{\boldsymbol{x}\,|\,\boldsymbol{h}(\boldsymbol{x})=\mathbf{0}\}$ 中最大的正不变集。如果 $\boldsymbol{x}_e=\mathbf{0}$ 对于 K 渐近稳定，则 $\boldsymbol{x}_e=0$ 是 $\dot{\boldsymbol{x}}=\boldsymbol{f}(\boldsymbol{x})$ 的稳定平衡点。此外，如果 S 是式(8.38)的一个解，则实际上 $\boldsymbol{x}_e=\mathbf{0}$ 是一个渐近稳定平衡点。

证明 如果 S 是式(8.38)的一个解，则(通过取 $\boldsymbol{u}=\mathbf{0}$)对于某个 $\varepsilon>0$，有 $S_{\boldsymbol{x}}(\boldsymbol{x})\boldsymbol{f}(\boldsymbol{x})\leqslant-\varepsilon\|\boldsymbol{h}(\boldsymbol{x})\|^2$。因为 $S(\boldsymbol{x})\geqslant 0$，只要 $S(\boldsymbol{x})=0$，就有 $\boldsymbol{h}(\boldsymbol{x})=\mathbf{0}$，所以得出稳定性。此外，根据式(8.39)和拉萨尔不变集原理(定理 8.4)，在紧集 B 中 $\dot{\boldsymbol{x}}=\boldsymbol{f}(\boldsymbol{x})$ 解收敛到 $\dot{\boldsymbol{x}}=\boldsymbol{f}(\boldsymbol{x})$ 在 $\{\boldsymbol{x}\,|\,\boldsymbol{h}(s)=\mathbf{0}\}\cap B$ 中的最大不变集，即 $\{\boldsymbol{x}_e=\mathbf{0}\}$。

证毕。

注意：$\boldsymbol{x}_e=\mathbf{0}$ 对于包含于 $\{\boldsymbol{x}\,|\,\boldsymbol{h}(\boldsymbol{x})=\mathbf{0}\}$ 的最大正不变集是渐近稳定的，该性质与零状态可检测性十分接近。实际上，该性质隐含着对于所有接近 0 的初始条件 $\boldsymbol{x}_0$，只要 $\boldsymbol{y}(t)=\mathbf{0}$，$t\geqslant 0$，则 $\lim\limits_{t\to\infty}\boldsymbol{x}(t)=\mathbf{0}$。

为后面应用起见，下面介绍定理 8.6 的推论。

推论 8.2 考虑 C^1 类系统

$$\dot{\boldsymbol{x}}=\boldsymbol{f}(\boldsymbol{x})+\boldsymbol{g}(\boldsymbol{x})\boldsymbol{k}(\boldsymbol{x}),\quad \boldsymbol{f}(\mathbf{0})=\mathbf{0},\quad \boldsymbol{k}(\mathbf{0})=\mathbf{0} \tag{8.40}$$

假设 $\boldsymbol{x}_e=\mathbf{0}$ 是 $\dot{\boldsymbol{x}}=\boldsymbol{f}(\boldsymbol{x})$ 的渐近稳定平衡点，并且存在一个 C^1 函数 $S\geqslant 0$，对于某一 $\varepsilon>0$，它在 $\boldsymbol{x}_e=\mathbf{0}$ 处半正定且满足

$$S_{\boldsymbol{x}}(\boldsymbol{x})[f(\boldsymbol{x})+g(\boldsymbol{x})k(\boldsymbol{x})]\leqslant-\varepsilon\|k(\boldsymbol{x})\|^2 \tag{8.41}$$

则 $\boldsymbol{x}_e=\mathbf{0}$ 也是式(8.40)的一个渐近稳定平衡点。

证明 与定理 8.6 的证明相似，令 K 是包含在 $\{\boldsymbol{x}\,|\,\boldsymbol{k}(\boldsymbol{x})=\mathbf{0}\}$ 中的最大正不变集。因为 $\boldsymbol{x}_e=\mathbf{0}$ 是 $\dot{\boldsymbol{x}}=\boldsymbol{f}(\boldsymbol{x})$ 的渐近稳定平衡点，所以 $\boldsymbol{x}_e=\mathbf{0}$ 对于 K 也是渐近稳定平衡点。证明的其余部分与定理 8.6 的证明相同。

证毕。

$\boldsymbol{x}_e=\boldsymbol{0}$ 是 $\dot{\boldsymbol{x}}=\boldsymbol{f}(\boldsymbol{x})$ 的一个渐近稳定平衡点的条件可以被视为一个系统 $\dot{\boldsymbol{x}}=\boldsymbol{f}(\boldsymbol{x})+\boldsymbol{g}(\boldsymbol{x})\boldsymbol{k}(\boldsymbol{x}),\boldsymbol{y}=\boldsymbol{k}(\boldsymbol{x})$ 的可检测性条件(因为 $\boldsymbol{y}(t)=\boldsymbol{0},t\geqslant 0$,所以在 0 附近的 $\boldsymbol{x}_0$ 有 $\lim\limits_{t\to\infty}\boldsymbol{x}(t)=\boldsymbol{0}$)。

现在回到由 L_2 增益供给率引出的微分耗散不等式(8.38)。该不等式也可以写为

$$S_{\boldsymbol{x}}(\boldsymbol{x})[\boldsymbol{f}(\boldsymbol{x})+\boldsymbol{g}(\boldsymbol{x})\boldsymbol{u}]-\frac{1}{2}\gamma^2\|\boldsymbol{u}\|^2+\frac{1}{2}\|\boldsymbol{h}(\boldsymbol{x})\|^2\leqslant 0,\quad \forall\,\boldsymbol{x},\boldsymbol{u} \tag{8.42}$$

可以通过计算左侧 $\boldsymbol{u}$ 的最大值 $\boldsymbol{u}^*$(作为 $\boldsymbol{x}$ 的函数)进行验证,如

$$\boldsymbol{u}^*=\frac{1}{\gamma^2}\boldsymbol{g}^{\mathrm{T}}(\boldsymbol{x})\boldsymbol{S}_{\boldsymbol{x}}^{\mathrm{T}}(\boldsymbol{x}) \tag{8.43}$$

把式(8.43)代入式(8.42),就可以得到哈密顿-雅可比(Hamilton-Jacobi)不等式:

$$\boldsymbol{S}_{\boldsymbol{x}}(\boldsymbol{x})\boldsymbol{f}(\boldsymbol{x})+\frac{1}{2}\frac{1}{\gamma^2}\boldsymbol{S}_{\boldsymbol{x}}(\boldsymbol{x})\boldsymbol{g}(\boldsymbol{x})\boldsymbol{g}^{\mathrm{T}}(\boldsymbol{x})\boldsymbol{S}_{\boldsymbol{x}}^{\mathrm{T}}(\boldsymbol{x})+\frac{1}{2}\boldsymbol{h}^{\mathrm{T}}(\boldsymbol{x})\boldsymbol{h}(\boldsymbol{x})\leqslant 0 \tag{8.44}$$

它需要对于所有 $\boldsymbol{x}\in X$ 成立。这样,Σ_{a} 有 L_2 增益小于等于 γ 当且仅当式(8.44)存在一个 C^1 类的解 $S\geqslant 0$。此外,根据动态规划原理,如果 S_{a} 和 S_{r}(假设存在)属于 C^1 类,它们实际上是如下哈密顿-雅可比等式的解:

$$\boldsymbol{S}_{\boldsymbol{x}}(\boldsymbol{x})\boldsymbol{f}(\boldsymbol{x})+\frac{1}{2}\frac{1}{\gamma^2}\boldsymbol{S}_{\boldsymbol{x}}(\boldsymbol{x})\boldsymbol{g}(\boldsymbol{x})\boldsymbol{g}^{\mathrm{T}}(\boldsymbol{x})\boldsymbol{S}_{\boldsymbol{x}}^{\mathrm{T}}(\boldsymbol{x})+\frac{1}{2}\boldsymbol{h}^{\mathrm{T}}(\boldsymbol{x})\boldsymbol{h}(\boldsymbol{x})=0 \tag{8.45}$$

对于哈密顿-雅可比不等式(8.44)和等式(8.45)解结构的更多讨论,读者请参考有关文献[7]。

8.1.3　非线性系统的 L_2 增益

考虑仿射非线性系统

$$\Sigma_{\mathrm{a}}:\begin{cases}\dot{\boldsymbol{x}}=\boldsymbol{f}(\boldsymbol{x})+\boldsymbol{g}(\boldsymbol{x})\boldsymbol{u},\quad \boldsymbol{u}\in\mathbf{R}^m,\quad \boldsymbol{y}\in\mathbf{R}^p,\quad \boldsymbol{x}\in X\\ \boldsymbol{y}=\boldsymbol{h}(\boldsymbol{x}),\quad \boldsymbol{f}(\boldsymbol{x}_0)=\boldsymbol{0},\quad \boldsymbol{h}(\boldsymbol{x}_0)=\boldsymbol{0}\end{cases} \tag{8.46}$$

式中,$\boldsymbol{g}(\boldsymbol{x})$ 为一个 $n\times m$ 矩阵。

针对式(8.46),系统的 L_2 增益定义如下。

定义 8.9　对于给定的 $\gamma\geqslant 0$,若系统(式(8.46))是 γ 耗散的,则系统具有小于或等于 γ 的 L_2 增益,即

$$\int_0^T\|\boldsymbol{y}(t)\|^2\mathrm{d}t\leqslant\gamma^2\int_0^T\|\boldsymbol{u}(t)\|^2\mathrm{d}t \tag{8.47}$$

对所有的 $T\geqslant 0$ 和所有的 $u\in L_2(0,T)$ 均成立。其中 $\boldsymbol{y}(t)=\boldsymbol{h}[\boldsymbol{\phi}(\boldsymbol{x}_0,\boldsymbol{u},0,t)]$,表示系统(式(8.46))由输入 $\boldsymbol{u}$ 和初始状态 $\boldsymbol{x}(0)=\boldsymbol{x}_0$ 导致的输出。

耗散性研究总是针对系统某一供给率而言,而类似式(8.47)的系统,常取 γ 供给率

$$s(\boldsymbol{u},\boldsymbol{y})=\frac{1}{2}(\gamma^2\|\boldsymbol{u}\|^2-\|\boldsymbol{y}\|^2)$$

且 s 满足

$$\int_{t_0}^{t_1}|s(t)|\,\mathrm{d}t<\infty$$

即 s 是局部绝对可积的。

对于系统(式(8.46)),若存在一个光滑非负的函数 $V(\boldsymbol{x})$(称为存储函数)满足耗散不

等式(8.3),则将耗散不等式(8.3)中的 S 替换为 V,并对两边取微分运算得

$$\boldsymbol{V}_x(\boldsymbol{x})\boldsymbol{f}(\boldsymbol{x})+\boldsymbol{V}_x(\boldsymbol{x})\boldsymbol{g}(\boldsymbol{x})\boldsymbol{u}-\frac{1}{2}\gamma^2\boldsymbol{u}^{\mathrm{T}}\boldsymbol{u}+\frac{1}{2}\boldsymbol{y}^{\mathrm{T}}\boldsymbol{y}\leqslant 0$$

观察上述不等式左边,可视它为一个关于 $\boldsymbol{u}$ 的一元二次不等式,且最高次项系数为负,极大值点为

$$\boldsymbol{u}^*(\boldsymbol{x})=\frac{1}{\gamma^2}\boldsymbol{g}^{\mathrm{T}}(\boldsymbol{x})\boldsymbol{V}_x^{\mathrm{T}}(\boldsymbol{x})$$

极大值为

$$\boldsymbol{V}_x(\boldsymbol{x})\boldsymbol{f}(\boldsymbol{x})+\frac{1}{2}\frac{1}{\gamma^2}\boldsymbol{V}_x(\boldsymbol{x})\boldsymbol{g}(\boldsymbol{x})\boldsymbol{g}^{\mathrm{T}}(\boldsymbol{x})\boldsymbol{V}_x^{\mathrm{T}}(\boldsymbol{x})+\frac{1}{2}\boldsymbol{h}^{\mathrm{T}}(\boldsymbol{x})\boldsymbol{h}(\boldsymbol{x}) \tag{8.48}$$

显然,只要在

$$\boldsymbol{V}_x(\boldsymbol{x})\boldsymbol{f}(\boldsymbol{x})+\frac{1}{2}\frac{1}{\gamma^2}\boldsymbol{V}_x(\boldsymbol{x})\boldsymbol{g}(\boldsymbol{x})\boldsymbol{g}^{\mathrm{T}}(\boldsymbol{x})\boldsymbol{V}_x^{\mathrm{T}}(\boldsymbol{x})+\frac{1}{2}\boldsymbol{h}^{\mathrm{T}}(\boldsymbol{x})\boldsymbol{h}(\boldsymbol{x})\leqslant 0 \tag{8.49}$$

成立的条件下,耗散不等式(8.3)总是成立的。式(8.49)称为哈密顿-雅可比不等式,由此可得下列定理。

定理 8.7 如果有一个光滑非负的函数 $V(\boldsymbol{x})$ 满足哈密顿-雅可比不等式(8.49),则非线性系统(式(8.46))在支持率 $s(\boldsymbol{u},\boldsymbol{y})=\frac{1}{2}(\gamma^2\|\boldsymbol{u}\|^2-\|\boldsymbol{y}\|^2)$ 下是 γ 耗散的。

目前只对仿射非线性系统(式(8.46))研究较为成熟,其 L_2 增益与耗散性、Hamilton-Jacobi 不等式的关系可由如下定理描述。

定理 8.8 对于系统(式(8.46)),有下列蕴涵关系 :$A\Leftrightarrow B\rightarrow C$。

(1) 存在一个光滑非负的函数 $V(\boldsymbol{x})$ 满足哈密顿-雅可比不等式;

(2) 存在一个光滑非负的函数 $V(\boldsymbol{x})$ 满足耗散不等式;

(3) 系统具有小于或等于 γ 的 L_2 增益。

证明 假设有一个光滑非负的函数 $V(\boldsymbol{x})$ 满足哈密顿-雅可比不等式(8.49),即

$$\boldsymbol{V}_x(\boldsymbol{x})\boldsymbol{f}(\boldsymbol{x})+\frac{1}{2}\frac{1}{\gamma^2}\boldsymbol{V}_x(\boldsymbol{x})\boldsymbol{g}(\boldsymbol{x})\boldsymbol{g}^{\mathrm{T}}(\boldsymbol{x})\boldsymbol{V}_x^{\mathrm{T}}(\boldsymbol{x})+\frac{1}{2}\boldsymbol{h}^{\mathrm{T}}(\boldsymbol{x})\boldsymbol{h}(\boldsymbol{x})\leqslant 0,\quad V(\boldsymbol{x}_0)=0$$

利用"配方"技巧,有

$$\boldsymbol{V}_x(\boldsymbol{x})\boldsymbol{f}(\boldsymbol{x})+\boldsymbol{V}_x(\boldsymbol{x})\boldsymbol{g}(\boldsymbol{x})\boldsymbol{u}=-\frac{1}{2}\gamma^2\left\|\boldsymbol{u}-\frac{1}{\gamma^2}\boldsymbol{g}^{\mathrm{T}}(\boldsymbol{x})\boldsymbol{V}_x^{\mathrm{T}}(\boldsymbol{x})\right\|^2+\boldsymbol{V}_x(\boldsymbol{x})\boldsymbol{f}(\boldsymbol{x})+\frac{1}{2\gamma^2}\boldsymbol{\cdot}\boldsymbol{V}_x(\boldsymbol{x})\boldsymbol{g}(\boldsymbol{x})\boldsymbol{g}^{\mathrm{T}}(\boldsymbol{x})\boldsymbol{V}_x^{\mathrm{T}}(\boldsymbol{x})+\frac{1}{2}\gamma^2\|\boldsymbol{u}\|^2$$

将式(8.49)代入上式,得

$$\boldsymbol{V}_x(\boldsymbol{x})\boldsymbol{f}(\boldsymbol{x})+\boldsymbol{V}_x(\boldsymbol{x})\boldsymbol{g}(\boldsymbol{x})\boldsymbol{u}\leqslant\frac{1}{2}\gamma^2\|\boldsymbol{u}\|^2-\frac{1}{2}\|\boldsymbol{y}\|^2-\frac{1}{2}\gamma^2\left\|\boldsymbol{u}-\frac{1}{\gamma^2}\boldsymbol{g}^{\mathrm{T}}(\boldsymbol{x})\boldsymbol{V}_x^{\mathrm{T}}(\boldsymbol{x})\right\|^2$$

显然

$$\boldsymbol{V}_x(\boldsymbol{x})\boldsymbol{f}(\boldsymbol{x})+\boldsymbol{V}_x(\boldsymbol{x})\boldsymbol{g}(\boldsymbol{x})\boldsymbol{u}\leqslant\frac{1}{2}\gamma^2\|\boldsymbol{u}\|^2-\frac{1}{2}\|\boldsymbol{y}\|^2 \tag{8.50}$$

对上述不等式两边积分得

$$\boldsymbol{V}[\boldsymbol{x}(t_1)]-\boldsymbol{V}[\boldsymbol{x}(t_0)]\leqslant\int_{t_0}^{t_1}\frac{1}{2}(\gamma^2\|\boldsymbol{u}\|^2-\|\boldsymbol{y}\|^2)\mathrm{d}t \tag{8.51}$$

此即表明 A 蕴涵着 B,而 B 蕴涵着 A 是显然的。假设存在 $V(\boldsymbol{x})$ 满足式(8.50),则对所有的 $\boldsymbol{u}$ 均有

$$\boldsymbol{V}_{\boldsymbol{x}}(\boldsymbol{x})\boldsymbol{f}(\boldsymbol{x})+\frac{1}{2}\|\boldsymbol{y}\|^2\leqslant\frac{1}{2}\gamma^2\left\|\boldsymbol{u}-\frac{1}{\gamma^2}\boldsymbol{g}^{\mathrm{T}}(\boldsymbol{x})\boldsymbol{V}_{\boldsymbol{x}}^{\mathrm{T}}(\boldsymbol{x})\right\|^2-\frac{1}{2}\frac{1}{\gamma^2}\boldsymbol{V}_{\boldsymbol{x}}(\boldsymbol{x})\boldsymbol{g}(\boldsymbol{x})\boldsymbol{g}^{\mathrm{T}}(\boldsymbol{x})\boldsymbol{V}_{\boldsymbol{x}}^{\mathrm{T}}(\boldsymbol{x})$$

取 $\boldsymbol{u}=\dfrac{1}{\gamma^2}\boldsymbol{g}^{\mathrm{T}}(\boldsymbol{x})\boldsymbol{V}_{\boldsymbol{x}}^{\mathrm{T}}(\boldsymbol{x})$,即得式(8.49)。

观察不等式(8.51),对任意 $\boldsymbol{u}\in L_2(0,T)$,$\boldsymbol{x}(T)=\boldsymbol{\phi}[\boldsymbol{x}(0),\boldsymbol{u},t,0]$,因为

$$V(\boldsymbol{x}_0)=0,\quad V(\boldsymbol{x})\geqslant 0,\quad \forall\,\boldsymbol{x}\neq\boldsymbol{x}_0$$

所以

$$0\leqslant\frac{1}{2}\gamma^2\int_0^{\mathrm{T}}\|\boldsymbol{u}(t)\|^2\mathrm{d}t-\frac{1}{2}\int_0^{\mathrm{T}}\|\boldsymbol{y}(t)\|^2\mathrm{d}t$$

此即不等式(8.49),满足定义 8.9。

证毕。

如上所述,若系统是 γ 耗散的,则系统的 L_2 增益小于 γ,所以存在半正定函数 $V(\boldsymbol{x})$ 满足哈密顿-雅可比不等式(8.49),也是系统(式(8.46))具有小于或等于 γ 的 L_2 增益的充分条件。但实际上,在一定条件下,系统具有小于或等于 γ 的 L_2 增益同样可以成为哈密顿-雅可比不等式(8.49)具有半正定解的必要条件。下面就来给出这个结论。

定义 8.10　令非线性系统(式(8.46))的初始状态为 $\boldsymbol{x}(t_0)=\boldsymbol{x}_0$,如果对于任意 $\boldsymbol{x}_1$,存在 t_1 和 $\boldsymbol{u}(t)$ 使得

$$\boldsymbol{x}_1=\boldsymbol{x}(t_1)=\boldsymbol{\phi}(\boldsymbol{x}_0,\boldsymbol{u},t_0,t_1)$$

成立,则称该系统在状态 $\boldsymbol{x}_0$ 是能达的(reachabiltiy),$\boldsymbol{x}(t)=\boldsymbol{\phi}(\boldsymbol{x}_0,\boldsymbol{u},t,t_0)$ 表示非线性系统(式(8.46))对应于初始状态 $\boldsymbol{x}(t_0)=\boldsymbol{x}_0$ 和控制输入 $\boldsymbol{u}(t)$ 的解。

对于非线性系统(式(8.46)),定义正定函数 $V_{\mathrm{a}}(\boldsymbol{x})$ 为

$$V_{\mathrm{a}}(\boldsymbol{x})=-\lim_{t\to\infty}\inf_{\substack{\boldsymbol{u}\in L_2[0,T]\\ \boldsymbol{x}=\boldsymbol{x}_0,T\geqslant 0}}\frac{1}{2}\int_0^{\mathrm{T}}(\gamma^2\|\boldsymbol{u}\|^2-\|\boldsymbol{y}\|^2)\mathrm{d}t \tag{8.52}$$

定理 8.9　设非线性系统(式(8.46))在初始状态 $\boldsymbol{x}_0$ 是能达的,且式(8.52)定义的 $V_{\mathrm{a}}(\boldsymbol{x})$ 存在并且可微,则系统(式(8.46))具有小于等于 γ 的 L_2 增益,即

$$\int_0^T\|\boldsymbol{y}(\tau)\|^2\mathrm{d}\tau\leqslant\gamma^2\int_0^T\|\boldsymbol{u}(t)\|^2\mathrm{d}t,\quad \forall\,\boldsymbol{u}\in L_2[0,T] \tag{8.53}$$

成立的充要条件是存在半正定函数 $V(\boldsymbol{x})$ 满足哈密顿-雅可比不等式(8.49)。

证明　充分性由定理 8.8 显然得证,现证明其必要性。

设不等式(8.53)对于任意给定的 $T>0$ 成立,由于该系统在初始状态 $\boldsymbol{x}_0$ 是能达的,因此对于任意给定的 $\boldsymbol{x}$,存在适当的 $t_0<0$ 及 $\boldsymbol{u}(t)\in L_2[t_0,0]$,使得状态方程(8.46)的解满足 $\boldsymbol{x}=\boldsymbol{\phi}(\boldsymbol{x}_0,\boldsymbol{u},t_0,t_1)$,即可以将 $\boldsymbol{x}$ 视为系统(式(8.46))在输入 $\boldsymbol{u}(t)(t_0\leqslant t\leqslant 0)$ 的作用下,从初始状态 $\boldsymbol{x}(t_0)=\boldsymbol{x}_0$ 迁徙而达到的。

因为该系统的 L_2 增益小于或等于 γ,所以对于任意给定的 $T\geqslant t_0$,有

$$\int_{t_0}^{T}(\gamma^2\|\boldsymbol{u}\|^2-\|\boldsymbol{y}\|^2)\mathrm{d}t\geqslant 0 \tag{8.54}$$

即

$$\int_{t_0}^{0}(\gamma^2\|\boldsymbol{u}\|^2-\|\boldsymbol{y}\|^2)\mathrm{d}t+\int_{0}^{T}(\gamma^2\|\boldsymbol{u}\|^2-\|\boldsymbol{y}\|^2)\mathrm{d}t\geqslant 0$$

因此，对于任意给定的 $T\geqslant t_0$，有

$$-\int_{0}^{T}(\gamma^2\|\boldsymbol{u}\|^2-\|\boldsymbol{y}\|^2)\mathrm{d}t\leqslant\int_{t_0}^{0}(\gamma^2\|\boldsymbol{u}\|^2-\|\boldsymbol{y}\|^2)\mathrm{d}t<\infty \tag{8.55}$$

对任意的输入 $\boldsymbol{u}$ 成立。所以，令 $T\to\infty$，且取式(8.55)左端的最大值，得

$$-\lim_{T\to\infty}\inf_{\substack{\boldsymbol{u}\in L_2[0,T]\\ \boldsymbol{x}(0)=\boldsymbol{x}_0}}\int_{0}^{T}(\gamma^2\|\boldsymbol{u}\|^2-\|\boldsymbol{y}\|^2)\mathrm{d}t<\infty$$

这表明式(8.52)定义的 $V_{\mathrm{a}}(\boldsymbol{x})$ 存在，且 $V_{\mathrm{a}}(\boldsymbol{x})\geqslant 0$。另外，根据 $V_{\mathrm{a}}(\boldsymbol{x})$ 的定义可知，$V_{\mathrm{a}}(\boldsymbol{x})$ 是目标函数

$$V(\boldsymbol{x})=\inf_{\substack{\boldsymbol{u}\in L_2[0,T]\\ \boldsymbol{x}(0)=\boldsymbol{x}_0}}\int_{0}^{\infty}\frac{1}{2}(\gamma^2\|\boldsymbol{u}(t)\|^2-\|\boldsymbol{y}(t)\|^2)\mathrm{d}t \tag{8.56}$$

在非线性系统(式(8.46))的约束下的最优值函数，即式(8.56)对应的最优化问题的解 $\boldsymbol{u}$ 对应的函数值为 $V_{\mathrm{opt}}(\boldsymbol{x})=-V_{\mathrm{a}}(\boldsymbol{x})$。根据最优化原理，该最优值函数满足

$$\frac{\partial V_{\mathrm{opt}}}{\partial t}=-\inf_{\boldsymbol{u}}\left\{\frac{1}{2}\gamma^2\|\boldsymbol{u}\|^2-\frac{1}{2}\|\boldsymbol{y}\|^2+\frac{\partial V_{\mathrm{opt}}}{\partial \boldsymbol{x}}[\boldsymbol{f}(\boldsymbol{x})+\boldsymbol{g}(\boldsymbol{x})\boldsymbol{u}]\right\} \tag{8.57}$$

注意到 $\dfrac{\partial V_{\mathrm{opt}}}{\partial t}=-\dfrac{\partial V_{\mathrm{a}}}{\partial t}=0$，由式(8.57)得

$$\begin{aligned}
&\inf_{\boldsymbol{u}}\left\{\frac{1}{2}\gamma^2\|\boldsymbol{u}\|^2-\frac{1}{2}\|\boldsymbol{y}\|^2-\frac{\partial V_{\mathrm{a}}}{\partial \boldsymbol{x}}[\boldsymbol{f}(\boldsymbol{x})+\boldsymbol{g}(\boldsymbol{x})\boldsymbol{u}]\right\}\\
&=\inf_{\boldsymbol{u}}\left\{\frac{1}{2}\gamma^2\left\|\boldsymbol{u}-\frac{1}{\gamma^2}\boldsymbol{g}^{\mathrm{T}}(\boldsymbol{x})\frac{\partial^{\mathrm{T}} V_{\mathrm{a}}}{\partial \boldsymbol{x}}\right\|^2-\left[\frac{\partial V_{\mathrm{a}}}{\partial \boldsymbol{x}}\boldsymbol{f}(\boldsymbol{x})+\frac{1}{2\gamma^2}\frac{\partial V_{\mathrm{a}}}{\partial \boldsymbol{x}}\boldsymbol{g}(\boldsymbol{x})\boldsymbol{g}^{\mathrm{T}}(\boldsymbol{x})\frac{\partial^{\mathrm{T}} V_{\mathrm{a}}}{\partial \boldsymbol{x}}+\right.\right.\\
&\left.\left.\frac{1}{2}\boldsymbol{h}^{\mathrm{T}}(\boldsymbol{x})\boldsymbol{h}(\boldsymbol{x})\right]\right\}\\
&=-\left[\frac{\partial V_{\mathrm{a}}}{\partial \boldsymbol{x}}\boldsymbol{f}(\boldsymbol{x})+\frac{1}{2\gamma^2}\frac{\partial V_{\mathrm{a}}}{\partial \boldsymbol{x}}\boldsymbol{g}(\boldsymbol{x})\boldsymbol{g}^{\mathrm{T}}(\boldsymbol{x})\frac{\partial^{\mathrm{T}} V_{\mathrm{a}}}{\partial \boldsymbol{x}}+\frac{1}{2}\boldsymbol{h}^{\mathrm{T}}(\boldsymbol{x})\boldsymbol{h}(\boldsymbol{x})\right]=0
\end{aligned}$$

即半正定函数 $V_{\mathrm{a}}(\boldsymbol{x})$ 满足 Hamilton-Jocobi 不等式(8.49)。

证毕。

8.1.4 耗散性与最优控制

对于仿射非线性系统 $\dot{\boldsymbol{x}}=\boldsymbol{f}(\boldsymbol{x})+\boldsymbol{g}(\boldsymbol{x})\boldsymbol{u}$，$\boldsymbol{f}(0)=0$，考虑具有如下性能指标的非线性最优控制问题

$$\min_{\boldsymbol{u}}\int_{0}^{\infty}[\|\boldsymbol{u}(t)\|^2+\boldsymbol{l}(\boldsymbol{x})]\mathrm{d}t \tag{8.58}$$

式中，$\boldsymbol{l}(\boldsymbol{x})\geqslant 0$，为一个代价函数，并有 $\boldsymbol{l}(\boldsymbol{0})=0$。

假设系统 $\dot{\boldsymbol{x}}=\boldsymbol{f}(\boldsymbol{x})$，$\boldsymbol{y}=\boldsymbol{l}(\boldsymbol{x})$ 零状态可检测，当初始条件 $\boldsymbol{x}(0)=\boldsymbol{x}_0$ 时，把式(8.58)的值

记为 $V(\boldsymbol{x}_0)$。称函数 $V: X\to\mathbf{R}$ 为评价函数。假设评价函数 V 有限并且属于 C^1,则 V 是如下哈密顿-雅可比-贝尔曼方程的一个非负解：

$$\boldsymbol{V}_x(\boldsymbol{x})\boldsymbol{f}(\boldsymbol{x})-\frac{1}{2}\boldsymbol{V}_x(\boldsymbol{x})\boldsymbol{g}(\boldsymbol{x})\boldsymbol{g}^{\mathrm{T}}(\boldsymbol{x})\boldsymbol{V}_x^{\mathrm{T}}(\boldsymbol{x})+\frac{1}{2}\boldsymbol{l}(\boldsymbol{x})=\boldsymbol{0},\quad V(\boldsymbol{0})=0 \tag{8.59}$$

更进一步,用反馈形式给出的最优控制规律如下：

$$\boldsymbol{u}=-\boldsymbol{\alpha}(\boldsymbol{x})=-\boldsymbol{g}^{\mathrm{T}}(\boldsymbol{x})\boldsymbol{V}_x^{\mathrm{T}}(\boldsymbol{x}) \tag{8.60}$$

如果对于 $\boldsymbol{x}\neq\boldsymbol{0}$,还有 $V(\boldsymbol{x})>0$,则根据拉萨尔不变集定理和零状态可检测性,该最优反馈系统渐近稳定,这是因为式(8.59)可以重新写成

$$\boldsymbol{V}_x(\boldsymbol{x})[\boldsymbol{f}(\boldsymbol{x})-\boldsymbol{g}(\boldsymbol{x})\boldsymbol{\alpha}(\boldsymbol{x})]=-\frac{1}{2}[\boldsymbol{\alpha}^{\mathrm{T}}(\boldsymbol{x})\boldsymbol{\alpha}(\boldsymbol{x})+\boldsymbol{l}(\boldsymbol{x})] \tag{8.61}$$

则根据引理 8.4 可以得到系统的渐近稳定性。还可以把式(8.59)和式(8.60)重新写成

$$\begin{cases}\boldsymbol{V}_x(\boldsymbol{x})\boldsymbol{f}(\boldsymbol{x})-\dfrac{1}{2}\boldsymbol{\alpha}^{\mathrm{T}}(\boldsymbol{x})\boldsymbol{\alpha}(\boldsymbol{x})=-\dfrac{1}{2}\boldsymbol{l}(\boldsymbol{x})\leqslant 0,\quad V(\boldsymbol{x})=0\\ V_x(\boldsymbol{x})\boldsymbol{g}(\boldsymbol{x})=\boldsymbol{\alpha}^{\mathrm{T}}(\boldsymbol{x})\end{cases} \tag{8.62}$$

这说明系统

$$\begin{cases}\dot{\boldsymbol{x}}=\boldsymbol{f}(\boldsymbol{x})+\boldsymbol{g}(\boldsymbol{x})\boldsymbol{u}\\ \tilde{\boldsymbol{u}}=\boldsymbol{\alpha}(\boldsymbol{x})\end{cases} \tag{8.63}$$

相对于供给率 $s(\boldsymbol{u},\tilde{\boldsymbol{u}})=\frac{1}{2}\|\tilde{\boldsymbol{u}}\|^2+\tilde{\boldsymbol{u}}^{\mathrm{T}}\boldsymbol{u}$ 耗散,该结论很容易检验。

因为供给率 $s(\boldsymbol{u},\tilde{\boldsymbol{u}})=\frac{1}{2}\|\tilde{\boldsymbol{u}}\|^2+\tilde{\boldsymbol{u}}^{\mathrm{T}}\boldsymbol{u}$ 可以写为

$$\frac{1}{2}\|\tilde{\boldsymbol{u}}\|^2+\tilde{\boldsymbol{u}}^{\mathrm{T}}\boldsymbol{u}=\frac{1}{2}\|\boldsymbol{u}+\tilde{\boldsymbol{u}}\|^2-\frac{1}{2}\|\boldsymbol{u}\|^2=\frac{1}{2}\|\boldsymbol{v}\|^2-\frac{1}{2}\|\boldsymbol{u}\|^2 \tag{8.64}$$

这说明图 8.2 中的反馈系统有如下性质：对于所有的初始条件 $\boldsymbol{x}(0)$和外部控制$\boldsymbol{v}(\cdot)$,有

$$\begin{aligned}\frac{1}{2}\int_0^T\|\boldsymbol{u}(t)\|^2\mathrm{d}t&\leqslant\frac{1}{2}\int_0^T\|\boldsymbol{v}(t)\|^2\mathrm{d}t+V[\boldsymbol{x}(0)]-V[\boldsymbol{x}(T)]\\&\leqslant\frac{1}{2}\int_0^{\mathrm{T}}\|\boldsymbol{v}(t)\|^2\mathrm{d}t+V[\boldsymbol{x}(0)]\end{aligned} \tag{8.65}$$

相反,考察一个渐近稳定反馈 $-\boldsymbol{\alpha}(\boldsymbol{x})$,使得对于某一个 $V\geqslant 0$ 且 $V(\boldsymbol{0})=0$,式(8.65)成立,其中 $\boldsymbol{u}=-\boldsymbol{\alpha}(\boldsymbol{x})+\boldsymbol{v}$,则系统(式(8.63))相对于供给率 $s(\boldsymbol{u},\tilde{\boldsymbol{u}})=\frac{1}{2}\|\tilde{\boldsymbol{u}}\|^2+\tilde{\boldsymbol{u}}^{\mathrm{T}}\boldsymbol{u}$ 耗散。取 V 为最小存储函数,并假设它属于 C^1,则对于某一个函数 $\boldsymbol{l}(\boldsymbol{x})\geqslant 0,\boldsymbol{l}(\boldsymbol{0})=0,V$ 满足式(8.62),隐含着对于代价函数 $\boldsymbol{l}(\boldsymbol{x})$和最优反馈控制 $-\boldsymbol{\alpha}(\boldsymbol{x})$,$V$ 实际上是最优控制问题(式(8.58))的评价函数。这样一个渐近稳定的反馈函数 $-\boldsymbol{\alpha}(\boldsymbol{x})$相当于形如式(8.58)的最优控制问题是最优的,当且仅当式(8.65)得到满足。

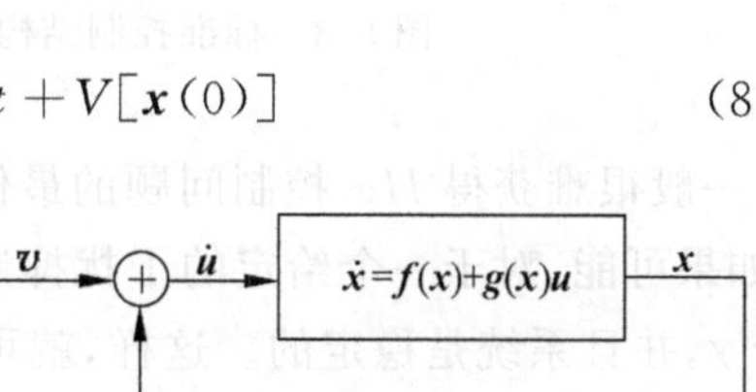

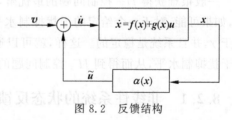

图 8.2　反馈结构

特别是,根据引理 8.1,如果系统 $\dot{\boldsymbol{x}}=\boldsymbol{f}(\boldsymbol{x})+\boldsymbol{g}(\boldsymbol{x})\boldsymbol{u}$ 从 $\boldsymbol{x}=\boldsymbol{0}$ 可达,那么一个渐近稳定的反馈 $-\boldsymbol{\alpha}(\boldsymbol{x})$相对于 $\boldsymbol{l}(\boldsymbol{x})\geqslant 0$ 时的性能指标(式(8.58))是最优的,当且仅当对于所有外部控

制 $v(\cdot)$和所有 $T\geqslant 0$,有

$$\frac{1}{2}\int_0^T \| \boldsymbol{u}(t) \|^2 \mathrm{d}t \leqslant \frac{1}{2}\int_0^T \| \boldsymbol{v}(t) \|^2 \mathrm{d}t, \quad \boldsymbol{x}(0)=\boldsymbol{0} \tag{8.66}$$

不等式(8.66)说明了一个十分有用的性质(图 8.2),即相对于内部控制信号 $\boldsymbol{u}(\cdot)$的 L_2 范数,最优反馈控制 $-\boldsymbol{\alpha}(\boldsymbol{x})$抑制了外部控制 $v(\cdot)$。

最后,需要指出系统(式(8.63))是最优调节器的闭环传递(从 $\boldsymbol{u}$ 到$\tilde{\boldsymbol{u}}$)。可以得到一个直接的结果是最优调节器的零输出约束动态相对于零供给率耗散,可以通过令$\tilde{\boldsymbol{u}}=\boldsymbol{0}$ 得到。

8.2 状态反馈 H_∞ 控制

考虑具有如下标准结构的非线性系统 Σ(图 8.3):

$$\Sigma: \begin{cases} \dot{\boldsymbol{x}} = \boldsymbol{f}(\boldsymbol{x},\boldsymbol{u},\boldsymbol{d}) \\ \boldsymbol{y} = \boldsymbol{g}(\boldsymbol{x},\boldsymbol{u},\boldsymbol{d}) \\ \boldsymbol{z} = \boldsymbol{h}(\boldsymbol{x},\boldsymbol{u},\boldsymbol{d}) \end{cases} \tag{8.67}$$

式中,$\boldsymbol{x}\in X\subset\mathbf{R}^n$ 为状态变量;$\boldsymbol{u}\in\mathbf{R}^m$ 和 $\boldsymbol{d}\in\mathbf{R}^r$ 分别为控制输入向量和外界干扰输入向量(所要抑制的干扰信号或所要跟踪的参考信号);$\boldsymbol{y}\in\mathbf{R}^p$ 为可测量到的输出变量;$\boldsymbol{z}\in\mathbf{R}^s$ 为所要控制的输入变量(跟踪误差、控制代价等)。

一般地,最优 H_∞ 控制问题,就是要寻找一个控制器 C,根据量测输出 $\boldsymbol{y}$ 产生的控制输入 $\boldsymbol{u}$,使图 8.4 中的闭环回路中从外界输入 $\boldsymbol{d}$ 到所要控制的输出变量 $\boldsymbol{z}$ 之间的 L_2 增益最小,并且在"某种意义"下闭环系统是稳定的。

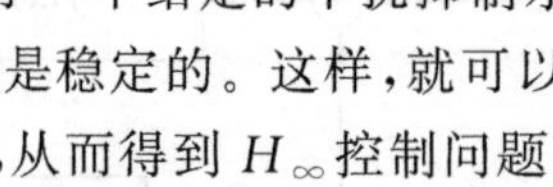

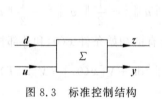

图 8.3 标准控制结构

图 8.4 标准闭环系统结构

一般很难获得 H_∞ 控制问题的最优解,转而我们去寻找 H_∞ 控制的次最优解。也就是说,如果可能,对于一个给定的干扰抑制水平 γ,寻找控制器 C 使闭环系统的 L_2 增益小于等于 γ,并且系统是稳定的。这样,就可以通过逐渐减小 γ,连续求解次最优解来得到最优的干扰抑制水平,从而得到 H_∞ 控制问题的最优解。

8.2.1 非线性系统的状态反馈 H_∞ 控制

在状态反馈的次最优 H_∞ 控制问题中,假设所有的状态变量可测,即在式(8.67)中令 $\boldsymbol{y}=\boldsymbol{x}$。首先,考虑仿射非线性系统的状态反馈控制问题

$$\Sigma: \begin{cases} \dot{\boldsymbol{x}} = \boldsymbol{f}(\boldsymbol{x}) + \boldsymbol{g}(\boldsymbol{x})\boldsymbol{u} + \boldsymbol{k}(\boldsymbol{x})\boldsymbol{d} \\ \boldsymbol{z} = \begin{bmatrix} \boldsymbol{h}(\boldsymbol{x}) \\ \boldsymbol{u} \end{bmatrix} \end{cases} \tag{8.68}$$

式中,$\boldsymbol{x}\in X\subset\mathbf{R}^n$ 为状态向量;$\boldsymbol{u}\in\mathbf{R}^m$ 为控制输入;$\boldsymbol{d}\in\mathbf{R}^r$ 为扰动输入;$\boldsymbol{z}\in\mathbf{R}^s$ 为所要控制

的输出变量(跟踪误差、控制代价等)；$\boldsymbol{f}(\cdot)\in\mathbf{R}^n,\boldsymbol{g}(\cdot)\in\mathbf{R}^{n\times m},\boldsymbol{k}(\boldsymbol{x})\in\mathbf{R}^{n\times r}$ 为已知的光滑映射。

为不失一般性,设 $\boldsymbol{f}(\mathbf{0})=\mathbf{0},\boldsymbol{h}(\mathbf{0})=\mathbf{0}$。对于任何光滑状态反馈

$$\boldsymbol{u}=\boldsymbol{l}(\boldsymbol{x}),\quad \boldsymbol{l}(\boldsymbol{x}_0)=0 \tag{8.69}$$

考虑闭环系统(式(8.68)、式(8.69))及其从干扰 $\boldsymbol{d}$ 到由输出 $\boldsymbol{y}=\boldsymbol{h}(\boldsymbol{x})$ 和输入 $\boldsymbol{u}=\boldsymbol{l}(\boldsymbol{x})$ 组成的向量的 L_2 增益,即式

$$\boldsymbol{d}\rightarrow\boldsymbol{z}=\begin{bmatrix}\boldsymbol{h}(\boldsymbol{x})\\ \boldsymbol{l}(\boldsymbol{x})\end{bmatrix} \tag{8.70}$$

的 L_2 增益,类似于线性状态空间 H_∞ 理论,可以定义(标准)非线性状态反馈 H_∞ 最优控制问题如下：

定义 8.11　非线性状态反馈 H_∞ 最优控制问题：寻求一个最小的 $\gamma^*\geqslant0$,使得对任意 $\gamma\geqslant\gamma^*$,存在一个状态反馈(式(8.69)),使得从 $\boldsymbol{d}$ 到 $\boldsymbol{z}$ 的 L_2 增益小于或等于 γ。

在某种程度上,上述定义有别于线性 H_∞ 控制中采用的定义,后者要求闭环系统是渐近稳定的。自然,在非线性情况下,也要求闭环系统是渐近稳定的。然而,渐近稳定特性通常蕴含在闭环系统有限增益特性上。非线性系统状态反馈 H_∞ 最优控制问题的求解可以通过下列定理来获得。

定理 8.10　考虑非线性系统(式(8.68)),令 $\gamma\geqslant0$,如果哈密顿-雅可比不等式存在一个 C^r 类($k\geqslant r>1$)的非负函数解 $V(\boldsymbol{x})$ 满足

$$(\text{HJIa})\boldsymbol{V}_x(\boldsymbol{x})\boldsymbol{f}(\boldsymbol{x})+\frac{1}{2}\boldsymbol{V}_x(\boldsymbol{x})\left[\frac{1}{\gamma^2}\boldsymbol{k}(\boldsymbol{x})\boldsymbol{k}^{\mathrm{T}}(\boldsymbol{x})-\boldsymbol{g}(\boldsymbol{x})\boldsymbol{g}^{\mathrm{T}}(\boldsymbol{x})\right]\boldsymbol{V}_x^{\mathrm{T}}(\boldsymbol{x})+\frac{1}{2}\boldsymbol{h}^{\mathrm{T}}(\boldsymbol{x})\boldsymbol{h}(\boldsymbol{x})\leqslant0 \tag{8.71}$$

则由 C^{r-1} 类的状态反馈控制律

$$\boldsymbol{u}=-\boldsymbol{g}^{\mathrm{T}}(\boldsymbol{x})\boldsymbol{V}_x^{\mathrm{T}}(\boldsymbol{x}) \tag{8.72}$$

将反馈控制律(式(8.72))代入式(8.68)构成的闭环系统

$$\begin{aligned}\dot{\boldsymbol{x}}&=\boldsymbol{f}(\boldsymbol{x})-\boldsymbol{g}(\boldsymbol{x})\boldsymbol{g}^{\mathrm{T}}(\boldsymbol{x})\boldsymbol{V}_x^{\mathrm{T}}(\boldsymbol{x})+\boldsymbol{k}(\boldsymbol{x})\boldsymbol{d}\\ \boldsymbol{z}&=\begin{bmatrix}\boldsymbol{h}(\boldsymbol{x})\\ -\boldsymbol{g}^{\mathrm{T}}(\boldsymbol{x})\boldsymbol{V}_x^{\mathrm{T}}(\boldsymbol{x})\end{bmatrix}\end{aligned} \tag{8.73}$$

从 $\boldsymbol{d}$ 到 $\begin{bmatrix}\boldsymbol{y}\\ \boldsymbol{u}\end{bmatrix}$ 的 L_2 增益小于或等于 γ。

反之,若存在 C^{r-1} 类的状态反馈控制律

$$\boldsymbol{u}=\boldsymbol{l}(\boldsymbol{x}) \tag{8.74}$$

使闭环系统(式(8.68)和式(8.74))存在关于供给率 $\frac{1}{2}\gamma^2\|\boldsymbol{d}\|^2-\frac{1}{2}\|\boldsymbol{z}\|^2$ 的 C^1 类存储函数 $V(\boldsymbol{x})\geqslant0$,那么 $V(\boldsymbol{x})\geqslant0$ 也是(HJIa)的一个解。

证明　如果 $V(\boldsymbol{x})$ 是(HJIa)的一个解,(HJIa)可写成

$$\boldsymbol{V}_x(\boldsymbol{x})[\boldsymbol{f}(\boldsymbol{x})-\boldsymbol{g}(\boldsymbol{x})\boldsymbol{g}^{\mathrm{T}}(\boldsymbol{x})\boldsymbol{V}_x^{\mathrm{T}}(\boldsymbol{x})]+\frac{1}{2}\frac{1}{\gamma^2}\boldsymbol{V}_x(\boldsymbol{x})\boldsymbol{k}(\boldsymbol{x})\boldsymbol{k}^{\mathrm{T}}(\boldsymbol{x})\boldsymbol{V}_x^{\mathrm{T}}(\boldsymbol{x})+\frac{1}{2}\boldsymbol{V}_x(\boldsymbol{x})\boldsymbol{g}(\boldsymbol{x})\boldsymbol{g}^{\mathrm{T}}(\boldsymbol{x})\boldsymbol{V}_x^{\mathrm{T}}(\boldsymbol{x})+\frac{1}{2}\boldsymbol{h}^{\mathrm{T}}(\boldsymbol{x})\boldsymbol{h}(\boldsymbol{x})\leqslant0 \tag{8.75}$$

由式(8.68)可知,$V(\boldsymbol{x})$是闭环系统(式(8.73))的一个存储函数,其 L_2 增益供给率为 $\gamma^2\|\boldsymbol{d}\|^2-\|\boldsymbol{z}\|^2$。反之,若 $V(\boldsymbol{x})\geqslant 0$ 是

$$\boldsymbol{V}_x(\boldsymbol{x})[\boldsymbol{f}(\boldsymbol{x})+\boldsymbol{g}(\boldsymbol{x})\boldsymbol{l}(\boldsymbol{x})]+\frac{1}{2}\frac{1}{\gamma^2}\boldsymbol{V}_x(\boldsymbol{x})\boldsymbol{k}(\boldsymbol{x})\boldsymbol{k}^{\mathrm{T}}(\boldsymbol{x})\boldsymbol{V}_x^{\mathrm{T}}(\boldsymbol{x})+$$

$$\frac{1}{2}\boldsymbol{l}^{\mathrm{T}}(\boldsymbol{x})\boldsymbol{l}(\boldsymbol{x})+\frac{1}{2}\boldsymbol{h}^{\mathrm{T}}(\boldsymbol{x})\boldsymbol{h}(\boldsymbol{x})\leqslant 0 \tag{8.76}$$

的解,利用"配方法"可得

$$\begin{aligned}
&\boldsymbol{V}_x(\boldsymbol{x})[\boldsymbol{f}(\boldsymbol{x})-\boldsymbol{g}(\boldsymbol{x})\boldsymbol{g}^{\mathrm{T}}(\boldsymbol{x})\boldsymbol{V}_x^{\mathrm{T}}(\boldsymbol{x})]\\
&=\boldsymbol{V}_x(\boldsymbol{x})[\boldsymbol{f}(\boldsymbol{x})+\boldsymbol{g}(\boldsymbol{x})\boldsymbol{l}(\boldsymbol{x})]-\boldsymbol{V}_x(\boldsymbol{x})\boldsymbol{g}(\boldsymbol{x})[\boldsymbol{g}^{\mathrm{T}}(\boldsymbol{x})\boldsymbol{V}_x^{\mathrm{T}}(\boldsymbol{x})+\boldsymbol{l}(\boldsymbol{x})]\\
&\leqslant-\frac{1}{2}\frac{1}{\gamma^2}\boldsymbol{V}_x(\boldsymbol{x})\boldsymbol{k}(\boldsymbol{x})\boldsymbol{k}^{\mathrm{T}}(\boldsymbol{x})\boldsymbol{V}_x^{\mathrm{T}}(\boldsymbol{x})-\frac{1}{2}\boldsymbol{h}^{\mathrm{T}}(\boldsymbol{x})\boldsymbol{h}(\boldsymbol{x})-\\
&\quad\frac{1}{2}\|\boldsymbol{l}(\boldsymbol{x})+\boldsymbol{g}^{\mathrm{T}}(\boldsymbol{x})\boldsymbol{V}_x^{\mathrm{T}}(\boldsymbol{x})\|^2-\frac{1}{2}\boldsymbol{V}_x(\boldsymbol{x})\boldsymbol{g}(\boldsymbol{x})\boldsymbol{g}^{\mathrm{T}}(\boldsymbol{x})\boldsymbol{V}_x^{\mathrm{T}}(\boldsymbol{x})\\
&\leqslant-\frac{1}{2}\frac{1}{\gamma^2}\boldsymbol{V}_x(\boldsymbol{x})\boldsymbol{k}(\boldsymbol{x})\boldsymbol{k}^{\mathrm{T}}(\boldsymbol{x})\boldsymbol{V}_x^{\mathrm{T}}(\boldsymbol{x})-\frac{1}{2}\boldsymbol{V}_x(\boldsymbol{x})\boldsymbol{g}(\boldsymbol{x})\boldsymbol{g}^{\mathrm{T}}(\boldsymbol{x})\boldsymbol{V}_x^{\mathrm{T}}(\boldsymbol{x})-\\
&\quad\frac{1}{2}\boldsymbol{h}^{\mathrm{T}}(\boldsymbol{x})\boldsymbol{h}(\boldsymbol{x})
\end{aligned}\tag{8.77}$$

这表明 $V(\boldsymbol{x})$是式(8.75)和式(8.71)的解。

证毕。

注意:至此并未提到在状态反馈 $\boldsymbol{u}=-\boldsymbol{g}^{\mathrm{T}}(\boldsymbol{x})\boldsymbol{V}_x^{\mathrm{T}}(\boldsymbol{x})$作用下,闭环系统(式(8.73))的稳定性结论。然而,由于 $V(\boldsymbol{x})\geqslant 0$ 是闭环系统(式(8.73))的存储函数,可以直接引用 8.1 节稳定性的相关结论,尤其是引理 8.3 和引理 8.4。

结论 8.1 若 $V(\boldsymbol{x})\geqslant 0$ 是(HJIa)的一个解:

(1) 假设系统

$$\begin{cases}\dot{\boldsymbol{x}}=\boldsymbol{f}(\boldsymbol{x})\\ \boldsymbol{z}=\begin{bmatrix}\boldsymbol{h}(\boldsymbol{x})\\ -\boldsymbol{g}^{\mathrm{T}}(\boldsymbol{x})\boldsymbol{V}_x^{\mathrm{T}}(\boldsymbol{x})\end{bmatrix}\end{cases}\tag{8.78}$$

是零状态可观测的,那么对于任意 $\boldsymbol{x}\neq\boldsymbol{0}$,$V(\boldsymbol{x})\geqslant 0$。

(2) 假设对于任意 $\boldsymbol{x}\neq\boldsymbol{0}$,$V(\boldsymbol{x})\geqslant 0$ 且 $V(\boldsymbol{x})=0$,并假设式(8.78)的系统是零状态可检测的,那么 $\boldsymbol{x}=\boldsymbol{0}$ 是系统

$$\dot{\boldsymbol{x}}=\boldsymbol{f}(\boldsymbol{x})-\boldsymbol{g}(\boldsymbol{x})\boldsymbol{g}^{\mathrm{T}}(\boldsymbol{x})\boldsymbol{V}_x^{\mathrm{T}}(\boldsymbol{x})\tag{8.79}$$

的局部渐近稳定平衡点。

证明 将引理 8.3 和引理 8.4 用于闭环系统(式(8.73)),把(HJIa)写成式(8.75)的形式,可以看到如果 $\boldsymbol{z}=\boldsymbol{0}$,则 $\boldsymbol{f}(\boldsymbol{x})-\boldsymbol{g}(\boldsymbol{x})\boldsymbol{g}^{\mathrm{T}}(\boldsymbol{x})\boldsymbol{V}_x^{\mathrm{T}}(\boldsymbol{x})=\boldsymbol{f}(\boldsymbol{x})$。

证毕。

对于比式(8.68)更为一般形式的非线性系统,能否得到类似的表达式,差分博弈理论给出了问题的答案。我们可以把次最优 H_∞ 控制问题看作以下式为代价标准(cost criterion)的双人零和差分博弈:

$$-\frac{1}{2}\gamma^2\|\boldsymbol{d}\|^2+\frac{1}{2}\|\boldsymbol{z}\|^2\tag{8.80}$$

其中，一方对应于控制输入 $\boldsymbol{u}$，另一方为外部干扰输入 $\boldsymbol{d}$。

与该差分博弈对应的预置哈密顿函数如下（p 为协状态变量）：

$$K_\gamma(\boldsymbol{x},\boldsymbol{p},\boldsymbol{d},\boldsymbol{u})=\boldsymbol{p}^{\mathrm{T}}[\boldsymbol{f}(\boldsymbol{x})+\boldsymbol{g}(\boldsymbol{x})\boldsymbol{u}+\boldsymbol{k}(\boldsymbol{x})\boldsymbol{d}]-\frac{1}{2}\gamma^2\|\boldsymbol{d}\|^2+\frac{1}{2}\|\boldsymbol{z}\|^2 \tag{8.81}$$

根据方程 $\frac{\partial K_\gamma}{\partial \boldsymbol{d}}=\boldsymbol{0}$ 和 $\frac{\partial K_\gamma}{\partial \boldsymbol{u}}=\boldsymbol{0}$，可以得到

$$\begin{cases}\boldsymbol{d}^*(\boldsymbol{x},\boldsymbol{p})=\dfrac{1}{\gamma^2}\boldsymbol{k}^{\mathrm{T}}(\boldsymbol{x})\boldsymbol{p}\\ \boldsymbol{u}^*(\boldsymbol{x},\boldsymbol{p})=-\boldsymbol{g}^{\mathrm{T}}(\boldsymbol{x})\boldsymbol{p}\end{cases} \tag{8.82}$$

对于任意 $\boldsymbol{d},\boldsymbol{u}$ 和 $(\boldsymbol{x},\boldsymbol{p})$，$\boldsymbol{d}^*(\boldsymbol{x},\boldsymbol{p})$ 和 $\boldsymbol{u}^*(\boldsymbol{x},\boldsymbol{p})$ 具有如下鞍点性质：

$$K_\gamma[\boldsymbol{x},\boldsymbol{p},\boldsymbol{d},\boldsymbol{u}^*(\boldsymbol{x},\boldsymbol{p})]\leqslant K_\gamma[\boldsymbol{x},\boldsymbol{p},\boldsymbol{d}^*(\boldsymbol{x},\boldsymbol{p}),\boldsymbol{u}^*(\boldsymbol{x},\boldsymbol{p})]\leqslant K_\gamma[\boldsymbol{x},\boldsymbol{p},\boldsymbol{d}^*(\boldsymbol{x},\boldsymbol{p}),\boldsymbol{u}] \tag{8.83}$$

式中，输入 $\boldsymbol{u}^*$ 为最优控制；$\boldsymbol{d}^*$ 为最坏情况下的外界（干扰）输入。

将式(8.82)代入 $K_\gamma(\boldsymbol{x},\boldsymbol{p},\boldsymbol{d},\boldsymbol{u})$，得到（最优）哈密顿函数：

$$H_\gamma(\boldsymbol{x},\boldsymbol{p})=\boldsymbol{p}^{\mathrm{T}}\boldsymbol{f}(\boldsymbol{x})+\frac{1}{2}\boldsymbol{p}^{\mathrm{T}}\left[\frac{1}{\gamma^2}\boldsymbol{k}(\boldsymbol{x})\boldsymbol{k}^{\mathrm{T}}(\boldsymbol{x})-\boldsymbol{g}(\boldsymbol{x})\boldsymbol{g}^{\mathrm{T}}(\boldsymbol{x})\right]\boldsymbol{p}+\frac{1}{2}\boldsymbol{h}^{\mathrm{T}}(\boldsymbol{x})\boldsymbol{h}(\boldsymbol{x}) \tag{8.84}$$

式(8.71)给出的(HJIa)也可以写成

$$H_\gamma[\boldsymbol{x},\boldsymbol{V}_x^{\mathrm{T}}(\boldsymbol{x})]\leqslant 0 \tag{8.85}$$

而方程 $H_\gamma[\boldsymbol{x},\boldsymbol{V}_x^{\mathrm{T}}(\boldsymbol{x})]=0$ 就是差分博弈理论中的哈密顿-雅可比-Isaacs 方程。

可将上述方法推广到比式(7.68)更为一般的非线性系统中。例如：

$$\begin{cases}\dot{\boldsymbol{x}}=\boldsymbol{f}(\boldsymbol{x},\boldsymbol{u},\boldsymbol{d})\\ \boldsymbol{z}=\boldsymbol{h}(\boldsymbol{x},\boldsymbol{u},\boldsymbol{d})\end{cases} \tag{8.86}$$

相应地，考虑准哈密顿函数：

$$K_\gamma(\boldsymbol{x},\boldsymbol{p},\boldsymbol{d},\boldsymbol{u})=\boldsymbol{p}^{\mathrm{T}}\boldsymbol{f}(\boldsymbol{x},\boldsymbol{u},\boldsymbol{d})-\frac{1}{2}\gamma^2\|\boldsymbol{d}\|^2+\frac{1}{2}\|\boldsymbol{z}\|^2 \tag{8.87}$$

同样，假设 K_γ 具有鞍点 $\boldsymbol{d}^*(\boldsymbol{x},\boldsymbol{p})$ 和 $\boldsymbol{u}^*(\boldsymbol{x},\boldsymbol{p})$，即对任意 $\boldsymbol{d},\boldsymbol{u}$ 和 $(\boldsymbol{x},\boldsymbol{p})$，有

$$K_\gamma[\boldsymbol{x},\boldsymbol{p},\boldsymbol{d},\boldsymbol{u}^*(\boldsymbol{x},\boldsymbol{p})]\leqslant K_\gamma[\boldsymbol{x},\boldsymbol{p},\boldsymbol{d}^*(\boldsymbol{x},\boldsymbol{p}),\boldsymbol{u}^*(\boldsymbol{x},\boldsymbol{p})]\leqslant K_\gamma[\boldsymbol{x},\boldsymbol{p},\boldsymbol{d}^*(\boldsymbol{x},\boldsymbol{p}),\boldsymbol{u}] \tag{8.88}$$

这样得到的哈密顿-雅可比不等式为

$$(\mathrm{HJI1})\quad K_\gamma\{\boldsymbol{x},\boldsymbol{V}_x^{\mathrm{T}}(\boldsymbol{x}),\boldsymbol{d}^*[\boldsymbol{x},\boldsymbol{V}_x^{\mathrm{T}}(\boldsymbol{x})],\boldsymbol{u}^*[\boldsymbol{x},\boldsymbol{V}_x^{\mathrm{T}}(\boldsymbol{x})]\}\leqslant 0 \tag{8.89}$$

与定理 8.10 类似，我们可以得到以下结论。

结论 8.2　令 $\gamma>0$，设存在 $\boldsymbol{d}^*(\boldsymbol{x},\boldsymbol{p})$ 和 $\boldsymbol{u}^*(\boldsymbol{x},\boldsymbol{p})$ 满足式(8.88)，且(HJI1)存在一个属于 C^r 类($k\geqslant r>1$)的解 $V\geqslant 0$，那么 C^{r-1} 类的状态反馈

$$\boldsymbol{u}=\boldsymbol{u}^*[\boldsymbol{x},\boldsymbol{V}_x^{\mathrm{T}}(\boldsymbol{x})] \tag{8.90}$$

使得由式(8.86)和式(8.90)构成的闭环系统

$$\begin{cases}\dot{\boldsymbol{x}}=\boldsymbol{f}\{\boldsymbol{x},\boldsymbol{u}^*[\boldsymbol{x},\boldsymbol{V}_x^{\mathrm{T}}(\boldsymbol{x})],\boldsymbol{d}\}\\ \boldsymbol{z}=\boldsymbol{h}\{\boldsymbol{x},\boldsymbol{u}^*[\boldsymbol{x},\boldsymbol{V}_x^{\mathrm{T}}(\boldsymbol{x})],\boldsymbol{d}\}\end{cases} \tag{8.91}$$

满足 L_2 增益小于等于 γ。

反之,若存在一个 C^{r-1} 类的反馈

$$\boldsymbol{u}=\boldsymbol{l}(\boldsymbol{x}) \tag{8.92}$$

使得由式(8.86)和式(8.89)构成的闭环系统对于供给率 $\frac{1}{2}(\gamma^2\|\boldsymbol{d}\|^2-\|\boldsymbol{z}\|^2)$,存在一个 C^1 类的存储函数 $V(\boldsymbol{x})\geqslant 0$,则 $V(\boldsymbol{x})\geqslant 0$ 也是(HJI1)的解。

证明　令 $V(\boldsymbol{x})\geqslant 0$ 满足不等式(8.89)。将 $\boldsymbol{p}=\boldsymbol{V}_{\boldsymbol{x}}^{\mathrm{T}}(\boldsymbol{x})$ 代入式(8.88)中的第一个不等式,得到

$$\begin{aligned}&\boldsymbol{V}_{\boldsymbol{x}}(\boldsymbol{x})\boldsymbol{f}\{\boldsymbol{x},\boldsymbol{u}^*[\boldsymbol{x},\boldsymbol{V}_{\boldsymbol{x}}^{\mathrm{T}}(\boldsymbol{x})],\boldsymbol{d}\}-\frac{1}{2}\gamma^2\|\boldsymbol{d}\|^2+\frac{1}{2}\|\boldsymbol{h}\{\boldsymbol{x},\boldsymbol{u}^*[\boldsymbol{x},\boldsymbol{V}_{\boldsymbol{x}}^{\mathrm{T}}(\boldsymbol{x})],\boldsymbol{d}\}\|^2\\&\leqslant K_\gamma\{\boldsymbol{x},\boldsymbol{V}_{\boldsymbol{x}}^{\mathrm{T}}(\boldsymbol{x}),\boldsymbol{d}^*[\boldsymbol{x},\boldsymbol{V}_{\boldsymbol{x}}^{\mathrm{T}}(\boldsymbol{x})],\boldsymbol{u}^*[\boldsymbol{x},\boldsymbol{V}_{\boldsymbol{x}}^{\mathrm{T}}(\boldsymbol{x})]\}\end{aligned} \tag{8.93}$$

另外,由不等式(8.89)得到,对所有的 $\boldsymbol{d}$:

$$\boldsymbol{V}_{\boldsymbol{x}}(\boldsymbol{x})\boldsymbol{f}\{\boldsymbol{x},\boldsymbol{u}^*[\boldsymbol{x},\boldsymbol{V}_{\boldsymbol{x}}^{\mathrm{T}}(\boldsymbol{x})],\boldsymbol{d}\}\leqslant\frac{1}{2}\gamma^2\|\boldsymbol{d}\|^2-\frac{1}{2}\|\boldsymbol{h}\{\boldsymbol{x},\boldsymbol{u}^*[\boldsymbol{x},\boldsymbol{V}_{\boldsymbol{x}}^{\mathrm{T}}(\boldsymbol{x})],\boldsymbol{d}\}\|^2 \tag{8.94}$$

即当 $V(\boldsymbol{x})$ 为系统(式(8.91))的存储函数时,系统的 L_2 增益小于等于 γ。反之,若使 $V(\boldsymbol{x})\geqslant 0$ 为

$$\boldsymbol{V}_{\boldsymbol{x}}(\boldsymbol{x})\boldsymbol{f}[\boldsymbol{x},\boldsymbol{l}(\boldsymbol{x}),\boldsymbol{d}]\leqslant\frac{1}{2}\gamma^2\|\boldsymbol{d}\|^2-\frac{1}{2}\|\boldsymbol{h}\{\boldsymbol{x},\boldsymbol{u}^*[\boldsymbol{x},\boldsymbol{V}_{\boldsymbol{x}}^{\mathrm{T}}(\boldsymbol{x})],\boldsymbol{d}\}\|^2 \tag{8.95}$$

的解,那么将 $\boldsymbol{p}=\boldsymbol{V}_{\boldsymbol{x}}^{\mathrm{T}}(\boldsymbol{x})$ 代入式(8.88)中的第二个不等式,可以得到

$$K_\gamma\{\boldsymbol{x},\boldsymbol{V}_{\boldsymbol{x}}^{\mathrm{T}}(\boldsymbol{x}),\boldsymbol{d}^*[\boldsymbol{x},\boldsymbol{V}_{\boldsymbol{x}}^{\mathrm{T}}(\boldsymbol{x})],\boldsymbol{u}^*[\boldsymbol{x},\boldsymbol{V}_{\boldsymbol{x}}^{\mathrm{T}}(\boldsymbol{x})]\}\leqslant K_\gamma\{\boldsymbol{x},\boldsymbol{V}_{\boldsymbol{x}}^{\mathrm{T}}(\boldsymbol{x}),\boldsymbol{d}^*[\boldsymbol{x},\boldsymbol{V}_{\boldsymbol{x}}^{\mathrm{T}}(\boldsymbol{x})],\boldsymbol{l}(\boldsymbol{x})\} \tag{8.96}$$

这样,由式(8.95)和 $\boldsymbol{d}=\boldsymbol{d}^*[\boldsymbol{x},\boldsymbol{V}_{\boldsymbol{x}}^{\mathrm{T}}(\boldsymbol{x})]$ 可以得到式(8.89)。

8.2.2　不确定性非线性系统的状态反馈 H_∞ 控制

以上设计仅考虑了被控对象模型标称情况下的 H_∞ 控制问题,尽管这种设计方法本身具有较好的鲁棒性,然而它的鲁棒性能有多"好"却是未知的。标称模型参数与实际对象的参数总是具有一定的偏差,为了避免保守设计,弄清楚这种设计可以允许对象与标称模型之间有多大范围的误差是必要的,故还须讨论不确定性非线性系统的状态反馈 H_∞ 控制问题,即鲁棒 H_∞ 控制问题。

1. 存在 Δf 不确定项的状态反馈 H_∞ 控制

考虑下列具有增益有界摄动的非线性系统

$$\begin{cases}\dot{\boldsymbol{x}}=\boldsymbol{f}(\boldsymbol{x})+\Delta\boldsymbol{f}(\boldsymbol{x})+\boldsymbol{k}(\boldsymbol{x})\boldsymbol{d}+\boldsymbol{g}(\boldsymbol{x})\boldsymbol{u}\\ \boldsymbol{y}=\boldsymbol{h}(\boldsymbol{x})\end{cases} \tag{8.97}$$

式中,$\boldsymbol{x}\in\mathbf{R}^n$ 为状态向量;$\boldsymbol{u}\in\mathbf{R}^m$ 为控制输入;$\boldsymbol{d}\in\mathbf{R}^r$ 为扰动输入;$\boldsymbol{y}\in\mathbf{R}^p$ 为输出向量;$\boldsymbol{f}(\cdot)\in\mathbf{R}^n$,$\boldsymbol{g}(\cdot)\in\mathbf{R}^{n\times m}$,$\boldsymbol{k}(\boldsymbol{x})\in\mathbf{R}^{n\times r}$ 为已知的平滑映射;Δf 为不确定性平滑映射。

为不失一般性,设 $\boldsymbol{f}(0)=\boldsymbol{0}$,$\boldsymbol{h}(0)=\boldsymbol{0}$。为便于问题的研究,还做如下假设:

不确定性映射 $\Delta f(\boldsymbol{x})=\boldsymbol{e}(\boldsymbol{x})\boldsymbol{\delta}^{\mathrm{T}}(\boldsymbol{x})$,其中,$\boldsymbol{e}(\cdot)$: $\mathbf{R}^n\to\mathbf{R}^n$ 是已知的光滑映射,$\boldsymbol{\delta}(\cdot)$: $\mathbf{R}^n\to\mathbf{R}^{q_1}$ 是未知的平滑映射,Δf 属于如下形式定义的集合:

$$\boldsymbol{\Omega}=\{\Delta f(\boldsymbol{x})\mid\boldsymbol{\delta}(0)=\boldsymbol{0},\|\boldsymbol{\delta}(\boldsymbol{x})\|^2\leqslant\|\boldsymbol{\omega}(\boldsymbol{x})\|^2,\forall\boldsymbol{x}\in\mathbf{R}^n\} \tag{8.98}$$

式中，$\boldsymbol{\omega}(\cdot)$，$\mathbf{R}^n \to \mathbf{R}^{q_2}$ 是给定的加权映射。

可以证明当不确定 $\Delta \boldsymbol{f}(\boldsymbol{x})$ 满足一定条件时，不确定性非线性系统的鲁棒 H_∞ 控制问题仍可采用控制律(式(8.72))。

定理 8.11　对于不确定性非线性系统(式(8.97))，假如其标称系统是耗散的，且具有小于或等于 γ 的 L_2 增益，如果不确定性

$$\Delta \boldsymbol{f}(\boldsymbol{x}) = \boldsymbol{e}(\boldsymbol{x})\,\boldsymbol{\delta}^{\mathrm{T}}(\boldsymbol{x})$$

满足下列条件：

(1) $\boldsymbol{V}_x(\boldsymbol{x})\boldsymbol{f}(\boldsymbol{x}) + \dfrac{1}{2}\boldsymbol{V}_x(\boldsymbol{x})\left[\dfrac{1}{\gamma^2}\boldsymbol{k}(\boldsymbol{x})\boldsymbol{k}^{\mathrm{T}}(\boldsymbol{x}) - \boldsymbol{g}(\boldsymbol{x})\boldsymbol{g}^{\mathrm{T}}(\boldsymbol{x})\right]\boldsymbol{V}_x^{\mathrm{T}}(\boldsymbol{x}) + \dfrac{1}{2}\boldsymbol{h}^{\mathrm{T}}(\boldsymbol{x})\boldsymbol{h}(\boldsymbol{x}) + \dfrac{1}{2}\|\boldsymbol{\delta}(\boldsymbol{x})\|^2 \leqslant 0$；

(2) $\boldsymbol{V}_x(\boldsymbol{x})\boldsymbol{e}(\boldsymbol{x})\boldsymbol{e}^{\mathrm{T}}(\boldsymbol{x})\boldsymbol{V}_x^{\mathrm{T}}(\boldsymbol{x}) = 0$。

则不确定系统具有小于或等于 γ 的 L_2 增益。

证明　既然标称系统具有小于或等于 γ 的 L_2 增益，则存在一个 $V(\boldsymbol{x}) \geqslant 0$，$V(\boldsymbol{x}_0) = 0$ 满足下列哈密顿-雅可比不等式：

$$\boldsymbol{V}_x(\boldsymbol{x})\boldsymbol{f}(\boldsymbol{x}) + \frac{1}{2}\boldsymbol{V}_x(\boldsymbol{x})\left[\frac{1}{\gamma^2}\boldsymbol{k}(\boldsymbol{x})\boldsymbol{k}^{2}(\boldsymbol{x}) - \boldsymbol{g}(\boldsymbol{x})\boldsymbol{g}^{\mathrm{T}}(\boldsymbol{x})\right]\boldsymbol{V}_x^{\mathrm{T}}(\boldsymbol{x}) + \frac{1}{2}\boldsymbol{h}^{\mathrm{T}}(\boldsymbol{x})\boldsymbol{h}(\boldsymbol{x}) \leqslant 0$$

根据已知条件，有

$$\boldsymbol{V}_x(\boldsymbol{x})\boldsymbol{f}(\boldsymbol{x}) + \boldsymbol{V}_x(\boldsymbol{x})\boldsymbol{e}(\boldsymbol{x})\boldsymbol{e}^{\mathrm{T}}(\boldsymbol{x})\boldsymbol{V}_x^{\mathrm{T}}(\boldsymbol{x}) + \frac{1}{2}\boldsymbol{V}_x(\boldsymbol{x})\left[\frac{1}{\gamma^2}\boldsymbol{k}(\boldsymbol{x})\boldsymbol{k}^{\mathrm{T}}(\boldsymbol{x}) - \boldsymbol{g}(\boldsymbol{x})\boldsymbol{g}^{\mathrm{T}}(\boldsymbol{x})\right]\boldsymbol{V}_x^{\mathrm{T}}(\boldsymbol{x}) + \frac{1}{2}\boldsymbol{h}^{\mathrm{T}}(\boldsymbol{x})\boldsymbol{h}(\boldsymbol{x}) + \frac{1}{2}\|\boldsymbol{\delta}(\boldsymbol{x})\|^2 \leqslant 0$$

$$\boldsymbol{V}_x(\boldsymbol{x})[\boldsymbol{f}(\boldsymbol{x}) + \Delta\boldsymbol{f}(\boldsymbol{x})] + \frac{1}{2}\boldsymbol{V}_x(\boldsymbol{x})\left[\frac{1}{\gamma^2}\boldsymbol{k}(\boldsymbol{x})\boldsymbol{k}^{\mathrm{T}}(\boldsymbol{x}) - \boldsymbol{g}(\boldsymbol{x})\boldsymbol{g}^{\mathrm{T}}(\boldsymbol{x})\right]\boldsymbol{V}_x^{\mathrm{T}}(\boldsymbol{x}) + \frac{1}{2}\boldsymbol{h}^{\mathrm{T}}(\boldsymbol{x})\boldsymbol{h}(\boldsymbol{x}) - \boldsymbol{V}_x(\boldsymbol{x})\boldsymbol{e}(\boldsymbol{x})\boldsymbol{\delta}^{\mathrm{T}}(\boldsymbol{x}) + \frac{1}{2}\boldsymbol{V}_x(\boldsymbol{x})\boldsymbol{e}(\boldsymbol{x})\boldsymbol{e}^{\mathrm{T}}(\boldsymbol{x})\boldsymbol{V}_x^{\mathrm{T}}(\boldsymbol{x}) + \frac{1}{2}\|\boldsymbol{\delta}(\boldsymbol{x})\|^2 \leqslant 0$$

$$\boldsymbol{V}_x(\boldsymbol{x})[\boldsymbol{f}(\boldsymbol{x}) + \Delta\boldsymbol{f}(\boldsymbol{x})] + \frac{1}{2}\boldsymbol{V}_x(\boldsymbol{x})\left[\frac{1}{\gamma^2}\boldsymbol{k}(\boldsymbol{x})\boldsymbol{k}^{\mathrm{T}}(\boldsymbol{x}) - \boldsymbol{g}(\boldsymbol{x})\boldsymbol{g}^{\mathrm{T}}(\boldsymbol{x})\right]\boldsymbol{V}_x^{\mathrm{T}}(\boldsymbol{x}) + \frac{1}{2}\boldsymbol{h}^{\mathrm{T}}(\boldsymbol{x})\boldsymbol{h}(\boldsymbol{x}) + \frac{1}{2}\|\boldsymbol{\delta}(\boldsymbol{x}) - \boldsymbol{V}_x(\boldsymbol{x})\boldsymbol{e}(\boldsymbol{x})\|^2 \leqslant 0$$

故有

$$\boldsymbol{V}_x(\boldsymbol{x})[\boldsymbol{f}(\boldsymbol{x}) + \Delta\boldsymbol{f}(\boldsymbol{x})] + \frac{1}{2}\boldsymbol{V}_x(\boldsymbol{x})\left[\frac{1}{\gamma^2}\boldsymbol{k}(\boldsymbol{x})\boldsymbol{k}^{\mathrm{T}}(\boldsymbol{x}) - \boldsymbol{g}(\boldsymbol{x})\boldsymbol{g}^{\mathrm{T}}(\boldsymbol{x})\right]\boldsymbol{V}_x^{\mathrm{T}}(\boldsymbol{x}) + \frac{1}{2}\boldsymbol{h}^{\mathrm{T}}(\boldsymbol{x})\boldsymbol{h}(\boldsymbol{x}) \leqslant 0$$

根据定理 8.10，定理 8.11 得证。

证毕。

此外，从条件(2)还可以得到

$$\boldsymbol{V}_x(\boldsymbol{x})\boldsymbol{e}(\boldsymbol{x}) = \boldsymbol{0} \tag{8.99}$$

它表示不确定项 $\boldsymbol{e}(\boldsymbol{x})$ 与偏导数 $\boldsymbol{V}_x(\boldsymbol{x})$ 是正交的。

2. 存在 $\Delta \boldsymbol{g}$ 不确定项的状态反馈 $\boldsymbol{H}_\infty$ 控制

再考虑下列具有输入阵不确定性系统

$$\begin{cases} \dot{\boldsymbol{x}} = \boldsymbol{f}(\boldsymbol{x}) + \boldsymbol{k}(\boldsymbol{x})\boldsymbol{d} + [\boldsymbol{g}(\boldsymbol{x}) + \Delta\boldsymbol{g}(\boldsymbol{x})]\boldsymbol{u} \\ \boldsymbol{y} = \boldsymbol{h}(\boldsymbol{x}) \end{cases} \tag{8.100}$$

同样可以证明，当不确定性 Δg 满足一定条件时，不确定性非线性系统的鲁棒 H_∞ 控制问题可采用控制律(式(8.72))。

定理 8.12 对于不确定性系统(式(8.100))，假如其标称系统是耗散的，且具有小于或等于 γ 的 L_2 增益，如果不确定性 $\Delta\boldsymbol{g}(\boldsymbol{x})$ 满足下列条件：

(1) $\boldsymbol{V}_x(\boldsymbol{x})\Delta\boldsymbol{g}(\boldsymbol{x})\Delta\boldsymbol{g}^{\mathrm{T}}(\boldsymbol{x})\boldsymbol{V}_x^{\mathrm{T}}(\boldsymbol{x})=0$；

(2) $\boldsymbol{V}_x(\boldsymbol{x})\boldsymbol{f}(\boldsymbol{x})+\frac{1}{2}\boldsymbol{V}_x(\boldsymbol{x})\left[\frac{1}{\gamma^2}\boldsymbol{k}(\boldsymbol{x})\boldsymbol{k}^{\mathrm{T}}(\boldsymbol{x})-\boldsymbol{g}(\boldsymbol{x})\boldsymbol{g}^{\mathrm{T}}(\boldsymbol{x})\right]\boldsymbol{V}_x^{\mathrm{T}}(\boldsymbol{x})+\frac{1}{2}\boldsymbol{h}^{\mathrm{T}}(\boldsymbol{x})\boldsymbol{h}(\boldsymbol{x})\leqslant \boldsymbol{V}_x(\boldsymbol{x})\boldsymbol{g}(\boldsymbol{x})\Delta\boldsymbol{g}^{\mathrm{T}}(\boldsymbol{x})\boldsymbol{V}_x^{\mathrm{T}}(\boldsymbol{x})$。

则不确定性非线性系统(式(8.100))具有小于或等于 γ 的 L_2 增益。

证明 既然标称系统具有小于或等于 γ 的 L_2 增益，则存在一个 $V(\boldsymbol{x})\geqslant 0, V(\boldsymbol{x}_0)=0$ 满足下列哈密顿-雅可比不等式：

$$\boldsymbol{V}_x(\boldsymbol{x})\boldsymbol{f}(\boldsymbol{x})+\frac{1}{2}\boldsymbol{V}_x(\boldsymbol{x})\left[\frac{1}{\gamma^2}\boldsymbol{k}(\boldsymbol{x})\boldsymbol{k}^{\mathrm{T}}(\boldsymbol{x})-\boldsymbol{g}(\boldsymbol{x})\boldsymbol{g}^{\mathrm{T}}(\boldsymbol{x})\right]\boldsymbol{V}_x^{\mathrm{T}}(\boldsymbol{x})+\frac{1}{2}\boldsymbol{h}^{\mathrm{T}}(\boldsymbol{x})\boldsymbol{h}(\boldsymbol{x})\leqslant 0$$

根据已知条件，有

$$\begin{aligned}&\boldsymbol{V}_x(\boldsymbol{x})\boldsymbol{f}(\boldsymbol{x})+\frac{1}{2}\boldsymbol{V}_x(\boldsymbol{x})\left[\frac{1}{\gamma^2}\boldsymbol{k}(\boldsymbol{x})\boldsymbol{k}^{\mathrm{T}}(\boldsymbol{x})-\boldsymbol{g}(\boldsymbol{x})\boldsymbol{g}^{\mathrm{T}}(\boldsymbol{x})\right]\boldsymbol{V}_x^{\mathrm{T}}(\boldsymbol{x})+\frac{1}{2}\boldsymbol{h}^{\mathrm{T}}(\boldsymbol{x})\boldsymbol{h}(\boldsymbol{x})\\
&\leqslant \boldsymbol{V}_x(\boldsymbol{x})\boldsymbol{g}(\boldsymbol{x})\Delta\boldsymbol{g}^{\mathrm{T}}(\boldsymbol{x})\boldsymbol{V}_x^{\mathrm{T}}(\boldsymbol{x})+\boldsymbol{V}_x(\boldsymbol{x})\boldsymbol{f}(\boldsymbol{x})+\frac{1}{2}\boldsymbol{V}_x(\boldsymbol{x})\left[\frac{1}{\gamma^2}\boldsymbol{k}(\boldsymbol{x})\boldsymbol{k}^{\mathrm{T}}(\boldsymbol{x})-\boldsymbol{g}(\boldsymbol{x})\boldsymbol{g}^{\mathrm{T}}(\boldsymbol{x})\right]\boldsymbol{V}_x^{\mathrm{T}}(\boldsymbol{x})+\\
&\quad\frac{1}{2}\boldsymbol{h}^{\mathrm{T}}(\boldsymbol{x})\boldsymbol{h}(\boldsymbol{x})-\frac{1}{2}\boldsymbol{V}_x(\boldsymbol{x})\Delta\boldsymbol{g}(\boldsymbol{x})\Delta\boldsymbol{g}^{\mathrm{T}}(\boldsymbol{x})\boldsymbol{V}_x^{\mathrm{T}}(\boldsymbol{x})-\boldsymbol{V}_x(\boldsymbol{x})\boldsymbol{g}(\boldsymbol{x})\Delta\boldsymbol{g}^{\mathrm{T}}(\boldsymbol{x})\boldsymbol{V}_x^{\mathrm{T}}(\boldsymbol{x})\leqslant 0\end{aligned}$$

$$\boldsymbol{V}_x(\boldsymbol{x})\boldsymbol{f}(\boldsymbol{x})+\frac{1}{2}\boldsymbol{V}_x(\boldsymbol{x})\left\{\frac{1}{\gamma^2}\boldsymbol{k}(\boldsymbol{x})\boldsymbol{k}^{\mathrm{T}}(\boldsymbol{x})-[\boldsymbol{g}(\boldsymbol{x})+\Delta\boldsymbol{g}(\boldsymbol{x})][\boldsymbol{g}(\boldsymbol{x})+\Delta\boldsymbol{g}(\boldsymbol{x})]^{\mathrm{T}}\right\}\boldsymbol{V}_x^{\mathrm{T}}(\boldsymbol{x})\leqslant 0$$

由定理 8.10，定理 8.12 得证。

证毕。

综合定理 8.11 和 8.12，当系统同时出现不确定性 $\Delta\boldsymbol{f},\Delta\boldsymbol{g}$ 时，只要不确定性使得

$$\begin{aligned}&\boldsymbol{V}_x(\boldsymbol{x})\boldsymbol{f}(\boldsymbol{x})+\frac{1}{2}\boldsymbol{V}_x(\boldsymbol{x})\left[\frac{1}{\gamma^2}\boldsymbol{k}(\boldsymbol{x})\boldsymbol{k}^{\mathrm{T}}(\boldsymbol{x})-\boldsymbol{g}(\boldsymbol{x})\boldsymbol{g}^{\mathrm{T}}(\boldsymbol{x})\right]\boldsymbol{V}_x^{\mathrm{T}}(\boldsymbol{x})+\frac{1}{2}\boldsymbol{h}^{\mathrm{T}}(\boldsymbol{x})\boldsymbol{h}(\boldsymbol{x})\\
&\leqslant \min\left\{-\frac{1}{2}\|\boldsymbol{\delta}(\boldsymbol{x})\|^2, \boldsymbol{V}_x(\boldsymbol{x})\boldsymbol{g}(\boldsymbol{x})\Delta\boldsymbol{g}^{\mathrm{T}}(\boldsymbol{x})\boldsymbol{V}_x^{\mathrm{T}}(\boldsymbol{x})\right\}\end{aligned}\tag{8.101}$$

则控制律(式(8.101))对不确定性 $\Delta\boldsymbol{f},\Delta\boldsymbol{g}$ 均具有较好的鲁棒性。

8.3 输出反馈 H_∞ 控制

考虑非线性系统

$$\Sigma:\begin{cases}\dot{\boldsymbol{x}}=\boldsymbol{f}(\boldsymbol{x},\boldsymbol{u},\boldsymbol{d})\\ \boldsymbol{y}=\boldsymbol{g}(\boldsymbol{x},\boldsymbol{u},\boldsymbol{d})\\ \boldsymbol{z}=\boldsymbol{h}(\boldsymbol{x},\boldsymbol{u},\boldsymbol{d})\end{cases}\tag{8.102}$$

式中，$\boldsymbol{x}\in X\subset\mathbf{R}^n$ 为状态向量；$\boldsymbol{u}\in\mathbf{R}^m$ 为控制输入；$\boldsymbol{d}\in\mathbf{R}^r$ 为扰动输入；$\boldsymbol{y}\in\mathbf{R}^p$ 为输出向量；$\boldsymbol{z}\in\mathbf{R}^s$ 为所要控制的输出变量(跟踪误差、控制代价等)；$\boldsymbol{f}(\cdot)\in\mathbf{R}^n,\boldsymbol{g}(\cdot)\in\mathbf{R}^p$，

$\boldsymbol{h}(\boldsymbol{x})\in\mathbf{R}^s$ 为已知的光滑函数向量。

在输出反馈的 H_∞ 次最优问题中，我们试图对一个给定的干扰抑制水平 $\gamma\geqslant 0$ 构造一个输出反馈控制器：

$$C:\begin{cases}\dot{\boldsymbol{\xi}}=\boldsymbol{\varphi}(\boldsymbol{\xi},\boldsymbol{y})\\ \boldsymbol{u}=\boldsymbol{\alpha}(\xi)\end{cases}\tag{8.103}$$

使闭环系统满足(从 $\boldsymbol{d}$ 到 z)L_2 增益小于等于 γ。其中，$\boldsymbol{\xi}=(\xi_1,\cdots,\xi_n)$ 是控制器 C 的状态空间流形 X_c 上的局部坐标，而 $\boldsymbol{\varphi}$ 和 $\boldsymbol{\alpha}$ 是映射。一般情况下，它们的可微阶次取决于映射 $\boldsymbol{f}$，$\boldsymbol{g}$ 和 $\boldsymbol{h}$ 的可微阶次，假设它们至少是 C^2 类的。

本节主要讨论输出反馈 H_∞ 次最优控制问题可解的必要条件，并分析控制器的结构。为解决这些问题，假设对于一个给定的干扰抑制水平 γ，控制器 C(式(8.103))可给出系统 Σ(式(8.102))的输出反馈问题的 H_∞ 次最优解。另外，假设闭环系统对供给率 $\frac{1}{2}(\gamma^2\|\boldsymbol{d}\|^2-\|\boldsymbol{z}\|^2)$ 存在一个可微的存储函数 $S(\boldsymbol{x},\boldsymbol{\xi})\geqslant 0$，即对任意 $\boldsymbol{d}$，有

$$S_{\boldsymbol{x}}(\boldsymbol{x},\boldsymbol{\xi})\boldsymbol{f}[\boldsymbol{x},\boldsymbol{\alpha}(\xi),\boldsymbol{d}]+S_{\xi}(\boldsymbol{x},\boldsymbol{\xi})\boldsymbol{\varphi}\{\boldsymbol{\xi},\boldsymbol{g}[\boldsymbol{x},\boldsymbol{\alpha}(\boldsymbol{\xi}),\boldsymbol{d}]\}-\frac{1}{2}\gamma^2\|\boldsymbol{d}\|^2+\frac{1}{2}\|\boldsymbol{h}[\boldsymbol{x},\boldsymbol{\alpha}(\xi),\boldsymbol{d}]\|^2\leqslant 0\tag{8.104}$$

现在考虑方程

$$S_{\xi}(\boldsymbol{x},\boldsymbol{\xi})=\boldsymbol{0}\tag{8.105}$$

并假设方程有可微解 $\xi=F(\boldsymbol{x})$(根据隐函数定理，如果海森矩阵 $S_{\xi\xi}(\boldsymbol{x},\boldsymbol{\xi})$ 对于所有满足式(8.105)的($\boldsymbol{x},\boldsymbol{\xi}$)都是非奇异的，那么上述假设在局部成立)。

定义

$$V(\boldsymbol{x})=S[\boldsymbol{x},F(\boldsymbol{x})]\tag{8.106}$$

由于 $V_{\xi}[\boldsymbol{x},\boldsymbol{F}(\boldsymbol{x})]=0$，$\boldsymbol{V}_{\boldsymbol{x}}(\boldsymbol{x})=S_{\boldsymbol{x}}[\boldsymbol{x},\boldsymbol{F}(\boldsymbol{x})]$，对于所有的外部干扰 $\boldsymbol{d}$，将 $\boldsymbol{\xi}=\boldsymbol{F}(\boldsymbol{x})$ 代入式(8.104)，得

$$\boldsymbol{V}_{\boldsymbol{x}}(\boldsymbol{x})\boldsymbol{f}\{\boldsymbol{x},\boldsymbol{\alpha}[\boldsymbol{F}(\boldsymbol{x})],\boldsymbol{d}\}-\frac{1}{2}\gamma^2\|\boldsymbol{d}\|^2+\frac{1}{2}\|\boldsymbol{h}\{\boldsymbol{x},\boldsymbol{\alpha}[\boldsymbol{F}(\boldsymbol{x})],\boldsymbol{d}\}\|^2\leqslant 0\tag{8.107}$$

因此，状态反馈 $\boldsymbol{u}=\boldsymbol{\alpha}[\boldsymbol{F}(\boldsymbol{x})]$ 是系统 Σ 的状态反馈 H_∞ 问题的次优解，其存储函数 $V(\boldsymbol{x})$ 是(HJI1)的解。这样就可以自然而然地得到输出反馈的 H_∞ 次最优问题有解的一个必要条件，即相应状态反馈问题的可解性。

另外，受控系统在量测输出 $\boldsymbol{y}$ 为零时，控制器输出 $\boldsymbol{u}$ 也必须为零，至少对于“零初始条件”是这样的。具体而言，假设 C 满足

$$\boldsymbol{\varphi}(0,0)=\boldsymbol{0},\quad \boldsymbol{\alpha}(0)=\boldsymbol{0}\tag{8.108}$$

定义

$$R(\boldsymbol{x})=S(\boldsymbol{x},0)\tag{8.109}$$

将 $\boldsymbol{\xi}=\boldsymbol{0}$ 和 $\boldsymbol{y}=\boldsymbol{0}$ 代入式(8.104)，则对于使量测输出 $\boldsymbol{y}=\boldsymbol{g}(\boldsymbol{x},0,\boldsymbol{d})$ 为零的任意干扰 $\boldsymbol{d}$，有

$$\text{(HJI2)}\quad R_{\boldsymbol{x}}(\boldsymbol{x})\boldsymbol{f}(\boldsymbol{x},0,\boldsymbol{d})-\frac{1}{2}\gamma^2\|\boldsymbol{d}\|^2+\frac{1}{2}\|\boldsymbol{h}(\boldsymbol{x},0,\boldsymbol{d})\|^2\leqslant 0\tag{8.110}$$

因此，输出反馈的 H_∞ 次最优问题有解的第二个必要条件是(HJI2)存在解 $R\geqslant 0$。这

个必要条件的意义显而易见：如果希望通过形如式(8.108)的控制器 C 使系统 Σ 耗散，就要求当 $\boldsymbol{u}=\mathbf{0}$ 和 $\boldsymbol{y}=\mathbf{0}$ 时，系统 Σ 必须是耗散的。

假设系统 Σ 和 C 分别是具有如下形式的仿射非线性系统：

$$\Sigma_{\mathrm{a}}:\begin{cases}\dot{\boldsymbol{x}}=\boldsymbol{f}(\boldsymbol{x})+\boldsymbol{g}(\boldsymbol{x})\boldsymbol{u}+\boldsymbol{k}(\boldsymbol{x})\boldsymbol{d}_1\\ \boldsymbol{y}=\boldsymbol{c}(\boldsymbol{x})+\boldsymbol{d}_2\\ \boldsymbol{z}=\begin{bmatrix}\boldsymbol{h}(\boldsymbol{x})\\ \boldsymbol{u}\end{bmatrix}\end{cases}\tag{8.111}$$

和

$$C_{\mathrm{a}}:\begin{cases}\dot{\boldsymbol{\xi}}=\boldsymbol{b}(\boldsymbol{\xi})+\boldsymbol{l}(\boldsymbol{\xi})\boldsymbol{y}, & \boldsymbol{b}(\mathbf{0})=\mathbf{0}\\ \boldsymbol{u}=\boldsymbol{m}(\boldsymbol{\xi}), & \boldsymbol{m}(\mathbf{0})=\mathbf{0}\end{cases}\tag{8.112}$$

那么式(8.110)可简化为

$$\boldsymbol{R}_x(\boldsymbol{x})[\boldsymbol{f}(\boldsymbol{x})+\boldsymbol{k}(\boldsymbol{x})\boldsymbol{d}_1]-\frac{1}{2}\gamma^2(\|\boldsymbol{d}_1\|^2+\|\boldsymbol{d}_2\|^2)+\frac{1}{2}\|\boldsymbol{h}(\boldsymbol{x})\|^2\leqslant 0\tag{8.113}$$

对于所有的 $\boldsymbol{d}=[\boldsymbol{d}_1,\boldsymbol{d}_2]^{\mathrm{T}}$，满足 $\boldsymbol{y}=\boldsymbol{c}(\boldsymbol{x})+\boldsymbol{d}_2$ 为零，即 $\boldsymbol{d}_2=-\boldsymbol{c}(\boldsymbol{x})$。计算得到最坏干扰为 $\boldsymbol{d}_1^*=\frac{1}{r^2}\boldsymbol{k}^{\mathrm{T}}(\boldsymbol{x})\boldsymbol{R}_x^{\mathrm{T}}(\boldsymbol{x})$，可以看出式(8.113)等价于哈密顿-雅可比不等式：

$$\text{(HJI2a)}\quad \begin{aligned}&\boldsymbol{R}_x(\boldsymbol{x})\boldsymbol{f}(\boldsymbol{x})+\frac{1}{2}\frac{1}{\gamma^2}\boldsymbol{R}_x(\boldsymbol{x})\boldsymbol{k}(\boldsymbol{x})\boldsymbol{k}^{\mathrm{T}}(\boldsymbol{x})\boldsymbol{R}_x^{\mathrm{T}}(\boldsymbol{x})+\frac{1}{2}\boldsymbol{h}^{\mathrm{T}}(\boldsymbol{x})\boldsymbol{h}(\boldsymbol{x})-\\&\frac{1}{2}\gamma^2\boldsymbol{c}^{\mathrm{T}}(\boldsymbol{x})\boldsymbol{c}(\boldsymbol{x})\leqslant 0,\quad \boldsymbol{x}\in X\end{aligned}\tag{8.114}$$

注意：在与式(8.111)不同的情况下，$\boldsymbol{y}=0$ 将导致对状态空间 X 的约束，这时与式(8.114)不同的是，我们得到一个定义在 X 的子集上的哈密顿-雅可比不等式。

因此，在适当的附加条件下，第一个哈密顿-雅可比不等式(HJI1)存在解 $V\geqslant 0$ 与第二个 H-J 不等式(HJI2)存在解 $R\geqslant 0$ 是输出反馈的 H_∞ 次最优问题有解的必要条件。从解 $V\geqslant 0$ 和 $R\geqslant 0$ 推导过程中容易看出，V 和 R 是有联系的。实际上，解 V 和 R 必须满足一定的耦合条件。获得耦合条件的最简单的方法是假定 $V(\boldsymbol{x})=S[\boldsymbol{x},\boldsymbol{f}(\boldsymbol{x})]$ 和 $R(\boldsymbol{x})=S(\boldsymbol{x},0)$，且 S 在(0,0)点处有极小值，即

$$S(0,0)=0,\quad S_x(0,0)=0,\quad S_{\boldsymbol{\xi}}(0,0)=0,\quad S(\boldsymbol{x},\boldsymbol{\xi})=0,\quad \forall\, \boldsymbol{x},\boldsymbol{\xi}\tag{8.115}$$

更进一步，设 S 在(0,0)点处的海森矩阵为

$$\begin{bmatrix}S_{xx}(0,0) & S_{x\boldsymbol{\xi}}(0,0)\\ S_{\boldsymbol{\xi}x}(0,0) & S_{\boldsymbol{\xi}\boldsymbol{\xi}}(0,0)\end{bmatrix}=\begin{bmatrix}S_{11} & S_{12}\\ S_{12}^{\mathrm{T}} & S_{22}\end{bmatrix}\tag{8.116}$$

满足 $S_{22}=S_{\boldsymbol{\xi}\boldsymbol{\xi}}(0,0)>0$。根据隐函数定理可知，这表示在 $\boldsymbol{x}=0$ 附近，由 $S_{\boldsymbol{\xi}}[\boldsymbol{x},F(\boldsymbol{x})]=0$ 可得出唯一的 $\boldsymbol{F}(\boldsymbol{x})$，因此可以得到

$$V(\mathbf{0})=0,\quad V_x(\mathbf{0})=0,\quad R(\mathbf{0})=0,\quad R_x(\mathbf{0})=0\tag{8.117}$$

此外，从 V 和 R 的定义可以看出

$$V_{xx}(0)=S_{11}-S_{12}S_{22}^{-1}S_{12}^{\mathrm{T}},\quad R_{xx}(0)=S_{11}\tag{8.118}$$

这样可以得到“弱”耦合条件：

$$V_{xx}(0)\leqslant R_{xx}(0)\tag{8.119}$$

在 $S_{12}\neq 0$ 时式(8.119)的严格不等式成立，即对于所有 0 点附近的 $\boldsymbol{x}$ 有 $V(\boldsymbol{x})<R(\boldsymbol{x})$，这就是在线性 H_∞ 控制理论中得到的耦合条件。

下面推导更强意义下的耦合条件。假设存在形如式(8.108)的控制器 C 是输出反馈的 H_∞ 次最优问题的解，并且闭环系统具有存储函数 S 并满足 $S(0,0)=0$，那么对于所有的 $T_1\geqslant 0$ 和 $T_2\geqslant 0$ 以及定义在 $[-T_1,T_2]$ 上的干扰 $\boldsymbol{d}(\cdot)$，只要 $\boldsymbol{x}(-T_1)=\boldsymbol{0}$，$\boldsymbol{\xi}(-T_1)=\boldsymbol{0}$，则闭环系统满足

$$\int_{-T_1}^{0}\frac{1}{2}[\gamma^2\|\boldsymbol{d}(t)\|^2-\|\boldsymbol{z}(t)\|^2]\,\mathrm{d}t+\int_{0}^{T_2}\frac{1}{2}[\gamma^2\|\boldsymbol{d}(t)\|^2-\|\boldsymbol{z}(t)\|^2]\,\mathrm{d}t\geqslant 0 \tag{8.120}$$

特别是，对于所有 $T_1\geqslant 0$ 和 $T_2\geqslant 0$ 及所有定义在 $[-T_1,T_2]$ 上，并使输出 $\boldsymbol{y}(\cdot)$ 在区间 $[-T_1,0]$ 为零的扰动 $\boldsymbol{d}(\cdot)$，当 $\boldsymbol{x}(-T_1)=\boldsymbol{0}$，$\boldsymbol{\xi}(-T_1)=\boldsymbol{0}$ 时，有

$$-\int_{0}^{T_2}\frac{1}{2}[\gamma^2\|\boldsymbol{d}(t)\|^2-\|\boldsymbol{z}(t)\|^2]\,\mathrm{d}t\leqslant\int_{-T_1}^{0}\frac{1}{2}[\gamma^2\|\boldsymbol{d}(t)\|^2-\|\boldsymbol{z}(t)\|^2]\,\mathrm{d}t \tag{8.121}$$

对式(8.121)左边取上确界，右边取下确界，可得

$$\sup_{\substack{d(t),\,\forall t\in[0,T_2]\\ T_2\geqslant 0}}-\int_{0}^{T_2}\frac{1}{2}[\gamma^2\|\boldsymbol{d}(t)\|^2-\|\boldsymbol{z}(t)\|^2]\,\mathrm{d}t$$

$$\leqslant\inf\int_{-T_1}^{0}\frac{1}{2}[\gamma^2\|\boldsymbol{d}(t)\|^2-\|\boldsymbol{z}(t)\|^2]\,\mathrm{d}t \tag{8.122}$$

式中，右侧的下确界是对所有 $T_1\geqslant 0$ 和 $\boldsymbol{d}(t)$ 而言的。这里 $\boldsymbol{d}(\cdot)$ 是所有定义在 $[-T_1,0]$ 上，并使输出 $\boldsymbol{y}$ 在 $[-T_1,0]$ 为零的干扰函数。注意到式(8.122)右侧正好等于 $S_r[\boldsymbol{x}(0)]$，即在干扰 $\boldsymbol{d}(\cdot)$ 的作用下，使系统状态从基态 $\boldsymbol{x}^*=\boldsymbol{0}$ 过渡到 $\boldsymbol{x}(0)$ 时供给。再则，式(8.122)的左侧可视为在 $[0,T_2]$ 上的一种确定控制律 $\boldsymbol{u}(\cdot)$，它由输出反馈控制器 C 得到。因此，对所有 $T_2\geqslant 0$ 和 $\boldsymbol{x}(0)$（$\boldsymbol{x}(0)$ 是在 $[-T_1,0]$ 的时段中），在干扰 $\boldsymbol{d}(t)$ 的作用下，从基态 $\boldsymbol{x}(-T_1)=\boldsymbol{0}$ 出发过渡到的某一状态的供给为

$$\inf_{u(\cdot)}\sup_{T_2\geqslant 0,\,d(t),\,t\in[0,T_2]}\int_{0}^{T_2}\frac{1}{2}[\|\boldsymbol{z}(t)\|^2-\gamma^2\|\boldsymbol{d}(t)\|^2]\,\mathrm{d}t\leqslant S_{\mathrm{r}}[\boldsymbol{x}(0)] \tag{8.123}$$

最后，根据和为零的微分博弈理论，得知只要式(8.123)左侧的函数 $V[\boldsymbol{x}(0)]$ 可导，它就是(HJI1)（实际上是等式）的解。因此，可以得出结论，(HJI1)存在一个解 $V\geqslant 0$，并满足

$$V[\boldsymbol{x}(0)]\leqslant S_{\mathrm{r}}[\boldsymbol{x}(0)] \tag{8.124}$$

式中，$\boldsymbol{x}(0)$ 为干扰 $\boldsymbol{d}(\cdot)$ 的作用下（$\boldsymbol{d}(\cdot)$ 使输出可为零），从 $\boldsymbol{x}=\boldsymbol{0}$ 能达的状态。

由 8.1 节可以直接得到函数 $R(\boldsymbol{x})=S_{\mathrm{r}}(\boldsymbol{x})$，只要该函数可导，并对所有的 $\boldsymbol{x}$ 都有定义，那么它就是(HJI2)的解。因此，可以得到输出反馈的 H_∞ 次最优问题有解的第三个必要条件，即(HJI1)和(HJI2)必须分别存在解 $V\geqslant 0$ 和 $R\geqslant 0$，且对于所有的 $\boldsymbol{x}\in X$，满足强耦合条件 $V(\boldsymbol{x})\leqslant R(\boldsymbol{x})$。

从定理 8.2 得出的 $R=S_{\mathrm{r}}$ 实际上是(HJI2)的最大值解，而微分博弈理论指出式(8.123)的左侧是(HJI1)的最小值解（这一点对于线性系统已经证明成立）。

考虑下列方程组的输出反馈的 H_∞ 次最优问题

$$\begin{cases}\dot{\boldsymbol{x}}=\boldsymbol{f}(\boldsymbol{x})+\boldsymbol{g}(\boldsymbol{x})\boldsymbol{u}+\boldsymbol{g}(\boldsymbol{x})\boldsymbol{d}_1, & \boldsymbol{x}\in\boldsymbol{X},\boldsymbol{u}\in\mathbf{R}^m,\boldsymbol{d}_1\in\mathbf{R}^m\\ \boldsymbol{y}=\boldsymbol{h}(\boldsymbol{x})+\boldsymbol{d}_2, & \boldsymbol{y}\in\mathbf{R}^m,\boldsymbol{d}_2\in\mathbf{R}^m\\ \boldsymbol{z}=\begin{bmatrix}\boldsymbol{c}(\boldsymbol{x})+\boldsymbol{d}_2\\ \boldsymbol{u}\end{bmatrix}\end{cases} \tag{8.125}$$

这里从 $\boldsymbol{d}=[\boldsymbol{d}_1,\boldsymbol{d}_2]^{\mathrm{T}}$ 到 $\boldsymbol{z}$ 的 L_2 增益应该被最小化。显然，由于 $\boldsymbol{z}$ 方程中的有直接反馈项，使 H_∞ 控制问题在 $\gamma<1$ 时无解。(HJI1a)有如下形式($\gamma>1$)：

$$\boldsymbol{V}_x(\boldsymbol{x})\boldsymbol{f}(\boldsymbol{x})-\frac{1}{2}\frac{\gamma^2-1}{\gamma^2}\boldsymbol{V}_x(\boldsymbol{x})\boldsymbol{g}(\boldsymbol{x})\boldsymbol{g}^{\mathrm{T}}(\boldsymbol{x})\boldsymbol{V}_x^{\mathrm{T}}(\boldsymbol{x})+\frac{1}{2}\frac{\gamma^2}{\gamma^2-1}\boldsymbol{h}^{\mathrm{T}}(\boldsymbol{x})\boldsymbol{h}(\boldsymbol{x})\leqslant 0 \tag{8.126}$$

对于式(8.126)，满足初始条件 $V(0)=0$ 的稳定解 $V\geqslant 0$ 可表示为

$$V(\boldsymbol{x})=\frac{\gamma^2}{\gamma^2-1}H(\boldsymbol{x}) \tag{8.127}$$

实际上，根据零状态可检测性，向量场

$$\dot{\boldsymbol{x}}=\boldsymbol{f}(\boldsymbol{x})-\beta\boldsymbol{g}(\boldsymbol{x})\boldsymbol{g}^{\mathrm{T}}(\boldsymbol{x})\boldsymbol{H}_x^{\mathrm{T}}(\boldsymbol{x}) \tag{8.128}$$

对于所有的 $\beta>0$ 是渐近稳定的。

第二类 HJI 不等式(HJI2a)为

$$\boldsymbol{R}_x(\boldsymbol{x})\boldsymbol{f}(\boldsymbol{x})+\frac{1}{2}\frac{1}{\gamma^2}\boldsymbol{R}_x(\boldsymbol{x})\boldsymbol{g}(\boldsymbol{x})\boldsymbol{g}^{\mathrm{T}}(\boldsymbol{x})\boldsymbol{R}_x^{\mathrm{T}}(\boldsymbol{x})-\frac{1}{2}\gamma^2\boldsymbol{h}^{\mathrm{T}}(\boldsymbol{x})\boldsymbol{h}(\boldsymbol{x})\leqslant 0 \tag{8.129}$$

再次使用零状态可检测性，可以看出

$$R(\boldsymbol{x})=\gamma^2 H(\boldsymbol{x}) \tag{8.130}$$

是式(8.129)的非镇定解，同时也是最大值解。因此，由耦合条件可知下式成立：

$$\frac{\gamma^2}{\gamma^2-1}H(\boldsymbol{x})\leqslant\gamma^2 H(\boldsymbol{x})\Leftrightarrow\gamma^2\geqslant 2 \tag{8.131}$$

另外，由单位输出反馈

$$\boldsymbol{u}=-\boldsymbol{y} \tag{8.132}$$

导出的闭环系统，其 L_2 增益小于等于$\sqrt{2}$，由式(8.132)可得

$$\begin{aligned}&\|\boldsymbol{d}_1\|^2+\|\boldsymbol{d}_2\|^2\\ &=\|\boldsymbol{d}_1+\boldsymbol{d}_2-\boldsymbol{y}\|^2-2(\boldsymbol{y}-\boldsymbol{d}_2)^{\mathrm{T}}(\boldsymbol{y}-\boldsymbol{d}_1)+\|\boldsymbol{y}\|^2\\ &=\|\boldsymbol{d}_1+\boldsymbol{d}_2-\boldsymbol{y}\|^2+\|\boldsymbol{y}\|^2+(\boldsymbol{y}-\boldsymbol{d}_2)^{\mathrm{T}}(\boldsymbol{d}_1+\boldsymbol{u})\end{aligned} \tag{8.133}$$

将式(8.133)从 0 到 T 进行积分，可以看出，由于系统是保守的，因此

$$\int_0^T(\boldsymbol{y}-\boldsymbol{d}_2)^{\mathrm{T}}(\boldsymbol{d}_1+\boldsymbol{u})\,\mathrm{d}t=H[\boldsymbol{x}(T)]-H[\boldsymbol{x}(0)]$$

这样可以得到

$$\int_0^T\|\boldsymbol{d}(t)\|^2\mathrm{d}t\geqslant\int_0^T\|\boldsymbol{y}(t)\|^2\mathrm{d}t+2\{H[\boldsymbol{x}(T)]-H[\boldsymbol{x}(0)]\} \tag{8.134}$$

以及

$$\int_0^T\|\boldsymbol{z}(t)\|^2\mathrm{d}t\geqslant 2\int_0^T\|\boldsymbol{d}(t)\|^2\mathrm{d}t+2\{H[\boldsymbol{x}(0)]-H[\boldsymbol{x}(T)]\} \tag{8.135}$$

它表示闭环系统的 L_2 增益小于等于 $\sqrt{2}$（其存储函数等于内部能量 H）。我们可以总结得出，单位输出反馈（式(8.132)）实际上是 H_∞ 输出反馈最优问题的解，其最优干扰抑制水平为 $\gamma^*=\sqrt{2}$。

下面讨论输出反馈的 H_∞ 次最优问题解的控制器 C 必须具有的结构特征。考虑闭环系统的耗散不等式(8.104)。在一般情况下，将式(8.104)的左侧作为 $\boldsymbol{d}$ 的函数，并可以求出使其最大化的函数 $\bar{\boldsymbol{d}}^*(\boldsymbol{x},\boldsymbol{\xi})$，这时它可简化为下面的哈密顿-雅可比不等式：

$$S_x(\boldsymbol{x},\boldsymbol{\xi})\boldsymbol{f}[\boldsymbol{x},\boldsymbol{\alpha}(\boldsymbol{\xi}),\bar{\boldsymbol{d}}^*(\boldsymbol{x},\boldsymbol{\xi})]+S_{\boldsymbol{\xi}}(\boldsymbol{x},\boldsymbol{\xi})\boldsymbol{\varphi}\{\boldsymbol{\xi},\boldsymbol{g}[\boldsymbol{x},\boldsymbol{\alpha}(\boldsymbol{\xi}),\bar{\boldsymbol{d}}^*(\boldsymbol{x},\boldsymbol{\xi})]\}-$$
$$\frac{1}{2}\gamma^2\|\bar{\boldsymbol{d}}^*(\boldsymbol{x},\boldsymbol{\xi})\|^2+\frac{1}{2}\|\boldsymbol{h}[\boldsymbol{x},\boldsymbol{\alpha}(\boldsymbol{\xi}),\bar{\boldsymbol{d}}^*(\boldsymbol{x},\boldsymbol{\xi}))\|^2\leqslant 0 \tag{8.136}$$

式中，$\boldsymbol{x}\in X$，$\boldsymbol{\xi}\in X_c$。

假设式(8.136)的等式成立，并像前面一样假设 $S_{\boldsymbol{\xi}}(\boldsymbol{x},\boldsymbol{\xi})=0$ 有解 $\boldsymbol{\xi}=F(\boldsymbol{x})$，最后假设 $V(\boldsymbol{x})=S[\boldsymbol{x},F(\boldsymbol{x})]$ 以及

$$\boldsymbol{\alpha}[F(\boldsymbol{x})]=\boldsymbol{u}^*[\boldsymbol{x},\boldsymbol{V}_x^{\mathrm{T}}(\boldsymbol{x})] \tag{8.137}$$

式中，$\boldsymbol{u}^*(\boldsymbol{x},\boldsymbol{p})$ 是状态反馈问题的最小输入，即满足式(8.83)。很容易看出，$\bar{\boldsymbol{d}}^*[\boldsymbol{x},\boldsymbol{F}(\boldsymbol{x})]=\boldsymbol{d}^*[\boldsymbol{x},\boldsymbol{V}_x^{\mathrm{T}}(\boldsymbol{x})]$，其中 $\boldsymbol{d}^*$ 满足式(8.83)。在上面三个假设下，将式(8.136)的等式对 $\boldsymbol{\xi}$ 求导，并带入 $\boldsymbol{\xi}=\boldsymbol{F}(\boldsymbol{x})$。由于 $\boldsymbol{d}^*$ 和 $\boldsymbol{u}^*$ 分别具有最大值和最小值的性质，$\boldsymbol{d}^*$ 和 $\boldsymbol{\alpha}$ 对 $\boldsymbol{\xi}$ 的微分在 $\boldsymbol{\xi}=\boldsymbol{F}(\boldsymbol{x})$ 时为零。这样，余下的项可以写成

$$S_{\boldsymbol{\xi}x}[\boldsymbol{x},\boldsymbol{\xi}(\boldsymbol{x})]\boldsymbol{f}\{\boldsymbol{x},\boldsymbol{u}^*[\boldsymbol{x},\boldsymbol{V}_x^{\mathrm{T}}(\boldsymbol{x})],\boldsymbol{d}^*[\boldsymbol{x},\boldsymbol{V}_x^{\mathrm{T}}(\boldsymbol{x})]\}+$$
$$S_{\boldsymbol{\xi\xi}}[\boldsymbol{x},F(\boldsymbol{x})]\boldsymbol{\varphi}(F(\boldsymbol{x}),\boldsymbol{g}\{\boldsymbol{x},\boldsymbol{u}^*[\boldsymbol{x},\boldsymbol{V}_x^{\mathrm{T}}(\boldsymbol{x})],\boldsymbol{d}^*[\boldsymbol{x},\boldsymbol{V}_x^{\mathrm{T}}(\boldsymbol{x})]\})=0 \tag{8.138}$$

进一步，由于 $S_{\boldsymbol{\xi}}[\boldsymbol{x},F(\boldsymbol{x})]=0$ 对于所有 $\boldsymbol{x}$ 都成立，该式对 $\boldsymbol{x}$ 求导，得

$$S_{x\boldsymbol{\xi}}[\boldsymbol{x},F(\boldsymbol{x})]+S_{\boldsymbol{\xi\xi}}[\boldsymbol{x},F(\boldsymbol{x})]F_x(\boldsymbol{x})=0 \tag{8.139}$$

将式(8.139)和式(8.138)联立，得

$$S_{\boldsymbol{\xi\xi}}[\boldsymbol{x},F(\boldsymbol{x})]\boldsymbol{\varphi}(F(\boldsymbol{x}),\boldsymbol{g}\{\boldsymbol{x},\boldsymbol{u}^*[\boldsymbol{x},\boldsymbol{V}_x^{\mathrm{T}}(\boldsymbol{x})],\boldsymbol{d}^*[\boldsymbol{x},\boldsymbol{V}_x^{\mathrm{T}}(\boldsymbol{x})]\})$$
$$=S_{\boldsymbol{\xi\xi}}[\boldsymbol{x},F(\boldsymbol{x})]F_x(\boldsymbol{x})\boldsymbol{f}\{\boldsymbol{x},\boldsymbol{u}^*[\boldsymbol{x},\boldsymbol{V}_x^{\mathrm{T}}(\boldsymbol{x})],\boldsymbol{d}^*[\boldsymbol{x},\boldsymbol{V}_x^{\mathrm{T}}(x)]\} \tag{8.140}$$

因此，若进一步假设海森矩阵 $S_{\boldsymbol{\xi\xi}}[\boldsymbol{x},\boldsymbol{f}(\boldsymbol{x})]$ 为非奇异的，就可以得到

$$F_x(\boldsymbol{x})\boldsymbol{f}\{\boldsymbol{x},\boldsymbol{u}^*[\boldsymbol{x},\boldsymbol{V}_x^{\mathrm{T}}(\boldsymbol{x})],\boldsymbol{d}^*[\boldsymbol{x},\boldsymbol{V}_x^{\mathrm{T}}(\boldsymbol{x})]\}=\boldsymbol{\varphi}[F(\boldsymbol{x}),\boldsymbol{y}] \tag{8.141}$$

式中，

$$\boldsymbol{y}=\boldsymbol{g}\{\boldsymbol{x},\boldsymbol{u}^*[\boldsymbol{x},\boldsymbol{V}_x^{\mathrm{T}}(\boldsymbol{x})],\boldsymbol{d}^*[\boldsymbol{x},\boldsymbol{V}_x^{\mathrm{T}}(\boldsymbol{x})]\} \tag{8.142}$$

这样就可以得到一个不变性定理。只要 $\boldsymbol{\xi}(t_0)=F[\boldsymbol{x}(t_0)]$，那么在最坏干扰 $\boldsymbol{d}^*[\boldsymbol{x},\boldsymbol{V}_x^{\mathrm{T}}(\boldsymbol{x})]$ 的情况下，有 $F_x[\boldsymbol{x}(t)]\dot{\boldsymbol{x}}(t)=\dot{\boldsymbol{\xi}}(t)$，且对于 $t\geqslant t_0$，有 $\boldsymbol{\xi}(t)=F[\boldsymbol{x}(t)]$。因此，控制器 C 具有确定性等价特性。这一点在 F 是微分同胚的情况下尤其明显，因为这时可以选择 $\boldsymbol{\xi}$ 为 X_c 的坐标，使 F 为恒等映射。这样 C 可以作为一个观测器，而 $\boldsymbol{\xi}(t)$ 是对真实状态 $\boldsymbol{x}(t)$ 的估计（在最坏干扰的情况下），而控制 $\boldsymbol{u}$ 由状态反馈 $\boldsymbol{u}^*[\boldsymbol{x},\boldsymbol{V}_x^{\mathrm{T}}(\boldsymbol{x})]$ 给出，其中 $\boldsymbol{x}$ 由状态估计 $\boldsymbol{\xi}$ 给出。

在本节的余下部分，我们在状态反馈的 H_∞ 次最优问题可解的前提下，将系统 Σ 的输出反馈的 H_∞ 次最优问题转换为另一个系统 $\tilde{\Sigma}$ 的输出反馈的 H_∞ 次最优问题。在此基础上，与状态反馈问题相比，我们考察输出反馈问题的本质难点。另外，系统的转换将使我们

考虑输出反馈控制器的参数变化。我们将证明该转换非常接近于全通因子分解过程。

对于形如式(8.102)的一般系统 Σ，假设(HJI1)存在解 $V\geqslant 0$，即满足

$$K_{\gamma}\{\boldsymbol{x},\boldsymbol{V}_{\boldsymbol{x}}^{\mathrm{T}}(\boldsymbol{x}),\boldsymbol{d}^{*}[\boldsymbol{x},\boldsymbol{V}_{\boldsymbol{x}}^{\mathrm{T}}(\boldsymbol{x})],\boldsymbol{u}^{*}[\boldsymbol{x},\boldsymbol{V}_{\boldsymbol{x}}^{\mathrm{T}}(\boldsymbol{x})]\}=0 \tag{8.143}$$

式中，$\boldsymbol{d}^{*}$ 和 $\boldsymbol{u}^{*}$ 满足式(8.83)，而 K_{γ} 由式(8.87)给出。现在考虑函数 $K_{\gamma}[\boldsymbol{x},\boldsymbol{V}_{\boldsymbol{x}}^{\mathrm{T}}(\boldsymbol{x}),\boldsymbol{d},\boldsymbol{u}]$，由式(8.143)和式(8.88)，有

$$K_{\gamma}\{\boldsymbol{x},\boldsymbol{V}_{\boldsymbol{x}}^{\mathrm{T}}(\boldsymbol{x}),\boldsymbol{d},\boldsymbol{u}^{*}[\boldsymbol{x},\boldsymbol{V}_{\boldsymbol{x}}^{\mathrm{T}}(\boldsymbol{x})]\}\leqslant K_{\gamma}\{\boldsymbol{x},\boldsymbol{V}_{\boldsymbol{x}}^{\mathrm{T}}(\boldsymbol{x}),\boldsymbol{d}^{*}[\boldsymbol{x},\boldsymbol{V}_{\boldsymbol{x}}^{\mathrm{T}}(\boldsymbol{x})],\boldsymbol{u}\}\leqslant 0 \tag{8.144}$$

假设存在映射

$$\begin{cases}\boldsymbol{r}=\boldsymbol{r}(\boldsymbol{x},\boldsymbol{u},\boldsymbol{d})\\ \boldsymbol{v}=\boldsymbol{v}(\boldsymbol{x},\boldsymbol{u},\boldsymbol{d})\end{cases} \tag{8.145}$$

使

$$K_{\gamma}[\boldsymbol{x},\boldsymbol{V}_{\boldsymbol{x}}^{\mathrm{T}}(\boldsymbol{x}),\boldsymbol{d},\boldsymbol{u}]=-\frac{1}{2}\gamma^{2}\|\boldsymbol{r}\|^{2}+\frac{1}{2}\|\boldsymbol{v}\|^{2} \tag{8.146}$$

如果系统方程由式(8.111)给出，那么通过配方可以很容易得到式(8.146)的因子分解，由下式给出

$$\begin{cases}\boldsymbol{r}_{1}=\boldsymbol{d}_{1}-\dfrac{1}{\gamma^{2}}\boldsymbol{g}^{\mathrm{T}}(\boldsymbol{x})\boldsymbol{V}_{\boldsymbol{x}}^{\mathrm{T}}(\boldsymbol{x}),\quad \boldsymbol{r}_{2}=\boldsymbol{d}_{2}\\ \boldsymbol{v}=\boldsymbol{u}+\boldsymbol{b}^{\mathrm{T}}(\boldsymbol{x})\boldsymbol{V}_{\boldsymbol{x}}^{\mathrm{T}}(\boldsymbol{x})\end{cases} \tag{8.147}$$

其中 $V\geqslant 0$ 满足(HJI1a)。如果 $K_{\gamma}[\boldsymbol{x},\boldsymbol{V}_{\boldsymbol{x}}^{\mathrm{T}}(\boldsymbol{x}),\boldsymbol{d},\boldsymbol{u}]$ 对于 $\boldsymbol{d}$ 和 $\boldsymbol{u}$ 的海森矩阵是非奇异的，那么可证明因子分解的局部存在性。此外，假设式(8.145)的映射是可逆的，即 $\boldsymbol{d}$ 可以表示为 $\boldsymbol{u}$ 和 $\boldsymbol{r}$(以及 $\boldsymbol{x}$)的函数，而 $\boldsymbol{u}$ 可以表示为 $\boldsymbol{v}$ 和 $\boldsymbol{d}$(以及 $\boldsymbol{x}$)的函数，写成

$$\begin{cases}\boldsymbol{d}=\boldsymbol{d}(\boldsymbol{x},\boldsymbol{u},\boldsymbol{r})\\ \boldsymbol{u}=\boldsymbol{u}(\boldsymbol{x},\boldsymbol{v},\boldsymbol{r})\end{cases} \tag{8.148}$$

在式(8.147)的情况下显然满足这一假设，因为这时有

$$\begin{cases}\boldsymbol{d}_{1}=\boldsymbol{r}_{1}+\dfrac{1}{\gamma^{2}}\boldsymbol{g}^{\mathrm{T}}(\boldsymbol{x})\boldsymbol{V}_{\boldsymbol{x}}^{\mathrm{T}}(\boldsymbol{x}),\quad \boldsymbol{d}_{2}=\boldsymbol{r}_{2}\\ \boldsymbol{u}=\boldsymbol{v}-\boldsymbol{b}^{\mathrm{T}}(\boldsymbol{x})\boldsymbol{V}_{\boldsymbol{x}}^{\mathrm{T}}(\boldsymbol{x})\end{cases} \tag{8.149}$$

对系统 Σ 进行因子分解，如图 8.5 所示，而 $\tilde{\Sigma}$ 表示转换后的系统：

$$\tilde{\Sigma}:\begin{cases}\dot{\tilde{\boldsymbol{x}}}=\boldsymbol{f}[\tilde{\boldsymbol{x}},\boldsymbol{u},\boldsymbol{d}(\tilde{\boldsymbol{x}},\boldsymbol{u},\boldsymbol{r})]=\tilde{\boldsymbol{f}}(\tilde{\boldsymbol{x}},\boldsymbol{u},\boldsymbol{r})\\ \boldsymbol{y}=\boldsymbol{g}[\tilde{\boldsymbol{x}},\boldsymbol{u},\boldsymbol{d}(\tilde{\boldsymbol{x}},\boldsymbol{u},\boldsymbol{r})]=\tilde{\boldsymbol{g}}(\tilde{\boldsymbol{x}},\boldsymbol{u},\boldsymbol{r})\\ \boldsymbol{v}=\boldsymbol{v}[\tilde{\boldsymbol{x}},\boldsymbol{u},\boldsymbol{d}(\tilde{\boldsymbol{x}},\boldsymbol{u},\boldsymbol{r})]=\tilde{\boldsymbol{h}}(\tilde{\boldsymbol{x}},\boldsymbol{u},\boldsymbol{r})\end{cases} \tag{8.150}$$

式中，系统 Θ 为

$$\Theta:\begin{cases}\dot{\boldsymbol{\theta}}=\boldsymbol{f}[\boldsymbol{\theta},\boldsymbol{u}(\boldsymbol{\theta},\boldsymbol{v},\boldsymbol{d}),\boldsymbol{d}]\\ \boldsymbol{r}=\boldsymbol{r}[\boldsymbol{\theta},\boldsymbol{u}(\boldsymbol{\theta},\boldsymbol{v},\boldsymbol{d}),\boldsymbol{d}]\\ \boldsymbol{z}=\boldsymbol{h}[\boldsymbol{\theta},\boldsymbol{u}(\boldsymbol{\theta},\boldsymbol{v},\boldsymbol{d}),\boldsymbol{d}]\end{cases} \tag{8.151}$$

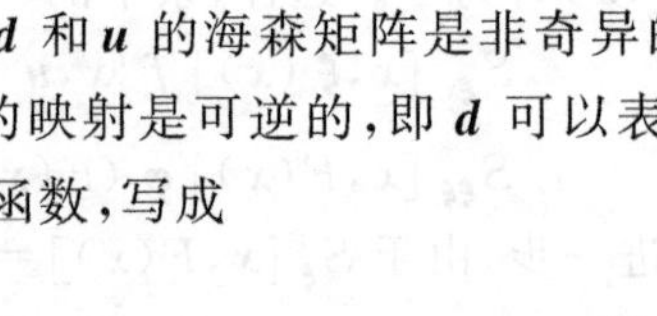

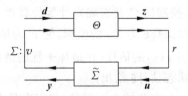

图 8.5 系统 Σ 的因子分解

可以看出，如果 $\tilde{\boldsymbol{x}}(t_0)=\boldsymbol{\theta}(t_0)=\boldsymbol{x}(t_0)$，那么 $\tilde{\boldsymbol{x}}(t)=\boldsymbol{\theta}(t)=\boldsymbol{x}(t)$，$t\geqslant t_0$，而且对于相同的 $\boldsymbol{u}(t)$ 和 $\boldsymbol{d}(t)$，图 8.5 中的 $\boldsymbol{z}(t)$ 和 $\boldsymbol{y}(t)$ 与系统 Σ 中的 $\boldsymbol{z}(t)$ 和 $\boldsymbol{y}(t)$ 相同。这样图 8.5 实际上建立了

一个 Σ 的有效因子分解。我们可以从式(8.146)直接得到以下结论。

结论 8.3　设 $V\geqslant 0$ 并满足式(8.143)，考虑 Σ 进行图 8.5 中的因子分解。如果对于所有的 $\boldsymbol{d}(\cdot)$ 和 $\boldsymbol{v}(\cdot)$ 以及所有 $t_1\geqslant t_0$ 和 $\boldsymbol{\theta}(t_0)$ 有

$$V[\boldsymbol{\theta}(t_1)]-V[\boldsymbol{\theta}(t_0)]+\frac{1}{2}\int_{t_0}^{t_1}[\|\boldsymbol{z}(t)\|^2-\gamma^2\|\boldsymbol{d}(t)\|^2]\,\mathrm{d}t$$
$$=\frac{1}{2}\int_{t_0}^{t_1}[\|\boldsymbol{v}(t)\|^2-\gamma^2\|\boldsymbol{r}(t)\|^2]\,\mathrm{d}t \tag{8.152}$$

或等价的

$$V[\boldsymbol{\theta}(t_1)]-V[\boldsymbol{\theta}(t_0)]$$
$$=\frac{1}{2}\int_{t_0}^{t_1}[\|\boldsymbol{v}(t)\|^2+\gamma^2\|\boldsymbol{d}(t)\|^2]\,\mathrm{d}t-\frac{1}{2}\int_{t_0}^{t_1}[\|\boldsymbol{z}(t)\|^2+\gamma^2\|\boldsymbol{r}(t)\|^2]\,\mathrm{d}t \tag{8.153}$$

则 Θ 是从 $\begin{bmatrix}\gamma\boldsymbol{d}\\ \boldsymbol{v}\end{bmatrix}$ 到 $\begin{bmatrix}\boldsymbol{z}\\ \gamma\boldsymbol{r}\end{bmatrix}$ 的内系统。

结论 8.3 的第一个结果是在一定条件下，Σ 系统的输出反馈的 H_∞ 次最优问题可以简化为 $\tilde{\Sigma}$ 系统的输出反馈的 H_∞ 次最优问题。

结论 8.4　设 $V\geqslant 0$ 并满足式(8.143)，考虑图 8.5 的因子分解后：

(1) 一个控制器 C 如果能够解决系统 $\tilde{\Sigma}$ 的输出反馈的 H_∞ 次最优问题，那么它同样能够解决系统 Σ 的输出反馈的 H_∞ 次最优问题。

(2) 如果控制器 C 能解决一个存储函数为 $S(\boldsymbol{x},\boldsymbol{\xi})$ 的系统 Σ 的输出反馈的 H_∞ 次最优问题，其中 $S(\boldsymbol{x},\xi)$ 满足

$$S(\boldsymbol{x},\boldsymbol{\xi})-V(\boldsymbol{x})\geqslant 0,\quad \boldsymbol{x}\in X,\boldsymbol{\xi}\in X_c \tag{8.154}$$

那么它同样能够解决存储函数为 $S(\tilde{x},\xi)-V(\tilde{x})$ 的系统 $\tilde{\Sigma}$ 的输出反馈的 H_∞ 次最优问题。

证明　(1) 将式(8.152)写成

$$\frac{1}{2}\int_0^{\mathrm{T}}[\|\boldsymbol{z}(t)\|^2-\gamma^2\|\boldsymbol{d}(t)\|^2]\,\mathrm{d}t$$
$$=\frac{1}{2}\int_0^{\mathrm{T}}[\|\boldsymbol{v}(t)\|^2-\gamma^2\|\boldsymbol{r}(t)\|^2]\,\mathrm{d}t+V[\boldsymbol{\theta}(0)]-V[\boldsymbol{\theta}(T)] \tag{8.155}$$

如果控制器 C 使该式右边第一项限制在与初始状态 $\tilde{x}(0)$，$\boldsymbol{\xi}(0)$ 有关的常数范围内，那么该式左边同样被限制在该范围内(因为 $V[\boldsymbol{\theta}(T)]=V[\boldsymbol{x}(T)]\geqslant 0$)。

(2) 如果 C 能解决系统 Σ 的输出反馈的 H_∞ 次最优问题，则 $\frac{1}{2}\int_0^{\mathrm{T}}[\|\boldsymbol{z}(t)\|^2-\gamma^2\|\boldsymbol{d}(t)\|^2]\mathrm{d}t\leqslant S[\boldsymbol{x}(0),\boldsymbol{\xi}(0)]$。

并且由式(8.155)得

$$\frac{1}{2}\int_0^{\mathrm{T}}[\|\boldsymbol{v}(t)\|^2-\gamma^2\|\boldsymbol{r}(t)\|^2]\,\mathrm{d}t\leqslant S[\tilde{\boldsymbol{x}}(0),\boldsymbol{\xi}(0)]-V[\tilde{\boldsymbol{x}}(0)] \tag{8.156}$$

证毕。

注意：对于第(1)部分，V 只需要满足(HJI1)的状态反馈。

由于将系统 Σ 上的问题转化到 $\tilde{\Sigma}$ 上时使用了(HJI1)的解 $V\geqslant 0$ 存在的条件，因此可以设想 $\tilde{\Sigma}$ 的输出反馈 H_∞ 次最优控制问题比 Σ 的问题要"容易"解决，至少 $\tilde{\Sigma}$ 的状态反馈 H_∞

控制问题的解更简单了。由于 $\boldsymbol{u}=\boldsymbol{u}^*[\boldsymbol{x},\boldsymbol{V}_x^{\mathrm{T}}(\boldsymbol{x})]$ 和 $\boldsymbol{d}=\boldsymbol{d}^*[\boldsymbol{x},\boldsymbol{V}_x^{\mathrm{T}}(\boldsymbol{x})]$ 为以下方程的解：

$$\begin{cases}\boldsymbol{0}=\boldsymbol{v}(\boldsymbol{x},\boldsymbol{u},\boldsymbol{d})\\ \boldsymbol{0}=\boldsymbol{r}(\boldsymbol{x},\boldsymbol{u},\boldsymbol{d})\end{cases} \tag{8.157}$$

因此可以得到一个系统 $\tilde{\Sigma}$ 的状态反馈 H_∞ 次最优问题的平凡解(尤其是在仿射系统的情况下，$\boldsymbol{r}$ 和 $\boldsymbol{v}$ 由式(8.147)给出，这样状态反馈 $\boldsymbol{u}=-\boldsymbol{b}^{\mathrm{T}}(\boldsymbol{x})\boldsymbol{V}_x^{\mathrm{T}}(\boldsymbol{x})$ 使 $\boldsymbol{v}$ 为零，并解决了 $\tilde{\Sigma}$ 系统的干扰解耦问题)。

图 8.5 所示的因子分解及结论 8.3 的另一个结果与输出反馈 H_∞ 次最优控制器的参数变化有关，虚线以内为系统 K。

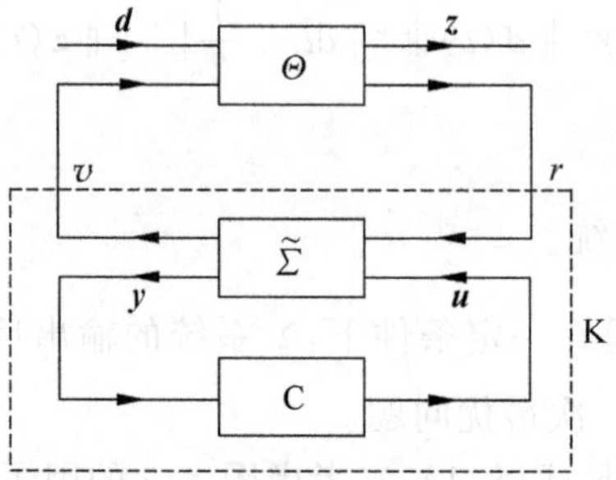

图 8.6　具有控制器 C 的闭环系统的因子分解

那么从结论 8.4 可知，如果 K 的 L_2 增益小于等于 γ(从 $\boldsymbol{r}$ 到 $\boldsymbol{v}$)，那么与控制器 K 构成闭环的系统 Θ 也满足 L_2 增益小于等于 γ(从 $\boldsymbol{d}$ 到 $\boldsymbol{z}$)。我们也可以进一步转换这样的关系。考虑一个辅助系统 Q，其输入为 $\boldsymbol{r}$，输出为 $\boldsymbol{v}$：

$$Q:\begin{cases}\dot{\boldsymbol{q}}=\boldsymbol{f}_Q(\boldsymbol{q},\boldsymbol{r})\\ \boldsymbol{v}=\boldsymbol{h}_Q(\boldsymbol{q},\boldsymbol{r})\end{cases} \tag{8.158}$$

并假设 Q 的 L_2 增益小于等于 γ，那么存在一个存储函数 $S_Q\geqslant 0$，使沿 Q 的轨迹有

$$S_Q[\boldsymbol{q}(T)]-S_Q[\boldsymbol{q}(0)]\leqslant\frac{1}{2}\int_0^{\mathrm{T}}[\gamma^2\|\boldsymbol{r}(t)\|^2-\|\boldsymbol{v}(t)\|^2]\mathrm{d}t \tag{8.159}$$

现在将 Q 与 $\tilde{\Sigma}$ 联合起来考虑，即

$$\begin{cases}\dot{\boldsymbol{q}}=\boldsymbol{f}_Q(\boldsymbol{q},\boldsymbol{r})\\ \dot{\tilde{\boldsymbol{x}}}=\tilde{\boldsymbol{f}}(\tilde{\boldsymbol{x}},\boldsymbol{u},\boldsymbol{r})\\ \boldsymbol{y}=\tilde{\boldsymbol{g}}(\tilde{\boldsymbol{x}},\boldsymbol{u},\boldsymbol{r})\\ \boldsymbol{h}_Q(\boldsymbol{q},\boldsymbol{r})=\tilde{\boldsymbol{h}}(\tilde{\boldsymbol{x}},\boldsymbol{u},\boldsymbol{r})\end{cases} \tag{8.160}$$

现在将式(8.160)看成控制器 C_Q(由输出变量 $\boldsymbol{y}$ 的控制律 $\boldsymbol{u}$)的一个像所描述的广义形式($\boldsymbol{r}$ 作为控制变量)。通过构造这一隐式定义的控制器 C_Q 来解决系统 Σ 的输出反馈的 H_∞ 次最优问题。这样，对每一个满足 L_2 增益小于等于 γ 的系统 Q，都可以得到一个控制器 C_Q 来解决 H_∞ 问题。

为了更清楚地描述控制器 C，将图 8.6 的结构改画成图 8.7 所示的形式。

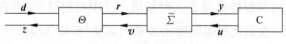

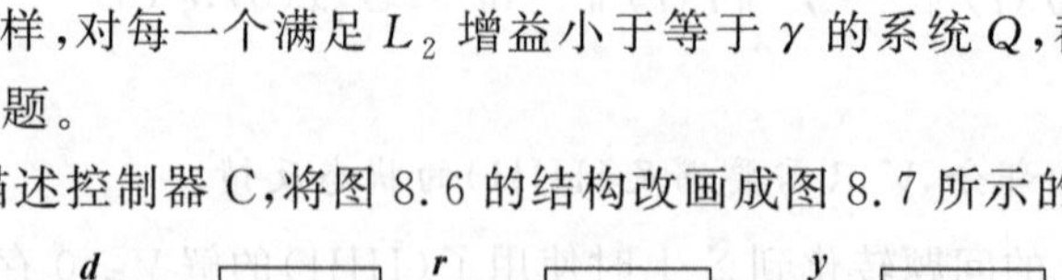

图 8.7　链式散射描述

Θ 有一个输入/输出描述，其输入为 $\boldsymbol{r}$ 和 $\boldsymbol{v}$，输出为 $\boldsymbol{d}$ 和 z；而且 $\hat{\Sigma}$ 有一个输入/输出描述，其输入为 $\boldsymbol{y}$ 和 $\boldsymbol{u}$，输出为 $\boldsymbol{r}$ 和 $\boldsymbol{v}$ 时，在这种意义下假设 Θ 和 $\hat{\Sigma}$ 是可逆的。这时我们可以称其为链式散射描述。

本章小结

本章研究了非线性系统 H_∞ 控制理论。首先从耗散性和耗散系统稳定性的定义出发，研究了保证系统稳定的前提下最大程度地降低干扰对输出的影响，即使系统对干扰具有最强的鲁棒性，推导出系统采用 L_2 增益最优控制所必需求解的哈密顿-雅可比不等式；其次，介绍了非线性系统的状态反馈和输出反馈 H_∞ 控制器设计方法和理论，并在系统模型中出现不确定性(有 $\Delta \boldsymbol{f}$ 或 $\Delta \boldsymbol{g}$)时，对控制律具有较好的鲁棒性所必须满足的约束条件进行了探讨。然而，一般很难获得 H_∞ 控制问题的最优解，转而我们去寻找 H_∞ 控制的次最优解。也就是说，如果可能，对于一个给定的干扰抑制水平 γ，寻找控制器 C 使闭环系统的 L_2 增益小于等于 γ，并且系统是稳定的。这样，我们就可以通过逐渐减小 γ，连续求解次最优解来得到最优的干扰抑制水平，从而得到 H_∞ 控制问题的最优解。

习题

8.1　考虑系统

$$\begin{cases}\dot{\boldsymbol{x}}=\boldsymbol{f}(\boldsymbol{x})+\boldsymbol{G}(\boldsymbol{x})u+K(\boldsymbol{x})\boldsymbol{\omega}\\ y=\boldsymbol{h}(\boldsymbol{x})\end{cases}$$

式中，u 为控制输入，$\boldsymbol{\omega}$ 为扰动输入。$\boldsymbol{f}$，$\boldsymbol{G}$，$\boldsymbol{h}$ 和 K 是 $\boldsymbol{x}$ 的光滑函数，且 $\boldsymbol{f}(\boldsymbol{0})=\boldsymbol{0}$，$\boldsymbol{h}(\boldsymbol{0})=\boldsymbol{0}$，设 $\gamma>0$，并假设对任意 $\boldsymbol{x}$，存在光滑半正定函数 $V(\boldsymbol{x})$，满足

$$\frac{\partial V}{\partial \boldsymbol{x}}\boldsymbol{f}(\boldsymbol{x})+\frac{1}{2}\frac{\partial V}{\partial \boldsymbol{x}}\left[\frac{1}{\gamma^2}\boldsymbol{K}(\boldsymbol{x})\boldsymbol{K}^{\mathrm{T}}(\boldsymbol{x})-\boldsymbol{G}(\boldsymbol{x})\boldsymbol{G}^{\mathrm{T}}(\boldsymbol{x})\right]\left(\frac{\partial V}{\partial \boldsymbol{x}}\right)^{\mathrm{T}}+\frac{1}{2}\boldsymbol{h}^{\mathrm{T}}(\boldsymbol{x})\boldsymbol{h}(\boldsymbol{x})\leqslant 0$$

证明在反馈控制 $u=-\boldsymbol{G}^{\mathrm{T}}(\boldsymbol{x})(\partial V/\partial \boldsymbol{x})^{\mathrm{T}}$ 下，从$\boldsymbol{\omega}$ 到 $\begin{bmatrix}y\\u\end{bmatrix}$ 的闭环映射是有限增益 L_2 稳定的，其 L_2 增益小于或等于 γ。

8.2　证明下列各系统是有限增益(或小信号有限增益)L_2 稳定的，并求出其 L_2 增益的上界。

(1) $\begin{cases}\dot{x}_1=x_2\\ \dot{x}_2=-a\sin x_1-kx_2+u\\ y=x_2\\ a>0,k>0\end{cases}$；

(2) $\begin{cases}\dot{x}_1=-x_2\\ \dot{x}_2=x_1-x_2\operatorname{sat}(x_2^2-x_3^2)+x_2u\\ \dot{x}_3=x_3\operatorname{sat}(x_2^2-x_3^2)-x_3u\\ y=x_2^2-x_3^2\end{cases}$。

8.3 考虑系统

$$\begin{cases}\dot{\boldsymbol{x}}=\boldsymbol{f}(\boldsymbol{x})+\boldsymbol{G}(\boldsymbol{x})\boldsymbol{u}\\ \boldsymbol{y}=\boldsymbol{h}(\boldsymbol{x})+\boldsymbol{J}(\boldsymbol{x})\boldsymbol{u}\end{cases}$$

式中，$\boldsymbol{f}$，$\boldsymbol{G}$，$\boldsymbol{h}$ 和 $\boldsymbol{J}$ 是 $\boldsymbol{x}$ 的光滑函数。假设存在正常数 γ，满足 $\gamma^2\boldsymbol{I}-\boldsymbol{J}^{\mathrm{T}}(\boldsymbol{x})\boldsymbol{J}(\boldsymbol{x})>0$，且对于任意 x 满足

$$H=\frac{\partial V}{\partial \boldsymbol{x}}\boldsymbol{f}+\frac{1}{2}\left[\boldsymbol{h}^{\mathrm{T}}\boldsymbol{J}+\frac{\partial V}{\partial \boldsymbol{x}}\boldsymbol{G}\right](\gamma^2\boldsymbol{I}-\boldsymbol{J}^{\mathrm{T}}\boldsymbol{J})^{-1}\left[\boldsymbol{h}^{\mathrm{T}}\boldsymbol{J}+\frac{\partial V}{\partial \boldsymbol{x}}G\right]^{\mathrm{T}}+\frac{1}{2}\boldsymbol{h}^{\mathrm{T}}\boldsymbol{h}\leqslant 0$$

证明系统为有限增益 L_2 稳定的，其 L_2 增益小于或等于 γ。

8.4 考虑非线性系统

$$\begin{cases}\dot{x}=-x+x^2+xu\\ y=\cos x\end{cases}$$

假设 $\Delta f(x)=x$，对于标称系统和摄动闭环系统，设计非线性 H_∞ 反馈控制律，并在相同初始条件 $x=0.85$ 的情况下进行仿真，给出仿真结果。

8.5 考虑系统

$$\dot{x}=(1+x^2)u+d,\quad \boldsymbol{z}=\begin{bmatrix}x\\ u\end{bmatrix}$$

取 $\gamma>1$，通过求解哈密顿-雅可比不等式设计非线性 H_∞ 反馈控制律，使系统在平衡点 $x_e=0$ 处稳定。

参考文献

[1] VAN DER SCHAFT A J. L_2-gain analysis of nonlinear system and nonlinear state feedback H_∞ control[J]. IEEE Transaction on Automatic Control, 1992, 37(2): 770-784.

[2] VAN DER SCHAFT A J. On a state space approach to nonlinear H_∞ control[J]. System and Control Letter, 1991, 11(1): 1-8.

[3] ISIDORI A, ASTOLFI A. Disturbance Attenuation and H_∞ control via measurement feedback in nonlinear system[J]. IEEE Transaction on Automatic Control, 1992, 37(11): 1283-1293.

[4] ISIDORI A. H_∞ control via measurement feedback for affine nonlinear systems[J]. International Journal of Robust and nonlinear control, 1994, 4(3): 553-574.

[5] SHEN T L, TAMURA K. Robust H_∞ control of uncertain nonlinear system via state feedback[J]. IEEE Transaction on Automatic Control, 1995, 40(11): 1283-1293.

[6] 谢世杰. 非线性系统鲁棒 H_∞ 控制研究[D]. 西安：西北工业大学，2000.

[7] VAN DER SCHAFT A J. 非线性控制中的 L_2 增益和无源化方法[M]. 2 版. 孙元章，刘前进，杨新林，译. 北京：清华大学出版社，2002.

[8] 梅生伟，申铁龙，刘康志. 现代鲁棒控制理论与应用[M]. 北京：清华大学出版社，2003.

[9] WANG P, HAN C Z, DING B C. Stability of discrete time networked control systems and its extension for robust H_∞ control[J]. International Journal of Systems Science, 2013, 44(2): 275-288.

[10] 李杨. 不确定非线性系统的鲁棒滑模控制方法研究[D]. 秦皇岛：燕山大学，2013.

[11] 余威，卜旭辉，梁嘉琪. 基于二维系统的迭代学习时间触发鲁棒控制[J]. 控制理论与应用，2020，37(8)：1701-1708.

第9章

非线性控制理论的应用

自动控制理论经过几十年的发展历程，取得了许多研究成果，特别是线性系统控制理论已形成了一套比较完整的理论体系，并在实际中得到广泛的应用。近 30 多年来，非线性系统理论的建立和发展引起了国内外自动控制界学者的极大兴趣，并发展了一系列非常丰富的分析和设计方法。但由于非线性系统的特性十分复杂，现有的建模理论和数学手段又远非完善，在控制系统建模时，往往要做许多近似，因而难以建立实际对象的精确数学模型，从而不可避免地存在建模误差。另外，在实际系统工作过程中，还存在着内部结构和参数的未知变化以及外部干扰等因素。这些因素的总和构成了被控系统的不确定性，它们的存在必然会影响系统的性能，使得非线性系统的控制变得复杂和困难。因此，非线性控制理论的研究无论是致力于改善控制系统性能，还是致力于提高控制精度和控制效率，无疑都具有重要的理论和实际意义。

本章将介绍若干综合应用非线性控制理论设计控制器的例子。9.1 节介绍最为常见的机械手系统，利用 PD 控制实现位置控制，同时利用自适应和状态反馈 H_∞ 控制方法设计轨迹跟踪控制器。9.2 节系统地介绍非完整移动机器人的鲁棒控制问题，该系统是一典型的非完整约束系统，不能采用精确线性化或纯状态反馈达到控制目的。9.2 节基于运动学和动力学模型描述的非完整移动机器人系统，分别设计滑动模态变结构和终端滑动模态变结构控制器。9.3 节利用精确反馈线性化和反演方法，为电动机系统设计了精确反馈线性化和自适应反演控制器。9.4 节介绍自主水下航行器的输出轨迹跟踪反演控制器设计方法。9.5 节给出非线性控制研究的方向与展望。

9.1 机械手系统的控制

9.1.1 机械手系统模型

机械手系统是熟知的具有可控轨迹的机械系统实例，但其具有的非线性动力学特性使得线性控制方法难以实现高性能的控制。一段时间里，由于机械手完全用齿轮连接，使得该问题曾经得到缓和。齿轮连接大大减小了连杆间相互的动态影响(容易证明，在齿轮连接的机械手系统中，通过传动比 r 或者 r^2 倍减小了非线性动态或者时变动态的影响，传动比 r 的典型值大约是 100)。然而，最近几年来，由于对机器人要求更高的跟踪精度和快速性，使得设计朝着更简单和更直接的方向发展，如无齿轮直接驱动臂(进一步减少摩擦和避免整个轮齿间隙)及低变形缆道驱动机构。显然，为了利用新型高性能机械手的全部动态潜力，明确地考虑非线性动态特性的影响已变得十分关键。

1. 机械手系统的第一种模型表示形式

考虑一个刚性铰接机械手系统，其动力学模型的一般形式为

$$\boldsymbol{M}(\boldsymbol{q})\ddot{\boldsymbol{q}}+\boldsymbol{C}(\boldsymbol{q},\dot{\boldsymbol{q}})\dot{\boldsymbol{q}}+\boldsymbol{G}(\boldsymbol{q})+\boldsymbol{F}(\boldsymbol{q},\dot{\boldsymbol{q}})=\boldsymbol{\tau} \tag{9.1}$$

式中，$\boldsymbol{q}$、$\dot{\boldsymbol{q}}$ 分别为 n 维关节角向量和角速度向量；$\boldsymbol{M}(\boldsymbol{q})$ 为 $n\times n$ 维对称正定的惯性矩阵；$\boldsymbol{C}(\boldsymbol{q},\dot{\boldsymbol{q}})\dot{\boldsymbol{q}}$ 由两项组成，分别为 n 维向心力矩和哥氏力矩向量；$\boldsymbol{G}(\boldsymbol{q})$ 为 n 维重力力矩向量；$\boldsymbol{F}(\boldsymbol{q},\dot{\boldsymbol{q}})$ 为 n 维摩擦力矩向量；$\boldsymbol{\tau}$ 为 n 维关节输入力矩。这个简单的机械手系统的动力学特性具有强非线性。系统(式(9.1))具有如下性质。

性质 9.1 $\boldsymbol{M}(\boldsymbol{q})$ 为对称正定的，且 $\boldsymbol{M}(\boldsymbol{q})$ 和 $\boldsymbol{M}^{-1}(\boldsymbol{q})$ 一致有界。

性质 9.2 矩阵 $\dot{\boldsymbol{M}}(\boldsymbol{q})-2\boldsymbol{C}(\boldsymbol{q},\dot{\boldsymbol{q}})$ 是斜对称的，即对于任意向量 $\boldsymbol{x}\in\mathbf{R}^n$，有 $\boldsymbol{x}^{\mathrm{T}}[\dot{\boldsymbol{M}}(\boldsymbol{q})-2\boldsymbol{C}(\boldsymbol{q},\dot{\boldsymbol{q}})]\boldsymbol{x}=0$。

在机械手系统的控制器设计中，经常将式(9.1)写为更为紧凑的形式：

$$\boldsymbol{M}(\boldsymbol{q})\ddot{\boldsymbol{q}}+\boldsymbol{N}(\boldsymbol{q},\dot{\boldsymbol{q}})=\boldsymbol{\tau} \tag{9.2}$$

式中，$\boldsymbol{N}(\boldsymbol{q},\dot{\boldsymbol{q}})=\boldsymbol{C}(\boldsymbol{q},\dot{\boldsymbol{q}})\dot{\boldsymbol{q}}+\boldsymbol{G}(\boldsymbol{q})+\boldsymbol{F}(\boldsymbol{q},\dot{\boldsymbol{q}})$，包含除惯量力矩之外的所有非线性力矩矢量。

在机械手系统的鲁棒控制设计中，通常考虑两种模型不确定性：未知负载和不可补偿的摩擦。在式(9.2)中，模型不确定性出现在惯量矩阵 $\boldsymbol{M}(\boldsymbol{q})$ 和非线性力矢量 $\boldsymbol{N}(\boldsymbol{q},\dot{\boldsymbol{q}})$ 之中，假设它们的标称表示分别为 $\boldsymbol{M}_0(\boldsymbol{q})$ 和 $\boldsymbol{N}_0(\boldsymbol{q},\dot{\boldsymbol{q}})$，则模型不确定性可以分别描述为

$$\tilde{\boldsymbol{M}}(\boldsymbol{q})=\boldsymbol{M}_0(\boldsymbol{q})-\boldsymbol{M}(\boldsymbol{q}) \tag{9.3}$$

$$\tilde{\boldsymbol{N}}(\boldsymbol{q},\dot{\boldsymbol{q}})=\boldsymbol{N}_0(\boldsymbol{q},\dot{\boldsymbol{q}})-\boldsymbol{N}(\boldsymbol{q},\dot{\boldsymbol{q}}) \tag{9.4}$$

不确定性界可以用 $\tilde{\boldsymbol{M}}(\boldsymbol{q})$ 和 $\tilde{\boldsymbol{N}}(\boldsymbol{q},\dot{\boldsymbol{q}})$ 的范数表示。

2. 机械手系统的第二种模型表示形式

机械手系统模型也可进行参数化表示，惯量参数可以归结于各关节轴上，参数化特性表示为

$$\boldsymbol{M}(\boldsymbol{q})\boldsymbol{\phi}+\boldsymbol{C}(\boldsymbol{q},\dot{\boldsymbol{q}})\boldsymbol{\psi}+\boldsymbol{G}(\boldsymbol{q})=\boldsymbol{\Phi}(\boldsymbol{q},\dot{\boldsymbol{q}},\boldsymbol{\phi},\boldsymbol{\psi})\boldsymbol{P} \tag{9.5}$$

式中，$\boldsymbol{\Phi}(\boldsymbol{q},\dot{\boldsymbol{q}},\boldsymbol{\phi},\boldsymbol{\psi})\in\mathbf{R}^{n\times m}$ 为已知矩阵；$\boldsymbol{P}\in\mathbf{R}^m$ 为描述机械手质量特性的未知参数向量。

式(9.5)不是唯一的，它取决于参数向量 $\boldsymbol{P}$ 的选择。式(9.5)表明，如果为描述机械手质量特性的未知参数向量 $\boldsymbol{P}$ 给出一个合适的定义，那么 $\boldsymbol{M}(\boldsymbol{q})$，$\boldsymbol{C}(\boldsymbol{q},\dot{\boldsymbol{q}})$，$\boldsymbol{G}(\boldsymbol{q})$ 与 $\boldsymbol{P}$ 具有线性关系。实际上，若将全部质量特性归结于各个关节轴上，一般即可获得这个特性。

在参数化的表示式中，所有的不确定性集中在参数向量 $\boldsymbol{P}$ 中进行表示，可以假设其标称值是 $\boldsymbol{P}_0$，则模型不确定性可以表示为

$$\tilde{\boldsymbol{P}}=\boldsymbol{P}_0-\boldsymbol{P} \tag{9.6}$$

式中，$\tilde{\boldsymbol{P}}$ 为未知常向量。

若未知负载不超过某一已知界限，根据实际机械手系统的物理限制可知，模型不确定性是有界的，即

$$\|\widetilde{\boldsymbol{P}}\| \leqslant \rho, \quad \rho > 0 \tag{9.7}$$

这种线性参数化特征实际上可以应用于任何力学系统，包括多连杆机器人。参数不确定性在参数化表示中得到了直接的描述，这是它的优点；但它的缺陷也是显而易见的，即非参数型的不确定性，如关节摩擦未得到考虑。因此，用这种模型设计的鲁棒控制器存在着原理上的不足。

9.1.2　机械手系统的位置控制

对于水平面($\boldsymbol{G}(\boldsymbol{q})\equiv\boldsymbol{0}$)运动的机械手系统，控制任务是将机械手移动到一个给定的目标位置，该位置由期望的关节角度常数向量 $\boldsymbol{q}_{\mathrm{d}}$ 来确定。关节的 PD 控制器，即根据各关节分别测量到的位置误差 $\tilde{q}_j = q_j - q_{\mathrm{d}j}$ 和速度 $\dot{q}_j$ ($j=1,2,\cdots,n$)来产生各关节执行机构输入作用的反馈控制律：

$$\tau_j = -k_{\mathrm{P}j}\tilde{q}_j - k_{\mathrm{D}j}\dot{q}_j \tag{9.8}$$

将能完成期望的位置控制任务，其中 $k_{\mathrm{P}j}$ 和 $k_{\mathrm{D}j}$ 是严格正常数。可以认为，控制律(式(9.8))简单地模拟了在每个机械手关节处安装一个耗散机械装置的作用。该装置由一个弹簧和一个阻尼器组成，并且以期望的 $q_{\mathrm{d}j}$ 作为静止位置。这样形成的无源物理系统会呈现出朝着静止位置 $\boldsymbol{q}_{\mathrm{d}}$ 的衰减振荡。

可是，如果将系统的动力学方程写成如式(9.1)所示的 $f=ma$(牛顿方程)形式，就不容易得到上面这个简单的结论。为了使上述讨论更加清晰和条理化，更合适的方法是依据能量转换重写系统的动态方程(用哈密顿的形式)。根据能量守恒，有

$$\frac{1}{2}\frac{\mathrm{d}}{\mathrm{d}t}[\dot{\boldsymbol{q}}^{\mathrm{T}}\boldsymbol{M}(\boldsymbol{q})\dot{\boldsymbol{q}}] = \dot{\boldsymbol{q}}^{\mathrm{T}}\boldsymbol{\tau} \tag{9.9}$$

式(9.9)的左边是机械手动能的导数，右边代表来自执行机构的能量输入。式(9.9)并不意味着式(9.1)中的哥氏力和向心力项已经消失，而只是它们被隐含在惯量矩阵 $\boldsymbol{M}(\boldsymbol{q})$ 的时间导数中。这样就可以非常简单地证明上述 PD 控制器的稳定性和收敛性。将控制输入写为比式(9.8)更为一般的形式，即

$$\boldsymbol{\tau} = -\boldsymbol{K}_{\mathrm{P}}\tilde{\boldsymbol{q}} - \boldsymbol{K}_{\mathrm{D}}\dot{\boldsymbol{q}} \tag{9.10}$$

式中，$\boldsymbol{K}_{\mathrm{P}}$ 和 $\boldsymbol{K}_{\mathrm{D}}$ 为定常对称正定矩阵[通常 PD 控制式(9.10)对应于对角矩阵 $\boldsymbol{K}_{\mathrm{P}}$ 和 $\boldsymbol{K}_{\mathrm{D}}$]。如果控制律(式(9.10))在物理上是用弹簧和阻尼器实现的，那么考虑与该系统有关的总机械能 V 为

$$V = \frac{1}{2}[\dot{\boldsymbol{q}}^{\mathrm{T}}\boldsymbol{M}(\boldsymbol{q})\dot{\boldsymbol{q}} + \tilde{\boldsymbol{q}}^{\mathrm{T}}\boldsymbol{K}_{\mathrm{P}}\tilde{\boldsymbol{q}}] \tag{9.11}$$

为了分析控制系统的闭环特性，将应用这个有效的机械能 V 作为李雅普诺夫函数。根据式(9.9)，对李雅普诺夫函数 V 求时间导数，得

$$\dot{V} = \dot{\boldsymbol{q}}^{\mathrm{T}}(\boldsymbol{\tau} + \boldsymbol{K}_{\mathrm{P}}\tilde{\boldsymbol{q}})$$

应用控制律(式(9.10))，上式可简化为

$$\dot{V} = -\dot{\boldsymbol{q}}^{\mathrm{T}}\boldsymbol{K}_{\mathrm{D}}\dot{\boldsymbol{q}} \leqslant 0$$

显而易见，$\dot{V}$ 就是实际阻尼器耗散的功率。现在只要检验系统不“停留”在 $\dot{V}=0$ 的任何一点 $\boldsymbol{q}=\boldsymbol{q}_{\mathrm{d}}$ 处，或者更严格地说，利用不变集定理，因为 $\dot{V}=0$ 意味着 $\dot{\boldsymbol{q}}=\boldsymbol{0}$，进而又意味着

$\ddot{\boldsymbol{q}}=\boldsymbol{M}^{-1}\boldsymbol{K}_{\mathrm{P}}\tilde{\boldsymbol{q}}$，所以当且仅当 $\tilde{\boldsymbol{q}}$ 等于 $\boldsymbol{0}$ 时，$\dot{V}=0$。因此，正如物理推理所得到的，系统的确收敛于期望的状态。

9.1.3 机械手系统的自适应轨迹跟踪控制

在机械手系统控制中，对关节惯量参数的不精确估计和负载的变化会造成大量的不确定因素，自适应控制是对这些不确定性进行补偿的有力工具。尽管机械手的动态模型是非线性的，它还是可以在未知(或部分已知)的惯性参数中以线性参数化的形式表示。

控制设计的目标是，对于给定的连续有界的期望轨迹 $\boldsymbol{q}_{\mathrm{d}},\dot{\boldsymbol{q}}_{\mathrm{d}},\ddot{\boldsymbol{q}}_{\mathrm{d}}$，对具有质量特性不确定性的机械手系统，设计自适应轨迹跟踪控制，保证闭环系统轨迹跟踪渐近稳定，参数估计一致有界。

定义机械手跟踪误差为

$$\tilde{\boldsymbol{q}}=\boldsymbol{q}-\boldsymbol{q}_{\mathrm{d}} \tag{9.12}$$

$$\boldsymbol{s}=\dot{\tilde{\boldsymbol{q}}}+\boldsymbol{\Lambda}\tilde{\boldsymbol{q}}=\dot{\boldsymbol{q}}-\dot{\boldsymbol{q}}_{\mathrm{r}} \tag{9.13}$$

式中，$\dot{\boldsymbol{q}}_{\mathrm{r}}=\dot{\boldsymbol{q}}_{\mathrm{d}}-\boldsymbol{\Lambda}\tilde{\boldsymbol{q}}$，$\boldsymbol{\Lambda}>0$，为对称正定控制增益矩阵。

根据机械手系统的第二种模型表示形式，机械手系统模型可线性参数化，选择控制律为

$$\boldsymbol{\tau}=\hat{\boldsymbol{M}}(\boldsymbol{q})\ddot{\boldsymbol{q}}_{\mathrm{r}}+\hat{\boldsymbol{C}}(\boldsymbol{q},\dot{\boldsymbol{q}})\dot{\boldsymbol{q}}_{\mathrm{r}}+\hat{\boldsymbol{G}}(\boldsymbol{q})-\boldsymbol{K}_{\mathrm{v}}\boldsymbol{s}=\boldsymbol{Y}(\boldsymbol{q},\dot{\boldsymbol{q}},\dot{\boldsymbol{q}}_{\mathrm{r}},\ddot{\boldsymbol{q}}_{\mathrm{r}})\hat{\boldsymbol{P}}-\boldsymbol{K}_{\mathrm{v}}\boldsymbol{s} \tag{9.14}$$

式中，$\boldsymbol{K}_{\mathrm{v}}$ 为 $n\times n$ 维正定的跟踪误差增益矩阵。

将式(9.14)代入式(9.1)，得跟踪误差动态为

$$\boldsymbol{M}(\boldsymbol{q})\dot{\boldsymbol{s}}+\boldsymbol{C}(\boldsymbol{q},\dot{\boldsymbol{q}})\boldsymbol{s}+\boldsymbol{K}_{\mathrm{v}}\boldsymbol{s}=\widetilde{\boldsymbol{M}}(\boldsymbol{q})\ddot{\boldsymbol{q}}_{\mathrm{r}}+\widetilde{\boldsymbol{C}}(\boldsymbol{q},\dot{\boldsymbol{q}})\dot{\boldsymbol{q}}_{\mathrm{r}}+\widetilde{\boldsymbol{G}}(\boldsymbol{q}) \tag{9.15}$$

式中，$\widetilde{\boldsymbol{M}}=\boldsymbol{M}-\hat{\boldsymbol{M}}$，$\widetilde{\boldsymbol{C}}=\boldsymbol{C}-\hat{\boldsymbol{C}}$，$\widetilde{\boldsymbol{G}}=\boldsymbol{G}-\hat{\boldsymbol{G}}$。

根据机械手系统的参数化特性，式(9.15)可以写为

$$\boldsymbol{M}(\boldsymbol{q})\dot{\boldsymbol{s}}+\boldsymbol{C}(\boldsymbol{q},\dot{\boldsymbol{q}})\boldsymbol{s}+\boldsymbol{K}_{\mathrm{v}}\boldsymbol{s}=\boldsymbol{Y}(\boldsymbol{q},\dot{\boldsymbol{q}},\dot{\boldsymbol{q}}_{\mathrm{r}},\ddot{\boldsymbol{q}}_{\mathrm{r}})\widetilde{\boldsymbol{P}} \tag{9.16}$$

式中，$\widetilde{\boldsymbol{P}}=\hat{\boldsymbol{P}}-\boldsymbol{P}$，为参数误差向量。

利用机械手惯量矩阵 $\boldsymbol{M}$ 的对称正定特性，构造李雅普诺夫函数为

$$V=\frac{1}{2}\boldsymbol{s}^{\mathrm{T}}\boldsymbol{M}\boldsymbol{s}+\frac{1}{2}\widetilde{\boldsymbol{P}}^{\mathrm{T}}\boldsymbol{\Gamma}^{-1}\widetilde{\boldsymbol{P}} \tag{9.17}$$

对李雅普诺夫函数求时间导数，得

$$\begin{aligned}\dot{V}&=\boldsymbol{s}^{\mathrm{T}}[\boldsymbol{Y}(\boldsymbol{q},\dot{\boldsymbol{q}},\dot{\boldsymbol{q}}_{\mathrm{r}},\ddot{\boldsymbol{q}}_{\mathrm{r}})\widetilde{\boldsymbol{P}}-\boldsymbol{C}(\boldsymbol{q},\dot{\boldsymbol{q}})\boldsymbol{s}-\boldsymbol{K}_{\mathrm{v}}\boldsymbol{s}]+\frac{1}{2}\boldsymbol{s}^{\mathrm{T}}\dot{\boldsymbol{M}}\boldsymbol{s}+\widetilde{\boldsymbol{P}}^{\mathrm{T}}\boldsymbol{\Gamma}^{-1}\dot{\widetilde{\boldsymbol{P}}}\\&=-\boldsymbol{s}^{\mathrm{T}}\boldsymbol{K}_{\mathrm{v}}\boldsymbol{s}+\frac{1}{2}\boldsymbol{s}^{\mathrm{T}}[\dot{\boldsymbol{M}}-2\boldsymbol{C}(\boldsymbol{q},\dot{\boldsymbol{q}})]\boldsymbol{s}+\widetilde{\boldsymbol{P}}^{\mathrm{T}}[\boldsymbol{Y}^{\mathrm{T}}(\boldsymbol{q},\dot{\boldsymbol{q}},\dot{\boldsymbol{q}}_{\mathrm{r}},\ddot{\boldsymbol{q}}_{\mathrm{r}})\boldsymbol{s}+\boldsymbol{\Gamma}^{-1}\dot{\widetilde{\boldsymbol{P}}}]\end{aligned} \tag{9.18}$$

因为矩阵($\dot{\boldsymbol{M}}-2\boldsymbol{N}$)具有斜对称特性，所以

$$\frac{1}{2}\boldsymbol{s}^{\mathrm{T}}[\dot{\boldsymbol{M}}-2\boldsymbol{C}(\boldsymbol{q},\dot{\boldsymbol{q}})]\boldsymbol{s}=0$$

选择参数自适应律为

$$\dot{\hat{\boldsymbol{P}}}=-\boldsymbol{\Gamma}\boldsymbol{Y}^{\mathrm{T}}(\boldsymbol{q},\dot{\boldsymbol{q}},\dot{\boldsymbol{q}}_{\mathrm{r}},\ddot{\boldsymbol{q}}_{\mathrm{r}})\boldsymbol{s} \tag{9.19}$$

式中，$\boldsymbol{\Gamma}$ 为正定矩阵。

将式(9.19)代入式(9.18),得

$$\dot{V}=-\boldsymbol{s}^{\mathrm{T}}\boldsymbol{K}_{\mathrm{v}}\boldsymbol{s}<0,\quad s_i\neq 0$$

式中,s_i 为向量 $\boldsymbol{s}$ 的元素,则机械手轨迹跟踪误差系统(式(9.13))是渐近稳定的,参数估计收敛。

9.1.4 非线性 H_∞ 状态反馈轨迹跟踪控制

对不确定性(包括参数不确定性及外界未知干扰)的机械手系统,采用非线性 H_∞ 状态反馈控制和反演技术[8]相结合设计控制器,使得干扰 $\boldsymbol{d}(t)$ 到辅助输出 y 的 L_2 增益小于或等于某个衰减系数 γ,实现了对外界未知干扰的衰减,并结合滑动模态变结构控制的思想保证了系统跟踪误差的渐近收敛。

给定如下仿射非线性系统:

$$\begin{aligned}\dot{\boldsymbol{x}}&=\boldsymbol{f}(\boldsymbol{x})+\boldsymbol{g}(\boldsymbol{x})\boldsymbol{u}+\boldsymbol{k}(\boldsymbol{x})\boldsymbol{d}(t)\\ y&=h(\boldsymbol{x})\end{aligned}\tag{9.20}$$

式中,$\boldsymbol{x}\in\mathbf{R}^n$,$\boldsymbol{f}(\boldsymbol{x}_0)=0$,$\boldsymbol{u}\in\mathbf{R}^m$ 和 $y\in\mathbf{R}$ 分别为系统的控制输入和输出量,干扰量 $\boldsymbol{d}(t)\in L_2[0,T]$。$H_\infty$ 干扰衰减控制问题可表述为如下引理。

引理 9.1　考虑非线性系统(式(9.20)),如果能找到一个正定光滑函数 $V(\boldsymbol{x})$,$\gamma\geqslant 0$,以及控制量 $\boldsymbol{u}=\boldsymbol{u}(\boldsymbol{x})$,使下面的 Hamilton-Jacobi-Isaacs 不等式成立:

$$(\mathrm{HJIa})\quad \boldsymbol{V}_x[\boldsymbol{f}(\boldsymbol{x})+\boldsymbol{g}(\boldsymbol{x})\boldsymbol{u}(\boldsymbol{x})]+\frac{1}{2\gamma^2}\boldsymbol{V}_x\boldsymbol{k}(\boldsymbol{x})\boldsymbol{k}^{\mathrm{T}}(\boldsymbol{x})\boldsymbol{V}_x^{\mathrm{T}}+\frac{1}{2}\|\boldsymbol{y}\|^2\leqslant 0\tag{9.21}$$

式中,$V(\boldsymbol{x}_0)=0$,则 $\boldsymbol{d}(t)$ 到 $\boldsymbol{y}$ 的 L_2 增益小于等于 γ,并且当 $\boldsymbol{d}(t)=\boldsymbol{0}$ 时,非线性系统(式(9.20))是渐近稳定的。

证明　对 $V(\boldsymbol{x})$ 求导数,得

$$\begin{aligned}\frac{\mathrm{d}V}{\mathrm{d}t}&=\boldsymbol{V}_x[\boldsymbol{f}(\boldsymbol{x})+\boldsymbol{g}(\boldsymbol{x})\boldsymbol{u}(\boldsymbol{x})]+\boldsymbol{V}_x\boldsymbol{k}(\boldsymbol{x})\boldsymbol{d}(t)\\ &=\boldsymbol{V}_x[\boldsymbol{f}(\boldsymbol{x})+\boldsymbol{g}(\boldsymbol{x})\boldsymbol{u}(\boldsymbol{x})]-\frac{1}{2}\gamma^2\left\|\boldsymbol{d}(t)-\frac{1}{\gamma^2}\boldsymbol{k}^{\mathrm{T}}\boldsymbol{V}_x^{\mathrm{T}}\right\|^2+\\ &\quad\frac{1}{2}\gamma^2\|\boldsymbol{d}(t)\|^2+\frac{1}{2\gamma^2}\boldsymbol{V}_x\boldsymbol{k}(\boldsymbol{x})\boldsymbol{k}^{\mathrm{T}}(\boldsymbol{x})\boldsymbol{V}_x\end{aligned}\tag{9.22}$$

将式(9.21)代入式(9.22),有

$$\dot{V}\leqslant\frac{1}{2}\gamma^2\|\boldsymbol{d}(t)\|^2-\frac{1}{2}\|\boldsymbol{y}\|^2\tag{9.23}$$

对所有 $T>0$,可以得到

$$\frac{1}{2}\int_0^T\|h(\boldsymbol{x})\|^2\mathrm{d}t\leqslant\frac{1}{2}\gamma^2\int_0^T\|\boldsymbol{d}(t)\|^2\mathrm{d}t+V(\boldsymbol{x}_0)-V(\boldsymbol{x}_T)$$

因为 $V(\boldsymbol{x}_0)=0$,且 $V\geqslant 0$,所以证明了控制器的干扰衰减性能,而当 $\boldsymbol{d}(t)=\boldsymbol{0}$ 时,显然 $\dot{V}\leqslant 0$,系统是渐近稳定的。

证毕。

考虑式(9.1)描述的机械手系统动力学方程

$$\boldsymbol{M}(\boldsymbol{q})\ddot{\boldsymbol{q}}+\boldsymbol{C}(\boldsymbol{q},\dot{\boldsymbol{q}})\dot{\boldsymbol{q}}+\boldsymbol{G}(\boldsymbol{q})+\boldsymbol{F}(\boldsymbol{q},\dot{\boldsymbol{q}})+\boldsymbol{d}=\boldsymbol{\tau}\tag{9.24}$$

式中，干扰量 $\boldsymbol{d}(t)\in L_2[0,T]$，$\forall T>0$，模型(式(9.24))有如下性质：

性质 9.3 设 $\hat{\boldsymbol{M}}(\boldsymbol{q})$，$\hat{\boldsymbol{C}}(\boldsymbol{q},\dot{\boldsymbol{q}})$，$\hat{\boldsymbol{G}}(\boldsymbol{q})$ 及 $\hat{\boldsymbol{F}}(\boldsymbol{q},\dot{\boldsymbol{q}})$ 为系统(式(9.24))中对应的标称量，并有

$$\|\boldsymbol{M}-\hat{\boldsymbol{M}}\|\leqslant k_{\mathrm{m}},\quad \|\boldsymbol{C}-\hat{\boldsymbol{C}}\|\leqslant k_{\mathrm{c}}\|\dot{\boldsymbol{q}}\|,\quad \|\boldsymbol{G}-\hat{\boldsymbol{G}}\|\leqslant k_{\mathrm{g}},\quad \|\boldsymbol{F}-\hat{\boldsymbol{F}}\|\leqslant k_{\mathrm{f1}}+k_{\mathrm{f2}}\|\dot{\boldsymbol{q}}\|$$

式中，k_{m}，k_{c}，k_{g}，k_{f1}，k_{f2} 为正常数。

引理 9.2 根据对系统(式(9.24))与上述性质的描述，轨迹跟踪误差定义为

$$\boldsymbol{e}=(\boldsymbol{e}_1^{\mathrm{T}}\ \ \boldsymbol{e}_2^{\mathrm{T}})^{\mathrm{T}}$$

式中，$\boldsymbol{e}_1=\tilde{\boldsymbol{q}}=\boldsymbol{q}-\boldsymbol{q}_{\mathrm{d}}$，$\dot{\boldsymbol{e}}_1=\boldsymbol{e}_2$。

取 $\boldsymbol{q}_{\mathrm{d}}$，$\dot{\boldsymbol{q}}_{\mathrm{d}}$，$\ddot{\boldsymbol{q}}_{\mathrm{d}}$ 为有界期望轨迹，定义

$$\boldsymbol{\Delta}=(\boldsymbol{M}-\hat{\boldsymbol{M}})\dot{\boldsymbol{q}}_{\mathrm{d}}+(\boldsymbol{C}-\hat{\boldsymbol{C}})(\dot{\boldsymbol{q}}_{\mathrm{d}}+k_1\boldsymbol{e}_1)+(\boldsymbol{F}-\hat{\boldsymbol{F}})+(\boldsymbol{G}-\hat{\boldsymbol{G}})$$

式中，$\xi_{1,2,3,4}$ 为未知正常数，k_1 为常数，则有 $\|\boldsymbol{\Delta}\|\leqslant\xi_1\|\boldsymbol{e}_2\|+\xi_2\|\boldsymbol{e}_2\|\cdot\|\boldsymbol{e}_1\|+\xi_3\|\boldsymbol{e}_1\|+\xi_4$。

证明 设有界期望轨迹 $\|\boldsymbol{q}_{\mathrm{d}}\|\leqslant c_1$，$\|\dot{\boldsymbol{q}}_{\mathrm{d}}\|\leqslant c_2\cdot\|\ddot{\boldsymbol{q}}_{\mathrm{d}}\|\leqslant c_3$，则

$$\begin{aligned}\|\boldsymbol{\Delta}\|&\leqslant\|(\boldsymbol{M}-\hat{\boldsymbol{M}})\|\cdot\|\dot{\boldsymbol{q}}_{\mathrm{d}}\|+\|(\boldsymbol{C}-\hat{\boldsymbol{C}})\|\cdot(\|\dot{\boldsymbol{q}}_{\mathrm{d}}\|+k_1\|\boldsymbol{e}_1\|)+k_{\mathrm{f1}}+k_{\mathrm{f2}}\|\dot{\boldsymbol{q}}\|+k_{\mathrm{g}}\\&\leqslant k_{\mathrm{m}}c_3+k_{\mathrm{c}}\|\dot{\boldsymbol{q}}\|(c_2+k_1\|\boldsymbol{e}_1\|)+k_{\mathrm{f1}}+k_{\mathrm{f2}}\|\dot{\boldsymbol{q}}\|+k_{\mathrm{g}}\end{aligned}$$

因为 $\|\dot{\boldsymbol{q}}\|\leqslant\|\dot{\boldsymbol{q}}_{\mathrm{d}}\|+\|\boldsymbol{e}_2\|\leqslant c_2+\|\boldsymbol{e}_2\|$，代入上式有

$$\|\boldsymbol{\Delta}\|\leqslant\xi_1\|\boldsymbol{e}_2\|+\xi_2\|\boldsymbol{e}_2\|\cdot\|\boldsymbol{e}_1\|+\xi_3\|\boldsymbol{e}_1\|+\xi_4$$

式中，$\xi_1=k_{\mathrm{c}}c_2+k_{\mathrm{f2}}$，$\xi_2=k_{\mathrm{c}}k_1$，$\xi_3=k_{\mathrm{c}}c_2k_1$，$\xi_4=k_{\mathrm{m}}c_3+k_{\mathrm{c}}c_2^2+k_{\mathrm{f1}}+k_{\mathrm{f2}}c_2+k_{\mathrm{g}}$。

证毕。

另外，可以将系统(式(9.24))写成如下误差方程形式：

$$\begin{cases}\dot{\boldsymbol{e}}_1=\boldsymbol{e}_2\\\dot{\boldsymbol{e}}_2=-\boldsymbol{M}^{-1}[\boldsymbol{C}\dot{\boldsymbol{q}}+\boldsymbol{G}+\boldsymbol{F}\dot{\boldsymbol{q}}+\boldsymbol{d}-\boldsymbol{u}]-\dot{\boldsymbol{q}}_{\mathrm{d}}\end{cases}\tag{9.25}$$

反演设计方法是一种构造性的非线性控制器设计方法，它与非线性 H_∞ 控制结合避免了直接求解哈密顿-雅可比不等式，下面给出主要结果：

$$\begin{aligned}\boldsymbol{u}=&\hat{\boldsymbol{M}}\dot{\boldsymbol{q}}_{\mathrm{d}}+\hat{\boldsymbol{C}}(\dot{\boldsymbol{q}}_{\mathrm{d}}+k_1\boldsymbol{e}_1)+\hat{\boldsymbol{G}}+\hat{\boldsymbol{F}}+\left(\frac{1}{2}\gamma^2\right)(\boldsymbol{e}_2+k_1\boldsymbol{e}_1)-(k_2-k_1)\boldsymbol{e}_1-\\&\boldsymbol{e}_2-\boldsymbol{p}(\boldsymbol{e}_1,\boldsymbol{e}_2)\cdot\mathrm{sgn}(\boldsymbol{e}_2+k_1\boldsymbol{e}_1)\end{aligned}\tag{9.26a}$$

$$\boldsymbol{p}(\boldsymbol{e}_1,\boldsymbol{e}_2)=p_1\|\boldsymbol{e}_2\|+p_2\|\boldsymbol{e}_2\|\cdot\|\boldsymbol{e}_1\|+p_3\|\boldsymbol{e}_1\|+p_4\tag{9.26b}$$

式中，$k_1\in\left[\dfrac{k_2-\sqrt{k_2^2-1}}{2},\dfrac{k_2+\sqrt{k_2^2-4}}{2}\right]$，$k_2>2$，$\gamma>0$，$p_1$，$p_2$，$p_3$，$p_4>0$。

以上推导可得到如下定理：

定理 9.1 针对机械手系统(式(9.24))及误差方程(9.35)，令 $\boldsymbol{e}=(\boldsymbol{e}_1^{\mathrm{T}},\boldsymbol{e}_2^{\mathrm{T}})^{\mathrm{T}}$，$\boldsymbol{y}=\sqrt{2}\boldsymbol{e}$，$\boldsymbol{s}=(\boldsymbol{e}_2+k_1\boldsymbol{e}_1)$，控制器(式(9.26))可以实现系统控制，并且在外界干扰 $\boldsymbol{d}(t)=\boldsymbol{0}$ 时，仅考虑参数不确定性情况下，该控制器保证系统跟踪误差的渐近收敛。

证明 **步骤 1** 首先考虑系统的误差方程(9.25)第一行：$\dot{\boldsymbol{e}}_1=\boldsymbol{e}_2$，设 $\boldsymbol{e}_2$ 为虚拟控制量，若 $\boldsymbol{e}_2=\boldsymbol{\alpha}_2=-k_1\boldsymbol{e}_2$($k_1$ 为正常数)是其期望值，取李雅普诺夫函数为

$$\boldsymbol{V}_1(\boldsymbol{e}_1)=\frac{1}{2}\boldsymbol{e}_1^{\mathrm{T}}k_2\boldsymbol{e}_1$$

对李雅普诺夫函数求时间导数，得

$$\dot{V}_1 = \boldsymbol{e}_1^{\mathrm{T}} k_2 \dot{\boldsymbol{e}}_1 = -k_1 k_2 \boldsymbol{e}_1^{\mathrm{T}} \boldsymbol{e}_1 < 0$$

步骤 2　选择李雅普诺夫函数

$$\boldsymbol{V}_2(\boldsymbol{e}_1, \boldsymbol{e}_2) = \boldsymbol{V}_1(\boldsymbol{e}_1) + \frac{1}{2}(\boldsymbol{e}_2 - \boldsymbol{\alpha}_2)^{\mathrm{T}} \boldsymbol{M} (\boldsymbol{e}_2 - \boldsymbol{\alpha}_2) \tag{9.27}$$

针对式(9.25)，式(9.21)左边有

$$(\mathrm{HJIa}) = \frac{\partial \boldsymbol{V}_2}{\partial \boldsymbol{e}_1}\dot{\boldsymbol{e}}_1 + \frac{\partial \boldsymbol{V}_2}{\partial \boldsymbol{e}_2}(\dot{\boldsymbol{e}}_2 - \boldsymbol{M}^{-1}\boldsymbol{d}) + \frac{1}{2}\boldsymbol{s}^{\mathrm{T}}\dot{\boldsymbol{M}}\boldsymbol{s} + \frac{1}{2\gamma^2}\frac{\partial \boldsymbol{V}_2}{\partial \boldsymbol{e}_2}\boldsymbol{M}^{-1}(\boldsymbol{M}^{-1})^{\mathrm{T}}\frac{\partial \boldsymbol{V}_2^{\mathrm{T}}}{\partial \boldsymbol{e}_2} + \frac{1}{2}\|\boldsymbol{y}\|^2 \tag{9.28}$$

上式右边各部分分别有

$$\frac{\partial \boldsymbol{V}_2}{\partial \boldsymbol{e}_1}\dot{\boldsymbol{e}}_1 = \frac{\partial \boldsymbol{V}_1}{\partial \boldsymbol{e}_1}\dot{\boldsymbol{e}} = \boldsymbol{e}_1^{\mathrm{T}} k_2 \boldsymbol{e}_2$$

$$\frac{1}{2\gamma^2}\frac{\partial \boldsymbol{V}_2}{\partial \boldsymbol{e}_2}\boldsymbol{M}^{-1}(\boldsymbol{M}^{-1})^{\mathrm{T}}\frac{\partial \boldsymbol{V}_2^{\mathrm{T}}}{\partial \boldsymbol{e}_2} = \frac{1}{2\gamma^2}\boldsymbol{s}^{\mathrm{T}}\boldsymbol{s}$$

$$\frac{1}{2}\boldsymbol{s}^{\mathrm{T}}\dot{\boldsymbol{M}}\boldsymbol{s} = \boldsymbol{s}^{\mathrm{T}}\boldsymbol{C}\boldsymbol{s}$$

$$\frac{1}{2}\|\boldsymbol{y}\|^2 = \boldsymbol{e}_1^{\mathrm{T}}\boldsymbol{e}_1 + \boldsymbol{e}_2^{\mathrm{T}}\boldsymbol{e}_2$$

$$\begin{aligned}\frac{\partial \boldsymbol{V}_2}{\partial \boldsymbol{e}_2}(\dot{\boldsymbol{e}}_2 - \boldsymbol{M}^{-1}\boldsymbol{d}) &= (\boldsymbol{e}_2 - \boldsymbol{\alpha}_2)^{\mathrm{T}}\boldsymbol{M}(\dot{\boldsymbol{e}}_2 - \boldsymbol{M}^{-1}\boldsymbol{d}) \\ &= \boldsymbol{s}^{\mathrm{T}}\boldsymbol{M}[-\boldsymbol{M}^{-1}(\boldsymbol{C}\dot{\boldsymbol{q}} + \boldsymbol{G} + \boldsymbol{F} + \boldsymbol{d} - \boldsymbol{u}) - \ddot{\boldsymbol{q}}_{\mathrm{d}} - \boldsymbol{M}^{-1}\boldsymbol{d}] \\ &= \boldsymbol{s}^{\mathrm{T}}(\boldsymbol{u} - \boldsymbol{M}\ddot{\boldsymbol{q}}_{\mathrm{d}} - \boldsymbol{C}\dot{\boldsymbol{q}} - \boldsymbol{G} - \boldsymbol{F}) \\ &= \boldsymbol{s}^{\mathrm{T}}\left[-\boldsymbol{\Delta} - \boldsymbol{p}(\boldsymbol{e}_1, \boldsymbol{e}_2)\mathrm{sgn}(\boldsymbol{s}) + \left(\frac{1}{2\gamma^2}\right)\boldsymbol{s} - (k_2 - k_1)\boldsymbol{e}_1 - \boldsymbol{e}_2\right]\end{aligned}$$

将上面各式代入式(9.28)，整理后有

$$(\mathrm{HJIa}) = (1 - k_1 k_2 + k_1^2)\boldsymbol{e}_1^{\mathrm{T}}\boldsymbol{e}_1 - \boldsymbol{s}^{\mathrm{T}}[\boldsymbol{\Delta} + \boldsymbol{p}(\boldsymbol{e}_1, \boldsymbol{e}_2)\mathrm{sgn}(\boldsymbol{s})]$$

选择 p_1, p_2, p_3, p_4 分别大于等于 $\xi_1, \xi_2, \xi_3, \xi_4$，根据性质 9.2 有 $\boldsymbol{p}(\boldsymbol{e}_1, \boldsymbol{e}_2) \geqslant \|\boldsymbol{\Delta}\|$；因为 $1 - k_1 k_2 + k_1^{\mathrm{T}} \leqslant 0$，所以有(HJIa)$\leqslant 0$。根据引理 9.1，从而证明了控制器的 H_∞ 干扰衰减性能，即从 $\boldsymbol{d}$ 到 $\boldsymbol{y}$ 的 L_2 增益小于或等于 γ，而当 $\boldsymbol{d}(t) = \boldsymbol{0}$ 时，即只考虑系统参数不确定性时，有 $\dot{V} \leqslant 0$，即当 $t \to \infty$，$\boldsymbol{e}_1, \boldsymbol{e}_2 + k_1 \boldsymbol{e}_1 \to \boldsymbol{0}$，等价于 $\lim\limits_{t\to\infty} \boldsymbol{e}_1$，$\boldsymbol{e}_2 \to \boldsymbol{0}$，即跟踪误差是渐近收敛的。

注意：为了防止符号函数产生的不连续控制引发抖振现象，可以在误差函数 $\boldsymbol{s} = \boldsymbol{0}$ 的附近增加边界层，在边界层外，利用变结构的控制思想强迫状态轨迹趋于边界层；而在边界层内，保持控制的平滑。边界层越薄，误差可以保证收敛到越小的范围；但缺点是系统失去了渐近稳定性，只能保证全局一致最终有界。

例 9.1　考虑例 5.2 所示的双关节机械手系统(图 9.1)，进行仿真分析。

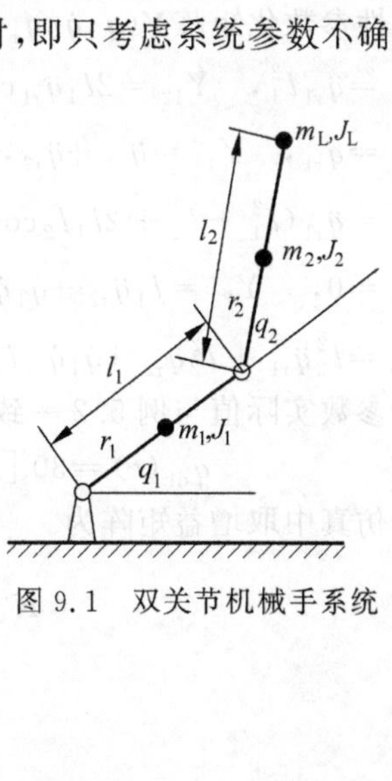

图 9.1　双关节机械手系统

由于机械手系统位于水平面上运动，因此 $\boldsymbol{G}(\boldsymbol{q})\equiv 0$。本仿真中要求机械手开始静止在 $\boldsymbol{q}_1=\boldsymbol{0}$ 和 $\boldsymbol{q}_2=\boldsymbol{0}$ 的位置，控制任务就是将机械臂移动到一个给定位置 $q_{d1}=45°$ 和 $q_{d2}=90°$。相应的瞬态位置误差（用“°”表示，而全部控制量的计算和增益用弧度）和控制力矩仿真结果如图 9.2 所示，其中 $\boldsymbol{K}_D=100\boldsymbol{I}, \boldsymbol{K}_P=60\boldsymbol{I}$。可以看出，在稳定的瞬态过程结束后，PD 控制器实现了位置控制。

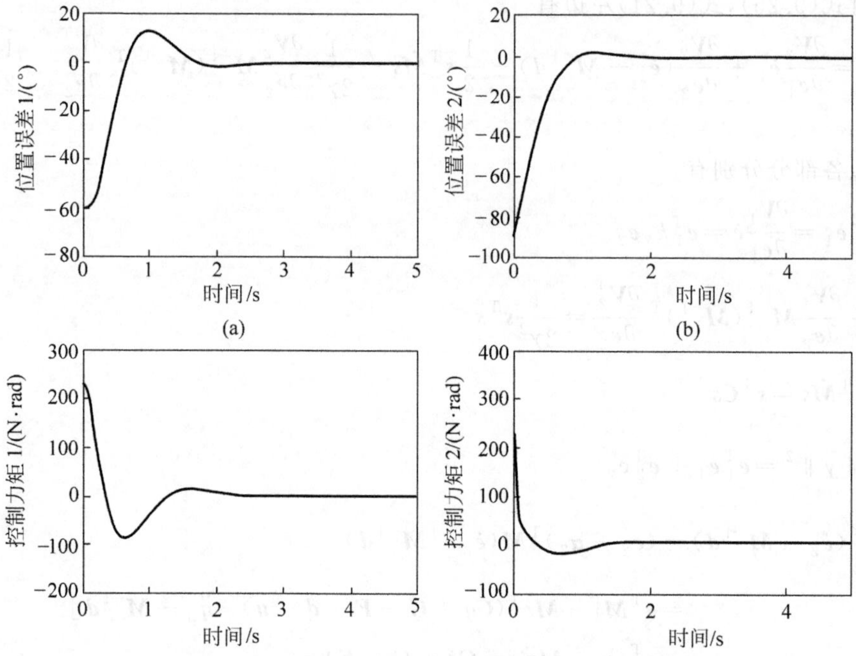

图 9.2 PD 控制下的位置误差和控制力矩仿真结果

例 9.2 考虑例 5.2 所示的双关节机械手系统，水平面运动用参数化模型进行仿真分析，即 $G(\boldsymbol{q})=0$。

定义机械手的质量特性参数为

$$p_1=m_2,\quad p_2=m_2r_2,\quad p_3=J_1+m_1r_1^2,\quad p_4=J_2+m_2r_2^2,\quad p_5=J_L,\quad p_6=m_L$$

则线性参数化矩阵 $\boldsymbol{Y}(\boldsymbol{q},\dot{\boldsymbol{q}},\boldsymbol{q}_r,\dot{\boldsymbol{q}}_r)$ 的各元素可以写为

$$Y_{11}=\ddot{q}_{r1}l_1^2,\quad Y_{12}=2l_1\ddot{q}_{r1}\cos q_2+l_1\ddot{q}_{r2}\cos q_2-\dot{q}_2\dot{q}_{r1}l_1\sin q_2-(\dot{q}_1+\dot{q}_2)\dot{q}_{r2}l_1\sin q_2,$$

$$Y_{13}=\ddot{q}_{r1},\quad Y_{14}=\ddot{q}_{r1}+\ddot{q}_{r2},\quad Y_{15}=\ddot{q}_{r1}+\ddot{q}_{r2},$$

$$Y_{16}=\ddot{q}_{r1}(l_1^2+l_2^2+2l_1l_2\cos q_2)+\ddot{q}_{r2}l_2^2-\dot{q}_2\dot{q}_{r1}l_1l_2\sin q_2-(\dot{q}_1+\dot{q}_2)\dot{q}_{r2}l_1l_2\sin q_2,$$

$$Y_{21}=0,\quad Y_{22}=l_1\ddot{q}_{r1}+\dot{q}_1\dot{q}_{r1}l_1\sin q_2,\quad Y_{23}=0,\quad Y_{24}=\ddot{q}_{r1}+\ddot{q}_{r2},\quad Y_{25}=\ddot{q}_{r1}+\ddot{q}_{r2},$$

$$Y_{26}=l_2^2\ddot{q}_{r1}+l_2^2\ddot{q}_{r2}+\dot{q}_1\dot{q}_{r1}l_1l_2\sin q_2$$

参数实际值与例 5.2 一致，期望轨迹如下：

$$q_{d1}(t)=30°[1-\cos(2\pi t)],\quad q_{d2}(t)=45°[1-\cos(2\pi t)]$$

仿真中取增益矩阵为

$$\boldsymbol{K}_v=\begin{bmatrix}2000 & 0\\ 0 & 2000\end{bmatrix},\quad \boldsymbol{\Lambda}=\begin{bmatrix}4 & 0\\ 0 & 4\end{bmatrix}$$

采样计算周期为 1ms，在初始条件 $\boldsymbol{q}=[0,0]^{\mathrm{T}}$，$\dot{\boldsymbol{q}}=[0,0]^{\mathrm{T}}$ 下对系统进行仿真，所得结果如图 9.3 所示。

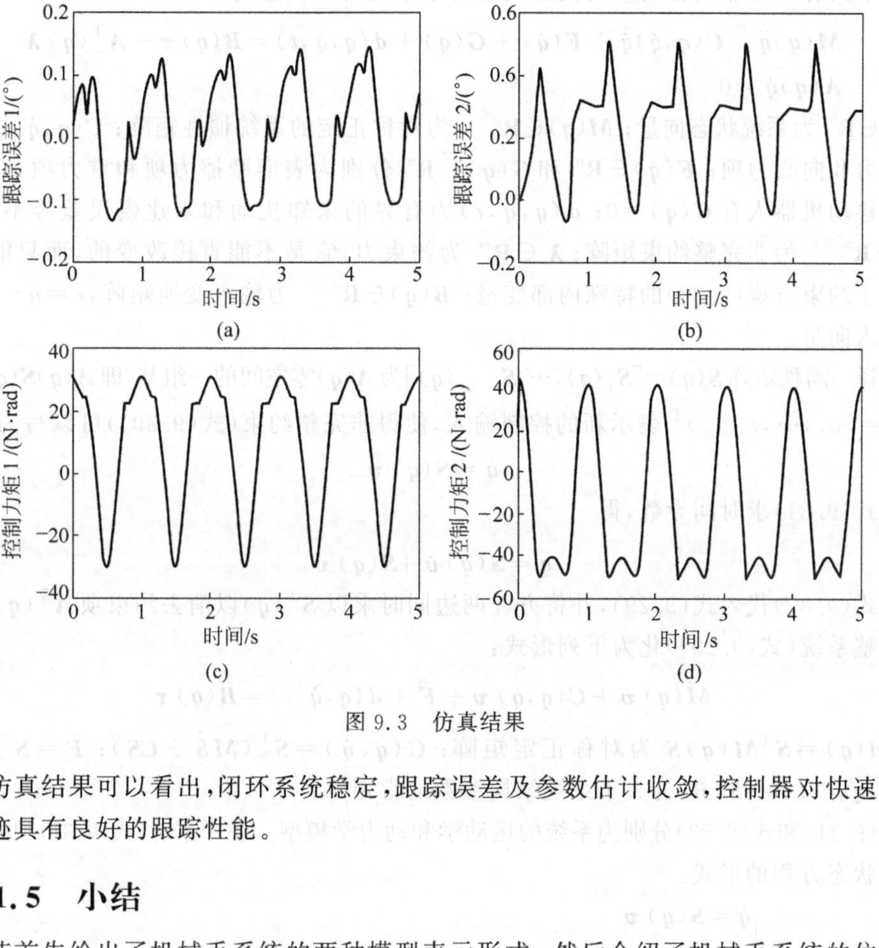

图 9.3　仿真结果

从仿真结果可以看出，闭环系统稳定，跟踪误差及参数估计收敛，控制器对快速变化的期望轨迹具有良好的跟踪性能。

9.1.5　小结

本节首先给出了机械手系统的两种模型表示形式；然后介绍了机械手系统的位置控制器设计方法。该方法采用 PD 控制器，实现关节的给定位置调节；最后应用自适应控制和非线性 H_∞ 控制方法实现轨迹跟踪控制，避免了采用线性化方法处理非线性问题带来的局部稳定特性，使得设计过程简单、灵活，具有直观的稳定性分析，并以仿真实例验证控制算法的正确性和有效性。

9.2　非完整移动机器人系统的控制

移动机器人是一种典型的非完整系统，由于存在非完整约束，因此移动机器人的动力学特性非常复杂，对其跟踪控制和点镇定控制问题求解也相当困难。本节采用前面的非线性控制器设计方法，结合非完整移动机器人系统的运动学和动力学模型，分别介绍非完整移动机器人系统的滑动模态变结构和快速终端滑动模态变结构轨迹跟踪控制器设计。该控制器能够克服不确定性的影响，且具有强鲁棒性，并给出仿真结果，以验证控制算法的有效性和正确性。

9.2.1 移动机器人模型

一个具有一阶非完整约束的机器人动力学系统可以描述为

$$\boldsymbol{M}(\boldsymbol{q})\ddot{\boldsymbol{q}}+\boldsymbol{C}(\boldsymbol{q},\dot{\boldsymbol{q}})\dot{\boldsymbol{q}}+\boldsymbol{F}(\dot{\boldsymbol{q}})+\boldsymbol{G}(\boldsymbol{q})+\boldsymbol{d}(\boldsymbol{q},\dot{\boldsymbol{q}},t)=\boldsymbol{B}(\boldsymbol{q})\boldsymbol{\tau}-\boldsymbol{A}^{\mathrm{T}}(\boldsymbol{q})\boldsymbol{\lambda} \tag{9.29}$$

$$\boldsymbol{A}(\boldsymbol{q})\dot{\boldsymbol{q}}=0 \tag{9.30}$$

式中，$\boldsymbol{q}\in\mathbf{R}^n$ 为系统状态向量；$\boldsymbol{M}(\boldsymbol{q})\in\mathbf{R}^{n\times n}$ 为对称正定的系统惯性矩阵；$\boldsymbol{C}(\boldsymbol{q},\dot{\boldsymbol{q}})\dot{\boldsymbol{q}}\in\mathbf{R}^{n\times n}$ 为哥氏力和向心力项；$\boldsymbol{F}(\dot{\boldsymbol{q}})\in\mathbf{R}^n$ 和 $\boldsymbol{G}(\boldsymbol{q})\in\mathbf{R}^n$ 分别为表面摩擦力项和重力项，对于水平面运动移动机器人有 $\boldsymbol{G}(\boldsymbol{q})=0$；$\boldsymbol{d}(\boldsymbol{q},\dot{\boldsymbol{q}},t)$ 为有界的未知扰动和未建模误差等不确定项；$\boldsymbol{A}(\boldsymbol{q})\in\mathbf{R}^{m\times n}$ 为非完整约束矩阵；$\boldsymbol{\lambda}\in\mathbf{R}^m$ 为约束力，它是不能直接改变的，而只能视为一个产生于约束方程(9.30)的特殊内部变量；$\boldsymbol{B}(\boldsymbol{q})\in\mathbf{R}^{n\times r}$ 为输入变换矩阵，$r=n-m$；$\boldsymbol{\tau}$ 为控制输入向量。

选择一满秩矩阵 $\boldsymbol{S}(\boldsymbol{q})=[\boldsymbol{S}_1(\boldsymbol{q}),\cdots,\boldsymbol{S}_{n-m}(\boldsymbol{q})]$ 为 $\boldsymbol{A}(\boldsymbol{q})$ 零空间的一组基，即 $\boldsymbol{A}(\boldsymbol{q})\boldsymbol{S}(\boldsymbol{q})=\boldsymbol{0}$，则存在 $\boldsymbol{v}=(v_1,\cdots,v_{n-m})^{\mathrm{T}}$ 表示新的控制输入，使得非完整约束(式(9.30))可以写为

$$\dot{\boldsymbol{q}}=\boldsymbol{S}(\boldsymbol{q})\boldsymbol{v} \tag{9.31}$$

对式(9.31)求时间导数，得

$$\ddot{\boldsymbol{q}}=\boldsymbol{S}(\boldsymbol{q})\dot{\boldsymbol{v}}+\dot{\boldsymbol{S}}(\boldsymbol{q})\boldsymbol{v} \tag{9.32}$$

将式(9.32)代入式(9.29)，并将方程两边同时乘以 $\boldsymbol{S}^{\mathrm{T}}(\boldsymbol{q})$ 以消去约束项 $\boldsymbol{A}^{\mathrm{T}}(\boldsymbol{q})\boldsymbol{\lambda}$，可以将非完整系统(式(9.29))化为下列形式：

$$\overline{\boldsymbol{M}}(\boldsymbol{q})\dot{\boldsymbol{v}}+\overline{\boldsymbol{C}}(\boldsymbol{q},\dot{\boldsymbol{q}})\boldsymbol{v}+\overline{\boldsymbol{F}}+\overline{\boldsymbol{d}}(\boldsymbol{q},\dot{\boldsymbol{q}},t)=\overline{\boldsymbol{B}}(\boldsymbol{q})\boldsymbol{\tau} \tag{9.33}$$

式中，$\overline{\boldsymbol{M}}(\boldsymbol{q})=\boldsymbol{S}^{\mathrm{T}}\boldsymbol{M}(\boldsymbol{q})\boldsymbol{S}$ 为对称正定矩阵；$\overline{\boldsymbol{C}}(\boldsymbol{q},\dot{\boldsymbol{q}})=\boldsymbol{S}^{\mathrm{T}}(\boldsymbol{M}\dot{\boldsymbol{S}}+\boldsymbol{C}\boldsymbol{S})$；$\overline{\boldsymbol{F}}=\boldsymbol{S}^{\mathrm{T}}\boldsymbol{F}$；$\overline{\boldsymbol{d}}=\boldsymbol{S}^{\mathrm{T}}\boldsymbol{d}(\boldsymbol{q},\dot{\boldsymbol{q}},t)$；$\overline{\boldsymbol{B}}=\boldsymbol{S}^{\mathrm{T}}\boldsymbol{B}$，为关于系统结构参数的常矩阵。

式(9.31)和式(9.33)分别为系统的运动学和动力学模型。整个系统(式(9.31)和式(9.33))可写成状态方程的形式：

$$\begin{cases}\dot{\boldsymbol{q}}=\boldsymbol{S}(\boldsymbol{q})\boldsymbol{v}\\ \dot{\boldsymbol{v}}=-\overline{\boldsymbol{M}}^{-1}(\boldsymbol{q})\overline{\boldsymbol{C}}(\boldsymbol{q},\dot{\boldsymbol{q}})\boldsymbol{v}+\overline{\boldsymbol{M}}^{-1}(\boldsymbol{q})[-\overline{\boldsymbol{F}}-\overline{\boldsymbol{d}}+\overline{\boldsymbol{B}}(\boldsymbol{q})\boldsymbol{\tau}]\end{cases} \tag{9.34}$$

考虑图9.4所示的非完整水平面运动移动机器人系统水平面运动，它由两个同轴的驱动轮、一个或多个平衡轮组成。在移动机器人的工作平面内建立直角坐标系，状态由两个驱动轮的轴中点 $\boldsymbol{\Omega}$ 在坐标系的位置及航向来表示。令 $\boldsymbol{q}=(x,y,\theta)^{\mathrm{T}}$，其中 (x,y) 为移动机器人的位置，θ 为其方向角，即前进方向与 X 轴夹角。

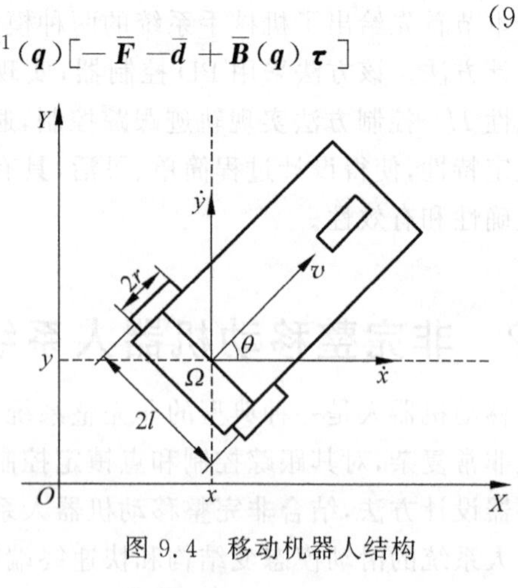

图 9.4 移动机器人结构

对于非完整移动机器人系统，其非完整约束(式(9.30))中的 $\boldsymbol{A}(\boldsymbol{q})$ 为

$$\boldsymbol{A}(\boldsymbol{q})=[-\sin\theta,\cos\theta,0] \tag{9.35}$$

选择一满秩矩阵 $\boldsymbol{S}(\boldsymbol{q})=[\boldsymbol{S}_1(\boldsymbol{q}),\boldsymbol{S}_2(\boldsymbol{q})]$ 为 $\boldsymbol{A}(\boldsymbol{q})$ 零空间的一组基，由式(9.31)可得

$$S(q)=\begin{bmatrix}\cos\theta & 0\\ \sin\theta & 0\\ 0 & 1\end{bmatrix}$$

则移动机器人的运动学模型表示为

$$\dot{q}=S(q)\cdot v=S(q)\cdot\begin{bmatrix}v\\ \omega\end{bmatrix}=\begin{bmatrix}\cos\theta & 0\\ \sin\theta & 0\\ 0 & 1\end{bmatrix}\begin{bmatrix}v\\ \omega\end{bmatrix}\tag{9.36}$$

式中，$\boldsymbol{v}=(v,\omega)^{\mathrm{T}}$，$v$ 和 ω 分别为移动机器人的平移线速度和转动角速度。

移动机器人轨迹跟踪控制任务是对任意初始误差，系统（式(9.34)和式(9.35)）在有界控制输入作用下，误差 $\boldsymbol{p}_{\mathrm{e}}=(x_{\mathrm{e}},y_{\mathrm{e}},\theta_{\mathrm{e}})^{\mathrm{T}}$ 有界，且 $\lim\limits_{t\to\infty}\|\boldsymbol{p}_{\mathrm{e}}\|=0$。移动机器人在平面坐标系内的位姿误差和位姿误差微分方程为

$$\begin{cases}\boldsymbol{p}_{\mathrm{e}}=\begin{bmatrix}x_{\mathrm{e}}\\ y_{\mathrm{e}}\\ \theta_{\mathrm{e}}\end{bmatrix}=\begin{bmatrix}\cos\theta & \sin\theta & 0\\ -\sin\theta & \cos\theta & 0\\ 0 & 0 & 1\end{bmatrix}\begin{bmatrix}x_{\mathrm{r}}-x\\ y_{\mathrm{r}}-y\\ \theta_{\mathrm{r}}-\theta\end{bmatrix}\\ \dot{\boldsymbol{p}}_{\mathrm{e}}=\begin{bmatrix}\dot{x}_{\mathrm{e}}\\ \dot{y}_{\mathrm{e}}\\ \dot{\theta}_{\mathrm{e}}\end{bmatrix}=\begin{bmatrix}\omega y_{\mathrm{e}}-v+v_{\mathrm{r}}\cos\theta_{\mathrm{e}}\\ -\omega x_{\mathrm{e}}+v_{\mathrm{r}}\sin\theta_{\mathrm{e}}\\ \omega_{\mathrm{r}}-\omega\end{bmatrix}\end{cases}\tag{9.37}$$

式中，$\boldsymbol{p}_{\mathrm{r}}=(x_{\mathrm{r}},y_{\mathrm{r}},\theta_{\mathrm{r}})^{\mathrm{T}}$，为参考轨迹某一点的位置坐标和航向；$v_{\mathrm{r}},\omega_{\mathrm{r}}$ 分别为参考轨迹的线速度和角速度。

引理 9.3　对任意 $x\in\mathbf{R}$ 且 $|x|<0$，有 $\varphi(x)=x\sin(\arctan x)\geqslant 0$，等号当且仅当 $x=0$ 时成立。

证明　显然，当 $x=0$ 时，$\varphi(0)=0$；当 $x\in(0,+\infty)$ 时，有 $\arctan x\in\left(0,\frac{\pi}{2}\right)$，因此 $\sin(\arctan x)>0$，得 $\varphi(x)>0$；当 $x\in(-\infty,0)$ 时，有 $\arctan x\in\left(-\frac{\pi}{2},0\right)$，因此 $\sin(\arctan x)<0$，得 $\varphi(x)>0$。

证毕。

9.2.2　基于运动学模型的滑动模态变结构轨迹跟踪控制

本小节以非完整移动机器人的运动学模型为对象，对其全局跟踪问题进行研究。对满足一定条件的参考模型可以实现全局指数跟踪，其中包括参考模型角速度和平移速度均趋于零这类情况，后面将推广到动力学模型进行研究。

假设 9.1　参考小车在任意时刻的平移线速度 v_{r} 和转动角速度 ω_{r} 不同时等于零。

非完整移动机器人运动学模型是多输入非线性系统。多输入非线性系统滑动模态控制切换函数设计是一难点，目前尚无系统和有效的设计方法。我们引入反演控制算法的思想设计变结构控制的切换函数。其思想是，对于式(9.37)，当 $x_{\mathrm{e}}=0$ 时，对部分李雅普诺夫函数 $V_y=\frac{1}{2}y_{\mathrm{e}}^2$ 考察。由引理 9.3 可知，$\theta_{\mathrm{e}}=-\arctan(v_{\mathrm{r}}y_{\mathrm{e}})$ 可使 y_{e} 收敛。显然，只要 x_{e} 收敛

到零，θ_e 收敛到 $-\arctan(v_r y_e)$，则 y_e 也收敛到零；同时，由 θ_e 的定义可知，$-\arctan(v_r y_e)$ 也将收敛到零，从而最终 θ_e 收敛到零。因此，只要设计 v 和 ω 使得 $x_e \to 0$ 且 $\theta_e \to -\arctan(v_r y_e)$，系统状态最终会收敛。根据该思想，我们设计的切换函数应使系统在滑动模态时有 $x_e=0$ 且 $\theta_e=-\arctan(v_r y_e)$，系统的滑动模态是渐近稳定的。于是设计滑动模态变结构控制的切换函数为

$$\boldsymbol{s}(\boldsymbol{p}_e)=\begin{bmatrix} s_1(\boldsymbol{p}_e) \\ s_2(\boldsymbol{p}_e) \end{bmatrix}=\begin{bmatrix} x_e \\ \theta_e+\arctan(v_r y_e) \end{bmatrix} \tag{9.38}$$

根据变结构控制理论，系统状态在变结构控制的作用下将于有限时间内到达滑动模态 $\boldsymbol{s}(\boldsymbol{p}_e)=\boldsymbol{0}$，即 $x_e=0$ 且 $\theta_e=-\arctan(v_r y_e)$。由于此滑动模态是渐近稳定的，因此在滑动运动下系统最终将实现 $\boldsymbol{p}_e=(x_e,y_e,\theta_e)^{\mathrm{T}}$ 收敛到零。

要想使系统存在滑动模态，必须满足到达条件 $\dot{\boldsymbol{s}}^{\mathrm{T}}(\boldsymbol{p}_e)\boldsymbol{s}(\boldsymbol{p}_e)<0$。采用指数趋近律

$$\dot{\boldsymbol{s}}=-\boldsymbol{k}\boldsymbol{s}-\boldsymbol{\Gamma}\operatorname{sgn}(\boldsymbol{s}) \tag{9.39}$$

式中，$\boldsymbol{k}=\operatorname{diag}(k_1,k_2)$，$\boldsymbol{\Gamma}=\operatorname{diag}(\delta_1,\delta_2)$，$k_1,k_2,\delta_1$ 和 δ_2 为正设计参数。根据滑动模态控制理论，系统满足可达条件 $\dot{\boldsymbol{s}}^{\mathrm{T}}(\boldsymbol{p}_e)\boldsymbol{s}(\boldsymbol{p}_e)<0$，且是全局到达的。系统状态将在滑动模态变结构控制作用下于有限时间内到达滑动模态 $\boldsymbol{s}(\boldsymbol{p}_e)=\boldsymbol{0}$，即 $x_e=0$ 且 $\theta_e=-\arctan(v_r y_e)$。下面求取变结构控制律 v 和 ω。令 $\alpha=\arctan(v_r y_e)$，对式(9.38)求时间导数，并将式(9.37)代入式(9.39)，得

$$\dot{\boldsymbol{s}}(\boldsymbol{p}_e)=\begin{bmatrix} -k_1 s_1-\delta_1\operatorname{sgn}(s_1) \\ -k_2 s_2-\delta_2\operatorname{sgn}(s_2) \end{bmatrix}=\begin{bmatrix} y_e\omega-v+v_r\cos\theta_e \\ \omega_r-\omega+\dfrac{\partial\alpha}{\partial v_r}\dot{v}_r+\dfrac{\partial\alpha}{\partial y_e}(-x_e\omega+v_r\sin\theta_e) \end{bmatrix} \tag{9.40}$$

最后计算得 v 和 ω 的表达式为

$$\begin{cases} v=y_e\omega+v_r\cos\theta_e+k_1 s_1+\delta_1\operatorname{sgn}(s_1) \\ \omega=\dfrac{\omega_r+\dfrac{\partial\alpha}{\partial v_r}\dot{v}_r+\dfrac{\partial\alpha}{\partial y_e}v_r\sin\theta_e+k_2 s_2+\delta_2\operatorname{sgn}(s_2)}{1+\dfrac{\partial\alpha}{\partial y_e}x_e} \end{cases} \tag{9.41}$$

只要 $v_r,\dot{v}_r$ 和 $\omega_r,\dot{\omega}_r$ 在 $[0,+\infty)$ 内有界，若 $v_r\neq 0$，有 $\lim\limits_{t\to\infty}x_e=0$，$\lim\limits_{t\to\infty}y_e=0$ 和 $\lim\limits_{t\to\infty}\bar{\theta}_e=2k\pi$，$k\in\mathbf{Z}$。由 θ_e 的定义可知，$\lim\limits_{t\to\infty}\theta_e=\lim\limits_{t\to\infty}[\bar{\theta}_e-\arctan(v_r y_e)]$，又由 $\lim\limits_{t\to\infty}y_e=0$ 可知，$\lim\limits_{t\to\infty}\theta_e=\lim\limits_{t\to\infty}\bar{\theta}_e=2k\pi$，$k\in\mathbf{Z}$，该式与 $\lim\limits_{t\to\infty}\theta_e=0$ 等价。因此，实际上有 $\lim\limits_{t\to\infty}\|(x_e,y_e,\theta_e)^{\mathrm{T}}\|=0$，则在式(9.41)的滑动模态控制作用下，$\boldsymbol{p}_e=(x_e,y_e,\theta_e)^{\mathrm{T}}$ 将收敛到零。

注意：*考虑到变结构控制存在的抖动问题，而且该问题对于移动机器人系统来说是不允许的，利用第 6 章的抖振削弱方法，将式(9.39)稍做修改，使之变为*

$$\dot{s}_i=-k_i s_i-\delta_i\frac{s_i(\boldsymbol{P}_e)}{s_i(\boldsymbol{P}_e)+\Delta_i},\quad i=1,2 \tag{9.42}$$

式中，Δ_i 为小正数，表示边界层宽度。

式(9.42)实际上是将光滑的连续函数代替了式(9.39)的符号函数 $\operatorname{sgn}(\boldsymbol{s})$。因此，相应的 v 和 ω 表达式为

$$\begin{cases} v = y_e\omega + v_r\cos\theta_e + k_1 s_1 + \delta_1 \dfrac{s_1(\boldsymbol{p}_e)}{s_1(\boldsymbol{p}_e)+\Delta_i} \\ \omega = \dfrac{\omega_r + \dfrac{\partial\alpha}{\partial v_r}\dot{v}_r + \dfrac{\partial\alpha}{\partial y_e}v_r\sin\theta_e + k_2 s_2 + \delta_2 \dfrac{s_2(\boldsymbol{p}_e)}{s_2(\boldsymbol{p}_e)+\Delta_i}}{1+\dfrac{\partial\alpha}{\partial y_e}x_e} \end{cases} \tag{9.43}$$

注意：可以改变 Δ_i 的大小以改变边界层的宽度，Δ_i 值越小，边界层越薄，误差可以保证收敛到越小的范围；缺点是系统失去了渐近稳定性，只能保证全局一致最终有界。

这里只给出了一种基于运动学模型的移动机器人轨迹跟踪控制器设计方法。最近几年，还有许多其他轨迹跟踪控制器的设计方法，有兴趣的读者可参考有关文献。

9.2.3　基于动力学模型的快速终端滑动模态变结构轨迹跟踪控制

动力学模型是系统最本质的模型，也更复杂，且存在诸如摩擦力、质量和转动惯量等不确定项，为系统综合带来了很大困难。下面结合移动机器人的运动学模型和动力学模型，研究不确定非完整移动机器人的全局跟踪问题。对满足一定条件的参考轨迹可以实现全局渐近跟踪，并根据李雅普诺夫理论证明系统全局渐近稳定。该设计方法简单，得到的控制律具有强鲁棒性，并给出了算例及仿真。

移动机器人轨迹跟踪控制器设计方法一般是针对运动学模型寻求速度控制量 $\boldsymbol{v}(t)$，以达到轨迹跟踪的目的。将速度控制量 $\boldsymbol{v}(t)$ 引入力矩控制量 $\boldsymbol{\tau}$ 的设计中，使得移动机器人动力学模型在有界输入 $\boldsymbol{\tau}$ 控制下完成对期望轨迹的跟踪。利用反演设计方法，引入虚拟控制量 $\boldsymbol{u}$，并令 $\dot{\boldsymbol{v}}=\boldsymbol{u}$。根据式(9.33)可得

$$\boldsymbol{\tau} = \overline{\boldsymbol{B}}^{-1}(\overline{\boldsymbol{M}}\boldsymbol{u} + \overline{\boldsymbol{C}}\boldsymbol{v} + \overline{\boldsymbol{F}} + \bar{\boldsymbol{d}}) \tag{9.44}$$

步骤 1　对移动机器人位姿误差微分方程(9.37)，定义李雅普诺夫函数：

$$V_1 = \frac{1}{2}(x_e^2 + y_e^2) + \frac{1}{k_2}(1-\cos\theta_e) \tag{9.45}$$

式中，k_2 为正常数。

对李雅普诺夫函数 V_1 求时间导数，得

$$\dot{V}_1 = x_e(\omega y_e - v + v_r\cos\theta_e) + y_e(-\omega x_e + v_r\sin\theta_e) + \frac{1}{k_2}\sin\theta_e(\omega_r - \omega) \tag{9.46}$$

若取移动机器人的平移线速度 v 和转动角速度 ω 的期望值为 v_d,ω_d 为

$$\boldsymbol{v}_d = \begin{bmatrix} v_d \\ \omega_d \end{bmatrix} = \begin{bmatrix} v_r\cos\theta_e + k_1 x_e \\ \omega_r + k_2 v_r y_e + k_3 v_r \sin\theta_e \end{bmatrix} \tag{9.47}$$

式中，k_1 和 k_3 为正常数。

定义移动机器人的平移线速度 v、转动角速度 ω 和其期望值 v_d,ω_d 之间的速度误差为

$$\boldsymbol{e}_d = \boldsymbol{v} - \boldsymbol{v}_d = \begin{bmatrix} e_1 \\ e_2 \end{bmatrix} = \begin{bmatrix} v - v_r\cos\theta_e - k_1 x_e \\ \omega - \omega_r - k_2 v_r y_e - k_3 v_r\sin\theta_e \end{bmatrix} \tag{9.48}$$

将式(9.48)代入式(9.46)，得

$$\dot{V}_1 = -k_1 x_e^2 - \frac{k_3}{k_2}v_r\sin^2\theta_e - e_1 x_e - e_2\frac{1}{k_2}\sin\theta_e \tag{9.49}$$

将误差项 e_1,e_2 代入下面的设计中进行处理。

步骤 2　应用快速终端滑动模态思想，假定虚拟控制量

$$\boldsymbol{u}=\dot{\boldsymbol{v}}_{\mathrm{d}}+\boldsymbol{\alpha}\begin{bmatrix}e_1^{q/p}\\ e_2^{q/p}\end{bmatrix}+\boldsymbol{\beta}(\boldsymbol{v}_{\mathrm{d}}-\boldsymbol{v})\tag{9.50}$$

式中，$\boldsymbol{\alpha}=k_4\boldsymbol{I}$，$\boldsymbol{\beta}=k_5\boldsymbol{I}$，$k_4$，$k_5$ 为正常数；p，q 为正奇数，且 $q<p<2q$。

速度误差 $\boldsymbol{e}_{\mathrm{d}}$ 的导数为

$$\dot{\boldsymbol{e}}_{\mathrm{d}}=\dot{\boldsymbol{v}}-\dot{\boldsymbol{v}}_{\mathrm{d}}=\boldsymbol{u}-\dot{\boldsymbol{v}}_{\mathrm{d}}=-\boldsymbol{\alpha}\begin{bmatrix}e_1^{q/p}\\ e_2^{q/p}\end{bmatrix}-\boldsymbol{\beta}\boldsymbol{e}_{\mathrm{c}}\tag{9.51}$$

式(9.51)中$\boldsymbol{v}_{\mathrm{d}}$ 的微分方程为

$$\dot{\boldsymbol{v}}_{\mathrm{d}}=\begin{bmatrix}\dot{v}_{\mathrm{r}}\cos\theta_{\mathrm{e}}+k_1\dot{x}_{\mathrm{e}}-v_{\mathrm{r}}\dot{\theta}_{\mathrm{e}}\sin\theta_{\mathrm{e}}\\ \dot{\omega}_{\mathrm{r}}+k_2\dot{v}_{\mathrm{r}}y_{\mathrm{e}}+k_2v_{\mathrm{r}}\dot{y}_{\mathrm{e}}+k_3\dot{v}_{\mathrm{r}}\sin\theta_{\mathrm{e}}+k_3v_{\mathrm{r}}\dot{\theta}_{\mathrm{e}}\cos\theta_{\mathrm{e}}\end{bmatrix}\tag{9.52}$$

若假设参考线速度、角速度为常量，则

$$\dot{\boldsymbol{v}}_{\mathrm{d}}=\begin{bmatrix}k_1\dot{x}_{\mathrm{e}}-v_{\mathrm{r}}\dot{\theta}_{\mathrm{e}}\sin\theta_{\mathrm{e}}\\ k_2v_{\mathrm{r}}\dot{y}_{\mathrm{e}}+k_3v_{\mathrm{r}}\dot{\theta}_{\mathrm{e}}\cos\theta_{\mathrm{e}}\end{bmatrix}\tag{9.53}$$

此时，定义快速终端滑动模态面[8] $\boldsymbol{s}$ 为

$$\boldsymbol{s}=\dot{\boldsymbol{e}}_{\mathrm{d}}+\boldsymbol{\alpha}\begin{bmatrix}e_1^{q/p}\\ e_2^{q/p}\end{bmatrix}+\boldsymbol{\beta}\boldsymbol{e}_{\mathrm{d}}\tag{9.54}$$

将式(9.51)式代入式(9.54)可知，快速终端滑动模态面 $\boldsymbol{s}$ 的各元素为 0，所以速度误差 $\boldsymbol{e}_{\mathrm{d}}$ 将在有限时间 $t_{\mathrm{s}}=\max(t_1,t_2)$ 内收敛。t_1、t_2 由下式决定：

$$t_i=\frac{p}{k_4(p-q)}\ln\frac{k_4e_i(0)^{(p-q)/p}+k_5}{k_5},\quad i=1,2\tag{9.55}$$

至此，完成了非完整移动机器人的快速终端滑动模态轨迹跟踪控制器设计，上述推导过程用下面的定理给出。

定理 9.2　考虑由式(9.29)和式(9.30)描述的非完整移动机器人系统，设计了快速终端滑动模态轨迹跟踪控制器，使得对任意初始误差，跟踪误差 $\boldsymbol{e}=[x_{\mathrm{e}},y_{\mathrm{e}},\theta_{\mathrm{e}}]^{\mathrm{T}}$ 有界，并在有限时间 t_{s} 内趋于 0。

证明　定义如下李雅普诺夫函数：

$$V_2=2k_1V_1+\frac{1}{2k_5}\left(e_1^2+\frac{k_1}{k_2k_3v_{\mathrm{r}}}e_2^2\right)\tag{9.56}$$

对李雅普诺夫函数 V_2 求时间导数，得

$$\begin{aligned}\dot{V}_2&=2k_1\dot{V}_1+\frac{1}{k_5}e_1\dot{e}_1+\frac{k_1}{k_5k_2k_3v_{\mathrm{r}}}e_2\dot{e}_2\\ &=-2k_1^2x_{\mathrm{e}}^2-2k_1x_{\mathrm{e}}e_1-\frac{2k_1}{k_2}\sin\theta_{\mathrm{e}}e_2-\frac{2k_1k_3}{k_2}v_{\mathrm{r}}\sin^2\theta_{\mathrm{e}}-\\ &\quad\frac{k_4}{k_5}e_1^{q/p+1}-e_1^2-\frac{k_1k_4}{k_5k_2k_3v_{\mathrm{r}}}e_2^{q/p+1}-\frac{k_1}{k_2k_3v_{\mathrm{r}}}e_2^2\\ &\leqslant-k_1^2x_{\mathrm{e}}^2-\frac{k_1k_3}{k_2}v_{\mathrm{r}}\sin^2\theta_{\mathrm{e}}-(k_1x_{\mathrm{e}}+e_1)^2-\frac{k_1}{k_2k_3v_{\mathrm{r}}}(k_3v_{\mathrm{r}}\sin\theta_{\mathrm{e}}+e_2)^2\leqslant 0\end{aligned}\tag{9.57}$$

由式(9.57)可知,系统误差 $\boldsymbol{E}=[\boldsymbol{e},\boldsymbol{e}_e]^T$ 是有界的。由式(9.37)、式(9.47)、式(9.48)和式(9.57)可以推出 $\|\boldsymbol{E}\|$ 及 $\|\dot{\boldsymbol{E}}\|$ 均有界,可得 $\|\dot{V}_2\|<\infty$,$\dot{V}_2$ 是一致连续的。由于 $V_2(t)$ 收敛到一个有限的极限值,根据巴巴拉特引理和快速终端滑动模态原理,$\dot{V}_2\to 0$。又当 $t\to t_s$ 时,有 $\boldsymbol{e}_e=[e_1,e_2]^T\to 0$,得

$$k_1^2x_e^2+\frac{k_1k_3}{k_2}v_r\sin^2\theta_e=0 \tag{9.58}$$

由式(9.58)可知,当 $t\to t_s$ 时,有 $[x_e\quad\theta_e]^T\to 0$。由 $\boldsymbol{e}_e$ 的定义可得,当 $t\to t_s$ 时,$y_e\to 0$,即跟踪误差 $\boldsymbol{p}_e=[x_e,y_e,\theta_e]^T$ 有界,且 $\lim\limits_{t\to t_s}\|\boldsymbol{p}_e\|=0$。

例 9.3　针对运动学模型描述的移动机器人系统,为了验证误差收敛的全局特性,各种初始条件和仿真结果如表 9.1 所示,移动机器人的初始位姿为$(0,0,\pi/4)$,取 $k_i=3,\delta_i=6$,$\Delta_i=0.05,i=1,2$,图 9.5 和图 9.6 为移动机器人跟踪直线和圆弧运动的仿真结果。

表 9.1　移动机器人初始条件与仿真结果

初始误差(x_e,y_e,θ_e)	期望速度(v_r,ω_r)	仿真结果
$(4,\ -3,\pi/3)$	$(1,0)$	图 9.5
$(4,\ -3,\pi/3)$	$(1,1)$	图 9.6

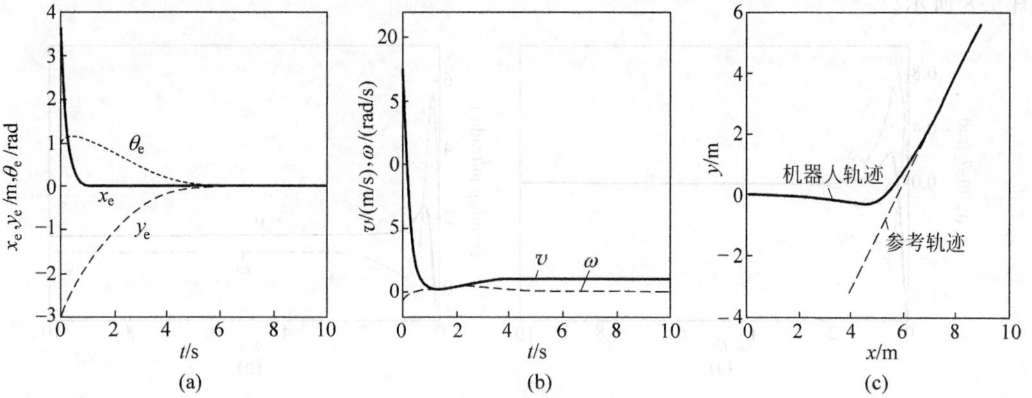

图 9.5　移动机器人跟踪直线运动的仿真结果

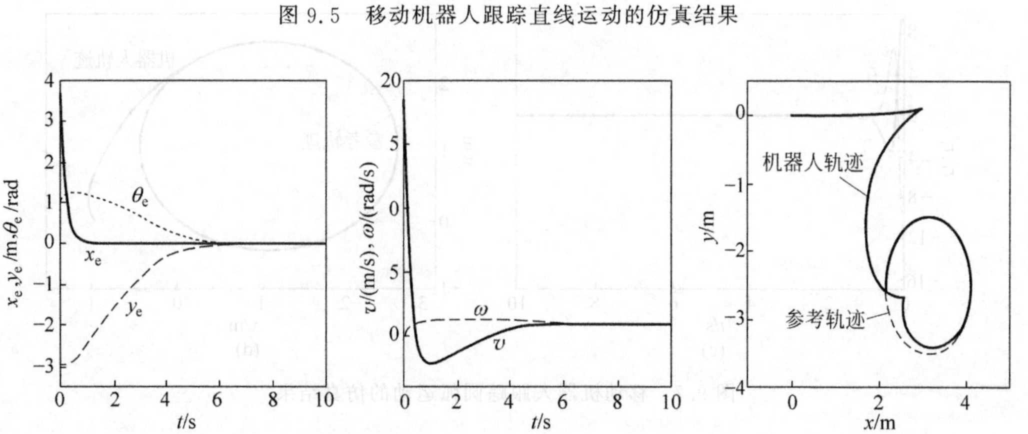

图 9.6　移动机器人跟踪圆弧运动的仿真结果

从仿真结果可以看出，无论初始误差条件如何变化，系统状态在变结构控制作用下都会最终收敛。移动机器人在变结构控制下具有很好的轨迹跟踪性能。

例 9.4　忽略表面摩擦及不确定性干扰后，非完整移动机器人的动力学模型为

$$\begin{cases} \ddot{x} = \dfrac{\lambda}{m}\sin\theta + \dfrac{1}{rm}(\tau_{\mathrm{r}} + \tau_{\mathrm{l}})\cos\theta \\ \ddot{y} = -\dfrac{\lambda}{m}\cos\theta + \dfrac{1}{rm}(\tau_{\mathrm{r}} + \tau_{\mathrm{l}})\sin\theta \\ \ddot{\theta} = \dfrac{1}{rJ_0}(\tau_{\mathrm{r}} - \tau_{\mathrm{l}}) \end{cases}$$

式中，m 和 J_0 分别为移动机器人的质量和转动惯量；$\lambda = -m\dot{\theta}(\dot{x}\cos\theta + \dot{y}\sin\theta)$。

在 MATLAB 环境下对移动机器人进行仿真研究。控制器参数取为 $k_2=2.5$，$k_1=k_3=4$，$k_4=k_5=5$；$p=3$，$q=5$，$m=J_0=1$，$r=0.5$。期望轨迹的选取分为两种情况：第一种情况 $v_{\mathrm{r}}=1.5$，$\omega_{\mathrm{r}}=1$，即期望轨迹做圆弧运动，当初始值为 $x_{\mathrm{r}}(0)=0.0\mathrm{m}$，$y_{\mathrm{r}}(0)=0.0\mathrm{m}$，$\theta_{\mathrm{r}}(0)=\pi/4\mathrm{rad}$；$x(0)=1.0\mathrm{m}$，$y(0)=0.0\mathrm{m}$，$\theta(0)=0\mathrm{rad}$ 时，仿真结果如图 9.7 所示；第二种情况 $v_{\mathrm{r}}=1.5-1.5t/(t+10)$，$\omega_{\mathrm{r}}=1+2t/(t+10)$，即期望轨迹初始时为平移变速且旋转变速运动，随着 $t\to\infty$ 为旋转趋于匀速且平移趋于 0 的运动，当初始值为 $x_{\mathrm{r}}(0)=0.0\mathrm{m}$，$y_{\mathrm{r}}(0)=0.0\mathrm{m}$，$\theta_{\mathrm{r}}(0)=0\mathrm{rad}$；$x(0)=1.2\mathrm{m}$，$y(0)=0.4\mathrm{m}$，$\theta(0)=-1\mathrm{rad}$ 时，仿真结果如图 9.8 所示。

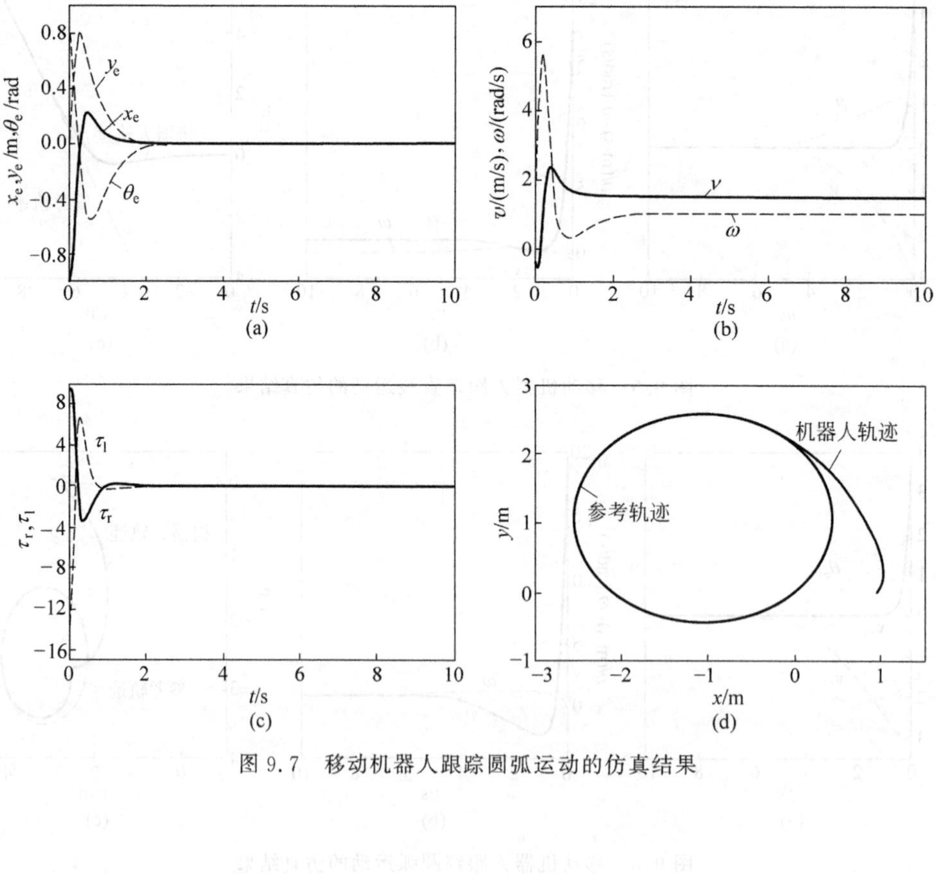

图 9.7　移动机器人跟踪圆弧运动的仿真结果

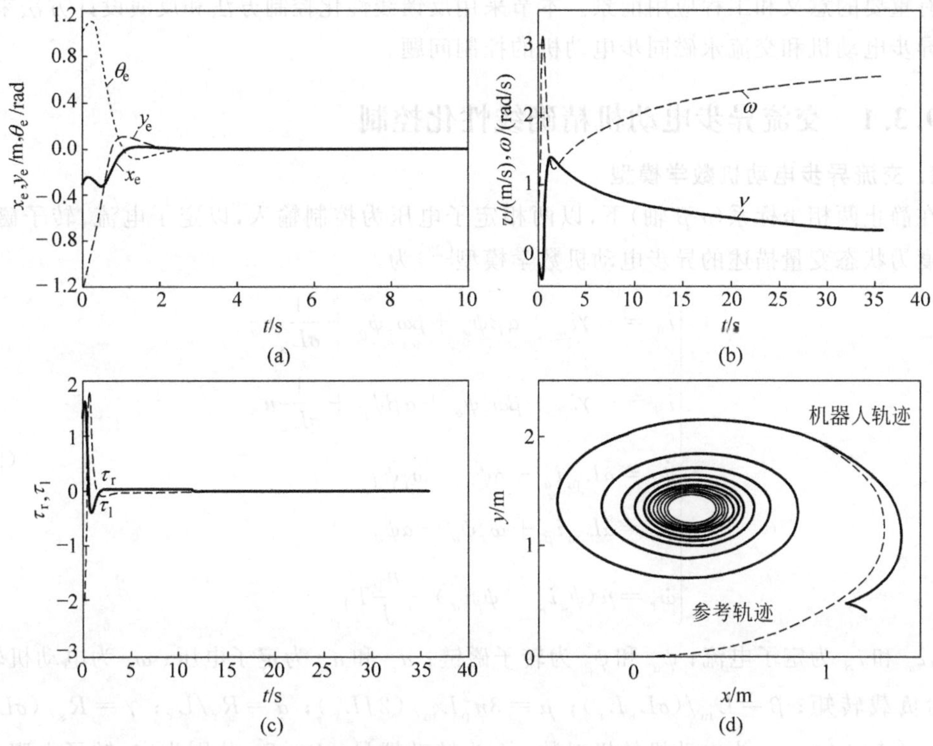

图 9.8　移动机器人跟踪平面运动的仿真结果

从仿真结果可以看出，对于任意参考轨迹（直线、圆弧等），移动机器人在快速终端滑动模态轨迹跟踪控制器的作用下，跟踪误差都会在有限时间内收敛到零，且具有很好的轨迹跟踪性能。

9.2.4　小结

本节首先给出了非完整移动机器人系统的运动学和动力学模型，然后介绍了基于运动学模型的滑动模态变结构轨迹跟踪控制器设计方法，实现了移动机器人对参考轨迹的渐近跟踪。动力学模型是非完整移动机器人系统最本质、也更复杂的模型，且存在诸如摩擦力、质量和转动惯量等不确定项，介绍了基于动力学模型的终端滑动模态变结构器设计方法，实现了非完整移动机器人对参考轨迹的全局渐近跟踪，避免了采用线性化方法处理非线性问题带来的局部稳定特性，使得设计过程简单、灵活，并具全局渐近稳定性。

9.3　交流电动机系统的非线性控制

在交流调速中应用最广的异步电动机是一个存在复杂耦合关系的 MIMO 非线性系统，设计具有高性能的转速和磁链控制器有一定的困难，20 世界 70 年代提出的矢量控制方法通过定向磁场弱化了系统中的非线性与耦合，在实践中得到广泛的应用。近年来，交流永磁同步电动机得到了迅速发展，由于其体积小、质量小、转速控制精度高，因此在高精度控制的场合得到广泛的应用，大有取代交流异步电动机的趋势。因此，研究交流永磁同步电动机的控制有重要的意义和工程应用前景。本节采用反馈线性化控制方法和反演设计方法来研究交流异步电动机和交流永磁同步电动机的控制问题。

9.3.1 交流异步电动机精确线性化控制

1. 交流异步电动机数学模型

在静止两相坐标系(α-β 轴)下，以两相定子电压为控制输入，以定子电流、转子磁链和角速度为状态变量描述的异步电动机数学模型[22]为

$$\begin{cases}\dot{i}_\alpha=-\gamma i_\alpha+\alpha\beta\psi_\alpha+\beta\omega_r\psi_\beta+\dfrac{1}{\sigma L_s}u_\alpha\\ \dot{i}_\beta=-\gamma i_\beta-\beta\omega_r\psi_\alpha+\alpha\beta\psi_\beta+\dfrac{1}{\sigma L_s}u_\beta\\ \dot{\psi}_\alpha=\alpha L_m i_\alpha-\alpha\psi_\alpha-\omega_r\psi_\beta\\ \dot{\psi}_\beta=\alpha L_m i_\beta+\omega_r\psi_\alpha-\alpha\psi_\beta\\ \dot{\omega}_r=\mu(\psi_\alpha i_\beta-\psi_\beta i_\alpha)-\dfrac{n_p}{J}T_L\end{cases}\tag{9.59}$$

式中，i_α 和 i_β 为定子电流；ψ_α 和 ψ_β 为转子磁链；u_α 和 u_β 为定子电压；ω_r 为电动机转速；T_L 为负载转矩；$\beta=L_m/(\sigma L_s L_r)$；$\mu=3n_p^2L_m/(2JL_r)$；$\alpha=R_r/L_r$；$\gamma=R_s/(\sigma L_s)+L_m^2R_r/(\sigma L_s L_r^2)$；$n_p$ 为电动机的极对数；J 为转动惯量；R_s、R_r 分别为定、转子电阻；L_s、L_r 和 L_m 分别为定、转子的自感及其互感；漏感系数 $\sigma=1-L_m^2/L_sL_r$。

用转速和磁链幅值的平方和表示受控输出：

$$\begin{cases}y_1=\omega_r\\ y_2=\psi_\alpha^2+\psi_\beta^2\end{cases}\tag{9.60}$$

设异步电动机调速系统的期望输出指令值为 ω_{ref} 和 ψ_{ref}^2，控制目标是使得电动机的转速 ω_r 跟踪指令值 ω_{ref} 及磁链幅值或使($\psi_\alpha^2+\psi_\beta^2$)跟踪指令值 ψ_{ref}^2，即

$$\begin{cases}y_1=y_{1ref}=\omega_{ref}\\ y_2=y_{2ref}=\psi_{ref}^2\end{cases}\tag{9.61}$$

2. 交流异步电动机精确反馈线性化控制器设计

下面根据第5章介绍的精确反馈线性化方法，设计交流异步电动机系统的精确反馈线性化跟踪控制器。

对两个输出分别求导，可得

$$\dot{y}_1=\mu(\psi_\alpha i_\beta-\psi_\beta i_\alpha)-\frac{n_p}{J}T_L\tag{9.62}$$

$$\begin{aligned}\ddot{y}_1&=\mu(\dot{\psi}_\alpha i_\beta+\psi_\alpha\dot{i}_\beta-\dot{\psi}_\beta i_\alpha-\psi_\beta\dot{i}_\alpha)=-\mu\beta\omega_r(\psi_\alpha^2+\psi_\beta^2)-\mu(\alpha+\gamma)(\psi_\alpha i_\beta-\psi_\beta i_\alpha)-\\&\quad\mu\omega_r(\psi_\alpha i_\alpha+\psi_\beta i_\beta)-\frac{\mu}{\sigma L_s}\psi_\beta u_\alpha+\frac{\mu}{\sigma L_s}\psi_\alpha u_\beta\\&=A_1(\cdot)+B_{11}(\cdot)u_\alpha+B_{12}(\cdot)u_\beta\end{aligned}\tag{9.63}$$

$$\dot{y}_2=2(\psi_\alpha\dot{\psi}_\alpha+\psi_\beta\dot{\psi}_\beta)=-2\alpha(\psi_\alpha^2+\psi_\beta^2)+2\alpha L_m(\psi_\alpha i_\alpha+\psi_\beta i_\beta) \tag{9.64}$$

$$\begin{aligned}\ddot{y}_2=&(4\alpha^2+2\alpha^2\beta L_m)(\psi_\alpha^2+\psi_\beta^2)+2\alpha L_m\omega_r(\psi_\alpha i_\beta-\psi_\beta i_\alpha)+2\alpha^2L_m^2(i_\alpha^2+i_\beta^2)-\\&(6\alpha^2L_m+2\alpha\gamma L_m)(\psi_\alpha i_\alpha+\psi_\beta i_\beta)+\frac{2\alpha L_m}{\sigma L_s}\psi_\alpha u_\alpha+\frac{2\alpha L_m}{\sigma L_s}\psi_\beta u_\beta\\=&A_2(\cdot)+B_{21}(\cdot)u_\alpha+B_{22}(\cdot)u_\beta\end{aligned} \tag{9.65}$$

$\ddot{y}_1$ 和 $\ddot{y}_2$ 中均会出现控制输入 u_α, u_β，系统的相对阶为 $r=r_1+r_2=4$，至此可以根据式(9.62)～式(9.65)选定四个新的状态。

电动机中的磁链空间矢量在原系统中由两个坐标轴上的两个状态变量表示，而新状态变量中的 y_2 仅为磁链矢量幅值的函数，所以想到选择磁链矢量的幅角作为第五个状态变量，等价地描述磁链空间矢量，最后可得坐标变换为

$$\begin{cases}z_1=y_1\\z_2=\dot{y}_1\\z_3=y_2\\z_4=\dot{y}_2\\z_5=\arctan(\psi_\beta/\psi_\alpha)\end{cases} \tag{9.66}$$

可以验证上述坐标变换在磁链不为零时是可逆的。在上述坐标变换的基础上，再引入下述的状态反馈就可以完成系统的反馈线性化。

若记 $\boldsymbol{B}=\begin{bmatrix}B_{11}(\cdot) & B_{12}(\cdot)\\B_{21}(\cdot) & B_{22}(\cdot)\end{bmatrix}$，令

$$\begin{bmatrix}\ddot{y}_1\\\ddot{y}_2\end{bmatrix}=\begin{bmatrix}A_1(\cdot)\\A_2(\cdot)\end{bmatrix}+\boldsymbol{B}\begin{bmatrix}u_\alpha\\u_\beta\end{bmatrix}=\begin{bmatrix}v_1\\v_2\end{bmatrix} \tag{9.67}$$

则由式(9.66)和式(9.67)，系统可以简化为

$$\begin{cases}\dot{z}_1=z_2\\\dot{z}_2=v_1\\\dot{z}_3=z_4\\\dot{z}_4=v_2\\\dot{z}_5=z_1+\dfrac{\alpha L_m}{\mu z_3}\left(z_2+\dfrac{n_p}{J}T_L\right)\end{cases} \tag{9.68}$$

式中，v_1, v_2 为虚拟控制输入量。

由式(9.67)可得系统的实际输入控制律为

$$\begin{bmatrix}u_\alpha\\u_\beta\end{bmatrix}=\boldsymbol{B}^{-1}\begin{bmatrix}v_1-A_1(\cdot)\\v_2-A_2(\cdot)\end{bmatrix} \tag{9.69}$$

式中，

$$\boldsymbol{B}^{-1}=\frac{1}{-2\dfrac{\alpha L_m\mu}{(\sigma L_s)^2}(\psi_\alpha^2+\psi_\beta^2)}\begin{bmatrix}B_{22}(\cdot) & -B_{12}(\cdot)\\-B_{21}(\cdot) & B_{11}(\cdot)\end{bmatrix} \tag{9.70}$$

当磁链不为零时式(9.70)存在,从而精确反馈线性化有解。另外,注意到式(9.70)在形式上与矢量控制中的Park变换非常类似,从而可以把直流量变换成交流量。从式(9.68)中的前四个方程可以看出,反馈线性化后不但实现了输入/输出间的线性化,而且两个输出完全解耦。原系统可以分解成两个线性子系统,输入 v_1 独立控制转速 z_1,v_2 独立控制磁链幅值平方 z_3。对于这个简单的线性系统,可以按如下方法设计 v_1,v_2 的闭环调节器:

$$\begin{cases}v_1=-k_{11}(y_1-y_{1\mathrm{ref}})-k_{12}\dot{y}_1\\v_2=-k_{21}(y_2-y_{2\mathrm{ref}})-k_{22}\dot{y}_2\end{cases}\tag{9.71}$$

系统的精确反馈线性控制系统框图如图9.9所示。

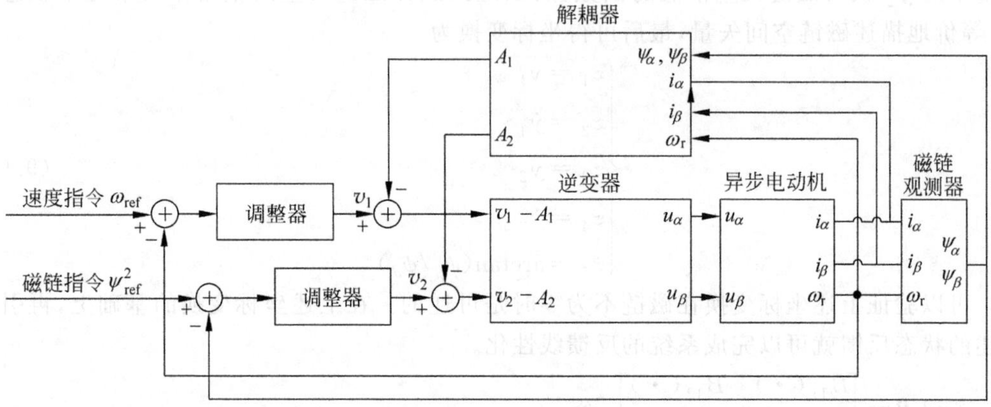

图9.9　精确反馈线性化控制系统框图

要使上述方法有效,还必须验证式(9.68)中最后一个方程,即系统零动态系统的稳定性。假定系统输入已使系统输出理想的跟踪系统的期望输出,即系统达到平衡工作点,满足式(9.61),则式(9.68)中的 z_1,z_2,z_3 和 z_4 均为系统在平衡工作点的值,可得零动态方程为

$$\dot{z}_5=\omega_{\mathrm{ref}}+\frac{\alpha L_{\mathrm{m}}}{\mu\psi^2_{\mathrm{ref}}}\frac{n_{\mathrm{p}}}{J}T_{\mathrm{L}}\tag{9.72}$$

由式(9.72)可以看出,此时状态 z_5 会随时间不断增长,看起来是发散的。但考虑到状态的实际物理意义,那些与储能环节有关的状态由于要受到物理限制,因此可以沿用传统的李雅普诺夫意义下的稳定定义,是不能发散的;而对于和能量没有直接关系的某些状态,如角度和位移等,它们的无限增长并不影响实际系统的稳定性。而上面零动态方程中的状态 z_5,其物理意义正是角度,系统在稳定运行时 z_5 就是随时间不断增长的。因此,状态 z_5 不会对系统的稳定性造成破坏。上述分析也适用于不同的平衡点(对应不同的 ω_{ref} 和 ψ^2_{ref})。因此,式(9.68)是可镇定的,说明上述反馈线性化的方法是有效的。

9.3.2　交流异步电动机反演控制

为了推导方便,将异步电动机系统的数学模型转化为

机械子系统:

$$\begin{cases}\dot{\omega}_r=\mu(\psi_\alpha i_\beta-\psi_\beta i_\alpha)-\dfrac{n_p}{J}T_L\\ L_1\dot{i}_\alpha=-R_1 i_\alpha+R_2\psi_\alpha+L_2\omega_r\psi_\beta+u_\alpha\\ L_1\dot{i}_\beta=-R_1 i_\beta-L_2\omega_r\psi_\alpha+R_2\psi_\beta+u_\beta\end{cases}\tag{9.73a}$$

电磁子系统：

$$\begin{cases}\dot{\psi}_\alpha=R_3 i_\alpha-\alpha\psi_\alpha-\omega_r\psi_\beta\\ \dot{\psi}_\beta=R_3 i_\beta+\omega_r\psi_\alpha-\alpha\psi_\beta\end{cases}\tag{9.73b}$$

式中，$L_1=\sigma L_s$；$L_2=L_m/L_r$；$R_1=R_s+R_r L_m^2/L_r^2$；$R_2=R_r L_m/L_r^2$；$R_3=\alpha L_m$。

根据第 6 章介绍的反演设计方法，可以将异步电动机调速系统的跟踪问题简化为跟踪误差在原点的稳定问题，下面给出具体的设计步骤。

步骤 1　定义转速的跟踪误差为

$$\eta_\omega=\omega_{ref}-\omega_\tau\tag{9.74}$$

则可得 η_ω 的扰动方程为

$$\mu^{-1}\dot{\eta}_\omega=W_\omega-(\psi_\alpha i_\beta-\psi_\beta i_\alpha)=W_\omega-u_\omega+\eta_T\tag{9.75}$$

式中，

$$W_\omega=\mu^{-1}\left(\dot{\omega}_{ref}+\frac{n_p}{J}T_L\right)\tag{9.76}$$

$$\eta_T=u_\omega-(\psi_\alpha i_\beta-\psi_\beta i_\alpha)\tag{9.77}$$

定义磁链的跟踪误差为

$$\eta_\psi=\psi_{ref}^2-(\psi_\alpha^2+\psi_\beta^2)\tag{9.78}$$

则可得 η_ψ 的扰动方程为

$$R_3^{-1}\dot{\eta}_\psi=W_\psi-2(\psi_\alpha i_\alpha+\psi_\beta i_\beta)=W_\psi-u_\psi+\eta_I\tag{9.79}$$

式中，

$$W_\psi=2R_3^{-1}\psi_{ref}\dot{\psi}_{ref}+2\alpha R_3^{-1}(\psi_\alpha^2+\psi_\beta^2)\tag{9.80}$$

$$\eta_I=u_\psi-2(\psi_\alpha i_\alpha+\psi_\beta i_\beta)\tag{9.81}$$

由于式(9.75)和式(9.79)中尚未出现实际的控制输入 u_α 和 u_β，因此可将 u_ω 和 u_ψ 看作虚拟控制量，如果跟踪误差 η_T 和 η_I 为零，则不难设计恰当的 u_ω 和 u_ψ，驱动跟踪误差收敛于原点。

步骤 2　为保证 η_T 和 η_I 趋近于零，需研究其扰动方程，对式(9.77)和式(9.81)求导，得

$$L_2\dot{\eta}_T=W_T-(\psi_\alpha u_\beta-\psi_\beta u_\alpha)\tag{9.82}$$

$$L_1\dot{\eta}_I=W_I-(\psi_\alpha u_\alpha+\psi_\beta u_\beta)\tag{9.83}$$

式中，

$$\begin{aligned}W_T=&L_1\dot{u}_\omega+L_2\omega_r(\psi_\alpha^2+\psi_\beta^2)+(L_1\alpha+R_1)(\psi_\alpha i_\beta-\psi_\beta i_\alpha)+\\&L_1\omega_r(\psi_\beta i_\beta+\psi_\alpha i_\alpha)\end{aligned}\tag{9.84}$$

$$\begin{aligned}W_I=&L_1\dot{u}_\psi-R_2(\psi_\alpha^2+\psi_\beta^2)-L_1R_3(i_\alpha^2+i_\beta^2)+(R_1+L_1\alpha)(\psi_\alpha i_\alpha+\psi_\beta i_\beta)-\\&L_1\omega_r(\psi_\alpha i_\beta-\psi_\beta i_\alpha)\end{aligned}\tag{9.85}$$

在式(9.82)和式(9.83)中出现了实际控制输入 u_α 和 u_β，基于误差向量 $\boldsymbol{\eta}=[\eta_\omega,\eta_T,$

$\eta_\psi,\eta_I]^T$，选择闭环系统的李雅普诺夫函数为

$$V=\boldsymbol{\eta}^T\boldsymbol{\eta}/2 \tag{9.86}$$

对李雅普诺夫函数 V 求时间导数，得

$$\begin{aligned}\dot V=&\mu\eta_\omega(W_\omega-u_\omega)+R_3\eta(W_\psi-u_\psi)+\eta_T[L_1^{-1}W_T+\mu\eta_\omega-L_1^{-1}(\psi_\alpha u_\beta-\psi_\beta u_\alpha)]+\\&\eta_I[L_1^{-1}W_I+R_3\eta_\psi-L_1^{-1}(\psi_\alpha u_\alpha-\psi_\beta u_\beta)]\end{aligned} \tag{9.87}$$

当下面的条件：

$$\begin{cases}u_\omega=W_\omega+\mu^{-1}k_\omega\eta_\omega\\u_\psi=W_\psi+R^{-1}k_\psi\eta_\psi\end{cases} \tag{9.88}$$

$$\begin{cases}\psi_\alpha u_\beta-\psi_\beta u_\alpha=W_T+L_1\mu\eta_\omega+L_1k_T\eta_T\\\psi_\alpha u_\alpha+\psi_\beta u_\beta=W_I+L_1R_3\eta_\psi+L_1k_I\eta_I\end{cases} \tag{9.89}$$

满足时，可以保证 $\dot V=-\boldsymbol{\eta}^T\boldsymbol{k}\boldsymbol{\eta}\leqslant 0$，其中对角矩阵 $\boldsymbol{k}=\mathrm{diag}(k_\omega,k_T,k_\psi,k_I)$ 为正定，由全局稳定性定理 3.11 可知，误差 $\boldsymbol{\eta}$ 在原点处全局稳定，即实现了电动机控制的目标。

将式(9.88)代入式(9.84)和式(9.85)，得到反馈量 W_T 和 W_I 的表达式为

$$\begin{aligned}W_T=&L_1\mu^{-1}\left(\ddot\omega_{\mathrm{ref}}+\frac{n_p}{J}\dot T_L\right)+L_2\omega_r(\psi_\alpha^2+\psi_\beta^2)+L_2\mu^{-1}k_\omega\left(\dot\omega_{\mathrm{ref}}+\frac{n_p}{J}T_L\right)+\\&L_1\omega_r(\psi_\beta i_\beta+\psi_\alpha i_\alpha)+(L_1\alpha+R_1-L_1k_\omega)(\psi_\alpha i_\beta-\psi_\beta i_\alpha)\end{aligned} \tag{9.90}$$

$$\begin{aligned}W_I=&2L_1R_3^{-1}(\dot\psi_{\mathrm{ref}}^2+\psi_{\mathrm{ref}}\ddot\psi_{\mathrm{ref}}+k_\psi\psi_{\mathrm{ref}}\dot\psi_{\mathrm{ref}})-L_1\omega_r(\psi_\alpha i_\beta-\psi_\beta i_\alpha)-L_1R_3(i_\alpha^2+i_\beta^2)-\\&[R_2-2L_1\alpha R_3^{-1}(k_\psi-2\alpha)](\psi_\alpha^2+\psi_\beta^2)+(5L_1\alpha-2L_1k_\psi+R_1)(\psi_\alpha i_\alpha+\psi_\beta i_\beta)\end{aligned} \tag{9.91}$$

综合式(9.76)、式(9.80)、式(9.84)和式(9.85)，便可得反馈量 $\boldsymbol{W}=[W_\omega,W_T,W_\psi,W_I]^T$ 的表达式，在参数已知的情况下，可以直接计算得到 $\boldsymbol{W}$。

由式(9.89)得到实际控制输入 u_α 和 u_β，图 9.10 给出了控制系统原理框图。u_α 和 u_β 的表达式为

$$\begin{bmatrix}u_\alpha\\u_\beta\end{bmatrix}=\frac{1}{\psi_\alpha^2+\psi_\beta^2}\begin{bmatrix}\psi_\alpha&\psi_\beta\\-\psi_\beta&\psi_\alpha\end{bmatrix}\begin{bmatrix}\psi_\alpha u_\alpha+\psi_\beta u_\beta\\\psi_\alpha u_\beta-\psi_\beta u_\alpha\end{bmatrix} \tag{9.92}$$

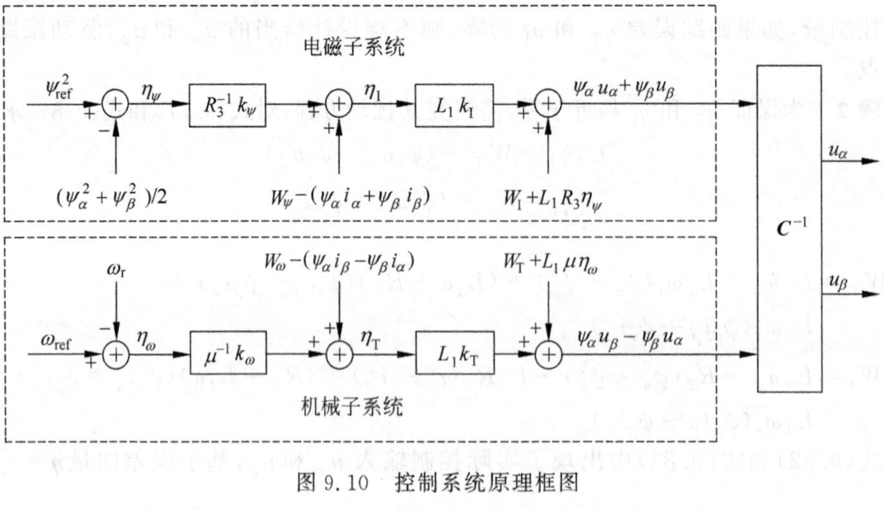

图 9.10　控制系统原理框图

例 9.5　按照图 9.9 的框图对精确反馈线性化控制方法进行仿真试验。电动机参数如下：额定功率为 2.2kW，额定转速为 1450r/min，极对数为 2，定子电阻为 0.435Ω，转子电阻为 0.816Ω，定、转子电感均为 0.0713H，互感为 0.0693H，转动惯量为 0.0896kg·m^2。

仿真过程如下：电角速度指令为 100πrad，额定负载，仿真时间为 10s。转子磁链指令为 1Wb，并叠加一个幅值为 0.1Wb，频率为 10rad/s 的正弦指令信号。仿真结果如图 9.11 所示，图(a)和(b)分别为转速和磁链曲线。另外，还对工程中常见的高速弱磁的情况进行了仿真试验：0s 时转速指令为 100πrad，磁链指令为 1Wb；在 5s 时转速指令为 200πrad，磁链指令为 0.5Wb，仿真结果如图 9.12 所示。

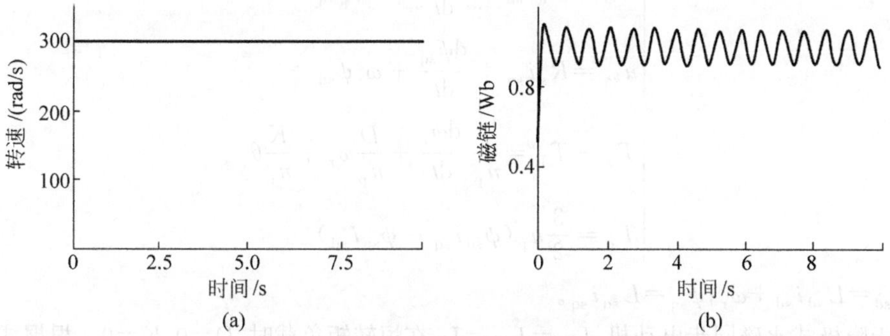

图 9.11　正弦磁链指令时的仿真结果

(a) 转速曲线；(b) 磁链曲线

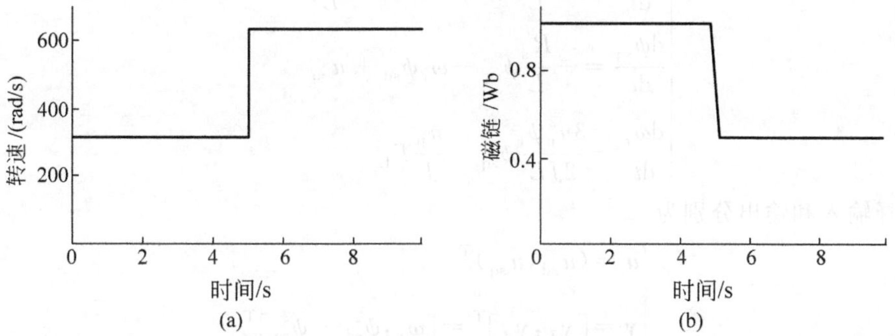

图 9.12　高速弱磁时的仿真结果

(a) 转速曲线；(b) 磁链曲线

从仿真结果可以看出，当磁链幅值随指令按正弦变化时，电动机的转速并不受其影响，实现了转速与磁链的完全解耦，电动机的转速和磁链均可以迅速跟踪各自的指令值。可见，精确反馈线性化方法对这种工况下的转速和磁链的控制性能也是相当好的。

9.3.3　交流永磁同步电动机输入/输出精确反馈线性化控制

本小节从定子磁链模型出发，研究永磁同步电动机精确反馈线性化解耦控制策略，并将精确线性化解耦控制与空间矢量调制有机结合，利用线性化解耦后的输出来确定目标空间电压矢量，实现永磁同步电动机空间矢量调制系统转速和磁链的动态解耦控制。

1. 永磁同步电动机仿射非线性模型

交流同步电动机就是与驱动电源基波频率同步运行的交流电动机，按电动机励磁方式分为直流电源励磁的电磁式，即普通的同步电动机；永磁材料励磁的永磁同步电动机；没有任何外加励磁的反应式或称为磁阻式同步电动机。下面给出永磁式同步电动机的基本数学模型。

在旋转两相坐标系(d-q 轴)下，以两相定子电压为控制输入，可得定子电流、磁链和转速为状态变量描述的交流永磁同步电动机数学模型：

$$\begin{cases} u_{sd}=R_s i_{sd}+\dfrac{d\psi_{sd}}{dt}-\omega_r\psi_{sq} \\ u_{sq}=R_s i_{sq}+\dfrac{d\psi_{sq}}{dt}+\omega_r\psi_{sd} \\ T_e-T_L=\dfrac{J}{n_p}\dfrac{d\omega_r}{dt}+\dfrac{D}{n_p}\omega_r+\dfrac{K}{n_p}\theta_r \\ T_e=\dfrac{3}{2}n_p(\psi_{sd}i_{sq}-\psi_{sq}i_{sd}) \end{cases} \tag{9.93}$$

式中，$\psi_{sd}=L_{sd}i_{sd}+\omega_r$；$\psi_{sq}=L_{sq}i_{sq}$。

对于隐极式永磁同步电动机，$L_{sd}=L_{sq}=L$，在恒转矩负载时，$D=0,K=0$。根据式(9.93)，可得隐极式永磁同步电动机在 d、q 坐标系下的定子磁链动态模型为

$$\begin{cases} \dfrac{d\psi_{sd}}{dt}=-\dfrac{R_s}{L}\psi_{sd}+\omega_r\psi_{sq}+\dfrac{R_s}{L}\psi_r+u_{sd} \\ \dfrac{d\psi_{sq}}{dt}=-\dfrac{R_s}{L}\psi_{sq}-\omega_r\psi_{sd}+u_{sq} \\ \dfrac{d\omega_r}{dt}=\dfrac{3n_p^2\psi_r}{2JL}\psi_{sq}-\dfrac{n_p}{J}T_L \end{cases} \tag{9.94}$$

选择输入和输出分别为

$$\begin{cases} \boldsymbol{u}=(u_{sd},u_{sq})^T \\ \boldsymbol{y}=[y_1,y_2]^T=[\omega_r,\psi_{sd}^2+\psi_{sq}^2]^T \end{cases} \tag{9.95}$$

选择 $\boldsymbol{x}=[x_1,x_2,x_3]^T=[\omega_r,\psi_{sd},\psi_{sq}]^T$，由式(9.94)和式(9.95)可得隐极式永磁同步电动机仿射非线性模型：

$$\begin{cases} \dot{\boldsymbol{x}}=\boldsymbol{f}(\boldsymbol{x})+\boldsymbol{g}\boldsymbol{u} \\ \boldsymbol{y}=\boldsymbol{h}(\boldsymbol{x}) \end{cases} \tag{9.96}$$

式中，$\boldsymbol{f}(\boldsymbol{x})=\begin{bmatrix} -\dfrac{R_s}{L}x_1+x_2x_3+\dfrac{R_s}{L}\psi_r \\ -\dfrac{R_s}{L}x_2-x_1x_3 \\ \dfrac{3n_p^2\psi_r}{2JL}x_2-\dfrac{n_p}{J}T_L \end{bmatrix}$；$\boldsymbol{g}=\begin{bmatrix} 1 & 0 \\ 0 & 1 \\ 0 & 0 \end{bmatrix}$；$\boldsymbol{h}(\boldsymbol{x})=\begin{bmatrix} x_1 \\ x_2^2+x_3^2 \end{bmatrix}$。

由式(9.96)可以看出，永磁同步电动机构造的整个控制系统是一个两输入、两输出的仿

射非线性系统。

2. 精确反馈线性化控制器设计

将系统的两个输出对时间求导，直至出现输入变量为止。y_1, y_2 对时间的各阶导数为

$$\begin{cases}\dot{y}_1=\dot{x}_3=\dfrac{3n_p^2\psi_r}{2JL}x_2-\dfrac{n_p}{J}T_L\\ \ddot{y}_1=-\dfrac{3n_p^2\psi_r}{2JL}\left(\dfrac{R_s}{L}x_2+x_1x_3\right)+\dfrac{3n_p^2\psi_r}{2JL}u_{sq}=A_1+\boldsymbol{B}_{11}u_{sd}+\boldsymbol{B}_{12}u_{sq}\\ \dot{y}_2=-\dfrac{2R_s}{L}x_1^2-\dfrac{2R_s}{L}x_2^2+\dfrac{2R_s}{L}\psi_r x_1+2x_1u_{sd}+2x_2u_{sq}=A_2+\boldsymbol{B}_{21}u_{sd}+\boldsymbol{B}_{22}u_{sq}\end{cases} \tag{9.97}$$

令 $\boldsymbol{B}=\begin{bmatrix}\boldsymbol{B}_{11} & \boldsymbol{B}_{12}\\ \boldsymbol{B}_{21} & \boldsymbol{B}_{22}\end{bmatrix}$，则计算得

$$|\boldsymbol{B}|=\begin{vmatrix}\boldsymbol{B}_{11} & \boldsymbol{B}_{12}\\ \boldsymbol{B}_{21} & \boldsymbol{B}_{22}\end{vmatrix}=-\frac{3n_p^2\psi_r}{2JL}x_1\neq 0$$

由式(9.97)可知，系统的相对阶为 2+1=3，由式(9.94)可知原系统的阶次也为 3，两者相等，精确线性化问题有解。

设

$$\begin{bmatrix}\ddot{y}_1\\ \dot{y}_2\end{bmatrix}=\begin{bmatrix}A_1\\ A_2\end{bmatrix}+\boldsymbol{B}\begin{bmatrix}u_{sd}\\ u_{sq}\end{bmatrix}=\begin{bmatrix}v_1\\ v_2\end{bmatrix} \tag{9.98}$$

式中，v_1, v_2 为新的控制输入。

微分同胚转换 $z=\Phi(x)$ 为

$$\begin{cases}z_1=h_1(x)\\ z_2=L_f h_1(x)\\ z_3=h_2(x)\end{cases} \tag{9.99}$$

经微分同胚转换，线性化后系统为

$$\begin{cases}\dot{z}_1=z_2\\ \dot{z}_2=v_1\\ \dot{z}_3=v_2\end{cases} \tag{9.100}$$

这样就实现了原系统输入与输出之间的线性化与解耦，原系统动态解耦成二阶线性转速子系统和一阶线性磁链子系统，输入 v_1 独立控制转速 z_1，输入 v_2 独立控制磁链幅值平方 z_3。按照跟踪控制及极点配置设计状态反馈控制为

$$\begin{cases}v_1=-k_{11}(y_1-y_{1ref})+k_{12}\dot{y}_1\\ v_2=-k_{21}(y_2-y_{2ref})+k_{22}\dot{y}_2\end{cases} \tag{9.101}$$

于是得到系统的实际输入为

$$\boldsymbol{u}=\begin{bmatrix}u_{sd}\\ u_{sq}\end{bmatrix}=\boldsymbol{B}^{-1}\begin{bmatrix}v_1-A_1\\ v_2-A_2\end{bmatrix}=\frac{1}{\det(\boldsymbol{B})}\begin{bmatrix}\boldsymbol{B}_{22} & -\boldsymbol{B}_{12}\\ -\boldsymbol{B}_{21} & \boldsymbol{B}_{11}\end{bmatrix}\begin{bmatrix}v_1-A_1\\ v_2-A_2\end{bmatrix} \tag{9.102}$$

基于输入/输出精确线性化的永磁同步电动机控制系统如图 9.13 所示。逆变器采用空

间矢量调制(space vector modulation,SVM),目标是计算出合适的电压矢量及其作用时间,使电动机定子磁链在指定时间内走到给定值。为了缩短控制周期,实际应用中采取对称规则采样技术。

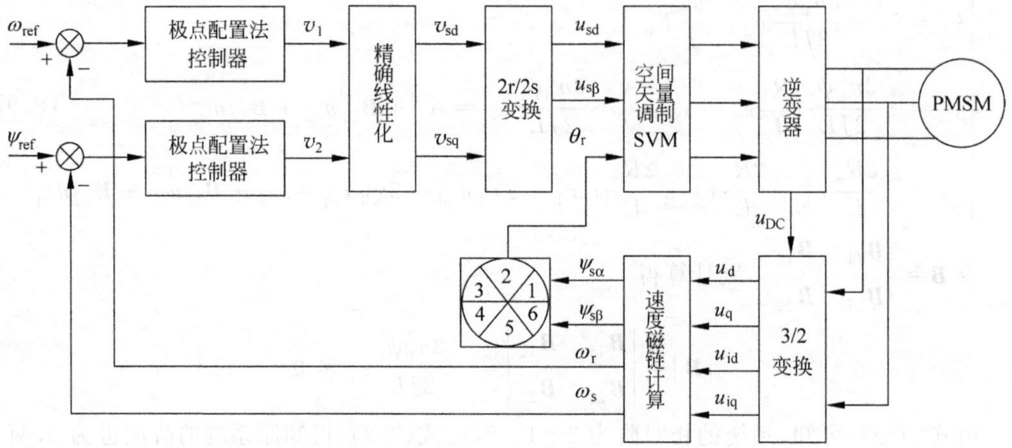

图 9.13 基于输入/输出精确线性化的永磁同步电动机控制系统

按照图 9.13 构成的实验系统如图 9.14 所示,其中数字控制器由 TMS320F2812DSP 构成,完成电流和电压的检测、磁链和速度的估算、精确线性化的解耦控制、A/D 和 D/A 的转换。磁粉制动器作为永磁同步电动机负载。电动机参数:额定功率 0.75kW,额定转速 2000r/min,每相定子电阻 $R_s=0.57\Omega$,电感 $L_{sd}=L_{sq}=0.0155\text{H}$,转动惯量 $J=0.0015\text{kg}\cdot\text{m}^2$,永磁磁通 $\psi_r=0.41\text{Wb}$,极对数 $n_p=3$。状态反馈控制器系数为 $k_{11}=50,k_{12}=500,k_{21}=30,k_{22}=140$。

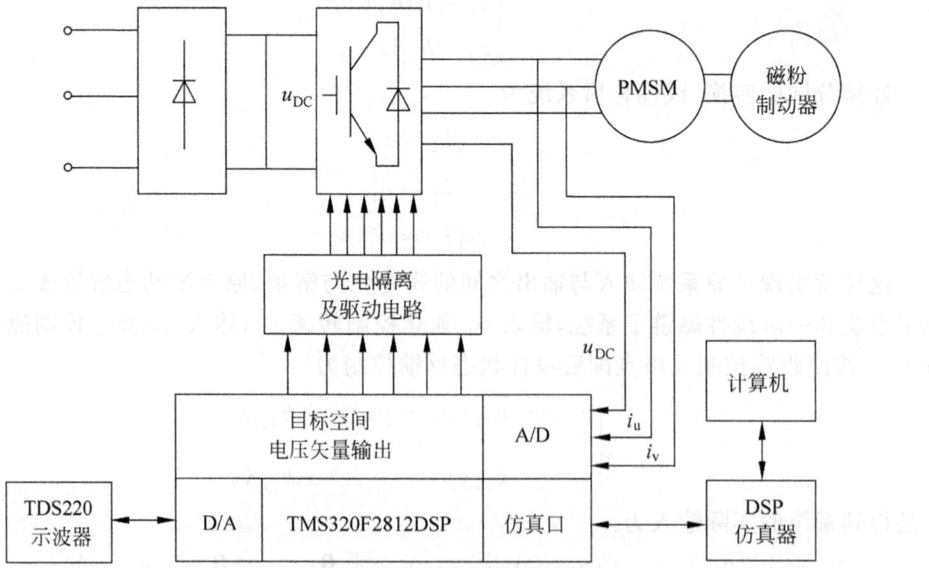

图 9.14 实验系统框图

图 9.15 和图 9.16 分别为给定转速为 1600r/min、负载为 5N·m 的速度响应仿真和实验波形，从图中可看出，电动机速度在 50ms 内达到稳态，跟踪性能较为理想，几乎没有超调。

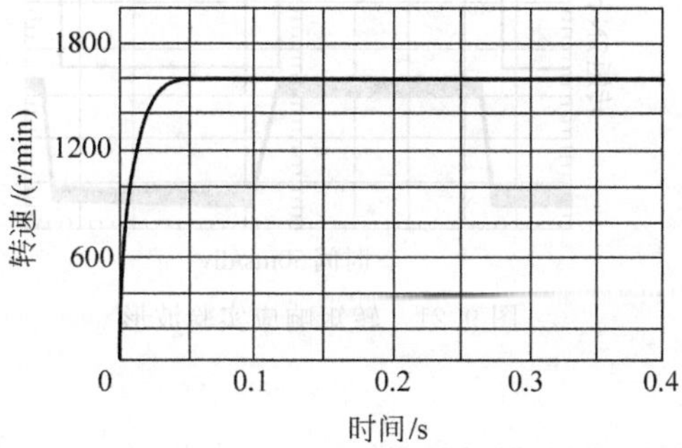

图 9.15　速度响应仿真波形

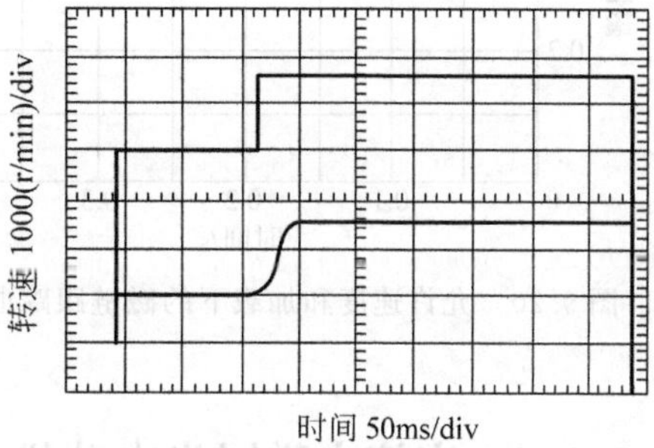

图 9.16　速度响应实验波形

图 9.17～图 9.19 分别为给定转速为 20r/min、0.1s 时突加 5N·m 负载的速度响应仿真和实验波形，从图 9.18 的局部放大波形可以看出，虽然最大动态落降为 0.2%，但恢复时间约为 25ms，表明在无速度传感器时系统具有较好的低速性能。

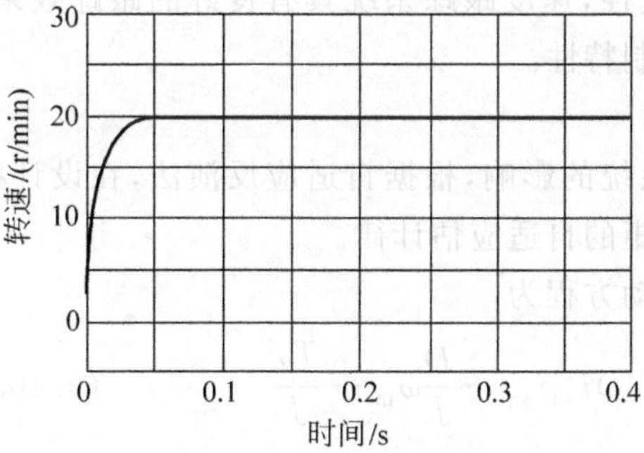

图 9.17　速度响应仿真波形

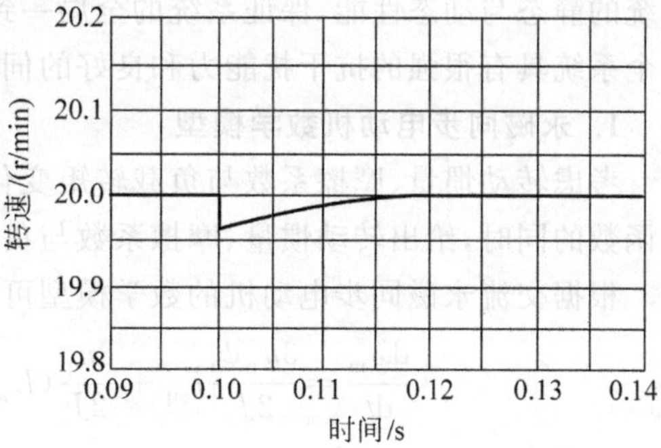

图 9.18　速度响应局部放大波形

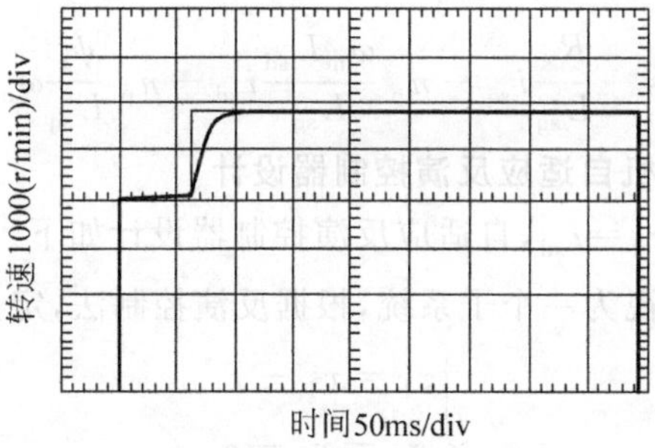

图 9.19　速度响应实验波形

图 9.20 为系统允许速度和加载下的磁链跟踪曲线，从图中可以看出，磁链不受速度和负载变化的影响，反映系统具有良好的解耦性能。图 9.21 为给定速度为 20r/min，负载在 −5～+5N·m 跳变时的转矩响应实验波形，从图中可看出，响应时间约为 2ms。

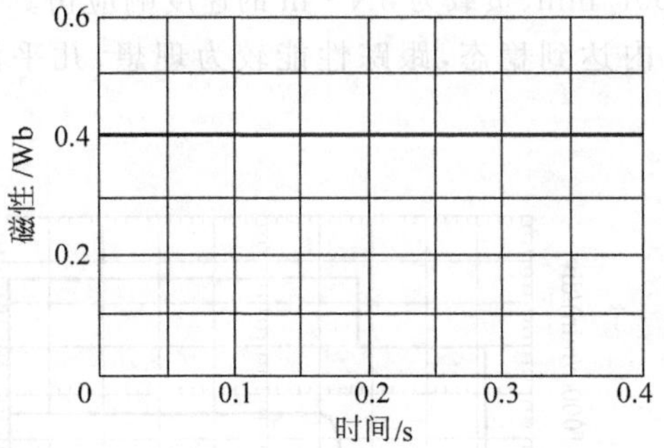

图 9.20　允许速度和加载下的磁链跟踪曲线

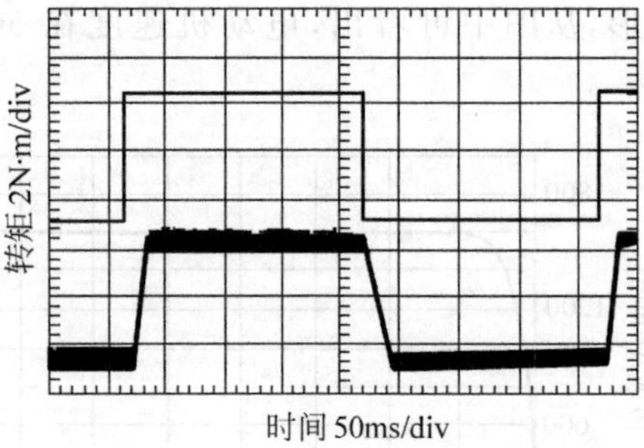

图 9.21　转矩响应实验波形

9.3.4　交流永磁同步电动机自适应反演控制

本小节将自适应反演控制应用于永磁同步电动机的速度控制系统。通过结合自适应控制,设计恰当的子系统稳定函数,同时给出转动惯量、摩擦系数与负载转矩的自适应估计律,实时进行转动惯量、摩擦系数与负载转矩的在线估计。采用二阶滤波环节平滑转速指令,有效地抑制启动过程中的速度超调。设计的自适应反演控制可以明显地提高永磁同步电动机系统的静态与动态性能,保证系统的全局一致稳定性,速度跟踪系统具有良好的跟踪效果,整个系统具有很强的抗干扰能力和良好的伺服控制特性。

1. 永磁同步电动机数学模型

考虑转动惯量、摩擦系数与负载转矩变化对系统的影响,根据自适应反演法,在设计稳定函数的同时,给出转动惯量、摩擦系数与负载转矩的自适应估计律。

根据交流永磁同步电动机的数学模型可得运动方程为

$$\frac{\mathrm{d}\omega_{\mathrm{m}}}{\mathrm{d}t}=\frac{3n_{\mathrm{p}}\psi_{\mathrm{r}}}{2J}i_{\mathrm{sq}}+\frac{3n_{\mathrm{p}}}{2J}(L_{\mathrm{sd}}-L_{\mathrm{sq}})i_{\mathrm{sd}}i_{\mathrm{sq}}-\frac{D}{J}\omega_{\mathrm{m}}-\frac{T_{\mathrm{L}}}{J} \tag{9.103}$$

电压方程为

$$\begin{cases}\dfrac{\mathrm{d}i_{\mathrm{sd}}}{\mathrm{d}t}=-\dfrac{R_{\mathrm{s}}}{L_{\mathrm{sd}}}i_{\mathrm{sd}}+n_{\mathrm{p}}\dfrac{\omega_{\mathrm{m}}L_{\mathrm{sq}}}{L_{\mathrm{sd}}}i_{\mathrm{sq}}+\dfrac{u_{\mathrm{sd}}}{L_{\mathrm{sd}}}\\[2ex]\dfrac{\mathrm{d}i_{\mathrm{sq}}}{\mathrm{d}t}=-\dfrac{R_{\mathrm{s}}}{L_{\mathrm{sq}}}i_{\mathrm{sq}}-n_{\mathrm{p}}\dfrac{\omega_{\mathrm{m}}L_{\mathrm{sd}}}{L_{\mathrm{sq}}}i_{\mathrm{sd}}-n_{\mathrm{p}}\dfrac{\psi_{\mathrm{r}}}{L_{\mathrm{sq}}}\omega_{\mathrm{m}}+\dfrac{u_{\mathrm{sq}}}{L_{\mathrm{sq}}}\end{cases} \tag{9.104}$$

2. 交流永磁同步电动机自适应反演控制器设计

令 $x_1=\omega_{\mathrm{m}}$,$x_2=i_{\mathrm{sq}}$,$x_3=i_{\mathrm{sd}}$,自适应反演控制器设计如下。

步骤 1　将式(9.103)视为一个子系统,根据反演控制法,定义误差变量为

$$\begin{cases}z_1=x_1-x_1^*\\ z_2=x_2-\alpha_1\\ z_3=x_3-\alpha_2\end{cases} \tag{9.105}$$

式中,x_2 和 x_3 为虚拟控制;α_1 和 α_2 为使得第一个子系统稳定的稳定函数,也是需要下一步来确定的未知量。

为使第一个子系统稳定,选用如下李雅普诺夫函数:

$$V_1 = \frac{1}{2} z_1^2 \tag{9.106}$$

对式(9.106)取微分,得

$$\dot{V}_1 = z_1 \dot{z}_1 \tag{9.107}$$

根据式(9.105)中的第一个公式和式(9.103)可得

$$\begin{aligned}\dot{z}_1 &= \dot{x}_1 - \dot{x}_1^* = -\frac{D}{J}x_1 + \frac{3n_p\psi_r}{2J} + \frac{3n_p}{2J}(L_{sd} - L_{sq})x_2x_3 - \frac{T_L}{J} - \dot{x}_1^* \\ &= -\frac{D}{J}(z_1 + x_1^*) + \frac{3n_p\psi_r}{2J}(z_2 + \alpha_1) + \\ &\quad \frac{3n_p}{2J}(L_{sd} - L_{sq})x_2(z_3 + \alpha_2) - \frac{T_L}{J} - \dot{x}_1^*\end{aligned} \tag{9.108}$$

将式(9.108)代入式(9.107),当 $z_1 \neq 0, z_2 = z_3 = 0$ 时,式(9.107)为

$$\dot{V}_1 = z_1\left[-\frac{D}{J}(z_1 + x_1^*) + \frac{3n_p\psi_r}{2J}\alpha_1 + \frac{3n_p}{2J}(L_{sd} - L_{sq})x_{\alpha}\alpha_2 - \frac{T_L}{J} - \dot{x}_1^*\right] \tag{9.109}$$

如果选取稳定函数为

$$\begin{cases}\alpha_1 = -\dfrac{2J}{3n_p\psi_r}\left[c_1z_1 - \dfrac{D}{J}(z_1 + x_1^*) - \dfrac{T_L}{J} - \dot{x}_1^*\right] \\ \alpha_2 = 0\end{cases} \tag{9.110}$$

式中,$c_1 > 0$。

因此,式(9.107)简化为

$$\dot{V}_1 = -c_1 z_1^2 \tag{9.111}$$

于是,根据李雅普诺夫稳定性定理,保证了系统的稳定性。但式(9.110)表示的这种稳定函数包括电动机系统的转动惯量 J、摩擦系数 D 和负载转矩 T_L,而这些物理量都是随着负载的不同而变化的。针对这些参数的不确定性,需要采用这些参数的估计值。为了避免自适应控制中的过参数化和控制规律的奇异性,定义以下变量:

$$\begin{cases}F = \dfrac{D}{J} \\ \Gamma = \dfrac{T_L}{J}\end{cases} \tag{9.112}$$

物理量的估计误差定义为

$$\begin{cases}\tilde{J} = \hat{J} - J \\ \tilde{F} = \hat{F} - F \\ \tilde{\Gamma} = \hat{\Gamma} - \Gamma\end{cases} \tag{9.113}$$

于是式(9.110)中的 α_1 改写为

$$\alpha_1 = \frac{2\hat{J}}{3n_p\psi_r}\left[-c_1z_1 + \hat{F}(z_1 + x_1^*) + \hat{\Gamma} + \dot{x}_1^*\right] \tag{9.114}$$

将式(9.114)和式(9.108)代入式(9.107),得

$$\dot{V}_1 = -c_1z_1^2 + \frac{3n_p\psi_r}{2J}z_1z_2 + \frac{3n_p}{2J}(L_{sd} - L_{sq})i_{sq}z_1z_3 +$$

$$\frac{\tilde{J}}{J}z_1[-c_1z_1+\hat{F}(z_1+x_1^*)+\hat{\Gamma}+\dot{x}_1^*]+\tilde{F}z_1(z_1+x_1^*)+\tilde{\Gamma}z_1 \tag{9.115}$$

步骤 2 步骤1定义了稳定函数 α_1 和 α_2，保证了系统的稳定性，但这两个稳定函数分别为交轴电流、直轴电流的期望值，并不是实际物理量。下面设计控制量，使交、直轴电流能够跟随其期望值，从而保证整个系统的稳定性。

对式(9.105)中的 z_2 取导数，并代入式(9.104)中的第二个公式，得

$$\dot{z}_2=\dot{x}_2-\dot{\alpha}_1=-\frac{R_s}{L_{sq}}i_{sq}-n_p\frac{\omega_m L_{sd}}{L_{sq}}i_{sd}-n_p\frac{\psi_r}{L_{sq}}\omega_m+\frac{u_{sq}}{L_{sq}}-\dot{\alpha}_1 \tag{9.116}$$

式(9.116)需要求取稳定函数 α_1 的导数，考虑到机械参数的不确定性，根据式(9.114)求取 α_1 的导数为

$$\begin{aligned}\dot{\alpha}_1=&\frac{2\hat{J}}{3n_p\psi_r}[-c_1z_1+\hat{F}(z_1+x_1^*)+\hat{\Gamma}+\dot{x}_1^*]+\frac{2\hat{J}}{3n_p\psi_r}(\hat{F}x_1+\hat{\Gamma}+x_1^*+c_1x_1^*)+\\&\frac{\tilde{J}}{J}(\hat{F}-c_1)\left[i_{sq}+\frac{(L_{sd}-L_{sq})i_{sd}}{\psi_r}i_{sq}\right]-\frac{2\hat{J}}{3n_p\psi_r}(F-c_1)(F\omega_m+\Gamma)\end{aligned} \tag{9.117}$$

将式(9.117)代入式(9.116)，得

$$\begin{aligned}\dot{z}_2=&-\frac{R_s}{L_{sq}}i_{sq}-n_p\frac{\omega_m L_{sd}}{L_{sq}}i_{sd}-n_p\frac{\psi_r}{L_{sq}}\omega_m+\frac{u_{sq}}{L_{sq}}-\frac{2\hat{J}}{3n_p\psi_r}[-c_1z_1+\hat{F}(z_1+x_1^*)+\hat{\Gamma}+\dot{x}_1^*]-\\&\frac{2\hat{J}}{3n_p\psi_r}(\hat{F}x_1+\hat{\Gamma}+x_1^*+c_1x_1^*)-\frac{\tilde{J}}{J}(\hat{F}-c_1)\left[i_{sq}+\frac{(L_{sd}-L_{sq})i_{sd}}{\psi_r}i_{sq}\right]+\\&\frac{2\hat{J}}{3n_p\psi_r}(\hat{F}-c_1)(F\omega_m+\Gamma)\end{aligned} \tag{9.118}$$

式(9.118)包括实际控制量交轴电压 u_{sq}，如果取交轴电压 u_{sq} 为

$$\begin{aligned}u_{sq}=&R_si_{sq}+n_p\omega_mL_{sd}i_{sd}+n_p\psi_r\omega_m-L_{sq}c_2z_2+L_{sq}\frac{2\hat{J}}{3n_p\psi_r}[-c_1z_1+\hat{F}(z_1+x_1^*)+\hat{F}+x_1^*]+\\&L_{sq}\frac{2\hat{J}}{3n_p\psi_r}(\hat{F}x_1+\hat{\Gamma}+x_1^*+c_1x_1^*)+L_{sq}i_{sq}(\hat{F}-c_1)\left[1+\frac{(L_{sd}-L_{sq})i_{sd}}{\psi_r}\right]-\\&L_{sq}\frac{2\hat{J}}{3n_p\psi_r}(\hat{F}-c_1)(\hat{F}\omega_m+\hat{\Gamma})\end{aligned} \tag{9.119}$$

式中，$c_2>0$，则式(9.119)可化简为

$$\dot{z}_2=-c_2z_2-\frac{\tilde{J}}{J}(\hat{F}-c_1)\times\left[1+\frac{(L_{sd}-L_{sq})i_{sd}}{\psi_r}\right]i_{sq}-\frac{2\hat{J}}{3n_p\psi_r}(\hat{F}-c_1)(\hat{F}\omega_m+\hat{\Gamma}) \tag{9.120}$$

对式(9.105)中的第三个公式取导数，代入式(9.104)中的第一个公式并考虑到 $\alpha_2=0$，得

$$\dot{z}_3=\dot{x}_3-\dot{\alpha}_2=-\frac{R_s}{L_{sd}}i_{sd}+n_p\frac{\omega_m L_{sd}}{L_{sd}}i_{sq}+\frac{u_{sd}}{L_{sd}} \tag{9.121}$$

为了保证整个系统的稳定性，同时考虑参数不确定性的影响，选取如下李雅普诺夫函数：

$$V_2=V_1+\frac{1}{2}z_2^2+\frac{1}{2}z_3^2+\frac{1}{2\gamma_1 J}\tilde{J}^2+\frac{1}{2\gamma_2}\tilde{F}^2+\frac{1}{2\gamma_3}\tilde{\Gamma}^2 \tag{9.122}$$

同时对李雅普诺夫函数求导,得

$$\dot{V}_2=\dot{V}_1+z_2\dot{z}_2+z_3\dot{z}_3+\frac{1}{\gamma_1 J}\tilde{J}\dot{\tilde{J}}+\frac{1}{\gamma_2}\tilde{F}\dot{\tilde{F}}+\frac{1}{\gamma_3}\tilde{\Gamma}\dot{\tilde{\Gamma}} \tag{9.123}$$

将式(9.115)、式(9.120)和式(9.121)代入式(9.123),得

$$\begin{aligned}\dot{V}_2=&-c_1z_1^2+\frac{3n_p\psi_r}{2J}z_1z_2+\frac{3n_p}{2J}(L_{sd}-L_{sq})i_{sq}z_1z_3+\frac{\tilde{J}}{J}z_1[-c_1z_1+\hat{F}(z_1+x_1^*)+\hat{\Gamma}+\dot{x}_1^*]+\\&\tilde{F}z_1+\tilde{F}z_1(z_1+x_1^*)+z_2\left\{-c_2z_2-\frac{\tilde{J}}{J}(\hat{F}-c_1)\times\left[1+\frac{(L_{sd}-L_{sq})i_{sd}}{\psi_r}\right]i_{sq}\right\}-\\&z_2\frac{2\hat{J}}{3n_p\psi_r}(\hat{F}-c_1)(\tilde{F}\omega_m+\tilde{\Gamma})+z_3\left(-\frac{R_s}{L_{sd}}i_{sd}+n_p\frac{\omega_mL_{sq}}{L_{sd}}i_{sq}+\frac{u_{sd}}{L_{sd}}\right)+\\&\frac{1}{\gamma_1 J}\tilde{J}\dot{\tilde{J}}+\frac{1}{\gamma_2}\tilde{F}\dot{\tilde{F}}+\frac{1}{\gamma_3}\tilde{\Gamma}\dot{\tilde{\Gamma}}\end{aligned} \tag{9.124}$$

取另一实际控制量直轴电压 u_{sd} 为

$$u_{sd}=R_si_{sd}-n_p\omega_mL_{sd}i_{sq}-\frac{3n_p}{2J}(L_{sd}-L_{sq})L_{sd}i_{sq}z_1-c_3z_3L_{sd} \tag{9.125}$$

式中,$c_3>0$,则式(9.124)可进一步简化为

$$\begin{aligned}\dot{V}_2=&-c_1z_1^2c_2z_2^2-c_3z_3^2+\frac{3n_p\psi_r}{2J}z_1z_2+\frac{\tilde{J}}{J}z_1[-c_1z_1^2+\hat{F}z_1(z_1+x_1^*)+\hat{\Gamma}z_1+\dot{x}_1^*z_1]-\\&\frac{\tilde{J}}{J}(\hat{F}-c_1)\left\{\left[1+\frac{(L_{sd}-L_{sq})i_{sd}}{\psi_r}\right]i_{sq}z_2+\frac{1}{\gamma_1}\dot{\tilde{J}}\right\}+\\&\tilde{F}\left[z_1x_1-\frac{2J}{3n_p\psi_r}(\hat{F}-c_1)\omega_mz_2+\frac{1}{\gamma_2}\dot{\tilde{F}}\right]+\tilde{\Gamma}\left[z_1-\frac{2\hat{J}}{3n_p\psi_r}(\hat{F}-c_1)z_2+\frac{1}{\gamma_3}\dot{\tilde{\Gamma}}\right]\end{aligned} \tag{9.126}$$

根据式(9.126),机械不确定参数采用如下自适应律来估计:

$$\begin{cases}\dot{\hat{J}}=\gamma_1\left\{c_1z_1^2-\hat{F}z_1(z_1+x_1^*)-\hat{\Gamma}z_1+\dot{x}_1^*+(\hat{F}-c_1)\left[1+\frac{(L_{sd}-L_{sq})i_{sd}}{\psi_r}\right]i_{sq}z_2\right\}\\\dot{\hat{F}}=\gamma_2\left[-z_1x_1+\frac{2\hat{J}}{3n_p\psi_r}(\hat{F}-c_1)\omega_mz_2\right]\\\dot{\hat{\Gamma}}=\gamma_3\left[-z_1+\frac{2\hat{J}}{3n_p\psi_r}(\hat{F}-c_1)z_2\right]\end{cases} \tag{9.127}$$

于是,获得如下方程:

$$\dot{V}_2=-c_1z_1^2-c_2z_2^2-c_3z_3^2+\frac{3n_p\psi_r}{2J}z_1z_2 \tag{9.128}$$

如果系数 c_1 和 c_2 取得足够大,则可以使得

$$\begin{cases}c_1>\frac{1}{2}\frac{3n_p\psi_r}{2J_{min}}+1\\c_2>\frac{1}{2}\frac{3n_p\psi_r}{2J_{min}}+1\end{cases} \tag{9.129}$$

式中，$J_{\min}$ 为可能的最小转动惯量。

于是，式(9.128)可表示为

$$\dot{V}_2 = -c_1 z_1^2 - c_2 z_2^2 + \frac{3n_p\psi_r}{2J} z_1 z_2 \leqslant -\left(\frac{1}{2}\frac{3n_p\psi_r}{2J}+1\right) z_1^2 + \frac{3n_p\psi_r}{2J} z_1 z_2 - \left(\frac{1}{2}\frac{3n_p\psi_r}{2J}+1\right) z_2^2$$
$$= -z_1^2 - z_2^2 - \frac{1}{2}\frac{3n_p\psi_r}{2J}(z_1^2 - 2z_1 z_2 + z_2^2) = -z_1^2 - z_2^2 - \frac{1}{2}\frac{3n_p\psi_r}{2J}(z_1 - z_2)^2 \leqslant 0 \tag{9.130}$$

由式(9.130)可知，整个系统是全局稳定的。

式(9.129)给出了控制参数的一个基本取值范围。为了加速系统的收敛及改善系统的性能，这两个增益系数的另一个确定原则为

$$c_2 = 2c_1 \tag{9.131}$$

为了改善系统的动态性能，充分抑制启动过程中的转速超调，采用二阶滤波环节平滑转速指令：

$$x_1^* = \frac{1}{(\tau s + 1)^2}\omega_m^* \tag{9.132}$$

采用滤波环节，不仅平滑了转速指令，而且将速度跟踪问题转变为速度调节问题，同时还能得到速度指令的一阶和二阶导数。根据前面的公式推导，电流与电压控制中需要这两个量，其作用类似于前馈控制。

3. 永磁同步电动机自适应反演控制仿真

电动机参数：

$R_s = 0.68\Omega$，　$L_{sq} = 0.00315\text{H}$，　$L_{sd} = 0.00285\text{H}$，　$\psi_r = 0.1245\text{Wb}$，

$J = 3.798\times10^{-3}\text{kg}\cdot\text{m}^2$，　$D = 1.158\times10^{-3}\text{N}\cdot\text{m}/(\text{rad/s})$，　$n_p = 3$

仿真参数：

$c_1 = 150$，　$c_2 = 300$，　$c_3 = 300$，　$a_1 = 0.001$，　$a_2 = 3$，　$a_3 = 3.36$

如果不考虑参数的不确定性，仅用反演法控制，则 $a_1 = a_2 = a_3 = 0$。永磁同步电动机速度跟踪过程如图 9.22(a)所示。$t = 0$ 时电动机空载启动，速度给定为 500r/min，电动机转速可以快速准确地跟踪指令；当 $t = 0.3$s 时电动机加载 1.5N·m 转矩，出现较大的转速稳态误差。如果能够快速辨识出负载转矩的变化，转速出现下跌后就能够快速恢复，不存在转速稳态误差，如图 9.22(b)所示。

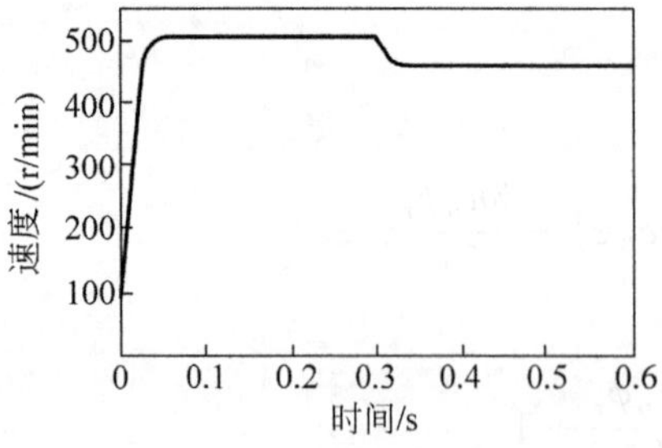

(a)

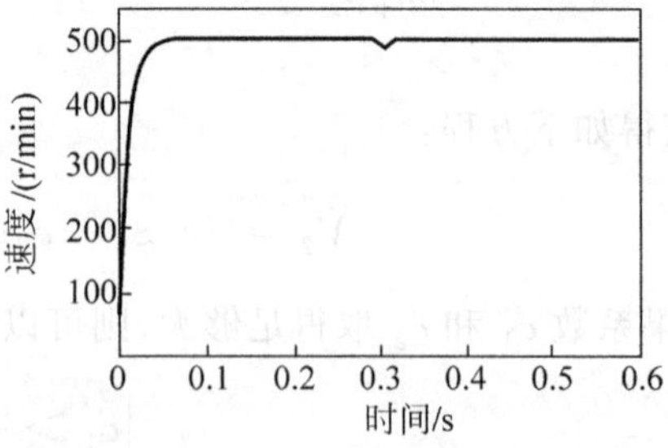

(b)

图 9.22　负载转矩变化对系统性能的影响

(a) 无负载转矩估计的速度响应波形；(b) 有负载转矩估计的速度响应波形

进行参数与负载转矩的自适应估计时，永磁同步电动机速度跟踪过程如图 9.23(a)所示。$t=0$ 时电动机空载启动，速度给定为 500r/min，$t=0.3$s 时突加 1.5N·m 负载转矩扰动。此过程中的负载转矩估计值如图 9.23(b)所示。

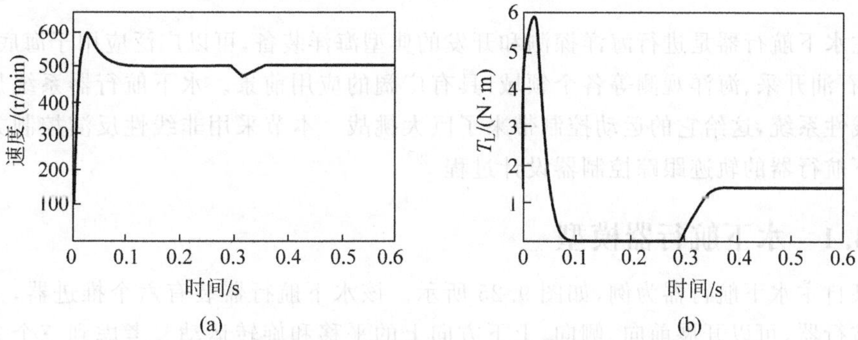

图 9.23　带有参数和负载转矩估计的自适应反演控制

(a) 速度响应波形；(b) 负载转矩自适应估计曲线

负载转矩变化时，系统能够快速地实时估计负载转矩的变化，消除负载转矩变化对转速的影响。但是，由于初始速度跟踪误差较大，负载转矩的估计值出现较大的超调，从而导致较大的转速超调。采用二阶滤波环节平滑转速指令后的永磁同步电动机速度跟踪过程如图 9.24 所示。可以看出，采用速度指令平滑环节后，负载转矩得到无超调的快速准确辨识，速度跟踪的效果得到明显改善，实现了理想无超调的速度跟踪控制。

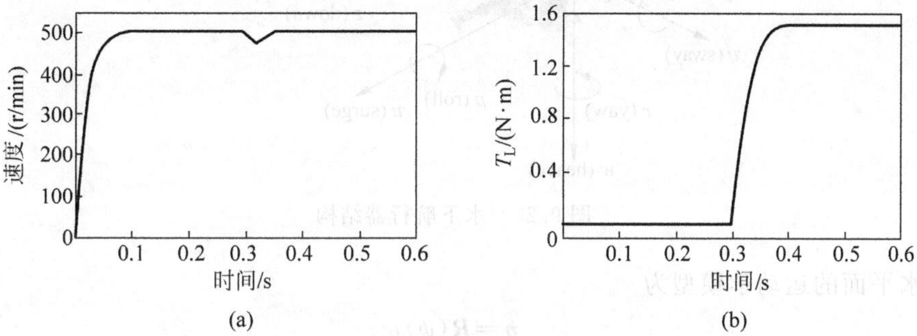

图 9.24　带有速度指令平滑的自适应反演控制

(a) 速度响应波形；(b) 负载转矩自适应估计曲线

9.3.5　小结

本节从异步电动机和永磁同步电动机系统方程出发，采用精确反馈线性化实现了两种电动机系统的输入/输出线性化，同时使得两个输出量间的动态完全解耦，系统转化成转速和磁链两个独立的线性子系统；还讨论了异步电动机在 $r<n$ 时反馈线性化中不可避免的零动态问题，证明了该电动机控制中，零动态系统并不影响整个系统的稳定性。针对精确反馈线性化方法，仿真和实验结果表明该方法具有良好的控制性能，尤其是在弱磁运行等磁链指令变化的工况下，转速不受影响，较一般的磁场定向方法更优越。同时，还采用反演控制

方法，分别介绍了异步电动机和永磁同步电动机系统的反演控制器设计方法。

9.4 自主水下航行器的输出轨迹跟踪反演控制

自主水下航行器是进行海洋探测和开发的典型海洋装备，可以广泛应用于海底绘图、海洋搜救、石油开采、海洋观测等各个领域，具有广阔的应用前景。水下航行器系统是一个复杂的非线性系统，这给它的运动控制带来了巨大挑战。本节采用非线性反演控制方法展示自主水下航行器的轨迹跟踪控制器设计过程[29]。

9.4.1 水下航行器模型

以某自主水下航行器为例，如图 9.25 所示。该水下航行器装有六个推进器，为全驱动的水下航行器，可以开展前向、侧向、上下方向上的平移和旋转运动。考虑到三个方向上的运动很复杂，需要 12 个微分方程去描述，这里假定该水下自主航行器的横滚运动已经控制准确，处于理想状态。这里主要以自主水下航行器的水平面运动的控制进行研究。

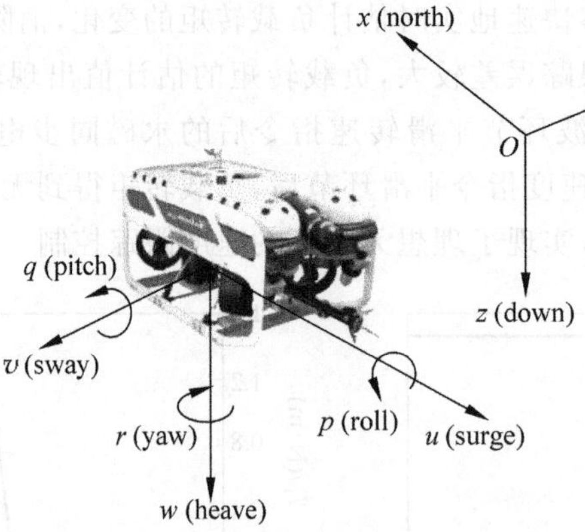

图 9.25 水下航行器结构

其水平面的运动学模型为

$$\dot{\boldsymbol{\eta}} = \boldsymbol{R}(\psi)v \tag{9.133}$$

式中，$\boldsymbol{\eta} = [x, y, \psi]^{\mathrm{T}}$，为在惯性坐标系下航行器的位置和航向；$\boldsymbol{v} = [u, v, r]^{\mathrm{T}}$，为在局部坐标系下航行器的速度；$\boldsymbol{R}(\psi)$是取决于航向角 ψ 的旋转矩阵：

$$\boldsymbol{R}(\psi) = \begin{bmatrix} \cos\psi & -\sin\psi & 0 \\ \sin\psi & \cos\psi & 0 \\ 0 & 0 & 1 \end{bmatrix} \tag{9.134}$$

其动力学方程可以建模为

$$\boldsymbol{M}\dot{\boldsymbol{v}} + \boldsymbol{C}(\boldsymbol{v})\boldsymbol{v} + \boldsymbol{D}(\boldsymbol{v})\boldsymbol{v} + \boldsymbol{g}(\boldsymbol{\eta}) = \boldsymbol{\tau} \tag{9.135}$$

式中，$\boldsymbol{\tau} = [F_u, F_v, F_r]^{\mathrm{T}}$，为广义推力；$\boldsymbol{M} = \mathrm{diag}(M_{\dot{u}}, M_{\dot{v}}, M_{\dot{r}})$，为包括附加质量在内的惯性矩阵；$\boldsymbol{C}(\boldsymbol{v})$为科里奥利矩阵和向心矩阵，其形式如下：

$$C(\boldsymbol{v})=\begin{bmatrix}0 & 0 & -M_{\dot{v}}v\\ 0 & 0 & M_{\dot{u}}u\\ M_{\dot{v}}v & -M_{\dot{u}}u & 0\end{bmatrix} \tag{9.136}$$

$\boldsymbol{D}(\boldsymbol{v})=\mathrm{diag}(X_u,Y_v,N_r)+\mathrm{diag}(D_u|u|,D_v|v|,D_r|r|)$，为阻尼矩阵；$\boldsymbol{g}(\boldsymbol{\eta})$为恢复力。

广义推力$\boldsymbol{\tau}$实际上是由四个推进器$\boldsymbol{u}=[u_1,u_2,u_3,u_4]^{\mathrm{T}}$产生的，满足：

$$\boldsymbol{\tau}=\boldsymbol{Bu} \tag{9.137}$$

式中，$\boldsymbol{B}$为常数输入矩阵。

综合式(9.133)、式(9.135)和式(9.137)，可建立水下机器人轨迹跟踪的动力学模型：

$$\dot{\boldsymbol{x}}=\begin{bmatrix}\boldsymbol{R}(\psi)\boldsymbol{v}\\ \boldsymbol{M}^{-1}(\boldsymbol{Bu}-\boldsymbol{C}\boldsymbol{v}-\boldsymbol{D}\boldsymbol{v}-\boldsymbol{g})\end{bmatrix}=\boldsymbol{f}(\boldsymbol{x},\boldsymbol{u}) \tag{9.138}$$

式中，状态向量定义为$\boldsymbol{x}=[x,y,\psi,u,v,r]^{\mathrm{T}}$，输入控制定义为$\boldsymbol{u}=[u_1,u_2,u_3,u_4]^{\mathrm{T}}$。

9.4.2　跟踪参考轨迹

考虑一个期望轨迹：$\boldsymbol{p}(t)=[x_{\mathrm{d}}(t),y_{\mathrm{d}}(t)]^{\mathrm{T}}$，它定义了航行器在局部水平面上的位置，满足如下条件：

期望轨迹$\boldsymbol{p}(t)$及其导数是光滑且有界的，满足条件$0\leqslant\underline{\boldsymbol{p}}\leqslant\|\boldsymbol{p}(t)\|_\infty\leqslant\bar{\boldsymbol{p}}<\infty$，$0\leqslant\underline{\boldsymbol{p}}_1\leqslant\|\dot{\boldsymbol{p}}(t)\|_\infty\leqslant\bar{\boldsymbol{p}}_1<\infty$，$0\leqslant\underline{\boldsymbol{p}}_2\leqslant\|\dot{\boldsymbol{p}}(t)\|_\infty\leqslant\bar{\boldsymbol{p}}_2<\infty$和$0\leqslant\underline{\boldsymbol{p}}_3\leqslant\|\ddot{\boldsymbol{p}}(t)\|_\infty\leqslant\bar{\boldsymbol{p}}_3<\infty$。

将$\boldsymbol{p}(t)$展开到一个参考系统，使得航行器系统(式(9.138))的每个状态都有一个可行的参考。设$\boldsymbol{x}_{\mathrm{d}}(t)=[x_{\mathrm{d}}(t),y_{\mathrm{d}}(t),\psi_{\mathrm{d}}(t),u_{\mathrm{d}}(t),v_{\mathrm{d}}(t),r_{\mathrm{d}}(t)]^{\mathrm{T}}$，其中：

$$\begin{cases}\psi_{\mathrm{d}}(t)=\mathrm{atan2}\,[\dot{y}_{\mathrm{d}}(t),\dot{x}_{\mathrm{d}}(t)]\\ u_{\mathrm{d}}(t)=\sqrt{\dot{x}_{\mathrm{d}}^2(t)+\dot{y}_{\mathrm{d}}^2(t)}\\ v_{\mathrm{d}}(t)=0\\ r_{\mathrm{d}}(t)=[\dot{x}_{\mathrm{d}}(t)\ddot{y}_{\mathrm{d}}(t)-\dot{y}_{\mathrm{d}}(t)\ddot{x}_{\mathrm{d}}(t)]/[\dot{x}_{\mathrm{d}}^2(t)+\dot{y}_{\mathrm{d}}^2(t)]\end{cases} \tag{9.139}$$

式中，atan2是四象限反切运算符，从而证明$\boldsymbol{x}_{\mathrm{d}}(t)$满足运动学方程(9.133)。类似地，假设$\boldsymbol{v}_{\mathrm{d}}=[u_{\mathrm{d}},v_{\mathrm{d}},r_{\mathrm{d}}]^{\mathrm{T}}$满足动力学方程(9.135)，参考控制力$\boldsymbol{\tau}_{\mathrm{d}}=[F_{u\mathrm{d}},F_{v\mathrm{d}},F_{r\mathrm{d}}]^{\mathrm{T}}$可以表示为

$$\boldsymbol{\tau}_{\mathrm{d}}=\boldsymbol{M}\dot{\boldsymbol{v}}_{\mathrm{d}}+\boldsymbol{C}(\boldsymbol{v}_{\mathrm{d}})\boldsymbol{v}_{\mathrm{d}}+\boldsymbol{D}(\boldsymbol{v}_{\mathrm{d}})\boldsymbol{v}_{\mathrm{d}}+\boldsymbol{g}(\boldsymbol{\eta}_{\mathrm{d}}) \tag{9.140}$$

式中，$\boldsymbol{\eta}_{\mathrm{d}}=[x_{\mathrm{d}},y_{\mathrm{d}},\psi_{\mathrm{d}}]^{\mathrm{T}}$和$\dot{\boldsymbol{v}}_{\mathrm{d}}$可以通过式(9.139)的时间导数来计算。

9.4.3　非线性反演控制器设计

定义以下变量：

$$\dot{\boldsymbol{\eta}}_{\mathrm{r}}=\dot{\boldsymbol{\eta}}_{\mathrm{d}}-\tilde{\boldsymbol{\eta}} \tag{9.141a}$$

$$\boldsymbol{v}_{\mathrm{r}}=\boldsymbol{R}^{\mathrm{T}}(\psi)\dot{\boldsymbol{\eta}}_{\mathrm{r}} \tag{9.141b}$$

$$\boldsymbol{s}=\dot{\boldsymbol{\eta}}-\dot{\boldsymbol{\eta}}_{\mathrm{r}}=\dot{\tilde{\boldsymbol{\eta}}}+\tilde{\boldsymbol{\eta}} \tag{9.141c}$$

式中，$\tilde{\boldsymbol{\eta}}=\boldsymbol{\eta}-\boldsymbol{\eta}_{\mathrm{d}}$，为位置跟踪误差。

考虑到运动学方程(9.133),有

$$\dot{\boldsymbol{\eta}}-\dot{\boldsymbol{\eta}}_{\mathrm{d}}=\boldsymbol{R}(\psi)(\boldsymbol{v}-\boldsymbol{v}_{\mathrm{d}}) \tag{9.142}$$

将$\boldsymbol{v}$视为一个稳定轨迹跟踪的虚拟控制:

$$\boldsymbol{R}(\psi)\boldsymbol{v}=\boldsymbol{s}+\boldsymbol{\alpha}_1 \tag{9.143}$$

选择$\boldsymbol{\alpha}_1=\dot{\boldsymbol{\eta}}_{\mathrm{r}}$并代入式(9.142)和式(9.143):

$$\dot{\tilde{\boldsymbol{\eta}}}=\boldsymbol{s}+\boldsymbol{\alpha}_1-\boldsymbol{R}(\psi)\boldsymbol{v}_{\mathrm{d}}=-\tilde{\boldsymbol{\eta}}+\boldsymbol{s} \tag{9.144}$$

考虑以下李雅普诺夫函数:

$$V_1=\frac{1}{2}\tilde{\boldsymbol{\eta}}^{\mathrm{T}}\boldsymbol{K}_{\mathrm{p}}\tilde{\boldsymbol{\eta}} \tag{9.145}$$

式中,$\boldsymbol{K}_{\mathrm{p}}=\boldsymbol{K}_{\mathrm{p}}^{\mathrm{T}}>0$,为指定的控制增益矩阵。

那么,V_1的时间导数为

$$\dot{V}_1=\frac{1}{2}\tilde{\boldsymbol{\eta}}^{\mathrm{T}}\boldsymbol{K}_{\mathrm{p}}\dot{\tilde{\boldsymbol{\eta}}}=-\tilde{\boldsymbol{\eta}}^{\mathrm{T}}\boldsymbol{K}_{\mathrm{p}}\tilde{\boldsymbol{\eta}}+\boldsymbol{s}^{\mathrm{T}}\boldsymbol{K}_{\mathrm{p}}\tilde{\boldsymbol{\eta}} \tag{9.146}$$

进一步构造李雅普诺夫候选函数:

$$V_2=\frac{1}{2}\boldsymbol{s}^{\mathrm{T}}\boldsymbol{M}^*(\psi)\boldsymbol{s}+V_1 \tag{9.147}$$

式中,$\boldsymbol{M}^*(\psi)=\boldsymbol{R}(\psi)\boldsymbol{M}\boldsymbol{R}^{\mathrm{T}}(\psi)$。

取V_2的时间导数:

$$\dot{V}_2=\boldsymbol{s}^{\mathrm{T}}\boldsymbol{M}^*(\psi)\dot{\boldsymbol{s}}+\frac{1}{2}\boldsymbol{s}^{\mathrm{T}}\boldsymbol{M}^*(\psi)\dot{\boldsymbol{s}}+\dot{V}_1 \tag{9.148}$$

将动力学方程(9.135)代入式(9.148),得

$$\begin{aligned}\dot{V}_2=&-\boldsymbol{s}^{\mathrm{T}}[\boldsymbol{C}^*(\boldsymbol{v},\psi)+\boldsymbol{D}^*(\boldsymbol{v},\psi)]\boldsymbol{s}+\boldsymbol{s}^{\mathrm{T}}\boldsymbol{R}(\psi)[\boldsymbol{\tau}-\boldsymbol{M}\dot{\boldsymbol{v}}_{\mathrm{r}}-\boldsymbol{C}(\boldsymbol{v})\boldsymbol{v}_{\mathrm{r}}-\boldsymbol{D}(\boldsymbol{v})\boldsymbol{v}_{\mathrm{r}}-\\&\boldsymbol{g}(\boldsymbol{\eta})]+\frac{1}{2}\boldsymbol{s}^{\mathrm{T}}\boldsymbol{M}^*(\psi)\boldsymbol{s}-\tilde{\boldsymbol{\eta}}^{\mathrm{T}}\boldsymbol{K}_{\mathrm{p}}\tilde{\boldsymbol{\eta}}+\boldsymbol{s}^{\mathrm{T}}\boldsymbol{K}_{\mathrm{p}}\tilde{\boldsymbol{\eta}}\end{aligned} \tag{9.149}$$

式中,$\boldsymbol{C}^*(\boldsymbol{v},\psi)=\boldsymbol{R}(\psi)[\boldsymbol{C}(\boldsymbol{v})-\boldsymbol{M}\boldsymbol{R}^{\mathrm{T}}(\psi)\dot{\boldsymbol{R}}(\psi)]\boldsymbol{R}^{\mathrm{T}}(\psi)$;$\boldsymbol{D}(\boldsymbol{v},\psi)^*=\boldsymbol{R}(\psi)\boldsymbol{D}(\boldsymbol{v})\boldsymbol{R}^{\mathrm{T}}(\psi)$。

根据$\boldsymbol{C}(\boldsymbol{v})=-\boldsymbol{C}^{\mathrm{T}}(\boldsymbol{v})$可验证它的有效性:

$$\boldsymbol{s}^{\mathrm{T}}[\dot{\boldsymbol{M}}^*(\psi)-\boldsymbol{C}^*(\boldsymbol{v},\psi)]\boldsymbol{s}=0,\quad \forall\ \boldsymbol{v},\psi,\boldsymbol{s} \tag{9.150}$$

因此,如果选择以下控制律:

$$\boldsymbol{\tau}(\boldsymbol{x})=\boldsymbol{M}\dot{\boldsymbol{v}}_{\mathrm{r}}+\boldsymbol{C}\boldsymbol{v}_{\mathrm{r}}+\boldsymbol{D}\boldsymbol{v}_{\mathrm{r}}+\boldsymbol{g}-\boldsymbol{R}^{\mathrm{T}}\boldsymbol{K}_{\mathrm{p}}\tilde{\boldsymbol{\eta}}-\boldsymbol{R}^{\mathrm{T}}\boldsymbol{K}_{\mathrm{p}}\boldsymbol{s} \tag{9.151}$$

式中,$K_{\mathrm{d}}>0$,为另一个指定的控制增益矩阵,则式(9.149)变为

$$\dot{V}_2=-\boldsymbol{s}^{\mathrm{T}}[\boldsymbol{D}^*(\boldsymbol{v},\psi)+\boldsymbol{K}_{\mathrm{d}}]\boldsymbol{s}-\tilde{\boldsymbol{\eta}}^{\mathrm{T}}\boldsymbol{K}_{\mathrm{p}}\tilde{\boldsymbol{\eta}} \tag{9.152}$$

根据阻尼矩阵为正定矩阵$\boldsymbol{D}(\boldsymbol{v})>0$,可得到$\dot{V}_2\leqslant 0$。根据李雅普诺夫稳定性定理,控制律(式(9.151))可使闭环系统在平衡点$[\tilde{\boldsymbol{\eta}},\boldsymbol{s}]=[0,0]$全局渐近稳定。

9.4.4 算法仿真研究

为验证反演轨迹跟踪控制方法的有效性,以 Saab SeaEye Falcon ROV 为模型进行验证。Falcon ROV 模型参数如表 9.2 所示[30]:

表 9.2　Falcon ROV 模型参数

参数	参数值	单位
$M_{\dot{u}}$	283.6	kg
$M_{\dot{v}}$	593.2	kg
$M_{\dot{r}}$	29	$kg \cdot m^2$
X_u	26.9	kg/s
Y_v	35.8	kg/s
N_r	3.5	$kg \cdot m^2/s$
D_u	241.3	kg/m
D_v	503.8	kg/m
D_r	76.9	$kg \cdot m^2$

仿真中，航行器的初始状态选取为 $\boldsymbol{x}(0)=[0.5,0,0,0,0,0]^{\mathrm{T}}$，控制参数选取为 $K_{\mathrm{p}}=K_{\mathrm{d}}=\mathrm{diag}(1,1,1)$，参考轨迹选取为 $p(t)=\begin{cases}x_{\mathrm{d}}=0.5t\\y_{\mathrm{d}}=\sin(0.5t)\end{cases}$，仿真结果如图 9.26 和图 9.27 所示。

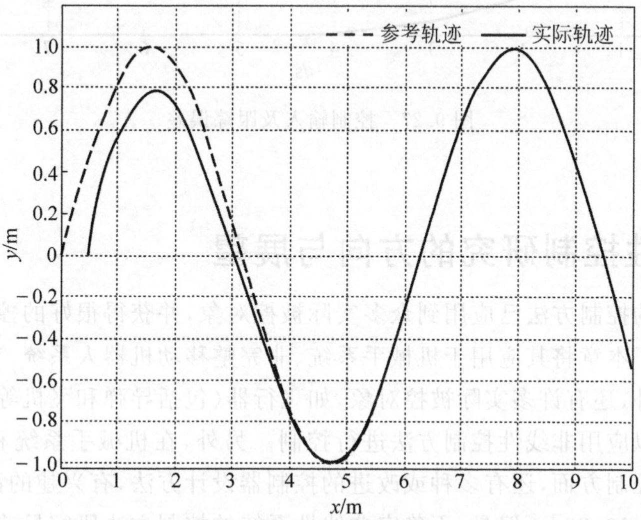

图 9.26　轨迹跟踪位置

图 9.26 是反演轨迹跟踪控制律作用下航行器的位置，从图中可以看出，设计的跟踪控制算法能够实现对参考轨迹稳定快速的跟踪。图 9.27 是输入信号及跟踪误差，从图中可以看出，设计的跟踪控制律有着较好的平滑性，且实现了跟踪误差的快速收敛。

9.4.5　小结

针对自主水下航行器的轨迹跟踪控制问题，本节设计了水平面跟踪的反演非线性控制器，实现了对参考轨迹的稳定跟踪控制。

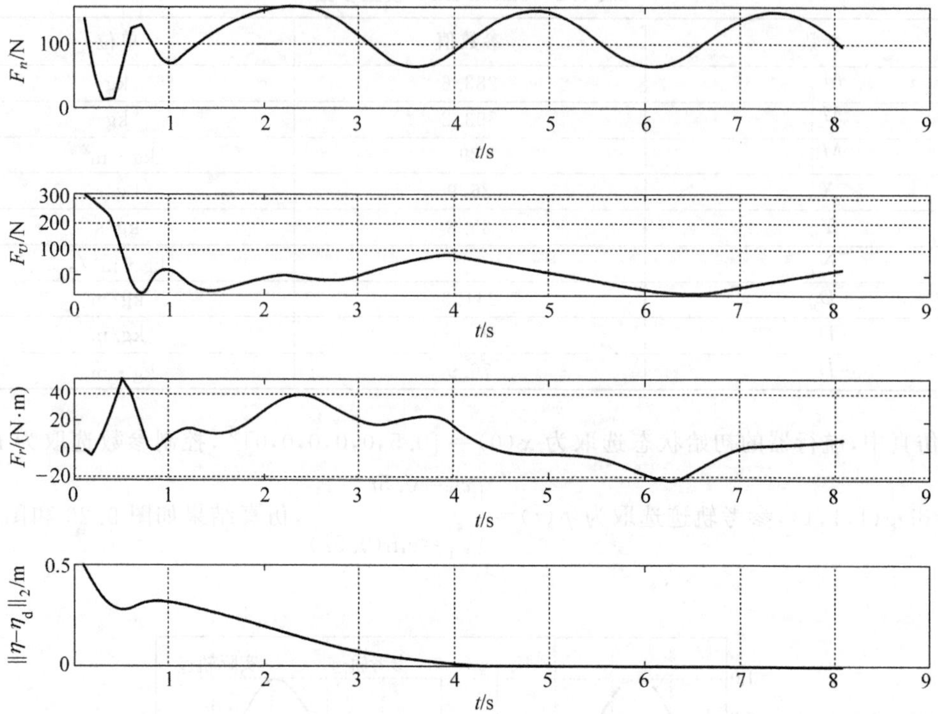

图 9.27 控制输入及跟踪误差

9.5 非线性控制研究的方向与展望

非线性系统的控制方法已应用到众多实际被控对象，并获得很好的控制效果，增强了系统控制性能。除了本章将其应用于机械手系统、非完整移动机器人系统、交流电动机系统和水下航行器系统外，还有许多实际被控对象，如飞行器(包括导弹和飞机等)、扰动反应器、倒立摆系统等都可以应用非线性控制方法进行控制。另外，在机械手系统和非完整移动机器人系统的非线性控制方面，还有多种或改进的控制器设计方法，有兴趣的读者可查阅有关文献[4,5,10,12,18,19,20]。但是，不确定非线性系统的控制方法研究目前处于发展阶段，今后研究的重点有以下几方面：

(1) 将两种或两种以上现有的非线性控制方法相结合，取长补短，提出新的控制器设计方法，是当前不确定非线性系统控制研究的重要方面之一。

(2) 由于神经网络能很好地逼近非线性函数，可将神经网络和本书介绍的控制方法结合起来，因此可以形成不确定非线性系统控制的新方法。其关键是提高神经网络的在线运算速度以及其硬件实现。

(3) 将最优控制和不确定非线性系统的控制方法有机结合，使不确定非线性系统具有稳定鲁棒的同时具有性能鲁棒，并达到所期望的性能指标。因此，不确定非线性系统的鲁棒 H_∞ 控制和鲁棒 H_2 增益控制将是今后研究的重点。

(4) 深入研究系统状态部分可测和完全不可测情况下的非匹配不确定非线性系统的控

制，设计更为有效的非线性系统状态观测器。

(5) 时滞不确定非线性系统在实际系统中大量存在，对具有时滞的不确定非线性系统进行有效控制，成为今后研究的重要方面。

(6) 将不确定非线性系统的控制方法从连续系统推广到离散系统和随机系统等领域，也是不确定非线性系统研究的重要方向之一。

参考文献

[1] SLOTINE J-J E, LI W P. Applied nonlinear control[M]. 北京：机械工业出版社，2004.

[2] 斯洛廷 J-J E，李卫平. 应用非线性控制[M]. 程代展，译. 北京：机械工业出版社，2006.

[3] 高为炳. 变结构控制理论与设计方法[M]. 北京：科学出版社，1996.

[4] 刘金琨. 滑动模态变结构控制 Matlab 仿真[M]. 北京：清华大学出版社，2005.

[5] 胡跃明. 非线性控制系统理论与应用[M]. 2 版. 北京：国防工业出版社，2005.

[6] 闫茂德. 不确定非线性系统的自适应变结构控制研究[D]. 西安：西北工业大学，2001.

[7] VAN DER SCHAFT A J. L_2-gain analysis of nonlinear system and nonlinear state feedback H_∞ control [J]. IEEE transaction on Automatic Control, 1992, 37(4): 770-784.

[8] 谢明江，代颖，施颂椒. 基于非线性 H_∞ 状态反馈的机器人鲁棒控制[J]. 机器人，2001, 32(2): 161-165.

[9] 闫茂德，许化龙，贺昱曜. 基于调节函数的一类三角结构非线性系统的自适应滑模控制[J]. 控制理论与应用，2004, 27(5): 840-843.

[10] KANAYAMA Y, KIMURA Y, MIYAZAKI F, et al. A stable tracking control method for an autonomous mobile robot[C]//Proceedings of IEEE International Conference on Robotics and Automation, 1990, 384-389.

[11] WALSH G, TILBURY D, SASTRY S, et al. Stabilization of trajectories for systems with nonholonomic constrains[J]. IEEE Transaction on Automatic Control, 1994, 39(1): 216-222.

[12] POURBOGHRAT F, KARLSSON M P. Adaptive control of dynamic mobile robot with nonholonomic constraints [J]. Computers and Electrical Engineering, 2002, 28(4): 241-253.

[13] SONG C, HE Y Y, RISTIC B, et al. Collaborative infotaxis: Searching for a signal-emitting source based on particle filter and Gaussian fitting [J]. Robotics and Autonomous Systems, 2020, 125: 103414.

[14] SAMSON C. Velocity and torque feedback control of a nonholonomic cart [J]. Lecture Notes in Control and Information Sciences, 2006, 162: 125-151.

[15] SAMSON C, AIT ABDERRAH K. Feedback control of a nonholonomic wheeled cart in cartesian space[C]//Proceedings of IEEE International Conference on Robotics and Automation, 1991: 1136-1141.

[16] ANDREA-NOVEL D, CAMPION G, BASTIN G. Control of nonholonomic wheeled mobile robots by state feedback linearization [J]. International Journal of Robotics Research, 1995, 14(6): 543-559.

[17] SAGE H G, DE MATHELIN M F, OSTERTAG E. Robust control of robot manipulators, a survey[J]. International Journal of Control, 1999, 72(16): 1498-1522.

[18] 吴卫国，陈辉堂，王月娟. 移动机器人的全局轨迹跟踪控制[J]. 自动化学报，2001, 27(3): 326-331.

[19] 李鹏飞，张银河，张蕾，等. 考虑误差补偿的柔性关节机械臂命令滤波反步控制[J]. 控制理论与应用，2020, 37(8): 1693-1700.

[20] 吴青云，闫茂德，贺昱曜. 移动机器人的快速终端滑模轨迹跟踪控制[J]. 系统工程与电子技术，2007，29(12)：2127-2130.

[21] 闫茂德，吴青云，贺昱曜. 非完整移动机器人的自适应滑模轨迹跟踪控制[J]. 系统仿真学报，2007，19(3)：579-581+584.

[22] 王久和. 交流电动机的非线性控制[M]. 北京：电子工业出版社，2009.

[23] HE Y Y，JIANG W. A new variable structure controller for direct torque controlled interior permanent magnet synchronous motor drive[C]//Proceedings of the IEEE International Conference on Automation and Logistics，2007：2349-2354.

[24] 张春明，林飞，宋文超，等. 基于直接反馈线性化的异步电动机反馈线性化控制[J]. 中国电机工程学报，2003，23(2)：99-103.

[25] 张春明，林飞，宋文超，等. 异步电机鲁棒控制器及其 Backstepping 设计[J]. 控制与决策，2004，19(3)：267-272.

[26] CHEN C C，CHEN Y T. Control design of nonlinear spacecraft system based on feedback linearization approach[J]. IEEE Access，2020，8：116626-116641.

[27] QIAO L，ZHANG L. Trajectory tracking control of AUVs via adaptive fast nonsingular integral terminal sliding mode control [J]. IEEE Trans. Ind. Informat.，2020，16(2)：1248-1258.

[28] YAN Z，WANG M，XU J. Robust adaptive sliding mode control of under-actuated autonomous underwater vehicles with uncertain dynamics [J]. Ocean Eng.，2019，173：802-809.

[29] SHEN C，SHI Y，BUCKHAM B. Trajectory tracking control of an autonomous underwater vehicle using lyapunov-based model predictive control [J]. IEEE Transactions on Industrial Electronics，2018，65(7)：5796-5805.

[30] PROCTOR A. Semi-automous guidance and control of a Saab SeaEye Falcon ROV[D]. Ph. D. dissertation，Dept. of Mechanical Eng.，Univ. of Victoria，Victoria，Canada，2014.

解题指南和部分习题答案

第 2 章

2.1

(1) 由奇点定义，有

$$\frac{\ddot{x}}{\dot{x}}=\frac{(1-x^2)\dot{x}-x}{\dot{x}}=\frac{0}{0}$$

因此奇点坐标为 $\dot{x}=0, x=0$。

在奇点(0,0)处，将 $f(\dot{x},x)$进行泰勒级数展开，并保留一次项，有

$$f(\dot{x},x)=f(0,0)+\left.\frac{\partial f(\dot{x},x)}{\partial \dot{x}}\right|_{\substack{x=0\\ \dot{x}=0}}\cdot\dot{x}+\left.\frac{\partial f(\dot{x},x)}{\partial x}\right|_{\substack{x=0\\ \dot{x}=0}}\cdot x$$

$$=\dot{x}-x$$

得出在奇点附近的线性化方程为

$$\ddot{x}=\dot{x}-x$$

其特征方程为

$$s^2-s+1=0$$

其特征根为

$$s_{1,2}=\frac{1}{2}\pm \mathrm{j}\frac{\sqrt{3}}{2}$$

因此，奇点为稳定的焦点。

(2) 由奇点定义，有

$$\frac{\ddot{x}}{\dot{x}}=\frac{(0.5-3x^2)\dot{x}+x+x^2}{\dot{x}}=\frac{0}{0}$$

因此奇点坐标分别为 $\dot{x}=0, x=0$ 和 $\dot{x}=0, x=-1$。

① 在奇点(0,0)处，将 $f(\dot{x},x)$进行泰勒级数展开并保留一次项，有

$$f(\dot{x},x)=\left.\frac{\partial f(\dot{x},x)}{\partial \dot{x}}\right|_{\substack{x=0\\ \dot{x}=0}}(\dot{x}-0)+\left.\frac{\partial f(\dot{x},x)}{\partial x}\right|_{\substack{x=0\\ \dot{x}=0}}(x-0)$$

$$=(0.5-3x^2)\Big|_{\substack{x=0\\ \dot{x}=0}}\dot{x}+[(6x)\dot{x}+1+2x]\Big|_{\substack{x=0\\ \dot{x}=0}}x$$

$$=0.5\dot{x}+x$$

得出在奇点(0,0)附近的线性化方程为

$$\ddot{x}=0.5\dot{x}+x$$

其特征方程为

$$s^2 - 0.5s - 1 = 0$$

其特征根为

$$s_{1,2} = \frac{0.5 \pm \sqrt{0.25 + 4}}{2}$$

即 $s_1 = 1.28, s_2 = -0.78$。因此,奇点(0,0)是鞍点。

② 在奇点(0,−1)处,首先进行坐标变换。令 $y = x + 1$,则 $\dot{y} = \dot{x}$,即在 $\dot{x}$-x 下的奇点(0,−1)可以变换为在 $\dot{y}$-y 下的奇点(0,0),因此有

$$\begin{aligned} f(\dot{y}, y) &= \ddot{y} - [0.5 - 3(y-1)^2]\dot{y} + (y-1) + (y-1)^2 \\ &= \ddot{y} - (-2.5 - 3y^2 + 6y)\dot{y} + y^2 - y \\ &= \ddot{y} + (2.5 + 3y^2 - 6y)\dot{y} + y^2 - y \\ &= 0 \end{aligned}$$

将 $f(\dot{y}, y)$ 在奇点(0,0)处进行泰勒级数展开,并保留一次项,有

$$\begin{aligned} f(\dot{y}, y) &= \frac{\partial f(\dot{y}, y)}{\partial \dot{y}} \bigg|_{\substack{y=0 \\ \dot{y}=0}} \dot{y} + \frac{\partial f(\dot{y}, y)}{\partial y} \bigg|_{\substack{y=0 \\ \dot{y}=0}} y \\ &= [2.5 + 3y^2 - 6y] \bigg|_{\substack{y=0 \\ \dot{y}=0}} \cdot \dot{y} + [(6y - 6)\dot{y} + 2y - 1] \bigg|_{\substack{y=0 \\ \dot{y}=0}} y \\ &= 2.5\dot{y} - y \end{aligned}$$

得出在奇点附近的线性化微分方程为

$$\ddot{y} - 2.5\dot{y} + y = 0$$

其特征方程为

$$s^2 - 2.5s + 1 = 0$$

其特征根为

$$s_{1,2} = \frac{2.5 \pm \sqrt{2.5^2 - 4}}{2}$$

即 $s_1 = 2, s_2 = 0.5$。因此,奇点为不稳定节点。

2.2

(1) 原方程等价为

$$\begin{cases} \ddot{x} + \dot{x} + x = 0, & \dot{x} \geqslant 0 \\ \ddot{x} - \dot{x} + x = 0, & \dot{x} < 0 \end{cases}$$

既而可以得到系统的特征方程为

$$\begin{cases} s^2 + s + 1 = 0, & \dot{x} \geqslant 0 \\ s^2 - s + 1 = 0, & \dot{x} < 0 \end{cases}$$

其特征根为

$$\begin{cases} s_{1,2} = -\dfrac{1}{2} \pm \mathrm{j}\dfrac{\sqrt{3}}{2}, & \dot{x} \geqslant 0 \\ s_{1,2} = \dfrac{1}{2} \pm \mathrm{j}\dfrac{\sqrt{3}}{2}, & \dot{x} < 0 \end{cases}$$

因此，当 $\dot{x}\geqslant 0$ 时系统的奇点为稳定焦点，当 $\dot{x}<0$ 时系统的奇点为不稳定焦点。

令

$$\dot{x}=\frac{\mathrm{d}x}{\mathrm{d}t}$$

则

$$\ddot{x}=\frac{\mathrm{d}\dot{x}}{\mathrm{d}t}=\begin{cases}-\dot{x}-x, & \dot{x}\geqslant 0\\ \dot{x}-x, & \dot{x}<0\end{cases}$$

由此得相轨迹斜率方程为

$$\begin{cases}\dfrac{\mathrm{d}\dot{x}}{\mathrm{d}x}=-1-\dfrac{x}{\dot{x}}, & \dot{x}\geqslant 0\\ \dfrac{\mathrm{d}\dot{x}}{\mathrm{d}x}=1-\dfrac{x}{\dot{x}}, & \dot{x}<0\end{cases}$$

令 $c=\dfrac{\mathrm{d}\dot{x}}{\mathrm{d}x}$，将其代入上式，可以得到相轨迹的等斜线方程为

$$\begin{cases}\dot{x}=-\dfrac{x}{c+1}, & \dot{x}\geqslant 0\\ \dot{x}=-\dfrac{x}{c-1}, & \dot{x}<0\end{cases}$$

根据等斜线方程并给定不同的 c 值，可以求出 $\dfrac{\dot{x}}{x}$ 值，如表 A.1 所示。

表 A.1　$\dfrac{\dot{x}}{x}$ 值计算列表

c	1	2	3	4	0	−1	−2	−3
$\dot{x}\geqslant 0$：$\dfrac{\dot{x}}{x}$	$-\frac{1}{2}$	$-\frac{1}{3}$	$-\frac{1}{4}$	$-\frac{1}{5}$	−1	∞	1	$\frac{1}{2}$
$\dot{x}<0$：$\dfrac{\dot{x}}{x}$	∞	−1	$-\frac{1}{2}$	$-\frac{1}{3}$	1	$\frac{1}{2}$	$\frac{1}{3}$	$\frac{1}{4}$

根据表 A.1，在 $\dot{x}$-x 平面上可以作出不同相轨迹斜率 c 值下的等斜线，继而画出系统的相平面图，如图 A.1 所示。

(2) 原方程等价为

$$\begin{cases}\ddot{x}+\dot{x}+x=0, & x\geqslant 0\\ \ddot{x}+\dot{x}-x=0, & x<0\end{cases}$$

继而可以得到系统的特征方程为

$$\begin{cases}s^2+s+1=0, & x\geqslant 0\\ s^2+s-1=0, & x<0\end{cases}$$

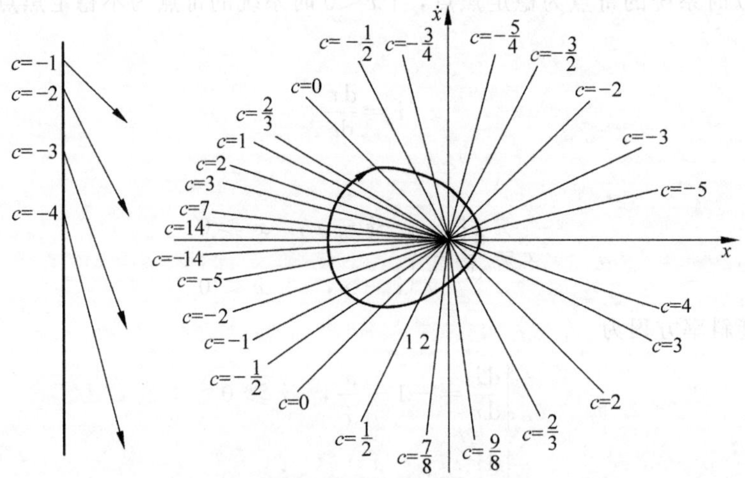

图 A.1　习题 2.2(1)的相平面图

其特征根为

$$\begin{cases} s_{1,2}=-\dfrac{1}{2}\pm \mathrm{j}\,\dfrac{\sqrt{3}}{2}, & x\geqslant 0 \\ s_{1,2}=-\dfrac{1}{2}\pm \dfrac{\sqrt{5}}{2}, & x<0 \end{cases}$$

因此,当 $x\geqslant 0$ 时系统的奇点为稳定焦点,当 $x<0$ 时系统的奇点为鞍点。

令

$$\dot{x}=\frac{\mathrm{d}x}{\mathrm{d}t}$$

则

$$\ddot{x}=\frac{\mathrm{d}\dot{x}}{\mathrm{d}t}=\begin{cases} -\dot{x}-x, & x\geqslant 0 \\ -\dot{x}+x, & x<0 \end{cases}$$

由此得到相轨迹斜率方程为

$$\begin{cases} \dfrac{\mathrm{d}\dot{x}}{\mathrm{d}x}=-1-\dfrac{x}{\dot{x}}, & x\geqslant 0 \\ \dfrac{\mathrm{d}\dot{x}}{\mathrm{d}x}=-1+\dfrac{x}{\dot{x}}, & x<0 \end{cases}$$

令 $c=\dfrac{\mathrm{d}\dot{x}}{\mathrm{d}x}$,将其代入上式,可以得到相轨迹的等斜线方程为

$$\begin{cases} \dot{x}=-\dfrac{x}{c+1}, & x\geqslant 0 \\ \dot{x}=\dfrac{x}{c+1}, & x<0 \end{cases}$$

根据等斜线方程并给定不同的 c 值,可以求出 $\dfrac{\dot{x}}{x}$ 值,如表 A.2 所示。

表 A.2 $\dfrac{\dot{x}}{x}$值计算列表

c	1	2	3	0	-1	-2	-3
$x\geqslant 0$：$\dfrac{\dot{x}}{x}$	$-\dfrac{1}{2}$	$-\dfrac{1}{3}$	$-\dfrac{1}{4}$	-1	∞	1	$\dfrac{1}{2}$
$x<0$：$\dfrac{\dot{x}}{x}$	$\dfrac{1}{2}$	$\dfrac{1}{3}$	$\dfrac{1}{4}$	1	∞	-1	$-\dfrac{1}{2}$

当等斜线的斜率与相轨迹的斜率相等时，系统有渐近线。因此，当 $x<0$ 时，有 $c=\dfrac{1}{c+1}$，即 $c_1=0.618$，$c_2=-1.618$。因此，相轨迹在原点的渐近线为

$$\begin{cases}\dot{x}=\dfrac{x}{1.618}=0.618x, & c=0.6180\\[2ex] \dot{x}=\dfrac{x}{-0.618}=-1.618x, & c=-1.618\end{cases}$$

根据表 A.2 及求得的相轨迹渐近线，在 $\dot{x}$-x 平面上可以画出系统的相平面图，如图 A.2 所示。

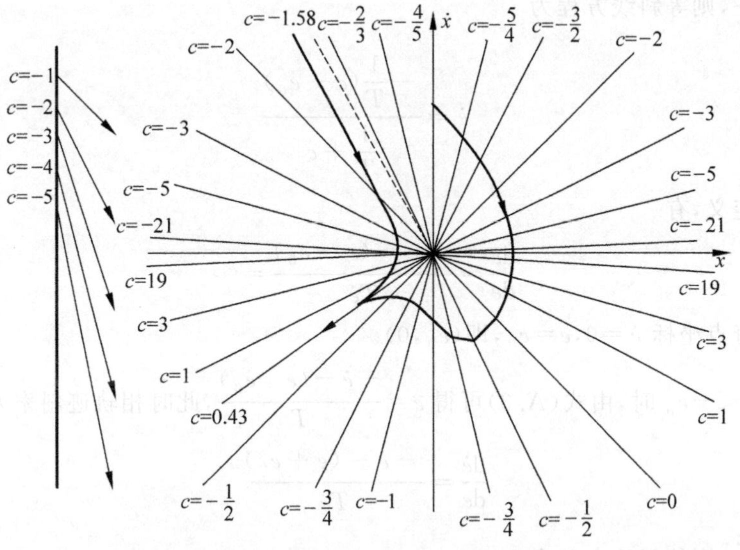

图 A.2 习题 2.2(2)的相平面图

2.3

当输入为 $x_{\mathrm{r}}(t)=A$，即阶跃函数时，系统线性部分的微分方程为

$$T\ddot{x}+\dot{x}_{\mathrm{c}}=m$$

因为 $e=x_{\mathrm{r}}-x_{\mathrm{c}}$，当 $t>0$ 时，$\ddot{x}_{\mathrm{r}}=\dot{x}_{\mathrm{r}}=0$，所以上式可以改写为

$$T\ddot{e}+\dot{e}+m=0$$

考虑非线性元件特性，则系统方程可以描述为

$$T\ddot{e}+\dot{e}=0,\quad |e|<e_0 \tag{A.1}$$

$$T\ddot{e}+\dot{e}+(e-e_0)=0,\quad e>e_0 \tag{A.2}$$

$$T\ddot{e}+\dot{e}+(e+e_0)=0,\quad e<-e_0 \tag{A.3}$$

令 $\dot{e}=\frac{de}{dt}$,则 $\ddot{e}=\frac{d\dot{e}}{dt}$。

(1) 当 $|e|<e_0$ 时,由式(A.1)得 $\ddot{e}=\frac{-\dot{e}}{T}$,此时相轨迹斜率方程为

$$\frac{d\dot{e}}{de}=-\frac{1}{T}$$

上式不含 $\dot{e}$ 及 $\ddot{e}$,所以此时无等斜线,相轨迹的斜率为常值,即 $-\frac{1}{T}$。

(2) 当 $e>e_0$ 时,由式(A.2)可得 $\ddot{e}=\frac{-\dot{e}-(e-e_0)}{T}$,即

$$T\ddot{e}+\dot{e}+(e-e_0)=0$$

此时相轨迹斜率方程为

$$\frac{d\dot{e}}{de}=\frac{-\dot{e}-(e-e_0)}{T\dot{e}}$$

令 $c=\frac{d\dot{e}}{de}$,则等斜线方程为

$$\dot{e}=\frac{-\frac{1}{T}(e-e_0)}{\frac{1}{T}+c}$$

由奇点定义,有

$$\frac{d\dot{e}}{de}=\frac{-\dot{e}-(e-e_0)}{T\dot{e}}=\infty$$

则可以得到奇点坐标 $\dot{e}=0,e=e_0$,即$(e_0,0)$。

(3) 当 $e<-e_0$ 时,由式(A.3)可得 $\ddot{e}=\frac{-\dot{e}-(e+e_0)}{T}$,此时相轨迹斜率方程为

$$\frac{d\dot{e}}{de}=\frac{-\dot{e}-(e+e_0)}{T\dot{e}}$$

令 $c=\frac{d\dot{e}}{de}$,则等斜线方程为

$$\dot{e}=\frac{-\frac{1}{T}(e+e_0)}{\frac{1}{T}+c}$$

由奇点定义,有

$$\frac{d\dot{e}}{de}=\frac{-\dot{e}-(e+e_0)}{T\dot{e}}=\infty$$

则可以得到奇点坐标 $\dot{e}=0,e=-e_0$,即$(0,-e_0)$。

按照等斜线作图法,即可画出图 A.3 所示的相轨迹,其中 T 可任取,如 $T=1$。

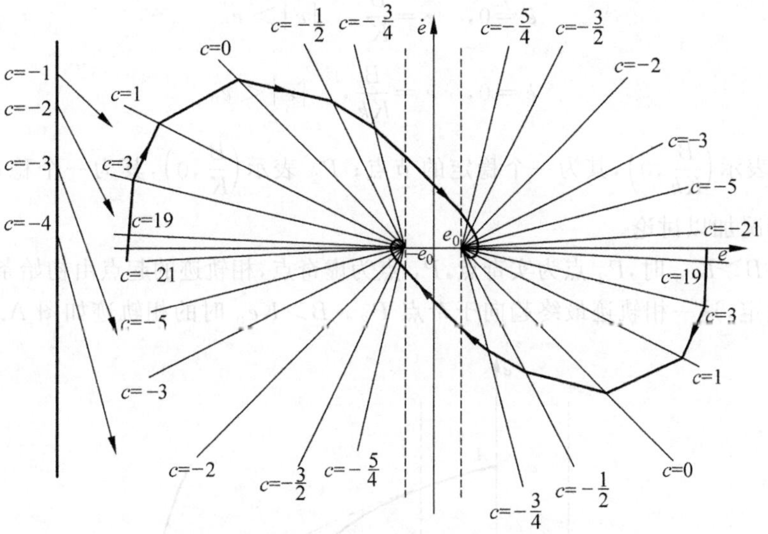

图 A.3 习题 2.3 阶跃输入下的相轨迹

2.4

输入 $x_r(t)=A+Bt$，即斜坡函数。当 $t>0$ 时，$\dot{x}_r=B$，$\ddot{x}_r=0$，此时描述系统运动的微分方程为

$$T\ddot{e}+\dot{e}+Ke=B,\quad |e|>e_0$$
$$T\ddot{e}+\dot{e}+Kke=B,\quad |e|<e_0$$

令 $\dot{e}=\frac{\mathrm{d}e}{\mathrm{d}t}$，则 $\ddot{e}=\frac{\mathrm{d}\dot{e}}{\mathrm{d}t}$，可以得到相轨迹斜率方程为

$$\frac{\mathrm{d}\dot{e}}{\mathrm{d}e}=\frac{B-(\dot{e}+Ke)}{T\dot{e}},\quad |e|>e_0$$

$$\frac{\mathrm{d}\dot{e}}{\mathrm{d}e}=\frac{B-(\dot{e}+Kke)}{T\dot{e}},\quad |e|<e_0$$

令 $c=\frac{\mathrm{d}\dot{e}}{\mathrm{d}e}$，可以得到等斜线方程为

$$\dot{e}=\frac{B-kKe}{Tc+1},\quad |e|<e_0$$

$$\dot{e}=\frac{B-Ke}{Tc+1},\quad |e|>e_0$$

T 可在满足 $\frac{1}{2\sqrt{KT}}<1<\frac{1}{2\sqrt{kKT}}$ 下任取，如 $T=1$。

令 $T=1$，有等斜线方程

$$\dot{e}=\frac{B-kKe}{c+1},\quad |e|<e_0$$

$$\dot{e}=\frac{B-Ke}{c+1},\quad |e|>e_0$$

由奇点定义，可以得到上述两个方程对应的奇点坐标为

$$\dot{e}=0,\quad e=\frac{B}{K},\quad |e|>e_0$$

$$\dot{e}=0,\quad e=\frac{B}{Kk},\quad |e|<e_0$$

令 P_1 表示$\left(\frac{B}{Kk},0\right)$，其为一个稳定的节点；$P_2$ 表示$\left(\frac{B}{K},0\right)$，其为一个稳定的焦点。下面分三种情况加以讨论。

(1) 当 $B>Ke_0$ 时，P_2 点为实奇点，P_1 点为虚奇点，相轨迹的起点由初始条件 $\dot{e}(0)=A$，$e(0)=R$ 决定，这一相轨迹最终趋向于奇点 P_2。$B>Ke_0$ 时的相轨迹如图 A.4 所示。

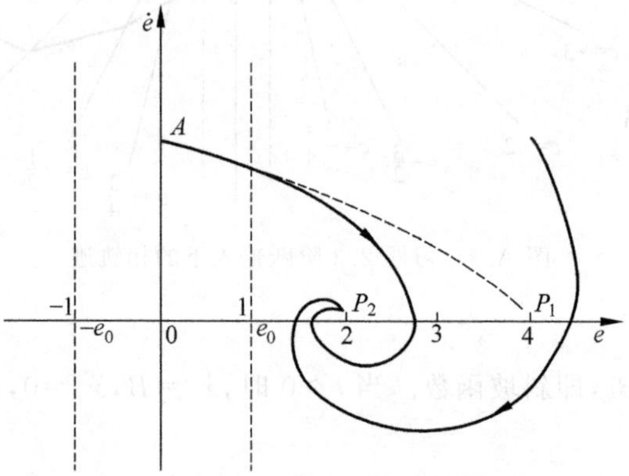

图 A.4 习题 2.4 斜坡输入下 $B>Ke_0$ 时的相轨迹

(2) 当 $Kke_0<B<Ke_0$ 时，P_1，P_2 均为虚奇点，相轨迹的起点由初始条件 $\dot{e}(0)=A$，$e(0)=R$ 决定，相轨迹最终既不趋向于 P_1 也不趋向于 P_2，而是趋向于$(e_0,0)$点。$Kke_0<B<Ke_0$ 时的相轨迹如图 A.5 所示。

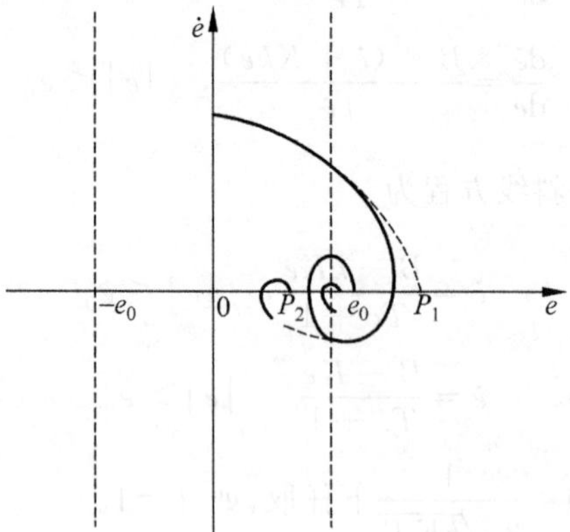

图 A.5 习题 2.4 斜坡输入下 $Kke_0<B<Ke_0$ 时的相轨迹

(3) 当 $B<Kke_0$ 时，P_1 为实奇点，P_2 为虚奇点，相轨迹的起点由初始条件 $\dot{e}(0)=A$，$e(0)=R$ 决定，相轨迹最终趋向于 P_1 点。$B<Kke_0$ 时的相轨迹如图 A.6 所示。

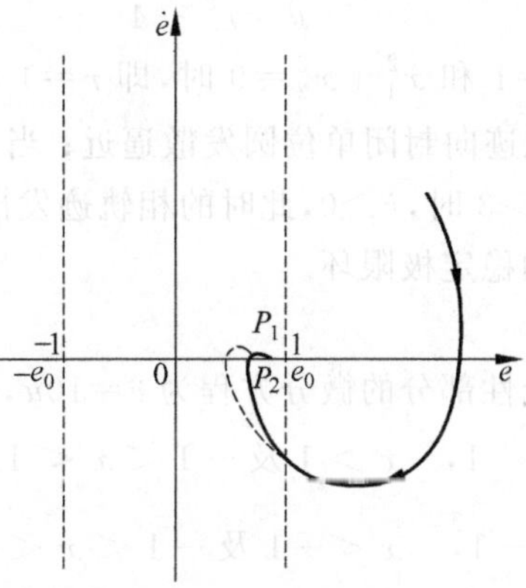

图 A.6　习题 2.4 斜坡输入下 $B<Kke_0$ 时的相轨迹

2.5

(1) 奇点分析。首先将非线性系统的微分方程写出一般形式：

$$\dot{x}_1=P(x_1,x_2),\quad \dot{x}_2=Q(x_1,x_2)$$

式中，P、Q 表示非线性函数。令

$$\frac{\mathrm{d}x_2}{\mathrm{d}x_1}=\frac{P(x_1,x_2)}{Q(x_1,x_2)}=\frac{0}{0}$$

联立可得系统的奇点为(0,0)。

为确定奇点类型，需计算奇点处的一阶偏导数及增量线性化方程，此时

$$a=\left.\frac{\partial P(x_1,x_2)}{\partial x_1}\right|_{(0,0)}=9,\quad b=\left.\frac{\partial P(x_1,x_2)}{\partial x_2}\right|_{(0,0)}=4$$

$$c=\left.\frac{\partial Q(x_1,x_2)}{\partial x_1}\right|_{(0,0)}=-4,\quad d=\left.\frac{\partial Q(x_1,x_2)}{\partial x_2}\right|_{(0,0)}=9$$

则

$$\Delta\dot{x}_1=a\Delta x_1+b\Delta x_2=9\Delta x_1+4\Delta x_2$$

可得系统的特征方程为

$$\Delta\dot{x}_2=c\Delta x_1+d\Delta x_2=-4\Delta x_1+9\Delta x_2$$

$$s^2-(a+d)s+(ad-bc)=0$$

特征根为

$$s_{1,2}=\frac{a+d\pm\sqrt{(a+d)^2-4(ad-bc)}}{2}=9\pm \mathrm{j}4$$

可知此时由于系统特征根为一对具有正实部的共轭复根，因此奇点(0,0)为不稳定焦点。

(2) 极限环分析。令 $x_1=r\cos\theta$，$x_2=r\sin\theta$，并代入原方程后可得

$$\dot{r}\cos\theta-r(\sin\theta)\dot{\theta}=r\cos\theta(r^2-1)(r^2-9)-r\sin\theta(r^2-4)$$

$$\dot{r}\sin\theta+r(\cos\theta)\dot{\theta}=r\sin\theta(r^2-1)(r^2-9)+r\cos\theta(r^2-4)$$

经整理可知以极坐标变量 r 和 θ 描述的运动方程为

$$\dot{r}=(r^2-1)(r^2-9)$$

$$\dot{\theta}=r^2-4$$

因此，可知当 $x_1^2+x_2^2=1$ 和 $x_1^2+x_2^2=9$ 时，即 $r=1$ 和 $r=3$ 时，相轨迹为封闭圆；当 $0<r<1$ 时，$\dot{r}>0$，此时相轨迹向封闭单位圆发散逼近；当 $1<r<3$ 时，$\dot{r}<0$，此时的相轨迹向封闭圆收敛逼近；而当 $r>3$ 时，$\dot{r}>0$，此时的相轨迹发散至无穷远处。综上所述，系统的封闭单位圆即该线性系统的稳定极限环。

2.6

由图 2.19 可知，系统线性部分的微分方程为 $\ddot{c}=10u$，其中 u 为非线性环节的输出：

$$u=\begin{cases}+1, & x>1 \text{ 及 } -1<x<1, \quad \dot{x}<0\\ -1, & x<-1 \text{ 及 } -1<x<1, \quad \dot{x}>0\end{cases}$$

根据比较点处有 $x=r-c=-c, \dot{x}=-\dot{c}, \ddot{x}=-\ddot{c}$。综合上述各式可得相轨迹方程为

$$\ddot{x}=\begin{cases}-10, & x>1 \text{ 及 } -1<x<1, \quad \dot{x}<0\\ 10, & x<-1 \text{ 及 } -1<x<1, \quad \dot{x}>0\end{cases}$$

可知开关线为 $x=1, x=-1$。

当 $\ddot{x}=-10$ 时，$\dot{x}\dfrac{\mathrm{d}\dot{x}}{\mathrm{d}x}=-10, \dot{x}\mathrm{d}\dot{x}=-10\mathrm{d}x$。积分并整理后可得

$$\frac{1}{2}\dot{x}^2=-10x+C_1$$

当 $\ddot{x}=10$ 时，$\dot{x}\dfrac{\mathrm{d}\dot{x}}{\mathrm{d}x}=10, \dot{x}\mathrm{d}\dot{x}=10\mathrm{d}x$。积分并整理后可得

$$\frac{1}{2}\dot{x}^2=10x+C_2$$

式中，C_1、C_2 分别为由系统初始条件决定的系数。

在初始条件为 $\dot{x}(0)=0, x(0)=-2$ 的情况下，绘制相轨迹曲线，如图 A.7 所示。由图 A.7 可知，系统是振荡发散的。

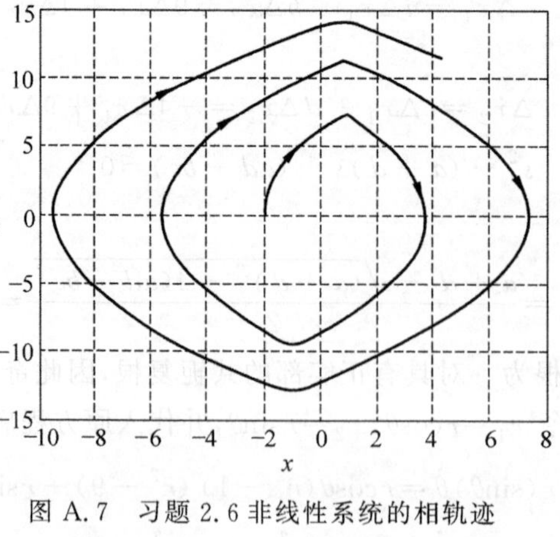

图 A.7 习题 2.6 非线性系统的相轨迹

2.7

(1) 由已知得

$$T\dot{x}\ \frac{\mathrm{d}\dot{x}}{\mathrm{d}x}+\dot{x}=0,\quad T\ \frac{\mathrm{d}\dot{x}}{\mathrm{d}x}+1=0,\quad \frac{\mathrm{d}\dot{x}}{\mathrm{d}x}=-\frac{1}{T}$$

用积分法解得相轨迹方程为

$$\dot{x}(t)-\dot{x}(0)=\frac{1}{T}[x(t)-x(0)]$$

其相平面图如图 A.8 所示。

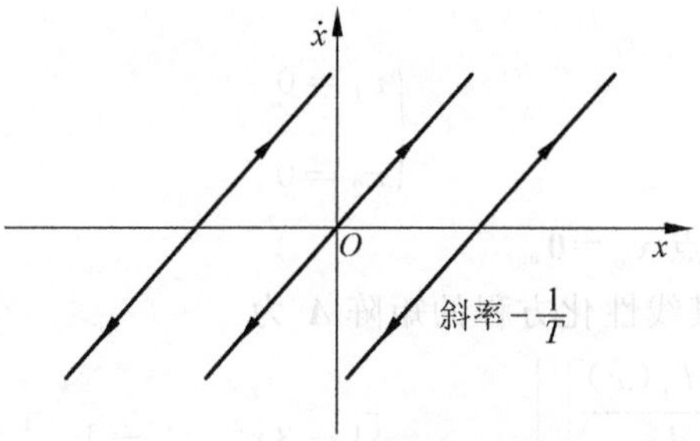

图 A.8 习题 2.7(1)相平面图

(2) 由已知条件得

$$T\dot{x}\ \frac{\mathrm{d}\dot{x}}{\mathrm{d}x}+\dot{x}=M$$

令切线斜率 $\alpha=\frac{\mathrm{d}\dot{x}}{\mathrm{d}x}$,则可等倾线方程为 $(T\alpha+1)\dot{x}=M$,即

$$\dot{x}=\frac{M}{T\alpha+1}$$

可见等倾线为一簇水平线。当 $\alpha=0$ 时,$\dot{x}=M$,则该等倾线为一条相轨迹,因相轨迹互不相交,故其他相轨迹均以此线为渐近线;当 $\alpha\to\infty$ 时,$\dot{x}=0$,表明相轨迹垂直穿过 x 轴;当 $\alpha\to-1/T$ 时,$\dot{x}\to\infty$,说明相平面上无穷远处的相轨迹斜率为 $-1/T$。根据图解法可得其相平面图如图 A.9 所示。

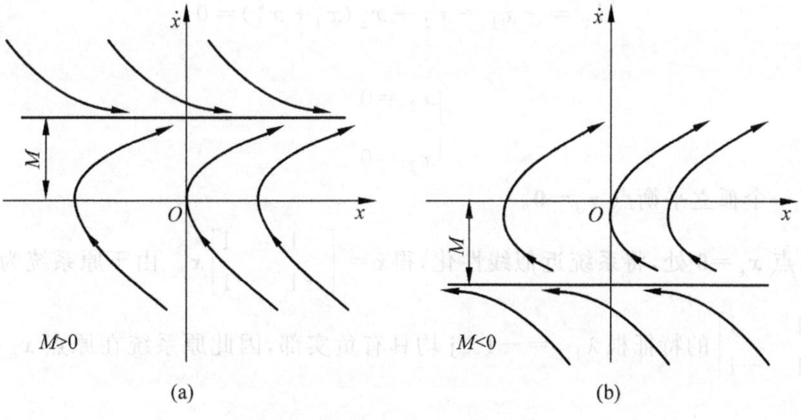

图 A.9 习题 2.7(2)相平面图

第 3 章

3.1

(1) 解系统方程

$$\begin{cases}\dot{x}_1 = x_1 - x_2 - x_1^3 = 0 \\ \dot{x}_2 = x_1 + x_2 - x_2^3 = 0\end{cases}$$

得

$$\begin{cases}x_1 = 0 \\ x_2 = 0\end{cases}$$

即系统只有一个孤立平衡点 $\boldsymbol{x}_e = \boldsymbol{0}$。

在平衡点 $\boldsymbol{x}_e = \boldsymbol{0}$ 处，其线性化方程的矩阵 $\boldsymbol{A}$ 为

$$\boldsymbol{A} = \begin{bmatrix}\dfrac{\partial f_1(x)}{\partial x_1} & \dfrac{\partial f_1(x)}{\partial x_2} \\ \dfrac{\partial f_2(x)}{\partial x_1} & \dfrac{\partial f_2(x)}{\partial x_2}\end{bmatrix}\Bigg|_{\substack{x_1=0\\x_2=0}} = \begin{bmatrix}1-3x_1^2 & -1 \\ 1 & 1-3x_2^2\end{bmatrix}\Bigg|_{\substack{x_1=0\\x_2=0}} = \begin{bmatrix}1 & -1 \\ 1 & 1\end{bmatrix}$$

特征方程为

$$|\lambda\boldsymbol{I} - \boldsymbol{A}| = \begin{bmatrix}\lambda-1 & 1 \\ -1 & \lambda-1\end{bmatrix} = \lambda^2 - 2\lambda + 2 = 0$$

特征根为

$$\lambda_{1,2} = 1 \pm \mathrm{j}$$

由于线性化后的系统特征根 $\lambda_{1,2} = 1 \pm \mathrm{j}$ 的实部为正，因此原系统在原点 $\boldsymbol{x}_e = \boldsymbol{0}$ 处不稳定。

(2) 解系统方程

$$\begin{cases}\dot{x}_1 = -x_1 + x_2 + x_1(x_1^2 + x_2^2) = 0 \\ \dot{x}_2 = -x_1 - x_2 + x_2(x_1^2 + x_2^2) = 0\end{cases}$$

得

$$\begin{cases}x_1 = 0 \\ x_2 = 0\end{cases}$$

即系统只有一个孤立平衡点 $\boldsymbol{x}_e = \boldsymbol{0}$。

在平衡点 $\boldsymbol{x}_e = \boldsymbol{0}$ 处，将系统近似线性化，得 $\dot{\boldsymbol{x}} = \begin{bmatrix}-1 & 1 \\ -1 & -1\end{bmatrix}\boldsymbol{x}$。由于原系统为定常系统，且矩阵 $\begin{bmatrix}-1 & 1 \\ -1 & -1\end{bmatrix}$ 的特征根 $\lambda_{1,2} = -1 \pm \mathrm{j}$ 均具有负实部，因此原系统在原点 $\boldsymbol{x}_e = \boldsymbol{0}$ 处一致渐近稳定。

3.2

令非线性系统式等于零，即

$$\begin{cases}\dot{x}_1 = x_2 = 0 \\ \dot{x}_2 = -\cos x_1 - x_2 = 0\end{cases}$$

可得系统的平衡点有$\left(2k\pi+\dfrac{\pi}{2},0\right)$和$\left(2k\pi+\dfrac{3\pi}{2},0\right)$。

(1) 对于平衡点$\left(2k\pi+\dfrac{\pi}{2},0\right)$，线性化系统为

$$\begin{cases}\dot{x}_1 = x_2 \\ \dot{x}_2 = x_1 - x_2\end{cases}$$

系统特征矩阵为$\begin{bmatrix}\lambda & -1 \\ -1 & \lambda+1\end{bmatrix}=\lambda(\lambda+1)-1=\lambda^2+\lambda-1=0$，则系统不稳定。

(2) 对于平衡点$\left(2k\pi+\dfrac{3\pi}{2},0\right)$，线性化系统为

$$\begin{cases}\dot{x}_1 = x_2 \\ \dot{x}_2 = -x_1 - x_2\end{cases}$$

系统特征矩阵为$\begin{bmatrix}\lambda & -1 \\ +1 & \lambda+1\end{bmatrix}=\lambda(\lambda+1)+1=\lambda^2+\lambda+1=0$，则系统稳定。

3.3

令$\dot{x}_1=0,\dot{x}_2=0$，则系统的平衡点为(0,0)。

选取

$$v(\boldsymbol{x})=\frac{1}{a+1}x_1^2+x_2^2$$

因为$a>0$，则$v(\boldsymbol{x})$为正定函数：

$$\begin{aligned}\dot{v}(\boldsymbol{x}) &= \frac{2}{a+1}x_1\dot{x}_1+2x_2\dot{x}_2 \\ &= \frac{2}{a+1}x_1x_2-\frac{2}{a+1}x_1x_2-2x_1^2x_2^2 \\ &= -2x_1^2x_2^2\end{aligned}$$

可得$\dot{v}(\boldsymbol{x})\leqslant 0$，故平衡点稳定。

又当$\|\boldsymbol{x}\|\to\infty$时，$v(\boldsymbol{x})\to\infty$，故该系统为大范围稳定系统。

3.4

解系统方程

$$\begin{cases}\dot{x}_1 = x_2 = 0 \\ \dot{x}_2 = -x_1 - ax_2 - bx_2^3 = 0\end{cases}$$

得

$$\begin{cases}x_1 = 0 \\ x_2 = 0\end{cases}$$

即系统只有一个孤立平衡点 $\boldsymbol{x}_e=\boldsymbol{0}$。

选取标准二次型李雅普诺夫函数，即

$$v(\boldsymbol{x})=x_1^2+x_2^2>0 \quad (\text{正定})$$

则沿任意轨迹 $v(\boldsymbol{x})$ 对时间的导数

$$\dot{v}(\boldsymbol{x})=2x_1\dot{x}_1+2x_2\dot{x}_2=-2(a+bx_2^2)x_2^2$$

当 $a\geqslant 0, b\geqslant 0$，且两者不同时为零时，$\dot{v}(\boldsymbol{x})$ 负定。又由于当 $\|\boldsymbol{x}\|\to\infty$ 时，$v(\boldsymbol{x})\to\infty$，因此根据定理 3.11，可判断系统在原点 $\boldsymbol{x}_e=\boldsymbol{0}$ 处是大范围渐近稳定的。

3.5

考虑如下动态系统：

$$\dot{\boldsymbol{x}}=(\boldsymbol{A}+\lambda\boldsymbol{I})\boldsymbol{x}$$

取

$$V=\boldsymbol{x}^{\mathrm{T}}\boldsymbol{P}\boldsymbol{x}$$

那么

$$\begin{aligned} V&=\boldsymbol{x}^{\mathrm{T}}(\boldsymbol{A}^{\mathrm{T}}+\boldsymbol{P}\boldsymbol{A}+2\lambda\boldsymbol{P})\boldsymbol{x}\\ &=-\boldsymbol{x}^{\mathrm{T}}\boldsymbol{Q}\boldsymbol{x}\end{aligned}$$

上式表明该系统是稳定的，即矩阵$(\boldsymbol{A}+\lambda\boldsymbol{I})$的特征值的实部全部小于零，这就说明了 $\boldsymbol{A}$ 的特征值实部小于 $-\lambda$。

3.6

取标准二次型为李雅普诺夫函数，即

$$v(\boldsymbol{x})=a_1x_1^2+x_2^2>0, a_1>0 \text{ 时}, v(\boldsymbol{x}) \text{ 正定}$$

则

$$\dot{v}(\boldsymbol{x})=2a_1x_1\dot{x}_1+2x_2\dot{x}_2=-2a_2x_1^2x_2^2$$

由于当 $a_2>0$ 时，$\dot{v}(\boldsymbol{x})$负半定，因此当 $a_1>0, a_2>0$ 时，系统是全局渐近稳定的。

3.7

由系统方程

$$\begin{cases}\dot{x}_1=-2x_1+2x_2^4=0\\ \dot{x}_2=-x_2=0\end{cases}$$

得

$$\begin{cases}x_1=0\\ x_2=0\end{cases}$$

即系统只有一个孤立平衡点 $\boldsymbol{x}_e=\boldsymbol{0}$。

方法一：对系统方程，有

$$f(\boldsymbol{x})=\begin{bmatrix}-2x_1+2x_2^4\\ -x_2\end{bmatrix}$$

得

$$F(x)=\begin{bmatrix}\dfrac{\partial f_1(x)}{\partial x_1} & \dfrac{\partial f_1(x)}{\partial x_2}\\ \dfrac{\partial f_2(x)}{\partial x_1} & \dfrac{\partial f_2(x)}{\partial x_2}\end{bmatrix}=\begin{bmatrix}-2 & 8x_2^3\\ 0 & -1\end{bmatrix}$$

因此

$$\hat{F}(x)=F(x)+F^{\mathrm{T}}(x)=\begin{bmatrix}-4 & 8x_2^3\\ 8x_2^3 & -2\end{bmatrix}$$

由希尔维斯特判据知

$$\Delta_1=-4<0,\quad \Delta_2=\begin{bmatrix}-4 & 8x_2^3\\ 8x_2^3 & -2\end{bmatrix}=8-64x_2^6$$

当 $x_2^6<8/64$ 时，即系统在平衡点 $x_e=\mathbf{0}$ 附近，$\hat{F}(x)$ 是负定的，故系统在平衡状态 $x_e=\mathbf{0}$ 处是渐近稳定的。

另外，当 $\|x\|\to\infty$ 时，有

$$f^{\mathrm{T}}(x)f(x)=[-2x_1+2x_2^4-x_2]\begin{bmatrix}-2x_1+2x_2^4\\ -x_2\end{bmatrix}=(-2x_1+2x_2^4)^2+x_2^2\to\infty$$

则系统在平衡状态 $x_e=\mathbf{0}$ 处是大范围渐近稳定的。

方法二：选取标准二次型为李雅普诺夫函数，即

$$v(x)=2x_1^2+(x_1+x_2^4)^2>0\quad（正定）$$

则沿任意轨迹 $v(x)$ 对时间的导数：

$$\dot{v}(x)=4x_1\dot{x}_1+2(x_1+x_2^4)(\dot{x}_1+4x_2^3\dot{x}_2)=-4(3x_1^2+x_2^8)\quad（负定）$$

又由于当 $\|x\|\to\infty$ 时，$v(x)\to\infty$，因此根据定理 3.11，可判断系统在原点 $x_e=\mathbf{0}$ 处是大范围渐近稳定的。

3.8

该矩阵对应的两个方程为

$$\begin{cases}\dot{x}_1=-x_1+\mathrm{e}^{0.5t}x_2\\ \dot{x}_2=-x_2\end{cases}$$

第二个方程的解是

$$x_2=x_2(0)\mathrm{e}^{-t}$$

它是指数曲线，将它代入第一个方程，有

$$\dot{x}_1+x_1=x_2(0)\mathrm{e}^{-0.5t}$$

这是具有指数衰减输入的稳定动态系统，因此它的输出 $x_1(t)$ 能够收敛到零。

3.9

(1) 设 $V(\omega)=\dfrac{1}{2}(J_1\omega_1^2+J_2\omega_2^2+J_3\omega_3^2)$ 为李雅普诺夫函数：

$$\begin{aligned}\dot{V}&=J_1\omega_1\dot{\omega}_1+J_2\omega_2\dot{\omega}_2+J_3\omega_3\dot{\omega}_3\\&=(J_2-J_3)\omega_1\omega_2\omega_3+(J_3-J_1)\omega_1\omega_2\omega_3+(J_1-J_2)\omega_1\omega_2\omega_3\\&=0\end{aligned}$$

得证原点稳定。由于 $\dot{V}=0$,因此原点不是渐近稳定的。

(2) 闭环系统状态方程为

$$\begin{cases}J_1\dot{\omega}_1=(J_2-J_3)\omega_2\omega_3+k_1\omega_1\\J_2\dot{\omega}_2=(J_3-J_1)\omega_3\omega_1+k_2\omega_2\\J_3\dot{\omega}_3=(J_1-J_2)\omega_1\omega_2+k_3\omega_3\end{cases}$$

与(1)中采用同样的李雅普诺夫函数,得

$$\dot{V}=-k_1\omega_1^2-k_2\omega_2^2-k_3\omega_3^2$$

因此,原点是全局渐近稳定的。

3.10

因为

$$\begin{cases}f_1(\boldsymbol{x})=-x_2+ax_1^3\\f_2(\boldsymbol{x})=x_1+ax_2^3\end{cases}$$

在 $\boldsymbol{x}_e=\boldsymbol{0}$ 的平衡点处,其线性化方程的矩阵 $\boldsymbol{A}$ 为

$$\boldsymbol{A}=\begin{bmatrix}\dfrac{\partial f_1(\boldsymbol{x})}{\partial x_1}&\dfrac{\partial f_1(\boldsymbol{x})}{\partial x_2}\\\dfrac{\partial f_2(\boldsymbol{x})}{\partial x_1}&\dfrac{\partial f_2(\boldsymbol{x})}{\partial x_2}\end{bmatrix}\Bigg|_{\substack{x_1=0\\x_2=0}}=\begin{bmatrix}3ax_1^2&-1\\1&3ax_2^2\end{bmatrix}\Bigg|_{\substack{x_1=0\\x_2=0}}=\begin{bmatrix}0&-1\\1&0\end{bmatrix}$$

特征方程为

$$|\lambda\boldsymbol{I}-\boldsymbol{A}|=\begin{vmatrix}\lambda&1\\-1&\lambda\end{vmatrix}=\lambda^2+1=0$$

特征根为一对虚根,$\lambda=\pm\mathrm{j}$,对应临界情况,因而无法判定原非线性系统的稳定性。

3.11

假设 $v(\boldsymbol{x})$ 的梯度为

$$\nabla\boldsymbol{V}=\begin{bmatrix}a_{11}x_1+a_{12}x_2\\a_{21}x_1+2x_2\end{bmatrix}=\begin{bmatrix}\nabla V_1\\\nabla V_2\end{bmatrix}$$

在此令 $a_{22}=2$,以保证 $v(\boldsymbol{x})$ 中具有 x_2^2 项。

写出 $\dot{v}(\boldsymbol{x})$ 的形式:

$$\begin{aligned}\dot{v}(\boldsymbol{x})&=(\nabla\boldsymbol{V})^{\mathrm{T}}\dot{\boldsymbol{x}}=(a_{11}x_1+a_{12}x_2)\dot{x}_1+(a_{21}x_1+2x_2)\dot{x}_2\\&=-a_{11}x_1^2+2a_{11}x_1^3x_2+2a_{12}x_1^2x_2^2-a_{21}x_1x_2-2x_2^2\end{aligned}$$

确定待定系数 a_{ij},试探选取

$$a_{12}=a_{21}=0,\quad a_{11}=1$$

则

$$\dot{v}=-x_1^2(1-2x_1x_2)-2x_2^2$$

如果 $1-2x_1x_2>0$,则 $\dot{v}$ 是负定的。因此,$2x_1x_2<1$ 是 x_1 和 x_2 的限制条件。

求出李雅普诺夫函数,梯度 $\nabla\boldsymbol{V}$ 为

$$\nabla\boldsymbol{V}=\begin{bmatrix}\nabla V_1\\\nabla V_2\end{bmatrix}=\begin{bmatrix}x_1\\2x_2\end{bmatrix}$$

注意到

$$\frac{\partial \nabla V_1}{\partial x_2}=\frac{\partial \nabla V_2}{\partial x_1}=0$$

满足旋度方程条件，所以

$$v=\int_0^{x_1} \nabla V_1 \mathrm{d}x_1+\int_0^{x_2} \nabla V_2 \mathrm{d}x_2=\frac{1}{2}x_1^2+x_2^2$$

由上式可以看出李雅普诺夫函数是正定的，因此在 $2x_1x_2<1$ 的范围内，系统是渐近稳定的。

3.12

求系统的平衡点。令

$$\begin{cases}\dot{x}_1=0\\ \dot{x}_2=0\end{cases}$$

则

$$\begin{cases}x_2=0\\ -x_1-x_2=0\end{cases}$$

求解得平衡点 $\boldsymbol{x}_e=\begin{bmatrix}0\\0\end{bmatrix}$，且为唯一平衡点。

分析系统的稳定性。若选二次型函数为 $v(\boldsymbol{x})=x_1^2+x_2^2$，显然 $v(\boldsymbol{x})$是正定的：

$$\dot{v}(\boldsymbol{x})=2x_1\dot{x}_1+2x_2\dot{x}_2=2x_1x_2+2x_2(-x_1-x_2)=-2x_2^2$$

若 $\dot{v}(\boldsymbol{x})\equiv 0$，则有 $x_2\equiv 0$，由状态方程式可知 $x_1\equiv 0$，故系统只有在坐标原点处 $\dot{v}(\boldsymbol{x})\equiv 0$，在状态空间的其他点 $\dot{v}(\boldsymbol{x})\neq 0$，则 $\dot{v}(\boldsymbol{x})$为负定，且 $\|\boldsymbol{x}\|\to\infty$ 时，$v(\boldsymbol{x})\to\infty$，则系统在 $\boldsymbol{x}_e=\begin{bmatrix}0\\0\end{bmatrix}$ 的平衡点是大范围渐近稳定的。

因此，$v(\boldsymbol{x})=x_1^2+x_2^2$ 可以作为该系统的李雅普诺夫函数。

若选二次型函数为 $v(\boldsymbol{x})=\frac{1}{2}(x_1+x_2)^2+x_1^2+\frac{1}{2}x_2^2$，显然 $v(\boldsymbol{x})$是正定的：

$$\begin{aligned}\dot{v}(\boldsymbol{x})&=(x_1+x_2)(\dot{x}_1+\dot{x}_2)+2x_1\dot{x}_1+x_2\dot{x}_2\\&=(x_1+x_2)(x_2-x_1-x_2)+2x_1x_2+x_2(-x_1-x_2)\\&=-x_1^2-x_1x_2+2x_1x_2-x_2x_1-x_2^2\\&=-x_1^2-x_2^2\end{aligned}$$

则 $\dot{v}(\boldsymbol{x})$为负定，且 $\|\boldsymbol{x}\|\to\infty$ 时，$v(\boldsymbol{x})\to\infty$，则系统在 $\boldsymbol{x}_e=\begin{bmatrix}0\\0\end{bmatrix}$ 的平衡点是大范围渐近稳定的。

因此，$v(\boldsymbol{x})=\frac{1}{2}(x_1+x_2)^2+x_1^2+\frac{1}{2}x_2^2$ 也可以作为该系统的李雅普诺夫函数。

3.13

充分性部分是显而易见的，下面只证明必要性部分。

因为 V 是正定的，令

$$\phi(p)=\inf V(\boldsymbol{x},t) \quad \|\boldsymbol{x}\|=p$$

这是一个 K 类函数，根据上述定义和 V 的径向无限性，可以看出当 $\|\boldsymbol{x}\|\to\infty$ 时，$\phi(\|\boldsymbol{x}\|)\to\infty$。

3.14

这里采用标量函数($-V$)，其中 V 是正定的。

3.15

因为 $F(x,t)$ 是时变正定函数，它必定大于或等于一个定常的正定函数，即存在 a，使得

$$F(f,t)>a(|f|)$$

因此

$$\int_0^{\infty} a(|f(t)|)\,\mathrm{d}t<\infty$$

因为 f 是有界的，且 a 为连续的，所以可以证明 $a(|f(t)|)$ 对于 t 是一致连续的，这蕴含着 $a(|f(t)|)\to 0$。由于 a 是正定的，所以意味着 $f(t)$ 收敛于零。

第 4 章

4.1

$$y_{1r}=(H_1e_1)_r, \quad y_{2r}=(H_2e_2)_r$$

$$\begin{aligned}\|y_{1r}\|_L &\leqslant \gamma_1\|e_{1r}\|_L+\beta_1\\ &\leqslant \gamma_1\left[\frac{1}{1-\gamma_1\gamma_2}(\|u_{1r}\|_L+\gamma_2\|u_{2r}\|_L+\beta_2+\gamma_2\beta_1)\right]+\beta_1\\ &=\frac{\gamma_1}{1-\gamma_1\gamma_2}\|u_{1r}\|_L+\frac{\gamma_1\gamma_2}{1-\gamma_1\gamma_2}\|u_{2r}\|_L+\frac{\gamma_1(\beta_2+\gamma_2\beta_1)}{1-\gamma_1\gamma_2}+\beta_1\\ &=\frac{\gamma_1}{1-\gamma_1\gamma_2}\|u_{1r}\|_L+\frac{\gamma_1\gamma_2}{1-\gamma_1\gamma_2}\|u_{2r}\|_L+\frac{\gamma_1\beta_2+\beta_1}{1-\gamma_1\gamma_2}\end{aligned}$$

$\|y_{2r}\|_L$ 的表达式可以用相同的方式导出。

4.2

当且仅当 a_1 和 a_2 为正时，$G(s)$ 为稳定的。

$$\mathrm{Re}[G(\mathrm{j}\omega)]=\mathrm{Re}\left[\frac{b_1+\mathrm{j}b_0\omega}{a_2-\omega^2+\mathrm{j}a_1\omega}\right]=\frac{b_1a_2+(b_0a_1-b_1)\omega^2}{(a_2-\omega^2)^2+a_1^2\omega^2}$$

对于所有 $\omega\in R$，当且仅当 $b_1>0, a_1b_0\geqslant b_1$ 时，$\mathrm{Re}[G(\mathrm{j}\omega)]>0$。

$$\lim_{\omega\to\infty}\omega^2\mathrm{Re}[G(\mathrm{j}\omega)]=b_0a_1-b_1$$

因此，当且仅当所有系数都为正，且 $b_1<a_1b_0$ 时，$G(s)$ 严格正实。

4.3

(1) 取 $V_1=(1/2)(x_1^2+x_2^2)$ 和 $V_2=\int_0^{x_3}h_2(s)\,\mathrm{d}s$：

$$\dot{V}_1=-x_2h_1(x_2)+x_2e_1 \to y_1e_1=\dot{V}_1+y_1h_1(y_1)$$

因为 $h_1\in(0,\infty]$，所以 H_1 是严格输出无源的。

$$\dot{V}_2 = -x_3 h_2(x_3) + e_2 h_2(x_3) \rightarrow y_2 e_2 = \dot{V}_2 + x_3 h_2(x_3)$$

因为 $h_2 \in (0,\infty]$，所以 H_2 是严格无源的。所以，反馈连接是无源的。

(2) 因为 $e_1 = 0$，所以

$$y_1(t) \equiv 0 \rightarrow x_2(t) \equiv 0 \rightarrow \dot{x}_2(t) \equiv 0 \rightarrow x_1(t) \equiv 0$$

因此，H_1 是零状态可观测的，并且反馈连接的原点是渐近稳定的。如果 V_1 和 V_2 径向无界，则它在全局渐近稳定。由于 V_1 是二次型，因此它是径向无界的。V_2 径向无界，因为

$$\int_0^{x_3} h_2(s)\,\mathrm{d}s \geqslant \int_0^{x_3} \frac{s}{1+s^2}\mathrm{d}s = \frac{1}{2}\ln(1+x_3^2) \rightarrow \infty as\ |x_3| \rightarrow \infty$$

所以原点是全局渐近稳定的。

4.4

取

$$V(\boldsymbol{x}) = \frac{\delta}{2}[ka^2 x_1^2 + 2kax_1x_2 + x_2^2] + \delta\int_0^{x_1} h(y)\,\mathrm{d}y$$

式中，$\delta > 0$ 且 $0 < k < 1$。$V(\boldsymbol{x})$ 是正定且径向无界的。

$$\begin{aligned}\dot{V} &= \delta[ka^2x_1 + kax_2 + h(x_1)]x_2 + \delta(kax_1 + x_2)[-h(x_1) - ax_2 + u] \\ &= -\delta kax_1h(x_1) + \delta(ka - a)x_2^2 + \delta(kax_1 + x_2)u\end{aligned}$$

$$yu - \dot{V} = (bx_1 + x_2)u + \delta kax_1h(x_1) - \delta(ka - a)x_2^2 - \delta(kax_1 + x_2)u$$

取 $\delta = 1$ 且 $k = \dfrac{b}{a} < 1$：

$$yu - \dot{V} = bx_1h(x_1) + \delta(a - b)x_2^2 \quad (\text{正定})$$

因此，系统是严格无源的。

4.5

(1) 设 $V = \frac{1}{2}J_1\omega_1^2 + \frac{1}{2}J_2\omega_2^2 + \frac{1}{2}J_3\omega_3^2$，则

$$\begin{aligned}\dot{V} &= J_1\omega_1\dot{\omega}_1 + J_2\omega_2\dot{\omega}_2 + J_3\omega_3\dot{\omega}_3 \\ &= (J_2 - J_3)\omega_1\omega_2\omega_3 + \omega_1u_1 + (J_3 + J_1)\omega_1\omega_2\omega_3 + \omega_2u_2 + (J_1 + J_2)\omega_1\omega_2\omega_3 + \omega_3u_3 \\ &= \boldsymbol{\omega}^{\mathrm{T}}\boldsymbol{u}\end{aligned}$$

故系统从 $\boldsymbol{u} = [u_1, u_2, u_3]^{\mathrm{T}}$ 到 $\boldsymbol{\omega} = [\omega_1, \omega_2, \omega_3]^{\mathrm{T}}$ 的映射是无损耗的。

(2) 由于 $\boldsymbol{u} = -K\boldsymbol{\omega} + \boldsymbol{v}$

则有

$$\dot{V} = -\boldsymbol{\omega}^{\mathrm{T}}K\boldsymbol{\omega} + \boldsymbol{v}^{\mathrm{T}}\boldsymbol{\omega}$$

因此

$$\boldsymbol{v}^{\mathrm{T}}\boldsymbol{\omega} \geqslant \dot{V} + \lambda_{\min}(K)\|\boldsymbol{\omega}\|_2^2$$

所以，从 $\boldsymbol{v}$ 到 $\boldsymbol{\omega}$ 的映射是有限增益 L_2 稳定的，其中 L_2 增益小于等于 $1/\lambda_{\min}(K)$。

(3) 由于 $\boldsymbol{u} = -K\boldsymbol{\omega}$

则有

$$\dot{V} = -\boldsymbol{\omega}^{\mathrm{T}}K\boldsymbol{\omega}$$

因为对于所有$\boldsymbol{\omega}$，V 正定且径向无界，而 $\dot{V}$ 负定，所以原点是全局渐近稳定的。

4.6

$$\dot{V}=ah(x)\dot{x}=h(x)\left[-x+\frac{1}{k}h(x)+u\right]=\frac{1}{k}h(x)[h(x)-kx]+h(x)u\leqslant yu$$

4.7

由于

$$0<p_{12}<\min\{2a_1,ak/2\}$$

因此 P 是正定的。

$$\begin{aligned}\dot{V}&=kh(x_1)\dot{x}_1+2\boldsymbol{x}^{\mathrm{T}}\boldsymbol{P}\dot{\boldsymbol{x}}\\&=kh(x_1)x_2+(2ap_{12}x_1+2p_{12}x_2)x_2+(2p_{12}x_1+kx_2)[-h(x_1)-ax_2+u]\\&=2p_{12}x_2^2-2p_{12}x_1h(x_1)+2p_{12}x_1u-kax_2^2+kx_2u\end{aligned}$$

因此

$$\begin{aligned}yu&=\dot{V}+u^2-2p_{12}x_2^2+2p_{12}x_1h(x_1)-2p_{12}x_1u+kax_2^2\\&=\dot{V}+(u-p_{12}x_1)^2-2p_{12}^2x_1^2+2p_{12}x_1h(x_1)+(ka-2p_{12})x_2^2\\&\geqslant\dot{V}-p_{12}^2x_1^2+2a_1p_{12}x_1^2+(ka-2p_{12})x_2^2=\dot{V}+\varphi(\boldsymbol{x})\end{aligned}$$

因为 $p_{12}<\min\{2a_1,ak/2\}$，$\varphi(\boldsymbol{x})$正定，所以系统是严格无源的。

第 5 章

5.1 参照例 5.1 设计。

5.2 参照例 5.5 证明过程。

5.3 设 $e_1=x_1-y_d$，$e_2=x_2-\dot{y}_d$，计算 $\dot{e}_1$ 和 $\dot{e}_2$，进而采用状态反馈的控制律。

5.4

设 $x_i=\omega_i(i=1,2,3)$，状态方程由$\dot{\boldsymbol{x}}=\boldsymbol{J}^{-1}[\boldsymbol{u}-\boldsymbol{\alpha}(\boldsymbol{x})]$给定，其中：

$$\boldsymbol{J}=\mathrm{diag}[J_1,J_2,J_3],\quad \boldsymbol{\alpha}(\boldsymbol{x})=-\begin{bmatrix}(J_2-J_3)x_2x_3\\(J_3-J_1)x_1x_3\\(J_1-J_2)x_1x_2\end{bmatrix}$$

矩阵 $\boldsymbol{J}$ 非奇异。

系统形式为

$$\dot{\boldsymbol{z}}=\boldsymbol{A}z+\boldsymbol{B}\gamma(\boldsymbol{x})[\boldsymbol{u}-\boldsymbol{\alpha}(\boldsymbol{x})]$$

其中 $\boldsymbol{A}=0$，$\boldsymbol{B}=\boldsymbol{J}^{-1}$。因为($\boldsymbol{A},\boldsymbol{B}$)可控，所以，系统状态方程是可反馈线性化的。

5.5

$$y=x_1\rightarrow\dot{y}=x_2+x_1^2\rightarrow\ddot{y}=x_3+u+2x_1(x_2+x_1^2)$$

因此，系统在 $\mathbf{R}^3$ 上的相对阶为 2。下面检测最小相位属性。

由于 $y(t)\equiv0\rightarrow\dot{x}_3=-x_3$，因此系统是最小相位的。

设 $e=y-r$，则

$$\ddot{e}=\ddot{y}-\ddot{r}=x_3+u+2x_1(x_2+x_1^2)-\ddot{r}$$

设

$$u=-x_3-2x_1(x_2+x_1^2)+\ddot{r}-k_1e-k_2\dot{e}$$
$$=-x_3-2x_1(x_2+x_1^2)+\ddot{r}-k_1(x_1-r)-k_2(x_2+x_1^2-\dot{r})$$

式中,k_1 和 k_2 为正常数。

跟踪误差 e 满足等式 $\ddot{e}+k_2\dot{e}+k_1e=0$,即当 $t\to\infty$ 时,$e(t)\to 0$。

5.6

非线性系统化为标准形式请参照习题 5.7(2)。

5.7

(1) 由于

$$y=x_3\to\dot{y}=-x_1+u$$

得系统在 $\mathbf{R}^3$ 上的相对阶为 1。因此,系统为可输入/输出线性化的系统。

(2) 设 $h(\boldsymbol{x})=x_3$,有 $\varphi_1(\boldsymbol{x})$ 和 $\varphi_2(\boldsymbol{x})$,使 $(\partial\varphi_1/\partial x)g=0$,$(\partial\varphi_2/\partial x)g=0$,且 $\boldsymbol{T}(\boldsymbol{x})=\begin{bmatrix}\varphi_1(\boldsymbol{x})\\ \varphi_2(\boldsymbol{x})\\ h(\boldsymbol{x})\end{bmatrix}$ 在 $\mathbf{R}^3$ 上是可逆的。φ_1 和 φ_2 必须满足

$$\frac{\partial\varphi_1}{\partial x_2}+\frac{\partial\varphi_1}{\partial x_3}=0,\quad \frac{\partial\varphi_2}{\partial x_2}+\frac{\partial\varphi_2}{\partial x_3}=0$$

设 $\varphi_1=x_1$ 和 $\varphi_2=x_2-x_3$,得

$$\boldsymbol{T}(\boldsymbol{x})=\begin{bmatrix}x_1\\ x_2-x_3\\ x_3\end{bmatrix}=\begin{bmatrix}1&0&0\\0&1&-1\\0&0&1\end{bmatrix}\boldsymbol{x}$$

映射 $\boldsymbol{T}(x)$ 为全局微分同胚映射。这样标准形式为

$$\begin{cases}\dot{\eta}_1=-\eta_1+\eta_2\\ \dot{\eta}_2=\eta_1-\eta_2-\xi-\eta_1\xi\\ \dot{\xi}=-\eta_1+u\end{cases}$$

零动态方程为

$$\dot{\eta}=\begin{bmatrix}-1&1\\1&-1\end{bmatrix}\boldsymbol{\eta}$$

原点是稳定的,但不渐近稳定。因此,系统不是最小相位系统。

5.8

由

$$\begin{cases}\dot{x}_1=\tan x_1+x_2\\ \dot{x}_2=x_1+u\\ y=x_2\end{cases}$$

得 $\dot{y}=x_1+u$。所以,系统在 $\mathbf{R}^2$ 上的相对阶为 1,系统为可输入/输出线性化的系统。

设 $y(t)\equiv 0$,由 $\dot{x}_1=\tan x_1$ 得零动态方程。原点是不稳定的,因此系统不是最小相位系统。

5.9

(1)

$$\dot{y}=-3x_1^2\dot{x}_1+\dot{x}_2=-3x_1^2(x_1+x_2)+3x_1^2x_2+x_1+u=-3x_1^3+x_1+u$$

系统在 $\mathbf{R}^2$ 上的相对阶为 1,因此为可输入/输出线性化的系统。

(2) 有 $\varphi(\boldsymbol{x})$满足 $[\partial\varphi/\partial x_1]g=[\partial\varphi/\partial x_2]g=0$,且 $\boldsymbol{T}(\boldsymbol{x})=\begin{bmatrix}\varphi(\boldsymbol{x})\\-x_1^3+x_2\end{bmatrix}$ 微分同胚。若 $\varphi(\boldsymbol{x})=x_1$,则映射 $\boldsymbol{T}(\boldsymbol{x})$为全局微分同胚映射。进行变量代换:

$$\eta=x_1,\quad \xi=-x_1^3+x_2$$

转换系统为全局定义标准形式:

$$\dot{\eta}=\eta+\eta^3+\xi,\quad \dot{\xi}=-3\eta^3+\eta+u$$

(3) 零动态方程为 $\dot{\eta}=\eta+\eta^3$,因此系统不是最小相位系统。

(4) $\boldsymbol{f}(\boldsymbol{x})=\begin{bmatrix}x_1+x_2\\3x_1^2x_2+x_2\end{bmatrix}$,$\boldsymbol{g}=\begin{bmatrix}0\\1\end{bmatrix}$

$$\mathrm{ad}_f\boldsymbol{g}=-\frac{\partial f}{\partial x}\boldsymbol{g}=\begin{bmatrix}1 & 1\\6x_1x_2+1 & 3x_1^2\end{bmatrix}\begin{bmatrix}0\\1\end{bmatrix}=\begin{bmatrix}1\\3x_1^2\end{bmatrix}$$

$$\boldsymbol{g}=[\boldsymbol{g}\quad \mathrm{ad}_f\boldsymbol{g}]=\begin{bmatrix}0 & 1\\1 & 3x_1^2\end{bmatrix},\quad \det(\boldsymbol{g})=-1\neq 0$$

因此,系统是可反馈线性化的系统。

(5) 有 $\boldsymbol{h}(\boldsymbol{x})$,使 $L_gh=0$ 且 $L_gL_f\boldsymbol{h}\neq 0$。设 $\boldsymbol{h}(\boldsymbol{x})=x_1$,得

$$\boldsymbol{T}(\boldsymbol{x})=\begin{bmatrix}x_1\\x_1+x_2\end{bmatrix}$$

映射 $\boldsymbol{T}(\boldsymbol{x})$为全局微分同胚映射。

转换系统为

$$\dot{z}_1=z_2,\quad \dot{z}_2=z_2+3z_1^2(z_2-z_1)+z_1+u$$

式中,$u=-z_1-z_2-3z_1^2(z_2-z_1)$服从

$$\dot{z}_1=z_2,\quad \dot{z}_2=v$$

5.10　动态增广法请参照例 5.15。

输出反演法求解:

解(a)

$$y=x_1-x_2\rightarrow\dot{y}=\dot{x}_1-\dot{x}_2=x_2\rightarrow\ddot{y}=\dot{x}_2=x_1x_2-x_2^2+u$$

于是有系统在 $\mathbf{R}^3$ 上的相对阶为 2。我们有 $h(\boldsymbol{x})=x_1-x_2$,$L_fh(\boldsymbol{x})=x_2$。

有 $\varphi(\boldsymbol{x})$,使$\left(\dfrac{\partial\varphi}{\partial\boldsymbol{x}}\right)\boldsymbol{g}=0$,且 $T(\boldsymbol{x})=\begin{bmatrix}\varphi(\boldsymbol{x})\\h(\boldsymbol{x})\\L_fh(\boldsymbol{x})\end{bmatrix}$可逆。

$\varphi(\boldsymbol{x})=x_1-x_3$ 满足偏微分方程,且使映射 $T(\boldsymbol{x})$为全局微分同胚映射。这样标准形

$$\begin{cases}\dot{\eta}=-\eta^3+\xi_1\\ \dot{\xi}_1=\xi_2\\ \dot{\xi}_2=-\xi_1\xi_2+u\\ y=\xi_1\end{cases}$$

因为 $\dot{\eta}$ 仅依赖于 ξ_1，所以上式为特殊标准形。

(b) 给出零动态方程 $\dot{\eta}=-\eta^3$。系统的原点是全局渐近稳定的。

第 6 章

6.1

考虑系统

$$\dot{x}_1=x_2+\theta_1 x_1\sin x_2$$

并设计 x_2，使原点 $x_1=0$ 是鲁棒稳定的，只要 $x_2=-kx_1, k>a$ 即可实现。因为

$$x_1\dot{x}_1=-kx_1^2+\theta_1 x_1^2\sin(-kx_1)\leqslant-(k-a)x_1^2$$

滑动流形为 $s=x_2+kx_1=0$，且

$$\dot{s}=\theta_2 x_2^2+x_1+u+k(x_2+\theta_1 x_1\sin x_2)$$

为消去右边的已知项，取

$$u=-x_1-kx_2+v$$

可得

$$\dot{s}=v+\Delta(\boldsymbol{x})$$

式中，$\Delta(\boldsymbol{x})=\theta_2 x_2^2+k\theta_1 x_1\sin(x_2)$。

由于

$$|\Delta(\boldsymbol{x})|\leqslant bx_2^2+ak|x_1|$$

因此，取

$$\beta(\boldsymbol{x})=bx_2^2+ak|x_1|+\beta_0,\quad \beta_0>0$$

和

$$u=-x_1-kx_2-\beta(\boldsymbol{x})\operatorname{sgn}(s)$$

该控制器或其 ε 充分小时的连续逼近使原点全局稳定。

6.2

考虑系统

$$\dot{x}_1=x_1+(1-\theta_1)x_2$$

并设计 x_2，使原点 $x_1=0$ 达到鲁棒稳定。注意到该系统在 $\theta_1=1$ 处不是稳定的，因此 a 的取值范围必须小于 1。利用 $x_2=-kx_1$，得

$$x_1\dot{x}_1=x_1^2-k(1-\theta_1)x_1^2\leqslant-[k(1-a)-1]x_1^2$$

因此，当取 $k>1/(1-a)$ 时，可使原点 $x_1=0$ 稳定。滑动流形为 $s=x_2+kx_1=0$。按照习题 6.1 继续分析，可得滑动模态控制为

$$u=-(1+k)x_1-kx_2-\beta(\boldsymbol{x})\operatorname{sgn}(s)$$

6.3

根据式(6.24)及其积分后形式,设计滑动模态变结构控制律 u。

6.4

通过给定线性定常系统是无静差跟踪的充要条件证明。

6.5

(1) 设 $s=a_1x_1+x_2$,其中 $a_1>0$。在滑动模态流形 $s=0$ 上,有 $\dot{x}_1=-a_1x_1+\sin x_1$。选择 $a_1>1$,确保原点 $x_1=0$ 是渐近稳定。

$$\dot{s}=a_1\dot{x}_1+\dot{x}_2=a_1(x_2+\sin x_1)+\theta_1x_1^2+(1+\theta_2)u$$

取 $u=-a_1(x_2+\sin x_1)+v$,服从

$$\dot{s}=\theta_1x_1^2-\theta_2a_1(x_2+\sin x_1)+(1+\theta_2)v$$

$$s\dot{s}=\theta_1sx_1^2-\theta_2a_1s(x_2+\sin x_1)+(1+\theta_2)sv\leqslant 2x_1^2|s|+\frac{a_1}{2}|x_2+\sin x_1||s|+(1+\theta_2)sv$$

取 $v=-\beta(\boldsymbol{x})\mathrm{sat}\left(\frac{s}{\varepsilon}\right)$,$\varepsilon>0$。由 $|s|\geqslant\varepsilon$,有

$$s\dot{s}\leqslant 2x_1^2|s|+\frac{a_1}{2}|x_2+\sin x_1||s|-\frac{1}{2}\beta(\boldsymbol{x})|s|$$

取 $\beta(\boldsymbol{x})=4x_1^2-a_1|x_2+\sin x_1|+\beta_0$,$\beta>0$,则 $s\dot{s}\leqslant-\beta_0|s|/2$,表明在有限时间内,轨迹到达了边界层 $\{|s|\leqslant\varepsilon\}$。在边界层内有

$$\dot{x}_1=-a_1x_1+\sin x_1+s$$

设 $V_1=\frac{1}{2}x_1^2$,有

$$\dot{V}_1=-a_1x_1^2+x_1\sin x_1+x_1s\leqslant-(a_1-1)x_1^2+|x_1|\varepsilon$$

取 $a_1=2$,有

$$\dot{V}_1\leqslant-x_1^2+|x_1|\varepsilon\leqslant-\frac{1}{2}x_1^2,\quad \forall\,|x_1|\geqslant 2\varepsilon$$

因此,轨迹在有限时间内到达集合 $\Omega_e=\{|x_1|\leqslant 2\varepsilon,|s|\leqslant\varepsilon\}$。在集合 Ω_e 内,系统可替换为

$$\dot{x}_1=-2x_1+\sin x_1+s,\quad \dot{s}=\theta_1x_1^2-2\theta_2(s-2x_1+\sin x_1)-(1+\theta_2)\frac{s}{\varepsilon}$$

设 $V_2=\frac{1}{2}(x_1^2+s^2)$,有

$$\begin{aligned}\dot{V}_2&=-2x_1^2+x_1\sin x_1+x_1s+\theta_1x_1^2s-2\theta_2(s-2x_1+\sin x_1)s-(1+\theta_2)s^2/\varepsilon\\&\leqslant-x_1^2+4(1+\varepsilon)|x_1||s|-\left(\frac{1}{2\varepsilon}-1\right)s^2\\&=-\begin{bmatrix}|x_1|\\|s|\end{bmatrix}^{\mathrm{T}}\begin{bmatrix}1&-2(1+\varepsilon)\\-2(1+\varepsilon)&(1/2\varepsilon)-1\end{bmatrix}\begin{bmatrix}|x_1|\\|s|\end{bmatrix}\end{aligned}$$

对于足够小的 ε,2×2 矩阵是正定的。因此,当 t 趋于无穷时,集合 Ω_e 中的所有轨迹趋近原点。

(2) 设 $e_1=x_1-r, e_2=\dot{e}_1=\dot{x}_1-\dot{r}=x_2+\sin x_1-\dot{r}$

$$\dot{e}_1=e_2,\quad \dot{e}_2=\theta_1 x_1^2+(1+\theta_2)u+(x_2+\sin x_1)\cos x_1-\ddot{r}$$

设滑动流形为 $e_2=-a_1e_1, a_1>0, s=e_2+a_1e_1$

$$\dot{s}=\theta_1 x_1^2+(1+\theta_2)u+(x_2+\sin x_1)\cos x_1-\ddot{r}+a_1e_2$$

有

$$u=-(x_2+\sin x_1)\cos x_1+\ddot{r}-a_1e_2+v$$

$$\dot{s}=v+\delta$$

其中

$$\delta=\theta_1 x_1^2+\theta_2[-(x_2+\sin x_1)\cos x_1+\ddot{r}-a_1e_2]+\theta_2 v$$

$$|\delta|\leqslant 2x_1^2+\frac{1}{2}|(x_2+\sin x_1)\cos x_1+a_1e_2|+\frac{1}{2}|\ddot{r}|\frac{1}{2}|v|$$

则

$$\beta(\boldsymbol{x})\geqslant 2\left[2x_1^2+\frac{1}{2}|(x_2+\sin x_1)\cos x_1+a_1e_2|+\frac{1}{2}|\ddot{r}|\right]+\beta_0,\quad \beta_0>0$$

且

$$v=-\beta(\boldsymbol{x})\operatorname{sat}\left(\frac{s}{\varepsilon}\right)$$

对于 $|s|\geqslant\varepsilon$，有

$$s\dot{s}\leqslant-\beta_0|s|$$

表明在有限时间内，轨迹到达了边界层 $\{|s|\leqslant\varepsilon\}$。在边界层内有

$$\dot{e}_1=-a_1e_1+s\rightarrow e\dot{e}_1\leqslant-a_1e_1^2+\varepsilon|e_1|$$

对于 $a_1=2$，有

$$e\dot{e}_1\leqslant-e_1^2,\quad \forall|e_1|\geqslant\varepsilon$$

所以，有限时间后 $|e_1(t)|\leqslant\varepsilon$。

6.6 根据式(6.109)～式(6.113)计算。

6.7 采用 6.4 节和 6.9 节中的方法进行讨论和仿真。

6.8

(1) 对于 $u=1$，这是已知具有稳定极限环的标准 van der Pol 振荡器。极限环的半径为 $1/\mu$，在平面 $(x_1, x_2/\omega)$ 外。极限环可通过将方程转换为极坐标来表示。设

$$\rho^2=x_1^2+x_2^2/\omega^2$$

$$\rho\dot{\rho}=\frac{\varepsilon}{\omega}(1-\mu^2x_1^2)x_2^2$$

在环 $\rho=1/\mu$ 上，有 $|x_1|\leqslant 1/\mu$，这意味着 $(1-\mu^2x_1^2)\geqslant 0$。因此，该圆上的所有轨迹必须移到外面。于是，稳定极限环一定在平面外。

对于 $u=-1$，可以通过倒转时间并缩放状态变量以再次达到标准 van der Pol 振荡器来证明不稳定极限环的存在。

(2) 有

$$s=x_1^2+\frac{x_2^2}{\omega^2}-r^2,\quad \dot{s}=\frac{2\varepsilon}{\omega}(1-\mu^2x_1^2)x_2^2u$$

由

$$s(t) \equiv 0 \rightarrow \dot{s}(t) \equiv 0 \rightarrow u(t) \equiv 0$$

将状态方程简化为谐波振荡器

$$\dot{x}_1 = x_2, \quad \dot{x}_2 = -\omega^2 x_1$$

(3)

$$s\dot{s} = \frac{2\varepsilon}{\omega}(1 - \mu^2 x_1^2) x_2^2 us$$

当 $s \neq 0$ 时，取 $u = -\mathrm{sgn}(s)$：

$$s\dot{s} = -\frac{2\varepsilon}{\omega}(1 - \mu^2 x_1^2) x_2^2 |s|$$

在带状区域 $|x_1| < 1/\mu$ 内，$(1-\mu^2 x_1^2)$ 项是正的。因此，$s\dot{s} \leqslant 0$。事实上，在直线 $x_2 = 0$ 外，$s\dot{s} < 0$，即由于任何轨迹（$x(t) \equiv 0$ 除外）都不能在集合 $x_2 = 0$ 内保持一致，因此可以得到 $s(t)$ 必须等于 0 的结论，即轨迹在该流形上滑动。

(4) $u = -\mathrm{sat}(s/0.01)$ 的仿真结果如图 A.10 所示。

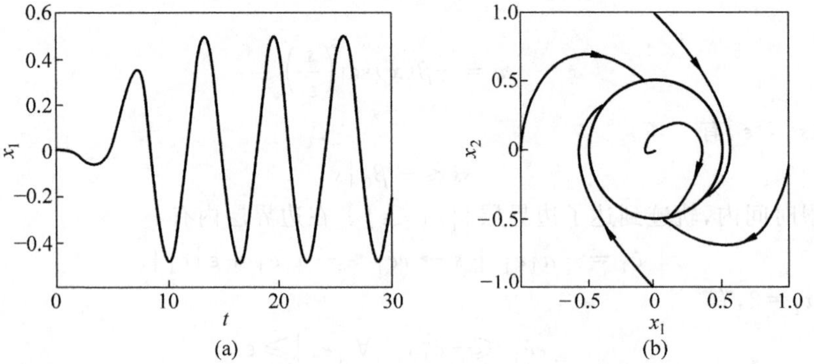

图 A.10　仿真结果

第 7 章

7.1

建立李雅普诺夫函数：

$$V = \frac{1}{2}\left[ms^2 + \frac{1}{\gamma}(\hat{m} - m)^2\right]$$

$$\dot{\hat{m}} = -\gamma vs$$

式中，$\hat{m}$ 为可调节参数。

$$\dot{V} = -\lambda m s^2$$

7.2

根据式(7.26)确定状态反馈自适应控制律。

7.3

当被控对象已知时，可知有

$$\boldsymbol{K}_{\mathrm{P}}^{*}=\left[k_{\mathrm{P1}}^{*} \quad k_{\mathrm{P2}}^{*}\right]=(\boldsymbol{B}_{\mathrm{s}}^{\mathrm{T}}\boldsymbol{B}_{\mathrm{s}})^{-1}\boldsymbol{B}_{\mathrm{s}}^{\mathrm{T}}(\boldsymbol{A}_{\mathrm{s}}-\boldsymbol{A}_{\mathrm{m}})=[1 \quad -0.5]$$

$$K_{\mathrm{U}}^{*}=k_{\mathrm{U}}^{*}=(\boldsymbol{B}_{\mathrm{s}}^{\mathrm{T}}\boldsymbol{B}_{\mathrm{s}})^{-1}\boldsymbol{B}_{\mathrm{s}}^{\mathrm{T}}\boldsymbol{B}_{\mathrm{m}}=0.5$$

选取对称正定矩阵 $\boldsymbol{Q}=\begin{bmatrix}1 & 0\\0 & 1\end{bmatrix}$，由如下李雅普诺夫方程

$$\boldsymbol{P}\begin{bmatrix}0 & 1\\-10 & -5\end{bmatrix}+\begin{bmatrix}0 & 1\\-10 & -5\end{bmatrix}^{\mathrm{T}}\boldsymbol{P}=-\begin{bmatrix}1 & 0\\0 & 1\end{bmatrix}$$

得 $\boldsymbol{P}=\dfrac{1}{100}\begin{bmatrix}135 & 5\\5 & 11\end{bmatrix}$，取$\boldsymbol{\Gamma}_{\mathrm{P}}=10$，$\boldsymbol{\Gamma}_{\mathrm{U}}=15$，$\boldsymbol{K}_{\mathrm{P}}(0)=[0 \quad 0]$，$\boldsymbol{K}_{\mathrm{U}}(0)=0$。因此：

$$\begin{aligned}\boldsymbol{K}_{\mathrm{P}}[\boldsymbol{e}_x(t),t]&=-\int_0^t\boldsymbol{\Gamma}_{\mathrm{P}}\boldsymbol{B}_{\mathrm{S}}^{\mathrm{T}}\boldsymbol{P}\boldsymbol{e}_x(\tau)\boldsymbol{x}_{\mathrm{S}}^{\mathrm{T}}(\tau)\,\mathrm{d}\tau+\boldsymbol{K}_{\mathrm{P}}(0)\\&=-\int_0^t\boldsymbol{\Gamma}_{\mathrm{P}}\boldsymbol{B}_{\mathrm{S}}^{\mathrm{T}}\boldsymbol{P}\boldsymbol{e}_x(\tau)\boldsymbol{x}_{\mathrm{S}}^{\mathrm{T}}(\tau)\,\mathrm{d}\tau+[0 \quad 0]\\&=-\int_0^t 10\times[2 \quad 4]\times\frac{1}{100}\begin{bmatrix}135 & 5\\5 & 11\end{bmatrix}\begin{bmatrix}e_{x1}(\tau)\\e_{x2}(\tau)\end{bmatrix}[x_{\mathrm{S1}}(\tau) \quad x_{\mathrm{S1}}(\tau)]\,\mathrm{d}\tau+[0 \quad 0]\end{aligned}$$

$$\begin{aligned}\boldsymbol{K}_{\mathrm{U}}[\boldsymbol{e}_x(t),t]&=\int_0^t\boldsymbol{\Gamma}_{\mathrm{U}}\boldsymbol{B}_{\mathrm{S}}^{\mathrm{T}}\boldsymbol{P}\boldsymbol{e}_x(\tau)u_{\mathrm{w}}(\tau)\,\mathrm{d}\tau+\boldsymbol{K}_{\mathrm{U}}(0)\\&=\int_0^t\boldsymbol{\Gamma}_{\mathrm{U}}\boldsymbol{B}_{\mathrm{S}}^{\mathrm{T}}\boldsymbol{P}\boldsymbol{e}_x(\tau)u_{\mathrm{w}}(\tau)\,\mathrm{d}\tau+0\\&=\int_0^t 15\times[2 \quad 4]\times\frac{1}{100}\begin{bmatrix}135 & 5\\5 & 11\end{bmatrix}\begin{bmatrix}e_{x1}(\tau)\\e_{x2}(\tau)\end{bmatrix}u_{\mathrm{w}}(\tau)\mathrm{d}\tau+0\end{aligned}$$

7.4

根据式(7.34)或式(7.35)确定输出反馈自适应控制律。

7.5

由于 $n=2>1=m$，且 $\boldsymbol{B}_{\mathrm{s}}^{\mathrm{T}}\boldsymbol{B}_{\mathrm{s}}=[2,4]\begin{bmatrix}2\\4\end{bmatrix}=20$ 非奇异，从而 $\boldsymbol{B}_{\mathrm{s}}$ 的左伪逆 $\boldsymbol{B}_{\mathrm{s}}^{+}$ 存在，且

$\boldsymbol{B}_{\mathrm{s}}^{+}=(\boldsymbol{B}_{\mathrm{s}}^{\mathrm{T}}\boldsymbol{B}_{\mathrm{s}})^{-1}\boldsymbol{B}_{\mathrm{s}}^{\mathrm{T}}=\dfrac{1}{20}[2,4]$，又 $\boldsymbol{A}_{\mathrm{s}}-\boldsymbol{A}_{\mathrm{m}}=\begin{bmatrix}2 & -1\\4 & -2\end{bmatrix}$，且

$$\boldsymbol{I}-\boldsymbol{B}_{\mathrm{s}}\boldsymbol{B}_{\mathrm{s}}^{+}=\begin{bmatrix}0.8 & -0.4\\-0.4 & 0.2\end{bmatrix}$$

从而有

$$(\boldsymbol{I}-\boldsymbol{B}_{\mathrm{s}}\boldsymbol{B}_{\mathrm{s}}^{+})(\boldsymbol{A}_{\mathrm{s}}-\boldsymbol{A}_{\mathrm{m}})=\begin{bmatrix}0.8 & -0.4\\-0.4 & 0.2\end{bmatrix}\cdot\begin{bmatrix}2 & -1\\4 & -2\end{bmatrix}=\begin{bmatrix}0 & 0\\0 & 0\end{bmatrix}$$

$$(\boldsymbol{I}-\boldsymbol{B}_{\mathrm{s}}\boldsymbol{B}_{\mathrm{s}}^{+})\boldsymbol{B}_{\mathrm{m}}=\begin{bmatrix}0.8 & -0.4\\-0.4 & 0.2\end{bmatrix}\cdot\begin{bmatrix}1\\2\end{bmatrix}=\begin{bmatrix}0\\0\end{bmatrix}$$

即关于模型跟随的埃尔兹伯格(Erzberger)条件成立。

$$\boldsymbol{K}_{\mathrm{P}}=[k_{\mathrm{P1}} \quad k_{\mathrm{P2}}]=(\boldsymbol{B}_{\mathrm{s}}^{\mathrm{T}}\boldsymbol{B}_{\mathrm{s}})^{-1}\boldsymbol{B}_{\mathrm{s}}^{\mathrm{T}}(\boldsymbol{A}_{\mathrm{s}}-\boldsymbol{A}_{\mathrm{m}})=[1,-0.5]$$

$$\boldsymbol{K}_{\mathrm{U}}=\boldsymbol{k}_{\mathrm{U}}=(\boldsymbol{B}_{\mathrm{s}}^{\mathrm{T}}\boldsymbol{B}_{\mathrm{s}})^{-1}\boldsymbol{B}_{\mathrm{s}}^{\mathrm{T}}\boldsymbol{B}_{\mathrm{m}}=0.5$$

7.6

利用 7.9.1 节的控制器设计方法设计自适应滑动模态变结构控制器。

7.7

利用 7.9.2 节的控制器设计方法设计自适应反演变结构控制器。

7.8

设 $\boldsymbol{x}_{\mathrm{P}}=[\omega \quad a]^{\mathrm{T}}, \boldsymbol{A}=\begin{bmatrix} 0 & 1 \\ -\dfrac{1}{\tau\psi} & -\dfrac{\tau+\psi}{\tau\psi} \end{bmatrix}, \boldsymbol{B}_{\mathrm{P}}=\left[0, \dfrac{A_0 G g}{\tau\psi}\right]^{\mathrm{T}}$，则被控对象的状态空间描述为

$$\begin{bmatrix} \dfrac{\mathrm{d}\omega}{\mathrm{d}t} \\ \dfrac{\mathrm{d}a}{\mathrm{d}t} \end{bmatrix}=\begin{bmatrix} 0 & 1 \\ -\dfrac{1}{\tau\psi} & -\dfrac{\tau+\psi}{\tau\psi} \end{bmatrix}\begin{bmatrix} \omega \\ a \end{bmatrix}+\begin{bmatrix} 0 \\ \dfrac{A_0 G g}{\tau\psi} \end{bmatrix} u_{\mathrm{P}}$$

式中，A_0 为比例系数；u_{P} 为电动机电路的参考整定输入信号。

设参考模型为

$$\begin{bmatrix} \dfrac{\mathrm{d}\omega_{\mathrm{m}}}{\mathrm{d}t} \\ \dfrac{\mathrm{d}a_{\mathrm{m}}}{\mathrm{d}t} \end{bmatrix}=\begin{bmatrix} 0 & 1 \\ -\alpha\dfrac{G_0 A_0 g}{\tau_0\psi_0} & -\dfrac{\tau_0+\psi_0}{\tau_0\psi_0} \end{bmatrix}\begin{bmatrix} \omega_{\mathrm{m}} \\ a_{\mathrm{m}} \end{bmatrix}+\begin{bmatrix} 0 \\ \dfrac{\alpha A_0 G_0 g}{\tau_0\psi_0} \end{bmatrix} u_{\mathrm{m}}$$

式中，τ_0、ψ_0、G_0 为动态参数的额定值；u_{m} 为参考速度信号。

广义误差为

$$\begin{bmatrix} e_1 \\ e_2 \end{bmatrix}=\begin{bmatrix} \omega_{\mathrm{m}} \\ a_{\mathrm{m}} \end{bmatrix}-\begin{bmatrix} \omega \\ a \end{bmatrix}$$

定义

$$u_{\mathrm{P}}=u_{\mathrm{P1}}+u_{\mathrm{P2}}$$

式中，$u_{\mathrm{P1}}=-\boldsymbol{K}_{\mathrm{P}}\boldsymbol{x}_{\mathrm{P}}+K_{\mathrm{U}}u_{\mathrm{m}}$，为线性控制信号；$u_{\mathrm{P2}}=\Delta\boldsymbol{K}_{\mathrm{P}}(v,t)x_{\mathrm{P}}+\Delta K_{\mathrm{U}}u_{\mathrm{m}}$，为自适应信号。

这里没有引入前馈矩阵 $\boldsymbol{K}_{\mathrm{m}}$，这是因为采用线性控制信号就可以满足模型跟随条件。选取

$$\boldsymbol{K}_{\mathrm{P}}=[k_{\mathrm{P1}}, 0], \quad K_{\mathrm{U}}=k_{\mathrm{U}}$$

$$\Delta\boldsymbol{K}_{\mathrm{P}}(v,t)=[\Delta k_{\mathrm{P1}}, \Delta k_{\mathrm{P2}}], \quad \Delta K_{\mathrm{U}}=\Delta k_{\mathrm{U}}$$

选取

$$F_{\mathrm{A}}=f>0, \quad \hat{F}_{\mathrm{A}}(t)=f'>0, \quad \boldsymbol{G}_{\mathrm{A}}=\hat{\boldsymbol{G}}_{\mathrm{A}}=\begin{bmatrix} 1 & 0 \\ 0 & \beta \end{bmatrix}>0$$

$$F_{\mathrm{B}}=m>0, \quad \hat{F}_{\mathrm{B}}=m'>0, \quad G_{\mathrm{B}}=\hat{G}_{\mathrm{B}}=1$$

则

$$\begin{aligned} u_{\mathrm{P2}} &= \Delta K_{\mathrm{P}}(v,t)X_{\mathrm{P}}+\Delta K_{\mathrm{U}}u_{\mathrm{m}} \\ &= \omega\int_0^t fv\omega\,\mathrm{d}\tau+f'v\omega^2+\beta a\int_0^t fva\,\mathrm{d}\tau+\beta f'va^2+u_{\mathrm{m}}\int_0^t mvu_{\mathrm{m}}\,\mathrm{d}\tau+m'vu_{\mathrm{m}}^2 \end{aligned}$$

最后，选取 d_1、d_2 使得等效方框前向通道的传递函数

$$h(s)=\frac{\dfrac{aA_0G_0g}{\tau_0\psi_0}\left(-d_1\dfrac{aA_0G_0g}{\tau_0\psi_0}+d_2s\right)}{s^2+\dfrac{\tau_0+\psi_0}{\tau_0\psi_0}s+\dfrac{aA_0G_0g}{\tau_0\psi_0}}$$

为严格正实函数，则应有：$h(s)$的分母为赫尔维茨多项式，$\mathrm{Re}[h(\mathrm{j}\omega)]\geqslant 0$。由于$h(s)$的分母多项式由参考模型决定，因此其必为赫尔维茨多项式，且

$$d_1\leqslant 0,\quad d_2\geqslant -\frac{aA_0G_0g}{\tau_0+\psi_0}d_1\geqslant 0$$

实际实现时，考虑到电动机加速度测量具有一定困难，可以令$\beta=0$。

第 8 章

8.1

给定闭环系统

$$\dot{\boldsymbol{x}}=\boldsymbol{f}-\boldsymbol{G}\boldsymbol{G}^{\mathrm{T}}\left(\frac{\partial V}{\partial \boldsymbol{x}}\right)^{\mathrm{T}}+\boldsymbol{K}\boldsymbol{\omega}$$

从$\boldsymbol{\omega}$到$\begin{bmatrix}y\\u\end{bmatrix}$的闭环映射为

$$\dot{\boldsymbol{x}}=\boldsymbol{f}_{\mathrm{c}}(\boldsymbol{x})-\boldsymbol{G}_{\mathrm{c}}(\boldsymbol{x})\omega$$
$$\boldsymbol{y}_{\mathrm{c}}=\boldsymbol{h}_{\mathrm{c}}(\boldsymbol{x})$$

式中，

$$\boldsymbol{f}_{\mathrm{c}}=\boldsymbol{f}-\boldsymbol{G}\boldsymbol{G}^{\mathrm{T}}\left(\frac{\partial V}{\partial \boldsymbol{x}}\right)^{\mathrm{T}},\quad \boldsymbol{G}_{\mathrm{c}}=\boldsymbol{K},\quad \boldsymbol{y}_{\mathrm{c}}=\begin{bmatrix}y\\u\end{bmatrix},\quad \boldsymbol{h}_{\mathrm{c}}=\begin{bmatrix}\boldsymbol{h}\\-\boldsymbol{G}^{\mathrm{T}}\left(\dfrac{\partial V}{\partial \boldsymbol{x}}\right)^{\mathrm{T}}\end{bmatrix}$$

对于闭环系统

$$\begin{aligned}\boldsymbol{H}_{\mathrm{c}}&=\frac{\partial V}{\partial \boldsymbol{x}}\boldsymbol{f}_{\mathrm{c}}+\frac{1}{2\gamma^2}\left(\frac{\partial V}{\partial \boldsymbol{x}}\right)\boldsymbol{G}_{\mathrm{c}}\boldsymbol{G}_{\mathrm{c}}^{\mathrm{T}}\left(\frac{\partial V}{\partial \boldsymbol{x}}\right)^{\mathrm{T}}+\frac{1}{2}\boldsymbol{h}_{\mathrm{c}}^{\mathrm{T}}\boldsymbol{h}_{\mathrm{c}}\\&=\frac{\partial V}{\partial \boldsymbol{x}}\left[\boldsymbol{f}-\boldsymbol{G}\boldsymbol{G}^{\mathrm{T}}\left(\frac{\partial V}{\partial \boldsymbol{x}}\right)^{\mathrm{T}}\right]+\frac{1}{2\gamma^2}\left(\frac{\partial V}{\partial \boldsymbol{x}}\right)\boldsymbol{K}\boldsymbol{K}^{\mathrm{T}}\left(\frac{\partial V}{\partial \boldsymbol{x}}\right)^{\mathrm{T}}+\frac{1}{2}\boldsymbol{h}^{\mathrm{T}}\boldsymbol{h}+\frac{1}{2}\left(\frac{\partial V}{\partial \boldsymbol{x}}\right)\boldsymbol{G}\boldsymbol{G}^{\mathrm{T}}\left(\frac{\partial V}{\partial \boldsymbol{x}}\right)^{\mathrm{T}}\\&=\frac{\partial V}{\partial \boldsymbol{x}}\boldsymbol{f}+\frac{1}{2}\left(\frac{\partial V}{\partial \boldsymbol{x}}\right)\left[\frac{1}{\gamma^2}\boldsymbol{K}\boldsymbol{K}^{\mathrm{T}}-\boldsymbol{G}\boldsymbol{G}^{\mathrm{T}}\right]\left(\frac{\partial V}{\partial \boldsymbol{x}}\right)^{\mathrm{T}}+\frac{1}{2}\boldsymbol{h}^{\mathrm{T}}\boldsymbol{h}\leqslant 0\end{aligned}$$

8.2

(1) $\boldsymbol{f}(\boldsymbol{x})=\begin{bmatrix}x_2\\-a\sin x_1-kx_2\end{bmatrix}$，$\boldsymbol{G}=\begin{bmatrix}0\\1\end{bmatrix}$，$h(\boldsymbol{x})=x_2$

设$W(\boldsymbol{x})=a(1-\cos x_1)+\frac{1}{2}x_2^2$，对于所有的$\boldsymbol{x}\in\mathbf{R}^2$，$W(\boldsymbol{x})\geqslant 0$

$$\frac{\partial W}{\partial \boldsymbol{x}}\boldsymbol{f}(\boldsymbol{x})=[a\sin x_1,x_2]\begin{bmatrix}x_2\\-a\sin x_1-kx_2\end{bmatrix}=-kx_2^2=-kh^2(\boldsymbol{x})$$

$$\frac{\partial W}{\partial \boldsymbol{x}}\boldsymbol{G}=[a\sin x_1, x_2]\begin{bmatrix}0\\1\end{bmatrix}=x_2=\boldsymbol{h}(\boldsymbol{x})$$

$$\frac{\partial W}{\partial \boldsymbol{x}}\boldsymbol{f}(\boldsymbol{x})\leqslant -k\boldsymbol{h}^{\mathrm{T}}(\boldsymbol{x})\boldsymbol{h}(\boldsymbol{x}),\quad k>0$$

$$\frac{\partial W}{\partial \boldsymbol{x}}\boldsymbol{G}=\boldsymbol{h}^{\mathrm{T}}(\boldsymbol{x})$$

取

$$V(\boldsymbol{x})=\alpha W(\boldsymbol{x}),\quad \alpha>0$$

作为哈密顿-雅可比不等式的备选解,可证明

$$H(V,\boldsymbol{f},\boldsymbol{G},\boldsymbol{h},\gamma)=\left(-\alpha k+\frac{\alpha^2}{2\gamma^2}+\frac{1}{2}\right)\boldsymbol{h}^{\mathrm{T}}(\boldsymbol{x})\boldsymbol{h}(\boldsymbol{x})$$

为了满足哈密顿-雅可比不等式,应选取 $\alpha>0,\gamma>0$,使

$$-\alpha k+\frac{\alpha^2}{2\gamma^2}+\frac{1}{2}\leqslant 0$$

$$\gamma^2\geqslant\frac{\alpha^2}{2\alpha k-1}$$

因此,为了得到最小的 γ,选择 α 使上述不等式的右边最小。在 $\alpha=\frac{1}{k}$ 时取到最小值 $1/k^2$。因此,选取 $\gamma=1/k$,可得系统是有限增益 L_2 稳定的,且系统的 L_2 增益小于或等于 $1/k$。

(2) $\boldsymbol{f}(\boldsymbol{x})=\begin{bmatrix}-x_2\\x_1-x_2\operatorname{sat}(x_2^2-x_3^2)\\x_3\operatorname{sat}(x_2^2-x_3^2)\end{bmatrix},\boldsymbol{G}=\begin{bmatrix}0\\x_2\\-x_3\end{bmatrix},\boldsymbol{h}(\boldsymbol{x})=x_2^2-x_3^2$

取

$$W(\boldsymbol{x})=\frac{1}{2}\boldsymbol{x}^{\mathrm{T}}\boldsymbol{x}$$

$$\frac{\partial W}{\partial \boldsymbol{x}}\boldsymbol{f}(\boldsymbol{x})=[x_1,x_2,x_3]\begin{bmatrix}-x_2\\x_1-x_2\operatorname{sat}(x_2^2-x_3^2)\\x_3\operatorname{sat}(x_2^2-x_3^2)\end{bmatrix}=-(x_2^2-x_3^2)\operatorname{sat}(x_2^2-x_3^2)=-\boldsymbol{h}\operatorname{sat}(\boldsymbol{h})$$

$$\frac{\partial W}{\partial \boldsymbol{x}}\boldsymbol{G}=[x_1,x_2,x_3]\begin{bmatrix}0\\x_2\\-x_3\end{bmatrix}=x_2^2-x_3^2=\boldsymbol{h}(\boldsymbol{x})$$

设 $D=\{\boldsymbol{x}\in\mathbf{R}^2 \mid |\boldsymbol{h}(\boldsymbol{x})|\leqslant 1\}$。当 $k=1$ 时 D 中的 $W(x)$ 满足上题不等式。设 $V(\boldsymbol{x})=W(\boldsymbol{x})$ 且 $\gamma=1$ 时,可改写为满足哈密顿-雅可比不等式。考虑非强制系统

$$\boldsymbol{h}[x(t)]\equiv 0\rightarrow \dot{x}_3(t)\equiv 0\equiv\rightarrow x_3(t)\equiv \text{constant}\rightarrow \dot{x}_2(t)\equiv 0$$

$$\rightarrow x_1(t)\equiv 0\rightarrow \dot{x}_1(t)\equiv 0\equiv\rightarrow x_2(t)\equiv 0\rightarrow x_3(t)\equiv 0$$

因此,当 $\|x_0\|$ 足够小时,系统是有小信号有限增益 L_2 稳定的,且系统的 L_2 增益小于或等于 1。

8.3

$$\frac{\partial V}{\partial \boldsymbol{x}}\boldsymbol{f}+\frac{\partial V}{\partial \boldsymbol{x}}\boldsymbol{G}\boldsymbol{u}$$

$$=\frac{\partial V}{\partial \boldsymbol{x}}\boldsymbol{f}+\frac{\partial V}{\partial \boldsymbol{x}}\boldsymbol{G}\boldsymbol{u}-\frac{1}{2}(\boldsymbol{L}+\boldsymbol{W}\boldsymbol{u})^{\mathrm{T}}(\boldsymbol{L}+\boldsymbol{W}\boldsymbol{u})+\frac{1}{2}(\boldsymbol{L}+\boldsymbol{W}\boldsymbol{u})^{\mathrm{T}}(\boldsymbol{L}+\boldsymbol{W}\boldsymbol{u})$$

$$=-\frac{1}{2}(\boldsymbol{L}+\boldsymbol{W}\boldsymbol{u})^{\mathrm{T}}(\boldsymbol{L}+\boldsymbol{W}\boldsymbol{u})+\frac{\partial V}{\partial \boldsymbol{x}}\boldsymbol{f}+\frac{\partial V}{\partial x}\boldsymbol{G}\boldsymbol{u}+\frac{1}{2}\boldsymbol{L}^{\mathrm{T}}\boldsymbol{L}+\boldsymbol{L}^{\mathrm{T}}\boldsymbol{W}\boldsymbol{u}+\frac{1}{2}\boldsymbol{u}^{\mathrm{T}}\boldsymbol{W}^{\mathrm{T}}\boldsymbol{W}\boldsymbol{u}$$

$$=-\frac{1}{2}(\boldsymbol{L}+\boldsymbol{W}\boldsymbol{u})^{\mathrm{T}}(\boldsymbol{L}+\boldsymbol{W}\boldsymbol{u})+\left\{\frac{\partial V}{\partial \boldsymbol{x}}\boldsymbol{f}+\frac{1}{2}\boldsymbol{L}^{\mathrm{T}}\boldsymbol{L}+\frac{1}{2}\boldsymbol{h}^{\mathrm{T}}\boldsymbol{h}\right\}-\frac{1}{2}\boldsymbol{h}^{\mathrm{T}}\boldsymbol{h}+\frac{\partial V}{\partial \boldsymbol{x}}\boldsymbol{G}\boldsymbol{u}-\boldsymbol{h}^{\mathrm{T}}\boldsymbol{J}\boldsymbol{u}-\frac{\partial V}{\partial \boldsymbol{x}}\boldsymbol{G}\boldsymbol{u}+\frac{1}{2}\boldsymbol{u}^{\mathrm{T}}(\gamma^{2}\boldsymbol{I}-\boldsymbol{J}^{\mathrm{T}}\boldsymbol{J})\boldsymbol{u}$$

$$=-\frac{1}{2}(\boldsymbol{L}+\boldsymbol{W}\boldsymbol{u})^{\mathrm{T}}(\boldsymbol{L}+\boldsymbol{W}\boldsymbol{u})+\boldsymbol{H}-\frac{1}{2}\boldsymbol{h}^{\mathrm{T}}\boldsymbol{h}-\boldsymbol{h}^{\mathrm{T}}\boldsymbol{J}\boldsymbol{u}+\frac{1}{2}\gamma^{2}\boldsymbol{u}^{\mathrm{T}}\boldsymbol{u}-\frac{1}{2}\boldsymbol{u}^{\mathrm{T}}\boldsymbol{J}^{\mathrm{T}}\boldsymbol{J}\boldsymbol{u}$$

$$=-\frac{1}{2}(\boldsymbol{L}+\boldsymbol{W}\boldsymbol{u})^{\mathrm{T}}(\boldsymbol{L}+\boldsymbol{W}\boldsymbol{u})+\boldsymbol{H}+\frac{1}{2}\gamma^{2}\boldsymbol{u}^{\mathrm{T}}\boldsymbol{u}-\frac{1}{2}\boldsymbol{y}^{\mathrm{T}}\boldsymbol{y}$$

$\boldsymbol{H}\leqslant 0$,意味着

$$\frac{\partial V}{\partial \boldsymbol{x}}\boldsymbol{f}+\frac{\partial V}{\partial \boldsymbol{x}}\boldsymbol{G}\boldsymbol{u}\leqslant\frac{1}{2}\gamma^{2}\boldsymbol{u}^{\mathrm{T}}\boldsymbol{u}-\frac{1}{2}\boldsymbol{y}^{\mathrm{T}}\boldsymbol{y}$$

8.4

考虑存在 Δf 不确定项的 H_{∞} 反馈控制律时,仍可采用定理 8.10 的控制律(式(8.72))。

8.5

根据定理 8.10 求解 H_{∞} 反馈控制律。